"十二五"普通高等教育本科国家级规划教材

高 等 数 学

（下册）

（修订本）

大学数学编写委员会《高等数学》编写组　编

科学出版社

北　京

内 容 简 介

本书共 7 章,包括空间解析几何与向量代数、多元函数微分法及其应用、重积分、曲线积分和曲面积分、无穷级数、MATLAB 软件与多元函数微积分、数学建模初步等内容.书中每节配有习题,每章编有小结,书末附有习题答案与提示,以便读者预习和自学.

本书适合用作普通高等院校的工科类、非数学专业的理科类、对数学要求较高的经济类、管理类等的本科生学习高等数学课程的教材,以及教师的教学参考书.

图书在版编目(CIP)数据

高等数学:下册/大学数学编写委员会《高等数学》编写组编.—修订本.
—北京:科学出版社,2015

"十二五"普通高等教育本科国家级规划教材
ISBN 978-7-03-045518-5

Ⅰ.①高… Ⅱ.①大… Ⅲ.①高等数学-高等学校-教材 Ⅳ.①O13

中国版本图书馆 CIP 数据核字(2015)第 194206 号

责任编辑:胡海霞 / 责任校对:钟 洋
责任印制:霍 兵 / 封面设计:迷底书装

科 学 出 版 社 出版
北京东黄城根北街 16 号
邮政编码:100717
http://www.sciencep.com

文林印务有限公司 印刷
科学出版社发行 各地新华书店经销

*

2012 年 11 月第 一 版   开本:787×1092 1/16
2015 年 8 月第 二 版   印张:22
2018 年 8 月第八次印刷   字数:550 000

定价:42.00 元
(如有印装质量问题,我社负责调换)

大学数学编写委员会《高等数学》(下册)编写组

主　编　尚有林

副主编　黎　彬　李保安　秦　青

编　委　杨万才　罗来兴　成军祥　张宏伟　罗　党　刘法贵

　　　　　郭晓丽　张之正　张庆政　李东亚　任立顺　张永胜

　　　　　骆传枢　刁　群　刘伟庆　李灵晓　仲从磊　许丽萍

　　　　　杨德五　杨　森　王春伟　丁孝全　陈　鹏　李二强

　　　　　常志勇　徐翠霞　王锋叶　陈金兰　李小申　李可人

　　　　　龙　兰　田学全　王月清　邬　毅

前　言

高等数学是大学低年级学生必修的一门重要基础课,其主要作用一方面是为学生打好必要的数学基础,这不仅对学生在校学习本课程及后继课程起着基础作用,而且对学生毕业后的工作和在工作中进一步的知识更新将产生深远的影响;另一方面是使学生的逻辑思维、抽象思维、演绎思维、归纳思维等科学思维方法和研究问题的能力得到学习与提高,这将使学生们的思维模式、严谨程度、探索精神受到比较系统的训练,在提高人才综合素质上具有长远的作用与意义.

教育部颁布实施的《普通高中数学课程标准》(简称高中新课标),已贯穿于全国普通高中新课程教学中,河南省于 2008 年起普遍将新课标使用于普通高中的数学课程教学. 新课标中的教学要求已涵盖了部分大学数学课程的知识,以至于目前大学数学教学与高中新课标培养出来的入校学生(2011 级始)基础不相适应,高校教师的大学数学教学遇到了困难和问题. 鉴于此种现状,河南省教育厅高教处、基础教育教学研究室,郑州大学,河南科技大学等单位针对新课标实施后大学数学的教学改革召开了座谈会、研讨会,并以河南省教育教学改革立项形式开展了研究. 河南省数学会的教学、科研研讨会上,不少专家、教授对此问题发表了看法及改革意见. 通过多种形式的会议研讨及意见征询,大家普遍认为高等数学、线性代数、概率论与数理统计是大学理、工、经、管、农、医等学科专业的必修基础课,也是大学数学教学与高中新课标教学联系最为紧密的课程,所以这三门公共基础数学的课程体系、教学内容及教学要求必须与中学数学教育接轨,否则在各高校课程教学学时减少的情况下,造成了时间上的浪费及教学效果的低下,不利于因材施教、人才培养,影响着教育质量的提高. 因此,这三门课程的教材建设是一个十分紧迫而又重要的工作,是大学数学教学改革的核心问题之一.

本书是在高等数学的课程体系、教学内容及教学要求与高中新课标接轨的情况下编写而成的. 编写的基本指导思想和目的是以教育部数学教学指导委员会制定的高等数学教学体系、教学内容、教学基本要求为指导,以做好与中学新课标的衔接为原则,以现行的教学大纲、教学要求为基础,以兼顾部分学生继续深造的入学要求为基本点,以为教师、学生提供一套使用方便、适于现实教学的良好教材为目的.

全书分为上、下两册. 本书为下册,内容包括空间解析几何与向量代数、多元函数微分法及其应用、重积分、曲线积分和曲面积分、无穷级数、MATLAB 软件与多元函数微积分、数学建模初步. 编写中除了高等数学的理论体系与知识外,还注意到学生对数学史的了解,关注到学生学数学、用数学的能力与素质,从而编写了数学史话、MATLAB 软件与微积分、数学建模初步等知识. 考虑到不同教学学时与要求,有利于分层次教学,将超出基本教学要求及供选学的内容冠以"*"号标记. 书中涉及的数学专用名词均有英文标注.

本书适合用作高等院校理科(不含数学类专业)、工科类等各本科专业的高等数学课程教材或教学参考书,也是教育、科技工作者案头的一套参考资料.

参加本书编写的有李保安(第 13 章)、杨德五(第 14 章、习题答案与提示)、杨万才(第

15 章)、仲从磊(第 10 章)、刘伟庆(第 9 章)、李灵晓(第 11 章、第 12 章),另外,黎彬带领的重庆科技学院团队参与编写第 11 章、第 12 章.

本书由河南科技大学杨万才教授和商丘师范学院张庆政教授担任主编,李保安、杨德五、李小申担任副主编,他们负责完成了本书的审核与统稿工作.郑州大学、河南理工大学、河南工业大学、华北水利水电学院、郑州轻工业学院、洛阳师范学院、安阳师范学院、商丘师范学院、周口师范学院、黄淮学院、平顶山学院、洛阳理工学院等高校同仁为本书的编写提出了一些意见和建议,科学出版社的编辑为本书的出版付出了辛苦劳动,对此我们表示衷心感谢.

本书于 2013 年 12 月被批准为河南省"十二五"普通高等教育规划教材立项建设,于 2014 年 10 月被评为"十二五"普通高等教育本科国家级规划教材.

由于编写时间仓促,编者水平有限,书中难免有一些错误和不妥之处,恳请各位读者批评指正.

编　者

2015 年 3 月

目　　录

第9章 空间解析几何与向量代数

在平面解析几何中,通过坐标法把平面上的点与一对有次序的数对应起来,把平面上的图形和方程对应起来,从而可以用代数的方法来研究几何问题.用代数方法研究空间几何图形就是空间解析几何,它是平面解析几何的拓广.平面解析几何的知识对学习一元函数微积分是不可缺少的,空间解析几何的知识对学习多元函数的微积分同样也是不可缺少的.

向量代数是解决许多数学、物理及工程技术问题的有力工具,本章先引进向量的概念,根据向量的线性运算建立空间坐标系,然后利用坐标讨论向量的运算,并介绍空间解析几何的有关内容.

9.1 向量及其线性运算

9.1.1 向量的概念

客观世界中有这样一类量,它们既有大小,又有方向,例如位移、速度、加速度、力、力矩等,这一类量叫做**向量**或**矢量**(vector).

在数学上,常用一条有方向的线段,即有向线段来表示向量.有向线段的长度表示向量的大小,有向线段的方向表示向量的方向.以 A 为起点、B 为终点的有向线段所表示的向量记作$\overrightarrow{AB}$(如图 9-1).有时也用一个黑体字母(或书写时,在字母上面加箭头)来表示向量,例如 a,r,v,F(或 $\vec{a},\vec{r},\vec{v},\vec{F}$)等.

在实际问题中,一些向量与起点有关,一些向量与起点无关.由于一切向量的共性是它们都有大小和方向,因此在数学上我们只研究与起点无关的向量,并称这种向量为**自由向量**(free vector)(以后简称向量),当遇到与起点有关的向量时,可在一般原则下作特别处理.

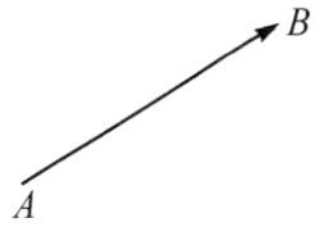

图 9-1

由于只讨论自由向量,所以如果两个向量 a 和 b 的大小相等,且方向相同,就说向量 a 和 b 是**相等**的,记作 $a=b$,即经过平行移动后能完全重合的向量是相等的.

向量的大小叫做向量的**模**(norm).向量 $a,\overrightarrow{AB}$ 的模依次记作 $|a|$,$|\overrightarrow{AB}|$.模等于 1 的向量叫做**单位向量**(unit vector).模等于 0 的向量叫做**零向量**(zero vector),记作 **0**.零向量的起点与终点重合,它的方向可以看作是任意的.

设有两个非零向量 a,b,任取空间一点 O,作$\overrightarrow{OA}=a,\overrightarrow{OB}=b$,规定不超过 π 的$\angle AOB$(设 $\varphi=\angle AOB,0\leqslant\varphi\leqslant\pi$)称为**向量 a 与 b 的夹角**(如图 9-2),记作$(\widehat{a,b})$或$(\widehat{b,a})$,即$(\widehat{a,b})=\varphi$.

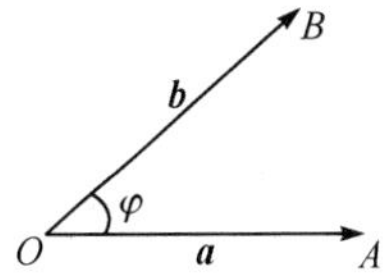

如果向量 a 与 b 中有一个是零向量,规定它们的夹角可以在 0 到 π 之间任意取值.如果$(\widehat{a,b})=0$ 或 π,就称向量 a 与 b **平行**,记作 $a\,/\!/\,b$;如

图 9-2

果 $(\widehat{\boldsymbol{a},\boldsymbol{b}})=\dfrac{\pi}{2}$，就称向量 $\boldsymbol{a}$ 与 $\boldsymbol{b}$ **垂直**，记作 $\boldsymbol{a}\perp\boldsymbol{b}$. 由于零向量与另一个向量的夹角可以在 0 到 π 之间任意取值，因此可以认为零向量与任何向量都平行，也可以认为零向量与任何向量都垂直.

当两个平行向量的起点放在同一点时，它们的终点和公共的起点在一条直线上. 因此，两向量平行又称两向量**共线**.

类似还有向量共面的概念. 设有 $k(k\geqslant3)$ 个向量，当把它们的起点放在同一点时，如果 k 个终点和公共起点在一个平面上，就称这 k 个向量**共面**.

9.1.2　向量的线性运算

1. 向量的加法

向量的加法运算规定如下.

设有两个向量 $\boldsymbol{a}$ 与 $\boldsymbol{b}$，任取一点 A，作 $\overrightarrow{AB}=\boldsymbol{a}$，再以 B 为起点，作 $\overrightarrow{BC}=\boldsymbol{b}$，连接 AC（如图 9-3），那么向量 $\overrightarrow{AC}=\boldsymbol{c}$ 称为向量 $\boldsymbol{a}$ 与 $\boldsymbol{b}$ 的和，记作 $\boldsymbol{a}+\boldsymbol{b}$，即 $\boldsymbol{c}=\boldsymbol{a}+\boldsymbol{b}$.

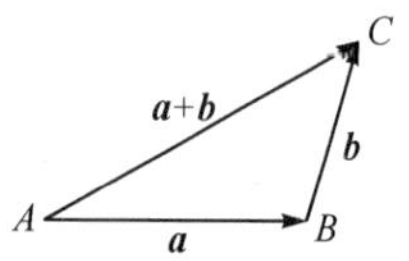

上述作出两向量之和的方法被称为向量相加的**三角形法则**.

力学上有求合力的平行四边形法则，仿此，也有向量相加的**平行四边形法则**，即：当向量 $\boldsymbol{a}$ 与 $\boldsymbol{b}$ 不平行时，作 $\overrightarrow{AB}=\boldsymbol{a}$，$\overrightarrow{AD}=\boldsymbol{b}$，以 AB、AD 为邻边作一平行四边形 $ABCD$，连接对角线 AC（如图 9-4），显然向量 $\overrightarrow{AC}$ 等于向量 $\boldsymbol{a}$ 与 $\boldsymbol{b}$ 的和 $\boldsymbol{a}+\boldsymbol{b}$.

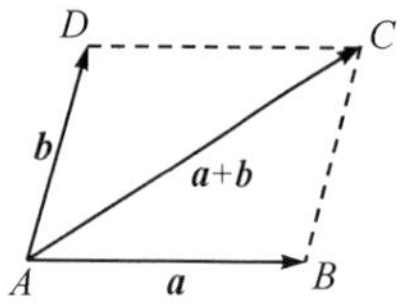

图 9-3

向量的加法符合下列的运算规律.

（i）**交换律**　$\boldsymbol{a}+\boldsymbol{b}=\boldsymbol{b}+\boldsymbol{a}$；

（ii）**结合律**　$(\boldsymbol{a}+\boldsymbol{b})+\boldsymbol{c}=\boldsymbol{a}+(\boldsymbol{b}+\boldsymbol{c})$.

这是因为，按向量加法的规定（三角形法则），从图 9-4 可见

$$\boldsymbol{a}+\boldsymbol{b}=\overrightarrow{AB}+\overrightarrow{BC}=\overrightarrow{AC}=\boldsymbol{c},$$
$$\boldsymbol{b}+\boldsymbol{a}=\overrightarrow{AD}+\overrightarrow{DC}=\overrightarrow{AC}=\boldsymbol{c},$$

图 9-4

所以符合交换律. 又如图 9-5 所示，先作 $\boldsymbol{a}+\boldsymbol{b}$ 再加上 $\boldsymbol{c}$，即得和 $(\boldsymbol{a}+\boldsymbol{b})+\boldsymbol{c}$，如以 $\boldsymbol{a}$ 与 $\boldsymbol{b}+\boldsymbol{c}$ 相加，则得同一结果，所以符合结合律.

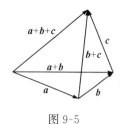

由于向量的加法符合交换律与结合律，故 n 个向量 $\boldsymbol{a}_1,\boldsymbol{a}_2,\cdots,\boldsymbol{a}_n$ $(n\geqslant3)$ 相加可写成

$$\boldsymbol{a}_1+\boldsymbol{a}_2+\cdots+\boldsymbol{a}_n,$$

图 9-5

并按向量相加的三角形法则，可得 n 个向量相加的法则如下：使前一向量的终点作为次一向量的起点，相继作向量 $\boldsymbol{a}_1$，$\boldsymbol{a}_2,\cdots,\boldsymbol{a}_n$，再以第一向量的起点为起点，最后一向量的终点为终点作一向量，这个向量即为所求的和. 如图 9-6，有

$$\boldsymbol{s}=\boldsymbol{a}_1+\boldsymbol{a}_2+\boldsymbol{a}_3+\boldsymbol{a}_4+\boldsymbol{a}_5.$$

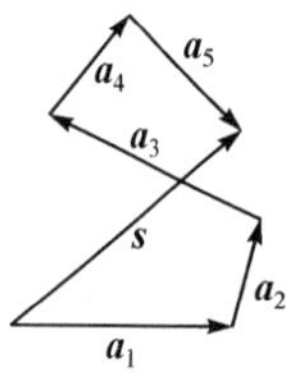

设 $\boldsymbol{a}$ 为一向量，规定与 $\boldsymbol{a}$ 的模相同而方向相反的向量叫做 $\boldsymbol{a}$ 的**负向量**（negative vector），记作 $-\boldsymbol{a}$，由此，定义两个向量 $\boldsymbol{b}$ 与 $\boldsymbol{a}$ 的差

$$\boldsymbol{b}-\boldsymbol{a}=\boldsymbol{b}+(-\boldsymbol{a}),$$

图 9-6

即把向量－a 加到向量 b 上,便得 b 与 a 的差 $b-a$(如图 9-7(a)).

特别地,当 $b=a$ 时,有 $a-a=a+(-a)=\mathbf{0}$.

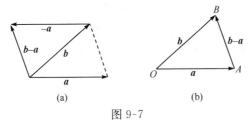

图 9-7

显然,任给向量 $\overrightarrow{AB}$ 及点 O,有

$$\overrightarrow{AB}=\overrightarrow{AO}+\overrightarrow{OB}=\overrightarrow{OB}-\overrightarrow{OA},$$

因此,若把向量 a 与 b 移到同一起点 O,则从 a 的终点 A 向 b 的终点 B 所引向量 $\overrightarrow{AB}$ 便是向量 b 与 a 的差 $b-a$(如图 9-7(b)).

由三角形两边之和大于第三边,有

$$|a+b|\leqslant|a|+|b|\ 及\ |a-b|\leqslant|a|+|b|,$$

其中等号在 b 与 a 同向或反向时成立.

2. 向量与数的乘法

向量 a 与实数 λ 的**乘积**记作 λa,规定 λa 是一个向量,它的模

$$|\lambda a|=|\lambda||a|,$$

它的方向当 $\lambda>0$ 时与 a 同向,当 $\lambda<0$ 时与 a 反向.

当 $\lambda=0$ 时,$|\lambda a|=0$ 即 λa 为零向量,这时它的方向可以是任意的.

特别地,当 $\lambda=\pm1$ 时,有

$$1a=a,\quad(-1)a=-a.$$

向量与数的乘积符合下列运算规律.

(i) **结合律**

$$\lambda(\mu a)=\mu(\lambda a)=(\lambda\mu)a.$$

这是因为由向量与数的乘积的规定可知,向量 $\lambda(\mu a)$,$\mu(\lambda a)$,$(\lambda\mu)a$ 都是平行的向量,它们的指向也是相同的,而且

$$|\lambda(\mu a)|=|\mu(\lambda a)|=|(\lambda\mu)a|=|\lambda\mu||a|,$$

所以

$$\lambda(\mu a)=\mu(\lambda a)=(\lambda\mu)a.$$

(ii) **分配律**

$$(\lambda+\mu)a=\lambda a+\mu a,\tag{9.1}$$

$$\lambda(a+b)=\lambda a+\lambda b.\tag{9.2}$$

这个规律同样可以按向量与数的乘积的规定来证明,这里从略.

向量相加及数乘向量统称为**向量的线性运算**(linear operations).

例 1　证明:三角形两边中点连线平行于第三边,其长度等于第三边长度的一半.

证明　如图 9-8 所示,设 $AD=DB,AE=EC$,由向量的线性运算法则,有

$$\overrightarrow{DE}=\overrightarrow{DA}+\overrightarrow{AE}=\frac{1}{2}\overrightarrow{BA}+\frac{1}{2}\overrightarrow{AC}=\frac{1}{2}\overrightarrow{BC},$$

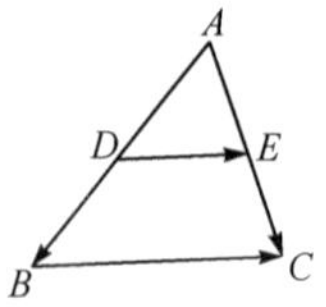

图 9-8

因此,$\overrightarrow{DE}/\!/\overrightarrow{BC}$且$|\overrightarrow{DE}|=\dfrac{1}{2}|\overrightarrow{BC}|$.

前面已经讲过,模等于 1 的向量叫做单位向量. 设 e_a(或 a^0)表示与非零向量 a 同方向的单位向量,那么按照向量与数的乘积的规定,由于 $|a|>0$,所以 $|a|e_a$ 与 e_a 的方向相同. 又因 $|a|e_a$ 的模是

$$|a||e_a|=|a|\cdot 1=|a|,$$

即 $|a|e_a$ 与 a 的模也相同,因此,

$$a=|a|e_a.$$

我们规定,当 $\lambda\neq 0$ 时,$\dfrac{a}{\lambda}=\dfrac{1}{\lambda}a$. 由此,上式又可写成

$$\frac{a}{|a|}=e_a,$$

这表示一个非零向量与它的模的倒数数乘的结果是一个与原向量同方向的单位向量.

由于向量 λa 与 a 平行,因此,我们常用向量与数的乘积来说明两个向量的平行关系.

定理 1　设向量 $a\neq 0$,那么,向量 b 平行于 a 的充分必要条件是:存在唯一的实数 λ,使 $b=\lambda a$.

证明　条件的充分性是显然的,下面证明条件的必要性.

设 $b/\!/a$,取 $|\lambda|=\dfrac{|b|}{|a|}$,当 b 与 a 同向时 λ 取正值,当 b 与 a 反向时 λ 取负值,即 $b=\lambda a$. 这是因为此时 b 与 λa 同向,且

$$|\lambda a|=|\lambda||a|=\frac{|b|}{|a|}|a|=|b|.$$

再证明数 λ 的唯一性. 设 $b=\lambda a$,又设 $b=\mu a$,两式相减,便得

$$(\lambda-\mu)a=0,$$

即 $|\lambda-\mu||a|=0$,因 $|a|\neq 0$,故 $|\lambda-\mu|=0$,即 $\lambda=\mu$. 证毕.

定理 1 是建立数轴的理论依据. 我们知道,给定一个点、一个方向及单位长度,就确定了一条数轴. 由于一个单位向量既确定了方向,又确定了单位长度,因此,给定一个点及一个单位向量就确定了一条数轴. 设点 O 及单位向量 i 确定了数轴 Ox(如图 9-9),对于轴上任一点 P,对应一个向量 $\overrightarrow{OP}$,由 $\overrightarrow{OP}/\!/i$,根据定理 1,必有唯一的实数 x,使 $\overrightarrow{OP}=xi$(实数 x 叫做轴上有向线段 $\overrightarrow{OP}$ 的值),并知 $\overrightarrow{OP}$ 与实数 x 一一对应,于是

$$\text{点 }P\leftrightarrow\text{向量 }\overrightarrow{OP}=xi\leftrightarrow\text{实数 }x,$$

从而轴上的点 P 与实数 x 有一一对应的关系. 据此,定义实数 x 为轴上点 P 的坐标.

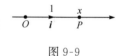

图 9-9

由此可知,轴上点 P 的坐标为 x 的充分必要条件是

$$\overrightarrow{OP}=xi.$$

9.1.3　空间直角坐标系

在空间取定一点 O 和三个两两垂直的单位向量 i,j,k 就确定了三条都以 O 为原点的两两垂直的数轴,依次记为 x 轴(横轴)、y 轴(纵轴)、z 轴(竖轴),统称为**坐标轴**. 它们构成

一个空间直角坐标系,称为 $Oxyz$ **坐标系**或 $[O; \boldsymbol{i}, \boldsymbol{j}, \boldsymbol{k}]$ **坐标系**(如图 9-10).通常把 x 轴和 y 轴配置在水平面上,而 z 轴则是铅垂线;它们的正向通常符合右手规则,即以右手握住 z 轴,当右手的四个手指从正向 x 轴以 $\dfrac{\pi}{2}$ 角度转向正向 y 轴时,大拇指的指向就是 z 轴的正向(如图 9-11).

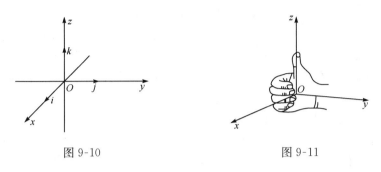

图 9-10　　　　　　　　　　　　　　图 9-11

三条坐标轴中的任意两条可以确定一个平面,这样定出的三个平面统称为**坐标面**. x 轴及 y 轴所确定的坐标面叫做 xOy **面**,另两个由 y 轴及 z 轴和由 z 轴及 x 轴所确定的坐标面,分别叫做 yOz **面**及 zOx **面**.三个坐标面把空间分成八个部分,每一部分叫做一个**卦限**,含有 x 轴、y 轴与 z 轴正半轴的那个卦限叫做**第一卦限**,其他第二卦限、第三卦限和第四卦限在 xOy 面的上方,按逆时针方向依次确定.第五卦限至第八卦限,在 xOy 面的下方,由第一卦限之下的第五卦限,按逆时针方向依次确定,这八个卦限分别用字母 I、II、III、IV、V、VI、VII、VIII 表示(如图 9-12).

任给向量 $\boldsymbol{r}$,对应有点 M,使 $\overrightarrow{OM}=\boldsymbol{r}$. 以 OM 为对角线、三条坐标轴为棱作长方体 $RHMK\text{-}OPNQ$,如图 9-13 所示,有

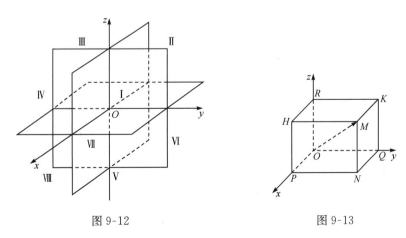

图 9-12　　　　　　　　　　　　　　图 9-13

$$\boldsymbol{r}=\overrightarrow{OM}=\overrightarrow{OP}+\overrightarrow{PN}+\overrightarrow{NM}=\overrightarrow{OP}+\overrightarrow{OQ}+\overrightarrow{OR}.$$

设

$$\overrightarrow{OP}=x\boldsymbol{i}, \quad \overrightarrow{OQ}=y\boldsymbol{j}, \quad \overrightarrow{OR}=z\boldsymbol{k},$$

则

$$\boldsymbol{r}=\overrightarrow{OM}=x\boldsymbol{i}+y\boldsymbol{j}+z\boldsymbol{k}.$$

上式称为向量 r 的**坐标分解式**，xi，yj，zk 称为向量 r 沿三个坐标轴方向的**分向量**（sub-vector）.

显然，给定向量 r，就确定了点 M 及 $\overrightarrow{OP}=xi$，$\overrightarrow{OQ}=yj$，$\overrightarrow{OR}=zk$ 三个分向量，进而确定了 x，y，z 三个有序数；反之，给定三个有序数 x，y，z 也就确定了向量 r 与点 M. 于是点 M，向量 r 与三个有序数 x，y，z 之间有一一对应的关系，即

$$M \leftrightarrow r = \overrightarrow{OM} = xi + yj + zk \leftrightarrow (x, y, z).$$

据此，有序数 x，y，z 称为**向量 r**（在坐标系 $Oxyz$ 中）的**坐标**（coordinator），记作 $r=(x, y, z)$；有序数 x，y，z 也称为**点 M**（在坐标系 $Oxyz$ 中）的**坐标**，记作 $M(x, y, z)$.

向量 $r = \overrightarrow{OM}$ 称为点 M 关于原点 O 的**向径**. 上述表明，一个点与该点的向径有相同的坐标. 记号 (x, y, z) 既表示点 M，又表示向量 $\overrightarrow{OM}$.

坐标面上和坐标轴上的点，其坐标各有一定的特征. 例如，点 M 在 yOz 面上，则 $x=0$；同样，在 zOx 面上的点，有 $y=0$；在 xOy 面上的点，有 $z=0$. 如果点 M 在 x 轴上，则 $y=z=0$；同样在 y 轴上的点，有 $z=x=0$；在 z 轴上的点，有 $x=y=0$. 如果点 M 为原点，则 $x=y=z=0$.

9.1.4 利用坐标作向量的线性运算

利用向量的坐标，可得向量的加法、减法以及向量与数的乘法的运算如下.

设

$$a=(a_x, a_y, a_z), \quad b=(b_x, b_y, b_z),$$

即

$$a=a_x i + a_y j + a_z k, \quad b=b_x i + b_y j + b_z k,$$

利用向量加法的交换律与结合律以及向量与数的乘法的结合律与分配律，有

$$a+b=(a_x+b_x)i + (a_y+b_y)j + (a_z+b_z)k,$$
$$a-b=(a_x-b_x)i + (a_y-b_y)j + (a_z-b_z)k,$$
$$\lambda a=(\lambda a_x)i + (\lambda a_y)j + (\lambda a_z)k,$$

即

$$a+b=(a_x+b_x, a_y+b_y, a_z+b_z),$$
$$a-b=(a_x-b_x, a_y-b_y, a_z-b_z),$$
$$\lambda a=(\lambda a_x, \lambda a_y, \lambda a_z).$$

由此可见，对向量进行加、减及向量与数的相乘，只需对向量的各坐标分别进行相应的数量运算就行了.

定理 1 指出，当向量 $a \neq 0$ 时，向量 $b // a$ 相当于 $b = \lambda a$，坐标表示式为

$$(b_x, b_y, b_z) = \lambda(a_x, a_y, a_z),$$

这也就相当于向量 b 与 a 对应的坐标成比例，即

$$\frac{b_x}{a_x} = \frac{b_y}{a_y} = \frac{b_z}{a_z}. \tag{9.3}$$

例 2 已知两点 $M_1(x_1, y_1, z_1)$ 和 $M_2(x_2, y_2, z_2)$，求向量 $\overrightarrow{M_1 M_2}$ 的坐标.

解 如图 9-14 所示，作向量 $\overrightarrow{OM_1}$ 和 $\overrightarrow{OM_2}$，有 $\overrightarrow{M_1 M_2} = \overrightarrow{OM_2} - \overrightarrow{OM_1}$，而 $\overrightarrow{OM_2} = (x_2, y_2, z_2)$，$\overrightarrow{OM_1} = (x_1, y_1, z_1)$，故

$$\overrightarrow{M_1 M_2} = (x_2 - x_1, y_2 - y_1, z_2 - z_1).$$

例 3　已知两点 $A(x_1,y_1,z_1)$ 和 $B(x_2,y_2,z_2)$ 以及实数 $\lambda\neq-1$，在直线 AB 上求一点 M，使

$$\overrightarrow{AM}=\lambda\overrightarrow{MB}.$$

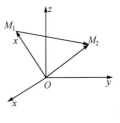

图 9-14

解　如图 9-15 所示，由于

$$\overrightarrow{AM}=\overrightarrow{OM}-\overrightarrow{OA},\quad \overrightarrow{MB}=\overrightarrow{OB}-\overrightarrow{OM},$$

因此

$$\overrightarrow{OM}-\overrightarrow{OA}=\lambda(\overrightarrow{OB}-\overrightarrow{OM}),$$

从而

$$\overrightarrow{OM}=\frac{1}{1+\lambda}(\overrightarrow{OA}+\lambda\overrightarrow{OB}).$$

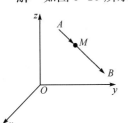

图 9-15

以 $\overrightarrow{OA},\overrightarrow{OB}$ 的坐标(即点 A，点 B 的坐标)代入，即得

$$\overrightarrow{OM}=\left(\frac{x_1+\lambda x_2}{1+\lambda},\frac{y_1+\lambda y_2}{1+\lambda},\frac{z_1+\lambda z_2}{1+\lambda}\right),$$

这就是点 M 的坐标.

　　本例中的点 M 叫做有向线段 $\overrightarrow{AB}$ 的 **λ 分点**，特别地，当 $\lambda=1$ 时，得线段 AB 的中点为

$$M\left(\frac{x_1+x_2}{2},\frac{y_1+y_2}{2},\frac{z_1+z_2}{2}\right).$$

　　通过本例，我们应注意以下两点：(i)由于点 M 与向量 $\overrightarrow{OM}$ 有相同的坐标，因此，求点 M 的坐标，就是求向量 $\overrightarrow{OM}$ 的坐标；(ii)记号 (x,y,z) 即可表示点 M，又可表示向量 $\overrightarrow{OM}$，在几何中点与向量是两个不同的概念，不可混淆. 因此，在看到记号 (x,y,z) 时，需从上下文去认清它究竟表示点还是表示向量. 当 (x,y,z) 表示向量时，可对它进行运算；当 (x,y,z) 表示点时，就不能进行运算.

9.1.5　向量的模、方向角、投影

1. 向量的模与两点间的距离公式

设向量 $\boldsymbol{r}=(x,y,z)$，作 $\overrightarrow{OM}=\boldsymbol{r}$，如图 9-13 所示，有

$$\boldsymbol{r}=\overrightarrow{OM}=\overrightarrow{OP}+\overrightarrow{OQ}+\overrightarrow{OR},$$

根据勾股定理可得

$$|\boldsymbol{r}|=|\overrightarrow{OM}|=\sqrt{|OP|^2+|OQ|^2+|OR|^2}.$$

　　由

$$\overrightarrow{OP}=x\boldsymbol{i},\quad \overrightarrow{OQ}=y\boldsymbol{j},\quad \overrightarrow{OR}=z\boldsymbol{k},$$

有

$$|\overrightarrow{OP}|=|x|,\quad |\overrightarrow{OQ}|=|y|,\quad |\overrightarrow{OR}|=|z|,$$

于是得向量模的坐标表示式

$$|\boldsymbol{r}|=\sqrt{x^2+y^2+z^2}.$$

　　设有点 $A(x_1,y_1,z_1),B(x_2,y_2,z_2)$，则点 A 与点 B 间的距离 $|AB|$ 就是向量 $\overrightarrow{AB}$ 的模. 由

$$\overrightarrow{AB}=\overrightarrow{OB}-\overrightarrow{OA}=(x_2,y_2,z_2)-(x_1,y_1,z_1)=(x_2-x_1,y_2-y_1,z_2-z_1),$$

即得 A、B 两点间的距离

$$|AB| = |\overrightarrow{AB}| = \sqrt{(x_2-x_1)^2+(y_2-y_1)^2+(z_2-z_1)^2}.$$

例 4　在 z 轴上求与两点 $A(-4,1,7)$ 和 $B(3,5,-2)$ 等距离的点.

解　因为所求的点 M 在 z 轴上，所以设该点为 $M(0,0,z)$，依题意有

$$|MA|^2 = |MB|^2,$$

即

$$(0+4)^2+(0-1)^2+(z-7)^2=(3-0)^2+(5-0)^2+(-2-z)^2,$$

解之得 $z=\dfrac{14}{9}$，因此，所求的点为 $M\left(0,0,\dfrac{14}{9}\right)$.

2. 方向角与方向余弦

依据两向量的夹角概念，可以规定向量与一轴的夹角或空间两轴的夹角.

非零向量 r 与三条坐标轴的夹角 α,β,γ 称为向量 r 的**方向角**(direction angle). 从图 9-16 可见，设 $r=(x,y,z)$，由于 x 是有向线段 $\overrightarrow{OP}$ 的值，$\overrightarrow{MP}\perp\overrightarrow{OP}$，故

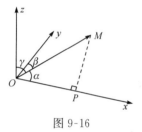

图 9-16

$$\cos\alpha = \frac{x}{|OM|} = \frac{x}{|r|}.$$

类似可知

$$\cos\beta = \frac{y}{|OM|} = \frac{y}{|r|}, \quad \cos\gamma = \frac{z}{|OM|} = \frac{z}{|r|}.$$

从而

$$(\cos\alpha,\cos\beta,\cos\gamma) = \left(\frac{x}{|r|},\frac{y}{|r|},\frac{z}{|r|}\right) = \frac{1}{|r|}(x,y,z) = \frac{r}{|r|} = e_r,$$

$\cos\alpha,\cos\beta,\cos\gamma$ 称为向量 r 的**方向余弦**. 上式表明，以向量 r 的方向余弦为坐标的向量就是与 r 同方向的单位向量 e_r，并由此可得

$$\cos^2\alpha + \cos^2\beta + \cos^2\gamma = 1.$$

例 5　设已知两点 $A(4,\sqrt{2},1)$ 和 $B(3,0,2)$，计算向量 $\overrightarrow{AB}$ 的模、方向余弦和方向角.

解
$$\overrightarrow{AB} = (3-4,0-\sqrt{2},2-1) = (-1,-\sqrt{2},1),$$

$$|\overrightarrow{AB}| = \sqrt{(-1)^2+(-\sqrt{2})^2+1^2} = 2;$$

$$\cos\alpha = -\frac{1}{2}, \quad \cos\beta = -\frac{\sqrt{2}}{2}, \quad \cos\gamma = \frac{1}{2};$$

$$\alpha = \frac{2\pi}{3}, \quad \beta = \frac{3\pi}{4}, \quad \gamma = \frac{\pi}{3}.$$

例 6　设点 A 位于第 Ⅰ 卦限，向径 $\overrightarrow{OA}$ 与 x 轴、y 轴的夹角依次为 $\dfrac{\pi}{3}$ 和 $\dfrac{\pi}{4}$，且 $|\overrightarrow{OA}|=6$，求点 A 的坐标.

解　$\alpha = \dfrac{\pi}{3}, \beta = \dfrac{\pi}{4}$. 由关系式 $\cos^2\alpha + \cos^2\beta + \cos^2\gamma = 1$，得

$$\cos^2\gamma=1-\left(\frac{1}{2}\right)^2-\left(\frac{\sqrt{2}}{2}\right)^2=\frac{1}{4},$$

因点 A 在第 I 卦限,知 $\cos\gamma>0$,故

$$\cos\gamma=\frac{1}{2}.$$

于是

$$\overrightarrow{OA}=|\overrightarrow{OA}|\,e_{\overrightarrow{OA}}=6\left(\frac{1}{2},\frac{\sqrt{2}}{2},\frac{1}{2}\right)=(3,3\sqrt{2},3),$$

这就是点 A 的坐标.

3. 向量在轴上的投影

考虑 x 轴与向量 $r=\overrightarrow{OM}$ 的关系,那么从图 9-16 可见,过点 M 作与 x 轴垂直的平面,此平面与 x 轴的交点即是点 P,即得向量 r 在 x 轴上的分向量 $\overrightarrow{OP}$,进而由 $\overrightarrow{OP}=x i$,便得向量在 x 轴上的坐标 x,且 $x=|r|\cos\alpha$.

类似地,可以讨论 y,z 轴与向量 $r=\overrightarrow{OM}$ 的关系.

一般的,设点 O 及单位向量 e 确定 u 轴(如图 9-17).任给向量 r,作 $\overrightarrow{OM}=r$,再过点 M 作与 u 轴垂直的平面交 u 轴于点 M'(点 M' 叫点 M 在 u 上的投影),则向量 $\overrightarrow{OM'}$ 称为向量 r 在 u 轴上的**分向量**.设 $\overrightarrow{OM'}=\lambda e$,则数 λ 称为向量 r 在 u 轴上的**投影**(projection),记作 $\mathrm{Prj}_u r$ 或 $(r)_u$.

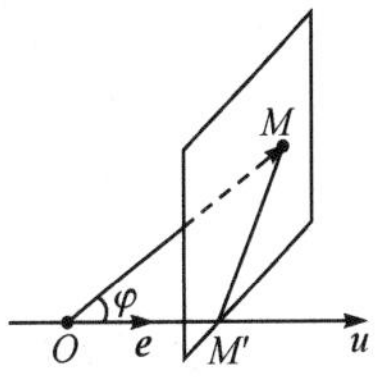

按此定义,向量 a 在直角坐标系 $Oxyz$ 中的坐标 a_x,a_y,a_z 就是 a 在三条坐标轴上的投影,即

$$a_x=\mathrm{Prj}_x a,\quad a_y=\mathrm{Prj}_y a,\quad a_z=\mathrm{Prj}_z a,$$

或记作

$$a_x=(a)_x,\quad a_y=(a)_y,\quad a_z=(a)_z.$$

图 9-17

由此可知,向量的投影具有与坐标相同的性质.

性质 1　$(a)_u=|a|\cos\varphi$(即 $\mathrm{Prj}_u a=|a|\cos\varphi$),其中 φ 为向量 a 与 u 轴的夹角;

性质 2　$(a+b)_u=(a)_u+(b)_u$(即 $\mathrm{Prj}_u(a+b)=\mathrm{Prj}_u a+\mathrm{Prj}_u b$);

性质 3　$(\lambda a)_u=\lambda(a)_u$(即 $\mathrm{Prj}_u(\lambda a)=\lambda\mathrm{Prj}_u a$).

例 7　设 $a=3i+5j+8k,b=2i-4j-7k$ 和 $c=5i+j-4k$,求向量 $l=4a+3b-c$ 在 x 轴上的投影以及在 y 轴上的分向量.

解　　　　　　　　　$l=4(3i+5j+8k)+3(2i-4j-7k)-(5i+j-4k)$
　　　　　　　　　　　$=13i+7j+15k,$

故向量 l 在 x 轴上的投影为 13,而向量 l 在 y 轴上的分向量为 $7j$.

习　题　9.1

1. 填空题:

(1) 已知某向量 b 与 a 平行,方向相反,且 $|b|=2|a|$,则 b 由 a 表示为_____.

(2) 已知梯形 $OABC$,$\overrightarrow{CB}/\!/\overrightarrow{OA}$,且 $|\overrightarrow{CB}|=\frac{1}{2}|\overrightarrow{OA}|$,若 $\overrightarrow{OA}=a,\overrightarrow{OC}=b$,则 $\overrightarrow{AB}=$_____.

(3) 一向量的终点在点 $B(2,1,-7)$,它在 x 轴、y 轴和 z 轴上的投影依次为 $4,-4$ 和 7,则这向量的起点 A 的坐标为_____.

(4) 设向量的模是 4,它与轴的夹角是 $\frac{\pi}{3}$,则它在轴上的投影为_____.

(5) 已知 $A(4,0,5),B(7,1,3)$,则单位向量 $\overrightarrow{AB}^0=$_____.

2. 设 $\boldsymbol{u}=\boldsymbol{a}-\boldsymbol{b}+2\boldsymbol{c},\boldsymbol{v}=-\boldsymbol{a}+3\boldsymbol{b}-\boldsymbol{c}$,试用 $\boldsymbol{a},\boldsymbol{b},\boldsymbol{c}$ 表示 $2\boldsymbol{u}-3\boldsymbol{v}$.

3. 如果平面上一个四边形的对角线互相平分,试用向量证明它是平行四边形.

4. 已知两点 $M_1(0,1,2)$ 和 $M_2(1,-1,0)$,试用坐标表示式表示向量 $\overrightarrow{M_1M_2}$ 及 $-3\overrightarrow{M_1M_2}$.

5. 求与向量 $\boldsymbol{a}=(6,7,-6)$ 同方向的单位向量.

6. 在空间直角坐标系中,指出下列各点在哪个卦限?

$$A(2,-1,4);B(2,1,-4);C(2,-1,-4);D(-2,-1,4).$$

7. 求点 (a,b,c) 关于(1)各坐标面;(2)各坐标轴;(3)坐标原点的对称点的坐标.

8. 自点 $P_0(x_0,y_0,z_0)$ 分别作各坐标面和各坐标轴的垂线,写出各垂足的坐标.

9. 分别求出点 $M(4,-3,5)$ 到各坐标轴的距离.

10. 在 yOz 面上,求与三点 $A(3,1,2),B(4,-2,-2)$ 和 $C(0,5,1)$ 等距离的点.

11. 试证明以三点 $A(4,1,9),B(10,-1,6),C(2,4,3)$ 为顶点的三角形是等腰直角三角形.

12. 设已知两点 $M_1(2,1,3)$ 和 $M_2(3,2,3-\sqrt{2})$,计算向量 $\overrightarrow{M_1M_2}$ 的模、方向余弦和方向角.

13. 向量 $\boldsymbol{r}$ 的模是 4,它与 u 轴的夹角是 $\frac{\pi}{3}$,求 $\boldsymbol{r}$ 在 u 轴上的投影.

14. 一向量的起点为 $A(1,4,-2)$,终点为 $B(-1,5,0)$,求它在 x 轴、y 轴和 z 轴上的投影,并求 $|\overrightarrow{AB}|$.

9.2 数量积 向量积 *混合积

9.2.1 两向量的数量积

1. 概念的引入及定义

(i) 做功问题

有一方向、大小都不变的常力 $\boldsymbol{F}$ 作用于某一物体(如图 9-18),使之产生了一段位移 $\boldsymbol{S}$,求力 $\boldsymbol{F}$ 对此物体所做的功.

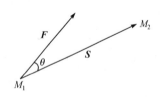

图 9-18

由物理学的知识,可得

$$w=|\boldsymbol{F}|\cos\theta\cdot|\boldsymbol{S}|=|\boldsymbol{F}|\cdot|\boldsymbol{S}|\cdot\cos\theta.$$

(ii) 流量问题

某流体流过面积为 A 的平面,其上各点处流速均为 $\boldsymbol{v}$(常向量),设 $\boldsymbol{n}$ 是垂直于平面的单位向量(如图 9-19),计算单位时间内流过此平面的流体的质量 m 即流量(其中流体的密度为 ρ).

单位时间内流过此平面的流体即斜柱体内的流体,体积为

$$V=A|\boldsymbol{v}|\cos\theta,$$

其质量为

$$m=V\rho=\rho A|\boldsymbol{v}|\cos\theta.$$

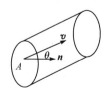

图 9-19

定义 1 设有向量 $\boldsymbol{a},\boldsymbol{b}$,其夹角为 $\theta=(\hat{\boldsymbol{a},\boldsymbol{b}})$,$|\boldsymbol{a}||\boldsymbol{b}|\cos\theta$ 称为向量 $\boldsymbol{a}$ 与 $\boldsymbol{b}$ 的**数量积**(scalar product),记作 $\boldsymbol{a}\cdot\boldsymbol{b}=|\boldsymbol{a}||\boldsymbol{b}|\cos\theta$,也称为 $\boldsymbol{a}$ 与 $\boldsymbol{b}$

的**点积**(dot product),读作 a 点乘 b,又称为 a 与 b 的**内积**(inner product).

由此定义,引例中的功可以表示为 $w = F \cdot S$,流量可表示为 $\rho A(v \cdot n)$.

注 (1) 若 $b \neq 0$ 有 $\mathrm{Prj}_a b = |b| \cos\theta$,若 $a \neq 0$ 则有 $\mathrm{Prj}_b a = |a| \cos\theta$,故

$$a \cdot b = |b| \mathrm{Prj}_b a, \qquad a \cdot b = |a| \mathrm{Prj}_a b;$$

(2) 由上面讨论可以得到用点积计算投影的公式:

$$\mathrm{Prj}_b a = \frac{a \cdot b}{|b|}, \quad \mathrm{Prj}_a b = \frac{a \cdot b}{|a|};$$

(3) 由定义,
$$a \cdot b \begin{cases} > 0, & 0 \leqslant \theta < \dfrac{\pi}{2}, \\ = 0, & \theta = \dfrac{\pi}{2}, \\ < 0, & \dfrac{\pi}{2} < \theta \leqslant \pi. \end{cases}$$

2. 性质与坐标运算

(i) $a \cdot a = |a|^2$;

(ii) **交换律** $a \cdot b = b \cdot a$,

分配律 $(a+b) \cdot c = a \cdot c + b \cdot c$,

结合律 $(\lambda a) \cdot b = a \cdot (\lambda b) = \lambda(a \cdot b)$;

现给出分配律的证明.

证明 当 $c = 0$ 时,上式显然成立;当 $c \neq 0$ 时,有

$$(a+b) \cdot c = |c| \mathrm{Prj}_c (a+b),$$

由投影性质 2,可知

$$\mathrm{Prj}_c (a+b) = \mathrm{Prj}_c a + \mathrm{Prj}_c b,$$

所以

$$\begin{aligned} (a+b) \cdot c &= |c| (\mathrm{Prj}_c a + \mathrm{Prj}_c b) \\ &= |c| \mathrm{Prj}_c a + |c| \mathrm{Prj}_c b \\ &= a \cdot c + b \cdot c. \end{aligned}$$

(iii) $a \perp b \Leftrightarrow a \cdot b = 0$;

(iv) **点积的坐标运算**:设 $a = (a_x, a_y, a_z)$,$b = (b_x, b_y, b_z)$,则

$$a \cdot b = a_x b_x + a_y b_y + a_z b_z.$$

$$\begin{aligned} a \cdot b =& (a_x i + a_y j + a_z k) \cdot (b_x i + b_y j + b_z k) \\ =& a_x b_x i \cdot i + a_x b_y i \cdot j + a_x b_z i \cdot k \\ &+ a_y b_x j \cdot i + a_y b_y j \cdot j + a_y b_z j \cdot k \\ &+ a_z b_x k \cdot i + a_z b_y k \cdot j + a_z b_z k \cdot k, \end{aligned}$$

由于 $i \cdot i = j \cdot j = k \cdot k = 1$,$i \cdot j = j \cdot k = k \cdot i = 0$,得

$$a \cdot b = a_x b_x + a_y b_y + a_z b_z.$$

3. 点积的两个应用

设 $a = (a_x, a_y, a_z)$,$b = (b_x, b_y, b_z)$,

(i) 求两个向量的夹角 θ 的余弦;

设 $(\widehat{a,b})=\theta$,则当 $a\neq 0,b\neq 0$ 时,有

$$\cos\theta=\frac{a\cdot b}{|a||b|}=\frac{a_xb_x+a_yb_y+a_zb_z}{\sqrt{a_x^2+a_y^2+a_z^2}\sqrt{b_x^2+b_y^2+b_z^2}}.$$

(ii) 求投影.

$$\mathrm{Prj}_ba=\frac{a\cdot b}{|b|}=\frac{a_xb_x+a_yb_y+a_zb_z}{\sqrt{b_x^2+b_y^2+b_z^2}},\quad \mathrm{Prj}_ab=\frac{a\cdot b}{|a|}=\frac{a_xb_x+a_yb_y+a_zb_z}{\sqrt{a_x^2+a_y^2+a_z^2}}.$$

例 1 试用向量证明三角形的余弦定理.

证明 设在 $\triangle ABC$ 中,$\angle BCA=\theta$(如图 9-20),$|BC|=a$,$|CA|=b$,$|AB|=c$,要证 $c^2=a^2+b^2-2ab\cos\theta$.

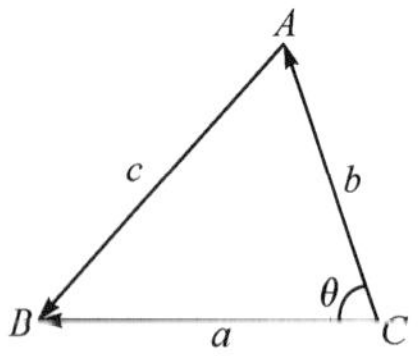

图 9-20

记 $\overrightarrow{CB}=a,\overrightarrow{CA}=b,\overrightarrow{AB}=c$,则有 $c=a-b$,从而

$$|c|^2=c\cdot c=(a-b)\cdot(a-b)=a\cdot a-2a\cdot b+b\cdot b$$
$$=|a|^2+|b|^2-2|a||b|\cos(\widehat{a,b}).$$

由于 $|a|=a,|b|=b,|c|=c$,及 $(\widehat{a,b})=\theta$,即得

$$c^2=a^2+b^2-2ab\cos\theta.$$

例 2 已知三点 $M(1,1,1),A(2,2,1)$ 和 $B(2,1,2)$,求 $\angle AMB$.

解 从 M 到 A 的向量记为 a,从 M 到 B 的向量记为 b,则 $\angle AMB$ 就是向量 a 与 b 的夹角,$a=(1,1,0)$,$b=(1,0,1)$. 从而

$$a\cdot b=1\times 1+1\times 0+0\times 1=1,$$
$$|a|=\sqrt{1^2+1^2+0^2}=\sqrt{2},\quad |b|=\sqrt{1^2+0^2+1^2}=\sqrt{2}.$$

代入两向量夹角余弦的表达式,得

$$\cos\angle AMB=\frac{a\cdot b}{|a||b|}=\frac{1}{\sqrt{2}\cdot\sqrt{2}}=\frac{1}{2},$$

由此得

$$\angle AMB=\frac{\pi}{3}.$$

例 3 在 xOy 平面上求一向量 b,使得 $b\perp a$,其中 $a=(5,-3,4)$,且 $|a|=|b|$.

解 设 $b=(b_x,b_y,b_z)$,由 b 在 xOy 平面上知,$b\perp k$ 或 $b\cdot k=0$,即 $b_z=0$;$b\perp a,b\cdot a=0$,即

$5b_x-3b_y+4b_z=0.$ $|b|=|a|$ 即 $|b|^2=|a|^2$,也就是 $b_x^2+b_y^2+b_z^2=50$,解得 $b_z=0,b_x=\pm\dfrac{15}{\sqrt{17}}$,

$b_y=\pm\dfrac{25}{\sqrt{17}}$,所求向量为 $b=\left(\pm\dfrac{15}{\sqrt{17}},\pm\dfrac{25}{\sqrt{17}},0\right)$.

例 4 设 a,b,c 为单位向量,且满足 $a+b+c=0$,求 $a\cdot b+b\cdot c+c\cdot a$.

解

$$a\cdot(a+b+c)=0,$$

即

$$a\cdot a+a\cdot b+a\cdot c=0,$$

$$a \cdot b + a \cdot c = -1;$$

类似地, 我们还可得到

$$b \cdot a + b \cdot c = -1;$$
$$c \cdot a + c \cdot b = -1.$$

将上面的三式相加得

$$2(a \cdot b + b \cdot c + c \cdot a) = -3,$$

故

$$a \cdot b + b \cdot c + c \cdot a = -\frac{3}{2}.$$

9.2.2　两向量的向量积

1. 概念的引入及定义

在研究物体转动问题时, 不但要考虑这物体所受的力, 还要分析这些力所产生的力矩. 下面举例来说明表达力矩的方法.

设 O 为一根杠杆 L 的支点. 有一个力 F 作用于这杠杆上 P 点处. F 与 $\overrightarrow{OP}$ 的夹角为 θ (如图 9-21). 由力学规定, 力 F 对支点 O 的力矩是一向量 M, 它的模

$$|M| = |\overrightarrow{OP}| |F| \sin\theta,$$

M 的方向垂直于 $\overrightarrow{OP}$ 与 F 所决定的平面, M 的指向是按右手规则从 $\overrightarrow{OP}$ 以不超过 π 的角转向 F 来确定的, 即当右手的四个手指从 $\overrightarrow{OP}$ 以不超过 π 的角转向 F 握拳时, 大拇指的指向就是 M 的指向(如图 9-22).

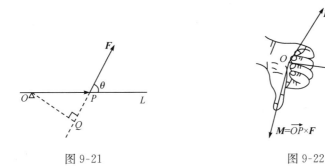

图 9-21　　　　　　　　　　　图 9-22

定义 2　设有非零向量 a, b, 夹角为 $\theta(0 \leqslant \theta \leqslant \pi)$, 定义一个新的向量 c, 使其满足

(i)　$|c| = |a| |b| \sin\theta$;

(ii)　$c \perp a, c \perp b, c$ 的方向从 a 到 b 按右手系确定(如图 9-23), 称 c 为 a 与 b 的向量积(vector product), 记作 $c = a \times b$, 读作 a 又乘 b.

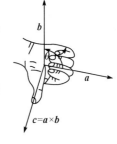

　　注　(1) $a \times b$ 是一个既垂直于 a, 又垂直于 b 的向量;

(2) $|a \times b| = |a| |b| \sin\theta$ 的几何意义: 以 a, b 为边的平行四边形的面积;

(3) 根据向量积的定义, 力矩 M 等于 $\overrightarrow{OP}$ 与 F 的向量积, 即

$$M = \overrightarrow{OP} \times F.$$

图 9-23

2. 性质及坐标运算

(i) $a \times a = 0$;

(ii) 对于两个非零向量 $a,b,a \times b = 0 \Leftrightarrow a // b$;

由于可以认为零向量与任何向量都平行,因此,上述结论可叙述为:

$$a // b \Leftrightarrow a \times b = 0.$$

(iii) $a \times b = -b \times a$;

这是因为按右手规则从 b 转向 a 定出的方向恰好与按右手规则从 a 转向 b 定出的方向相反. 它表明交换律对向量积不成立.

(iv) **分配律** $(a+b) \times c = a \times c + b \times c$;

(v) **结合律** $(\lambda a) \times b = a \times (\lambda b) = \lambda(a \times b)$ (λ 为数);

((iv)、(v)的证明略.)

(vi) $a \times b$ 的坐标计算表示式.

设 $a = a_x i + a_y j + a_z k, b = b_x i + b_y j + b_z k$. 按向量积的运算规律,得

$$a \times b = (a_x i + a_y j + a_z k) \times (b_x i + b_y j + b_z k)$$
$$= a_x i \times (b_x i + b_y j + b_z k) + a_y j \times (b_x i + b_y j + b_z k) + a_z k \times (b_x i + b_y j + b_z k)$$
$$= a_x b_x (i \times i) + a_x b_y (i \times j) + a_x b_z (i \times k) + a_y b_x (j \times i) + a_y b_y (j \times j) + a_y b_z (j \times k)$$
$$+ a_z b_x (k \times i) + a_z b_y (k \times j) + a_z b_z (k \times k),$$

由于 $i \times i = j \times j = k \times k = 0, i \times j = k, j \times k = i, k \times i = j$,所以

$$a \times b = (a_y b_z - a_z b_y) i + (a_z b_x - a_x b_z) j + (a_x b_y - a_y b_x) k.$$

为了帮助记忆,利用三阶行列式,上式可写成

$$a \times b = \begin{vmatrix} i & j & k \\ a_x & a_y & a_z \\ b_x & b_y & b_z \end{vmatrix}.$$

例 5 设 $a = (2,1,-1), b = (1,-1,2)$,求一个单位向量,使之既垂直于 a 又垂直于 b.

解 根据向量积的定义,$c = a \times b$ 满足既垂直于 a 又垂直于 b.

$$a \times b = \begin{vmatrix} i & j & k \\ 2 & 1 & -1 \\ 1 & -1 & 2 \end{vmatrix} = 2i - j - 2k - k - 4j - i = i - 5j - 3k,$$

$$|c| = \sqrt{1 + 9 + 25} = \sqrt{35},$$

则满足条件的单位向量为 $c^0 = \pm \dfrac{1}{|c|} c = \pm \dfrac{1}{\sqrt{35}}(1, -5, -3)$.

例 6 已知三角形 ABC 的顶点分别是 $A(-1,0,1), B(1,2,3), C(0,2,5)$,求 $\triangle ABC$ 的面积.

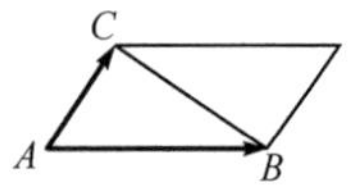

图 9-24

解 如图 9-24 所示,根据向量积的定义,可知 $\triangle ABC$ 的面积

$$S_{\triangle ABC} = \frac{1}{2} |\overrightarrow{AB}| |\overrightarrow{AC}| \sin \angle A = \frac{1}{2} |\overrightarrow{AB} \times \overrightarrow{AC}|.$$

由于 $\overrightarrow{AB} = (2,2,2), \overrightarrow{AC} = (1,2,4)$,因此,

$$\overrightarrow{AB}\times\overrightarrow{AC}=\begin{vmatrix} \boldsymbol{i} & \boldsymbol{j} & \boldsymbol{k} \\ 2 & 2 & 2 \\ 1 & 2 & 4 \end{vmatrix}=4\boldsymbol{i}-6\boldsymbol{j}+2\boldsymbol{k},$$

于是

$$\boldsymbol{S}_{\triangle ABC}=\frac{1}{2}\,|\,4\boldsymbol{i}-6\boldsymbol{j}+2\boldsymbol{k}\,|=\frac{1}{2}\sqrt{4^2+(-6)^2+2^2}=\sqrt{14}.$$

例 7　设刚体以等角速度 $\boldsymbol{\omega}$ 绕 l 轴旋转,计算刚体上一点 M 的线速度.

解　刚体绕 l 轴旋转时,我们可以用在 l 轴上的一个向量 $\boldsymbol{\omega}$ 表示角速度,它的大小等于角速度的大小,它的方向由右手规则定出:即以右手握住 l 轴,当右手的四个手指的转向与刚体的旋转方向一致时,大拇指的指向就是 $\boldsymbol{\omega}$ 的方向(如图 9-25).

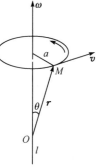

设点 M 到旋转轴 l 的距离为 a,再在 l 轴上任取一点 O 作向量 $\boldsymbol{r}=\overrightarrow{OM}$,并以 θ 表示 $\boldsymbol{\omega}$ 与 $\boldsymbol{r}$ 的夹角,那么

$$a=|\,\boldsymbol{r}\,|\sin\theta.$$

设线速度为 $\boldsymbol{v}$,那么由物理学上线速度与角速度间的关系可知,$\boldsymbol{v}$ 的大小为

$$|\,\boldsymbol{v}\,|=|\,\boldsymbol{\omega}\,|a=|\,\boldsymbol{\omega}\,|\,|\,\boldsymbol{r}\,|\sin\theta;$$

$\boldsymbol{v}$ 的方向垂直于通过 M 点与 l 轴的平面,即 $\boldsymbol{v}$ 垂直于 $\boldsymbol{\omega}$ 与 $\boldsymbol{r}$;又 $\boldsymbol{v}$ 的指向使 $\boldsymbol{\omega},\boldsymbol{r},\boldsymbol{v}$ 符合右手规则. 因此有

图 9-25

$$\boldsymbol{v}=\boldsymbol{\omega}\times\boldsymbol{r}.$$

*9.2.3　向量的混合积

设已知三个向量 $\boldsymbol{a},\boldsymbol{b}$ 和 $\boldsymbol{c}$. 如果先作两个向量 $\boldsymbol{a}$ 和 $\boldsymbol{b}$ 的向量积 $\boldsymbol{a}\times\boldsymbol{b}$,把所得到的向量与第三个向量 $\boldsymbol{c}$ 再作数量积 $(\boldsymbol{a}\times\boldsymbol{b})\cdot\boldsymbol{c}$,这样得到的数量叫做三向量 $\boldsymbol{a},\boldsymbol{b},\boldsymbol{c}$ 的**混合积**(mixed product),记作 $[\boldsymbol{abc}]$.

下面我们来推出三向量的混合积的坐标表示式.

设

$$\boldsymbol{a}=(a_x,a_y,a_z),\ \boldsymbol{b}=(b_x,b_y,b_z),\ \boldsymbol{c}=(c_x,c_y,c_z).$$

因为

$$\boldsymbol{a}\times\boldsymbol{b}=\begin{vmatrix} \boldsymbol{i} & \boldsymbol{j} & \boldsymbol{k} \\ a_x & a_y & a_z \\ b_x & b_y & b_z \end{vmatrix}$$

$$=\begin{vmatrix} a_y & a_z \\ b_y & b_z \end{vmatrix}\boldsymbol{i}-\begin{vmatrix} a_x & a_z \\ b_x & b_z \end{vmatrix}\boldsymbol{j}+\begin{vmatrix} a_x & a_y \\ b_x & b_y \end{vmatrix}\boldsymbol{k},$$

再按两向量的数量积的坐标表示式,便得

$$[\boldsymbol{abc}]=(\boldsymbol{a}\times\boldsymbol{b})\cdot\boldsymbol{c}$$

$$=c_x\begin{vmatrix} a_y & a_z \\ b_y & b_z \end{vmatrix}-c_y\begin{vmatrix} a_x & a_z \\ b_x & b_z \end{vmatrix}+c_z\begin{vmatrix} a_x & a_y \\ b_x & b_y \end{vmatrix}$$

$$= \begin{vmatrix} a_x & a_y & a_z \\ b_x & b_y & b_z \\ c_x & c_y & c_z \end{vmatrix}.$$

向量的混合积有下述几何意义.

向量的混合积 $[abc]=(a\times b)\cdot c$ 是这样一个数,它的绝对值表示以向量 a,b,c 为棱的平行六面体的体积.

如果向量 a,b,c 组成右手系(即 c 的指向按右手规则从 a 转向 b 来确定),那么混合积表示的即是平行六面体的体积;如果 a,b,c 组成左手系(即 c 的指向按左手规则从 a 转向 b 来确定),那么混合积表示的即是平行六面体体积的相反数.

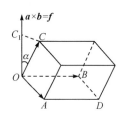

图 9-26

这是因为,若设 $\overrightarrow{OA}=a,\overrightarrow{OB}=b,\overrightarrow{OC}=c$. 按向量积的定义 $a\times b=f$ 是一个向量,它的模在数值上等于以向量 a 和 b 为边所作的平行四边形 $OADB$ 的面积,它的方向垂直于这个平行四边形的平面,且当 a,b,c 组成右手系时,向量 f 与向量 c 朝着这个平面的同侧(如图 9-26);当 a,b,c 组成左手系时,向量 f 与向量 c 朝着这个平面的异侧.所以,如设 f 与 c 的夹角为 α,那么当 a,b,c 组成右手系时,α 为锐角;当 a,b,c 组成左手系时,α 为钝角.由于

$$[abc]=(a\times b)\cdot c=|a\times b||c|\cos\alpha,$$

所以当 a,b,c 组成右手系时,$[abc]$ 为正;当 a,b,c 组成左手系时,$[abc]$ 为负.

因为以向量 a,b,c 为棱的平行六面体的底(平行四边形 $OADB$)的面积 S 在数值上等于 $|a\times b|$,它的高 h 等于向量 c 在向量 f 上的投影的绝对值,即

$$h=|\mathrm{Prj}_f c|=|c||\cos\alpha|,$$

所以平行六面体的体积

$$V=Sh=|a\times b||c||\cos\alpha|=|[abc]|.$$

由上述混合积的几何意义可知,若混合积 $[abc]\neq0$,则能以 a,b,c 三向量为棱构成平行六面体,从而 a,b,c 三向量不共面;反之,若 a,b,c 三向量不共面,则必能以 a,b,c 为棱构成平行六面体,从而 $[abc]\neq0$. 于是有下述结论.

三向量 a,b,c 共面的充分必要条件是它们的混合积 $[abc]=0$,即

$$\begin{vmatrix} a_x & a_y & a_z \\ b_x & b_y & b_z \\ c_x & c_y & c_z \end{vmatrix}=0.$$

例 8　已知不在一平面上的四点 $A(x_1,y_1,z_1),B(x_2,y_2,z_2),C(x_3,y_3,z_3),D(x_4,y_4,z_4)$,求四面体 $ABCD$ 的体积.

解　由立体几何知道,四面体的体积 V 等于以向量 $\overrightarrow{AB}$、$\overrightarrow{AC}$ 和 $\overrightarrow{AD}$ 为棱的平行六面体的体积的六分之一.因而

$$V=\frac{1}{6}|[\overrightarrow{AB}\,\overrightarrow{AC}\,\overrightarrow{AD}]|.$$

由于

$$\overrightarrow{AB}=(x_2-x_1,y_2-y_1,z_2-z_1),$$
$$\overrightarrow{AC}=(x_3-x_1,y_3-y_1,z_3-z_1),$$

$$\overrightarrow{AD}=(x_4-x_1,y_4-y_1,z_4-z_1),$$

所以

$$V=\pm\frac{1}{6}\begin{vmatrix} x_2-x_1 & y_2-y_1 & z_2-z_1 \\ x_3-x_1 & y_3-y_1 & z_3-z_1 \\ x_4-x_1 & y_4-y_1 & z_4-z_1 \end{vmatrix},$$

上式中符号的选择必须和行列式的符号一致.

例 9　已知 $A(1,2,3),B(3,4,5),C(2,4,7),M(x,y,z)$ 四点共面,求点 M 的坐标 $x,y,$ z 所满足的关系式.

解　A,B,C,M 四点共面相当于 $\overrightarrow{AM},\overrightarrow{AB},\overrightarrow{AC}$ 三向量共面,这里 $\overrightarrow{AM}=(x-1,y-2,z-3)$, $\overrightarrow{AB}=(2,2,2),\overrightarrow{AC}=(1,2,4)$.按三向量共面的充分必要条件,可得

$$\begin{vmatrix} x-1 & y-2 & z-3 \\ 2 & 2 & 2 \\ 1 & 2 & 4 \end{vmatrix}=0,$$

即

$$2x-3y+z+1=0.$$

这就是点 M 的坐标所满足的关系式.

习　题　9.2

1. 向量的始点是 $P(2,-2,5)$,终点是 $Q(-1,6,7)$.试求:

(1) $\overrightarrow{PQ}$ 在三个坐标轴上的投影、分向量;　　　　(2) $\overrightarrow{PQ}$ 的模;

(3) $\overrightarrow{PQ}$ 的方向余弦;　　　　　　　　　　　　(4) 与 $\overrightarrow{PQ}$ 平行的单位向量;

(5) $\overrightarrow{PQ}$ 在向量 $\overrightarrow{MN}=(2,2,1)$ 上的投影及分向量.

2. 根据下列条件求向量 a:

(1) $|a|=1,a$ 同时垂直向量 $b=2i+j+3k,c=-5j+k$;

(2) 将(1)中 $|a|=1$ 换为 $\text{Prj}_e a=\sqrt{2}$,其中 $e=(1,0,1)$;

(3) $|a|=6$,且 a 与 x 轴垂直,与 z 轴的夹角为 $60°$,且在 y 轴上的投影为正.

3. 设 $a=3i-j-2k,b=i+2j-k$,求

(1) $a\cdot b$ 及 $a\times b$;(2) a,b 的夹角的余弦;(3) $\text{Prj}_b a$.

4. 已知点 $M_1(1,-1,2),M_2(3,3,1)$ 和 $M_3(3,1,3)$,求与 $\overrightarrow{M_1M_2},\overrightarrow{M_2M_3}$ 同时垂直的单位向量.

5. 设质量为 100kg 的物体从 $M_1(3,1,8)$ 沿直线移动到点 $M_2(1,4,2)$,计算重力所做的功(坐标系长度单位为 m,重力方向为 z 轴负方向).

6. 求向量 $a=(4,-3,4)$ 在向量 $b=(2,2,1)$ 上的投影.

7. 设 $a=(3,5,-2),b=(2,1,4)$,问 λ 与 μ 有怎样的关系,才能使得 $\lambda a+\mu b$ 与 z 垂直?

8. 试用向量证明直径所对的圆周角是直角.

9. 已知向量 $a=2i-3j+k,b=i-j+3k$ 和 $c=i-2j$,计算:

(1) $(a\cdot b)c-(a\cdot c)b$;　　(2) $(a+b)\times(b+c)$;　　(3) $(a\times b)\cdot c$.

10. 已知 $\overrightarrow{OA}=i+3k,\overrightarrow{OB}=j+3k$,求 $\triangle OAB$ 的面积.

11. 若 $|a|=\sqrt{3},|b|=1,(\widehat{a,b})=\dfrac{\pi}{6}$,求:

(1) $(\widehat{a+b,a-b})$;

(2) 以 $a+b, a-b$ 为邻边的平行四边形的面积.

*12. 已知 $a=(a_x, a_y, a_z), b=(b_x, b_y, b_z), c=(c_x, c_y, c_z)$, 试用行列式的性质证明:

$$(a \times b) \cdot c = (b \times c) \cdot a = (c \times a) \cdot b.$$

13. 试用向量证明不等式:

$$\sqrt{a_1^2+a_2^2+a_3^2} \sqrt{b_1^2+b_2^2+b_3^2} \geqslant |a_1 b_1 + a_2 b_2 + a_3 b_3|,$$

其中 $a_1, a_2, a_3, b_1, b_2, b_3$ 为任意实数,并指出等号成立的条件.

9.3 曲面及其方程

9.3.1 曲面方程的概念

在日常生活中,我们经常会遇到各种曲面,例如汽车车灯的反光面、太阳灶的外表面、各种柱体的表面以及锥面等.像在平面解析几何中把平面曲线当作动点的轨迹一样,在空间解析几何中,任何曲面都可以看作点的几何轨迹.在这样的意义下,如果曲面 S 与三元方程

$$F(x, y, z)=0 \tag{9.4}$$

有下述关系

(i) 曲面 S 上任一点的坐标都满足方程(9.4);

(ii) 不在曲面 S 上的点的坐标都不满足方程(9.4),

那么,方程(9.4)就叫做**曲面 S 的方程**,而曲面 S 就叫做**方程(9.4)的图形**(如图 9-27).

现在我们来建立几个常见曲面的方程.

例 1 建立球心在点 $M_0(x_0, y_0, z_0)$、半径为 R 的球面的方程.

解 设 $M(x, y, z)$ 是球面上的任一点(如图 9-28),那么

$$|M_0 M|=R.$$

由于

$$|M_0 M| = \sqrt{(x-x_0)^2+(y-y_0)^2+(z-z_0)^2},$$

所以

$$\sqrt{(x-x_0)^2+(y-y_0)^2+(z-z_0)^2}=R,$$

或

$$(x-x_0)^2+(y-y_0)^2+(z-z_0)^2=R^2. \tag{9.5}$$

这就是球面上的点的坐标所满足的方程,而不在球面上的点的坐标都不满足这个方程,所以方程(9.5)就是以 $M_0(x_0, y_0, z_0)$ 为球心、R 为半径的球面方程.

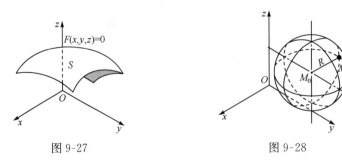

图 9-27　　　　　　　　　　　图 9-28

如果球心在原点,那么 $x_0 = y_0 = z_0 = 0$,从而球面方程为

$$x^2 + y^2 + z^2 = R^2.$$

显然方程 $z = \sqrt{R^2 - (x^2 + y^2)}$ 表示上半球面,方程 $z = -\sqrt{R^2 - (x^2 + y^2)}$ 表示下半球面.

例 2　设有点 $A(2,1,3)$ 和 $B(1,-1,2)$,求线段 AB 的垂直平分面的方程.

解　由题意知道,所求的平面就是与 A 和 B 等距离的点的几何轨迹. 设 $M(x,y,z)$ 为所求平面上的任一点,由于

$$|AM| = |BM|,$$

所以

$$\sqrt{(x-2)^2 + (y-1)^2 + (z-3)^2} = \sqrt{(x-1)^2 + (y+1)^2 + (z-2)^2},$$

等式两边平方,然后化简便得

$$x + 2y + z - 4 = 0.$$

这就是所求平面上的点的坐标所满足的方程,而不在此平面上的点的坐标都不满足这个方程,所以这个方程就是所求平面的方程.

以上表明作为点的几何轨迹的曲面可以用它的点的坐标间的方程来表示. 反之,变量 x,y 和 z 间的方程通常表示一个曲面. 因此,在空间解析几何中关于曲面的研究,有下列两个基本问题.

(i) 已知一曲面作为点的几何轨迹时,建立这曲面的方程;

(ii) 已知坐标 x,y 和 z 间的一个方程时,研究这方程所表示的曲面的形状.

上述例 1、例 2 是从已知曲面建立其方程的例子.下面举一个由已知方程研究它所表示的曲面的例子.

例 3　方程 $x^2 + y^2 + z^2 - 2x + 4y - 6z - 2 = 0$ 表示怎样的曲面?

解　通过配方,原方程可以改写成

$$(x-1)^2 + (y+2)^2 + (z-3)^2 = 16.$$

与 (9.5) 式比较,就知道原方程表示球心在点 $M_0(1,-2,3)$、半径为 $R=4$ 的球面.

一般地,设有三元二次方程

$$Ax^2 + Ay^2 + Az^2 + Dx + Ey + Fz + G = 0,$$

这个方程的特点是缺 xy, yz, zx 各项,而且平方项系数相同,只要将方程经过配方就可以化成方程 (9.5) 的形式,那么它的图形就是一个球面.

接下来,从基本问题 (i)、(ii) 出发,我们将讨论旋转曲面、柱面以及二次曲面.

9.3.2　旋转曲面

以一条平面曲线绕其平面上的一条直线旋转一周所成的曲面叫做**旋转曲面**(surface of revolution),旋转曲线和定直线依次叫做旋转曲面的**母线**(generator)和**轴**(axis).

设在 yOz 坐标面上有一已知曲线 C,它的方程为

$$f(y,z) = 0,$$

把这曲线绕 z 轴旋转一周,就得到一个以 z 轴为轴的旋转曲面(如图 9-29).它的方程可以

用如下方法求得．

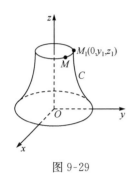

图 9-29

设 $M_1(0,y_1,z_1)$ 为曲线 C 上任一点，那么有

$$f(y_1,z_1)=0. \tag{9.6}$$

当曲线 C 绕 z 轴旋转时，点 M_1 绕 z 轴转到另一点 $M(x,y,z)$，这时 $z=z_1$ 保持不变，且点 M 到 z 轴的距离

$$d=\sqrt{x^2+y^2}=|y_1|.$$

将 $z=z_1$，$y_1=\pm\sqrt{x^2+y^2}$ 代入(9.6)，就有

$$f(\pm\sqrt{x^2+y^2},z)=0, \tag{9.7}$$

这就是所求旋转曲面的方程．

由此可知，在曲线 C 的方程 $f(y,z)=0$ 中将 y 改成 $\pm\sqrt{x^2+y^2}$，便得曲线 C 绕 z 轴旋转所成的旋转曲面的方程 $f(\pm\sqrt{x^2+y^2},z)=0$．

同理，曲线 C 绕 y 轴旋转所成的旋转曲面的方程为

$$f(y,\pm\sqrt{x^2+z^2})=0. \tag{9.8}$$

例 4　直线 L 绕另一条与 L 相交的直线旋转一周，所得旋转曲面叫做**圆锥面**（conic surface）．两直线的交点叫做圆锥面的**顶点**，两直线的夹角 $\alpha\left(0<\alpha<\dfrac{\pi}{2}\right)$ 叫做圆锥面的**半顶角**．试建立顶点在坐标原点 O，旋转轴为 z 轴，半顶角为 α 的圆锥面（如图 9-30）的方程．

解　在 yOz 坐标面上，直线 L 的方程为

$$z=y\cot\alpha, \tag{9.9}$$

因为旋转轴为 z 轴，所以只要将方程(9.9)中的 y 改成 $\pm\sqrt{x^2+y^2}$，便得到这圆锥面的方程

$$z=\pm\sqrt{x^2+y^2}\cot\alpha,$$

或

$$z^2=a^2(x^2+y^2), \tag{9.10}$$

其中 $a=\cot\alpha$．

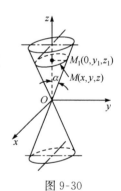

图 9-30

显然，圆锥面上任一点 M 的坐标一定满足方程(9.10)．

下面再列举几种旋转曲面．

(i) 将 yOz 平面上的抛物线 $y^2=2pz$ 绕 z 轴旋转而成的曲面方程为

$$x^2+y^2=2pz,$$

该曲面称为**旋转抛物面**（rotating parabolic surface）（如图 9-31）．

(ii) 将 xOy 平面上的椭圆 $\dfrac{x^2}{a^2}+\dfrac{y^2}{c^2}=1$ 绕 y 轴旋转而成的曲面方程为

$$\frac{x^2+z^2}{a^2}+\frac{y^2}{c^2}=1,$$

该曲面称为**旋转椭球面**（rotating ellipsoidal surface）（如图 9-32）．

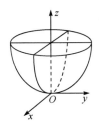
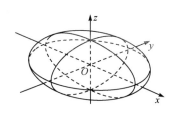

图 9-31　　　　　　　　　　　　图 9-32

（iii）将 xOz 坐标面上的双曲线$\dfrac{x^2}{a^2}-\dfrac{z^2}{c^2}=1$ 分别绕 z 轴和 x 轴旋转一周,所生成的旋转曲面的方程分别为

$$\frac{x^2+y^2}{a^2}-\frac{z^2}{c^2}=1, \quad \frac{x^2}{a^2}-\frac{y^2+z^2}{c^2}=1,$$

分别称为**旋转单叶双曲面**（rotating hyperboloid of one sheet）（如图 9-33）和**旋转双叶双曲面**（rotating twin-leaf hyperboloid）（如图 9-34）.

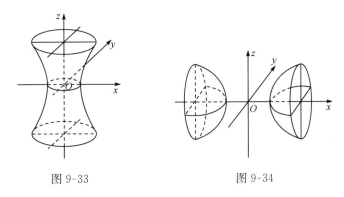

图 9-33　　　　　　　　　　　图 9-34

9.3.3　柱面

我们先来分析一个具体的例子.

例 5　方程 $x^2+y^2=R^2$ 表示怎样的曲面?

解　方程 $x^2+y^2=R^2$ 在 xOy 面上表示圆心在原点 O、半径为 R 的圆. 在空间直角坐标系中,这方程不含竖坐标 z,即不论空间点的竖坐标 z 怎样,只要它的横坐标 x 和纵坐标 y 能满足这方程,那么这些点就在这曲面上. 也就是说,凡是通过 xOy 面内的圆 $x^2+y^2=R^2$ 上一点 $M(x,y,0)$,且平行于 z 轴的直线 l 都在这曲面上,因此,这曲面可以看成是由平行于 z 轴的直线 l 沿 xOy 面上的圆 $x^2+y^2=R^2$ 移动而形成的,这曲面叫做**圆柱面**（如图 9-35）,xOy 面上的圆 $x^2+y^2=R^2$ 叫做它的**准线**（alignment）,这平行于 z 轴的直线 l 叫做它的**母线**.

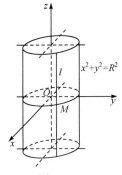

一般的,直线 L 沿定曲线 C 平行移动形成的轨迹叫做**柱面**（cylinder）,定曲线 C 叫做柱面的**准线**,动直线 L 叫做柱面的**母线**.

上面我们看到,不含 z 的方程 $x^2+y^2=R^2$ 在空间直角坐标系中表示圆柱面,它的母线平行于 z 轴,它的准线是 xOy 面上的圆 $x^2+y^2=R^2$.

类似地,方程 $y^2=2x$ 表示母线平行于 z 轴的柱面,它的准线是

图 9-35

xOy 面上的抛物线 $y^2=2x$,该柱面叫做**抛物柱面**(parabolic cylinder)(如图 9-36).

又如,方程 $x-y=0$ 表示母线平行于 z 轴的柱面,其准线是 xOy 面上的直线 $x-y=0$,所以它是过 z 轴的平面(如图 9-37).

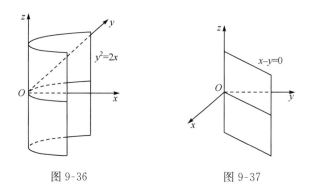

图 9-36　　　　　　　　　　　图 9-37

一般的,只含 x,y 而缺 z 的方程 $F(x,y)=0$ 在空间直角坐标系中表示母线平行于 z 轴的柱面,其准线是 xOy 面上的曲线 $C:F(x,y)=0$(如图 9-38).

类似可知,只含 x,z 而缺 y 的方程 $G(x,z)=0$ 和只含 y,z 而缺 x 的方程 $H(y,z)=0$ 分别表示母线平行于 y 轴和 x 轴的柱面.

例如,方程 $x-z=0$ 表示母线平行于 y 轴的柱面,其准线是 xOz 面上的直线 $x-z=0$,所以它是过 y 轴的平面(如图 9-39).

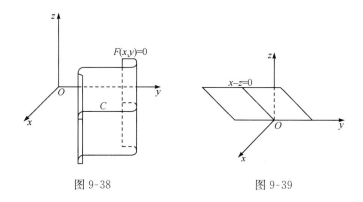

图 9-38　　　　　　　　　　　图 9-39

9.3.4　二次曲面

与平面解析几何中规定的二次曲线相类似,我们把三元二次方程 $F(x,y,z)=0$ 所表示的曲面称为**二次曲面**(quadric surface),把平面称为**一次曲面**(first surface).

经常用到的二次曲面有九种,适当选取空间直角坐标系,可得它们的标准方程.下面就九种二次曲面的标准方程来讨论二次曲面的形状.

(i) **椭圆锥面**(elliptical cone)

$$\frac{x^2}{a^2}+\frac{y^2}{b^2}=z^2,\tag{9.11}$$

以垂直于 z 轴的平面 $z=t$ 截此曲面,当 $t=0$ 时得一点 $(0,0,0)$;当 $t\neq0$ 时,得平面 $z=t$ 上的椭圆

$$\frac{x^2}{(at)^2}+\frac{y^2}{(bt)^2}=1.$$

当 t 变化时,上式表示一族长短轴比例不变的椭圆,当 $|t|$ 从大到小并变为 0 时,这族椭圆从大到小并缩为一点. 综合上述讨论,可得椭圆锥面(9.11)的形状如图 9-40 所示.

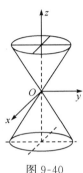

图 9-40

平面 $z=t$ 与曲面 $F(x,y,z)=0$ 的交线称为**截痕**. 通过综合截痕的变化来了解曲面形状的方法称为**截痕法**.

我们也可以用伸缩变形的方法来得出椭圆锥面(9.11)的形状.

先说明 xOy 平面上的图形伸缩变形的方法. 在 xOy 平面上,把点 $M(x,y)$ 变为点 $M'(x,\lambda y)$,从而把点 M 的轨迹 C 变为点 M' 的轨迹 C',称为把图形 C 沿 y 轴方向伸缩 λ 倍变成图形 C'. 假如 C 为曲线 $F(x,y)=0$,点 $M(x_1,y_1)\in C$,点 M 变为 $M'(x_2,y_2)$,其中 $x_2=x_1,y_2=\lambda y_1$,即 $x_2=x_1,y_1=\frac{1}{\lambda}y_2$,因点 $M\in C$,有 $F(x_1,y_1)=0$,故 $F\left(x_2,\frac{1}{\lambda}y_2\right)=0$,因此点 $M'(x_2,y_2)$ 的轨迹 C' 的方程为 $F\left(x,\frac{1}{\lambda}y\right)=0$. 例如,把圆 $x^2+y^2=a^2$ 沿 y 轴方向伸缩 $\frac{b}{a}$ 倍,就变为椭圆 $\frac{x^2}{a^2}+\frac{y^2}{b^2}=1$(如图 9-41).

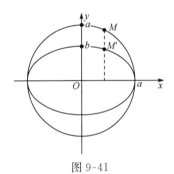

图 9-41

类似地,把空间图形沿 y 轴方向伸缩 $\frac{b}{a}$ 倍,那么圆锥面 $\frac{x^2+y^2}{a^2}=z^2$(如图 9-30)即变为椭圆锥面 $\frac{x^2}{a^2}+\frac{y^2}{b^2}=z^2$(如图 9-40).

利用圆锥面(旋转曲面)的伸缩变形来得出椭圆锥面的形状,这种方法是研究曲面形状的一种较方便的方法.

(ii) **椭球面**(ellipsoid)

$$\frac{x^2}{a^2}+\frac{y^2}{b^2}+\frac{z^2}{c^2}=1,\tag{9.12}$$

把 xOz 面上的椭圆 $\frac{x^2}{a^2}+\frac{z^2}{c^2}=1$ 绕 z 轴旋转,所得曲面称为**旋转椭球面**,其方程为

$$\frac{x^2+y^2}{a^2}+\frac{z^2}{c^2}=1;$$

再把旋转椭球面沿 y 轴方向伸缩 $\frac{b}{a}$ 倍,便得椭球面(9.12)的形状如图 9-42 所示.

当 $a=b=c$ 时,椭球面(9.12)成为 $x^2+y^2+z^2=a^2$,这是球心在原点、半径为 a 的球面. 显然,球面是旋转椭球面的特殊情形,旋转椭球面是椭球面的特殊情形. 把球面 $x^2+y^2+z^2=a^2$ 沿 z 轴方向伸缩 $\frac{c}{a}$ 倍,即得旋转椭球面 $\frac{x^2+y^2}{a^2}+\frac{z^2}{c^2}=1$;再沿 y 轴方向伸缩 $\frac{b}{a}$ 倍,即得椭球面(9.12).

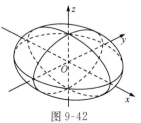

图 9-42

（iii）**单叶双曲面**（hyperboloid of one sheet）

$$\frac{x^2}{a^2}+\frac{y^2}{b^2}-\frac{z^2}{c^2}=1, \tag{9.13}$$

把 xOz 面上的双曲线$\frac{x^2}{a^2}-\frac{z^2}{c^2}=1$绕 z 轴旋转，得**旋转单叶双曲面**$\frac{x^2+y^2}{a^2}-\frac{z^2}{c^2}=1$(如图 9-33)；把此旋转曲面沿 y 轴方向伸缩$\frac{b}{a}$倍，即得单叶双曲面(9.13)．

（iv）**双叶双曲面**（twin-leaf hyperboloid）

$$\frac{x^2}{a^2}-\frac{y^2}{b^2}-\frac{z^2}{c^2}=1, \tag{9.14}$$

把 xOz 面上的双曲线$\frac{x^2}{a^2}-\frac{z^2}{c^2}=1$绕 x 轴旋转，得**旋转双叶双曲面**$\frac{x^2}{a^2}-\frac{z^2+y^2}{c^2}=1$(如图 9-34)；把此旋转曲面沿 y 轴方向伸缩$\frac{b}{c}$倍，即得双叶双曲面(9.14)．

（v）**椭圆抛物面**（elliptic paraboloid）

$$\frac{x^2}{a^2}+\frac{y^2}{b^2}=z, \tag{9.15}$$

把 xOz 面上的抛物线$\frac{x^2}{a^2}=z$绕 z 轴旋转，所得曲面叫做**旋转抛物面**$\frac{x^2+y^2}{a^2}=z$(如图 9-43)；把

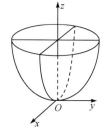

此旋转曲面沿 y 轴方向伸缩$\frac{b}{a}$倍，即得椭圆抛物面(9.15)．

（vi）**双曲抛物面**（hyperbolic paraboloid）

$$\frac{x^2}{a^2}-\frac{y^2}{b^2}=z, \tag{9.16}$$

双曲抛物面又称**马鞍面**，我们用截痕法来讨论它的形状．

用平面 $x=t$ 截此曲面，所得截痕 l 为平面 $x=t$ 上的抛物线

$$-\frac{y^2}{b^2}=z-\frac{t^2}{a^2},$$

图 9-43

此抛物线开口朝下，其顶点坐标为$\left(t,0,\frac{t^2}{a^2}\right)$．当 t 变化时，l 的形状不变，位置只作平移，而 l 的顶点的轨迹 L 为平面 $y=0$ 上的抛物线

$$z=\frac{x^2}{a^2}.$$

因此，以 l 为母线，L 为准线，母线 l 的顶点在准线 L 上滑动，且母线作平行移动，这样得到的曲面便是双曲抛物面(9.16)，如图 9-44 所示．

还有三种二次曲面是以三种二次曲线为准线的柱面：

$$\frac{x^2}{a^2}+\frac{y^2}{b^2}=1,\ \frac{x^2}{a^2}-\frac{y^2}{b^2}=1,\ x^2=ay,$$

依次称为**椭圆柱面**（elliptic cylinder）、**双曲柱面**

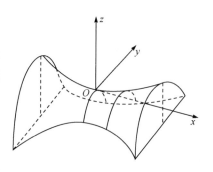

图 9-44

(hyperbolic cylinder)、**抛物柱面**(parabolic cylinder).

习　题　9.3

1. 建立以点 $(1,3,-2)$ 为球心,且通过坐标原点的球面方程.

2. 指出下列方程各表示哪种曲面:

(1) $x^2+y^2-2x=0$;　　　　　　　　(2) $3x^2+4y^2=12$;

(3) $y^2-z+1=0$;　　　　　　　　　(4) $3x^2-z^2=6$;

(5) $x^2+y^2+z^2-2x+4y+2z=0$.

3. 求与坐标原点 O 及点 $(2,3,4)$ 的距离之比为 $1:2$ 的点的全体所组成的曲面的方程,它表示怎样的曲面?

4. 将 xOz 坐标面上的抛物线 $z^2=3x$ 绕 x 轴旋转一周,求所生成的旋转曲面的方程.

5. 将 xOz 坐标面上的圆 $x^2+z^2=16$ 绕 z 轴旋转一周,求所生成的旋转曲面的方程.

6. 将 xOy 坐标面上的双曲线 $9x^2-4y^2=36$ 分别绕 x 轴及 y 轴旋转一周,求所生成的旋转曲面的方程.

7. 画出下列各方程所表示的曲面:

(1) $\left(x-\dfrac{a}{2}\right)^2+y^2=\left(\dfrac{a}{2}\right)^2$;　　　(2) $-\dfrac{x^2}{9}+\dfrac{y^2}{16}=1$;

(3) $\dfrac{x^2}{4}+\dfrac{y^2}{9}=1$;　　　　　　　(4) $y^2-z=0$;

(5) $z=3-x^2$.

8. 指出下列方程在平面解析几何和空间解析几何中分别表示什么图形:

(1) $x=5$;　　　　　　　　　　　(2) $y=3x+2$;

(3) $x^2+y^2=16$;　　　　　　　　(4) $x^2-y^2=9$.

9. 说明下列旋转曲面是怎样形成的:

(1) $\dfrac{x^2}{16}+\dfrac{y^2}{9}+\dfrac{z^2}{9}=1$;　　　　(2) $x^2-\dfrac{y^2}{9}+z^2=1$;

(3) $x^2-y^2-z^2=1$;　　　　　　(4) $(z-a)^2=x^2+y^2$.

10. 指出下列方程所表示的曲面类型:

(1) $4x^2+y^2-z^2=4$;　　　　　　(2) $x^2-y^2-4z^2=4$;

(3) $\dfrac{z}{3}=\dfrac{x^2}{4}+\dfrac{y^2}{9}$.

9.4　空间曲线及其方程

9.4.1　空间曲线的一般方程

空间曲线可以看作两个曲面的交线. 设
$$F(x,y,z)=0,\quad G(x,y,z)=0$$
分别是两个曲面的方程,它们的交线为 C(如图 9-45). 因为曲线 C 上的任何点的坐标应同时满足这两个曲面的方程,所以应满足方程组

$$\begin{cases} F(x,y,z)=0, \\ G(x,y,z)=0. \end{cases} \tag{9.17}$$

反过来,如果点 M 不在曲线 C 上,那么它不可能同时在两个曲面上,所以它的坐标不满

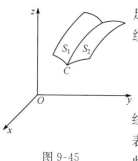

图 9-45

足方程组(9.17).因此,曲线 C 可以用方程组(9.17)来表示.方程组(9.17)叫做**空间曲线** C **的一般方程.**

例 1   方程组 $\begin{cases} x^2+y^2=1, \\ x+2z=6 \end{cases}$ 表示怎样的曲线?

解   方程组中第一个方程表示母线平行于 z 轴的圆柱面,其准线是 xOy 面上的圆,圆心在原点 O,半径为 1. 方程组中第二个方程表示一个母线平行于 y 轴的柱面,由于它的准线是 zOx 面上的直线,因此它是一个平面.方程组就表示上述平面与圆柱面的交线(如图 9-46).

例 2   方程组 $\begin{cases} z=\sqrt{a^2-x^2-y^2}, \\ \left(x-\dfrac{a}{2}\right)^2+y^2=\left(\dfrac{a}{2}\right)^2 \end{cases}$ 表示怎样的曲线?

解   方程组中第一个方程表示球心在坐标原点 O,半径为 a 的上半球面;第二个方程表示母线平行于 z 轴的圆柱面,它的准线是 xOy 面上的圆,此圆的圆心在点 $\left(\dfrac{a}{2}, 0\right)$,半径为 $\dfrac{a}{2}$.方程组就表示上述半球面与圆柱面的交线(如图 9-47).

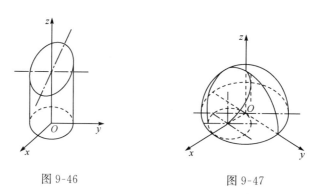

图 9-46   图 9-47

9.4.2   空间曲线的参数方程

空间曲线 C 的方程除了一般方程之外,也可以用参数形式表示,只要将 C 上动点的坐标 x, y, z 表示为参数 t 的函数

$$\begin{cases} x=x(t), \\ y=y(t), \\ z=z(t). \end{cases} \tag{9.18}$$

当给定 $t=t_1$ 时,就得到 C 上的一个点 (x_1, y_1, z_1);随着 t 的变动便可得曲线 C 上的全部点.方程组(9.18)叫做**空间曲线的参数方程.**

例 3   如果空间一点 M 在圆柱面 $x^2+y^2=a^2$ 上以角速度 ω 绕 z 轴旋转,同时又以线速度 v 沿平行于 z 轴的正方向上升(其中 ω, v 都是常数),那么点 M 构成的图形叫做**螺旋线.**试建立其参数方程.

解   取时间 t 为参数.设当 $t=0$ 时,动点位于 x 轴上的一点 $A(a, 0, 0)$ 处.经过时间 t,动点由 A 运动到 $M(x, y, z)$(如图 9-48).记 M 在 xOy 面上的投影为 M',M' 的坐标为

$(x,y,0)$. 由于动点在圆柱面上以角速度 ω 绕 z 轴旋转,所以经过时间 t, $\angle AOM'=\omega t$. 从而

$$x=|OM'|\cos\angle AOM'=a\cos\omega t,$$
$$y=|OM'|\sin\angle AOM'=a\sin\omega t.$$

由于动点同时以线速度 v 沿平行于 z 轴的正方向上升,所以

$$z=M'M=vt.$$

因此,螺旋线的参数方程为

$$\begin{cases} x=a\cos\omega t, \\ y=a\sin\omega t, \\ z=vt. \end{cases}$$

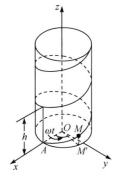

也可以用其他变量作参数. 例如令 $\theta=\omega t$,则螺旋线的参数方程可写为

图 9-48

$$\begin{cases} x=a\cos\theta, \\ y=a\sin\theta, \\ z=b\theta, \end{cases}$$

其中 $b=\dfrac{v}{\omega}$,而参数为 θ.

螺旋线是实践中常用的曲线. 例如,平头螺丝钉的外缘曲线就是螺旋线. 当我们拧紧平头螺丝钉时,它的外缘曲线上的任一点 M,一方面绕螺丝钉的轴旋转,另一方面又沿平行于轴线的方向前进,点 M 就走出一段螺旋线.

螺旋线有一个重要性质:当 θ 从 θ_0 变到 $\theta_0+\alpha$ 时,z 由 $b\theta_0$ 变到 $b\theta_0+b\alpha$. 这说明当 OM' 转过角 α 时,M 点沿螺旋线上升了高度 $b\alpha$,即上升的高度与 OM' 转过的角度成正比,特别是当 OM' 转过一周,即 $\alpha=2\pi$ 时,M 点就上升固定的高度 $h=2\pi b$. 这个高度 $h=2\pi b$ 在工程技术上叫做**螺距**.

例 4　化曲线的一般方程

$$\begin{cases} x^2+y^2+z^2=1, \\ y=z \end{cases}$$

为参数方程.

解　我们把第二个方程代入到第一个方程,得到与之等价的方程组

$$\begin{cases} x^2+2y^2=1, \\ z=y, \end{cases}$$

该曲线为平面 $z=y$ 上的一个圆. 从而所给曲线的参数方程为

$$\begin{cases} x=\cos t, \\ y=\dfrac{1}{\sqrt{2}}\sin t, \\ z=\dfrac{1}{\sqrt{2}}\sin t \end{cases} \quad (0\leqslant t\leqslant 2\pi).$$

* 曲面的参数方程

下面顺便介绍一下曲面的参数方程. 曲面的参数方程通常是含两个参数的方程,形如

$$\begin{cases} x=x(s,t), \\ y=y(s,t), \\ z=z(s,t). \end{cases} \tag{9.19}$$

例如，空间曲线 Γ

$$\begin{cases} x=\varphi(t), \\ y=\psi(t), \quad (\alpha\leqslant t\leqslant\beta) \\ z=\omega(t) \end{cases}$$

绕 z 轴旋转，所得旋转曲面的方程为

$$\begin{cases} x=\sqrt{[\varphi(t)]^2+[\psi(t)]^2}\cos\theta, \\ y=\sqrt{[\varphi(t)]^2+[\psi(t)]^2}\sin\theta, \quad (\alpha\leqslant t\leqslant\beta, 0\leqslant\theta\leqslant2\pi). \\ z=\omega(t) \end{cases} \tag{9.20}$$

这是因为，固定一个 t，得 Γ 上一点 $M_1(\varphi(t),\psi(t),\omega(t))$，点 M_1 绕 z 轴旋转，得空间的一个圆，该圆在平面 $z=\omega(t)$ 上，其半径为点 M_1 到 z 轴的距离 $\sqrt{[\varphi(t)]^2+[\psi(t)]^2}$，因此，固定 t 的方程（9.20）就是该圆的参数方程. 再令 t 在 $[\alpha,\beta]$ 内变动，方程（9.20）便是旋转曲面的方程.

例如，直线

$$\begin{cases} x=1, \\ y=t, \\ z=3t \end{cases}$$

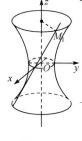

图 9-49

绕 z 轴旋转所得旋转曲面（如图 9-49）的方程为

$$\begin{cases} x=\sqrt{1+t^2}\cos\theta \\ y=\sqrt{1+t^2}\sin\theta, \\ z=3t, \end{cases}$$

上式消去 t 和 θ，得曲面的直角坐标方程为 $x^2+y^2=1+\dfrac{z^2}{9}$.

又如球面 $x^2+y^2+z^2=a^2$ 可看成 zOx 面上的半圆周

$$\begin{cases} x=a\sin\varphi, \\ y=0, \qquad (0\leqslant\varphi\leqslant\pi) \\ z=a\cos\varphi \end{cases}$$

绕 z 轴旋转所得（如图 9-50），故球面方程为

$$\begin{cases} x=a\sin\varphi\cos\theta, \\ y=a\sin\varphi\sin\theta, \qquad (0\leqslant\varphi\leqslant\pi, 0\leqslant\theta\leqslant2\pi). \\ z=a\cos\varphi \end{cases}$$

9.4.3 空间曲线在坐标面上的投影

设空间曲线 C 的一般方程为

$$\begin{cases} F(x,y,z)=0, \\ G(x,y,z)=0. \end{cases} \tag{9.21}$$

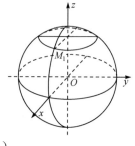

图 9-50

现在来研究由方程组(9.21)消去变量 z 后所得的方程

$$H(x,y)=0. \tag{9.22}$$

由于方程(9.22)是由方程组(9.21)消去 z 后所得的结果,因此当 x,y 和 z 满足方程组(9.21)时,前两个数 x,y 必定满足方程(9.22),这说明曲线 C 上的所有点都在由方程(9.22)所表示的曲面上.

由上节知道,方程(9.22)表示一个母线平行于 z 轴的柱面.由上面的讨论可知,这柱面必定包含曲线 C.以曲线 C 为准线、母线平行于 z 轴(即垂直于 xOy 面)的柱面叫做曲线 C 关于 xOy 面的**投影柱面**,投影柱面与 xOy 面的交线叫做空间曲线 C 在 xOy 面上的**投影曲线**,或简称**投影**.因此,方程(9.22)所表示的柱面必定包含投影柱面,而方程

$$\begin{cases} H(x,y)=0, \\ z=0 \end{cases}$$

所表示的曲线必定包含空间曲线 C 在 xOy 面上的投影.

同理,消去方程组(9.21)中的变量 x 或变量 y,再分别和 $x=0$ 或 $y=0$ 联立,我们就可得到包含曲线 C 在 yOz 面或 xOz 面上的投影曲线方程

$$\begin{cases} R(y,z)=0, \\ x=0, \end{cases} \quad \text{或} \quad \begin{cases} T(x,z)=0, \\ y=0. \end{cases}$$

例 5　求曲线 $\begin{cases} x^2+y^2-z^2=0, \\ x-z+1=0 \end{cases}$ 关于 xOy 面的投影柱面方程及此曲线在 xOy 面上的投影曲线方程.

解　先求投影柱面方程,再求投影曲线方程.

消去 z 得 $y^2-2x=1$,此曲面即为曲线关于 xOy 面的投影柱面的方程,为抛物柱面.此柱面与 xOy 面(即 $z=0$)的交线即为所求的投影曲线方程,联立得

$$\begin{cases} y^2-2x=1, \\ z=0, \end{cases}$$

此为曲线在 xOy 面的投影曲线的方程.

在重积分和曲面积分的计算中,往往需要确定一个立体或曲面在坐标面上的投影,这时要利用投影柱面和投影曲线.

例 6　设一个立体由上半球面 $z=\sqrt{4-x^2-y^2}$ 和锥面 $z=\sqrt{3(x^2+y^2)}$ 所围成(如图 9-51),求它在 xOy 面上的投影.

解　半球面和锥面的交线为

$$C: \begin{cases} z=\sqrt{4-x^2-y^2}, \\ z=\sqrt{3(x^2+y^2)}. \end{cases}$$

由上述方程组消去 z,得到 $x^2+y^2=1$.这是一个母线平行于 z 轴的圆柱面,容易看出,这恰好是交线 C 关于 xOy 面的投影柱面,因此,交线 C 在 xOy 面上的投影曲线为

$$\begin{cases} x^2+y^2=1, \\ z=0. \end{cases}$$

这是 xOy 面上的一个圆,于是所求立体在 xOy 面上的投影,就

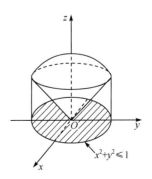

图 9-51

是该圆在 xOy 面上所围的部分：

$$x^2 + y^2 \leqslant 1.$$

习　题　9.4

1. 画出下列曲线在第一卦限内的图形：

(1) $\begin{cases} x=2, \\ y=1; \end{cases}$ 　　　　　　　　(2) $\begin{cases} z=\sqrt{4-x^2-y^2}, \\ x-y=0; \end{cases}$

(3) $\begin{cases} x^2+y^2=a^2, \\ y^2+z^2=a^2. \end{cases}$

2. 指出下列方程组在平面解析几何与空间解析几何中分别表示什么图形：

(1) $\begin{cases} y=3x+2, \\ y=2x-7; \end{cases}$ 　　　　　　　　(2) $\begin{cases} \dfrac{x^2}{4}+\dfrac{y^2}{9}=1, \\ x=2. \end{cases}$

3. 分别求母线平行于 x 轴及 y 轴且通过曲线 $\begin{cases} 2x^2+y^2+z^2=16, \\ x^2+z^2-y^2=0 \end{cases}$ 的柱面方程.

4. 求曲线 C：$\begin{cases} x^2+y^2-z^2=0, \\ x-z+1=0 \end{cases}$ 关于 yOz 面的投影柱面方程及此曲线在 yOz 面的投影曲线方程.

5. 将下列曲线的一般方程化为参数方程：

(1) $\begin{cases} x^2+y^2+z^2=4, \\ y=x; \end{cases}$ 　　　　　　　　(2) $\begin{cases} (x-1)^2+y^2+(z+1)^2=3, \\ z=0. \end{cases}$

6. 求螺旋线 $\begin{cases} x=a\cos\theta, \\ y=a\sin\theta, \\ z=b\theta \end{cases}$ 在三个坐标面上的投影曲线的直角坐标方程.

7. 求上半球 $0\leqslant z\leqslant\sqrt{a^2-x^2-y^2}$ 与圆柱体 $x^2+y^2\leqslant ax(a>0)$ 的公共部分分别在 xOy 面和 xOz 面上的投影.

8. 求旋转抛物面 $z=x^2+y^2(0\leqslant z\leqslant 4)$ 在三坐标面上的投影.

9.5　平面及其方程

在本节和下一节里,将以向量为工具,在空间直角坐标系中讨论最简单的曲面和曲线——平面和直线.

9.5.1　平面的点法式方程

如果一非零向量垂直于一平面,这向量就叫做该**平面的法线向量**. 易知,平面上的任一向量均与该平面的法线向量垂直.

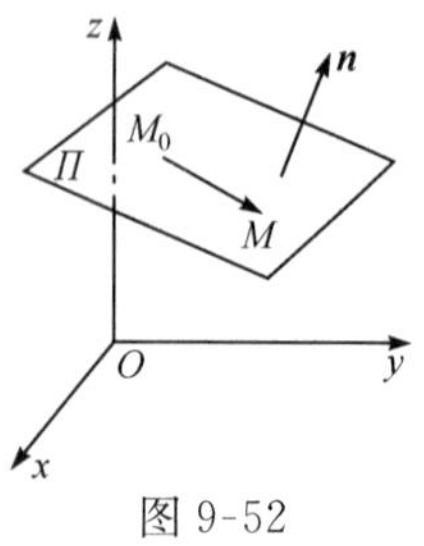

设 $M(x,y,z)$ 是平面 Π 上的任一点(如图 9-52). 那么向量 $\overrightarrow{M_0M}$ 必与平面 Π 的法线向量 $\boldsymbol{n}$ 垂直,即它们的数量积等于零

$$\boldsymbol{n} \cdot \overrightarrow{M_0M}=0.$$

由于

$$\boldsymbol{n}=(A,B,C),\ \overrightarrow{M_0M}=(x-x_0,y-y_0,z-z_0),$$

图 9-52 　　　　所以有

$$A(x-x_0)+B(y-y_0)+C(z-z_0)=0. \tag{9.23}$$

这就是平面 Π 上任一点 M 的坐标 x,y,z 所满足的方程.

反过来,如果 $M(x,y,z)$ 不在平面 Π 上,那么向量 $\overrightarrow{M_0M}$ 与法线向量 $\boldsymbol{n}$ 不垂直,从而 $\boldsymbol{n}\cdot\overrightarrow{M_0M}\neq0$,即不在平面 Π 上的点 M 的坐标 x,y,z 不满足方程(9.23).

这样,方程(9.23)就是平面 Π 的方程,而平面 Π 就是方程(9.23)的图形. 由于方程(9.23)是由平面 Π 上的一点 $M_0(x_0,y_0,z_0)$ 及它的一个法线向量 $\boldsymbol{n}=(A,B,C)$ 确定的,所以方程(9.23)叫做**平面的点法式方程**.

例 1　求过点 $(1,-1,2)$ 且以 $\boldsymbol{n}=(1,2,3)$ 为法线向量的平面的方程.

解　根据平面的点法式方程(9.23),得所求平面的方程为
$$(x-1)+2(y+1)+3(z-2)=0,$$
即
$$x+2y+3z-5=0.$$

例 2　求过三点 $M_1(2,-3,1)$,$M_2(4,1,3)$ 和 $M_3(1,0,2)$ 的平面的方程.

解　先找出这平面的法线向量 $\boldsymbol{n}$,由于向量 $\boldsymbol{n}$ 与向量 $\overrightarrow{M_1M_2}$,$\overrightarrow{M_1M_3}$ 都垂直,而 $\overrightarrow{M_1M_2}=(2,4,2)$,$\overrightarrow{M_1M_3}=(-1,3,1)$,所以可取它们的向量积为 $\boldsymbol{n}$,即

$$\boldsymbol{n}=\overrightarrow{M_1M_2}\times\overrightarrow{M_1M_3}=\begin{vmatrix} \boldsymbol{i} & \boldsymbol{j} & \boldsymbol{k} \\ 2 & 4 & 2 \\ -1 & 3 & 1 \end{vmatrix}$$

$$=-2\boldsymbol{i}-4\boldsymbol{j}+10\boldsymbol{k},$$

根据平面的点法式方程(9.23),得所求平面的方程为
$$-2(x-2)-4(y+3)+10(z-1)=0,$$
化简可得
$$x+2y-5z+9=0.$$

9.5.2　平面的一般方程

由于平面的点法式方程(9.23)是 x,y,z 的一次方程,而任一平面都可以用它上面的一点及它的法线向量来确定,所以任一平面都可以用三元一次方程来表示.

反过来,设有三元一次方程
$$Ax+By+Cz+D=0, \tag{9.24}$$
我们任取满足该方程的一组数 x_0,y_0,z_0,即
$$Ax_0+By_0+Cz_0+D=0. \tag{9.25}$$
把上述两等式相减,得
$$A(x-x_0)+B(y-y_0)+C(z-z_0)=0. \tag{9.26}$$
把它和平面的点法式方程(9.23)作比较,可以知道方程(9.26)是通过点 $M_0(x_0,y_0,z_0)$ 且以 $\boldsymbol{n}=(A,B,C)$ 为法线向量的平面方程. 显然方程(9.24)与方程(9.26)同解. 由此可知,任一三元一次方程 $Ax+By+Cz+D=0$ 的图形总是一个平面. 故方程(9.24)称为**平面的一般方程**,其中 x,y,z 的系数就是该平面的一个法线向量 $\boldsymbol{n}$ 的坐标,即 $\boldsymbol{n}=(A,B,C)$.

例如,方程
$$2x-5y+3z-9=0$$

表示一个平面，$n=(2,-5,3)$是这平面的一个法线向量.

对于一些特殊的三元一次方程，应该熟悉它们的图形的特点.

当 $D=0$ 时，方程(9.24)成为 $Ax+By+Cz=0$，它表示一个通过原点的平面.

当 $A=0$ 时，方程(9.24)成为 $By+Cz+D=0$，法线向量 $n=(0,B,C)$ 垂直于 x 轴，方程表示一个平行于 x 轴的平面.

同样，方程 $Ax+Cz+D=0$ 和 $Ax+By+D=0$ 分别表示一个平行于 y 轴和 z 轴的平面.

当 $A=B=0$ 时，方程(9.24)成为 $Cz+D=0$ 或 $z=-\dfrac{D}{C}$，法线向量 $n=(0,0,C)$ 同时垂直 x 轴和 y 轴，方程表示一个平行于 xOy 面的平面.

同样，方程 $Ax+D=0$ 和 $By+D=0$ 分别表示一个平行于 yOz 面和 zOx 面的平面.

例 3　求通过 y 轴和点$(2,-1,1)$的平面的方程.

解　由于平面通过 y 轴，从而它的法线向量垂直于 y 轴，于是法线向量在 y 轴上的投影为零，即 $B=0$；又由于平面通过 y 轴，必过原点；于是 $D=0$. 因此可设这平面的方程为
$$Ax+Cz=0.$$
又因为这平面通过点$(2,-1,1)$，所以有
$$2A+C=0,$$
即
$$C=-2A.$$
以此代入所设方程并除以 $A(A\neq0)$，便得所求的平面方程为
$$x-2z=0.$$

例 4　设一平面与 x,y,z 轴的交点依次为 $P(a,0,0),Q(0,b,0),R(0,0,c)$ 三点，求这平面的方程（其中 $a\neq0,b\neq0,c\neq0$）.

解　设所求平面的方程为
$$Ax+By+Cz+D=0.$$
因为点 $P(a,0,0),Q(0,b,0),R(0,0,c)$ 三点都在这平面上，所以点 P,Q,R 的坐标都满足所设方程(9.24)，即有
$$\begin{cases} aA+D=0, \\ bB+D=0, \\ cC+D=0, \end{cases}$$
得
$$A=-\frac{D}{a},\ B=-\frac{D}{b},\ C=-\frac{D}{c}.$$
以此代入(9.24)并除以 $D(D\neq0)$，便得所求的平面方程为
$$\frac{x}{a}+\frac{y}{b}+\frac{z}{c}=1. \tag{9.27}$$
方程(9.27)叫做**平面的截距式方程**，而 a,b,c 依次叫做**平面在 x,y,z 轴上的截距**.

9.5.3　两平面的夹角

两平面的法线向量的夹角（通常指锐角）称为**两平面的夹角**.

设平面 Π_1 和 Π_2 的法线向量依次为 $\boldsymbol{n}_1=(A_1,B_1,C_1)$ 和 $\boldsymbol{n}_2=(A_2,B_2,C_2)$，那么平面 Π_1 和 Π_2 的夹角 θ（如图 9-53）应是 $(\stackrel{\wedge}{\boldsymbol{n}_1,\boldsymbol{n}_2})$ 和 $(-\stackrel{\wedge}{\boldsymbol{n}_1,\boldsymbol{n}_2})=\pi-(\stackrel{\wedge}{\boldsymbol{n}_1,\boldsymbol{n}_2})$ 两者中的锐角，因此，$\cos\theta=|\cos(\stackrel{\wedge}{\boldsymbol{n}_1,\boldsymbol{n}_2})|$. 按两向量夹角余弦的坐标表示式，平面 Π_1 和 Π_2 的夹角 θ 可由

$$\cos\theta=\frac{|A_1A_2+B_1B_2+C_1C_2|}{\sqrt{A_1^2+B_1^2+C_1^2}\cdot\sqrt{A_2^2+B_2^2+C_2^2}} \qquad (9.28)$$

来确定.

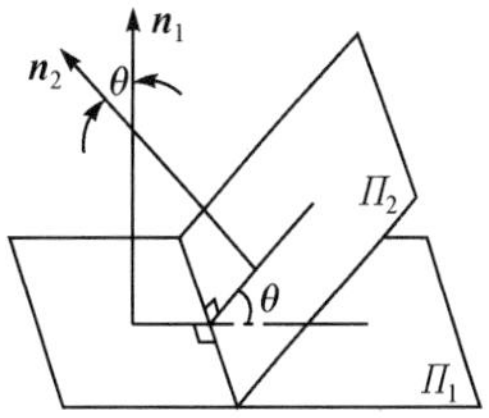

从两向量垂直、平行的充分必要条件立即推得下列结论.

平面 Π_1 和 Π_2 垂直 $\Leftrightarrow A_1A_2+B_1B_2+C_1C_2=0$；

平面 Π_1 和 Π_2 互相平行或重合 $\Leftrightarrow \dfrac{A_1}{A_2}=\dfrac{B_1}{B_2}=\dfrac{C_1}{C_2}$.

例 5　求两平面 $x-y+2z+7=0$ 和 $2x+y+z-12=0$ 的夹角.

解　由公式（9.28）有

$$\cos\theta=\frac{|1\times2+(-1)\times1+2\times1|}{\sqrt{1^2+(-1)^2+2^2}\cdot\sqrt{2^2+1^2+1^2}}=\frac{1}{2},$$

因此，所求夹角为 $\theta=\dfrac{\pi}{3}$.

图 9-53

例 6　一平面通过两点 $M_1(1,1,1)$ 和 $M_2(0,1,-1)$ 且垂直于平面 $x+y+z=1$，求它的方程.

解　设所求平面的法线向量为 $\boldsymbol{n}=(A,B,C)$. 因 $\overrightarrow{M_1M_2}=(-1,0,-2)$ 在所求平面上，它必与 $\boldsymbol{n}$ 垂直，所以有

$$-A-2C=0. \qquad (9.29)$$

又因所求的平面垂直于已知平面 $x+y+z=1$，所以又有

$$A+B+C=0. \qquad (9.30)$$

由（9.29）、（9.30）得到

$$A=-2C,\quad B=C.$$

由平面的点法式方程可知，所求平面方程为

$$A(x-1)+B(y-1)+C(z-1)=0.$$

将 $A=-2C$ 及 $B=C$ 代入上式，并约去 $C(C\neq0)$，便得

$$-2(x-1)+(y-1)+(z-1)=0,$$

即

$$2x-y-z=0.$$

这就是所求的平面方程.

例 7　设 $P_0(x_0,y_0,z_0)$ 是平面 $Ax+By+Cz+D=0$ 外一点，求 P_0 到这平面的距离（如图 9-54）.

解　在平面上任取一点 $P_1(x_1,y_1,z_1)$，并作一法线向量 $\boldsymbol{n}$，由图 9-54，并考虑到 $\overrightarrow{P_1P_0}$ 与 $\boldsymbol{n}$ 的夹角 θ 也可能是钝角，得所求的距离

$$d=|\mathrm{Prj}_{\boldsymbol{n}}\overrightarrow{P_1P_0}|.$$

设 $\boldsymbol{e}_n$ 为与向量 $\boldsymbol{n}$ 方向一致的单位向量，那么有

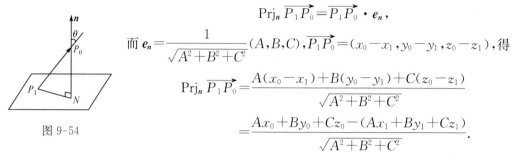

$$\mathrm{Prj}_n\,\overrightarrow{P_1P_0}=\overrightarrow{P_1P_0}\cdot\boldsymbol{e}_n,$$

而 $\boldsymbol{e}_n=\dfrac{1}{\sqrt{A^2+B^2+C^2}}(A,B,C)$，$\overrightarrow{P_1P_0}=(x_0-x_1,y_0-y_1,z_0-z_1)$，得

$$\mathrm{Prj}_n\,\overrightarrow{P_1P_0}=\frac{A(x_0-x_1)+B(y_0-y_1)+C(z_0-z_1)}{\sqrt{A^2+B^2+C^2}}$$

$$=\frac{Ax_0+By_0+Cz_0-(Ax_1+By_1+Cz_1)}{\sqrt{A^2+B^2+C^2}}.$$

图 9-54

由于

$$Ax_1+By_1+Cz_1+D=0,$$

所以

$$\mathrm{Prj}_n\,\overrightarrow{P_1P_0}=\frac{Ax_0+By_0+Cz_0+D}{\sqrt{A^2+B^2+C^2}}.$$

由此得点 $P_0(x_0,y_0,z_0)$ 到平面 $Ax+By+Cz+D=0$ 的距离公式为

$$d=\frac{|Ax_0+By_0+Cz_0+D|}{\sqrt{A^2+B^2+C^2}}. \tag{9.31}$$

例如，求点 $(5,3,4)$ 到平面 $x+y-z-1=0$ 的距离，可利用公式 (9.31)，便得

$$d=\frac{|Ax_0+By_0+Cz_0+D|}{\sqrt{A^2+B^2+C^2}}=\frac{|1\times5+1\times3-1\times4-1|}{\sqrt{1^2+1^2+(-1)^2}}=\frac{3}{\sqrt{3}}=\sqrt{3}.$$

习　题　9.5

1. 填空题：

(1) 过点 $(3,0,-1)$ 且与平面 $3x-7y+5z-10=0$ 平行的平面方程为_____；

(2) 过两点 $(4,0,-2)$ 和 $(5,1,7)$ 且平行于 x 轴的平面方程为_____；

(3) 若平面 $A_1x+B_1y+C_1z+D_1=0$ 与平面 $A_2x+B_2y+C_2z+D_2=0$ 互相垂直，则充要条件是_____，若上两平面互相平行，则充要条件是_____；

(4) 设平面 $\pi:x+ky-2z-9=0$，若 π 与平面 $2x+4y+3z-3=0$ 垂直，则 $k=$_____；

(5) 一平面与 $\pi_1:2x+y+z=0$ 及 $\pi_2:x-y=1$ 都垂直，则该平面法向量为_____；

(6) 平行于 zOx 面且经过点 $(2,-5,3)$ 的平面方程为_____；

(7) 通过 z 轴和点 $(-3,1,-2)$ 的平面方程为_____.

2. 求过点 $M_0(2,9,-6)$ 且与连接坐标原点及点 M_0 的线段 OM_0 垂直的平面方程.

3. 求过 $(1,1,-1),(-2,-2,2)$ 和 $(1,-1,2)$ 三点的平面方程.

4. 指出下列各平面的特殊位置，并画出各平面：

$(1)\,y=0$;　　　　　　　　　　　　$(2)\,2x-1=0$;

$(3)\,2y-5z-6=0$;　　　　　　　　$(4)\,x-\sqrt{3}\,y=0$;

$(5)\,x+z=1$;　　　　　　　　　　$(6)\,x-2y=1$;

$(7)\,3x+2y-z=0$.

5. 求平面 $2x-2y+z+5=0$ 与各坐标面的夹角的余弦.

6. 一平面过点 $(1,0,-1)$ 且平行于向量 $\boldsymbol{a}=(2,1,1)$ 和 $\boldsymbol{b}=(1,-1,0)$，试求这平面方程.

7. 求三平面 $x+3y+z=1,2x-y-z=0,-x+2y+2z=3$ 的交点.

8. 求点 $(1,2,3)$ 到平面 $x+2y+2z+10=0$ 的距离.

9.6　空间直线及其方程

9.6.1　空间直线的一般方程

空间直线 L 可以看作是两个平面 Π_1 和 Π_2 的交线（如图 9-55）. 如果两个相交平面 Π_1 和 Π_2 的方程分别为 $A_1x+B_1y+C_1z+D_1=0$ 和 $A_2x+B_2y+C_2z+D_2=0$，那么直线 L 上的任一点的坐标应同时满足这两个平面的方程，即应满足方程组

$$\begin{cases} A_1x+B_1y+C_1z+D_1=0, \\ A_2x+B_2y+C_2z+D_2=0. \end{cases} \tag{9.32}$$

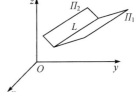

图 9-55

反过来，如果点 M 不在直线 L 上，那么它不可能同时在平面 Π_1 和 Π_2 上，所以它的坐标不满足方程组（9.32）. 因此，直线 L 可以用方程组（9.32）来表示. 方程组（9.32）叫做**空间直线的一般方程**.

通过空间一直线 L 的平面有无限多个，只要在这无限多个平面中任意选取两个，把它们的方程联立起来，所得的方程组就表示空间直线 L.

9.6.2　空间直线的对称式方程与参数方程

如果一个非零向量平行于一条已知直线，这个向量就叫做**这条直线的方向向量**. 容易知道，直线上任一向量都平行于该直线的方向向量.

由于过空间一点可作而且只能作一条直线平行于一已知直线，所以当直线 L 上一点 $M_0(x_0,y_0,z_0)$ 和它的一方向向量 $s=(m,n,p)$ 为已知时，直线 L 的位置就完全确定了. 下面我们来建立这条直线的方程.

设点 $M(x,y,z)$ 是直线 L 上的任一点，那么向量 $\overrightarrow{M_0M}$ 与 L 的方向向量 s 平行（如图 9-56），所以两向量的对应坐标成比例. 由于 $\overrightarrow{M_0M}=(x-x_0,y-y_0,z-z_0)$，$s=(m,n,p)$，从而有

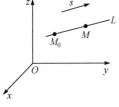

图 9-56

$$\frac{x-x_0}{m}=\frac{y-y_0}{n}=\frac{z-z_0}{p}. \tag{9.33}$$

反过来，如果点 M 不在直线 L 上，那么由于 $\overrightarrow{M_0M}$ 与 s 不平行，这两向量的对应坐标就不成比例. 因此方程组（9.33）就是直线 L 的方程，叫做**直线的对称式方程**或**点向式方程**.

注　当 m,n,p 中有一个为零，例如 $m=0$，而 $n,p\neq0$ 时，这方程组应理解为

$$\begin{cases} x=x_0, \\ \dfrac{y-y_0}{n}=\dfrac{z-z_0}{p}; \end{cases}$$

当 m,n,p 中有两个为零，例如 $m=n=0$，而 $p\neq0$ 时，这方程组应理解为

$$\begin{cases} x-x_0=0, \\ y-y_0=0. \end{cases}$$

直线的任一方向向量 s 的坐标 m,n,p 叫做**这直线的一组方向数**，而向量 s 的方向余弦

叫做该直线的**方向余弦**.

由直线的对称式方程容易导出直线的参数方程. 如设

$$\frac{x-x_0}{m}=\frac{y-y_0}{n}=\frac{z-z_0}{p}=t,$$

那么

$$\begin{cases} x=x_0+mt, \\ y=y_0+nt, \\ z=z_0+pt. \end{cases} \tag{9.34}$$

方程组(9.34)就是**直线的参数方程**.

例 1　用对称式方程及参数方程表示直线

$$\begin{cases} x+y+z=1, \\ 2x-y+3z=4. \end{cases} \tag{9.35}$$

解　先找出这直线上的一点(x_0,y_0,z_0). 例如，可以取 $x_0=1$，代入方程组(9.35)，得

$$\begin{cases} y+z=0, \\ -y+3z=2. \end{cases}$$

解这个二元一次方程组，得

$$y_0=-\frac{1}{2},z_0=\frac{1}{2},$$

即$\left(1,-\dfrac{1}{2},\dfrac{1}{2}\right)$是这直线上的一点.

下面再找出这直线的方向向量$\boldsymbol{s}$. 由于两平面的交线与这两平面的法线向量$\boldsymbol{n}_1=(1,1,1)$，$\boldsymbol{n}_2=(2,-1,3)$都垂直，所以可取

$$\boldsymbol{s}=\boldsymbol{n}_1\times\boldsymbol{n}_2=\begin{vmatrix} \boldsymbol{i} & \boldsymbol{j} & \boldsymbol{k} \\ 1 & 1 & 1 \\ 2 & -1 & 3 \end{vmatrix}=4\boldsymbol{i}-\boldsymbol{j}-3\boldsymbol{k}.$$

因此，所给直线的对称式方程为

$$\frac{x-1}{4}=\frac{y+\dfrac{1}{2}}{-1}=\frac{z-\dfrac{1}{2}}{-3}.$$

令

$$\frac{x-1}{4}=\frac{y+\dfrac{1}{2}}{-1}=\frac{z-\dfrac{1}{2}}{-3}=t,$$

得所给直线的参数方程为

$$\begin{cases} x=1+4t, \\ y=-\dfrac{1}{2}-t, \\ z=\dfrac{1}{2}-3t. \end{cases}$$

当然，在上面的例 1 中我们也可以通过求出所给直线上的任意两点，利用这两点连线的

向量可作为该直线的方向向量,从而求得直线的对称式方程.

9.6.3　两直线的夹角

两直线的方向向量的夹角(通常指锐角)叫做**两直线的夹角**.

设直线 L_1 和 L_2 的方向向量依次为 $\boldsymbol{s}_1=(m_1,n_1,p_1)$ 和 $\boldsymbol{s}_2=(m_2,n_2,p_2)$,那么 L_1 和 L_2 的夹角 φ 应是 $(\widehat{\boldsymbol{s}_1,\boldsymbol{s}_2})$ 和 $(\widehat{-\boldsymbol{s}_1,\boldsymbol{s}_2})=\pi-(\widehat{\boldsymbol{s}_1,\boldsymbol{s}_2})$ 两者中的锐角,因此 $\cos\varphi=|\cos(\widehat{\boldsymbol{s}_1,\boldsymbol{s}_2})|$.根据两向量的夹角的余弦公式,直线 L_1 和 L_2 的夹角 φ 可由

$$\cos\varphi=\frac{|m_1m_2+n_1n_2+p_1p_2|}{\sqrt{m_1^2+n_1^2+p_1^2}\cdot\sqrt{m_2^2+n_2^2+p_2^2}} \tag{9.36}$$

来确定.

从两向量垂直、平行的充分必要条件立即推得下列结论.

两直线 L_1 和 L_2 互相垂直 $\Leftrightarrow m_1m_2+n_1n_2+p_1p_2=0$;

两直线 L_1 和 L_2 互相平行或重合 $\Leftrightarrow \dfrac{m_1}{m_2}=\dfrac{n_1}{n_2}=\dfrac{p_1}{p_2}$.

例 2　求直线 $L_1:\dfrac{x-1}{1}=\dfrac{y-2}{-4}=\dfrac{z+3}{1}$ 和 $L_2:\dfrac{x-1}{2}=\dfrac{y+2}{-2}=\dfrac{z-3}{-1}$ 的夹角.

解　直线 L_1 的方向向量为 $\boldsymbol{s}_1=(1,-4,1)$,直线 L_2 的方向向量为 $\boldsymbol{s}_2=(2,-2,-1)$.设 L_1 和 L_2 的夹角为 φ,那么由式(9.36)有

$$\cos\varphi=\frac{|1\times2+(-4)\times(-2)+1\times(-1)|}{\sqrt{1^2+(-4)^2+1^2}\cdot\sqrt{2^2+(-2)^2+(-1)^2}}=\frac{1}{\sqrt{2}}=\frac{\sqrt{2}}{2},$$

所以 $\varphi=\dfrac{\pi}{4}$.

9.6.4　直线与平面的夹角

当直线与平面不垂直时,直线和它在平面上的投影直线的夹角 $\varphi\left(0\leqslant\varphi<\dfrac{\pi}{2}\right)$ 称为**直线与平面的夹角**(如图 9-57).当直线与平面垂直时,规定直线与平面的夹角为 $\dfrac{\pi}{2}$.

设直线 L 的方向向量为 $\boldsymbol{s}=(m,n,p)$,平面 $\varPi$ 的法线向量为 $\boldsymbol{n}=(A,B,C)$,直线与平面的夹角为 φ,那么 $\varphi=\left|\dfrac{\pi}{2}-(\widehat{\boldsymbol{s},\boldsymbol{n}})\right|$,因此 $\sin\varphi=|\cos(\widehat{\boldsymbol{s},\boldsymbol{n}})|$.按两向量夹角余弦的坐标表示式,有

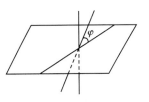

图 9-57

$$\sin\varphi=\frac{|Am+Bn+Cp|}{\sqrt{A^2+B^2+C^2}\cdot\sqrt{m^2+n^2+p^2}}. \tag{9.37}$$

因为直线与平面垂直相当于直线的方向向量与平面的法线向量平行,所以直线与平面垂直相当于

$$\frac{A}{m}=\frac{B}{n}=\frac{C}{p}. \tag{9.38}$$

因为直线与平面平行或直线在平面上相当于直线的方向向量与平面的法线向量垂直,所以直线与平面平行或直线在平面上相当于

$$Am+Bn+Cp=0. \tag{9.39}$$

即有

$$L\perp\Pi\Leftrightarrow\frac{A}{m}=\frac{B}{n}=\frac{C}{p};$$

$$L//\Pi\Leftrightarrow Am+Bn+Cp=0.$$

例 3 求过点 $(1,-2,3)$ 且与平面 $2x+3y-5z-1=0$ 垂直的直线的方程.

解 因为所求直线垂直于已知平面,所以可以取已知平面的法线向量 $(2,3,-5)$ 作为所求直线的方向向量,由此可得所求直线的方程为

$$\frac{x-1}{2}=\frac{y+2}{3}=\frac{z-3}{-5}.$$

9.6.5 线面综合题

例 4 求与两平面 $x-y+z+1=0$ 和 $2x-y+3z-1=0$ 的交线平行且过点 $(1,-4,7)$ 的直线的方程.

解 法 1:因为所求直线与两平面的交线平行,也就是直线的方向向量 s 一定同时与两平面的法线向量 n_1,n_2 垂直,所以可取

$$s=n_1\times n_2=\begin{vmatrix} i & j & k \\ 1 & -1 & 1 \\ 2 & -1 & 3 \end{vmatrix}=-(2i+j-k).$$

因此,所求直线的方程为

$$\frac{x-1}{2}=\frac{y+4}{1}=\frac{z-7}{-1}.$$

法 2:过点 $(1,-4,7)$ 且与平面 $x-y+z+1=0$ 平行的平面方程为

$$x-y+z-12=0;$$

过点 $(1,-4,7)$ 且与平面 $2x-y+3z-1=0$ 平行的平面方程为

$$2x-y+3z-27=0.$$

所以直线为上述两平面的交线,故其方程为

$$\begin{cases} x-y+z-12=0, \\ 2x-y+3z-27=0. \end{cases}$$

例 5 求直线 $\dfrac{x-1}{2}=\dfrac{y-2}{-1}=\dfrac{z-3}{3}$ 与平面 $2x-y+3z-23=0$ 的交点.

解 所给直线的参数方程为

$$x=1+2t,\ y=2-t,\ z=3+3t,$$

代入平面方程中,得

$$2(1+2t)-(2-t)+3(3+3t)-23=0.$$

解上述方程,得 $t=1$. 把求得的 t 值代入直线的参数方程中,即得所求交点的坐标为

$$x=3,\ y=1,\ z=6.$$

例 6　求过点 $(1,2,3)$ 且与直线 $\dfrac{x+1}{2}=\dfrac{y-1}{1}=\dfrac{z}{-3}$ 垂直相交的直线的方程.

解　先作一平面过点 $(1,2,3)$ 且垂直于已知直线, 那么这平面的方程应为

$$2(x-1)+(y-2)-3(z-3)=0. \tag{9.40}$$

再求已知直线与这平面的交点. 已知直线的参数方程为

$$x=-1+2t,\ y=1+t,\ z=-3t, \tag{9.41}$$

把 (9.41) 代入 (9.40) 中, 求得 $t=-\dfrac{2}{7}$, 从而求得交点坐标为 $\left(-\dfrac{11}{7},\dfrac{5}{7},\dfrac{6}{7}\right)$.

以点 $(1,2,3)$ 为起点, 以点 $\left(-\dfrac{11}{7},\dfrac{5}{7},\dfrac{6}{7}\right)$ 为终点的向量

$$\left(-\dfrac{11}{7}-1,\dfrac{5}{7}-2,\dfrac{6}{7}-3\right)=-\dfrac{3}{7}(6,3,5)$$

是所求直线的一个方向向量, 故所求直线的方程为

$$\dfrac{x-1}{6}=\dfrac{y-2}{3}=\dfrac{z-3}{5}.$$

有时用平面束的方程解题比较方便, 现在我们来介绍它的方程.

设直线 L 由方程组

$$\begin{cases} A_1x+B_1y+C_1z+D_1=0, \tag{9.42}\\ A_2x+B_2y+C_2z+D_2=0 \tag{9.43} \end{cases}$$

所确定, 其中系数 A_1,B_1,C_1 与 A_2,B_2,C_2 不成比例. 我们建立三元一次方程

$$A_1x+B_1y+C_1z+D_1+\lambda(A_2x+B_2y+C_2z+D_2)=0, \tag{9.44}$$

其中 λ 为任意常数. 因为 A_1,B_1,C_1 与 A_2,B_2,C_2 不成比例, 所以对于任何一个 λ 值, 方程 (9.44) 的系数 $A_1+\lambda A_2,B_1+\lambda B_2,C_1+\lambda C_2$ 不全为零, 从而方程 (9.44) 表示一个平面. 若一点在直线 L 上, 则点的坐标必同时满足方程 (9.42) 和方程 (9.43), 因而也满足方程 (9.44), 故方程 (9.44) 表示通过直线 L 的平面. 反之, 通过直线 L 的任何平面 (除平面 (9.43) 外) 都包含在方程 (9.44) 所表示的一族平面内. 通过定直线的所有平面的全体称为**平面束**, 而方程 (9.44) 就作为通过直线 L 的平面束方程 (实际上, 方程 (9.44) 表示缺少平面 (9.43) 的平面束).

例 7　求直线 $\begin{cases} x+y-z-1=0,\\ x-y+z+1=0 \end{cases}$ 在平面 $x+y+z=0$ 上的投影直线的方程.

解　设过直线 $\begin{cases} x+y-z-1=0,\\ x-y+z+1=0 \end{cases}$ 的平面束的方程为

$$x+y-z-1+\lambda(x-y+z+1)=0,$$

即

$$(1+\lambda)x+(1-\lambda)y+(-1+\lambda)z+(-1+\lambda)=0, \tag{9.45}$$

其中 λ 为待定的常数. 此平面与平面 $x+y+z=0$ 垂直的条件是

$$(1+\lambda)\cdot 1+(1-\lambda)\cdot 1+(-1+\lambda)\cdot 1=0,$$

解得 $\lambda=-1$, 代入 (9.45) 式, 得投影平面的方程为

$$2y-2z-2=0,$$

即

$$y-z-1=0.$$

所以投影直线的方程为

$$\begin{cases} y-z-1=0, \\ x+y+z=0. \end{cases}$$

习 题 9.6

1. 求过点$(4,-1,3)$且平行于直线$\dfrac{x-3}{2}=\dfrac{y}{1}=\dfrac{z-1}{5}$的直线方程.

2. 求过两点$M_1(3,-2,1)$和$M_2(5,4,5)$的直线方程.

3. 用对称式方程及参数方程表示直线

$$\begin{cases} x-y+z=1, \\ 2x+y+z=4. \end{cases}$$

4. 求过点$(2,0,-3)$且与直线

$$\begin{cases} x-2y+4z-7=0, \\ 3x+5y-2z+1=0 \end{cases}$$

垂直的平面方程.

5. 求直线$\begin{cases} 5x-3y+3z-9=0, \\ 3x-2y+z-1=0 \end{cases}$与直线$\begin{cases} 2x+2y-z+23=0, \\ 3x+8y+z-18=0 \end{cases}$的夹角的余弦.

6. 证明:直线$\begin{cases} x+2y-z=7, \\ -2x+y+z=7 \end{cases}$与直线$\begin{cases} 3x+6y-3z=8, \\ 2x-y-z=0 \end{cases}$平行.

7. 求过点$(0,2,4)$且与两平面$x+2z=1$和$y-3z=2$平行的直线方程.

8. 求过点$(3,1,-2)$且通过直线$\dfrac{x-4}{5}=\dfrac{y+3}{2}=\dfrac{z}{1}$的平面方程.

9. 求直线$\begin{cases} x+y+3z=0, \\ x-y-z=0 \end{cases}$与平面$x-y-z+1=0$的夹角.

10. 试确定下列各组中的直线和平面间的关系:

(1) $\dfrac{x+3}{-2}=\dfrac{y+4}{-7}=\dfrac{z}{3}$和$4x-2y-2z=3$;

(2) $\dfrac{x}{3}=\dfrac{y}{-2}=\dfrac{z}{7}$和$3x-2y+7z=8$;

(3) $\dfrac{x-2}{3}=\dfrac{y+2}{1}=\dfrac{z-3}{-4}$和$x+y+z=3$.

11. 求过点$(1,2,1)$且与两直线$\begin{cases} x+2y-z+1=0, \\ x-y+z-1=0 \end{cases}$和$\begin{cases} 2x-y+z=0, \\ x-y+z=0 \end{cases}$平行的平面方程.

12. 求点$(-1,2,0)$在平面$x+2y-z+1=0$上的投影.

13. 求点$P(3,-1,2)$到直线$\begin{cases} x+y-z+1=0, \\ 2x-y+z-4=0 \end{cases}$的距离.

14. 设M_0是直线L外一点,M是直线L上任意一点,且直线的方向向量为s,试证:点M_0到直线L的距离

$$d=\frac{|\overrightarrow{M_0M}\times s|}{|s|}.$$

15. 求直线 $\begin{cases} 2x-4y+z=0, \\ 3x-y-2z-9=0 \end{cases}$ 在平面 $4x-y+z=1$ 上的投影直线的方程.

16. 画出下列各曲面所围成的立体的图形：

(1) $x=0, y=0, z=0, x=2, y=1, 3x+4y+2z-12=0$；

(2) $x=0, z=0, x=1, y=2, z=\dfrac{y}{4}$；

(3) $z=0, z=3, x-y=0, x-\sqrt{3}y=0, x^2+y^2=1$(在第一卦限内)；

(4) $x=0, y=0, z=0, x^2+y^2=R^2, y^2+z^2=R^2$(在第一卦限内).

本 章 小 结

一、内容概要

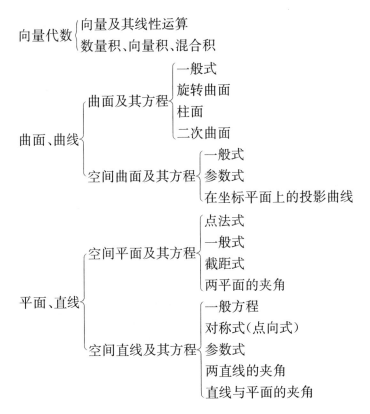

二、解题指导

1. 注重应用坐标系(适当选取坐标系)解决向量及其相应的运算；

2. 从问题的几何意义、几何关系或者几何直观入手分析问题；

3. 通过"截痕法"作出二次曲面的图形以提高空间想象力；

4. 对于相切、投影、交线、交点等问题,要依赖于对曲面、平面和直线的理解；

5. 特别地,对于平面与直线部分的解题方法依赖于对向量的运算和理解.

复 习 题 9

1. 填空题:

(1) 点(a,b,c)关于坐标原点对称点的坐标为_____;

(2) 与向量$(1,2,2)$及$(2,1,-2)$垂直的单位向量为_____;

(3) yOz 平面上与三个点 $A(3,1,2)$,$B(4,-2,-2)$ 及 $C(0,5,1)$ 等距离的点为_____;

(4) 向量$(1,2,1)$与向量$(1,0,c)$的夹角为 $60°$,则 $c=$_____;

(5) 设在坐标系$[O;i,j,k]$中点 A 和点 M 的坐标依次为(x_0,y_0,z_0)和(x,y,z),则在$[A;i,j,k]$坐标系中,点 M 的坐标为_____,向量$\overrightarrow{OM}$的坐标为_____;

(6) 设数 $\lambda_1,\lambda_2,\lambda_3$ 不全为 0,使 $\lambda_1 a+\lambda_2 b+\lambda_3 c=\mathbf{0}$,则 a,b,c 三个向量是_____的;

(7) 设 $a=(2,1,2)$,$b=(4,-1,10)$,$c=b-\lambda a$,且 $a\perp c$,则 $\lambda=$_____;

(8) 设 $|a|=3$,$|b|=4$,$|c|=5$,且满足 $a+b+c=\mathbf{0}$,则 $|a\times b+b\times c+c\times a|=$_____.

2. 已知$\triangle ABC$ 的顶点为 $A(3,2,-1)$,$B(5,-4,7)$和$C(-1,1,2)$,求从顶点 C 所引中线的长度.

3. 设$\triangle ABC$ 的三边$\overrightarrow{BC}=a$,$\overrightarrow{CA}=b$,$\overrightarrow{AB}=c$,三边中点依次为 D、E、F,试用向量 a,b,c 表示$\overrightarrow{AD}$,$\overrightarrow{BE}$,$\overrightarrow{CF}$,并证明:

$$\overrightarrow{AD}+\overrightarrow{BE}+\overrightarrow{CF}=\mathbf{0}.$$

4. 设$|a+b|=|a-b|$,$a=(3,-5,8)$,$b=(-1,1,z)$,求 z.

5. 设$|a|=\sqrt{3}$,$|b|=1$,$(\overset{\wedge}{a,b})=\dfrac{\pi}{6}$,求向量 $a+b$ 与 $a-b$ 的夹角.

6. 设$(a+3b)\perp(7a-5b)$,$(a-4b)\perp(7a-2b)$,求$(\overset{\wedge}{a,b})$.

7. 设 $a=(2,-1,-2)$,$b=(1,1,z)$,问 z 为何值时$(\overset{\wedge}{a,b})$最小? 并求出此最小值.

8. 设$|a|=4$,$|b|=3$,$(\overset{\wedge}{a,b})=\dfrac{\pi}{6}$,求以 $a+2b$ 和 $a-3b$ 为边的平行四边形的面积.

9. 设 $a=(2,-3,1)$,$b=(1,-2,3)$,$c=(2,1,2)$,向量 r 满足 $r\perp a$,$r\perp b$,$\mathrm{Prj}_c r=14$,求 r.

10. 设 $a=(-1,3,2)$,$b=(2,-3,-4)$,$c=(-3,12,6)$,证明:三向量 a,b,c 共面,并用 a 和 b 表示 c.

11. 已知动点 $M(x,y,z)$到 xOy 平面的距离与点 M 到点$(1,-1,2)$的距离相等,求点 M 的轨迹的方程.

12. 指出下列旋转曲面的一条母线和旋转轴:

(1)$z=2(x^2+y^2)$;　　　　　　　　(2)$\dfrac{x^2}{36}+\dfrac{y^2}{9}+\dfrac{z^2}{36}=1$;

(3)$z^2=3(x^2+y^2)$;　　　　　　　　(4)$x^2-\dfrac{y^2}{4}-\dfrac{z^2}{4}=1$.

13. 求通过点 $A(3,0,0,)$ 和 $B(0,0,1)$ 且与 xOy 面成 $\dfrac{\pi}{3}$ 角的平面的方程.

14. 设一平面垂直于平面 $z=0$, 并通过从点 $(1,-1,1)$ 到直线 $\begin{cases} y-z+1=0, \\ x=0 \end{cases}$ 的垂线, 求此平面的方程.

15. 求过点 $(-1,0,4)$, 且平行于平面 $3x-4y+z-10=0$, 又与直线 $\dfrac{x+1}{1}=\dfrac{y-3}{1}=\dfrac{z}{2}$ 相交的直线的方程.

16. 已知点 $A(1,0,0)$ 及点 $B(0,2,1)$, 试在 z 轴上求一点 C, 使 $\triangle ABC$ 的面积最小.

17. 求曲线 $\begin{cases} z=2-x^2-y^2, \\ z=(x-1)^2+(y-1)^2 \end{cases}$ 在三个坐标面上的投影曲线的方程.

18. 求锥面 $z=\sqrt{x^2+y^2}$ 与柱面 $z^2=2x$ 所围立体在三个坐标面上的投影.

19. 画出下列各曲面所围立体的图形:

(1) 抛物柱面 $2y^2=x$, 平面 $z=0$ 及 $\dfrac{x}{4}+\dfrac{y}{2}+\dfrac{z}{2}=1$;

(2) 抛物柱面 $x^2=1-z$, 平面 $y=0,z=0$ 及 $x+y=1$;

(3) 圆锥面 $z=\sqrt{x^2+y^2}$ 及旋转抛物面 $z=2-x^2-y^2$;

(4) 旋转抛物面 $x^2+y^2=z$, 柱面 $y^2=x$, 平面 $z=0$ 及 $x=1$.

第10章 多元函数微分法及其应用

上册中我们主要讨论的函数都只限于一个自变量,简称一元函数.但在很多实际问题中所遇到的是多个自变量的函数.反映到数学上,就是一个变量依赖于多个变量的情形,也就是多元函数.本章将在一元函数微分学的基础上,讨论多元函数的微分法及其应用.讨论中我们以二元函数为主,同样的问题可以类推到多元函数上.

10.1 平面点集与多元函数

10.1.1 平面点集

一元函数的定义域是实数轴上的点集,二元函数的定义域将是坐标平面上的点集.因此,我们在讨论二元函数之前,先了解有关平面点集的一些基本概念.

由平面解析几何知道,当在平面上引入了一个直角坐标系后,平面上的点 P 与有序二元实数组 (x,y) 之间就建立了一一对应.于是,平面上的点 $P(x,y)$ 与有序二元实数组 (x,y) 可视作是同等的.这种建立了坐标系的平面称为**坐标平面**.二元有序实数组 (x,y) 的全体,即 $\mathbf{R}^2 = \mathbf{R} \times \mathbf{R} = \{(x,y) \mid x,y \in \mathbf{R}\}$ 就表示坐标平面.坐标平面上具有某种性质 P 的点的集合,称为**平面点集**,记作

$$E = \{(x,y) \mid (x,y) \text{具有性质} P\}.$$

例如,平面上以原点为中心、r 为半径的圆内所有点的集合是

$$C = \{(x,y) \mid x^2 + y^2 < r^2\}.$$

如果以点 P 表示 (x,y),$|OP|$ 表示点 P 到原点 O 的距离,那么集合 C 也可以写成

$$C = \{P \mid |OP| < r\}.$$

而集合

$$S = \{(x,y) \mid a \leqslant x \leqslant b, c \leqslant y \leqslant d\}$$

则为一矩形及其内部所有点的全体.

下面我们引入 $\mathbf{R}^2$ 中邻域的概念.

设 $P_0(x_0, y_0)$ 是 xOy 平面上的一个点,δ 是某一正整数.与点 $P_0(x_0, y_0)$ 距离小于 δ 的点 $P(x,y)$ 的全体,称为 P_0 点的 $\pmb{\delta}$ 邻域,记作 $U(P_0, \delta)$,即

$$U(P_0, \delta) = \{P \mid |PP_0| < \delta\},$$

也就是

$$U(P_0, \delta) = \{(x,y) \mid \sqrt{(x-x_0)^2 + (y-y_0)^2} < \delta\}.$$

点 P_0 的去心 δ 邻域,记作 $\mathring{U}(P_0, \delta)$,即

$$\mathring{U}(P_0, \delta) = \{P \mid 0 < |PP_0| < \delta\}.$$

在几何上,$U(P_0, \delta)$ 就是平面上以点 $P_0(x_0, y_0)$ 为中心、$\delta(>0)$ 为半径的圆内部的点 $P(x,y)$ 的全体.

如果不需要强调邻域的半径 δ,则用 $U(P_0)$ 表示点 P_0 的某个邻域,点 P_0 的去心邻域记

作 $\mathring{U}(P_0)$.

利用邻域可以描述点与点集的关系.

任意一点 $P \in \mathbf{R}^2$ 与任意一个点集 $E \subset \mathbf{R}^2$ 之间必有以下三种关系之一:

(1) 内点:如果存在点 P 的某个邻域 $U(P)$,使得 $U(P) \subset E$,则称 P 为 E 的**内点**(interior point)(如图 10-1 中,P_1 为 E 的内点);

(2) 外点:如果存在点 P 的某个邻域 $U(P)$,使得 $U(P) \bigcap E = \varnothing$,则称 P 为 E 的**外点**(exterior point)(如图 10-1 中,P_2 为 E 的外点);

(3) 边界点:如果点 P 的任一邻域内既含有属于 E 的点,又含有不属于 E 的点,则称 P 为 E 的**边界点**(boundary point)(如图 10-1 中,P_3 为 E 的边界点).

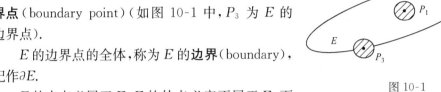

图 10-1

E 的边界点的全体,称为 E 的**边界**(boundary),记作 ∂E.

E 的内点必属于 E;E 的外点必定不属于 E;而 E 的边界点可能属于 E,也可能不属于 E.

任意一个点 P 与一个点集 E 之间除了上述三种关系之外,还有另外一种关系—聚点.

聚点:如果对于任意给定的 $\delta > 0$,点 P 的去心邻域 $\mathring{U}(P, \delta)$ 内总有 E 中的点,则称 P 是 E 的**聚点**(accumulation).

E 的聚点的全体,称为 E 的**导集**.

由聚点的定义可知,点集 E 的聚点 P 本身可以属于 E,也可以不属于 E.显然,点集 E 以及它的边界 ∂E 上的一切点都是 E 的聚点.

例 1　设平面点集 $E = \{(x, y) \mid 1 < x^2 + y^2 \leqslant 2\}$,写出 E 的内点、外点、边界点、聚点.

解　满足 $1 < x^2 + y^2 < 2$ 的一切点 (x, y) 都是 E 的内点;满足 $x^2 + y^2 < 1$ 或 $x^2 + y^2 > 2$ 的一切点 (x, y) 都是 E 的外点;满足 $x^2 + y^2 = 1$ 或 $x^2 + y^2 = 2$ 的一切点 (x, y) 都是 E 的边界点;满足 $1 \leqslant x^2 + y^2 \leqslant 2$ 的一切点 (x, y) 都是 E 的聚点.

根据点集所属点的特征,我们再来定义一些重要的平面点集.

开集:如果点集 E 的点都是 E 的内点,则称 E 为**开集**.

闭集:如果点集 E 的边界 $\partial E \subset E$,则称 E 为**闭集**.

例如,集合 $\{(x, y) \mid 1 < x^2 + y^2 < 4\}$ 是开集;集合 $\{(x, y) \mid 1 \leqslant x^2 + y^2 \leqslant 4\}$ 是闭集;集合 $\{(x, y) \mid 1 \leqslant x^2 + y^2 < 4\}$ 既非开集,也非闭集.

连通集:如果点集 E 内任何两点,都可用折线连接起来,且该折线上的点都属于 E,则称 E 为**连通集**.

区域(或开区域):连通的开集称为**区域**或**开区域**.

闭区域:开区域连同它的边界一起所构成的点集称为**闭区域**.

例如,集合 $\{(x, y) \mid 1 < x^2 + y^2 < 4\}$ 是区域;而集合 $\{(x, y) \mid 1 \leqslant x^2 + y^2 \leqslant 4\}$ 是闭区域.

有界集:对于平面点集 E,如果存在某一正数 r,使得

$$E \subset U(O, r),$$

其中 O 是坐标原点,则称 E 为**有界集**.

无界集:一个集合如果不是有界集,就称该集合为**无界集**.

例如,集合$\{(x,y)\,|\,1\leqslant x^2+y^2\leqslant 4\}$是有界闭区域;集合$\{(x,y)\,|\,x+y<0\}$是无界开区域;集合$\{(x,y)\,|\,x+y\leqslant 0\}$是无界闭区域.

点集的有界性还可用点集的直径来反映. 所谓点集 E 的直径,就是

$$d(E)=\max_{P_1,P_2\in E}\rho(P_1,P_2),$$

其中$\rho(P_1,P_2)$表示 P_1 与 P_2 两点间的距离,当 P_1 与 P_2 坐标分别为$(x_1,y_1),(x_2,y_2)$时,

$$\rho(P_1,P_2)=\sqrt{(x_1-x_2)^2+(y_1-y_2)^2}.$$

于是,当且仅当$d(E)$为有限值时,E 是有界集,反之为无界集.

10.1.2　二元函数的概念

在很多自然现象和实际问题中,经常会遇到多个变量之间的依赖关系,下面举一个例子.

例 2　矩形的面积 S 和它的长 x、宽 y 之间具有关系 $S=xy$. 这里,当 x,y 在集合$\{(x,y)\,|\,x>0,y>0\}$内取定一对值(x,y)时,S 的对应值就随之确定.

1. 二元函数的定义

定义 1　设 D 是 $\mathbf{R}^2$ 的一个非空子集,称映射 $f:D\rightarrow\mathbf{R}$ 为定义在 D 上的二元函数,通常记为

$$z=f(x,y),\ (x,y)\in D$$

或

$$z=f(P),\ P\in D$$

其中点集 D 称为该函数的**定义域**,称 x,y 为**自变量**,称 z 为**因变量**.

上述定义中,与自变量 x,y 的一对值(x,y)相对应的因变量 z 的值,也称为 f 在点(x,y)处的函数值,记作 $f(x,y)$,即 $z=f(x,y)$. 函数值 $f(x,y)$的全体所构成的集合称为函数 f 的**值域**,记作 $f(D)$,即

$$f(D)=\{z\,|\,z=f(x,y),(x,y)\in D\}.$$

与一元函数的情形相仿,记号 f 与 $f(x,y)$ 的意义是有区别的,但习惯上常用记号"$f(x,y),(x,y)\in D$"或"$z=f(x,y),(x,y)\in D$"来表示 D 上的二元函数 f. 表示二元函数的记号也可以是任意选取的,例如也可以记为 $z=\varphi(x,y),z=z(x,y)$ 等.

类似地可以定义 $n(n>2)$ 元以上的函数,统称为**多元函数**.

2. 二元函数的定义域

关于多元函数的定义域,与一元函数类似,我们约定:在一般地讨论用算式表达的多元函数 $u=f(x)$时,就以使这个算式有意义的变元 x 的值所组成的点集为这个多元函数的自然定义域.因而,对这类函数,它的定义域不再特别标出.例如函数 $z=\ln(x-y)$ 的定义域为

$$\{(x,y)\,|\,y<x\},$$

这是一个无界开区域. 又如,函数 $z=\arccos(x^2+y^2)$ 的定义域为

$$\{(x,y)\,|\,x^2+y^2\leqslant 1\},$$

这是一个有界闭区域.

3. 二元函数的几何意义

设函数 $z=f(x,y)$ 的定义域为 D. 对于任意取定的点 $P(x,y)\in D$,对应的函数值为 $z=f(x,y)$.这样,以 x 为横坐标、y 为纵坐标、$z=f(x,y)$ 为竖坐标在空间就确定一点 $M(x,y,z)$.当 (x,y) 遍取 D 上的一切点时,得到一个空间点集

$$\{(x,y,z)\,|\,z=f(x,y),(x,y)\in D\},$$

这个点集称为**二元函数 $z=f(x,y)$ 的图形**(如图 10-2).显然,二元函数的图形是一张曲面.

例如,由空间解析几何知道,函数 $z=x+y$ 的图形是一张平面,而函数 $z=\sqrt{1-x^2-y^2}$ 的图形是上半球面.

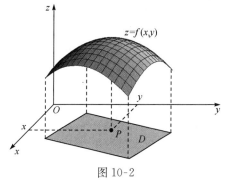

图 10-2

10.1.3　多元函数的极限

下面我们以二元函数为例讨论多元函数的极限.先讨论二元函数 $z=f(x,y)$ 当 $(x,y)\rightarrow(x_0,y_0)$,即 $P(x,y)\rightarrow P_0(x_0,y_0)$ 时的极限.

这里 $P\rightarrow P_0$ 表示点 P 以任何方式趋于点 P_0,也就是点 P 与点 P_0 间的距离趋于零,即

$$|PP_0|=\sqrt{(x-x_0)^2+(y-y_0)^2}\rightarrow 0.$$

与一元函数的极限概念类似,如果在 $P(x,y)\rightarrow P_0(x_0,y_0)$ 的过程中,对应的函数值 $f(x,y)$ 无限接近于一个确定的常数 A,就说 A 是**函数 $f(x,y)$ 当 $(x,y)\rightarrow(x_0,y_0)$ 时的极限**.下面用"$\varepsilon-\delta$"语言来描述这个极限概念.

定义 2　设二元函数 $f(P)=f(x,y)$ 的定义域为 D,$P_0(x_0,y_0)$ 是 D 的聚点.如果存在常数 A,对于任意给定的正数 ε,总存在正数 δ,使得当点 $P(x,y)\in D\cap\mathring{U}(P_0,\delta)$ 时,都有

$$|f(P)-A|=|f(x,y)-A|<\varepsilon$$

成立,那么就称常数 A 为**函数 $f(x,y)$ 当 $(x,y)\rightarrow(x_0,y_0)$ 时的极限**,记作

$$\lim_{(x,y)\rightarrow(x_0,y_0)}f(x,y)=A \quad\text{或}\quad f(x,y)\rightarrow A\ ((x,y)\rightarrow(x_0,y_0)),$$

也记作

$$\lim_{P\rightarrow P_0}f(P)=A \quad\text{或}\quad f(P)\rightarrow A\ (P\rightarrow P_0).$$

为了区别于一元函数的极限,我们把二元函数的极限叫做**二重极限**.

例 3　设 $f(x,y)=(x^2+y^2)\cos\dfrac{1}{x^2+y^2}$,求证:$\lim\limits_{(x,y)\rightarrow(0,0)}f(x,y)=0$.

证明　函数 $f(x,y)$ 的定义域为 $D=\mathbf{R}^2\backslash\{(0,0)\}$,点 $O(0,0)$ 为 D 的聚点,因为

$$|f(x,y)-0|=\left|(x^2+y^2)\cos\frac{1}{x^2+y^2}-0\right|\leqslant x^2+y^2,$$

可见,对任意 $\varepsilon>0$,取 $\delta=\sqrt{\varepsilon}$,则当

$$0<\sqrt{(x-0)^2+(y-0)^2}<\delta,$$

即 $P(x,y)\in D\cap\mathring{U}(O,\delta)$ 时,总有

$$|f(x,y)-0|<\varepsilon$$

成立,所以

$$\lim_{(x,y)\to(0,0)}f(x,y)=0.$$

需要注意的是,所谓二重极限存在,是指 $P(x,y)$ 以任何方式趋于 $P_0(x_0,y_0)$ 时, $f(x,y)$ 都无限接近于 A. 因此,如果 $P(x,y)$ 以某一特殊方式,例如沿着一条定直线或定曲线趋于 $P_0(x_0,y_0)$ 时,即使 $f(x,y)$ 无限接近于某一确定值,我们还不能由此断定函数的极限存在. 但是反过来,如果当 $P(x,y)$ 以不同方式趋于 $P_0(x_0,y_0)$ 时, $f(x,y)$ 趋于不同的值,那么就可以断定这函数的极限不存在.

例 4　讨论函数

$$f(x,y)=\begin{cases} \dfrac{xy}{x^2+y^2}, & x^2+y^2\neq0, \\ 0, & x^2+y^2=0 \end{cases}$$

在 $(0,0)$ 处的极限.

解　当点 $P(x,y)$ 沿着直线 $y=kx$ 趋于点 $(0,0)$ 时,有

$$\lim_{\substack{(x,y)\to(0,0)\\y=kx}}f(x,y)=\lim_{x\to0}f(x,kx)=\lim_{x\to0}\frac{kx^2}{(1+k^2)x^2}=\frac{k}{1+k^2},$$

显然它是随着 k 的值的不同而改变的,从而函数在 $(0,0)$ 处的极限不存在.

以上关于二元函数的极限概念,可相应地推广到 n 元函数上去.

关于多元函数的极限运算,有与一元函数类似的运算法则.

例 5　求 $\lim\limits_{(x,y)\to(3,0)}\dfrac{\sin(xy)}{y}$.

解　由积的极限运算法则,得

$$\lim_{(x,y)\to(3,0)}\frac{\sin(xy)}{y}=\lim_{(x,y)\to(3,0)}\left[\frac{\sin(xy)}{xy}\cdot x\right]=\lim_{xy\to0}\frac{\sin(xy)}{xy}\cdot\lim_{x\to3}x=1\cdot3=3.$$

例 6　求 $\lim\limits_{(x,y)\to(0,0)}\dfrac{1-\cos(xy)}{xy}$.

解　通过等价无穷小替换可得

$$\lim_{(x,y)\to(0,0)}\frac{1-\cos(xy)}{xy}=\lim_{(x,y)\to(0,0)}\frac{\frac{1}{2}(xy)^2}{xy}=\lim_{(x,y)\to(0,0)}\frac{1}{2}(xy)=0.$$

10.1.4　多元函数的连续性

与一元函数的连续性类似,二元函数的连续性定义如下.

定义 3　设二元函数 $f(P)=f(x,y)$ 的定义域为 D, $P_0(x_0,y_0)$ 是 D 的聚点,且 $P_0\in D$. 如果

$$\lim_{(x,y)\to(x_0,y_0)}f(x,y)=f(x_0,y_0),$$

则称函数 $f(x,y)$ **在点** $P_0(x_0,y_0)$ **连续**.

设函数 $f(x,y)$ 在 D 上有定义, D 内的每一点都是函数定义域的聚点. 如果函数 $f(x,y)$ 在 D 的每一点都连续,那么就称函数 $f(x,y)$ 在 D 上连续,或者称 $f(x,y)$ **是** D **上的连续**

函数.

以上关于二元函数的连续性概念,可相应地推广到 n 元函数 $f(x_1,x_2,\cdots,x_n)$ 上去.

定义 4 设函数 $f(x,y)$ 的定义域为 $D,P_0(x_0,y_0)$ 是 D 的聚点. 如果函数 $f(x,y)$ 在点 $P_0(x_0,y_0)$ 不连续,则称 $P_0(x_0,y_0)$ **为函数** $f(x,y)$ **的间断点**.

例 7 讨论下列函数的间断点:

$$(1) \; f(x,y)=\begin{cases} \dfrac{xy}{x^2+y^2}, & x^2+y^2\neq 0, \\ 0, & x^2+y^2=0; \end{cases} \qquad (2) \; f(x,y)=\cos\dfrac{1}{x^2+y^2-1}.$$

解 (1) $f(x,y)$ 的定义域 $D=\mathbf{R}^2,O(0,0)$ 是 D 的聚点. 由前面的讨论可知,$f(x,y)$ 当 $(x,y)\to(0,0)$ 时的极限不存在,所以点 $O(0,0)$ 是该函数的一个间断点.

(2) $f(x,y)$ 的定义域 $D=\{(x,y)\mid x^2+y^2\neq 1\}$,圆周 $C=\{(x,y)\mid x^2+y^2=1\}$ 上的点都是 D 的聚点. 而 $f(x,y)$ 在 C 上没有定义,当然 $f(x,y)$ 在 C 上各点都不连续,所以圆周 C 上各点都是该函数的间断点.

根据多元函数的极限运算法则,可以证明多元连续函数的和、差、积仍为连续函数;连续函数的商在分母不为零处仍连续;多元函数的复合函数也是连续函数.

与一元初等函数相类似,多元初等函数是指可用一个式子表示的多元函数,这个式子是由常数及具有不同自变量的一元基本初等函数经过有限次的四则运算和复合运算而得到的.

根据上面指出的连续函数的和、差、积、商的连续性以及连续函数的复合函数的连续性,再利用基本初等函数的连续性,我们进一步可得如下结论.

一切多元初等函数在其定义区域内是连续的. 所谓定义区域是指包含在定义域内的区域或闭区域.

由多元初等函数的连续性,如果要求它在点 P_0 处的极限,而该点又在此函数的定义域内,则极限值就是该函数在该点的函数值,即

$$\lim_{P\to P_0}f(P)=f(P_0).$$

例 8 求 $\displaystyle\lim_{(x,y)\to(0,0)}(1+x+y)e^{x^2+y^2}$.

解 函数 $f(x,y)=(1+x+y)e^{x^2+y^2}$ 是初等函数,它的定义域是 $D=\mathbf{R}^2$,从而 $P_0(0,0)$ 是 D 的内点,故存在 P_0 的某一邻域 $U(P_0)\subset D$,而任何邻域都是区域,所以 $U(P_0)$ 是 $f(x,y)$ 的一个定义区域,因此

$$\lim_{(x,y)\to(0,0)}(1+x+y)e^{x^2+y^2}=f(0,0)=(1+0+0)e^{0+0}=1.$$

例 9 求 $\displaystyle\lim_{(x,y)\to(0,0)}\dfrac{2-\sqrt{xy+4}}{xy}$.

解
$$\lim_{(x,y)\to(0,0)}\frac{2-\sqrt{xy+4}}{xy}=\lim_{(x,y)\to(0,0)}\frac{4-(xy+4)}{xy(2+\sqrt{xy+4})}$$

$$=\lim_{(x,y)\to(0,0)}\frac{-1}{2+\sqrt{xy+4}}=-\frac{1}{4}.$$

以上运算的最后一步用到了二元函数 $\dfrac{1}{2+\sqrt{xy+4}}$ 在点 $(0,0)$ 的连续性.

与闭区间上一元连续函数的性质类似,在有界闭区域上连续的多元函数具有如下性质.

性质 1(有界性与最大值最小值定理) 在有界闭区域 D 上的多元连续函数,必定在 D 上有界,且能取得它的最大值和最小值.

性质 2(介值定理) 在有界闭区域 D 上的多元连续函数必取得介于最大值和最小值之间的任何值.

* **性质 3**(一致连续性定理) 在有界闭区域 D 上的多元连续函数必定在 D 上一致连续.

性质 3 就是说,若 $f(P)$ 在有界闭区域 D 上一致连续,则对任意给定的正数 ε,总存在正数 δ,使得对 D 上的任意两点 P_1,P_2,当 $|P_1P_2|<\delta$ 时,都有

$$|f(P_1)-f(P_2)|<\varepsilon$$

成立.

习 题 10.1

1. 判定下列平面点集中哪些是开集、闭集、区域、有界集、无界集? 并分别指出它们的导集和边界.

(1) $\{(x,y) \mid x\neq 0,y\neq 0\}$;

(2) $\{(x,y) \mid 1<x^2+y^2\leqslant 4\}$;

(3) $\{(x,y) \mid y>x^2\}$;

(4) $\{(x,y) \mid x^2+(y-1)^2\geqslant 1\} \bigcap \{(x,y) \mid x^2+(y-2)^2\leqslant 4\}$.

2. 已知函数 $f(x,y)=x^2+y^2-xy\arctan\dfrac{y}{x}$,求 $f(tx,ty)$.

3. 函数 $F(x,y)=\ln x \cdot \ln y$,证明:
$$F(xy,uv)=F(x,u)+F(x,v)+F(y,u)+F(y,v).$$

4. 已知函数 $f(u,v,w)=u^w+w^{u+v}$,求 $f(x+y,x-y,xy)$.

5. 求下列函数的定义域:

(1) $z=\ln(y^2-2x+1)$;

(2) $z=\sqrt{x-\sqrt{y}}$;

(3) $z=\dfrac{1}{\sqrt{x+y}}+\dfrac{1}{\sqrt{x-y}}$;

(4) $u=\arcsin\dfrac{z}{\sqrt{x^2+y^2}}$;

(5) $u=\sqrt{4-x^2-y^2-z^2}+\dfrac{1}{\sqrt{x^2+y^2+z^2-1}}$;

(6) $z=\ln(y-x)+\dfrac{\sqrt{x}}{\sqrt{1-x^2-y^2}}$.

6. 求下列极限:

(1) $\lim\limits_{(x,y)\to(0,1)}\dfrac{1-xy}{x^2+y^2}$;

(2) $\lim\limits_{(x,y)\to(0,0)}\dfrac{\sin xy}{\sqrt{9-xy}-3}$;

(3) $\lim\limits_{(x,y)\to(1,0)}\dfrac{\ln(x+e^y)}{\sqrt{x^2+y^2}}$;

(4) $\lim\limits_{(x,y)\to(0,2)}\dfrac{\tan xy}{x}$;

(5) $\lim\limits_{(x,y)\to(0,0)}\dfrac{xy}{\sqrt{2-e^{xy}}-1}$;

(6) $\lim\limits_{(x,y)\to(0,0)}\dfrac{1-\cos(x^2+y^2)}{(x^2+y^2)e^{x^2y^2}}$.

7. 证明下列极限不存在:

(1) $\lim\limits_{(x,y)\to(0,0)}\dfrac{x+y}{x-y}$;

(2) $\lim\limits_{(x,y)\to(0,0)}\dfrac{x^2y^2}{x^2y^2+(x-y)^2}$.

8. 求下列函数的间断点:

(1) $z=\dfrac{y^2+2x}{y^2-2x}$;

(2) $z=\cos\dfrac{yx}{x^2+y^2-1}$.

9. 证明：$\lim\limits_{(x,y)\to(0,0)}\dfrac{xy}{\sqrt{x^2+y^2}}=0$.

10. 设 $F(x,y)=f(x)$，$f(x)$ 在 x_0 处连续，证明：对任意 $y_0\in\mathbf{R}$，$F(x,y)$ 在 (x_0,y_0) 处连续.

10.2　偏　导　数

与一元函数一样，在多元函数微分学中，主要讨论多元函数的可导性及其应用，本节介绍多元函数的偏导数.

10.2.1　偏导数的定义及其计算方法

1. 偏增量与偏导数

多元函数的可导性同样需要讨论它的变化率，但多元函数的自变量不止一个，我们首先考虑函数关于其中一个自变量的变化率. 以二元函数 $z=f(x,y)$ 为例，如果只有自变量 x 变化，而自变量 y 固定（即看作常量），这时它就是 x 的一元函数，这函数对 x 的导数，就称为二元函数 $z=f(x,y)$ 对于 x 的偏导数.

定义 1　设二元函数 $z=f(x,y)$ 在点 (x_0,y_0) 的某一邻域内有定义，当 y 固定在 y_0 而 x 在 x_0 处有增量 Δx 时，相应的函数有增量（偏增量）
$$f(x_0+\Delta x,y_0)-f(x_0,y_0).$$
如果
$$\lim_{\Delta x\to 0}\frac{f(x_0+\Delta x,y_0)-f(x_0,y_0)}{\Delta x} \tag{10.1}$$
存在，则称此极限为**函数 $z=f(x,y)$ 在点 (x_0,y_0) 处对 x 的偏导数**（partial derivative），记作
$$\frac{\partial z}{\partial x}\bigg|_{\substack{x=x_0\\y=y_0}},\quad \frac{\partial f}{\partial x}\bigg|_{\substack{x=x_0\\y=y_0}},\quad z_x\big|_{\substack{x=x_0\\y=y_0}}\text{ 或 }f_x(x_0,y_0).$$

类似地，函数 $z=f(x,y)$ 在点 (x_0,y_0) 处对 y 的偏导数定义为
$$\lim_{\Delta y\to 0}\frac{f(x_0,y_0+\Delta y)-f(x_0,y_0)}{\Delta y}, \tag{10.2}$$
记作
$$\frac{\partial z}{\partial y}\bigg|_{\substack{x=x_0\\y=y_0}},\quad \frac{\partial f}{\partial y}\bigg|_{\substack{x=x_0\\y=y_0}},\quad z_y\big|_{\substack{x=x_0\\y=y_0}}\text{ 或 }f_y(x_0,y_0).$$

如果函数 $z=f(x,y)$ 在区域 D 内每一点 (x,y) 处对 x 的偏导数都存在，那么这个偏导数就是 x,y 的函数，它就称为**函数 $z=f(x,y)$ 对自变量 x 的偏导函数**，记作
$$\frac{\partial z}{\partial x},\ \frac{\partial f}{\partial x},\ z_x\text{ 或 }f_x(x,y).$$

类似地，可以定义函数对自变量 y 的偏导函数，记作
$$\frac{\partial z}{\partial y},\ \frac{\partial f}{\partial y},\ z_y\text{ 或 }f_y(x,y).$$

由偏导函数的概念可知，$f(x,y)$ 在点 (x_0,y_0) 处对 x 的偏导数 $f_x(x_0,y_0)$ 显然就是偏导函数 $f_x(x,y)$ 在点 (x_0,y_0) 处的函数值；$f_y(x_0,y_0)$ 就是偏导函数 $f_y(x,y)$ 在点 (x_0,y_0) 处的

函数值.和一元函数导函数一样,以后在不至于混淆的地方也把偏导函数简称为偏导数.

在具体求 $z=f(x,y)$ 的偏导数时,并不需要用新的方法,因为这里只有一个自变量在变动,另一个自变量被看作固定的,所以仍旧是一元函数的微分法问题.求 $\dfrac{\partial f}{\partial x}$ 时,只要暂时把 y 看作常量而对 x 求导数;求 $\dfrac{\partial f}{\partial y}$ 时,只要暂时把 x 看作常量而对 y 求导数.

偏导数的概念还可以推广到二元以上的函数.例如三元函数 $u=f(x,y,z)$ 在点 (x,y,z) 处对 x 的偏导数定义为

$$f_x(x,y,z)=\lim_{\Delta x \to 0}\frac{f(x+\Delta x,y,z)-f(x,y,z)}{\Delta x},$$

其中 (x,y,z) 是函数 $u=f(x,y,z)$ 定义域的内点.它们的求法也仍旧是一元函数的微分法问题.

例1 求 $z=x^3+3xy+y^3$ 在点 $(1,1)$ 处的偏导数.

解 把 y 看作常量,得

$$\frac{\partial z}{\partial x}=3x^2+3y;$$

把 x 看作常量,得

$$\frac{\partial z}{\partial y}=3y^2+3x.$$

把 $(1,1)$ 代入上面的结果,就得

$$\frac{\partial z}{\partial x}\bigg|_{\substack{x=1\\y=1}}=3+3=6,\quad \frac{\partial z}{\partial y}\bigg|_{\substack{x=1\\y=1}}=3+3=6.$$

例2 求 $z=x^3\cos2y$ 的偏导数.

解 $\quad\quad\quad\quad\dfrac{\partial z}{\partial x}=3x^2\cos2y,\quad \dfrac{\partial z}{\partial y}=-2x^3\sin2y.$

例3 设 $z=x^y(x>0,x\neq1)$,求证:

$$\frac{x}{y}\frac{\partial z}{\partial x}+\frac{1}{\ln x}\frac{\partial z}{\partial y}=2z.$$

证明 因为

$$\frac{\partial z}{\partial x}=yx^{y-1},\quad \frac{\partial z}{\partial y}=x^y\ln x,$$

所以

$$\frac{x}{y}\frac{\partial z}{\partial x}+\frac{1}{\ln x}\frac{\partial z}{\partial y}=\frac{x}{y}yx^{y-1}+\frac{1}{\ln x}x^y\ln x=x^y+x^y=2z.$$

例4 求 $r=\sqrt{x^2+y^2+z^2}$ 的偏导数.

解 把 y 和 z 都看作常量,得

$$\frac{\partial r}{\partial x}=\frac{x}{\sqrt{x^2+y^2+z^2}}=\frac{x}{r};$$

同理,得

$$\frac{\partial r}{\partial y}=\frac{y}{\sqrt{x^2+y^2+z^2}}=\frac{y}{r}, \quad \frac{\partial r}{\partial z}=\frac{z}{\sqrt{x^2+y^2+z^2}}=\frac{z}{r}.$$

例 5 已知 $xyz=a(a$ 为常量$)$,求证:

$$\frac{\partial z}{\partial x}\cdot\frac{\partial x}{\partial y}\cdot\frac{\partial y}{\partial z}=-1.$$

证明 因为

$$z=\frac{a}{xy}, \quad \frac{\partial z}{\partial x}=-\frac{a}{yx^2};$$

$$x=\frac{a}{zy}, \quad \frac{\partial x}{\partial y}=-\frac{a}{zy^2};$$

$$y=\frac{a}{xz}, \quad \frac{\partial y}{\partial z}=-\frac{a}{xz^2},$$

所以

$$\frac{\partial z}{\partial x}\cdot\frac{\partial x}{\partial y}\cdot\frac{\partial y}{\partial z}=-\frac{a}{yx^2}\cdot\left(-\frac{a}{zy^2}\right)\cdot\left(-\frac{a}{xz^2}\right)=-\frac{a^3}{(xyz)^3}=-1.$$

我们知道,对一元函数来说,$\dfrac{\mathrm{d}y}{\mathrm{d}x}$ 可看作函数的微分 $\mathrm{d}y$ 与自变量的微分 $\mathrm{d}x$ 之商. 而上例表明,偏导数的记号是一个整体记号,不能看作分子与分母之商.

2. 偏导数的几何意义

二元函数 $z=f(x,y)$ 在点 (x_0,y_0) 处的偏导数有如下几何意义.

设 $M_0(x_0,y_0,f(x_0,y_0))$ 为曲面 $z=f(x,y)$ 上的一点,过 M_0 作平面 $y=y_0$,截此曲面得一曲线,此曲线在平面 $y=y_0$ 上的方程为 $z=f(x,y_0)$,则导数 $\dfrac{\mathrm{d}}{\mathrm{d}x}f(x,y_0)\Big|_{x=x_0}$,即偏导数 $f_x(x_0,y_0)$,也就是这曲线在点 M_0 处的切线 M_0T_x 对 x 轴的斜率(如图 10-3). 同样,偏导数 $f_y(x_0,y_0)$ 的几何意义是曲面被平面 $x=x_0$ 所截得的曲线在点 M_0 处的切线 M_0T_y 对 y 轴的斜率.

最后,我们讨论多元函数的连续性与偏导数存在的关系. 如果一元函数在某点具有导数,则它在该点必定连续. 但对于多元函数来说,即使各偏导数在某点都存在,也不能保证函数在该点连续. 这是因为各偏导数存在只能保证点 P 沿着平行于坐标轴的方向趋于 P_0 时,函数值 $f(P)$ 趋于 $f(P_0)$,但不能保证点 P 按任何方式趋于 P_0 时,函数值 $f(P)$ 都趋于 $f(P_0)$.

例 6 证明:函数

$$z=f(x,y)=\begin{cases}\dfrac{xy}{x^2+y^2}, & x^2+y^2\neq0, \\ 0, & x^2+y^2=0\end{cases}$$

在点 $(0,0)$ 处的偏导数存在但不连续.

证明 由偏导数的定义可得

$$f_x(0,0)=\lim_{\Delta x\to0}\frac{f(0+\Delta x,0)-f(0,0)}{\Delta x}=\lim_{\Delta x\to0}0=0,$$

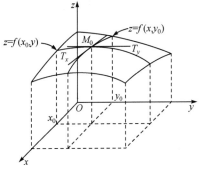

图 10-3

$$f_y(0,0) = \lim_{\Delta y \to 0} \frac{f(0, 0+\Delta y) - f(0,0)}{\Delta y} = \lim_{\Delta y \to 0} 0 = 0.$$

但是在 10.1 节已经知道这函数在点(0,0)极限不存在,故在点(0,0)不连续.

10.2.2　高阶偏导数

设函数 $z=f(x,y)$ 在区域 D 内具有偏导数

$$\frac{\partial z}{\partial x} = f_x(x,y), \quad \frac{\partial z}{\partial y} = f_y(x,y),$$

那么在 D 内,$f_x(x,y),f_y(x,y)$ 都是 x,y 的函数. 如果这两个函数的偏导数也存在,则称它们是函数 $z=f(x,y)$ 的二阶偏导数. 按照对变量求导次序的不同有以下四个二阶偏导数.

$$\frac{\partial}{\partial x}\left(\frac{\partial z}{\partial x}\right) = \frac{\partial^2 z}{\partial x^2} = f_{xx}(x,y), \quad \frac{\partial}{\partial y}\left(\frac{\partial z}{\partial x}\right) = \frac{\partial^2 z}{\partial x \partial y} = f_{xy}(x,y),$$

$$\frac{\partial}{\partial x}\left(\frac{\partial z}{\partial y}\right) = \frac{\partial^2 z}{\partial y \partial x} = f_{yx}(x,y), \quad \frac{\partial}{\partial y}\left(\frac{\partial z}{\partial y}\right) = \frac{\partial^2 z}{\partial y^2} = f_{yy}(x,y).$$

其中第二、三这两个偏导数称为**混合偏导数**.同样可得三阶、四阶、⋯以及 n 阶偏导数. 二阶及二阶以上的偏导数统称为**高阶偏导数**.

例 7　设 $z=x^2y+xy^2+1$,求 $\dfrac{\partial^2 z}{\partial x^2}, \dfrac{\partial^2 z}{\partial x \partial y}, \dfrac{\partial^2 z}{\partial y \partial x}, \dfrac{\partial^2 z}{\partial y^2}$ 及 $\dfrac{\partial^3 z}{\partial x^3}, \dfrac{\partial^3 z}{\partial x^2 \partial y}$.

解

$$\frac{\partial z}{\partial x} = 2xy + y^2, \qquad \frac{\partial z}{\partial y} = 2xy + x^2$$

$$\frac{\partial^2 z}{\partial x^2} = 2y, \qquad \frac{\partial^2 z}{\partial y \partial x} = 2x + 2y;$$

$$\frac{\partial^2 z}{\partial x \partial y} = 2x + 2y, \qquad \frac{\partial^2 z}{\partial y^2} = 2x;$$

$$\frac{\partial^3 z}{\partial x^3} = 0, \qquad \frac{\partial^3 z}{\partial x^2 \partial y} = 2.$$

例 7 中两个二阶混合偏导数相等,即 $\dfrac{\partial^2 z}{\partial x \partial y} = \dfrac{\partial^2 z}{\partial y \partial x}$.这不是偶然的,事实上,有下述定理.

定理 1　如果函数的两个二阶混合偏导数 $\dfrac{\partial^2 z}{\partial x \partial y}$ 及 $\dfrac{\partial^2 z}{\partial y \partial x}$ 在区域 D 内连续,那么在该区域内这两个二阶混合偏导数必相等.

这个定理的证明从略.

对于二元以上的函数,也可以类似地定义高阶偏导数,而且高阶混合偏导数在连续的条件下也与求导的次序无关.

例 8　设函数 $u = \dfrac{1}{r}$,其中 $r = \sqrt{x^2+y^2+z^2}$,证明:$u=u(x,y,z)$ 是拉普拉斯(Laplace)方程 $\dfrac{\partial^2 u}{\partial x^2} + \dfrac{\partial^2 u}{\partial y^2} + \dfrac{\partial^2 u}{\partial z^2} = 0$ 的解.

证　由例 4 易知

$$\frac{\partial u}{\partial x} = -\frac{1}{r^2} \frac{\partial r}{\partial x} = -\frac{1}{r^2} \cdot \frac{x}{r} = -\frac{x}{r^3},$$

$$\frac{\partial^2 u}{\partial x^2} = -\frac{1}{r^3} + \frac{3x}{r^4}\frac{\partial r}{\partial x} = -\frac{1}{r^3} + \frac{3x^2}{r^5};$$

同样可以求得

$$\frac{\partial^2 u}{\partial y^2} = -\frac{1}{r^3} + \frac{3y^2}{r^5}, \quad \frac{\partial^2 u}{\partial z^2} = -\frac{1}{r^3} + \frac{3z^2}{r^5}.$$

故

$$\frac{\partial^2 u}{\partial x^2} + \frac{\partial^2 u}{\partial y^2} + \frac{\partial^2 u}{\partial z^2} = -\frac{3}{r^3} + \frac{3(x^2+y^2+z^2)}{r^5} = -\frac{3}{r^3} + \frac{3}{r^3} = 0.$$

习 题 10. 2

1. 求下列函数的偏导数:

(1)$z = x^3 y - y^3 x$;

(2)$z = \sqrt{\ln(xy)}$;

(3)$z = \dfrac{x^2+y^2}{xy}$;

(4)$z = \ln\tan\dfrac{x}{y}$;

(5)$z = \sin(xy) + \cos^2(xy)$;

(6)$z = (1+yx)^y$;

(7)$u = x^{\frac{y}{z}}$;

(8)$u = \arctan(x-y)^z$.

2. 设 $T = 2\pi\sqrt{\dfrac{l}{g}}$,求证:$l\dfrac{\partial T}{\partial l} + g\dfrac{\partial T}{\partial g} = 0$.

3. 设 $z = \mathrm{e}^{-\left(\frac{1}{x}+\frac{1}{y}\right)}$,求证:$x^2\dfrac{\partial z}{\partial x} + y^2\dfrac{\partial z}{\partial y} = 2z$.

4. 设 $f(x,y) = 2008x + (y-1)\arctan\sqrt{\dfrac{x}{y}}$,求 $f_x(x,1)$.

5. 求曲线 $\begin{cases} z = \dfrac{x^2+y^2}{4}, \\ y = 4 \end{cases}$ 在点 $(2,4,5)$ 处的切线对于 x 轴的倾斜角.

6. 求下列函数的 $\dfrac{\partial^2 z}{\partial x^2}, \dfrac{\partial^2 z}{\partial y^2}, \dfrac{\partial^2 z}{\partial x \partial y}$:

(1)$z = x^4 + y^4 - 4x^2 y^2$;

(2)$z = \sin(x^2+y^2)$;

(3)$z = \arctan\left(\dfrac{x}{y}\right)$;

(4)$z = y^x$.

7. 设 $f(x,y,z) = xy^2 + yz^2 + zx^2$,求 $f_{xx}(0,0,1), f_{xz}(1,0,2), f_{yz}(0,-1,0)$ 以及 $f_{zzx}(2,0,1)$.

8. 设 $z = x\ln(xy)$,求 $\dfrac{\partial^3 z}{\partial x^2 \partial y}$ 与 $\dfrac{\partial^3 z}{\partial x \partial y^2}$.

9. 验证:

(1) $z = \mathrm{e}^{-kn^2 x}\sin ny$ 满足 $\dfrac{\partial z}{\partial x} = k\dfrac{\partial^2 z}{\partial y^2}$;

(2) $u = \sqrt{x^2+y^2+z^2}$ 满足 $\dfrac{\partial^2 u}{\partial x^2} + \dfrac{\partial^2 u}{\partial y^2} + \dfrac{\partial^2 u}{\partial z^2} = \dfrac{2}{u}$.

10. 设函数 $u(x,y) = \varphi(x+y) + \varphi(x-y) + \displaystyle\int_{x-y}^{x+y}\psi(t)\mathrm{d}t$,其中函数 φ 具有二阶导数,ψ 具有一阶导数,试证明:$\dfrac{\partial^2 u}{\partial x^2} = \dfrac{\partial^2 u}{\partial y^2}$.

10.3　全　微　分

10.3.1　全微分的定义

1. 全增量与全微分

由偏导数的定义知道,二元函数对某个自变量的偏导数表示当另一个自变量固定时,因变量相对于该自变量的变化率. 根据一元函数微分学中增量与微分的关系,可得

$$f(x+\Delta x,y)-f(x,y)\approx f_x(x,y)\Delta x,$$
$$f(x,y+\Delta y)-f(x,y)\approx f_y(x,y)\Delta y.$$

上面两式的左端分别是二元函数对 x 和对 y 的偏增量,而右端分别叫做二元函数对 x 和对 y 的**偏微分**.

在实际问题中,有时需要研究多元函数中各个自变量都取得增量时因变量所获得的增量,即所谓全增量的问题.下面以二元函数为例进行讨论.

设函数 $z=f(x,y)$ 在点 $P(x,y)$ 的某邻域内有定义,$P'(x+\Delta x,y+\Delta y)$ 为这邻域内的任意一点,则称这两点的函数值之差 $f(x+\Delta x,y+\Delta y)-f(x,y)$ 为函数在点 P 对应于自变量增量 $\Delta x,\Delta y$ 的全增量,记作 Δz,即

$$\Delta z=f(x+\Delta x,y+\Delta y)-f(x,y). \tag{10.3}$$

例如,考虑本章 10.1 节例 2 中矩形的面积 $S=xy$,如果 x,y 分别取得增量 $\Delta x,\Delta y$,则 S 的全增量为

$$\Delta S=(x+\Delta x)(y+\Delta y)-xy=y\Delta x+x\Delta y+\Delta x\Delta y.$$

上式包含两部分:$y\Delta x+x\Delta y$ 是 $\Delta x,\Delta y$ 的线性函数,而 $\Delta x\Delta y$ 是 $\Delta x\to 0,\Delta y\to 0$ 时比 $\rho=\sqrt{(\Delta x)^2+(\Delta y)^2}$ 高阶的无穷小.

与上例类似,对一般的二元函数 $z=f(x,y)$,我们希望用自变量的增量 $\Delta x,\Delta y$ 的线性函数来近似地代替函数的全增量 Δz,从而引入如下定义.

定义 1　设函数 $z=f(x,y)$ 在点 (x,y) 的某邻域内有定义,如果函数在点 (x,y) 的全增量

$$\Delta z=f(x+\Delta x,y+\Delta y)-f(x,y)$$

可表示为

$$\Delta z=A\Delta x+B\Delta y+o(\rho), \tag{10.4}$$

其中 A,B 不依赖于 $\Delta x,\Delta y$ 而仅与 x,y 有关,$\rho=\sqrt{(\Delta x)^2+(\Delta y)^2}$,则称函数 $z=f(x,y)$ **在点** (x,y) **可微分**,而称 $A\Delta x+B\Delta y$ 为函数 $z=f(x,y)$ **在点** (x,y) **的全微分**(total differential),记作 dz,即

$$dz=A\Delta x+B\Delta y.$$

如果函数在区域 D 内各点处都可微分,那么称这函数在 D 内可微分.

在第二节中指出,多元函数在某点的偏导数存在,并不能保证函数在该点连续.但是,由上述定义可知,如果函数 $z=f(x,y)$ 在点 (x,y) 可微分,那么这函数在该点必定连续.事实上,这时由(10.4)式可得

$$\lim_{\rho\to 0}\Delta z=0,$$

由于 $\rho\to 0$ 与 $(\Delta x,\Delta y)\to(0,0)$ 相当,从而

$$\lim_{(\Delta x, \Delta y) \to (0,0)} f(x+\Delta x, y+\Delta y) = \lim_{\rho \to 0} [f(x,y) + \Delta z] = f(x,y).$$

因此函数 $z=f(x,y)$ 在点 (x,y) 处连续.

2. 可微的条件

下面讨论函数 $z=f(x,y)$ 在点 (x,y) 处可微分的条件.

定理 1(必要条件)　如果函数 $z=f(x,y)$ 在点 (x,y) 可微分,则该函数在点 (x,y) 的偏导数 $\dfrac{\partial z}{\partial x}, \dfrac{\partial z}{\partial y}$ 必定存在,且函数 $z=f(x,y)$ 在点 (x,y) 的全微分为

$$\mathrm{d}z = \frac{\partial z}{\partial x}\Delta x + \frac{\partial z}{\partial y}\Delta y. \tag{10.5}$$

证明　函数 $z=f(x,y)$ 在点 (x,y) 可微分. 由定义可知,对于点 $P(x,y)$ 的某邻域内任意一点 $P'(x+\Delta x, y+\Delta y)$,(10.4)式总是成立. 特别地,当 $\Delta y=0$ 时(10.4)式也成立,这时 $\rho = |\Delta x|$,所以(10.4)式变为

$$f(x+\Delta x, y) - f(x,y) = A\Delta x + o(|\Delta x|).$$

上式两端各除以 Δx,再令 $\Delta x \to 0$ 而取极限,就得

$$\lim_{\Delta x \to 0} \frac{f(x+\Delta x, y) - f(x,y)}{\Delta x} = A + \lim_{\Delta x \to 0} \frac{o(|\Delta x|)}{\Delta x} = A,$$

从而偏导数 $\dfrac{\partial z}{\partial x}$ 存在,且等于 A. 同样可证 $\dfrac{\partial z}{\partial y} = B$. 所以(10.5)式成立,证毕.

我们知道,一元函数在某点的导数存在是微分存在的充分必要条件. 但对于多元函数来说,情形就不同了. 当函数的各偏导数都存在时,虽然能形式地写出 $\dfrac{\partial z}{\partial x}\Delta x + \dfrac{\partial z}{\partial y}\Delta y$,但它与 Δz 之差并不一定是较 ρ 高阶的无穷小,因此它不一定是函数的全微分.

例 1　证明:函数

$$z = f(x,y) = \begin{cases} \dfrac{xy}{\sqrt{x^2+y^2}}, & x^2+y^2 \neq 0, \\ 0, & x^2+y^2 = 0 \end{cases}$$

在点 $(0,0)$ 处的偏导数存在,但不可微分.

证明　由偏导数的定义易得 $f_x(0,0)=0, f_y(0,0)=0$. 故

$$\Delta z - [f_x(0,0) \cdot \Delta x + f_y(0,0) \cdot \Delta y] = \frac{\Delta x \Delta y}{\sqrt{(\Delta x)^2 + (\Delta y)^2}}.$$

考虑极限

$$\lim_{\rho \to 0} \frac{\Delta z - [f_x(0,0) \cdot \Delta x + f_y(0,0) \cdot \Delta y]}{\rho} = \lim_{(\Delta x, \Delta y) \to (0,0)} \frac{\Delta x \Delta y}{(\Delta x)^2 + (\Delta y)^2},$$

由 10.1 节已知该极限不存在,这表明 $\rho \to 0$ 时

$$\Delta z - [f_x(0,0) \cdot \Delta x + f_y(0,0) \cdot \Delta y]$$

并不是较 ρ 高阶的无穷小,因此,函数在点 $(0,0)$ 处不可微分.

由定理 1 及例 1 可知,各偏导数的存在只是全微分存在的必要条件而不是充分条件. 但是,如果再假定函数的各个偏导数都连续,则可以证明函数是可微分的,即有下面的定理.

定理 2(充分条件) 如果函数 $z=f(x,y)$ 的偏导数 $\dfrac{\partial z}{\partial x}$，$\dfrac{\partial z}{\partial y}$ 在点 (x,y) 连续，则该函数在点 (x,y) 必可微分.

证明从略.

以上关于二元函数全微分的定义及可微分的必要条件和充分条件，可以完全类似地推广到二元以上的多元函数.

习惯上，我们将自变量的增量 $\Delta x,\Delta y$ 分别记作 $\mathrm{d}x,\mathrm{d}y$，并分别称为自变量 x,y 的微分. 这样，函数 $z=f(x,y)$ 的全微分就可写为

$$\mathrm{d}z=\frac{\partial z}{\partial x}\mathrm{d}x+\frac{\partial z}{\partial y}\mathrm{d}y. \tag{10.6}$$

通常把二元函数的全微分等于它的两个偏微分之和这个结论称为**二元函数的微分复合叠加原理**.

叠加原理也适用于二元以上的函数的情形. 例如，若三元函数 $u=f(x,y,z)$ 可微分，那么它的全微分就等于它的三个偏微分之和，即

$$\mathrm{d}u=\frac{\partial u}{\partial x}\mathrm{d}x+\frac{\partial u}{\partial y}\mathrm{d}y+\frac{\partial u}{\partial z}\mathrm{d}z.$$

例 2 计算函数 $z=x^2y+xy^2$ 的全微分.

解 因为

$$\frac{\partial z}{\partial x}=2xy+y^2,\qquad \frac{\partial z}{\partial y}=2xy+x^2,$$

所以

$$\mathrm{d}z=(2xy+y^2)\mathrm{d}x+(2xy+x^2)\mathrm{d}y.$$

例 3 计算函数 $z=\mathrm{e}^{xy}$ 在点 $(1,2)$ 的全微分.

解 因为

$$\frac{\partial z}{\partial x}=y\mathrm{e}^{xy},\qquad \frac{\partial z}{\partial y}=x\mathrm{e}^{xy},$$

$$\frac{\partial z}{\partial x}\Big|_{\substack{x=1\\y=2}}=2\mathrm{e}^2,\qquad \frac{\partial z}{\partial y}\Big|_{\substack{x=1\\y=2}}=\mathrm{e}^2,$$

所以

$$\mathrm{d}z\big|_{\substack{x=1\\y=2}}=2\mathrm{e}^2\mathrm{d}x+\mathrm{e}^2\mathrm{d}y.$$

例 4 计算函数 $u=xyz$ 的全微分.

解 因为

$$\frac{\partial u}{\partial x}=yz,\qquad \frac{\partial u}{\partial y}=xz,\qquad \frac{\partial u}{\partial z}=xy,$$

所以

$$\mathrm{d}u=yz\mathrm{d}x+xz\mathrm{d}y+xy\mathrm{d}z.$$

*10.3.2 全微分在近似计算中的应用

由二元函数的全微分的定义以及关于全微分存在的充分条件可知，当二元函数 $z=f(x,y)$ 的两个偏导数 $f_x(x,y),f_y(x,y)$ 连续，并且 $|\Delta x|,|\Delta y|$ 都较小时，就有近似等式

$$\Delta z \approx \mathrm{d}z = f_x(x,y)\Delta x + f_y(x,y)\Delta y. \tag{10.7}$$

上式也可以写成

$$f(x+\Delta x, y+\Delta y) \approx f(x,y) + f_x(x,y)\Delta x + f_y(x,y)\Delta y. \tag{10.8}$$

与一元函数类似,可以利用(10.7)式或(10.8)式对二元函数作近似计算.

例 5　一圆柱体受压后发生形变,它的半径由 20cm 增大到 20.05cm,高度由 100cm 减少到 99cm. 求此圆柱体体积变化的近似值.

解　设圆柱体的半径为 r,高为 h,体积为 V,则有

$$V = \pi r^2 h.$$

记 r,h 和 V 的增量依次为 $\Delta r, \Delta h$ 和 ΔV. 应用式(10.7)可得

$$\Delta V \approx \mathrm{d}V = V_r \Delta r + V_h \Delta h = 2\pi r h \Delta r + \pi r^2 \Delta h,$$

把 $r=20, h=100, \Delta r=0.05, \Delta h=-1$ 代入上式,得

$$\Delta V \approx \mathrm{d}V = 2\pi \times 20 \times 100 \times 0.05 + \pi \times 400 \times (-1) = -200\pi\,(\mathrm{cm}^3),$$

即此圆柱在受压后体积约减少了 $200\pi \mathrm{cm}^3$.

例 6　计算 $\sqrt{(1.02)^3 + (1.97)^3}$ 的近似值.

解　设函数 $f(x,y) = \sqrt{x^3 + y^3}$. 显然,要计算的值就是函数 $f(x,y)$ 在 $x=1.02, y=1.97$ 时的函数值 $f(1.02, 1.97)$.

取 $x=1, y=2, \Delta x=0.02, \Delta y=-0.03$. 由于 $f(1,2)=3$,

$$f_x(x,y) = \frac{1}{2}\frac{3x^2}{\sqrt{x^3+y^3}}, \quad f_y(x,y) = \frac{1}{2}\frac{3y^2}{\sqrt{x^3+y^3}},$$

$$f_x(1,2) = 0.5, \quad f_y(x,y) = 2,$$

所以,应用公式(10.8)可得

$$\sqrt{(1.02)^3 + (1.97)^3} \approx 3 + 0.5 \times 0.02 + 2 \times (-0.03) = 2.95.$$

习　题　10.3

1. 求下列函数的全微分:

(1) $z = xy + \dfrac{x}{y}$;　　　　　　　　　　(2) $z = \mathrm{e}^{xy}$;

(3) $z = \dfrac{y}{\sqrt{x^2+y^2}}$;　　　　　　　　(4) $u = x^{yz}$.

2. 求函数 $z = \ln(1 + x^2 + y^2)$ 当 $x=1, y=2$ 时的全微分.

3. 求函数 $z = \dfrac{y}{x}$ 当 $x=2, y=1, \Delta x=0.1, \Delta y=-0.2$ 时的全增量和全微分.

4. 考虑二元函数 $f(x,y)$ 的下面四条性质:

(1) $f(x,y)$ 在点 (x_0, y_0) 连续;

(2) $f_x(x,y), f_y(x,y)$ 在点 (x_0, y_0) 连续;

(3) $f(x,y)$ 在点 (x_0, y_0) 可微分;

(4) $f_x(x,y), f_y(x,y)$ 存在.

若用 "$P \Rightarrow Q$" 表示可由性质 P 推出性质 Q,则下列四个选项中正确的是(　　　).

(A) (2)$\Rightarrow$(3)$\Rightarrow$(1)　　　　　(B) (3)$\Rightarrow$(2)$\Rightarrow$(1)

(C) (3)$\Rightarrow$(4)$\Rightarrow$(1)　　　　　(D) (3)$\Rightarrow$(1)$\Rightarrow$(4)

*5. 计算 $\sqrt{(0.98)^3+(2.03)^3}$ 的近似值.

*6. 计算 $(1.97)^{1.05}$ 的近似值（$\ln 2=0.693$）.

*7. 已知边长为 $x=6\mathrm{m}$ 与 $y=8\mathrm{m}$ 的矩形，如果 x 增加 $5\mathrm{cm}$ 而 y 减少 $10\mathrm{cm}$，问这个矩形的对角线的近似变化怎样？

*8. 设有一无盖的圆柱形容器，容器的壁与底的厚度均为 $0.1\mathrm{cm}$，内高为 $20\mathrm{cm}$，内半径为 $4\mathrm{cm}$. 试求容器外壳体积的近似值.

*9. 设有直角三角形，测得其两直角边的长分别为 $(7\pm0.1)\mathrm{cm}$ 和 $(24\pm0.1)\mathrm{cm}$. 试求利用上述数据来计算斜边长度时的绝对误差.

*10. 利用全微分证明：两数之和的绝对误差等于它们各自的绝对误差之和.

10.4 复合函数微分法

将一元函数微分学中复合函数的求导法则推广到多元复合函数的情形，便得多元复合函数的求导法则.

10.4.1 多元复合函数的求导法则

如果函数 $z=f(u,v)$ 是 u,v 的函数，而 $u=\varphi(x,y)$ 及 $v=\psi(x,y)$ 是 x,y 的函数，则 $z=f[\varphi(x,y),\psi(x,y)]$ 是 x,y 的复合函数. 我们讨论 z 对 x,y 的可微性.

定理 1 如果函数 $u=\varphi(x,y)$ 及 $v=\psi(x,y)$ 都在点 (x,y) 具有对 x,y 的偏导数，函数 $z=f(u,v)$ 在对应点 (u,v) 具有连续偏导数，则复合函数 $z=f[\varphi(x,y),\psi(x,y)]$ 在点 (x,y) 的两个偏导数都存在，且有

$$\frac{\partial z}{\partial x}=\frac{\partial z}{\partial u}\frac{\partial u}{\partial x}+\frac{\partial z}{\partial v}\frac{\partial v}{\partial x},\tag{10.9}$$

$$\frac{\partial z}{\partial y}=\frac{\partial z}{\partial u}\frac{\partial u}{\partial y}+\frac{\partial z}{\partial v}\frac{\partial v}{\partial y}.\tag{10.10}$$

证明 先证明（10.9）式，设 x 获得增量 $\Delta x(\Delta x\neq0)$，这时 $u=\varphi(x,y)$ 及 $v=\psi(x,y)$ 的对应偏增量分别为 $\Delta u,\Delta v$，函数 $z=f(u,v)$ 相应的获得增量 Δz. 因为函数 $z=f(u,v)$ 在点 (u,v) 具有连续偏导数，所以函数 $z=f(u,v)$ 在点 (u,v) 可微分. 这时函数的全增量可以表示为

$$\Delta z=\frac{\partial z}{\partial u}\Delta u+\frac{\partial z}{\partial v}\Delta v+o(\rho)\quad(\rho=\sqrt{(\Delta u)^2+(\Delta v)^2}).$$

将上式两端各除以 Δx，得

$$\frac{\Delta z}{\Delta x}=\frac{\partial z}{\partial u}\frac{\Delta u}{\Delta x}+\frac{\partial z}{\partial v}\frac{\Delta v}{\Delta x}+\frac{o(\rho)}{\Delta x}.$$

由 $u=\varphi(x,y)$ 及 $v=\psi(x,y)$ 的可微性可知，当 $\Delta x\to0$ 时，$\Delta u\to0$，$\Delta v\to0$，$\dfrac{\Delta u}{\Delta x}\to\dfrac{\partial u}{\partial x}$，$\dfrac{\Delta v}{\Delta x}\to\dfrac{\partial v}{\partial x}$，且

$$\frac{o(\rho)}{\Delta x}=\frac{o(\rho)}{\rho}\cdot\frac{\rho}{\Delta x}=\frac{o(\rho)}{\rho}\cdot\frac{\sqrt{(\Delta u)^2+(\Delta v)^2}}{\Delta x}$$

$$=\pm\frac{o(\rho)}{\rho}\cdot\sqrt{\left(\frac{\Delta u}{\Delta x}\right)^2+\left(\frac{\Delta v}{\Delta x}\right)^2}\to0.$$

从而

$$\lim_{\Delta x \to 0} \frac{\Delta z}{\Delta x} = \frac{\partial z}{\partial u} \lim_{\Delta x \to 0} \frac{\Delta u}{\Delta x} + \frac{\partial z}{\partial v} \lim_{\Delta x \to 0} \frac{\Delta v}{\Delta x} + \lim_{\Delta x \to 0} \frac{o(\rho)}{\Delta x}$$

$$= \frac{\partial z}{\partial u} \frac{\partial u}{\partial x} + \frac{\partial z}{\partial v} \frac{\partial v}{\partial x}.$$

这就证明了复合函数 $z = f[\varphi(x,y), \psi(x,y)]$ 在点 (x,y) 关于 x 偏导数存在,且(10.9)式成立.

同样的方法可以证明复合函数 $z = f[\varphi(x,y), \psi(x,y)]$ 在点 (x,y) 关于 y 偏导数存在,且(10.10)式成立.

(10.9)式和(10.10)式称为**链式法则**.

我们对上述定理作如下说明.

(1) 链式法则可以推广到更多元的复合函数. 例如,设 $u = \varphi(x,y)$, $v = \psi(x,y)$ 及 $w = \omega(x,y)$ 都在点 (x,y) 具有对 x, y 的偏导数,函数 $z = f(u,v,w)$ 在对应点 (u,v,w) 具有连续偏导数,则复合函数

$$z = f[\varphi(x,y), \psi(x,y), \omega(x,y)]$$

在点 (x,y) 的两个偏导数都存在,且有

$$\frac{\partial z}{\partial x} = \frac{\partial z}{\partial u} \frac{\partial u}{\partial x} + \frac{\partial z}{\partial v} \frac{\partial v}{\partial x} + \frac{\partial z}{\partial w} \frac{\partial w}{\partial x}, \tag{10.11}$$

$$\frac{\partial z}{\partial y} = \frac{\partial z}{\partial u} \frac{\partial u}{\partial y} + \frac{\partial z}{\partial v} \frac{\partial v}{\partial y} + \frac{\partial z}{\partial w} \frac{\partial w}{\partial y}. \tag{10.12}$$

(2) 如果 $u = \varphi(t)$ 及 $v = \psi(t)$ 即中间变量为一元函数时,定理变为:如果函数 $u = \varphi(t)$ 及 $v = \psi(t)$ 都在点 t 可导,函数 $z = f(u,v)$ 在对应点 (u,v) 具有连续偏导数,则复合函数 $z = f[\varphi(t), \psi(t)]$ 在点 t 可导,且有

$$\frac{\mathrm{d}z}{\mathrm{d}t} = \frac{\partial z}{\partial u} \frac{\mathrm{d}u}{\mathrm{d}t} + \frac{\partial z}{\partial v} \frac{\mathrm{d}v}{\mathrm{d}t}. \tag{10.13}$$

由于 $u = \varphi(t)$ 及 $v = \psi(t)$ 是 t 的一元函数,故 ∂ 要改写成 d. 公式(10.13)中的导数 $\dfrac{\mathrm{d}z}{\mathrm{d}t}$ 称为**全导数**.

(3) 如果中间变量既有一元函数又有多元函数,定理同样成立. 例如,函数 $u = \varphi(x,y)$ 在点 (x,y) 具有对 x, y 的偏导数,函数 $v = \psi(y)$ 在点 y 可导,函数 $z = f(u,v)$ 在对应点 (u,v) 具有连续偏导数,则复合函数 $z = f[\varphi(x,y), \psi(y)]$ 在点 (x,y) 的两个偏导数都存在,且有

$$\frac{\partial z}{\partial x} = \frac{\partial z}{\partial u} \frac{\partial u}{\partial x}, \tag{10.14}$$

$$\frac{\partial z}{\partial y} = \frac{\partial z}{\partial u} \frac{\partial u}{\partial y} + \frac{\partial z}{\partial v} \frac{\mathrm{d}v}{\mathrm{d}y}. \tag{10.15}$$

我们还会遇到这样的情形:复合函数的某些中间变量本身又是复合函数的自变量. 例如,设 $z = f(u,x)$ 具有连续偏导数,而 $u = \varphi(x,y)$ 具有偏导数,则复合函数 $z = f[\varphi(x,y), x]$ 可看做 $v = x$ 的特殊情形. 因此

$$\frac{\partial v}{\partial x} = 1, \quad \frac{\partial v}{\partial y} = 0,$$

从而复合函数 $f[\varphi(x,y),x]$ 具有对自变量 x,y 的偏导数,且由公式(10.9)得

$$\frac{\partial z}{\partial x}=\frac{\partial f}{\partial u}\frac{\partial u}{\partial x}+\frac{\partial f}{\partial x}.$$

注　上式中 $\frac{\partial z}{\partial x}$ 与 $\frac{\partial f}{\partial x}$ 是不同的,$\frac{\partial z}{\partial x}$ 是把 $f[\varphi(x,y),x]$ 中的 y 看作常量而对 x 的偏导数,$\frac{\partial f}{\partial x}$ 是把 $f(u,x)$ 中的 u 看作常量而对 x 的偏导数.

例 1　设 $z=u^2\cos v$,而 $u=\sin t,v=\mathrm{e}^t$,求 $\dfrac{\mathrm{d}z}{\mathrm{d}t}$.

解　$\dfrac{\mathrm{d}z}{\mathrm{d}t}=\dfrac{\partial z}{\partial u}\dfrac{\mathrm{d}u}{\mathrm{d}t}+\dfrac{\partial z}{\partial v}\dfrac{\mathrm{d}v}{\mathrm{d}t}=2u\cos v\cdot\cos t-u^2\sin v\cdot\mathrm{e}^t$

$\qquad\quad=2\sin t\cos\mathrm{e}^t\cdot\cos t-(\sin t)^2\sin\mathrm{e}^t\cdot\mathrm{e}^t.$

例 2　设 $z=\arctan(uv)$,而 $u=2x-3y,v=3x+2y$,求 $\dfrac{\partial z}{\partial x}$ 和 $\dfrac{\partial z}{\partial y}$.

解　$\dfrac{\partial z}{\partial x}=\dfrac{\partial z}{\partial u}\dfrac{\partial u}{\partial x}+\dfrac{\partial z}{\partial v}\dfrac{\partial v}{\partial x}=\dfrac{2v}{1+u^2v^2}+\dfrac{3u}{1+u^2v^2}=\dfrac{12x-5y}{1+(2x-3y)^2(3x+2y)^2},$

$\qquad\dfrac{\partial z}{\partial y}=\dfrac{\partial z}{\partial u}\dfrac{\partial u}{\partial y}+\dfrac{\partial z}{\partial v}\dfrac{\partial v}{\partial y}=\dfrac{(-3)v}{1+u^2v^2}+\dfrac{2u}{1+u^2v^2}=\dfrac{-5x-12y}{1+(2x-3y)^2(3x+2y)^2}.$

例 3　设 $z=f(x,u,v)=\mathrm{e}^{x^2+v^2+u^2}$,而 $u=xy,v=\dfrac{x}{y}$,求 $\dfrac{\partial z}{\partial x}$.

解　$\dfrac{\partial z}{\partial x}=\dfrac{\partial f}{\partial x}+\dfrac{\partial f}{\partial u}\dfrac{\partial u}{\partial x}+\dfrac{\partial f}{\partial v}\dfrac{\partial v}{\partial x}=2x\mathrm{e}^{x^2+v^2+u^2}+2uy\mathrm{e}^{x^2+v^2+u^2}+2\dfrac{v}{y}\mathrm{e}^{x^2+v^2+u^2}$

$\qquad=2x\mathrm{e}^{x^2+(xy)^2+\left(\frac{x}{y}\right)^2}+2xy^2\mathrm{e}^{x^2+(xy)^2+\left(\frac{x}{y}\right)^2}+2\dfrac{x}{y^2}\mathrm{e}^{x^2+(xy)^2+\left(\frac{x}{y}\right)^2}$

$\qquad=2x\left(1+y^2+\dfrac{1}{y^2}\right)\mathrm{e}^{x^2+(xy)^2+\left(\frac{x}{y}\right)^2}.$

例 4　设 $w=f(xyz,3x+2y+z)$ 具有二阶连续偏导数,求 $\dfrac{\partial w}{\partial x}$ 和 $\dfrac{\partial^2 w}{\partial x\partial y}$.

解　令 $u=xyz,v=3x+2y+z$,则 $w=f(u,v)$.为了表达简便,我们引入以下记号

$$f_1'(u,v)=f_u(u,v),\qquad f_{12}''(u,v)=f_{uv}(u,v),$$

这里下标 1 表示对第一个变量 u 求偏导数,下标 2 表示对第二个变量 v 求偏导数.相应地,有 $f_2',f_{11}'',f_{21}'',f_{22}''$ 等.

根据复合函数求导法则,有

$$\frac{\partial w}{\partial x}=\frac{\partial f}{\partial u}\frac{\partial u}{\partial x}+\frac{\partial f}{\partial v}\frac{\partial v}{\partial x}=yzf_1'+3f_2',$$

$$\frac{\partial^2 w}{\partial x\partial y}=\frac{\partial}{\partial y}(yzf_1'+3f_2')=zf_1'+yz\frac{\partial f_1'}{\partial y}+3\frac{\partial f_2'}{\partial y}.$$

需要注意的是,在求 $\dfrac{\partial f_1'}{\partial y}$ 和 $\dfrac{\partial f_2'}{\partial y}$ 时,$f_1'(u,v)$ 及 $f_2'(u,v)$ 中 u,v 仍然是中间变量,再根据复合函数求导法则,有

$$\frac{\partial f_1'}{\partial y}=\frac{\partial f_1'}{\partial u}\frac{\partial u}{\partial y}+\frac{\partial f_1'}{\partial v}\frac{\partial v}{\partial y}=xzf_{11}''+2f_{12}'',$$

$$\frac{\partial f_2'}{\partial y}=\frac{\partial f_2'}{\partial u}\frac{\partial u}{\partial y}+\frac{\partial f_2'}{\partial v}\frac{\partial v}{\partial y}=xzf_{21}''+2f_{22}''.$$

注意到 $f_{12}''=f_{21}''$,便有

$$\frac{\partial^2 w}{\partial x\partial y}=\frac{\partial}{\partial y}(yzf_1'+3f_2')=zf_1'+yz(xzf_{11}''+2f_{12}'')+3(xzf_{21}''+2f_{22}'').$$

$$=zf_1'+xyz^2f_{11}''+(2y+3x)zf_{12}''+6f_{22}''.$$

例 5　设 $u=f(x,y)$ 的所有二阶偏导数连续,而 $x=r\cos\theta,y=r\sin\theta$,把下列表达式转换成变量 r 和 θ 的形式:

(1) $\left(\dfrac{\partial u}{\partial x}\right)^2+\left(\dfrac{\partial u}{\partial y}\right)^2$;　　　　(2) $\dfrac{\partial^2 u}{\partial x^2}+\dfrac{\partial^2 u}{\partial y^2}$.

解　可把 $u=f(x,y)$ 化成 r 和 θ 的函数

$$u=f(x,y)=f(r\cos\theta,r\sin\theta)=F(r,\theta).$$

而为了把(1),(2)化成 r 和 θ 的形式,需要把 $u=f(x,y)$ 看做由 $u=F(r,\theta)$ 及

$$r=\sqrt{x^2+y^2},\quad \theta=\arctan\frac{y}{x}$$

复合而成,由求导法则可得

$$\frac{\partial u}{\partial x}=\frac{\partial u}{\partial r}\frac{\partial r}{\partial x}+\frac{\partial u}{\partial\theta}\frac{\partial\theta}{\partial x}=\frac{\partial u}{\partial r}\frac{x}{r}-\frac{\partial u}{\partial\theta}\frac{y}{r^2}=\frac{\partial u}{\partial r}\cos\theta-\frac{\partial u}{\partial\theta}\frac{\sin\theta}{r},$$

$$\frac{\partial u}{\partial y}=\frac{\partial u}{\partial r}\frac{\partial r}{\partial y}+\frac{\partial u}{\partial\theta}\frac{\partial\theta}{\partial y}=\frac{\partial u}{\partial r}\frac{y}{r}+\frac{\partial u}{\partial\theta}\frac{x}{r^2}=\frac{\partial u}{\partial r}\sin\theta+\frac{\partial u}{\partial\theta}\frac{\cos\theta}{r},$$

从而

$$\left(\frac{\partial u}{\partial x}\right)^2+\left(\frac{\partial u}{\partial y}\right)^2=\left(\frac{\partial u}{\partial r}\right)^2+\frac{1}{r^2}\left(\frac{\partial u}{\partial\theta}\right)^2.$$

再求二阶偏导数,得

$$\frac{\partial^2 u}{\partial x^2}=\frac{\partial}{\partial r}\left(\frac{\partial u}{\partial x}\right)\cdot\frac{\partial r}{\partial x}+\frac{\partial}{\partial\theta}\left(\frac{\partial u}{\partial x}\right)\cdot\frac{\partial\theta}{\partial x}$$

$$=\frac{\partial}{\partial r}\left(\frac{\partial u}{\partial r}\cos\theta-\frac{\partial u}{\partial\theta}\frac{\sin\theta}{r}\right)\cdot\cos\theta-\frac{\partial}{\partial\theta}\left(\frac{\partial u}{\partial r}\cos\theta-\frac{\partial u}{\partial\theta}\frac{\sin\theta}{r}\right)\cdot\frac{\sin\theta}{r}$$

$$=\frac{\partial^2 u}{\partial r^2}\cos^2\theta-2\frac{\partial^2 u}{\partial r\partial\theta}\frac{\sin\theta\cos\theta}{r}+\frac{\partial^2 u}{\partial\theta^2}\frac{\sin^2\theta}{r^2}+\frac{\partial u}{\partial\theta}\frac{2\sin\theta\cos\theta}{r^2}+\frac{\partial u}{\partial r}\frac{\sin^2\theta}{r}.$$

同理可得

$$\frac{\partial^2 u}{\partial y^2}=\frac{\partial^2 u}{\partial r^2}\sin^2\theta+2\frac{\partial^2 u}{\partial r\partial\theta}\frac{\sin\theta\cos\theta}{r}+\frac{\partial^2 u}{\partial\theta^2}\frac{\cos^2\theta}{r^2}-\frac{\partial u}{\partial\theta}\frac{2\sin\theta\cos\theta}{r^2}+\frac{\partial u}{\partial r}\frac{\cos^2\theta}{r}.$$

从而

$$\frac{\partial^2 u}{\partial x^2}+\frac{\partial^2 u}{\partial y^2}=\frac{\partial^2 u}{\partial r^2}+\frac{1}{r}\frac{\partial u}{\partial r}+\frac{1}{r^2}\frac{\partial^2 u}{\partial\theta^2}.$$

10.4.2　多元复合函数的全微分

设函数 $z = f(u,v)$ 具有连续偏导数,则有全微分

$$dz = \frac{\partial z}{\partial u}du + \frac{\partial z}{\partial v}dv.$$

如果 u,v 又是中间变量,即 $u = \varphi(x,y)$,$v = \psi(x,y)$,且这两个函数也具有连续偏导数,则复合函数 $z = f[\varphi(x,y),\psi(x,y)]$ 的全微分为

$$dz = \frac{\partial z}{\partial x}dx + \frac{\partial z}{\partial y}dy,$$

其中 $\dfrac{\partial z}{\partial x}$ 及 $\dfrac{\partial z}{\partial y}$ 分别由式(10.9)及(10.10)给出. 把式(10.9)及(10.10)中的 $\dfrac{\partial z}{\partial x}$ 及 $\dfrac{\partial z}{\partial y}$ 代入上式得

$$dz = \left(\frac{\partial z}{\partial u}\frac{\partial u}{\partial x} + \frac{\partial z}{\partial v}\frac{\partial v}{\partial x}\right)dx + \left(\frac{\partial z}{\partial u}\frac{\partial u}{\partial y} + \frac{\partial z}{\partial v}\frac{\partial v}{\partial y}\right)dy$$

$$= \frac{\partial z}{\partial u}\left(\frac{\partial u}{\partial x}dx + \frac{\partial u}{\partial y}dy\right) + \frac{\partial z}{\partial v}\left(\frac{\partial v}{\partial x}dx + \frac{\partial v}{\partial y}dy\right)$$

$$= \frac{\partial z}{\partial u}du + \frac{\partial z}{\partial v}dv.$$

由此可见,无论 u,v 是自变量还是中间变量,函数的全微分形式是一样的. 这个性质叫做**全微分形式不变性**.

例 6　利用全微分形式不变性求解本节的例 2.

解
$$dz = d[\arctan(uv)] = \frac{v}{1 + u^2 v^2}du + \frac{u}{1 + u^2 v^2}dv,$$

而

$$du = 2dx - 3dy,\quad dv = 3dx + 2dy,$$

代入后整理可得

$$dz = \frac{3u + 2v}{1 + u^2 v^2}dx + \frac{2u - 3v}{1 + u^2 v^2}dy,$$

即

$$\frac{\partial z}{\partial x}dx + \frac{\partial z}{\partial y}dy = \frac{12x - 5y}{1 + (2x - 3y)^2(3x + 2y)^2}dx + \frac{-5x - 12y}{1 + (2x - 3y)^2(3x + 2y)^2}dy.$$

比较上式两端 dx,dy 的系数,就同时得到 $\dfrac{\partial z}{\partial x}$,$\dfrac{\partial z}{\partial y}$,它们与例 2 的结果一样.

习　题　10.4

1. 设 $z = e^{x-2y}$,而 $x = \sin t$,$y = t^3$,求 $\dfrac{dz}{dt}$.

2. 设 $z = \arcsin(x-y)$,而 $x = 3t$,$y = 4t^3$,求 $\dfrac{dz}{dt}$.

3. 设 $z = u^2 + v^2$,而 $u = x + y$,$v = x - y$,求 $\dfrac{\partial z}{\partial x}$,$\dfrac{\partial z}{\partial y}$.

4. 设 $z=u^2\ln v$,而 $u=\dfrac{x}{y}$,$v=3x-2y$,求 $\dfrac{\partial z}{\partial x}$,$\dfrac{\partial z}{\partial y}$.

5. 设 $z=\arctan(xy)$,而 $y=e^x$,求 $\dfrac{dz}{dx}$.

6. 设 $u=\dfrac{e^{2x}(y-z)}{5}$,而 $y=2\sin x$,$z=\cos x$,求 $\dfrac{du}{dx}$.

7. 设 $z=\arctan\dfrac{x}{y}$,而 $x=u+v$,$y=u-v$,验证:

$$\frac{\partial z}{\partial u}+\frac{\partial z}{\partial v}=\frac{u-v}{u^2+v^2}.$$

8. 求下列函数的一阶偏导数(其中 f 具有一阶连续偏导数):

(1) $u=f(x^2-y^2,e^{xy})$;　　　　　　(2) $u=f(x,xy,xyz)$;

(3) $u=f\left(\dfrac{x}{y},\dfrac{y}{z}\right)$;　　　　　　　(4) $u=f(x,x+y,x+y+z)$.

9. 设 $z=xy+xF(u)$,而 $u=\dfrac{y}{x}$,$F(u)$ 为可导函数,证明:

$$x\frac{\partial z}{\partial x}+y\frac{\partial z}{\partial y}=z+xy.$$

10. 设 $z=\dfrac{y}{f(x^2-y^2)}$,其中 $f(u)$ 为可导函数,证明:

$$\frac{1}{x}\frac{\partial z}{\partial x}+\frac{1}{y}\frac{\partial z}{\partial y}=\frac{z}{y^2}.$$

11. 设 $z=f(x^2+y^2)$,其中 $f(u)$ 具有二阶导数,求 $\dfrac{\partial^2 z}{\partial x^2}$,$\dfrac{\partial^2 z}{\partial x\partial y}$,$\dfrac{\partial^2 z}{\partial y^2}$.

12. 求下列函数的 $\dfrac{\partial^2 z}{\partial x^2}$,$\dfrac{\partial^2 z}{\partial x\partial y}$,$\dfrac{\partial^2 z}{\partial y^2}$(其中 f 具有二阶连续偏导数):

(1) $z=f(xy,y)$;　　　　　　(2) $z=f(xy^2,x^2y)$;

(3) $z=f(\sin x,\cos y,e^{x+y})$;　　(4) $z=f\left(x,\dfrac{x}{y}\right)$.

13. 设 $u=f(x,y)$ 的所有二阶偏导数连续,而 $x=\dfrac{s-\sqrt{3}t}{2}$,$y=\dfrac{\sqrt{3}s+t}{2}$,证明:

$$\left(\frac{\partial u}{\partial x}\right)^2+\left(\frac{\partial u}{\partial y}\right)^2=\left(\frac{\partial u}{\partial s}\right)^2+\left(\frac{\partial u}{\partial t}\right)^2$$

及

$$\frac{\partial^2 u}{\partial x^2}+\frac{\partial^2 u}{\partial y^2}=\frac{\partial^2 u}{\partial s^2}+\frac{\partial^2 u}{\partial t^2}.$$

10.5　隐　函　数

10.5.1　一个方程的情形

在一元函数微分学中,我们曾引进了隐函数的概念,并介绍了不经过显化直接由确定隐函数的方程 $F(x,y)=0$ 求隐函数的导数的方法. 下面可利用多元复合函数的求导法则来推出隐函数的求导数公式并推广.

1. 方程 $F(x,y)=0$

隐函数存在定理 1　设函数 $F(x,y)$ 满足条件

（Ⅰ）在点 $P_0(x_0,y_0)$ 的某一邻域内具有连续的偏导数；

（Ⅱ）$F(x_0,y_0)=0$；

（Ⅲ）$F_y(x_0,y_0)\neq0$，

则方程 $F(x,y)=0$ 在点 (x_0,y_0) 的某一邻域内恒能唯一确定一个连续且具有连续导数的函数 $y=f(x)$，它满足条件 $y_0=f(x_0)$，并有导数公式

$$\frac{\mathrm{d}y}{\mathrm{d}x}=-\frac{F_x}{F_y}.\tag{10.16}$$

公式(10.16)就是隐函数的求导公式.

这个定理不作证明,仅作如下说明.

将 $y=f(x)$ 代入 $F(x,y)=0$,得恒等式

$$F[x,f(x)]=0,$$

其左端可以看成是 x 的一个复合函数,对这个等式的两端同时求 x 的导数,即得

$$\frac{\partial F}{\partial x}+\frac{\partial F}{\partial y}\frac{\mathrm{d}y}{\mathrm{d}x}=0.$$

由于 F_y 连续,$F_y(x_0,y_0)\neq0$,所以存在 (x_0,y_0) 的一个邻域,在这个邻域内 $F_y\neq0$,于是得

$$\frac{\mathrm{d}y}{\mathrm{d}x}=-\frac{F_x}{F_y}.$$

如果函数 $F(x,y)$ 的二阶偏导数连续,可在等式(10.16)的两端再次同时求 x 的偏导数,即得

$$\begin{aligned}\frac{\mathrm{d}^2y}{\mathrm{d}x^2}&=\frac{\partial}{\partial x}\left(-\frac{F_x}{F_y}\right)+\frac{\partial}{\partial y}\left(-\frac{F_x}{F_y}\right)\frac{\mathrm{d}y}{\mathrm{d}x}\\&=-\frac{F_{xx}F_y-F_{yx}F_x}{F_y^2}-\frac{F_{xy}F_y-F_{yy}F_x}{F_y^2}\left(-\frac{F_x}{F_y}\right)\\&=-\frac{F_{xx}F_y^2-2F_{xy}F_xF_y+F_{yy}F_x^2}{F_y^3}.\end{aligned}$$

例1　验证方程 $y=xe^y+1$ 在点 $(0,1)$ 的某一邻域内能唯一确定一个连续且具有连续导数的隐函数 $y=f(x)$,当 $x=0$ 时,$y=1$,并求这函数的一阶与二阶导数在 $x=0$ 的导数值.

解　设函数 $F(x,y)=xe^y-y+1$,则 $F_x=e^y$,$F_y=xe^y-1$. 显然偏导数连续,且 $F(0,1)=0$,又 $F_y(0,1)=-1\neq0$,因此由定理 1 可知方程 $y=xe^y+1$ 在点 $(0,1)$ 的邻域内能唯一确定一个连续且具有连续导数的隐函数 $y=f(x)$,当 $x=0$ 时,$y=1$. 有导数

$$\frac{\mathrm{d}y}{\mathrm{d}x}=-\frac{F_x}{F_y}=\frac{e^y}{1-xe^y}=\frac{e^y}{2-y},\quad\frac{\mathrm{d}y}{\mathrm{d}x}\Big|_{x=0}=e;$$

二阶导数为

$$\frac{\mathrm{d}^2y}{\mathrm{d}x^2}=\frac{e^yy'(2-y)+e^yy'}{(2-y)^2}=\frac{e^y(3-y)}{(2-y)^2}y'=\frac{e^{2y}(3-y)}{(2-y)^3},$$

$$\frac{\mathrm{d}^2y}{\mathrm{d}x^2}\Big|_{x=0}=\frac{e^2(3-1)}{(2-1)^3}=2e^2.$$

2. 方程 $F(x,y,z)=0$

隐函数存在定理可以推广到多元函数,例如,一个三元方程 $F(x,y,z)=0$ 满足一定条件也能确定一个二元函数.

隐函数存在定理 2

设函数 $F(x,y,z)$ 满足条件

（Ⅰ）在点 $P_0(x_0,y_0,z_0)$ 的某一邻域内具有连续的偏导数;

（Ⅱ）$F(x_0,y_0,z_0)=0$;

（Ⅲ）$F_z(x_0,y_0,z_0)\neq0$,

则方程 $F(x,y,z)=0$ 在点 (x_0,y_0,z_0) 的某一邻域内恒能唯一确定一个连续且具有连续偏导数的函数 $z=f(x,y)$,它满足条件 $z_0=f(x_0,y_0)$,并有偏导数公式

$$\frac{\partial z}{\partial x}=-\frac{F_x}{F_z}, \quad \frac{\partial z}{\partial y}=-\frac{F_y}{F_z}.$$

这个定理不证明,仅作如下说明.

将 $z=f(x,y)$ 代入 $F(x,y,z)=0$,得恒等式

$$F[x,y,f(x,y)]=0,$$

其左端可以看成是 x,y 的一个复合函数,对这个等式的两端分别同时求 x,y 的偏导数,即得

$$F_x+F_z\frac{\partial z}{\partial x}=0, \quad F_y+F_z\frac{\partial z}{\partial y}=0.$$

由于 F_z 连续,$F_z(x_0,y_0,z_0)\neq0$,所以存在 (x_0,y_0,z_0) 的一个邻域,在这个邻域内 $F_z\neq0$,于是由上面两式分别解出偏导数

$$\frac{\partial z}{\partial x}=-\frac{F_x}{F_z}, \quad \frac{\partial z}{\partial y}=-\frac{F_y}{F_z}.$$

例 2 设 $x^2+y^2+z^2+4z=0$,求 $\dfrac{\partial z}{\partial x},\dfrac{\partial z}{\partial y},\dfrac{\partial^2 z}{\partial x\partial y}$.

解 法 1:设函数 $F(x,y,z)=x^2+y^2+z^2+4z$. 则

$$F_x=2x, \quad F_y=2y, \quad F_z=2z+4.$$

于是

$$\frac{\partial z}{\partial x}=-\frac{2x}{2z+4}=\frac{-x}{2+z}, \quad \frac{\partial z}{\partial y}=-\frac{2y}{2z+4}=\frac{-y}{2+z}.$$

法 2:方程 $x^2+y^2+z^2+4z=0$ 两端对 x 求偏导,得 $2x+2z\dfrac{\partial z}{\partial x}+4\dfrac{\partial z}{\partial x}=0$,解得

$$\frac{\partial z}{\partial x}=-\frac{2x}{2z+4}=-\frac{x}{2+z},$$

同理得 $\dfrac{\partial z}{\partial y}=-\dfrac{2y}{2z+4}=\dfrac{-y}{2+z}$.

法 3:利用全微分形式不变性,方程 $x^2+y^2+z^2+4z=0$ 两端同时求微分,得

$$2x\mathrm{d}x+2y\mathrm{d}y+2z\mathrm{d}z+4\mathrm{d}z=0, \quad \mathrm{d}z=\frac{-x}{2+z}\mathrm{d}x+\frac{-y}{2+z}\mathrm{d}y,$$

则

$$\frac{\partial z}{\partial x}=\frac{-x}{2+z}, \quad \frac{\partial z}{\partial y}=\frac{-y}{2+z}.$$

解出的 $\dfrac{\partial z}{\partial x}=\dfrac{-x}{2+z}$ 再对 y 求偏导数,得

$$\frac{\partial^2 z}{\partial x \partial y}=-\frac{0-x\dfrac{\partial z}{\partial y}}{(2+z)^2}=\frac{-x\left(\dfrac{y}{2+z}\right)}{(2+z)^2}=\frac{-xy}{(2+z)^3}.$$

例 3 设方程 $G\left(\dfrac{x}{z},\dfrac{y}{z}\right)=0$ 确定函数 $z=z(x,y)$,且 $G(u,v)$ 偏导数存在,求 $\dfrac{\partial z}{\partial x},\dfrac{\partial z}{\partial y}$.

解 令 $F(x,y,z)=G\left(\dfrac{x}{z},\dfrac{y}{z}\right)=G(u,v)$,其中 $u=\dfrac{x}{z},v=\dfrac{y}{z}$. 则

$$F_x=G_1'\cdot\frac{1}{z},\ F_y=G_2'\cdot\frac{1}{z},\ F_z=G_1'\left(-\frac{x}{z^2}\right)+G_2'\left(-\frac{y}{z^2}\right)=\frac{-1}{z^2}(xG_1'+yG_2'),$$

解得

$$\frac{\partial z}{\partial x}=-\frac{F_x}{F_z}=\frac{\dfrac{1}{z}G_1'}{\dfrac{1}{z^2}(xG_1'+yG_2')}=\frac{zG_1'}{xG_1'+yG_2'},$$

$$\frac{\partial z}{\partial y}=-\frac{F_y}{F_z}=\frac{\dfrac{1}{z}G_2'}{\dfrac{1}{z^2}(xG_1'+yG_2')}=\frac{zG_2'}{xG_1'+yG_2'}.$$

10.5.2 方程组的情况

下面我们将隐函数存在定理推广到方程组的情形.

1. 方程组 $\begin{cases}F(x,y,u,v)=0,\\G(x,y,u,v)=0.\end{cases}$ (10.17)

这是两个方程四个变量的方程组,一般只能有两个变量独立变化,所以方程组(10.17)有可能确定两个二元函数 $u=u(x,y),v=v(x,y)$,将它们代入(10.17)中,得

$$\begin{cases}F[x,y,u(x,y),v(x,y)]=0,\\G[x,y,u(x,y),v(x,y)]=0.\end{cases}$$

将上式两端分别对 x 求偏导数,得

$$\begin{cases}F_x+F_u\dfrac{\partial u}{\partial x}+F_v\dfrac{\partial v}{\partial x}=0,\\[2mm]G_x+G_u\dfrac{\partial u}{\partial x}+G_v\dfrac{\partial v}{\partial x}=0.\end{cases}$$

这是关于 $\dfrac{\partial u}{\partial x},\dfrac{\partial v}{\partial x}$ 的线性方程组,在一定条件下,可以从中解出 $\dfrac{\partial u}{\partial x},\dfrac{\partial v}{\partial x}$,也可用行列式求解. 见下面定理 3.

隐函数存在定理 3

设函数 $F(x,y,u,v),G(x,y,u,v)$ 满足下列条件

（Ⅰ）在点 $P_0(x_0,y_0,u_0,v_0)$ 的某邻域内具有对各个变量的连续偏导数；

（Ⅱ）$F(x_0,y_0,u_0,v_0)=0$, $G(x_0,y_0,u_0,v_0)=0$；

（Ⅲ）函数 F,G 对 u,v 的偏导数所组成的函数行列式（或称雅可比行列式）

$$J=\frac{\partial(F,G)}{\partial(u,v)}=\begin{vmatrix} F_u & F_v \\ G_u & G_v \end{vmatrix},$$

在点 $P_0(x_0,y_0,u_0,v_0)$ 不等于零. 则方程组 $F(x,y,u,v)=0$, $G(x,y,u,v)=0$ 在点 P_0 的某一邻域内恒能唯一确定一组连续且具有连续偏导数的二元函数 $u=u(x,y)$, $v=v(x,y)$, 满足条件 $u_0=u(x_0,y_0)$, $v_0=v(x_0,y_0)$, 并有偏导数公式

$$\frac{\partial u}{\partial x}=-\frac{1}{J}\frac{\partial(F,G)}{\partial(x,v)}=-\frac{\begin{vmatrix} F_x & F_v \\ G_x & G_v \end{vmatrix}}{\begin{vmatrix} F_u & F_v \\ G_u & G_v \end{vmatrix}}, \quad \frac{\partial v}{\partial y}=-\frac{1}{J}\frac{\partial(F,G)}{\partial(u,y)}=-\frac{\begin{vmatrix} F_u & F_y \\ G_u & G_y \end{vmatrix}}{\begin{vmatrix} F_u & F_v \\ G_u & G_v \end{vmatrix}},$$

$$\frac{\partial u}{\partial y}=-\frac{1}{J}\frac{\partial(F,G)}{\partial(y,v)}=-\frac{\begin{vmatrix} F_y & F_v \\ G_y & G_v \end{vmatrix}}{\begin{vmatrix} F_u & F_v \\ G_u & G_v \end{vmatrix}}, \quad \frac{\partial v}{\partial x}=-\frac{1}{J}\frac{\partial(F,G)}{\partial(u,y)}=-\frac{\begin{vmatrix} F_u & F_y \\ G_u & G_y \end{vmatrix}}{\begin{vmatrix} F_u & F_v \\ G_u & G_v \end{vmatrix}}.$$

这个定理不证明, 需要说明的是在求此类问题时, 可以直接利用定理中的公式, 也可以依照公式的推导方法转化到方程组来求解.

例 4 设方程 $xu-yv=0$, $yu+xv=1$, 求偏导数 $\dfrac{\partial u}{\partial x},\dfrac{\partial u}{\partial y},\dfrac{\partial v}{\partial x},\dfrac{\partial v}{\partial y}$.

解 将所给方程的两端对 x 求偏导数并移项, 得

$$\begin{cases} x\dfrac{\partial u}{\partial x}-y\dfrac{\partial v}{\partial x}=-u, \\ y\dfrac{\partial u}{\partial x}+x\dfrac{\partial v}{\partial x}=-v. \end{cases}$$

在 $J=\begin{vmatrix} x & -y \\ y & x \end{vmatrix}=x^2+y^2\neq0$ 条件下, 可解方程组得

$$\frac{\partial u}{\partial x}=-\frac{xu+yv}{x^2+y^2}, \quad \frac{\partial v}{\partial x}=\frac{yu-xv}{x^2+y^2}.$$

同理, 方程的两端对 y 求偏导数, 解方程组得

$$\frac{\partial u}{\partial y}=\frac{xv-yu}{x^2+y^2}, \quad \frac{\partial v}{\partial y}=-\frac{xu+yv}{x^2+y^2}.$$

2. 方程组 $\begin{cases} F(x,y,z)=0, \\ G(x,y,z)=0. \end{cases}$ （10.18）

这是两个方程三个变量的方程组, 一般只能有一个变量独立变化, 所以方程组（10.18）有可能确定两个一元函数 $y=y(x)$, $z=z(x)$, 将它们代入（10.18）中, 得

$$\begin{cases} F[x,y(x),z(x)]=0, \\ G[x,y(x),z(x)]=0. \end{cases}$$

将上式两端分别对 x 求导数, 得

$$\begin{cases} F_x + F_y \dfrac{\mathrm{d}y}{\mathrm{d}x} + F_z \dfrac{\mathrm{d}z}{\mathrm{d}x} = 0, \\[3mm] G_x + G_y \dfrac{\mathrm{d}y}{\mathrm{d}x} + G_z \dfrac{\mathrm{d}z}{\mathrm{d}x} = 0. \end{cases}$$

这是关于 $\dfrac{\mathrm{d}y}{\mathrm{d}x}, \dfrac{\mathrm{d}z}{\mathrm{d}x}$ 的线性方程组，在 $J = \dfrac{\partial(F,G)}{\partial(y,z)} = \begin{vmatrix} F_y & F_z \\ G_y & G_z \end{vmatrix} \neq 0$ 的条件下，可以从中解出 $\dfrac{\mathrm{d}y}{\mathrm{d}x}$,

$\dfrac{\mathrm{d}z}{\mathrm{d}x}$, 即

$$\frac{\mathrm{d}y}{\mathrm{d}x} = -\frac{\begin{vmatrix} F_x & F_z \\ G_x & G_z \end{vmatrix}}{\begin{vmatrix} F_y & F_z \\ G_y & G_z \end{vmatrix}}, \qquad \frac{\mathrm{d}z}{\mathrm{d}x} = -\frac{\begin{vmatrix} F_y & F_x \\ G_y & G_x \end{vmatrix}}{\begin{vmatrix} F_y & F_z \\ G_y & G_z \end{vmatrix}}.$$

例 5　设 $x+y+z=0, x^2+y^2+z^2=1$, 求 $\dfrac{\mathrm{d}y}{\mathrm{d}x}, \dfrac{\mathrm{d}z}{\mathrm{d}x}$.

解　方程 $x+y+z=0, x^2+y^2+z^2=1$ 两边对 x 求导,得

$$\begin{cases} 1 + \dfrac{\mathrm{d}y}{\mathrm{d}x} + \dfrac{\mathrm{d}z}{\mathrm{d}x} = 0, \\[3mm] 2x + 2y \dfrac{\mathrm{d}y}{\mathrm{d}x} + 2z \dfrac{\mathrm{d}z}{\mathrm{d}x} = 0. \end{cases}$$

因为 $J = \begin{vmatrix} 1 & 1 \\ y & z \end{vmatrix} = z - y \neq 0$, 解得方程组

$$\frac{\mathrm{d}y}{\mathrm{d}x} = \frac{z-x}{y-z}, \qquad \frac{\mathrm{d}z}{\mathrm{d}x} = \frac{x-y}{y-z}.$$

习　题　10.5

1. 设 $\sin y + e^x - xy^2 = 0$, 求 $\dfrac{\mathrm{d}y}{\mathrm{d}x}$.

2. 设 $\ln \sqrt{x^2+y^2} = \arctan \dfrac{y}{x}$, 求 $\dfrac{\mathrm{d}y}{\mathrm{d}x}$.

3. 设 $x + 2y + z - 2\sqrt{xyz} = 0$, 求 $\dfrac{\partial z}{\partial x}, \dfrac{\partial z}{\partial y}$.

4. 设 $\dfrac{x}{z} = \ln \dfrac{z}{y}$, 求 $\dfrac{\partial z}{\partial x}, \dfrac{\partial z}{\partial y}$.

5. 设 $2\sin(x+2y-3z) = x+2y-3z$, 证明: $\dfrac{\partial z}{\partial x} + \dfrac{\partial z}{\partial y} = 1$.

6. 设 $x=x(y,z), y=y(x,z), z=z(x,y)$ 都是由方程 $F(x,y,z)=0$ 所确定的具有连续偏导数的函数,证明:

$$\frac{\partial z}{\partial x} \cdot \frac{\partial x}{\partial y} \cdot \frac{\partial y}{\partial z} = -1.$$

7. 设 $F(u,v)$ 具有连续偏导数,证明:由方程 $F(cx-az, cy-bz)=0$ 所确定的函数 $z=f(x,y)$ 满足 $a\dfrac{\partial z}{\partial x} + b\dfrac{\partial z}{\partial y} = c$.

8. 设 $e^z - xyz = 0$, 求 $\dfrac{\partial^2 z}{\partial x^2}$.

9. 设 $z^3 - 3xyz = a^3$，求 $\dfrac{\partial^2 z}{\partial x \partial y}$.

10. 求由下列方程组所确定的函数的导数或偏导数：

(1) 设 $\begin{cases} z = x^2 + y^2, \\ x^2 + 2y^2 + 3z^2 = 20, \end{cases}$ 求 $\dfrac{\mathrm{d}y}{\mathrm{d}x}, \dfrac{\mathrm{d}z}{\mathrm{d}x}$；

(2) 设 $\begin{cases} x + y + z = 0, \\ x^2 + y^2 + z^2 = 1, \end{cases}$ 求 $\dfrac{\mathrm{d}x}{\mathrm{d}z}, \dfrac{\mathrm{d}y}{\mathrm{d}z}$；

(3) 设 $\begin{cases} u = f(ux, v + y), \\ v = g(u - x, v^2 y), \end{cases}$ 其中 f, g 具有一阶连续偏导数，求 $\dfrac{\partial u}{\partial x}, \dfrac{\partial v}{\partial x}$；

(4) 设 $\begin{cases} x = \mathrm{e}^u + u\sin v, \\ y = \mathrm{e}^u - u\cos v, \end{cases}$ 求 $\dfrac{\partial u}{\partial x}, \dfrac{\partial u}{\partial y}, \dfrac{\partial v}{\partial x}, \dfrac{\partial v}{\partial y}$.

11. 设 $y = f(x, t)$，而 $t = t(x, y)$ 是由方程 $F(x, y, t) = 0$ 所确定的函数，其中 f, F 都具有一阶连续偏导数．证明：

$$\frac{\mathrm{d}y}{\mathrm{d}x} = \frac{\dfrac{\partial f}{\partial x}\dfrac{\partial F}{\partial t} - \dfrac{\partial f}{\partial t}\dfrac{\partial F}{\partial x}}{\dfrac{\partial f}{\partial t}\dfrac{\partial F}{\partial y} + \dfrac{\partial F}{\partial t}}.$$

12. 若函数 $z = F(u)$ 可微，又 $2u = \sin u + \displaystyle\int_1^{2x-y} \varphi(t)\,\mathrm{d}t$，$\varphi$ 为连续函数，求 $\dfrac{\partial z}{\partial x}, \dfrac{\partial z}{\partial y}$.

10.6　多元函数微分学的几何应用

本节所讨论的空间曲线和曲面的方程是以一般式即隐函数（组）的形式出现，因此，在求它们的切线（切平面）时都需要用到隐函数（组）的微分法.

10.6.1　空间曲线的切线与法平面

1. 空间曲线由参数方程给出

设空间曲线 Γ 的参数方程为

$$\begin{cases} x = \varphi(t), \\ y = \psi(t), \quad t \in [\alpha, \beta]. \\ z = \omega(t), \end{cases} \tag{10.19}$$

这里假定 (10.19) 式的三个函数都在 $[\alpha, \beta]$ 上可导，且三个导数不同时为零.

现在求曲线 Γ 上对应的参数为 $t = t_0$ 的一点 $M_0(x_0, y_0, z_0)$ 处的切线方程，与平面曲线的切线类似，空间曲线的切线也可以认为是过切点的割线的极限位置（如图 10-4）.

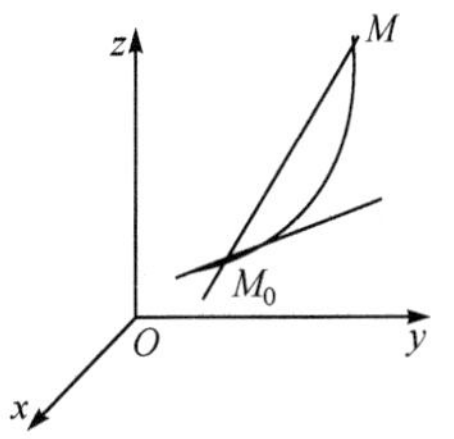

在曲线 Γ 上点 M_0 附近取一点 $M(x_0 + \Delta x, y_0 + \Delta y, z_0 + \Delta z)$，对应 $t = t_0 + \Delta t$. 从而曲线 Γ 在点 M_0 处的割线 M_0M 的方程为

$$\frac{x - x_0}{\Delta x} = \frac{y - y_0}{\Delta y} = \frac{z - z_0}{\Delta z}. \tag{10.20}$$

用 Δt 除 (10.20) 式各分母，得

图 10-4

$$\frac{x-x_0}{\frac{\Delta x}{\Delta t}}=\frac{y-y_0}{\frac{\Delta y}{\Delta t}}=\frac{z-z_0}{\frac{\Delta z}{\Delta t}}. \tag{10.21}$$

令 $M \rightarrow M_0$,此时 $\Delta t \rightarrow 0$,且

$$\frac{\Delta x}{\Delta t} \rightarrow \varphi'(t_0), \quad \frac{\Delta y}{\Delta t} \rightarrow \psi'(t_0), \quad \frac{\Delta z}{\Delta t} \rightarrow \omega'(t_0),$$

对(10.21)式取极限即得曲线 Γ 上点 M_0 处的切线方程为

$$\frac{x-x_0}{\varphi'(t_0)}=\frac{y-y_0}{\psi'(t_0)}=\frac{z-z_0}{\omega'(t_0)}. \tag{10.22}$$

切线的方向向量称为**曲线的切向量**,向量 $\boldsymbol{T}=(\varphi'(t_0),\psi'(t_0),\omega'(t_0))$ 就是曲线 Γ 上点 M_0 处的一个切向量,如果 $\varphi'(t_0),\psi'(t_0),\omega'(t_0)$ 中有些为零,则按空间解析几何中有关结论来理解.

通过点 M_0 且与切线垂直的平面称为**曲线 Γ 在点 M_0 处的法平面**(normal plane),它是通过点 $M_0(x_0,y_0,z_0)$ 且以 $\boldsymbol{T}$ 为法向量的平面,因此法平面的方程为

$$\varphi'(t_0)(x-x_0)+\psi'(t_0)(y-y_0)+\omega'(t_0)(z-z_0)=0. \tag{10.23}$$

例 1 求螺旋线 $x=2\cos t, y=2\sin t, z=3t$ 对应于 $t=\frac{\pi}{3}$ 处的切线和法平面方程.

解 曲线上对应于 $t=\frac{\pi}{3}$ 的点为 $M_0(1,\sqrt{3},\pi)$,而 $x'_t=-2\sin t, y'_t=2\cos t, z'_t=3$,故切向量

$$\boldsymbol{T}=(-\sqrt{3},1,3).$$

因此,切线方程为

$$\frac{x-1}{-\sqrt{3}}=\frac{y-\sqrt{3}}{1}=\frac{z-\pi}{3},$$

法平面方程为

$$-\sqrt{3}(x-1)+(y-\sqrt{3})+3(z-\pi)=0,$$

即

$$-\sqrt{3}x+y+3z=3\pi.$$

2. 空间曲线 Γ 的方程由 $y=\varphi(x),z=\psi(x)$ 给出

可取 x 为参数,Γ 就可表示为参数方程的形式

$$\begin{cases} x=x, \\ y=\varphi(x), \\ z=\psi(x). \end{cases}$$

若 $\varphi(x),\psi(x)$ 都在 $x=x_0$ 处可导,则曲线 Γ 在点 $M_0(x_0,y_0,z_0)$ 处的切向量

$$\boldsymbol{T}=(1,\varphi'(x_0),\psi'(x_0)).$$

曲线 Γ 在点 $M_0(x_0,y_0,z_0)$ 处的切线方程为

$$\frac{x-x_0}{1}=\frac{y-y_0}{\varphi'(x_0)}=\frac{z-z_0}{\psi'(x_0)}, \tag{10.24}$$

在点 $M_0(x_0,y_0,z_0)$ 处的法平面方程为

$$(x-x_0)+\varphi'(x_0)(y-y_0)+\psi'(x_0)(z-z_0)=0. \qquad (10.25)$$

例 2 求曲线 $y^2=2x,z^2=3-x$ 在点 $(2,2,1)$ 处的切线及法平面方程.

解 由隐函数求导法则可得 $2yy'=2,y'=\dfrac{1}{y},2zz'=-1,z'=-\dfrac{1}{2z}$,所以曲线在点 $(2,2,1)$ 处的切向量

$$\boldsymbol{T}=\left(1,\frac{1}{2},-\frac{1}{2}\right).$$

曲线在点 $(2,2,1)$ 处的切线方程为

$$x-2=2(y-2)=-2(z-1),$$

法平面方程为

$$(x-2)+\frac{1}{2}(y-2)-\frac{1}{2}(z-1)=0,$$

即

$$2x+y-z=5.$$

3. 空间曲线 Γ 的方程由 $\begin{cases}F(x,y,z)=0,\\G(x,y,z)=0\end{cases}$ 给出

设 $M_0(x_0,y_0,z_0)$ 是曲线 Γ 上的一点,又设 F,G 对各变量的偏导数连续,且 $\dfrac{\partial(F,G)}{\partial(y,z)}\Big|_{M_0}\neq$

0. 此时方程组在点 M_0 的某邻域内唯一确定一组函数 $y=\varphi(x),z=\psi(x)$,要求曲线 Γ 在点 M_0 处的切线方程及法平面方程,只要求出 $\varphi'(x_0),\psi'(x_0)$,然后代入 (10.24)、(10.25) 两式即可. 由本章 10.5 节中方程组确定隐函数的第二种情况可求得 $\varphi'(x)=\dfrac{\mathrm{d}y}{\mathrm{d}x},\psi'(x)=\dfrac{\mathrm{d}z}{\mathrm{d}x}$. 于是曲线 Γ 在点 M_0 处的切向量为

$$\boldsymbol{T}=(1,\varphi'(x_0),\psi'(x_0)),$$

即可得到曲线 Γ 在点 M_0 处的切线方程及法平面方程.

例 3 求曲线 $x^2+y^2+z^2=6,x+y+z=0$ 在点 $(1,-2,1)$ 处的切线及法平面方程.

解 将所给方程两端对 x 求导,得

$$\begin{cases}2x+2y\dfrac{\mathrm{d}y}{\mathrm{d}x}+2z\dfrac{\mathrm{d}z}{\mathrm{d}x}=0,\\[2mm]1+\dfrac{\mathrm{d}y}{\mathrm{d}x}+\dfrac{\mathrm{d}z}{\mathrm{d}x}=0.\end{cases}$$

解方程组,得

$$\frac{\mathrm{d}y}{\mathrm{d}x}=\frac{z-x}{y-z},\quad \frac{\mathrm{d}z}{\mathrm{d}x}=\frac{x-y}{y-z}.$$

$$\frac{\mathrm{d}y}{\mathrm{d}x}\Big|_{(1,-2,1)}=0,\quad \frac{\mathrm{d}z}{\mathrm{d}x}\Big|_{(1,-2,1)}=-1.$$

从而

$$\boldsymbol{T}=(1,0,-1).$$

因此,所求切线方程为

$$\frac{x-1}{1}=\frac{y+2}{0}=\frac{z-1}{-1},$$

即

$$\begin{cases} x+z=2, \\ y=-2. \end{cases}$$

法平面方程为

$$(x-1)+0 \cdot (y+2)-(z-1)=0,$$

即

$$x-z=0.$$

10.6.2　曲面的切平面与法线

1. 曲面方程由隐式方程 $F(x,y,z)=0$ 给出

设曲面 Σ 的方程为 $F(x,y,z)=0$,点 $M_0(x_0,y_0,z_0)$ 为曲面上的一点,又设函数 $F(x,y,z)$ 的偏导数在点 M_0 连续且不同时为零.

为讨论曲面 Σ 在点 M_0 处的切平面,先要明确什么样的平面是曲面在点 M_0 处的切平面.

为此首先考虑这样一个事实:在曲面 Σ 上过点 M_0 的任何曲线 Γ 在 M_0 的切线位于同一平面上,下面证明这个事实.

在曲面上过点 M_0 任意引一条曲线 Γ,其参数方程为

$$x=\varphi(t), \quad y=\psi(t), \quad z=\omega(t) \ (\alpha \leqslant t \leqslant \beta), \tag{10.26}$$

且 $\varphi'(t_0),\psi'(t_0),\omega'(t_0)$ 不全为零.由于曲线 Γ 位于曲面 Σ 上,必满足

$$F[\varphi(t),\psi(t),\omega(t)] \equiv 0.$$

又因为 $F(x,y,z)$ 在点 M_0 处有连续偏导数,且 $\varphi'(t_0),\psi'(t_0),\omega'(t_0)$ 存在,上式的复合函数在 $t=t_0$ 处的全导数存在,且 $\frac{\mathrm{d}F}{\mathrm{d}t}\big|_{t=t_0}=0$,即

$$F_x(x_0,y_0,z_0)\varphi'(t_0)+F_y(x_0,y_0,z_0)\psi'(t_0)+F_z(x_0,y_0,z_0)\omega'(t_0)=0. \tag{10.27}$$

引入向量

$$\boldsymbol{n}=(F_x(x_0,y_0,z_0),F_y(x_0,y_0,z_0),F_z(x_0,y_0,z_0)).$$

(10.27)式表明,曲线 Γ 在点 M_0 处的切线向量 $\boldsymbol{T}=(\varphi'(t_0),\psi'(t_0),\omega'(t_0))$ 与一个确定向量 $\boldsymbol{n}$ 垂直.因为曲线 Γ 是曲面 Σ 上过点 M_0 的任意一条曲线,它们在 M_0 的切线都与同一个向量 $\boldsymbol{n}$ 垂直,所以曲面 Σ 上过点 M_0 的所有曲线在点 M_0 的切线都在同一个平面上(如图10-5),这个平面称为**曲面 Σ 在点 M_0 的切平面**(tangent plane),切平面方程为

$$F_x(x_0,y_0,z_0)(x-x_0)+F_y(x_0,y_0,z_0)(y-y_0)$$
$$+F_z(x_0,y_0,z_0)(z-z_0)=0. \tag{10.28}$$

过点 M_0 且垂直于切平面(10.28)的直线称为**曲面在点 M_0 的法线**,其方程为

$$\frac{x-x_0}{F_x(x_0,y_0,z_0)}=\frac{y-y_0}{F_y(x_0,y_0,z_0)}=\frac{z-z_0}{F_z(x_0,y_0,z_0)}. \tag{10.29}$$

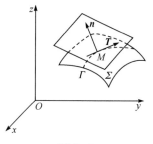

图 10-5

垂直于曲面上切平面的向量称为**曲面的法向量**.向量

$$\boldsymbol{n}=(F_x(x_0,y_0,z_0),F_y(x_0,y_0,z_0),F_z(x_0,y_0,z_0))$$

就是曲面 Σ 在点 M_0 的一个法向量,可简记为 $\boldsymbol{n}=(F_x,F_y,F_z)$.

例 4　求球面 $x^2+y^2+z^2=14$ 在点 $(1,2,3)$ 处的切平面方程及法线方程.

解　令 $F(x,y,z)=x^2+y^2+z^2-14$,则

$$\boldsymbol{n}=(F_x,F_y,F_z)=(2x,2y,2z),$$
$$\boldsymbol{n}\big|_{(1,2,3)}=(2,4,6).$$

球面在点 $(1,2,3)$ 处的切平面方程为

$$2(x-1)+4(y-2)+6(z-3)=0,$$

即

$$x+2y+3z-14=0;$$

法线方程为

$$\frac{x-1}{1}=\frac{y-2}{2}=\frac{z-3}{3},$$

即

$$\frac{x}{1}=\frac{y}{2}=\frac{z}{3}.$$

2. 曲面方程由显式方程 $z=f(x,y)$ 给出

求曲面 $z=f(x,y)$ 在点 $M_0(x_0,y_0,z_0)$ 处的切平面及法线方程.

令 $F(x,y,z)=f(x,y)-z$,可见 $F_x=f_x(x,y)$,$F_y=f_y(x,y)$,$F_z=-1$,则曲面在点 M_0 处的法向量为

$$\boldsymbol{n}=(f_x(x_0,y_0),f_y(x_0,y_0),-1),$$

或简记为 $\boldsymbol{n}=(f_x,f_y,-1)$.于是切平面方程为

$$f_x(x_0,y_0)(x-x_0)+f_y(x_0,y_0)(y-y_0)-(z-z_0)=0,$$

或

$$z-z_0=f_x(x_0,y_0)(x-x_0)+f_y(x_0,y_0)(y-y_0); \tag{10.30}$$

法线方程为

$$\frac{x-x_0}{f_x(x_0,y_0)}=\frac{y-y_0}{f_y(x_0,y_0)}=\frac{z-z_0}{-1}. \tag{10.31}$$

注　(1) 函数 $z=f(x,y)$ 在点 (x_0,y_0) 的全微分为

$$\mathrm{d}z=f_x(x_0,y_0)(x-x_0)+f_y(x_0,y_0)(y-y_0),$$

因此切平面方程 (10.30) 表示全微分的几何意义,即曲面 $z=f(x,y)$ 在点 M_0 处切平面上点的竖坐标的增量(就像一元函数微分表示切线的纵坐标增量);

(2) 若曲面的切平面的法向量的方向角为 α,β,γ,并假定法向量的方向是向上的(即使得它与 z 轴的正向所成的角是锐角),若曲面方程为 $z=f(x,y)$,则法向量的方向余弦为

$$\cos\alpha=\frac{-f_x}{\sqrt{1+f_x^2+f_y^2}},\ \cos\beta=\frac{-f_y}{\sqrt{1+f_x^2+f_y^2}},\ \cos\gamma=\frac{1}{\sqrt{1+f_x^2+f_y^2}}.$$

例 5　求旋转抛物面 $z=x^2+y^2-1$ 在点 $M_0(1,1,1)$ 处的切平面及法线方程.

解　令 $f(x,y)=x^2+y^2-1$,则

$$\boldsymbol{n} = (f_x, f_y, -1) = (2x, 2y, -1),$$
$$\boldsymbol{n}|_{M_0} = (2, 2, -1).$$

旋转抛物面在点 M_0 处的切平面方程为

$$2(x-1) + 2(y-1) - (z-1) = 0,$$

即

$$2x + 2y - z - 3 = 0;$$

法线方程为

$$\frac{x-1}{2} = \frac{y-1}{2} = \frac{z-1}{-1}.$$

习　题　10.6

1. 求曲线 $x = (t - \sin t), y = (1 - \cos t), z = 4\sin\dfrac{t}{2}$ 在与 $t_0 = \dfrac{\pi}{2}$ 相应的点处的切线及法平面方程.

2. 求曲线 $x = \dfrac{t}{1+t}, y = \dfrac{1+t}{t}, z = t^2$ 在对应于 $t_0 = 1$ 的点处的切线及法平面方程.

3. 求曲线 $y^2 = 2mx, z^2 = m - x$ 在点 (x_0, y_0, z_0) 处的切线及法平面方程.

4. 求曲线 $\begin{cases} 2x - 3y + 5z - 4 = 0, \\ x^2 + y^2 + z^2 - 3x = 0 \end{cases}$ 在点 $(1,1,1)$ 处的切线及法平面方程.

5. 求曲线 $x = t, y = t^2, z = t^3$ 上的点,使在该点的切线平行于平面 $x + 2y + z = 4$.

6. 求曲面 $e^z - z + xy = 3$ 在点 $(2,1,0)$ 处的切平面及法线方程.

7. 求曲面 $ax^2 + by^2 + cz^2 = 1$ 在点 (x_0, y_0, z_0) 处的切平面及法线方程.

8. 求 $x^2 + 2y^2 + z^2 = 1$ 上平行于平面 $x - y + 2z = 0$ 的切平面方程.

9. 求 $3x^2 + y^2 + z^2 = 16$ 上点 $(-1, -2, 3)$ 处的切平面与 xOy 面的夹角的余弦.

10. 证明:曲面 $\sqrt{x} + \sqrt{y} + \sqrt{z} = \sqrt{a}(a > 0)$ 上任何点处的切平面在各坐标轴上的截距之和等于 a.

10.7　方向导数与梯度

10.7.1　方向导数

问题提出:偏导数反映的是函数沿坐标轴方向的变化率,但在许多实际问题中,常常需要知道函数在一点沿某一指定方向或任意方向的变化率. 例如,预报某地的风向和风力就必须知道气压在该处沿着不同方向的变化率,在数学上就是多元函数在一点沿给定方向的方向导数问题.

1. 方向导数的定义

定义 1　设函数 $z = f(x, y)$ 在点 $P_0(x_0, y_0)$ 的某一邻域内有定义,自 P_0 点引射线 l,在 l 上任取一点 $P(x_0 + \Delta x, y_0 + \Delta y)$,若 P 沿着 l 趋近于 P_0 时,即当

$$\rho = \sqrt{(\Delta x)^2 + (\Delta y)^2} \to 0$$

时,极限

$$\lim_{\rho \to 0^+} \frac{f(x_0 + \Delta x, y_0 + \Delta y) - f(x_0, y_0)}{\rho} \tag{10.32}$$

存在,则称此极限为**函数** $f(x,y)$ **在点** P_0 **沿着** l **方向的方向导数**(directional derivative). 记作 $\dfrac{\partial f}{\partial l}\bigg|_{(x_0,y_0)}$,即

$$\frac{\partial f}{\partial l}\bigg|_{(x_0,y_0)}=\lim_{\rho\to 0}\frac{f(x_0+\Delta x,y_0+\Delta y)-f(x_0,y_0)}{\rho}.$$

从方向导数的定义可知,方向导数 $\dfrac{\partial f}{\partial l}\bigg|_{(x_0,y_0)}$ 就是函数 $z=f(x,y)$ 在点 $P_0(x_0,y_0)$ 处沿方向 l 的变化率. 特别地,若函数 $z=f(x,y)$ 在点 $P_0(x_0,y_0)$ 处的偏导数存在,取 $e_l=i=(1,0)$,则 $\Delta y=0,\rho=\Delta x$,有

$$\begin{aligned}\frac{\partial f}{\partial l}\bigg|_{(x_0,y_0)}&=\lim_{\rho\to 0}\frac{f(x_0+\Delta x,y_0+\Delta y)-f(x_0,y_0)}{\rho}\\&=\lim_{\Delta x\to 0^+}\frac{f(x_0+\Delta x,y_0)-f(x_0,y_0)}{\Delta x}=f_x(x_0,y_0);\end{aligned}$$

若取 $e_l=j=(0,1)$,则 $\Delta x=0,\rho=\Delta y$,有

$$\begin{aligned}\frac{\partial f}{\partial l}\bigg|_{(x_0,y_0)}&=\lim_{\rho\to 0}\frac{f(x_0+\Delta x,y_0+\Delta y)-f(x_0,y_0)}{\rho}\\&=\lim_{\Delta y\to 0^+}\frac{f(x_0,y_0+\Delta y)-f(x_0,y_0)}{\Delta y}=f_y(x_0,y_0).\end{aligned}$$

也就是说函数 $z=f(x,y)$ 在点 $P_0(x_0,y_0)$ 处的偏导数存在,能保证函数沿着两个坐标轴的正向的方向导数存在. 但反之,若函数沿着两个坐标轴的正向的方向导数存在,即 $e_l=i$, $\dfrac{\partial f}{\partial l}\bigg|_{(x_0,y_0)}$ 存在,则 $f_x(x_0,y_0)$ 未必存在; $e_l=j$, $\dfrac{\partial f}{\partial l}\bigg|_{(x_0,y_0)}$ 存在,则 $f_y(x_0,y_0)$ 未必存在. 例如,圆锥曲面 $z=\sqrt{x^2+y^2}$ 在点 $O(0,0)$ 处沿 $e_l=i$ 方向的方向导数 $\dfrac{\partial f}{\partial l}\bigg|_{(0,0)}=1$,但偏导数 $f_x(0,0)$ 不存在.

2. 方向导数的计算

定理 1　若函数 $z=f(x,y)$ 在点 $P_0(x_0,y_0)$ 可微分,那么函数 $z=f(x,y)$ 在该点沿任一方向 l 的方向导数都存在,且有计算公式

$$\frac{\partial f}{\partial l}\bigg|_{(x_0,y_0)}=f_x(x_0,y_0)\cos\alpha+f_y(x_0,y_0)\cos\beta,\tag{10.33}$$

其中 $\cos\alpha,\cos\beta$ 是方向 l 的方向余弦.

证明　因为函数 $z=f(x,y)$ 在点 $P_0(x_0,y_0)$ 可微分,所以有

$$f(x_0+\Delta x,y_0+\Delta y)-f(x_0,y_0)=f_x(x_0,y_0)\Delta x+f_y(x_0,y_0)\Delta y+o(\rho).$$

上式两端同除以 ρ 并取极限 $(\rho\to 0)$,得

$$\begin{aligned}&\lim_{\rho\to 0}\frac{f(x_0+\Delta x,y_0+\Delta y)-f(x_0,y_0)}{\rho}\\&=\lim_{\rho\to 0}f_x(x_0,y_0)\frac{\Delta x}{\rho}+\lim_{\rho\to 0}f_y(x_0,y_0)\frac{\Delta y}{\rho}+\lim_{\rho\to 0}\frac{o(\rho)}{\rho}\\&=f_x(x_0,y_0)\cos\alpha+f_y(x_0,y_0)\cos\beta.\end{aligned}$$

这就证明了方向导数的存在性,且

$$\left.\frac{\partial f}{\partial l}\right|_{(x_0,y_0)}=f_x(x_0,y_0)\cos\alpha+f_y(x_0,y_0)\cos\beta.$$

例 1 求函数 $z=y\mathrm{e}^{2x}$ 在点 $P(0,1)$ 处沿从点 $P(0,1)$ 到点 $Q(1,0)$ 方向的方向导数.

解 这里方向 l 即向量 $\overrightarrow{PQ}=(1,-1)$ 的方向,故

$$\cos\alpha=\frac{1}{\sqrt{1+1}}=\frac{1}{\sqrt{2}},\quad\cos\beta=\frac{-1}{\sqrt{1+1}}=-\frac{1}{\sqrt{2}}.$$

因为函数可微分,且

$$\left.\frac{\partial z}{\partial x}\right|_{(0,1)}=2y\mathrm{e}^{2x}\big|_{(0,1)}=2,\quad\left.\frac{\partial z}{\partial y}\right|_{(0,1)}=\mathrm{e}^{2x}\big|_{(0,1)}=1,$$

于是方向导数为

$$\left.\frac{\partial f}{\partial l}\right|_{(0,1)}=2\cdot\frac{1}{\sqrt{2}}+1\cdot\left(-\frac{1}{\sqrt{2}}\right)=\frac{\sqrt{2}}{2}.$$

3. 三元函数的方向导数

三元函数 $u=f(x,y,z)$ 在空间一点 $P(x,y,z)$ 沿方向 l(设方向 l 的方向角为 α,β,γ)的方向导数,同样定义为

$$\frac{\partial f}{\partial l}=\lim_{\rho\to0}\frac{f(x+\Delta x,y+\Delta y,z+\Delta z)-f(x,y,z)}{\rho},\qquad(10.34)$$

其中 $\rho=\sqrt{(\Delta x)^2+(\Delta y)^2+(\Delta z)^2}$.

同样可以证明:若函数 $f(x,y,z)$ 在点 $P(x,y,z)$ 可微分,则在该点方向导数的计算公式为

$$\frac{\partial f}{\partial l}=\frac{\partial f}{\partial x}\cos\alpha+\frac{\partial f}{\partial y}\cos\beta+\frac{\partial f}{\partial z}\cos\gamma.\qquad(10.35)$$

例 2 求函数 $u=xyz$ 在点 $P(5,1,2)$ 处沿从点 $P(5,1,2)$ 到点 $Q(9,4,14)$ 方向的方向导数.

解 这里 $l=\overrightarrow{PQ}=(4,3,12)$,故

$$\cos\alpha=\frac{4}{13},\quad\cos\beta=\frac{3}{13},\quad\cos\gamma=\frac{12}{13}.$$

因为函数可微分,且

$$\left.\frac{\partial u}{\partial x}\right|_P=yz|_P=2,\quad\left.\frac{\partial u}{\partial y}\right|_P=xz|_P=10,\quad\left.\frac{\partial u}{\partial z}\right|_P=xy|_P=5.$$

从而由式(10.35),得

$$\frac{\partial f}{\partial l}=2\cdot\frac{4}{13}+10\cdot\frac{3}{13}+5\cdot\frac{12}{13}=\frac{98}{13}.$$

10.7.2 梯度

1. 梯度定义

定义 2 设函数 $z=f(x,y)$ 在平面区域 D 内具有一阶连续偏导数,则对于每一点

$P_0(x_0,y_0) \in D$ 都可确定出一个向量

$$f_x(x_0,y_0)\boldsymbol{i}+f_y(x_0,y_0)\boldsymbol{j},$$

这个向量称为函数 $z=f(x,y)$ 在点 $P_0(x_0,y_0)$ 的**梯度**（gradient），记作 $\mathbf{grad}f(x_0,y_0)$ 或 $\boldsymbol{\nabla}f(x_0,y_0)$，即

$$\mathbf{grad}f(x_0,y_0)=f_x(x_0,y_0)\boldsymbol{i}+f_y(x_0,y_0)\boldsymbol{j}.$$

2. **梯度与方向导数的关系**

设 $\boldsymbol{e}_l=\cos\alpha\boldsymbol{i}+\cos\beta\boldsymbol{j}$ 是与 l 同方向的单位向量，则由方向导数的计算公式得

$$\begin{aligned}\frac{\partial f}{\partial l}\bigg|_{(x_0,y_0)}&=f_x(x_0,y_0)\cos\alpha+f_y(x_0,y_0)\cos\beta\\&=(f_x(x_0,y_0),f_y(x_0,y_0,))\cdot(\cos\alpha,\cos\beta)\\&=\mathbf{grad}f(x_0,y_0)\cdot\boldsymbol{e}_l=|\mathbf{grad}f(x_0,y_0)|\cos\theta\\&=\mathrm{Prj}_l\mathbf{grad}f(x_0,y_0),\end{aligned}$$

其中 θ 为 $\mathbf{grad}f(x_0,y_0)$ 与 $\boldsymbol{e}_l$ 的夹角，可见，方向导数 $\dfrac{\partial f}{\partial l}$ 就是梯度在方向 l 上的投影.

由上述梯度与方向导数的关系可知：

(1) 当 $\theta=0$，即方向 $\boldsymbol{e}_l$ 与梯度 $\mathbf{grad}f(x_0,y_0)$ 的方向相同时，函数 $f(x,y)$ 增加最快. 此时，函数在这个方向的方向导数达到最大值，这个最大值就是梯度 $\mathbf{grad}f(x_0,y_0)$ 的模，即

$$\frac{\partial f}{\partial l}\bigg|_{(x_0,y_0)}=|\mathbf{grad}f(x_0,y_0)|.$$

这个结果也表示：函数 $f(x,y)$ 在一点的梯度 $\mathbf{grad}f$ 是这样一个向量，它的方向是函数在这点的方向导数取得最大值的方向，它的模就等于方向导数的最大值.

(2) 当 $\theta=\pi$，即方向 $\boldsymbol{e}_l$ 与梯度 $\mathbf{grad}f(x_0,y_0)$ 的方向相反时，函数 $f(x,y)$ 减少最快. 此时，函数在这个方向的方向导数达到最小值，即

$$\frac{\partial f}{\partial l}\bigg|_{(x_0,y_0)}=-|\mathbf{grad}f(x_0,y_0)|.$$

(3) 当 $\theta=\dfrac{\pi}{2}$，即方向 $\boldsymbol{e}_l$ 与梯度 $\mathbf{grad}f(x_0,y_0)$ 的方向正交时，函数 $f(x,y)$ 的变化率为零，即

$$\frac{\partial f}{\partial l}\bigg|_{(x_0,y_0)}=|\mathbf{grad}f(x_0,y_0)|\cos\theta=0.$$

例 3　求 $\mathbf{grad}\dfrac{1}{x^2+y^2}$.

解　因为 $f(x,y)=\dfrac{1}{x^2+y^2}$，所以

$$\frac{\partial f}{\partial x}=\frac{-2x}{(x^2+y^2)^2},\quad\frac{\partial f}{\partial y}=\frac{-2y}{(x^2+y^2)^2},$$

于是

$$\mathbf{grad}\frac{1}{x^2+y^2}=\frac{-2x}{(x^2+y^2)^2}\boldsymbol{i}-\frac{2y}{(x^2+y^2)^2}\boldsymbol{j}.$$

3. 梯度的几何意义

曲面 $z = f(x,y)$ 被平面 $z = c$ 所截得曲线 L 的方程为

$$\begin{cases} z = f(x,y), \\ z = c. \end{cases}$$

这条曲线 L 在 xOy 面上的投影是一条平面曲线 L^*，它在 xOy 平面上的直角坐标方程为

$$f(x,y) = c.$$

对于曲线 L^* 上一切点，对应的函数值都是 c，所以称曲线 L^* 为函数 $z = f(x,y)$ 的等值线 (contour line).

若 f_x, f_y 不同时为零，则等值线 L^* 上任一点 $P_0(x_0, y_0)$ 处的一个单位法向量为

$$\boldsymbol{n} = \frac{1}{\sqrt{f_x^2(x_0, y_0) + f_y^2(x_0, y_0)}}(f_x(x_0, y_0), f_y(x_0, y_0))$$

$$= \frac{\mathbf{grad}f(x_0, y_0)}{|\mathbf{grad}f(x_0, y_0)|}.$$

这表明函数 $f(x,y)$ 在一点 (x_0, y_0) 的梯度 $\mathbf{grad}f(x_0, y_0)$ 的方向就是等值线 $f(x,y) = c$ 在这点的法线方向向量 $\boldsymbol{n}$，而梯度的模 $|\mathbf{grad}f(x_0, y_0)|$ 就是沿这个法线方向的方向导数 $\dfrac{\partial f}{\partial n}$，于是有

$$\mathbf{grad}f(x_0, y_0) = \frac{\partial f}{\partial n}\boldsymbol{n}.$$

4. 三元函数的梯度

上面讨论的梯度概念可以类似地推广到三元函数的情形. 设函数 $f(x,y,z)$ 在空间区域 G 内具有一阶连续偏导数，则对于每一点 $P_0(x_0, y_0, z_0) \in G$，都可定出一个向量

$$f_x(x_0, y_0, z_0)\boldsymbol{i} + f_y(x_0, y_0, z_0)\boldsymbol{j} + f_z(x_0, y_0, z_0)\boldsymbol{k},$$

这个向量称为函数 $f(x,y,z)$ 在点 $P_0(x_0, y_0, z_0)$ 的**梯度**，记作 $\mathbf{grad}f(x_0, y_0, z_0)$ 或 $\nabla f(x_0, y_0, z_0)$，即

$$\mathbf{grad}f(x_0, y_0, z_0) = f_x(x_0, y_0, z_0)\boldsymbol{i} + f_y(x_0, y_0, z_0)\boldsymbol{j} + f_z(x_0, y_0, z_0)\boldsymbol{k}.$$

同样，三元函数 $f(x,y,z)$ 在一点的梯度 ∇f 是这样一个向量，它的方向是函数 $f(x,y,z)$ 在这点的方向导数取得最大值的方向，它的模就等于方向导数的最大值.

如果我们引进曲面

$$f(x,y,z) = c$$

为函数 $f(x,y,z)$ 的等值面的概念，则可得函数 $f(x,y,z)$ 在一点 (x_0, y_0, z_0) 的梯度 $\nabla f(x_0, y_0, z_0)$ 的方向就是等值面 $f(x,y,z) = c$ 在这点的法线方向 $\boldsymbol{n}$，而梯度的模 $|\nabla f(x_0, y_0, z_0)|$ 就是沿这个法线方向的方向导数 $\dfrac{\partial f}{\partial n}$.

例 4　设 $f(x,y,z) = x^2 + y^2 + z^2$，$P_0(1, -1, 2)$. 问 $f(x,y,z)$ 在 P_0 处沿什么方向变化最快，在这个方向的变化率是多少？

解　　　　　　　　　　　　$\mathbf{grad}f(x,y,z) = 2x\boldsymbol{i} + 2y\boldsymbol{j} + 2z\boldsymbol{k},$

$$\mathbf{grad}\, f(1,-1,2)=2\boldsymbol{i}-2\boldsymbol{j}+4\boldsymbol{k}.$$

$f(x,y,z)$ 在 P_0 处沿 $\mathbf{grad}\, f(1,-1,2)$ 的方向增加最快,沿 $-\mathbf{grad}\, f(1,-1,2)$ 的方向减少最快,在这两个方向的变化率分别是

$$|\mathbf{grad}\, f(1,-1,2)|=2\sqrt{6},\quad -|\mathbf{grad}\, f(1,-1,2)|=-2\sqrt{6}.$$

例 5　求曲面 $x^2+y^2+z=9$ 在点 $P_0(1,2,4)$ 处的切平面和法线方程.

解　设 $f(x,y,z)=x^2+y^2+z$. 由梯度和等值面的关系可知,梯度

$$\mathbf{grad}\, f\big|_{P_0}=(2x\boldsymbol{i}+2y\boldsymbol{j}+\boldsymbol{k})\big|_{(1,2,4)}=2\boldsymbol{i}+4\boldsymbol{j}+\boldsymbol{k}$$

的方向是等值面 $f(x,y,z)=9$ 在点 $P_0(1,2,4)$ 处的法向量,因此切平面方程是

$$2(x-1)+4(y-2)+(z-4)=0,$$

即

$$2x+4y+z=14;$$

法线方程是

$$\frac{x-1}{2}=\frac{y-2}{4}=\frac{z-4}{1}.$$

习　题　10.7

1. 求函数 $z=x^2+y^2$ 在点 $(1,2)$ 处沿从点 $(1,2)$ 到点 $(2,2+\sqrt{3})$ 方向的方向导数.

2. 求函数 $z=\ln(x+y)$ 在抛物线 $y^2=4x$ 上点 $(1,2)$ 处,沿着这抛物线从点 $(1,2)$ 处偏向 x 轴正向的切线方向的方向导数.

3. 求函数 $z=1-\left(\dfrac{x^2}{a^2}+\dfrac{y^2}{b^2}\right)$ 在点 $\left(\dfrac{a}{\sqrt{2}},\dfrac{b}{\sqrt{2}}\right)$ 处沿曲线 $\dfrac{x^2}{a^2}+\dfrac{y^2}{b^2}=1$ 在这点的内法线方向的方向导数.

4. 求函数 $u=xy^2+z^3-xyz$ 在点 $(1,1,2)$ 处沿方向角为 $\alpha=\dfrac{\pi}{3},\beta=\dfrac{\pi}{4},\gamma=\dfrac{\pi}{3}$ 方向的方向导数.

5. 求函数 $u=xyz$ 在点 $(5,1,2)$ 处沿从点 $(5,1,2)$ 到点 $(9,4,14)$ 方向的方向导数.

6. 求函数 $u=x^2+y^2+z^2$ 在曲线 $x=t,y=t^2,z=t^3$ 上点 $(1,1,1)$ 处,沿着这曲线在该点的切线正方向(对应于 t 增大的方向)的方向导数.

7. 求函数 $u=x+y+z$ 在球面 $x^2+y^2+z^2=1$ 上点 (x_0,y_0,z_0) 处,沿球面在该点的外法线方向的方向导数.

8. 设 $f(x,y,z)=x^2+2y^2+3z^2+xy+3x-2y-6z$,求 $\mathbf{grad}\, f(0,0,0),\mathbf{grad}\, f(1,1,1)$.

9. 设函数 $u(x,y,z),v(x,y,z)$ 的各个偏导数都存在且连续,证明:

(1) $\mathbf{grad}(cu)=c\,\mathbf{grad}\, u$(其中 c 为常数);

(2) $\mathbf{grad}(u\pm v)=\mathbf{grad}\, u\pm \mathbf{grad}\, v$;

(3) $\mathbf{grad}(uv)=v\,\mathbf{grad}\, u+u\,\mathbf{grad}\, v$;

(4) $\mathbf{grad}\left(\dfrac{u}{v}\right)=\dfrac{v\,\mathbf{grad}\, u-u\,\mathbf{grad}\, v}{v^2}$.

10. 求函数 $u=xy^2z$ 在点 $P_0(1,-1,2)$ 处变化最快的方向,并求沿这个方向的方向导数.

10.8　多元函数的极值

　　在实际问题中,往往会遇到多元函数的最大值、最小值问题,与一元函数相类似,多元函数的最大值、最小值与极大值、极小值有密切的关系,因此以二元函数为例,先来讨论多元函

数的极值问题.

10.8.1 多元函数的极值

定义 1 设函数 $z=f(x,y)$ 的定义域为 D，$P_0(x_0,y_0)$ 为 D 的内点．若存在 P_0 的某个邻域 $U(P_0)\subset D$，使得对于该邻域内异于 P_0 的任何点 (x,y)，都有

$$f(x,y)<f(x_0,y_0),$$

则称函数 $z=f(x,y)$**在点 (x_0,y_0)有极大值** $f(x_0,y_0)$，点 (x_0,y_0) 称为函数 $f(x,y)$ 的**极大值点**；若对于该邻域内异于 P_0 的任何点 (x,y)，都有

$$f(x,y)>f(x_0,y_0),$$

则称函数 $z=f(x,y)$**在点 (x_0,y_0)有极小值** $f(x_0,y_0)$，点 (x_0,y_0) 称为函数 $f(x,y)$ 的**极小值点**．函数的极大值、极小值统称为**极值**，使函数取得极值的点称为**极值点**．

例 1 函数 $z=xy$ 在点 $(0,0)$ 处不取得极值，因为在点 $(0,0)$ 处的函数值为零，而在点 $(0,0)$ 的任一邻域内总有使函数值为正的点，也有使函数值为负的点.

例 2 函数 $z=x^2+y^2$ 在点 $(0,0)$ 处有极小值．因为对任何 (x,y) 有

$$f(x,y)>f(0,0)=0.$$

从几何上看，点 $(0,0,0)$ 是开口朝上的旋转抛物面 $z=x^2+y^2$ 的顶点.

例 3 函数 $z=-\sqrt{x^2+y^2}$ 在点 $(0,0)$ 处有极大值．因为对任何 (x,y) 有

$$f(x,y)<f(0,0)=0.$$

从几何上看，点 $(0,0,0)$ 是位于 xOy 平面下方的锥面 $z=-\sqrt{x^2+y^2}$ 的顶点.

定理 1（必要条件） 设函数 $z=f(x,y)$ 在点 (x_0,y_0) 具有偏导数，且在点 (x_0,y_0) 处有极值，则

$$f_x(x_0,y_0)=0,\quad f_y(x_0,y_0)=0.$$

证明 不妨设函数 $z=f(x,y)$ 在点 (x_0,y_0) 处有极大值，依定义，在该点的邻域上均有

$$f(x,y)<f(x_0,y_0),\ (x,y)\neq(x_0,y_0)$$

成立.

特别地，取 $y=y_0$ 而 $x\neq x_0$ 的点，也适合

$$f(x,y_0)<f(x_0,y_0),$$

这表明一元函数 $f(x,y_0)$ 在 $x=x_0$ 处取得极大值，因而必有

$$f_x(x_0,y_0)=0.$$

类似地可证

$$f_y(x_0,y_0)=0.$$

几何解释：若函数 $z=f(x,y)$ 在点 (x_0,y_0) 处取得极值 z_0，那么函数所表示的曲面在点 (x_0,y_0,z_0) 处的切平面方程

$$z-z_0=f_x(x_0,y_0)(x-x_0)+f_y(x_0,y_0)(y-y_0)$$

是平行于 xOy 坐标面的平面 $z=z_0$.

类似地有三元及三元以上函数的极值概念，对三元函数同样有取得极值的必要条件，即：如果三元函数 $u=f(x,y,z)$ 在点 (x_0,y_0,z_0) 具有偏导数，则它在点 (x_0,y_0,z_0) 具有极值的必要条件为

$$f_x(x_0,y_0,z_0)=0,\ f_y(x_0,y_0,z_0)=0,\ f_z(x_0,y_0,z_0)=0.$$

上面的定理虽然没有完全解决求极值的问题,但它明确指出找极值点的途径,即只要解得使 $f_x(x,y)=0,f_y(x,y)=0$ 同时成立的点 (x_0,y_0),那么 (x_0,y_0) 就有可能是极值点,这些点称为**函数 $z=f(x,y)$ 的驻点**.需要注意的是,函数的驻点不一定是极值点,例如点 $(0,0)$ 是函数 $z=xy$ 的驻点,但函数在该点不能取得极值.

怎样判别驻点是否是极值点呢? 下面的定理回答了这个问题.

定理 2(充分条件)　设函数 $z=f(x,y)$ 在点 (x_0,y_0) 的某邻域内连续且有一阶及二阶连续偏导数,又 $f_x(x_0,y_0)=0,f_y(x_0,y_0)=0$,令
$$f_{xx}(x_0,y_0)=A,\ f_{xy}(x_0,y_0)=B,\ f_{yy}(x_0,y_0)=C,$$
则 $f(x,y)$ 在 (x_0,y_0) 处是否取得极值的条件如下:

(1) 当 $AC-B^2>0$ 时,函数 $z=f(x,y)$ 在点 (x_0,y_0) 取得极值,且当 $A<0$ 时,有极大值 $f(x_0,y_0)$,当 $A>0$ 时,有极小值 $f(x_0,y_0)$;

(2) 当 $AC-B^2<0$ 时,函数 $z=f(x,y)$ 在点 (x_0,y_0) 没有极值;

(3) 当 $AC-B^2=0$ 时,函数 $z=f(x,y)$ 在点 (x_0,y_0) 可能有极值,也可能没有极值,还要另作讨论.

这个定理不作证明.利用定理 1、2,可以把具有二阶连续偏导数的函数 $z=f(x,y)$ 求极值的步骤叙述如下.

(1) 解方程组
$$f_x(x,y)=0,\quad f_y(x,y)=0,$$
求得一切实数解,即可求得一切驻点;

(2) 对于每一个驻点 (x_0,y_0),求出二阶偏导数的值 A,B,C;

(3) 确定 $AC-B^2$ 的符号,按定理 2 的结论判定 $f(x_0,y_0)$ 是否是极值,是极大值还是极小值.

例 4　求函数 $f(x,y)=x^3-y^3+3x^2+3y^2-9x$ 的极值.

解　先解方程组
$$\begin{cases} f_x=3x^2+6x-9=0, \\ f_y=-3y^2+6y=0, \end{cases}$$
求得驻点为 $(1,0),(1,2),(-3,0),(-3,2)$.再求出二阶偏导函数
$$f_{xx}(x,y)=6x+6,\ f_{xy}(x,y)=0,\ f_{yy}(x,y)=-6y+6.$$
在点 $(1,0)$ 处,$AC-B^2=72>0$,又 $A>0$,所以函数在点 $(1,0)$ 处有极小值为 $f(1,0)=-5$;

在点 $(1,2)$ 处,$AC-B^2=-72<0$,所以 $f(1,2)$ 不是极值;

在点 $(-3,0)$ 处,$AC-B^2=-72<0$,所以 $f(-3,0)$ 不是极值;

在点 $(-3,2)$ 处,$AC-B^2=72>0$,又 $A<0$,所以函数在点 $(-3,2)$ 处有极大值为 $f(-3,2)=31$.

讨论函数的极值问题时,如果函数在所讨论的区域内具有偏导数,则由必要条件可知,极值只可能在驻点处取得.然而,如果函数在个别点处的偏导数不存在,这些点虽然不是驻点,但也可能是极值点.例如在例 3 中,函数 $z=-\sqrt{x^2+y^2}$ 在点 $(0,0)$ 处的偏导数不存在,但该函数在点 $(0,0)$ 处却取得极大值.因此,在考虑函数的极值问题时,除了考虑函数的驻点外,如果有偏导数不存在的点,那么这些点也应考虑.

10.8.2 多元函数的最大值与最小值

与一元函数类似,我们可以利用多元函数的极值来求函数的最大值和最小值. 在 10.1 节中已经指出,如果 $f(x,y)$ 在有界闭区域 D 上连续,则 $f(x,y)$ 在 D 上必定能取得最大值和最小值. 这种使函数取得最大值或最小值的点既可能在 D 的内部,也可能在 D 的边界上. 由此可以给出求函数最大值或最小值的一般方法:

(1) 将函数 $f(x,y)$ 在区域 D 内的全部极值点求出;

(2) 求出 $f(x,y)$ 在 D 边界上的最值点;

(3) 将上述各点的函数值求出,并且互相比较,定出函数的最值.

在实际问题中,根据问题的性质,如果能知道函数 $f(x,y)$ 的最值一定在区域 D 的内部取得,而函数在 D 内只有一个驻点,那么可以肯定该驻点处的函数值就是函数 $f(x,y)$ 在 D 上的最值.

例 5　把一个正数 a 分成三个正数之和,如何才能使它们的乘积为最大.

解　设 x,y 分别为前两个正数,第三个正数为 $a-x-y$,问题为求函数

$$u=xy(a-x-y)$$

在区域 D:$x>0$,$y>0$,$x+y<a$ 内的最大值.

因为

$$\frac{\partial u}{\partial x}=y(a-x-y)-xy=y(a-2x-y), \frac{\partial u}{\partial y}=x(a-2y-x),$$

则解方程组

$$\begin{cases} a-2x-y=0, \\ a-2y-x=0, \end{cases}$$

得

$$x=\frac{a}{3}, \quad y=\frac{a}{3}.$$

由实际问题可知,函数必在 D 内取得最大值,而在区域 D 内部只有唯一的驻点,则函数必在该点处取得最大值,即把 a 分成三等份,乘积 $\left(\dfrac{a}{3}\right)^3$ 最大.

另外还可得出,若令 $z=a-x-y$,则

$$u=xyz\leqslant\left(\frac{a}{3}\right)^3=\left(\frac{x+y+z}{3}\right)^3,$$

即

$$\sqrt[3]{xyz}\leqslant\frac{x+y+z}{3}.$$

例 6　有一宽为 24cm 的长方形铁板,把它两边折起来做成一断面为等腰梯形的水槽,问怎样折法才能使断面的面积最大?

解　设折起来的边长为 $x$cm,倾斜角为 α,那么梯形断面的下底长为 $24-2x$,上底长为 $24-2x+2x\cos\alpha$,高为 $x\sin\alpha$,则断面面积为

$$A=\frac{1}{2}(24-2x+2x\cos\alpha+24-2x)\cdot x\sin\alpha,$$

即 $A = 24x\sin\alpha - 2x^2\sin\alpha + x^2\sin\alpha\cos\alpha, D: 0 < x < 12, 0 < \alpha \leqslant \dfrac{\pi}{2}$.

下面是求二元函数 $A(x,\alpha)$ 在区域 $D: 0 < x < 12, 0 < \alpha \leqslant \dfrac{\pi}{2}$ 上取得最大值的点 (x,α). 令

$$\begin{cases} A_x = 24\sin\alpha - 4x\sin\alpha + 2x\sin\alpha\cos\alpha = 0, \\ A_\alpha = 24x\cos\alpha - 2x^2\cos\alpha + x^2(\cos^2\alpha - \sin^2\alpha) = 0. \end{cases}$$

由于 $\sin\alpha \neq 0, x \neq 0$ 上式可化为

$$\begin{cases} 12 - 2x + x\cos\alpha = 0, \\ 24\cos\alpha - 2x\cos\alpha + x(2\cos^2\alpha - 1) = 0, \end{cases}$$

解方程组,得

$$\alpha = \frac{\pi}{3} = 60°, \quad x = 8\text{cm}.$$

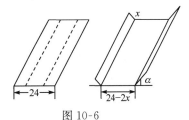

图 10-6

再考虑边界,当 $\alpha = \dfrac{\pi}{2}$ 时,函数 $A = 24x - 2x^2$ 为 x 的一元函数,求其最值点. 由

$$\frac{\mathrm{d}A}{\mathrm{d}x} = 24 - 4x = 0,$$

得 $x = 6\text{cm}$. 计算得

$$A\left(6, \frac{\pi}{2}\right) = 24 \times 6\sin\frac{\pi}{2} - 2 \times 6^2\sin\frac{\pi}{2} = 72,$$

$$A\left(8, \frac{\pi}{3}\right) = 24 \times 8\sin\frac{\pi}{3} - 2 \times 8^2\sin\frac{\pi}{3} + 8^2\sin\frac{\pi}{3}\cos\frac{\pi}{3} = 48\sqrt{3} \approx 83.$$

根据题意可知断面面积的最大值一定存在,并且在区域 $D: 0 < x < 12, 0 < \alpha \leqslant \dfrac{\pi}{2}$ 内取得,且 $\alpha = \dfrac{\pi}{2}$ 时的函数值比 $\alpha = 60°, x = 8\text{cm}$ 时函数值小,又函数在 D 内只有一个驻点,因此可以断定,当 $x = 8\text{cm}, \alpha = 60°$ 时,就能使断面的面积最大.

10.8.3　条件极值与拉格朗日乘数法

首先,我们继续讨论本节例 2 求函数 $z = x^2 + y^2$ 的极值. 该问题就是求函数在它定义域内的极值,前面求过在 $(0,0)$ 取得极小值;如果问题变为求函数 $z = x^2 + y^2$ 在条件 $x + y = 1$ 下的极值,这时自变量 x, y 受到条件约束,不能在整个函数定义域上求极值,而只能在定义域的一部分 $x + y = 1$ 的直线上求极值. 显然,前者只要求自变量在定义域内变化,而没有附加条件,称这种极值为**无条件极值**,后者自变量受到条件的约束,称这种极值为**条件极值**(conditional extremum).

如何求条件极值? 有时可把条件极值化为无条件极值,如上例,可以从条件中解出 $y = 1 - x$,代入 $z = x^2 + y^2$ 中,得

$$z = x^2 + (1-x)^2 = 2x^2 - 2x + 1,$$

化为一元函数极值问题. 但是在很多情形下,将条件极值化为无条件极值并不简单,另有一种直接寻求条件极值的方法,可不必先把问题化为无条件极值的问题,这就是下面介绍的拉格朗日乘数法(Lagrange multiplier method).

先讨论函数

$$z = f(x, y) \tag{10.36}$$

在条件

$$\varphi(x, y) = 0 \tag{10.37}$$

下取得极值的必要条件.

若函数(10.36)在(x_0, y_0)处取得所求的极值,那么首先有

$$\varphi(x_0, y_0) = 0. \tag{10.38}$$

假定在(x_0, y_0)的某一邻域内函数$f(x, y)$与$\varphi(x, y)$均有连续的一阶偏导数,且$\varphi_y(x_0, y_0) \neq 0$.由隐函数存在定理可知,方程$\varphi(x, y) = 0$确定一个连续且具有连续导数的函数$y = \psi(x)$,将其代入函数(10.36)中,得到一个关于$x$的一元函数

$$z = f[x, \psi(x)]. \tag{10.39}$$

于是函数$z = f(x, y)$在(x_0, y_0)处取得所求的极值,也就是相当于一元函数(10.39)在$x = x_0$处取得极值.由一元可导函数取得极值的必要条件可知

$$\left. \frac{\mathrm{d}z}{\mathrm{d}x} \right|_{x=x_0} = f_x(x_0, y_0) + f_y(x_0, y_0) \left. \frac{\mathrm{d}y}{\mathrm{d}x} \right|_{x=x_0} = 0, \tag{10.40}$$

而(10.37)式所确定的隐函数的导数为

$$\left. \frac{\mathrm{d}y}{\mathrm{d}x} \right|_{x=x_0} = -\frac{\varphi_x(x_0, y_0)}{\varphi_y(x_0, y_0)}.$$

将上式代入(10.40)中,得

$$f_x(x_0, y_0) - f_y(x_0, y_0) \frac{\varphi_x(x_0, y_0)}{\varphi_y(x_0, y_0)} = 0. \tag{10.41}$$

因此(10.38)、(10.41)两式就是函数(10.36)在条件(10.37)下在(x_0, y_0)处取得极值的必要条件.

为了计算方便起见,我们令

$$\frac{f_y(x_0, y_0)}{\varphi_y(x_0, y_0)} = -\lambda,$$

则上述必要条件变为

$$\begin{cases} f_x(x_0, y_0) + \lambda \varphi_x(x_0, y_0) = 0, \\ f_y(x_0, y_0) + \lambda \varphi_y(x_0, y_0) = 0, \\ \varphi(x_0, y_0) = 0. \end{cases} \tag{10.42}$$

容易看出,上式中的前两式的左端正是函数

$$L(x, y) = f(x, y) + \lambda \varphi(x, y)$$

的两个一阶偏导数在(x_0, y_0)的值,其中λ是一个待定常数.因此,我们引进辅助函数$L(x, y)$,称之为**拉格朗日函数**,参数λ称为**拉格朗日乘子**.

由以上讨论,可以得到求条件极值的直接方法.

拉格朗日乘数法 求函数$z = f(x, y)$在条件$\varphi(x, y) = 0$下的可能的极值点.先构造拉格朗日函数

$$L(x, y) = f(x, y) + \lambda \varphi(x, y),$$

其中λ为参数.求函数L分别对x,对y的偏导数,并使之为零,然后与方程(10.37)联立得

$$\begin{cases} f_x(x,y)+\lambda\varphi_x(x,y)=0, \\ f_y(x,y)+\lambda\varphi_y(x,y)=0, \\ \varphi(x,y)=0, \end{cases} \qquad (10.43)$$

解方程组得 x,y,λ，其中 x,y 就是函数 $f(x,y)$ 在条件 $\varphi(x,y)=0$ 下的可能极值点的坐标.

拉格朗日乘数法还可以推广到自变量多于两个而条件多于一个的情形. 例如,求函数 $u=f(x,y,z,t)$ 在条件

$$\varphi(x,y,z,t)=0, \quad \psi(x,y,z,t)=0 \qquad (10.44)$$

下的可能的极值点. 先构造拉格朗日函数

$$L(x,y,z,t)=f(x,y,z,t)+\lambda_1\varphi(x,y,z,t)+\lambda_2\psi(x,y,z,t),$$

其中 λ_1,λ_2 为参数,求函数 L 分别对 x,y,z,t 的偏导数,并使之为零,然后与(10.44)中两个方程联立得

$$\begin{cases} f_x+\lambda_1\varphi_x+\lambda_2\psi_x=0, \\ f_y+\lambda_1\varphi_y+\lambda_2\psi_y=0, \\ f_z+\lambda_1\varphi_z+\lambda_2\psi_z=0, \\ f_t+\lambda_1\varphi_t+\lambda_2\psi_t=0, \\ \varphi(x,y,z,t)=0, \\ \psi(x,y,z,t)=0, \end{cases}$$

解方程组得 $x,y,z,t,\lambda_1,\lambda_2$,其中 x,y,z,t 就是函数在条件(10.44)下的可能的极值点的坐标.

如何确定所求点是否为极值点,在实际问题中往往可根据实际问题本身的性质来判定.

例 7 求表面积为 a^2 且体积为最大的长方体的体积.

解 设长方体的三棱长分别为 x,y,z,则问题是在条件

$$\varphi(x,y,z)=2xy+2yz+2xz-a^2=0$$

下,求函数

$$V=xyz \quad (x>0,y>0,z>0)$$

的最大值. 构造拉格朗日函数

$$L(x,y,z)=xyz+\lambda(2xy+2yz+2xz-a^2),$$

求函数 L 分别对 x,y,z 的偏导数,使其为 0,并联立条件得到方程组

$$\begin{cases} yz+2\lambda(y+z)=0, \\ xz+2\lambda(x+z)=0, \\ xy+2\lambda(x+y)=0, \\ 2xy+2yz+2xz-a^2=0. \end{cases}$$

由于 x,y,z,都不等于零,由上式可得

$$\frac{x}{y}=\frac{x+z}{y+z}, \quad \frac{y}{z}=\frac{x+y}{x+z}.$$

即有

$$x(y+z)=y(x+z), \quad z(x+y)=y(x+z),$$

可得

$$x=y=z.$$

将其代入方程 $2xy+2yz+2xz-a^2=0$ 中便可解得

$$x=y=z=\frac{\sqrt{6}}{6}a,$$

这是唯一可能的极值点,因为由问题本身可知最大值一定存在,所以最大值就是在这可能的

极值点处取得. 即在表面积为 a^2 的长方体中,以棱长为 $\frac{\sqrt{6}}{6}a$ 的正方体的体积为最大,最大

体积为 $V=\frac{\sqrt{6}}{36}a^3$.

例 8 试在球面 $x^2+y^2+z^2=4$ 上求出与点 $(3,1,-1)$ 距离最近和最远的点.

解 设 $M(x,y,z)$ 为球面上任意一点,则 M 到点 $(3,1,-1)$ 的距离为

$$d=\sqrt{(x-3)^2+(y-1)^2+(z+1)^2}.$$

但是,如果考虑 d^2,则应与 d 有相同的最大值点和最小值点,为了简化运算,故取

$$f(x,y,z)=d^2=(x-3)^2+(y-1)^2+(z+1)^2.$$

又因为点 $M(x,y,z)$ 在球面上,附加条件为

$$\varphi(x,y,z)=x^2+y^2+z^2-4=0.$$

构造拉格朗日函数

$$L(x,y,z)=(x-3)^2+(y-1)^2+(z+1)^2+\lambda(x^2+y^2+z^2-4).$$

求函数 L 分别对 x,y,z 的偏导数,使其为 0,并联立条件得到方程组

$$\begin{cases} 2(x-3)+2\lambda x=0, \\ 2(y-1)+2\lambda y=0, \\ 2(z+1)+2\lambda z=0, \\ x^2+y^2+z^2=4. \end{cases}$$

从前三个方程中可以看出 x,y,z 均不等于零(否则方程两端不等),以 λ 作为过渡,把这三个
方程联系起来,有

$$-\lambda=\frac{x-3}{x}=\frac{y-1}{y}=\frac{z+1}{z}\text{或}\frac{-3}{x}=\frac{-1}{y}=\frac{1}{z},$$

故 $x=-3z,y=-z$,将其代入 $x^2+y^2+z^2=4$ 中,得

$$(-3z)^2+(-z)^2+z^2=4,$$

可解得

$$z=\frac{2}{\sqrt{11}},x=-\frac{6}{\sqrt{11}},y=-\frac{2}{\sqrt{11}},\text{或}z=-\frac{2}{\sqrt{11}},x=\frac{6}{\sqrt{11}},y=\frac{2}{\sqrt{11}},$$

从而得两点

$$\left(-\frac{6}{\sqrt{11}},-\frac{2}{\sqrt{11}},\frac{2}{\sqrt{11}}\right),\quad\left(\frac{6}{\sqrt{11}},\frac{2}{\sqrt{11}},-\frac{2}{\sqrt{11}}\right).$$

计算距离可得,最近点为 $\left(\frac{6}{\sqrt{11}},\frac{2}{\sqrt{11}},-\frac{2}{\sqrt{11}}\right)$,最远点为 $\left(-\frac{6}{\sqrt{11}},-\frac{2}{\sqrt{11}},\frac{2}{\sqrt{11}}\right)$.

习 题 10.8

1. 已知函数 $f(x,y)$ 在点 $(0,0)$ 的某个邻域内连续,且

$$\lim_{(x,y)\to(0,0)}\frac{f(x,y)-xy}{(x^2+y^2)^2}=1,$$

则下述四个选项中正确的是(　　).

(A) 点$(0,0)$不是$f(x,y)$的极值点

(B) 点$(0,0)$是$f(x,y)$的极大值点

(C) 点$(0,0)$是$f(x,y)$的极小值点

(D) 根据所给条件无法判断点$(0,0)$是否为$f(x,y)$的极值点

2. 求函数$f(x,y)=4x-4y-x^2-y^2$的极值.

3. 求函数$f(x,y)=(6x-x^2)(4y-y^2)$的极值.

4. 求函数$f(x,y)=(x+2y+y^2)e^{2x}$的极值.

5. 求函数$z=xy$在条件$x+y=1$下的极大值.

6. 从斜边之长为l的一切直角三角形中,求最大周长的直角三角形.

7. 要造一个体积等于定数k的长方体无盖水池,应如何选择水池的尺寸,方可使它的造价(表面积)最小.

8. 在平面xOy上求一点,使它到$x=0$,$y=0$及$x+2y-16=0$三直线的距离平方之和最小.

9. 将周长为$2p$的矩形绕它的一边旋转而构成一个圆柱体,问矩形的边长各为多少时,才可使圆柱体的体积最大?

10. 求内接于半径为a的球且具有最大体积的长方体.

11. 抛物面$z=x^2+y^2$被平面$x+y+z=1$截成一椭圆,求这椭圆上的点到原点的距离的最大值与最小值.

12. 设有一圆板占有平面闭区域$\{(x,y)\,|\,x^2+y^2\leqslant1\}$,该圆板被加热,以致在点$(x,y)$的温度是

$$T=x^2+2y^2-x,$$

求该圆板的最热点和最冷点.

13. 形状为椭球$4x^2+y^2+4z^2\leqslant16$的空间探测器进入地球大气层,其表面开始受热,1 小时后在探测器的点(x,y,z)处的温度$T=8x^2+4yz-16z+600$,求探测器表面最热的点.

*10.9　最小二乘法

许多工程问题,常常需要根据两个变量的几组实验数据,来找出这两个变量的函数关系的近似表达式.通常把这样得到的函数的近似表达式叫做经验公式.经验公式建立以后,就可以把生产或实验中所积累的某些经验提高到理论上加以分析.下面通过举例介绍常用的一种建立经验公式的方法——最小二乘法.

例 1　为了测定刀具的磨损速度,我们做这样的实验:经过一定时间(如每隔一小时),测量一次刀具的厚度,得到一组实验数据如下:

顺序编号 i	0	1	2	3	4	5	6	7
时间 t_i/h	0	1	2	3	4	5	6	7
刀具厚度 y_i/mm	27.0	26.8	26.5	26.3	26.1	25.7	25.3	24.8

试根据上面的实验数据建立y和t之间的经验公式$y=f(t)$.即找出一个能使上表中的数据大体适合的函数关系$y=f(t)$.

解　首先,要确定$y=f(t)$的类型.为此,可以按下面的方法作初步处理.在直角坐标纸上取t为横坐标,y为纵坐标,描出上述各对数据的对应点,如图 10-7 所示.从图上可以看出,这些点的连线大致接近于一条直线.于是,就可以认为$y=f(t)$是线性函数,并设

$$f(t)=at+b,$$

其中 a 和 b 都是待定常数.

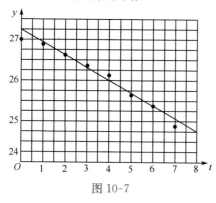

图 10-7

由数据和图可知,由于各点并不真正在一条直线上,这样的 a 和 b 是不可能精确找到的. 因此,只能要求选取这样的 a 和 b,使得 $f(t)=at+b$ 在 t_0, $t_1,t_2,\cdots,t_7$ 处的函数值与实验数据 $y_0,y_1,y_2,\cdots,$ y_7 相差都很小,也就是要使偏差

$$y_i-f(t_i) \quad (i=0,1,2,\cdots,7)$$

都很小. 为此,我们可以对偏差取绝对值再求和,只要

$$\sum_{i=0}^{7}|y_i-f(t_i)|=\sum_{i=0}^{7}|y_i-(at_i+b)|$$

很小,就可以保证每个偏差的绝对值都很小.进一步,我们可以考虑选取常数 a 和 b 使得

$$M=\sum_{i=0}^{7}[y_i-(at_i+b)]^2$$

最小来保证每个偏差的绝对值都很小. 这种根据偏差的平方和为最小的条件来选择常数 a 和 b 的方法叫做**最小二乘法**.

如果把 M 看成与自变量 a 和 b 相对应的因变量,那么上述问题就可归结为求函数 $M=M(a,b)$ 在哪些点处取得最小值. 由 10.8 节中的讨论,先求解

$$M_a(a,b)=0, \quad M_b(a,b)=0,$$

即

$$\begin{cases} \dfrac{\partial M}{\partial a}=-2\sum_{i=0}^{7}[y_i-(at_i+b)]t_i=0, \\ \dfrac{\partial M}{\partial b}=-2\sum_{i=0}^{7}[y_i-(at_i+b)]=0, \end{cases}$$

也就是

$$\begin{cases} \sum_{i=0}^{7}[y_i-(at_i+b)]t_i=0, \\ \sum_{i=0}^{7}[y_i-(at_i+b)]=0, \end{cases}$$

整理后可得到

$$\begin{cases} a\sum_{i=0}^{7}t_i^2+b\sum_{i=0}^{7}t_i=\sum_{t=0}^{7}y_it_i, \\ a\sum_{i=0}^{7}t_i+8b=\sum_{i=0}^{7}y_i. \end{cases}$$

把问题中的数据 $y_i,t_i(i=0,1,2,\cdots,7)$ 代入方程组,便得

$$\begin{cases} 140a+28b=717, \\ 28a+8b=208.5, \end{cases}$$

解此方程组,得到 $a=-0.3036,b=27.125$. 于是可得所求经验公式为

$$y=f(t)=-0.3036t+27.125.$$

由该经验公式算出的函数值 $f(t_i)$ 与实测的 y_i 有一定的偏差. 列表比较如下.

t_i	0	1	2	3	4	5	6	7
实测的 y_i/mm	27.0	26.8	26.5	26.3	26.1	25.7	25.3	24.8
算得的 $f(t_i)$/mm	27.125	26.821	26.518	26.214	25.911	25.607	25.303	25.000
偏差	−0.125	−0.021	−0.018	0.086	0.189	0.093	−0.003	−0.200

计算可得偏差的平方和 $M=0.108165$，$\sqrt{M}=0.329$，称 $\sqrt{M}$ 为**均方误差**，它的大小在一定程度上反映了用经验公式来近似表达原来函数关系的近似程度的好坏.

例 1 中按实验数据描出的图形接近于一条直线. 在这种情形下,就可认为函数关系式是线性函数类型的,从而问题可化为求解一个二元一次方程组,计算方便. 但有些实际问题,按实验数据描出的图形是其他曲线,经验公式的类型不再是线性函数,对于这种复杂的情况,我们可以设法把它化成线性函数的类型来讨论.

例 2　在研究某单分子化学反应速度时,得到下列数据.

i	1	2	3	4	5	6	7	8
τ_i	3	6	9	12	15	18	21	24
y_i	57.6	41.9	31.0	22.7	16.6	12.2	8.9	6.5

其中 τ 表示从实验开始算起的时间, y 表示时刻 τ 反应物的量. 试根据上述数据定出经验公式 $y=f(\tau)$.

解　由化学反应速度的理论知道, $y=f(\tau)$ 应是指数函数 $y=ke^{m\tau}$,其中 k 和 m 是待定常数. 为了便于计算和检验,我们可以在 $y=ke^{m\tau}$ 的两边取常用对数,得

$$\lg y=\lg k+(m\cdot\lg e)\tau.$$

记 $m\cdot\lg e=0.4343m=a$，$\lg k=b$,上式可写为

$$\lg y=a\tau+b,$$

于是 $\lg y$ 就是 τ 的线性函数. 所以,把表中各对数据 $(\tau_i,y_i)(i=1,2,\cdots,8)$ 所对应的点描在半对数坐标纸上(半对数坐标纸的横轴上各点处所表明的数字与普通的直角坐标纸相同,而纵轴上 y 处所表明的数字是该点的常用对数的值),如图 10-8 所示. 从图上看出,这些点的连线非常接近于一条直线,这说明 $y=f(\tau)$ 确实可以认为是指数函数. 下面来具体定出 k 和 m 的值.

由于

$$\lg y=a\tau+b,$$

所以可仿照例 1 中的讨论,通过求方程组

$$\begin{cases} a\sum_{i=1}^{8}\tau_i^2+b\sum_{i=1}^{8}\tau_i=\sum_{i=1}^{8}\tau_i\lg y_i,\\ a\sum_{i=1}^{8}\tau_i+8b=\sum_{i=1}^{8}\lg y_i \end{cases}$$

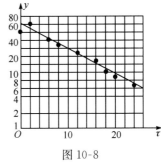

图 10-8

的解,把 a 和 b 确定出来.

把问题中的数据 $y_i,\tau_i(i=1,2,\cdots,8)$ 代入方程组,便得
$$\begin{cases} 1836a+108b=122, \\ 108a+8b=10.3, \end{cases}$$

解此方程组,得 $a=-0.045,b=1.8964$. 进一步可以求出 $m=-0.1036,k=78.78$. 于是可得所求经验公式为

$$y=78.78\mathrm{e}^{-0.1036\tau}.$$

*习 题 10.9

1. 某种合金的含铅量百分比(%)为 p,其熔解温度(℃)为 θ,由实验测得 p 与 θ 的数据如下表.

$p/(\%)$	36.9	46.7	63.7	77.8	84.0	87.5
$\theta/(℃)$	181	197	235	270	283	292

试用最小二乘法建立 p 与 θ 之间的经验公式 $\theta=ap+b$.

本 章 小 结

一、内容概要

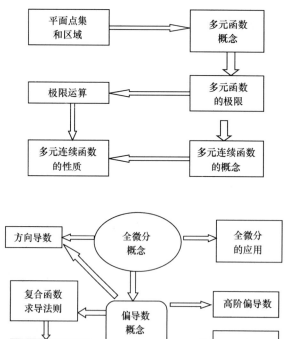

二、解题指导

求解多元函数的极限常见的方法和一元函数类似,常见的有变量代换成一元函数,等价无穷小替换,无穷小的性质,夹逼准则等.

熟练掌握求偏导数、全导数、全微分及复合函数求导法,会求其高阶偏导数(以二阶为主),在求隐函数(包括由方程组所确定的隐函数)的偏导数问题时,不应死记硬背其公式,应该理解方法的思想也就是把一些变量看作自变量的函数,对方程或方程组两端同时求导,解方程或方程组.

在求解曲线的切线与法平面时,都需要把方程转换成参数式;在求解曲面的切平面与法线时,都需要把方程转换成一般式.

在用拉格朗日乘数法求条件极值时,乘子 λ 可以不求出.

复习题 10

1. 在"充分"、"必要"和"充分必要"三者中选择一个正确的填入下列空格内:

(1) $f(x,y)$ 在点 (x,y) 可微分是 $f(x,y)$ 在该点连续的_____条件. $f(x,y)$ 在点 (x,y) 连续是 $f(x,y)$ 在该点可微分的_____条件.

(2) $z=f(x,y)$ 在点 (x,y) 的偏导数 $\dfrac{\partial z}{\partial x}$ 及 $\dfrac{\partial z}{\partial y}$ 存在是 $f(x,y)$ 在该点可微分的_____条件. $z=f(x,y)$ 在点 (x,y) 可微分是 $f(x,y)$ 在该点的偏导数 $\dfrac{\partial z}{\partial x}$ 及 $\dfrac{\partial z}{\partial y}$ 存在的_____条件.

(3) $z=f(x,y)$ 的偏导数 $\dfrac{\partial z}{\partial x}$ 及 $\dfrac{\partial z}{\partial y}$ 在点 (x,y) 存在且连续是 $f(x,y)$ 在该点可微分的_____条件.

(4) $z=f(x,y)$ 的两个二阶混合偏导数 $\dfrac{\partial^2 z}{\partial x \partial y}$ 及 $\dfrac{\partial^2 z}{\partial y \partial x}$ 在区域 D 内连续是这两个二阶混合偏导数在 D 内相等的_____条件.

2. 选择下题中给出的四个结论中一个正确的结论:

设函数 $f(x,y)$ 在点 $(0,0)$ 的某邻域内有定义,且 $f_x(0,0)=3$,$f_y(0,0)=-1$,则有_____.

(A) $\mathrm{d}z|_{(0,0)}=3\mathrm{d}x-\mathrm{d}y$

(B) 曲面 $z=f(x,y)$ 在点 $(0,0,f(0,0))$ 的一个法向量为 $(3,-1,1)$

(C) 曲线 $\begin{cases} z=f(x,y), \\ y=0 \end{cases}$ 在点 $(0,0,f(0,0))$ 的一个切向量为 $(3,0,1)$

(D) 曲线 $\begin{cases} z=f(x,y), \\ x=0 \end{cases}$ 在点 $(0,0,f(0,0))$ 的一个切向量为 $(0,1,-1)$

3. 求函数 $f(x,y)=\dfrac{\sqrt{4x-y^2}}{\ln(1-x^2-y^2)}$ 的定义域,并求 $\lim\limits_{(x,y)\to(\frac{1}{2},0)}f(x,y)$.

4. 证明:极限 $\lim\limits_{(x,y)\to(0,0)}\dfrac{xy^2}{x^2+y^4}$ 不存在.

5. 设

$$f(x,y)=\begin{cases}\dfrac{x^2y}{x^2+y^2}, & x^2+y^2\neq0,\\[3mm] 0, & x^2+y^2=0,\end{cases}$$

求 $f_x(x,y)$ 及 $f_y(x,y)$.

6. 求下列函数的一阶和二阶偏导数:

(1) $z=\ln(x+y^2)$;   (2) $z=x^y$.

7. 求函数 $z=\dfrac{xy}{x^2-y^2}$ 当 $x=2,y=1,\Delta x=0.01,\Delta y=0.03$ 时的全增量和全微分.

8. 设

$$f(x,y)=\begin{cases}\dfrac{x^2y^2}{(x^2+y^2)^{3/2}}, & x^2+y^2\neq0,\\[3mm] 0, & x^2+y^2=0,\end{cases}$$

证明: $f(x,y)$ 在点 $(0,0)$ 处连续且偏导数存在,但不可微分.

9. 设 $u=x^y$,而 $x=\varphi(t),y=\psi(t)$ 都是可微分函数,求 $\dfrac{\mathrm{d}u}{\mathrm{d}t}$.

10. 设 $z=f(u,v,w)$ 具有连续偏导数,而

$$u=s-t,\quad v=t-h,\quad w=h-s,$$

求 $\dfrac{\partial z}{\partial s},\dfrac{\partial z}{\partial t},\dfrac{\partial z}{\partial h}$.

11. 设 $z=f(u,x,y),u=x\mathrm{e}^y$ 其中 f 具有连续的二阶偏导数,求 $\dfrac{\partial^2 z}{\partial x^2},\dfrac{\partial^2 z}{\partial x\partial y}$.

12. 设 $z=uv,x=\mathrm{e}^u\cos v,y=\mathrm{e}^u\sin v$,求 $\dfrac{\partial z}{\partial x},\dfrac{\partial z}{\partial y}$.

13. 求螺旋线 $x=a\cos t,y=a\sin t,z=bt$ 在点 $(a,0,0)$ 处的切线及法平面方程.

14. 在曲面 $z=xy$ 上求一点,使这点处的法线垂直于平面 $x+3y+z+9=0$,并写出这法线的方程.

15. 设 $\boldsymbol{e}_l=(\cos\theta,\sin\theta)$,求函数 $f(x,y)=x^2-xy+y^2$ 在点 $(1,1)$ 沿方向 l 的方向导数,并分别确定角 θ,使这导数(1)有最大值;(2)有最小值;(3)等于 0.

16. 求函数 $u=x^2+y^2+z^2$ 在椭球面 $\dfrac{x^2}{a^2}+\dfrac{y^2}{b^2}+\dfrac{z^2}{c^2}=1$ 上点 (x_0,y_0,z_0) 处沿该点的外法线方向的方向导数.

17. 求平面 $\dfrac{x}{3}+\dfrac{y}{4}+\dfrac{z}{5}=1$ 和柱面 $x^2+y^2=1$ 的交线上与 xOy 平面距离最短的点.

18. 在第一卦限内作椭球面 $\dfrac{x^2}{a^2} + \dfrac{y^2}{b^2} + \dfrac{z^2}{c^2} = 1$ 的切平面,使该切平面与三坐标面所围成的四面体的体积最小. 求这切平面的切点,并求此最小体积.

19. 某厂家生产的一种产品同时在两个市场销售,售价分别为 p_1 和 p_2,销售量分别为 q_1 和 q_2,需求函数分别为 $q_1 = 24 - 0.2p_1$,$q_2 = 10 - 0.05p_2$,总成本函数为 $C = 35 + 40(q_1 + q_2)$. 厂家如何确定两个市场的售价,才能使其获得的总利润最大? 是多少?

第 11 章 　 重 　 积 　 分

重积分是多元函数积分学的一部分,它是定积分的思想和理论在多元函数情形的一种直接推广. 在这一章,我们将把被积函数从一元函数推广为二元及三元函数,相应地,一维的积分区间也推广为二维平面区域及三维空间立体区域,从而产生了二重积分和三重积分,统称为重积分.本章将介绍二重积分和三重积分的概念、性质、计算方法及简单应用.

11.1　二重积分的概念和性质

11.1.1　二重积分的概念

1. 曲顶柱体的体积

设有一立体,它的底是 xOy 面上的有界闭区域 D,它的侧面是以 D 的边界曲线为准线而母线平行于 z 轴的柱面,它的顶是曲面 $z=f(x,y)$,这里 $f(x,y)\geqslant 0$ 且在 D 上连续. 这种立体叫做**曲顶柱体**(如图 11-1). 现在我们来讨论如何计算曲顶柱体的体积.

我们知道,平顶柱体的高是不变的,它的体积可用公式

$$体积＝高×底面积$$

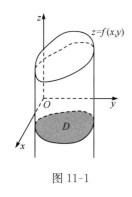

图 11-1

来定义和计算. 关于曲顶柱体,当点 (x,y) 在区域 D 上变动时,高度 $f(x,y)$ 是个变量,因此它的体积不能直接用上式来定义和计算. 回顾第 5 章求曲边梯形面积时也遇到过类似的“变高”问题,那里处理问题的思想和方法原则上可以用来解决现在的问题.

(1) **分割**.用一组曲线网把 D 分成 n 个小闭区域

$$\Delta\sigma_1,\Delta\sigma_2,\cdots,\Delta\sigma_n.$$

为方便起见,第 i 个小区域 $\Delta\sigma_i(i=1,\cdots,n)$ 的面积也记为 $\Delta\sigma_i$. 现分别以这些小闭区域的边界曲线为准线,作母线平行于 z 轴的柱面,这些柱面把原来的曲顶柱体分为 n 个细曲顶柱体.记这些细曲顶柱体的体积为 $\Delta V_1,\Delta V_2,\cdots,\Delta V_n$,则 $V=\sum\limits_{i=1}^{n}\Delta V_i$.

(2) **近似**. 当小区域 $\Delta\sigma_i(i=1,\cdots,n)$ 的直径(有限闭区域的直径是指该区域上任意两点之间距离的最大值)很小时,由于 $f(x,y)$ 为连续函数,在同一个闭区域 $\Delta\sigma_i(i=1,\cdots,n)$ 上,$f(x,y)$ 变化很小,这时细曲顶柱体可近似看作平顶柱体,于是,我们在每个 $\Delta\sigma_i(i=1,\cdots,n)$ 中任取一点 (ξ_i,η_i)(如图 11-2),以 $f(\xi_i,\eta_i)$ 为高而底为 $\Delta\sigma_i$ 的平顶柱体的体积 $f(\xi_i,\eta_i)\Delta\sigma_i(i=1,\cdots,n)$ 作为 $\Delta\sigma_i$ 上的细曲顶柱体体积 ΔV_i 的近似值,即

$$\Delta V_i\approx f(\xi_i,\eta_i)\Delta\sigma_i\quad(i=1,\cdots,n).$$

(3) **求和**.把 n 个细的平顶柱体体积相加,便得到整个曲顶柱体体积 V 的近似值,即

$$V=\sum_{i=1}^{n}\Delta V_i\approx\sum_{i=1}^{n}f(\xi_i,\eta_i)\Delta\sigma_i.$$

（4）**取极限**. 我们直观地观察到,当区域 D 的分割越来越细,上式右端的和式就越接近于曲顶柱体的体积. 因此 n 个小区域 $\Delta\sigma_i$ $(i=1,\cdots,n)$ 中,直径的最大值 λ 趋于零时(D 无限细分),和式的极限就是曲顶柱体的体积,即

$$V = \lim_{\lambda\to 0}\sum_{i=1}^{n} f(\xi_i,\eta_i)\Delta\sigma_i.$$

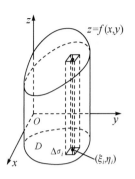

图 11-2

2. 平面薄片的质量

设有一质量非均匀分布的平面薄片,占有 xOy 面上的有界闭区域 D,它在点 (x,y) 处的面密度为 $\mu(x,y)$,这里 $\mu(x,y)>0$ 且在 D 上连续. 求此平面薄片的质量 M.

若薄片是均匀的,即面密度是常数,那么薄片的质量可以用公式

$$质量＝面密度\times面积$$

来计算;而现在的面密度 $\mu(x,y)$ 是变量,因此薄片的质量不能直接用上式计算,我们可以用求曲顶柱体体积的思想来解决这一问题.

由于 $\mu(x,y)$ 连续,将平面薄片 D 任意分成 n 个小块,只要小块所占的小闭区域 $\Delta\sigma_i(i=1,\cdots,n)$ 的直径很小,这些小块可近似地看作均匀薄片,在 $\Delta\sigma_i$ 上任取一点 (ξ_i,η_i)（如图 11-3）,则第 i 个小块的质量的近似值为

$$\mu(\xi_i,\eta_i)\Delta\sigma_i \quad (i=1,\cdots,n).$$

将分割加细,通过求和并取极限,便得平面薄片的质量

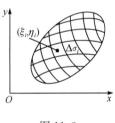

图 11-3

$$M = \lim_{\lambda\to 0}\sum_{i=1}^{n}\mu(\xi_i,\eta_i)\Delta\sigma_i,$$

其中 λ 是 n 个小区域的直径中的最大值.

上述两个问题所属领域完全不同,一个是几何领域,一个是物理领域,但在数学上都可归结为二元函数在平面闭区域 D 上的一个特定和式极限. 在几何、力学、物理和工程技术中,有许多量的计算都会归结为上述特定和式的极限. 为更一般地研究这类和式极限,现在引进下面的定义.

定义 1 设 $f(x,y)$ 是有界闭区域 D 上的有界函数. 将闭区域 D 任意分成 n 个小闭区域

$$\Delta\sigma_1,\Delta\sigma_2,\cdots,\Delta\sigma_n,$$

其中 $\Delta\sigma_i$ 表示第 i 个小区域,也表示它的面积. 在每个 $\Delta\sigma_i$ 上任取一点 (ξ_i,η_i),作乘积并作和

$$\sum_{i=1}^{n} f(\xi_i,\eta_i)\Delta\sigma_i.$$

如果当各小闭区域的直径中的最大值 λ 趋于零时,这和的极限总存在,则称此极限为**函数 $f(x,y)$ 在闭区域 D 上的二重积分**(double integral),记作 $\iint\limits_{D} f(x,y)\mathrm{d}\sigma$,即

$$\iint\limits_{D} f(x,y)\mathrm{d}\sigma = \lim_{\lambda\to 0}\sum_{i=1}^{n} f(\xi_i,\eta_i)\Delta\sigma_i. \tag{11.1}$$

其中 $f(x,y)$ 叫做**被积函数**,$f(x,y)\mathrm{d}\sigma$ 叫做**被积表达式**,$\mathrm{d}\sigma$ 叫做**面积元素**,x,y 叫做**积分变量**,D 叫做**积分区域**,$\sum\limits_{i=1}^{n}f(\xi_i,\eta_i)\Delta\sigma_i$ 叫做**积分和**.

根据二重积分的定义,曲顶柱体的体积可表示为

$$V = \iint\limits_{D} f(x,y)\mathrm{d}\sigma,$$

平面薄片的质量是它的面密度函数 $\mu(x,y)$ 在薄片所占区域 D 上的二重积分

$$M = \iint\limits_{D} \mu(x,y)\mathrm{d}\sigma.$$

对二重积分定义作如下说明.

(i) 直角坐标系中的面积元素

在二重积分的定义中对闭区域 D 的划分是任意的,如果在直角坐标系中用平行于坐标轴的直线网来划分 D,那么除了包含边界点的一些小闭区域外,其余的小闭区域都是矩形闭区域. 设矩形闭区域 $\Delta\sigma_i$ 的边长为 Δx_i 和 Δy_i,则 $\Delta\sigma_i = \Delta x_i \Delta y_i$,因此在直角坐标系中,有时也把面积元素 $\mathrm{d}\sigma$ 记作 $\mathrm{d}x\mathrm{d}y$,而把二重积分记作

$$\iint\limits_{D} f(x,y)\mathrm{d}x\mathrm{d}y,$$

其中 $\mathrm{d}x\mathrm{d}y$ 叫做**直角坐标系中的面积元素**.

(ii) 二重积分的存在性

当 $f(x,y)$ 在闭区域 D 上连续时,积分和的极限是存在的,也就是说函数 $f(x,y)$ 在 D 上的二重积分必定存在. 我们总假定函数 $f(x,y)$ 在闭区域 D 上连续,所以 $f(x,y)$ 在 D 上的二重积分都是存在的.

(iii) 二重积分的几何意义

如果 $f(x,y)\geqslant0$,被积函数 $f(x,y)$ 可解释为曲顶柱体的在点 (x,y) 处的竖坐标,所以二重积分的几何意义就是曲顶柱体的体积;如果 $f(x,y)$ 是负的,柱体就在 xOy 面的下方,二重积分的绝对值仍等于柱体的体积,但二重积分的值是负的.

11.1.2 二重积分的性质

比较定积分与二重积分的定义可知,二重积分与定积分有类似的性质,现叙述如下.

性质1   设 α,β 为常数,则

$$\iint\limits_{D} [\alpha f(x,y) + \beta g(x,y)]\mathrm{d}\sigma = \alpha\iint\limits_{D} f(x,y)\mathrm{d}\sigma + \beta\iint\limits_{D} g(x,y)\mathrm{d}\sigma.$$

这个性质表明二重积分满足线性运算.

性质2   如果闭区域 D 被有限条曲线分为有限个部分闭区域,则在 D 上的二重积分等于在各部分闭区域上的二重积分的和. 例如 D 分为两个闭区域 D_1 与 D_2,则

$$\iint\limits_{D} f(x,y)\mathrm{d}\sigma = \iint\limits_{D_1} f(x,y)\mathrm{d}\sigma + \iint\limits_{D_2} f(x,y)\mathrm{d}\sigma.$$

这个性质表明二重积分对积分区域具有可加性.

性质3   如果在 D 上,$f(x,y)=1$,σ 为 D 的面积,则

$$\iint\limits_{D} 1 \mathrm{d}\sigma = \iint\limits_{D} \mathrm{d}\sigma = \sigma.$$

这个性质的几何意义是：以 D 为底、高为 1 的平顶柱体的体积数值上等于柱体的底面积.

性质 4　如果在 D 上，$f(x,y) \leqslant g(x,y)$，则

$$\iint\limits_{D} f(x,y) \mathrm{d}\sigma \leqslant \iint\limits_{D} g(x,y) \mathrm{d}\sigma.$$

特殊地，有

$$\left| \iint\limits_{D} f(x,y) \mathrm{d}\sigma \right| \leqslant \iint\limits_{D} | f(x,y) | \mathrm{d}\sigma.$$

例 1　比较二重积分 $\iint\limits_{D} (x+y)^2 \mathrm{d}\sigma$ 与 $\iint\limits_{D} (x+y)^3 \mathrm{d}\sigma$，其中 D 是由 x 轴、y 轴及直线 $x+y=1$ 围成.

解　在 D 上任一点有 $0 \leqslant x+y \leqslant 1$，则 $(x+y)^2 \geqslant (x+y)^3$，由性质 4 得

$$\iint\limits_{D} (x+y)^2 \mathrm{d}\sigma \geqslant \iint\limits_{D} (x+y)^3 \mathrm{d}\sigma.$$

性质 5　设 M, m 分别是 $f(x,y)$ 在闭区域 D 上的最大值和最小值，σ 为 D 的面积，则

$$m\sigma \leqslant \iint\limits_{D} f(x,y) \mathrm{d}\sigma \leqslant M\sigma.$$

这个不等式称为**二重积分的估值不等式**.

例 2　利用二重积分的性质估算积分 $I = \iint\limits_{D} (x^2 + y^2 + 1) \mathrm{d}\sigma$ 的值，其中 D 是矩形闭区域：$0 \leqslant x \leqslant 1, 0 \leqslant y \leqslant 2$.

解　在 D 上有 $1 \leqslant x^2 + y^2 + 1 \leqslant 6$，而 D 的面积为 2，则由性质 5 得，

$$2 \leqslant \iint\limits_{D} (x^2 + y^2 + 1) \mathrm{d}\sigma \leqslant 12.$$

性质 6(二重积分的中值定理)　设函数 $f(x,y)$ 在闭区域 D 上连续，σ 为 D 的面积，则在 D 上至少存在一点 (ξ, η)，使得

$$\iint\limits_{D} f(x,y) \mathrm{d}\sigma = f(\xi, \eta)\sigma.$$

证明　显然 $\sigma \neq 0$. 把性质 5 中的不等式两边同除以 σ 有

$$m \leqslant \frac{1}{\sigma} \iint\limits_{D} f(x,y) \mathrm{d}\sigma \leqslant M.$$

这就是说，确定的数值 $\dfrac{1}{\sigma} \iint\limits_{D} f(x,y) \mathrm{d}\sigma$ 是介于函数 $f(x,y)$ 的最大值 M 与最小值 m 之间. 根据闭区域上连续函数的介值定理，在 D 上至少存在一点 (ξ, η)，使得

$$\frac{1}{\sigma} \iint\limits_{D} f(x,y) \mathrm{d}\sigma = f(\xi, \eta) , \qquad (11.2)$$

上式两端同乘以 σ，即得 $\iint\limits_{D} f(x,y) \mathrm{d}\sigma = f(\xi, \eta)\sigma$.

通常把性质 6 中出现的数值 $\dfrac{1}{\sigma} \iint\limits_{D} f(x,y) \mathrm{d}\sigma$ 称为 $f(x,y)$ 在 D 上的平均值.

习 题 11.1

1. 设一平面薄板占有 xOy 平面上的闭区域 D,薄板上分布有面密度为 $\mu(x,y)$ 的电荷,$\mu(x,y)$ 在 D 上连续,试用二重积分表示该薄板上的全部电荷 Q.

2. 利用二重积分定义证明:

(1) $\iint\limits_{D} kf(x,y)\mathrm{d}\sigma = k\iint\limits_{D} f(x,y)\mathrm{d}\sigma$(其中 k 为常数);

(2) $\iint\limits_{D} f(x,y)\mathrm{d}\sigma = \iint\limits_{D_1} f(x,y)\mathrm{d}\sigma + \iint\limits_{D_2} f(x,y)\mathrm{d}\sigma$,其中 $D = D_1 \bigcup D_2$,D_1,D_2 为两个无公共内点的闭区域.

3. 判断下列积分值的大小:

$$I_1 = \iint\limits_{D} \ln^3(x+y)\mathrm{d}x\mathrm{d}y, \quad I_2 = \iint\limits_{D} (x+y)^3\mathrm{d}x\mathrm{d}y, \quad I_3 = \iint\limits_{D} [\sin(x+y)]^3\mathrm{d}x\mathrm{d}y,$$

其中 D 由 $x=0$,$y=0$,$x+y=\dfrac{1}{2}$,$x+y=1$ 围成,则 I_1,I_2,I_3 之间的大小顺序为(　　).

(A) $I_1 < I_2 < I_3$ (B) $I_3 < I_2 < I_1$ (C) $I_1 < I_3 < I_2$ (D) $I_3 < I_1 < I_2$

4. 估计下列各二重积分的值:

(1) $\iint\limits_{D} xy(x+y)\mathrm{d}\sigma$,其中 $D = \left\{ (x,y) \mid 0 \leqslant x \leqslant 1, 0 \leqslant y \leqslant 1 \right\}$;

(2) $\iint\limits_{D} (x^2 + 4y^2 + 9)\mathrm{d}\sigma$,其中 $D = \left\{ (x,y) \mid x^2 + y^2 \leqslant 4 \right\}$;

(3) $\iint\limits_{D} (x+y+1)\mathrm{d}\sigma$,其中 $D = \left\{ (x,y) \mid 0 \leqslant x \leqslant 1, 0 \leqslant y \leqslant 2 \right\}$.

11.2　二重积分的计算法(一)

根据二重积分的定义来计算二重积分,对少数特别简单的被积函数和积分区域来说是可行的,但对一般函数和区域来说,这并非切实可行.本节和下一节,我们要讨论二重积分简单可行的计算方法,其基本思想是将二重积分化为两次单积分(或两次定积分).本节先在直角坐标下讨论二重积分的计算.

11.2.1　利用直角坐标计算二重积分

在具体讨论二重积分的计算之前,先要介绍所谓 X-型区域和 Y-型区域的概念.图 11-4 和图 11-5 中分别给出了这两种区域的典型图例.

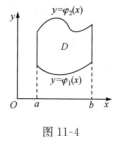

图 11-4

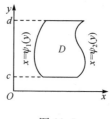

图 11-5

X-型区域:$\{(x,y) \mid \varphi_1(x) \leqslant y \leqslant \varphi_2(x), a \leqslant x \leqslant b\}$,其中函数 $\varphi_1(x)$,$\varphi_2(x)$ 在区间 $[a,b]$

上连续,这种区域的特点是:穿过区域 D 且平行于 y 轴的直线与区域的边界相交不多于两个交点.

Y-型区域:$\{(x,y) \mid \psi_1(y) \leqslant x \leqslant \psi_2(y), c \leqslant y \leqslant d\}$,其中函数 $\psi_1(y)$,$\psi_2(y)$ 在区间 $[c,d]$ 上连续,这种区域的特点是:穿过区域 D 且平行于 x 轴的直线与区域的边界相交不多于两个交点.

下面用几何观点来讨论二重积分 $\iint\limits_{D} f(x,y)\mathrm{d}\sigma$ 的计算问题. 在讨论中不妨总假定 $f(x,y) \geqslant 0$.

我们知道,在直角坐标下,二重积分可写为

$$\iint\limits_{D} f(x,y)\mathrm{d}\sigma = \iint\limits_{D} f(x,y)\mathrm{d}x\mathrm{d}y.$$

设积分区域 D 为 X-型区域:$\{(x,y) \mid \varphi_1(x) \leqslant y \leqslant \varphi_2(x), a \leqslant x \leqslant b\}$.

当 $f(x,y) \geqslant 0$ 时,按照二重积分的几何意义,上述二重积分的值表示以曲面 $z=f(x,y)$ 为顶,以区域 D 为底的曲顶柱体(如图 11-6)的体积. 下面我们应用第 6 章中计算"平行截面面积为已知的立体体积"的方法来计算这个曲顶柱体的体积.

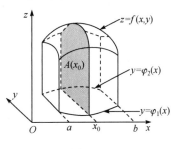

图 11-6

先计算截面面积. 为此,在区间 $[a,b]$ 上任取一点 x_0,作平行于 yOz 面的平面 $x=x_0$. 这平面截曲顶柱体所得截面是一个以区间 $[\varphi_1(x_0),\varphi_2(x_0)]$ 为底、以曲线 $z=f(x_0,y)$ 为曲边的曲边梯形(图 11-6 中的阴影部分),所以这截面的面积为

$$A(x_0) = \int_{\varphi_1(x_0)}^{\varphi_2(x_0)} f(x_0,y)\mathrm{d}y.$$

一般的,过区间 $[a,b]$ 上任一点 x 作平行于 yOz 面的平面截曲顶柱体所得截面的面积为

$$A(x) = \int_{\varphi_1(x)}^{\varphi_2(x)} f(x,y)\mathrm{d}y.$$

于是,应用计算平行截面面积为已知的立体体积的方法,得曲顶柱体体积为

$$V = \int_a^b A(x)\mathrm{d}x = \int_a^b \left[\int_{\varphi_1(x)}^{\varphi_2(x)} f(x,y)\mathrm{d}y \right]\mathrm{d}x,$$

即

$$\iint\limits_{D} f(x,y)\mathrm{d}\sigma = \int_a^b \left[\int_{\varphi_1(x)}^{\varphi_2(x)} f(x,y)\mathrm{d}y \right]\mathrm{d}x. \tag{11.3}$$

上式右端的积分叫做**先对 y、后对 x 的二次积分**. 就是说,先把 x 看作常数,把 $f(x,y)$ 只看做 y 的函数,并对 y 计算从 $\varphi_1(x)$ 到 $\varphi_2(x)$ 的定积分;然后把算得的结果(是 x 的函数)再对 x 计算在区间 $[a,b]$ 上的定积分. 习惯上,常把上式记为

$$\iint\limits_{D} f(x,y)\mathrm{d}\sigma = \int_a^b \mathrm{d}x \int_{\varphi_1(x)}^{\varphi_2(x)} f(x,y)\mathrm{d}y. \tag{11.4}$$

在上述讨论中,我们假定 $f(x,y) \geqslant 0$,这仅是为几何上说明方便而引入的条件,实际上,式(11.3)的成立并不受此条件的限制.

类似地,如果区域 D 为 Y-型区域:$\{(x,y) \mid \psi_1(y) \leqslant x \leqslant \psi_2(y), c \leqslant y \leqslant d\}$,则有

$$\iint\limits_{D} f(x,y)\mathrm{d}\sigma = \int_{c}^{d}\mathrm{d}y\int_{\psi_1(y)}^{\psi_2(y)}f(x,y)\mathrm{d}x. \tag{11.5}$$

上式右端的积分叫做**先对 x、后对 y 的二次积分**.

如果积分区域既是 X-型区域又是 Y-型区域,即积分区域既可用不等式 $\varphi_1(x)\leqslant y\leqslant \varphi_2(x),a\leqslant x\leqslant b$ 表示,又可用 $\psi_1(y)\leqslant x\leqslant\psi_2(y),c\leqslant y\leqslant d$ 表示(如图 11-7),则由式(11.3)和式(11.5)就有

$$\int_{a}^{b}\mathrm{d}x\int_{\varphi_1(x)}^{\varphi_2(x)}f(x,y)\mathrm{d}y = \int_{c}^{d}\mathrm{d}y\int_{\psi_1(y)}^{\psi_2(y)}f(x,y)\mathrm{d}x. \tag{11.6}$$

上式表明,这两个不同积分次序的二次积分相等,因为它们都等于同一个二重积分

$$\iint\limits_{D} f(x,y)\mathrm{d}\sigma.$$

如果积分区域既不是 X-型区域又不是 Y-型区域,我们可以将其分割成若干块 X-型区域或 Y-型区域(如图 11-8),然后在每块这样的区域上分别应用式(11.3)或式(11.5),再根据二重积分对积分区域的可加性,即可计算出所给的二重积分.

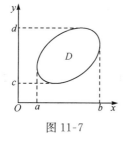

图 11-7

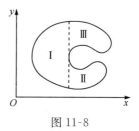

图 11-8

将二重积分化为二次积分的关键是确定积分限(即表示积分区域的一组不等式),而积分限是根据积分区域的形状来确定的,因此,先画出积分区域的草图对于确定二次积分的积分限是必要的.假如积分区域 D 如图 11-9 所示,则可按如下方法确定表示区域 D 的不等式:将 D 投影到 x 轴上得横坐标 x 的变化区间 $[a,b]$. 在 $[a,b]$ 上任取一点 x,过 x 作与 y 轴正向一致的射线且与 D 的边界有两个交点,该线段上点的纵坐标依次从 $\varphi_1(x)$ 变到 $\varphi_2(x)$,可看作是积分变量 y 的上下限,因此积分区域 D 可表示为

$$\varphi_1(x)\leqslant y\leqslant\varphi_2(x),\quad a\leqslant x\leqslant b,$$

所以积分

$$\iint\limits_{D} f(x,y)\mathrm{d}x\mathrm{d}y = \int_{a}^{b}\mathrm{d}x\int_{\varphi_1(x)}^{\varphi_2(x)}f(x,y)\mathrm{d}y.$$

下面我们再通过例题进一步说明二重积分的计算.

例 1 计算 $\iint\limits_{D}xy\mathrm{d}\sigma$,其中 D 是由直线 $y=1,x=2$ 及 $y=x$ 所围成的闭区域.

解 法 1:首先画出积分区域 D 的图形,易见区域 D 既是 X-型又是 Y-型的. 若将积分区域 D 视为 X-型的(如图 11-10),将 D 投影到 x 轴上得横坐标 x 的变化区间为 $[1,2]$. 在 $[1,2]$ 上任取定一个 x 值,过该点作与 y 轴正向一致的射线且与 D 的边界有两个交点,该线段上点的纵坐标依次从 $y=1$ 变到 $y=x$,从而 X-型区域 D 表示为:$1\leqslant y\leqslant x,1\leqslant x\leqslant 2$,则

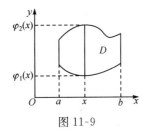

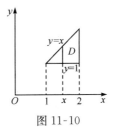

图 11-9　　　　　　　　　　图 11-10

$$\iint\limits_{D} xy\,\mathrm{d}\sigma = \int_1^2\left[\int_1^x xy\,\mathrm{d}y\right]\mathrm{d}x = \int_1^2\left[x\cdot\frac{y^2}{2}\right]_1^x\mathrm{d}x = \frac{1}{2}\int_1^2(x^3-x)\mathrm{d}x = \frac{1}{2}\left[\frac{x^4}{4}-\frac{x^2}{2}\right]_1^2 = \frac{9}{8}.$$

法 2：若将积分区域 D 视为 Y-型的(如图 11-11)，将 D 投影到 y 轴上得纵坐标 y 的变化区间为 $[1,2]$. 在区间 $[1,2]$ 上任取定一个 y 值，过该点作与 x 轴正向一致的射线且与 D 的边界有两个交点，该线段上点的横坐标依次从 $x=y$ 变到 $x=2$，从而 Y-型区域 D 表示为：$y\leqslant x\leqslant 2, 1\leqslant y\leqslant 2$，则

$$\iint\limits_{D} xy\,\mathrm{d}\sigma = \int_1^2\left[\int_y^2 xy\,\mathrm{d}x\right]\mathrm{d}y = \int_1^2\left[y\cdot\frac{x^2}{2}\right]_y^2\mathrm{d}y = \int_1^2\left(2y-\frac{y^3}{2}\right)\mathrm{d}y = \left[y^2-\frac{y^4}{8}\right]_1^2 = \frac{9}{8}.$$

例 2　计算 $\iint\limits_{D}(x^2+y^2-x)\mathrm{d}\sigma$，其中 D 是由直线 $x=2, y=x$ 及 $y=2x$ 所围成的闭区域.

解　画出积分区域 D，把 D 看成是 X-型区域(如图 11-12)：$x\leqslant y\leqslant 2x, 0\leqslant x\leqslant 2$，则

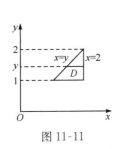

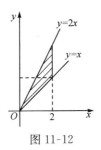

图 11-11　　　　　　　　　　图 11-12

$$\iint\limits_{D}(x^2+y^2-x)\mathrm{d}\sigma = \int_0^2\mathrm{d}x\int_x^{2x}(x^2+y^2-x)\mathrm{d}y$$

$$= \int_0^2\left[x^2y+\frac{1}{3}y^3-xy\right]_x^{2x}\mathrm{d}x$$

$$= \int_0^2\left(\frac{10}{3}x^3-x^2\right)\mathrm{d}x = \frac{32}{3}.$$

例 3　计算 $\iint\limits_{D} xy\,\mathrm{d}\sigma$，其中 D 是由直线 $y=x-2$ 及抛物线 $y^2=x$ 所围成的闭区域.

解　为了确定积分限，需先求出两条曲线的交点，联立方程

$$\begin{cases} y=x-2, \\ y^2=x, \end{cases}$$

得两组解 $(1,-1), (4,2)$，即为两个交点.

先画出积分区域 D 的图形. 易见区域 D 既是 X-型又是 Y-型的.

若将 D 看成 Y-型的(如图 11-13)：$y^2\leqslant x\leqslant y+2, -1\leqslant y\leqslant 2$，利用式(11.5)得

$$\iint\limits_{D} xy\mathrm{d}\sigma = \int_{-1}^{2}\mathrm{d}y\int_{y^2}^{y+2} xy\mathrm{d}x = \int_{-1}^{2}\left[\frac{x^2}{2}y\right]_{y^2}^{y+2}\mathrm{d}y = \frac{1}{2}\int_{-1}^{2}\left[y(y+2)^2 - y^5\right]\mathrm{d}y$$

$$= \frac{1}{2}\left[\frac{y^4}{4} + \frac{4}{3}y^3 + 2y^2 - \frac{y^6}{6}\right]_{-1}^{2} = 5\frac{5}{8}.$$

若将 D 看成 X-型的,由于在区间$[0,1]$和$[1,4]$上表示的 $\varphi_1(x)$ 的式子的不同,所以要作经过交点$(1,-1)$且平行于 y 轴的直线 $x=1$,把区域 D 分成 D_1 和 D_2 两部分(如图 11-14),其中

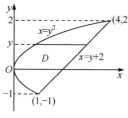
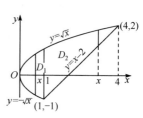

图 11-13　　　　　　　　　　图 11-14

$$D_1 = \left\{(x,y)\ \middle|\ -\sqrt{x}\leqslant y\leqslant\sqrt{x},\ 0\leqslant x\leqslant 1\right\},$$
$$D_2 = \left\{(x,y)\ \middle|\ x-2\leqslant y\leqslant\sqrt{x},\ 1\leqslant x\leqslant 4\right\}.$$

因此,根据二重积分的性质 2,并利用式(11.3)得

$$\iint\limits_{D} xy\mathrm{d}\sigma = \int_{0}^{1}\mathrm{d}x\int_{-\sqrt{x}}^{\sqrt{x}} xy\mathrm{d}y + \int_{1}^{4}\mathrm{d}x\int_{x-2}^{\sqrt{x}} xy\mathrm{d}y.$$

由此可见,这里使用式(11.3)计算比较麻烦.

例 4　计算 $\displaystyle\iint\limits_{D}\mathrm{e}^{y^2}\mathrm{d}x\mathrm{d}y$,其中 D 由 $y=x,y=1$ 及 y 轴所围成.

解　画出积分区域 D 的图形(如图 11-15).若将 D 视为 X-型区域,则 D 用不等式表示为:$x\leqslant y\leqslant 1,0\leqslant x\leqslant 1$,从而

$$\iint\limits_{D}\mathrm{e}^{y^2}\mathrm{d}x\mathrm{d}y = \int_{0}^{1}\mathrm{d}x\int_{x}^{1}\mathrm{e}^{y^2}\mathrm{d}y.$$

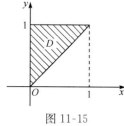

图 11-15

因为 $\displaystyle\int\mathrm{e}^{y^2}\mathrm{d}y$ 的原函数不能用初等函数表示,所以应选择另一种积分次序. 现将 D 视为 Y-型区域,并用不等式表示为:$0\leqslant x\leqslant y$,$0\leqslant y\leqslant 1$,从而

$$\iint\limits_{D}\mathrm{e}^{y^2}\mathrm{d}x\mathrm{d}y = \int_{0}^{1}\mathrm{d}y\int_{0}^{y}\mathrm{e}^{y^2}\mathrm{d}x = \int_{0}^{1}\mathrm{e}^{y^2}\cdot x\bigg|_{0}^{y}\mathrm{d}y$$

$$= \int_{0}^{1} y\mathrm{e}^{y^2}\mathrm{d}y = \frac{1}{2}\int_{0}^{1}\mathrm{e}^{y^2}\mathrm{d}y^2 = \frac{1}{2}(\mathrm{e}-1).$$

例 5　计算 $\displaystyle\iint\limits_{D}(x^3 + 3x^2y + y^3)\mathrm{d}\sigma$,其中 D 是由 $0\leqslant x\leqslant 1$,$0\leqslant y\leqslant 1$ 所围成的矩形闭区域.

解　作出积分区域 D(如图 11-16)有

$$\iint\limits_{D}(x^3 + 3x^2y + y^3)\mathrm{d}x\mathrm{d}y = \int_{0}^{1}\mathrm{d}x\int_{0}^{1}(x^3 + 3x^2y + y^3)\mathrm{d}y$$

$$= \int_{0}^{1}\left(x^3 y + \frac{3}{2}x^2 y^2 + \frac{1}{4}y^4\right)\bigg|_{0}^{1}\mathrm{d}x$$

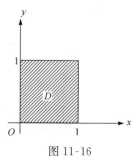

图 11-16

$$= \int_0^1 \left(x^3 + \frac{3}{2}x^2 + \frac{1}{4} \right) \mathrm{d}x$$

$$= \left(\frac{1}{4}x^4 + \frac{1}{2}x^3 + \frac{1}{4}x \right) \bigg|_0^1 = 1.$$

例 6　计算 $\iint\limits_D y \sqrt{1+x^2-y^2} \,\mathrm{d}\sigma$，其中 D 是由直线 $y=x, x=-1$ 及 $y=1$ 所围成的闭区域.

解　作出积分区域 D(如图 11-17)有

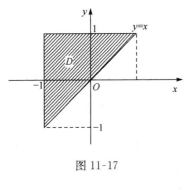

图 11-17

$$\iint\limits_D y \sqrt{1+x^2-y^2} \,\mathrm{d}\sigma = \int_{-1}^1 \left[\int_x^1 y \sqrt{1+x^2-y^2} \,\mathrm{d}y \right] \mathrm{d}x$$

$$= -\frac{1}{3} \int_{-1}^1 \left[(1+x^2-y^2)^{\frac{3}{2}} \right] \big|_x^1 \mathrm{d}x$$

$$= -\frac{1}{3} \int_{-1}^1 (|x|^3 - 1) \mathrm{d}x$$

$$= -\frac{2}{3} \int_0^1 (x^3 - 1) \mathrm{d}x = \frac{1}{2}.$$

上述几个例子说明，在将二重积分化为二次积分时，为了计算方便，需要适当选择二次积分的次序. 此时，既要考虑积分区域 D 的形状，又要考虑被积函数 $f(x,y)$ 的特性.

11.2.2　利用对称性和奇偶性化简二重积分的计算

利用被积函数的奇偶性及积分区域 D 的对称性，常常会大大简化二重积分的计算. 与处理关于原点对称的区间上奇(偶)函数的定积分类似，对二重积分，也要同时兼顾到被积函数 $f(x,y)$ 的奇偶性和积分区域 D 的对称性两方面. 为应用方便，我们给出以下定理.

定理 1　如果区域 D 关于 x(或 y)轴对称，记 D_1 为 D 在 x(或 y)轴上方(右边)的部分区域.

(i) 若 $f(x,y)$ 关于 y(或 x)为奇函数，即 $f(x,-y)=-f(x,y)$ (或 $f(-x,y)=-f(x,y)$)，则

$$\iint\limits_D f(x,y) \mathrm{d}\sigma = 0;$$

(ii) 若 $f(x,y)$ 关于 y(或 x)为偶函数，即 $f(x,-y)=f(x,y)$ (或 $f(-x,y)=f(x,y)$)，则

$$\iint\limits_D f(x,y) \mathrm{d}\sigma = 2 \iint\limits_{D_1} f(x,y) \mathrm{d}\sigma.$$

与定积分相仿，二重积分与其积分变量的记法无关，将二重积分中的积分变量 x,y 的记号互换，即可得出二重积分的下列性质.

定理 2　设 D 为 xOy 坐标面上的有界闭区域，D' 为 D 关于直线 $y=x$ 的对称区域，则

$$\iint\limits_D f(x,y) \mathrm{d}\sigma = \iint\limits_{D'} f(y,x) \mathrm{d}\sigma.$$

特别地，如果 D 关于直线 $y=x$ 对称，则

$$\iint\limits_D f(x,y) \mathrm{d}\sigma = \iint\limits_D f(y,x) \mathrm{d}\sigma.$$

定理 2 也称为二重积分的**轮换对称性**(rotating symmetry),证明从略.

例 7 计算 $\iint\limits_{D} x^2 y^2 \mathrm{d}x\mathrm{d}y$,其中 $D: |x|+|y|\leqslant 1$.

解 因为积分区域 $D: |x|+|y|\leqslant 1$ 关于 x 轴和 y 轴对称,且 $f(x,y)=x^2 y^2$ 关于 x 或 y 均为偶函数,由对称性可知,题设积分等于在第一象限区域 D_1 上的积分的 4 倍,即

$$\iint\limits_{D} x^2 y^2 \mathrm{d}x\mathrm{d}y = 4\iint\limits_{D_1} x^2 y^2 \mathrm{d}x\mathrm{d}y$$

$$= 4\int_0^1 \mathrm{d}x \int_0^{1-x} x^2 y^2 \mathrm{d}y = \frac{4}{3}\int_0^1 x^2(1-x)^3 \mathrm{d}x = \frac{1}{45}.$$

例 8 设 D 是 xOy 平面上以曲线 $y=x^3$,直线 $x=-1$ 和 $y=1$ 所围成的闭区域(如图 11-18),求 $I=\iint\limits_{D}[2x^2 y+\sin(xy)]\mathrm{d}x\mathrm{d}y$.

解 如图 11-18 所示,在第二象限画出曲线 $y=-x^3$,这样就由曲线 $y=-x^3$ 和两条坐标轴将 D 分成四个子域,且 D_1 和 D_2 关于 y 轴对称,且 D_3 和 D_4 关于 x 轴对称.

因为函数 $f(x,y)=\sin(xy)$ 关于自变量 x 和 y 均为奇函数,所以

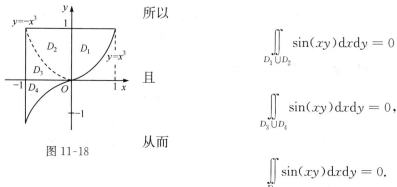

图 11-18

$$\iint\limits_{D_1 \cup D_2} \sin(xy)\mathrm{d}x\mathrm{d}y = 0$$

且

$$\iint\limits_{D_3 \cup D_4} \sin(xy)\mathrm{d}x\mathrm{d}y = 0,$$

从而

$$\iint\limits_{D} \sin(xy)\mathrm{d}x\mathrm{d}y = 0.$$

函数 $g(x,y)=2x^2 y$ 关于 y 是奇函数,关于 x 是偶函数,所以

$$\iint\limits_{D_3 \cup D_4} 2x^2 y\mathrm{d}x\mathrm{d}y = 0,$$

$$\iint\limits_{D_1 \cup D_2} 2x^2 y\mathrm{d}x\mathrm{d}y = 2\iint\limits_{D_1} 2x^2 y\mathrm{d}x\mathrm{d}y = 2\int_0^1 2x^2 \mathrm{d}x \int_{x^3}^1 y\mathrm{d}y = 2\int_0^1 (1-x^6)x^2 \mathrm{d}x = \frac{4}{9},$$

从而

$$\iint\limits_{D} 2x^2 y\mathrm{d}x\mathrm{d}y = \frac{4}{9}.$$

综上,$I=\dfrac{4}{9}$.

习 题 11.2

1. 计算下列二重积分:

(1) $\iint\limits_{D} \sin^2 x \sin^2 y\mathrm{d}\sigma$,其中 $D: 0\leqslant x\leqslant \pi, 0\leqslant y\leqslant \pi$;

(2) $\iint\limits_{D}(3x+2y)\mathrm{d}\sigma$,其中闭区域 D 由坐标轴与 $x+y=2$ 所围成;

(3) $\iint\limits_{D}(x^2-y^2)\mathrm{d}\sigma$,其中 D:$0\leqslant y\leqslant \sin x,0\leqslant x\leqslant \pi$.

2. 画出积分区域,并计算下列二重积分:

(1) $\iint\limits_{D}\mathrm{e}^{x+y}\mathrm{d}\sigma$,其中 D:$|x|+|y|\leqslant 1$;

(2) $\iint\limits_{D}\dfrac{\sin x}{x}\mathrm{d}\sigma$,其中闭区域 D 由 $y=x,y=\dfrac{x}{2},x=2$ 所围成;

(3) $\iint\limits_{D}x^2\mathrm{e}^{-y^2}\mathrm{d}\sigma$,其中 D 是以 $(0,0),(1,1),(0,1)$ 为顶点的三角形闭区域;

(4) $\iint\limits_{D}\dfrac{x}{y+1}\mathrm{d}\sigma$,其中 D 由 $y=x^2+1,y=2x,x=0$ 所围成.

3. 如果二重积分 $\iint\limits_{D}f(x,y)\mathrm{d}x\mathrm{d}y$ 的被积函数 $f(x,y)$ 是两个函数 $f_1(x)$ 和 $f_2(y)$ 的乘积,即 $f(x,y)=f_1(x)\cdot f_2(y)$,积分区域 $D=\{(x,y)\,|\,a\leqslant x\leqslant b,c\leqslant y\leqslant d\}$,证明:这个二重积分等于两个单积分的乘积,即

$$\iint\limits_{D}f_1(x)\cdot f_2(y)\mathrm{d}x\mathrm{d}y=\left[\int_a^b f_1(x)\mathrm{d}x\right]\cdot\left[\int_c^d f_2(y)\mathrm{d}y\right].$$

4. 化二重积分

$$\iint\limits_{D}f(x,y)\mathrm{d}\sigma$$

为二次积分(分别列出对两个变量先后次序不同的两个二次积分),其中积分区域 D 是:

(1) 由直线 $y=x$ 及抛物线 $y^2=4x$ 所围成的闭区域;

(2) 由 x 轴及半圆周 $x^2+y^2=r^2(y\geqslant 0)$ 所围成的闭区域;

(3) 由直线 $y=x,x=2$ 及双曲线 $y=\dfrac{1}{x}(x>0)$ 所围成的闭区域;

(4) 环形闭区域 $\{(x,y)\,|\,1\leqslant x^2+y^2\leqslant 4\}$.

5. 改变下列二次积分的积分次序:

(1) $\int_0^1\mathrm{d}y\int_0^y f(x,y)\mathrm{d}x$;　　　　　　　　　(2) $\int_1^e\mathrm{d}x\int_0^{\ln x}f(x,y)\mathrm{d}y$;

(3) $\int_{-1}^0\mathrm{d}x\int_{x+1}^{\sqrt{1-x^2}}f(x,y)\mathrm{d}y$;　　　　(4) $\int_0^1\mathrm{d}y\int_{1-y}^{1+y^2}f(x,y)\mathrm{d}x$;

(5) $\int_0^1\mathrm{d}x\int_0^x f(x,y)\mathrm{d}y+\int_1^2\mathrm{d}x\int_0^{2-x}f(x,y)\mathrm{d}y$.

6. 设 D 是由不等式 $|x|+|y|\leqslant 1$ 所确定的有界闭区域,求二重积分 $\iint\limits_{D}(|x|+y)\mathrm{d}x\mathrm{d}y$.

7. 计算 $\iint\limits_{D}|y-x^2|\mathrm{d}x\mathrm{d}y$,其中 $D=\{(x,y)\,|\,0\leqslant x\leqslant 1,0\leqslant y\leqslant 1\}$.

8. 设平面薄片所占的闭区域 D 由直线 $x+y=2,y=x$ 和 x 轴所围成,它的面密度 $\mu(x,y)=x^2+y^2$,求此薄片的质量.

9. 求由平面 $x=0,y=0,x=1,y=1$ 所围成的柱体被平面 $z=0$ 及抛物面 $x^2+y^2=6-z$ 截得的立体的体积.

11.3　二重积分的计算法(二)

11.3.1　利用极坐标计算二重积分

有些二重积分,积分区域 D 的边界曲线用极坐标方程表示较方便,如圆形或扇形区域的边界等. 此时,若该积分的被积函数用极坐标 ρ,θ 表达也比较简单时,则应考虑用极坐标来计算这个二重积分. 本节利用元素法讨论在极坐标下二重积分 $\iint\limits_{D} f(x,y)\mathrm{d}\sigma$ 的计算问题.

假定从极点 O 出发穿过闭区域 D 内部的射线与 D 的边界曲线相交不多于两点. 由于二重积分的存在性与对积分区域的分法无关,可用两族曲线

$$\rho=\text{常数},\quad \theta=\text{常数},$$

即以极点 O 为圆心的同心圆族及通过极点 O 的射线族来分割区域 D,把 D 分成 n 个小闭区域(如图 11-19). 除包含边界点的一些小闭区域外,设其中一个典型小闭区域 $\Delta\sigma$($\Delta\sigma$ 同时也表示该小闭区域的面积),则

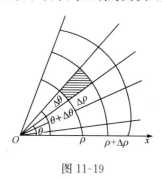

$$\Delta\sigma=\frac{1}{2}(\rho+\Delta\rho)^2\Delta\theta-\frac{1}{2}\rho^2\Delta\theta$$

$$=\rho\cdot\Delta\rho\cdot\Delta\theta+\frac{1}{2}(\Delta\rho)^2\Delta\theta$$

$$\approx\rho\cdot\Delta\rho\cdot\Delta\theta,$$

故极坐标系下的面积元素为

$$\mathrm{d}\sigma=\rho\mathrm{d}\rho\mathrm{d}\theta.$$

注意到直角坐标与极坐标之间的转化公式为

$$x=\rho\cos\theta,\ y=\rho\sin\theta,$$

图 11-19

从而得到在直角坐标系和极坐标系下二重积分的转化公式为

$$\iint\limits_{D} f(x,y)\mathrm{d}x\mathrm{d}y=\iint\limits_{D} f(\rho\cos\theta,\rho\sin\theta)\rho\mathrm{d}\rho\mathrm{d}\theta. \tag{11.7}$$

极坐标系中的二重积分,同样可以化为二次积分来计算. 至于如何确定二次积分的上、下限,则应根据区域 D 的具体情况而定. 在下面的讨论中,总假定区域 D 的边界线 $\rho=\varphi(\theta)$ 与任意的一条射线 $\theta=\theta_0(\alpha\leqslant\theta\leqslant\beta)$ 的交点不多于两个.

1. 极点 O 在区域 D 之外(如图 11-20 和图 11-21)

$$D:\varphi_1(\theta)\leqslant\rho\leqslant\varphi_2(\theta),\ \alpha\leqslant\theta\leqslant\beta,$$

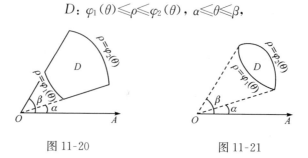

图 11-20　　　　　　　　　　　图 11-21

$$\iint\limits_{D} f(\rho\cos\theta,\rho\sin\theta)\rho\mathrm{d}\rho\mathrm{d}\theta = \int_{\alpha}^{\beta}\mathrm{d}\theta\int_{\varphi_1(\theta)}^{\varphi_2(\theta)} f(\rho\cos\theta,\rho\sin\theta)\rho\mathrm{d}\rho. \tag{11.8}$$

2. 极点 O 在区域 D 边界上(如图 11-22)

$$D: \quad 0\leqslant\rho\leqslant\varphi(\theta), \quad \alpha\leqslant\theta\leqslant\beta,$$

$$\iint\limits_{D} f(\rho\cos\theta,\rho\sin\theta)\rho\mathrm{d}\rho\mathrm{d}\theta = \int_{\alpha}^{\beta}\mathrm{d}\theta\int_{0}^{\varphi(\theta)} f(\rho\cos\theta,\rho\sin\theta)\rho\mathrm{d}\rho. \tag{11.9}$$

3. 极点 O 在区域 D 内部(如图 11-23)

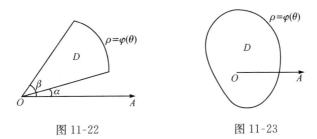

图 11-22　　　　　　图 11-23

$$D: \quad 0\leqslant\rho\leqslant\varphi(\theta), \quad 0\leqslant\theta\leqslant2\pi,$$

$$\iint\limits_{D} f(\rho\cos\theta,\rho\sin\theta)\rho\mathrm{d}\rho\mathrm{d}\theta = \int_{0}^{2\pi}\mathrm{d}\theta\int_{0}^{\varphi(\theta)} f(\rho\cos\theta,\rho\sin\theta)\rho\mathrm{d}\rho. \tag{11.10}$$

根据二重积分的性质 3,闭区域 D 的面积 σ 在极坐标系下可表示为

$$\sigma = \iint\limits_{D}\mathrm{d}\sigma = \iint\limits_{D}\rho\mathrm{d}\rho\mathrm{d}\theta. \tag{11.11}$$

如果区域 D 如图 11-22 所示,则按式(11.9)和(11.11)有

$$\sigma = \iint\limits_{D}\rho\mathrm{d}\rho\mathrm{d}\theta = \int_{\alpha}^{\beta}\mathrm{d}\theta\int_{0}^{\varphi(\theta)}\rho\mathrm{d}\rho = \frac{1}{2}\int_{\alpha}^{\beta}\varphi^2(\theta)\mathrm{d}\theta.$$

例 1　计算二重积分 $\iint\limits_{D}\sqrt{x^2+y^2}\mathrm{d}\sigma$,其中 D 是由圆 $x^2+y^2=ax(a>0)$ 所围成的闭区域(如图 11-24).

解　圆的极坐标方程为 $\rho=a\cos\theta$,区域 D 可以表示为

$$D=\left\{(\rho,\theta)\left|-\frac{\pi}{2}\leqslant\theta\leqslant\frac{\pi}{2},0\leqslant\rho\leqslant a\cos\theta\right.\right\}.$$

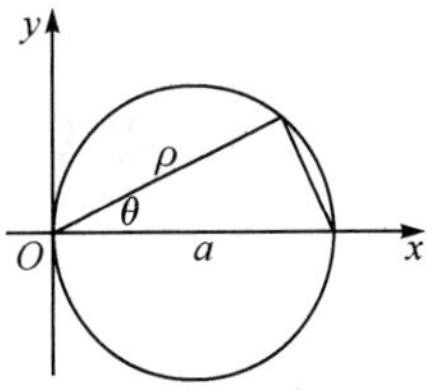

于是

$$\begin{aligned}
\iint\limits_{D}\sqrt{x^2+y^2}\mathrm{d}\sigma &= \iint\limits_{D}\rho\cdot\rho\mathrm{d}\rho\mathrm{d}\theta \\
&= \int_{-\frac{\pi}{2}}^{\frac{\pi}{2}}\mathrm{d}\theta\int_{0}^{a\cos\theta}\rho^2\mathrm{d}\rho = \int_{-\frac{\pi}{2}}^{\frac{\pi}{2}}\frac{\rho^3}{3}\bigg|_{0}^{a\cos\theta}\mathrm{d}\theta \\
&= \int_{-\frac{\pi}{2}}^{\frac{\pi}{2}}\frac{a^3}{3}\cos^3\theta\mathrm{d}\theta = \frac{2a^3}{3}\int_{0}^{\frac{\pi}{2}}\cos^3\theta\mathrm{d}\theta = \frac{4a^3}{9}.
\end{aligned}$$

图 11-24

例 2　计算 $\iint\limits_{D}\sqrt{x^2+y^2}\mathrm{d}\sigma$,其中 D 是环形闭区域 $a^2\leqslant x^2+y^2\leqslant b^2(b>a>0)$.

解　被积函数用极坐标表示为 ρ,积分区域用极坐标可表示为 $a\leqslant\rho\leqslant b,0\leqslant\theta\leqslant2\pi$,则

$$\iint\limits_{D}\sqrt{x^2+y^2}\,\mathrm{d}\sigma=\iint\limits_{D}\rho^2\mathrm{d}\rho\mathrm{d}\theta=\int_0^{2\pi}\mathrm{d}\theta\int_a^b\rho^2\mathrm{d}\rho=\int_0^{2\pi}\left(\frac{1}{3}\rho^3\right)\Big|_a^b\,\mathrm{d}\theta=\int_0^{2\pi}\frac{1}{3}(b^3-a^3)\,\mathrm{d}\theta$$

$$=\left[\frac{1}{3}(b^3-a^3)\theta\right]\Big|_0^{2\pi}=\frac{2\pi}{3}(b^3-a^3).$$

例 3　计算 $\iint\limits_{D}\mathrm{e}^{-x^2-y^2}\,\mathrm{d}x\mathrm{d}y$,其中 D 是由中心在原点、半径为 a 的圆周所围成的闭区域.

解　在极坐标系中,闭区域 D 可表示为

$$0\leqslant\rho\leqslant a,\quad 0\leqslant\theta\leqslant2\pi.$$

于是

$$\iint\limits_{D}\mathrm{e}^{-x^2-y^2}\,\mathrm{d}x\mathrm{d}y=\iint\limits_{D}\mathrm{e}^{-\rho^2}\rho\mathrm{d}\rho\mathrm{d}\theta=\int_0^{2\pi}\mathrm{d}\theta\int_0^a\mathrm{e}^{-\rho^2}\rho\mathrm{d}\rho$$

$$=\int_0^{2\pi}\left[-\frac{1}{2}\mathrm{e}^{-\rho^2}\right]_0^a\mathrm{d}\theta=\frac{1}{2}(1-\mathrm{e}^{-a^2})\int_0^{2\pi}\mathrm{d}\theta$$

$$=\pi(1-\mathrm{e}^{-a^2}).$$

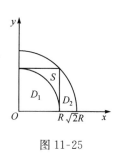

图 11-25

本题若用直角坐标计算,由于积分 $\int\mathrm{e}^{-x^2}\mathrm{d}x$ 不能用初等函数表示,所以计算不出来. 现在我们利用上面结果先来计算工程上常用的反常积分 $\int_0^{+\infty}\mathrm{e}^{-x^2}\mathrm{d}x$(如图 11-25).

设

$$D_1=\{(x,y)\,|\,x^2+y^2\leqslant R^2,x\geqslant0,y\geqslant0\},$$
$$D_2=\{(x,y)\,|\,x^2+y^2\leqslant2R^2,x\geqslant0,y\geqslant0\},$$
$$S=\{(x,y)\,|\,0\leqslant x\leqslant R,0\leqslant y\leqslant R\},$$

显然 $D_1\subset S\subset D_2$. 由于 $\mathrm{e}^{-x^2-y^2}>0$,从而在这些闭区域上的二重积分之间有不等式

$$\iint\limits_{D_1}\mathrm{e}^{-x^2-y^2}\,\mathrm{d}x\mathrm{d}y<\iint\limits_{S}\mathrm{e}^{-x^2-y^2}\,\mathrm{d}x\mathrm{d}y<\iint\limits_{D_2}\mathrm{e}^{-x^2-y^2}\,\mathrm{d}x\mathrm{d}y.$$

因为

$$\iint\limits_{S}\mathrm{e}^{-x^2-y^2}\,\mathrm{d}x\mathrm{d}y=\int_0^R\mathrm{e}^{-x^2}\mathrm{d}x\cdot\int_0^R\mathrm{e}^{-y^2}\mathrm{d}y=\left(\int_0^R\mathrm{e}^{-x^2}\mathrm{d}x\right)^2,$$

又应用上面已得的结果有

$$\iint\limits_{D_1}\mathrm{e}^{-x^2-y^2}\,\mathrm{d}x\mathrm{d}y=\frac{\pi}{4}(1-\mathrm{e}^{-R^2}),\quad\iint\limits_{D_2}\mathrm{e}^{-x^2-y^2}\,\mathrm{d}x\mathrm{d}y=\frac{\pi}{4}(1-\mathrm{e}^{-2R^2}).$$

于是上面的不等式可写成

$$\frac{\pi}{4}(1-\mathrm{e}^{-R^2})<\left(\int_0^R\mathrm{e}^{-x^2}\mathrm{d}x\right)^2<\frac{\pi}{4}(1-\mathrm{e}^{-2R^2}).$$

令 $R\to+\infty$,上式两端趋于同一极限 $\frac{\pi}{4}$,从而

$$\int_0^{+\infty}\mathrm{e}^{-x^2}\mathrm{d}x=\frac{\sqrt{\pi}}{2}.$$

例 4 求球体 $x^2+y^2+z^2 \leqslant 4a^2$ 被圆柱面 $x^2+y^2=2ax(a>0)$ 所截得的(含在圆柱面内的部分)立体的体积(如图 11-26).

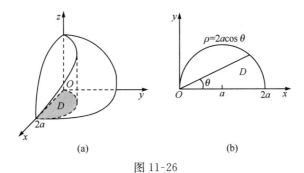

图 11-26

解 因为题设立体关于 xOy 面和 zOx 面对称,故所求的立体体积 V 为第一卦限部分 V_1 的 4 倍,即

$$V = 4\iint\limits_{D}\sqrt{4a^2-x^2-y^2}\,\mathrm{d}x\mathrm{d}y,$$

其中 D 为半圆周 $y=\sqrt{2ax-x^2}$ 及 x 轴所围成的闭区域. 在极坐标系中 D 可表示为

$$0 \leqslant \rho \leqslant 2a\cos\theta, \quad 0 \leqslant \theta \leqslant \frac{\pi}{2}.$$

于是

$$V = 4\iint\limits_{D}\sqrt{4a^2-\rho^2}\,\rho\mathrm{d}\rho\mathrm{d}\theta = 4\int_0^{\frac{\pi}{2}}\mathrm{d}\theta\int_0^{2a\cos\theta}\sqrt{4a^2-\rho^2}\,\rho\mathrm{d}\rho$$

$$= \frac{32}{3}a^3\int_0^{\frac{\pi}{2}}(1-\sin^3\theta)\mathrm{d}\theta = \frac{32}{3}a^3\left(\frac{\pi}{2}-\frac{2}{3}\right).$$

由上式可知,若用两个柱面 $x^2+y^2=\pm 2ax$ 去截球体 $x^2+y^2+z^2 \leqslant 4a^2$,此时令 $R=2a$,则所截下的体积为 $2V$,而球体所剩立体体积为

$$\frac{4}{3}\pi R^3 - 2V = \frac{16}{9}R^3.$$

本例否定了由球面作为组成曲面所围立体体积必与 π 有关的猜想,这个结果的发现者是意大利数学家维维安尼(Viviani),本例中的立体称为**维维安尼体**.

从以上这些例子还可以看出,当积分域 D 为以原点为中心圆域,扇形域,或过原点且中心在坐标轴上的圆域,同时被积函数中含 x^2+y^2,x^2-y^2,xy,$\dfrac{x}{y}$ 等因式时,采用极坐标系可简化二重积分的计算.

*11.3.2 二重积分的换元法

在定积分的计算中,换元法是一种十分有效的方法. 通过前面的例子,我们看到通过 $x=\rho\cos\theta$,$y=\rho\sin\theta$ 的变量代换,可使直角坐标系下的二重积分转化为极坐标系下的二重积分,使得一些二重积分变得简单易求. 事实上,对于一般的二重积分,有如下的换元法则.

定理 1 设 $f(x,y)$ 在 xOy 平面上的闭区域 D 上连续,变换

$$T: \quad x = x(u, v), \quad y = y(u, v) \tag{11.12}$$

将 uOv 平面上闭区域 $\widetilde{D}$ 变为 xOy 平面上的 D,且满足

(i) $x(u,v), y(u,v)$ 在 $\widetilde{D}$ 上具有一阶连续偏导数;

(ii) 在 $\widetilde{D}$ 上雅可比式

$$J(u,v) = \frac{\partial(x,y)}{\partial(u,v)} = \begin{vmatrix} \dfrac{\partial x}{\partial u} & \dfrac{\partial x}{\partial v} \\ \dfrac{\partial y}{\partial u} & \dfrac{\partial y}{\partial v} \end{vmatrix} \neq 0;$$

(iii) 变换 $T: \widetilde{D} \to D$ 是一对一的,则有

$$\iint\limits_{D} f(x,y)\mathrm{d}x\mathrm{d}y = \iint\limits_{\widetilde{D}} f[x(u,v), y(u,v)]\,|J(u,v)|\,\mathrm{d}u\mathrm{d}v. \tag{11.13}$$

式(11.13)称为**二重积分的一般换元公式**.

这个定理的证明较繁,这里从略. 还要指出:如果雅可比式 $J(u,v)$ 只在 $\widetilde{D}$ 内个别点上或一条曲线上为零,而在其他点处不为零,换元公式(11.13)仍成立. 此外,由变换 $x = x(u,v), y = y(u,v)$ 所确定的逆变换 $u = u(x,y), v = v(x,y)$ 存在,且有

$$\frac{\partial(u,v)}{\partial(x,y)} \cdot \frac{\partial(x,y)}{\partial(u,v)} = 1.$$

例5 计算 $\displaystyle\iint\limits_{D} xy\mathrm{d}x\mathrm{d}y$,其中 D 是由曲线 $xy=1, xy=2, y=x$ 和 $y=4x$ 在第一象限围成的区域(如图 11-27(a)).

解 作变换 $u = xy, v = \dfrac{y}{x}$,则对于 D 在 uOv 平面上的区域 $\widetilde{D} = \{(u,v) \mid 1 \leqslant u \leqslant 2, 1 \leqslant v \leqslant 4\}$ (如图 11-27(b)).

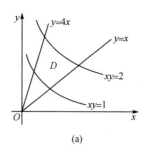
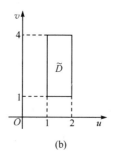

(a)   (b)

图 11-27

由 $u = xy, v = \dfrac{y}{x}$ 可得

$$x = \sqrt{\frac{u}{v}}, \quad y = \sqrt{uv},$$

从而

$$J = \frac{\partial(x,y)}{\partial(u,v)} = \begin{vmatrix} \dfrac{1}{2\sqrt{uv}} & \dfrac{-\sqrt{u}}{2v\sqrt{v}} \\ \dfrac{\sqrt{v}}{2\sqrt{u}} & \dfrac{\sqrt{u}}{2\sqrt{v}} \end{vmatrix} = \frac{1}{2v}.$$

由式(11.13)便得

$$\iint\limits_{D} xy \,\mathrm{d}x\mathrm{d}y = \iint\limits_{D} u \cdot \frac{1}{2v} \,\mathrm{d}u\mathrm{d}v = \int_{1}^{2} u\,\mathrm{d}u \int_{1}^{4} \frac{1}{2v}\,\mathrm{d}v = \frac{3}{2}\ln 2.$$

注意,在计算 $J = \dfrac{\partial(x,y)}{\partial(u,v)}$ 时,若 J 不易计算,可用关系式

$$\frac{\partial(x,y)}{\partial(u,v)} = \frac{1}{\dfrac{\partial(u,v)}{\partial(x,y)}}$$

求出 J.

如在本例中,可先求

$$\frac{\partial(u,v)}{\partial(x,y)} = \begin{vmatrix} y & x \\ -\dfrac{y}{x^2} & \dfrac{1}{x} \end{vmatrix} = \frac{2y}{x},$$

从而

$$J = \frac{x}{2y} = \frac{1}{2v}.$$

在具体问题中,选择坐标变换主要考虑两个因素,一是经过变换后被积函数容易积分,二是变换后的积分区域比较简单.

例 6 求椭球体 $\dfrac{x^2}{a^2} + \dfrac{y^2}{b^2} + \dfrac{z^2}{c^2} \leqslant 1$ 的体积.

解 由对称性知,所求体积为 $V = 8\iint\limits_{D} c\sqrt{1 - \dfrac{x^2}{a^2} - \dfrac{y^2}{b^2}}\,\mathrm{d}\sigma$,其中积分区域为

$$D = \left\{ (x,y) \,\middle|\, \frac{x^2}{a^2} + \frac{y^2}{b^2} \leqslant 1, x \geqslant 0, y \geqslant 0 \right\}.$$

作广义极坐标变换

$$x = a\rho\cos\theta, \quad y = b\rho\sin\theta,$$

其中 $a > 0, b > 0, \rho \geqslant 0, 0 \leqslant \theta \leqslant 2\pi$. 在此变换下,与 D 对应的闭区域 $\widetilde{D}$ 为

$$\widetilde{D} = \left\{ (x,y) \,\middle|\, 0 \leqslant \rho \leqslant 1, 0 \leqslant \theta \leqslant \frac{\pi}{2} \right\}.$$

又 $J = \dfrac{\partial(x,y)}{\partial(\rho,\theta)} = \begin{vmatrix} a\cos\theta & -a\rho\sin\theta \\ b\sin\theta & b\rho\cos\theta \end{vmatrix} = ab\rho$,于是

$$V = 8abc \int_{0}^{\frac{\pi}{2}} \mathrm{d}\theta \int_{0}^{1} \sqrt{1 - \rho^2}\,\rho\,\mathrm{d}\rho$$

$$= 8abc \cdot \frac{\pi}{2} \left(-\frac{1}{2}\right) \int_{0}^{1} \sqrt{1 - \rho^2}\,\mathrm{d}(1 - \rho^2) = \frac{4}{3}\pi abc.$$

特别地,当 $a=b=c$ 时,就可得到球体的体积为 $\dfrac{4}{3}\pi a^3$.

习　题　11.3

1. 画出积分区域,把积分 $\displaystyle\iint\limits_{D} f(x,y)\mathrm{d}x\mathrm{d}y$ 表示为极坐标的二次积分,其中 D 为:

(1) $\{(x,y)\,|\,x^2+y^2\leqslant 9\}$;　　　　　　(2) $\{(x,y)\,|\,1\leqslant x^2+y^2\leqslant 4\}$;

(3) $\{(x,y)\,|\,x^2+y^2\leqslant 2ax,a>0\}$;　　(4) $\{(x,y)\,|\,0\leqslant y\leqslant 1-x,0\leqslant x\leqslant 1\}$.

2. 把下列二次积分化为极坐标形式的二次积分:

(1) $\displaystyle\int_0^1 \mathrm{d}x\int_0^1 f(x,y)\mathrm{d}y$;　　　　　　(2) $\displaystyle\int_{-1}^1 \mathrm{d}x\int_0^{\sqrt{1-x^2}} f(x^2+y^2)\mathrm{d}y$;

(3) $\displaystyle\int_0^2 \mathrm{d}x\int_x^{\sqrt{3}x} f\left(\arctan\dfrac{y}{x}\right)\mathrm{d}y$;　　(4) $\displaystyle\int_0^1 \mathrm{d}x\int_0^{x^2} f(x,y)\mathrm{d}y$.

3. 把下列积分化为极坐标形式,并计算积分值:

(1) $\displaystyle\int_0^a \mathrm{d}x\int_0^x \sqrt{x^2+y^2}\,\mathrm{d}y$;　　　　　　(2) $\displaystyle\int_0^1 \mathrm{d}x\int_{x^2}^x (x^2+y^2)^{-\frac{1}{2}}\mathrm{d}y$;

(3) $\displaystyle\int_0^2 \mathrm{d}x\int_0^{\sqrt{2x-x^2}} (x^2+y^2)\mathrm{d}y$.

4. 利用极坐标计算下列各题:

(1) $\displaystyle\iint\limits_{D} \mathrm{e}^{x^2+y^2}\mathrm{d}\sigma$,其中 D 是由圆周 $x^2+y^2=4$ 所围成的闭区域;

(2) $\displaystyle\iint\limits_{D} \ln(1+x^2+y^2)\mathrm{d}\sigma$,其中 D 是由 $x^2+y^2=1$ 及坐标轴所围成的在第一象限内的闭区域;

(3) $\displaystyle\iint\limits_{D} \arctan\dfrac{y}{x}\mathrm{d}\sigma$,其中 D 是由圆周 $x^2+y^2=4,x^2+y^2=1$ 及直线 $y=0,y=x$ 所围成的在第一象限内的闭区域;

(4) $\displaystyle\iint\limits_{D} \sin\sqrt{x^2+y^2}\mathrm{d}\sigma$,其中 D 是由 $x^2+y^2=\pi^2,x^2+y^2=4\pi^2,y=x,y=2x$ 所围成的在第一象限内的闭区域.

5. 选用适当的坐标计算下列各题:

(1) $\displaystyle\iint\limits_{D} \dfrac{x^2}{y^2}\mathrm{d}\sigma$,其中 D 是由直线 $x=2,y=x$ 及曲线 $xy=1$ 所围成的闭区域;

(2) $\displaystyle\iint\limits_{D} \dfrac{x+y}{x^2+y^2}\mathrm{d}\sigma$,其中 D:$x^2+y^2\leqslant 1,x+y\geqslant 1$;

(3) $\displaystyle\iint\limits_{D} \sqrt{\dfrac{1-x^2-y^2}{1+x^2+y^2}}\mathrm{d}\sigma$,其中 D 是由圆周 $x^2+y^2=1$ 及坐标轴所围成的在第一象限内的闭区域;

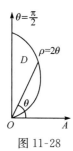

图 11-28

(4) $\displaystyle\iint\limits_{D} (x^2-2x+3y+4)\mathrm{d}\sigma$,其中 D:$x^2+y^2\leqslant a^2(a>0)$.

6. 设平面薄片所占闭区域 D 由螺线 $\rho=2\theta$ 上一段弧 $\left(0\leqslant\theta\leqslant\dfrac{\pi}{2}\right)$ 与直线 $\theta=\dfrac{\pi}{2}$ 所围成(如图 11-28),它的面密度为 $\mu(x,y)=x^2+y^2$,求该薄片的质量.

7. 求区域 Ω 的体积,其中 Ω 由 $z=xy,x^2+y^2=a^2,z=0$ 所围成.

8. 求由曲面 $z=x^2+2y^2,z=6-2x^2-y^2$ 所围立体的体积.

*9. 作适当坐标变换,计算下列二重积分:

(1) $\iint\limits_{D}\cos\left(\dfrac{x-y}{x+y}\right)\mathrm{d}x\mathrm{d}y$，其中 D 是由直线 $x+y=1$ 与两坐标轴围成的闭区域；

(2) $\iint\limits_{D}x^2y^2\mathrm{d}x\mathrm{d}y$，其中 D 是由两条双曲线 $xy=1$ 和 $xy=2$，两条直线 $y=x$ 和 $y=4x$ 所围成的在第一象限内的闭区域；

(3) $\iint\limits_{D}\dfrac{y}{x+y}\mathrm{e}^{(x+y)^2}\mathrm{d}x\mathrm{d}y$，其中 D 是由直线 $x+y=1,x=0$ 与 $y=0$ 所围成的闭区域.

*10. 求由下列曲线所围成的闭区域 D 的面积：

(1) D 由直线 $x+y=a,x+y=b,y=cx,y=dx(0<a<b,0<c<d)$ 所围成的闭区域；

(2) D 由曲线 $xy=4,xy=8,xy^3=5,xy^3=15$ 所围成的第一象限内的闭区域；

(3) D 由星形线 $x^{\frac{2}{3}}+y^{\frac{2}{3}}=a^{\frac{2}{3}}(a>0)$ 所围成的闭区域.

*11. 设 $f(x)$ 在 $[-1,1]$ 上连续，证明：

$$\iint\limits_{D}f(x+y)\mathrm{d}x\mathrm{d}y=\int_{-1}^{1}f(u)\mathrm{d}u,$$

其中闭区域 $D:|x|+|y|\leqslant1$.

11.4　三重积分(一)

11.4.1　三重积分的概念

将二元被积函数及平面区域 D 推广为三元被积函数及空间区域 Ω，便自然地将二重积分推广为三重积分.

定义 1　设 $f(x,y,z)$ 是空间有界闭区域 Ω 上的有界函数，将 Ω 任意分成 n 个小闭区域 $\Delta v_1,\Delta v_2,\cdots,\Delta v_n$，其中 Δv_i 表示第 i 个小闭区域，也表示它的体积，在每个小区域 Δv_i 上任取一点 (ξ_i,η_i,ζ_i)，作乘积并作和 $\sum\limits_{i=1}^{n}f(\xi_i,\eta_i,\zeta_i)\Delta v_i$. 如果当各小闭区域直径中的最大值 λ 趋于零时，这和的极限总存在，则称此极限值为函数 $f(x,y,z)$ 在闭区域 Ω 上的**三重积分** (triple integral)，记作

$$\iiint\limits_{\Omega}f(x,y,z)\mathrm{d}v,$$

即

$$\iiint\limits_{\Omega}f(x,y,z)\mathrm{d}v=\lim_{\lambda\to0}\sum_{i=1}^{n}f(\xi_i,\eta_i,\zeta_i)\Delta v_i, \tag{11.14}$$

其中 $\mathrm{d}v$ 叫做**体积元素**.

对三重积分定义作如下说明.

(i) 三重积分的存在性

当函数 $f(x,y,z)$ 在有界闭区域 Ω 上连续时，则 $f(x,y,z)$ 在 Ω 上三重积分存在，此时也称 $f(x,y,z)$ 在 Ω 上可积，以后总假设 $f(x,y,z)$ 为连续函数.

(ii) 三重积分的物理意义

根据三重积分的定义，体密度为连续函数 $\mu(x,y,z)$ 的空间立体 Ω 的质量为三重积分

$$M=\iiint\limits_{\Omega}\mu(x,y,z)\mathrm{d}v.$$

需要指出的是,三重积分没有明显的几何意义.

(iii) 直角坐标系中的体积元素

在三重积分的定义中对闭区域 Ω 的划分是任意的,如果在直角坐标系中用平行于坐标面的平面来分割区域 Ω,那么除了靠 Ω 边界的一些不规则小闭区域外,得到的小闭区域 Δv_i 均为长方体.设长方体小闭区域 Δv_i 的边长分别为 $\Delta x_j , \Delta y_k , \Delta z_l$,则体积 $\Delta v_i = \Delta x_j \Delta y_k \Delta z_l$,因此,在直角坐标系中,有时也把体积元素 dv 记为 $dxdydz$,而三重积分记为

$$\iiint\limits_{\Omega} f(x,y,z)dxdydz,$$

其中 $dxdydz$ 称为**直角坐标系中的体积元素**.

(iv) 三重积分的性质

三重积分的性质与 11.1 中所叙述的二重积分的性质完全类似,在此不再叙述.这里只指出其中一点,如果在区域 Ω 上恒有 $f(x,y,z)=1$,且有界闭区域 Ω 的体积为 V,则

$$V = \iiint\limits_{\Omega} dv.$$

11.4.2 利用直角坐标计算三重积分

二重积分的计算要借助二次积分,三重积分则要借助三次积分.本节及下一节就三种不同的坐标分别讨论三重积分化为三次积分的方法,且只限于叙述方法.下面先给出直角坐标系下三重积分计算的两种方法.

1. 投影法

假定平行于 z 轴且穿过闭区域 Ω 内部的直线与 Ω 的边界曲面 S 的交点不多于两个.将闭区域 Ω 投影到 xOy 面上(如图 11-29),得一平面闭区域 D_{xy},以 D_{xy} 的边界曲线为准线作母线

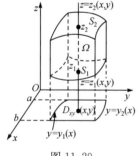

图 11-29

平行于 z 轴的柱面,这柱面与曲面 S 的交线从 S 中分出的下、上两部分,它们的方程分别为

$$S_1 : z = z_1(x,y), \quad S_2 : z = z_2(x,y),$$

其中 $z_1(x,y), z_2(x,y)$ 在 D_{xy} 上连续,且

$$z_1(x,y) \leqslant z_2(x,y).$$

过 D_{xy} 内任一点 (x,y) 作平行于 z 轴的直线,这直线通过曲面 S_1 穿入区域 Ω 内,然后通过曲面 S_2 穿出 Ω 外,穿入点与穿出点的竖坐标分别为 $z_1(x,y)$ 与 $z_2(x,y)$,则积分区域 Ω 可表示为

$$\Omega = \{ (x,y,z) \mid z_1(x,y) \leqslant z \leqslant z_2(x,y), (x,y) \in D_{xy} \},$$

通常把这样的区域 Ω 称为 xy **型区域**.

先将 x,y 看作定值,将 $f(x,y,z)$ 只看作 z 的函数,在区间 $[z_1(x,y), z_2(x,y)]$ 上对 z 积分,积分的结果是 x,y 的函数,记为

$$F(x,y) = \int_{z_1(x,y)}^{z_2(x,y)} f(x,y,z)dz ;$$

然后计算二元函数 $F(x,y)$ 在闭区域 D_{xy} 上的二重积分,即

$$\iint\limits_{D_{xy}} F(x,y)dxdy = \iint\limits_{D_{xy}} \left[\int_{z_1(x,y)}^{z_2(x,y)} f(x,y,z)dz \right] dxdy. \tag{11.15}$$

进一步地,如果 D_{xy} 为 X-型区域: $y_1(x) \leqslant y \leqslant y_2(x)$, $a \leqslant x \leqslant b$,把二重积分 $\iint\limits_{D_{xy}} F(x,y)\mathrm{d}x\mathrm{d}y$ 化为二次积分,于是得三重积分的计算公式为

$$\iiint\limits_{\Omega} f(x,y,z)\mathrm{d}v = \int_a^b \mathrm{d}x \int_{y_1(x)}^{y_2(x)} \mathrm{d}y \int_{z_1(x,y)}^{z_2(x,y)} f(x,y,z)\mathrm{d}z, \tag{11.16}$$

式(11.16)把三重积分化为**先对 z、次对 y、最后对 x 的三次积分**.

类似地,如果 D_{xy} 为 Y-型区域: $x_1(y) \leqslant x \leqslant x_2(y)$, $c \leqslant y \leqslant d$,把二重积分 $\iint\limits_{D_{xy}} F(x,y)\mathrm{d}x\mathrm{d}y$ 化为二次积分,于是得三重积分的计算公式为

$$\iiint\limits_{\Omega} f(x,y,z)\mathrm{d}v = \int_c^d \mathrm{d}y \int_{x_1(y)}^{x_2(y)} \mathrm{d}x \int_{z_1(x,y)}^{z_2(x,y)} f(x,y,z)\mathrm{d}z, \tag{11.17}$$

式(11.17)把三重积分化为**先对 z、次对 x、最后对 y 的三次积分**.

特别地,如果积分区域 Ω 为长方体区域: $a \leqslant x \leqslant b$, $c \leqslant y \leqslant d$, $r \leqslant z \leqslant s$,则三重积分可化为如下三次积分

$$\iiint\limits_{\Omega} f(x,y,z)\mathrm{d}v = \int_a^b \mathrm{d}x \int_c^d \mathrm{d}y \int_r^s f(x,y,z)\mathrm{d}z.$$

上面叙述的方法也称为**穿线法**,或是"**先一后二**"法.

式(11.15)是将积分区域 Ω 向 xOy 面投影的结果. 如果平行于 x 轴或 y 轴且穿过闭区域 Ω 内部的直线与 Ω 的边界曲面 S 相交不多于两点,则称 Ω 为 **yz 型区域**或 **zx 型区域**. 此时,可把空间闭区域 Ω 投影到 yOz 面上或 zOx 面上,这样便可把三重积分化为按其他四种顺序的三次积分. 需要指出的是,如果平行于坐标轴的穿过闭区域 Ω 内部的直线与其边界曲面 S 的交点多于两个时,也可像处理二重积分一样,把积分区域 Ω 分成若干部分,使在 Ω 上的三重积分化为各部分子区域上的三重积分的和.

例 1　计算三重积分 $\iiint\limits_{\Omega} x\mathrm{d}x\mathrm{d}y\mathrm{d}z$,其中 Ω 为三个坐标面及平面 $x+y+z=1$ 所围成的闭区域.

解　作空间闭区域 Ω 如图 11-30 所示,将 Ω 向 xOy 平面投影,投影域 D_{xy} 为三角形闭区域,用不等式表示为

$$D_{xy}: 0 \leqslant y \leqslant 1-x, \ 0 \leqslant x \leqslant 1.$$

在 D_{xy} 内任取一点 (x,y),过点作平行于 z 轴的直线,该直线通过平面 $z=0$ 穿入区域 Ω 内,再通过平面 $z=1-x-y$ 穿出区域 Ω 外,则 Ω 可用不等式表示为

$$\Omega = \{(x,y,z) \mid 0 \leqslant z \leqslant 1-x-y, 0 \leqslant y \leqslant 1-x, 0 \leqslant x \leqslant 1\}.$$

于是

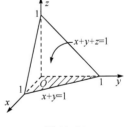

图 11-30

$$\iiint\limits_{\Omega} x\mathrm{d}x\mathrm{d}y\mathrm{d}z = \iint\limits_{D_{xy}} \mathrm{d}x\mathrm{d}y \int_0^{1-x-y} x\mathrm{d}z$$

$$= \int_0^1 \mathrm{d}x \int_0^{1-x} \mathrm{d}y \int_0^{1-x-y} x\mathrm{d}z = \int_0^1 x\mathrm{d}x \int_0^{1-x} (1-x-y)\mathrm{d}y$$

$$= \frac{1}{2} \int_0^1 x(1-x)^2 \mathrm{d}x = \frac{1}{24}.$$

同样也可将积分区域 Ω 投影到 yOz 面或 zOx 面计算,留给读者自己验证.

值得注意的是,如果本题中的被积函数 $f(x,y,z)=x$ 换成 $f(x,y,z)=x+y+z$,区域 Ω 仍为三个坐标面及平面 $x+y+z=1$ 所围成的闭区域,由于所求积分具有轮换对称性,即将 x 换为 y,y 换为 z,z 换为 x,被积函数和积分区域不变,从而

$$\iiint\limits_{\Omega}x\,\mathrm{d}v=\iiint\limits_{\Omega}y\,\mathrm{d}v=\iiint\limits_{\Omega}z\,\mathrm{d}v.$$

于是三重积分的计算可简化为

$$\iiint\limits_{\Omega}(x+y+z)\,\mathrm{d}x\mathrm{d}y\mathrm{d}z=3\iiint\limits_{\Omega}x\,\mathrm{d}x\mathrm{d}y\mathrm{d}z=\frac{1}{8}.$$

例 2 化三重积分 $I=\iiint\limits_{\Omega}f(x,y,z)\,\mathrm{d}x\mathrm{d}y\mathrm{d}z$ 为三次积分,其中积分区域 Ω 由曲面 $z=x^2+y^2$,$y=x^2$ 及平面 $y=1$,$z=0$ 所围成.

解 由题意,积分区域 Ω 如图 11-31 所示,Ω 可用不等式表示为

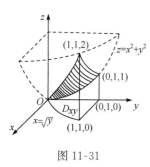

图 11-31

$$\Omega=\{(x,y,z)\mid 0\leqslant z\leqslant x^2+y^2,x^2\leqslant y\leqslant 1,-1\leqslant x\leqslant 1\}.$$

于是

$$I=\iiint\limits_{\Omega}f(x,y,z)\,\mathrm{d}x\mathrm{d}y\mathrm{d}z=\int_{-1}^{1}\mathrm{d}x\int_{x^2}^{1}\mathrm{d}y\int_{0}^{x^2+y^2}f(x,y,z)\,\mathrm{d}z.$$

三重积分的积分区域是由曲面所围成的立体,在大多数情况下,曲面的图形比较难画.而利用投影法把三重积分化为三次积分时,关键在于确定积分限,即如何将 Ω 表示成相应的不等式.为此,我们需熟悉在第 9 章中所学过的常见平面、柱面和二次曲面的图形,并借助空间想象力来确定积分区域.

例 3 求由曲面 $z=x^2+y^2$,$z=2x^2+2y^2$,$y=x$,$y=x^2$ 所围立体的体积.

解 由于曲面 $z=x^2+y^2$,$z=2x^2+2y^2$ 仅相交于原点,则积分区域 Ω 在 xOy 平面上的投影区域为 $D_{xy}:x^2\leqslant y\leqslant x,0\leqslant x\leqslant 1$,下曲面为 $z=x^2+y^2$,上曲面为 $z=2x^2+2y^2$,于是所求体积为

$$V=\iiint\limits_{\Omega}\mathrm{d}v=\iint\limits_{D_{xy}}\mathrm{d}x\mathrm{d}y\int_{x^2+y^2}^{2x^2+2y^2}\mathrm{d}z=\int_{0}^{1}\mathrm{d}x\int_{x^2}^{x}\mathrm{d}y\int_{x^2+y^2}^{2x^2+2y^2}\mathrm{d}z$$

$$=\int_{0}^{1}\mathrm{d}x\int_{x^2}^{x}(x^2+y^2)\,\mathrm{d}y=\int_{0}^{1}\left(\frac{4}{3}x^3-x^4-\frac{1}{3}x^6\right)\mathrm{d}x=\frac{3}{35}.$$

有时,我们计算一个三重积分也可以化为先计算一个二重积分、再计算一个定积分,最后化为三次积分,下面叙述这种方法称为**"先二后一"法**或**截面法**.

2. 截面法

设空间闭区域 Ω 介于两个平面 $z=c_1$ 和 $z=c_2$ 之间 $(c_1<c_2)$,如图 11-32 所示,过点 $(0,0,z)(z\in[c_1,c_2])$ 作垂直于 z 轴的平面与立体 Ω 相截得一截面 D_z,于是区域 Ω 可表示为

$$\Omega=\{(x,y,z)\mid(x,y)\in D_z,c_1\leqslant z\leqslant c_2\}.$$

从而有三重积分

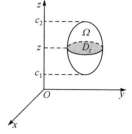

图 11-32

$$\iiint\limits_{\Omega} f(x,y,z)\mathrm{d}v = \int_{c_1}^{c_2} \mathrm{d}z \iint\limits_{D_z} f(x,y,z)\mathrm{d}x\mathrm{d}y. \tag{11.18}$$

在二重积分 $\iint\limits_{D_z} f(x,y,z)\mathrm{d}x\mathrm{d}y$ 中,应视 z 为常数,确定 D_z 是 X- 型还是 Y- 型区域,再将其化为三次积分. 例如,如果 D_z 是 X- 型区域:$x_1(z) \leqslant x \leqslant x_2(z)$,$y_1(x,z) \leqslant y \leqslant y_2(x,z)$,则

$$\iiint\limits_{\Omega} f(x,y,z)\mathrm{d}v = \int_{c_1}^{c_2} \mathrm{d}z \int_{x_1(z)}^{x_2(z)} \mathrm{d}x \int_{y_1(x,z)}^{y_2(x,z)} f(x,y,z)\mathrm{d}y.$$

特别地,当 $f(x,y,z)$ 仅是 z 的表达式,即 $f(x,y,z)=g(z)$,且 D_z 的面积又容易计算时,可使用此方法,此时

$$\iiint\limits_{\Omega} f(x,y,z)\mathrm{d}v = \iiint\limits_{\Omega} g(z)\mathrm{d}v = \int_{c_1}^{c_2} \mathrm{d}z \iint\limits_{D_z} g(z)\mathrm{d}\sigma = \int_{c_1}^{c_2} g(z)\mathrm{d}z \iint\limits_{D_z} \mathrm{d}\sigma = \int_{c_1}^{c_2} g(z) \cdot S_{D_z} \mathrm{d}z,$$

其中 S_{D_z} 表示 D_z 的面积.

显然该方法适用于被积函数是某个单变量函数的三重积分. 类似地,也可以考虑其他积分次序的情形.

例 4　计算三重积分 $\iiint\limits_{\Omega} z\mathrm{d}x\mathrm{d}y\mathrm{d}z$,其中 Ω 为三个坐标面及平面 $x+y+z=1$ 所围成的闭区域.

解　空间闭区域 Ω 介于两个平面 $z=0$ 和 $z=1$ 之间,过点 $(0,0,z)(z\in[0,1])$ 作垂直于 z 轴的平面与立体 Ω 相截得一截面 $D_z=\{(x,y)\,|\,x+y\leqslant 1-z, x\geqslant 0, y\geqslant 0\}$,从而区域 Ω 可表示为

$$\Omega=\{\,(x,y,z)\,\,|\,\,(x,y)\in D_z, 0\leqslant z\leqslant 1\}.$$

由式(11.18)得

$$\iiint\limits_{\Omega} z\mathrm{d}x\mathrm{d}y\mathrm{d}z = \int_0^1 z\mathrm{d}z \iint\limits_{D_z} \mathrm{d}x\mathrm{d}y$$

$$= \int_0^1 z \cdot \frac{1}{2}(1-z)^2 \mathrm{d}z = \frac{1}{24}.$$

例 5　计算三重积分 $\iiint\limits_{\Omega} z^2 \mathrm{d}x\mathrm{d}y\mathrm{d}z$,其中 Ω 是由椭球面 $\dfrac{x^2}{a^2}+\dfrac{y^2}{b^2}+\dfrac{z^2}{c^2}=1$ 所围成的空间闭区域.

解　空间区域 Ω 可表为

$$\Omega=\left\{ (x,y,z) \,\left|\, \frac{x^2}{a^2}+\frac{y^2}{b^2}\leqslant 1-\frac{z^2}{c^2}, -c\leqslant z\leqslant c \right. \right\},$$

如图 11-33 所示. 由式(11.18)得

$$\iiint\limits_{\Omega} z^2 \mathrm{d}x\mathrm{d}y\mathrm{d}z = \int_{-c}^{c} z^2 \mathrm{d}z \iint\limits_{D_z} \mathrm{d}x\mathrm{d}y,$$

其中 $\iint\limits_{D_z} \mathrm{d}x\mathrm{d}y$ 为 $\dfrac{x^2}{a^2}+\dfrac{y^2}{b^2}=1-\dfrac{z^2}{c^2}$ (固定 z)所围图形的面积,即

$$\pi\left(a\sqrt{1-\frac{z^2}{c^2}}\right)\left(b\sqrt{1-\frac{z^2}{c^2}}\right) = \pi ab\left(1-\frac{z^2}{c^2}\right),$$

所以

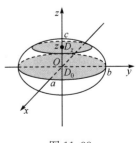

图 11-33

$$\iiint\limits_{\Omega} z^2 \, dx dy dz = \pi ab \int_{-c}^{c} \left(1 - \frac{z^2}{c^2}\right) z^2 \, dz = \frac{4}{15} \pi abc^3.$$

11.4.3 利用对称性和奇偶性化简三重积分的计算

在计算二重积分时,我们已经看到,利用积分区域的对称性和被积函数的奇偶性可化简积分的计算. 对于三重积分,也有类似的结论.

一般地,当积分区域 Ω 关于 xOy 平面对称时,如果被积函数 $f(x,y,z)$ 关于 z 是奇函数,则三重积分为零;如果被积函数 $f(x,y,z)$ 关于 z 是偶函数,则三重积分为 Ω 在 xOy 平面上方的半个闭区域 Ω_1 的三重积分的两倍. 当积分区域关于 yOz 平面或 zOx 平面对称且被积函数是 x 或 y 的奇(偶)函数时,也有类似的结果.

例 6　计算 $\iiint\limits_{\Omega} (x+z) \, dv$,其中 Ω 是锥面 $z = \sqrt{x^2+y^2}$ 和平面 $z=1$ 所围成的区域.

解　因为积分区域 Ω 关于 yOz 平面对称,且函数 $f(x,y,z) = x$ 是变量 x 的奇函数,所以 $\iiint\limits_{\Omega} x \, dv = 0$,从而有

$$\iiint\limits_{\Omega} (x+z) \, dv = \iiint\limits_{\Omega} z \, dv.$$

由于被积函数仅是 z 的函数,可利用截面法求之.

积分区域 Ω 介于平面 $z=0$ 与 $z=1$ 之间,在 $[0,1]$ 上任取一点 z,作垂直于 z 轴的平面,与立体 Ω 相截得一截面 $D_z = \{(x,y) \mid x^2+y^2 \leqslant z^2\}$,该截面的面积为 πz^2,所以

$$\iiint\limits_{\Omega} (x+z) \, dv = \iiint\limits_{\Omega} z \, dv = \int_0^1 z \, dz \iint\limits_{D_z} dx dy = \int_0^1 \pi z^3 \, dz = \frac{\pi}{4}.$$

习　题　11.4

1. 化三重积分 $\iiint\limits_{\Omega} f(x,y,z) \, dx dy dz$ 为三次积分,其中积分区域 Ω 分别为:

(1) 由双曲抛物面 $xy = z$,平面 $x+y-1 = 0$ 及三个坐标面所围成的闭区域;

(2) 由曲面 $z = x^2 + y^2$ 及平面 $z=1$ 所围成的闭区域;

(3) 由曲面 $z = x^2 + 2y^2$ 及 $z = 2 - x^2$ 所围成的闭区域;

(4) 由曲面 $cz = xy(c > 0)$,$\dfrac{x^2}{a^2} + \dfrac{y^2}{b^2} = 1$,$z = 0$ 所围成的在第一卦限内的闭区域.

2. 设有一物体,占有空间闭区域 $\Omega = \{(x,y,z) \mid 0 \leqslant x \leqslant 1, 0 \leqslant y \leqslant 1, 0 \leqslant z \leqslant 1\}$,在点 (x,y,z) 处的密度是 $\mu(x,y,z) = x+y+z$,计算该物体的质量.

3. 如果三重积分 $\iiint\limits_{\Omega} f(x,y,z) \, dx dy dz$ 的被积函数 $f(x,y,z)$ 是三个函数 $f_1(x)$,$f_2(y)$,$f_3(z)$ 的乘积,即 $f(x,y,z) = f_1(x) \cdot f_2(y) \cdot f_3(z)$,且积分区域 $\Omega = \{(x,y,z) \mid a \leqslant x \leqslant b, c \leqslant y \leqslant d, r \leqslant z \leqslant s\}$,证明:这个三重积分等于三个定积分的乘积,即

$$\iiint\limits_{\Omega} f(x,y,z) \, dx dy dz = \int_a^b f_1(x) \, dx \int_c^d f_3(y) \, dy \int_r^s f_3(z) \, dz.$$

4. 计算 $\iiint\limits_{\Omega} xy^2z^3 \, dx dy dz$,其中 Ω 是由曲面 $z = xy$ 与平面 $y = x$,$x = 1$,$z = 0$ 及 $y = 0$ 所围成的闭区域.

5. 计算 $\iiint\limits_{\Omega} \dfrac{1}{(1+x+y+z)^3} \, dx dy dz$,其中 Ω 为三个坐标面和 $x+y+z = 1$ 所围成的闭区域.

6. 计算三次积分 $I = \int_0^1 \mathrm{d}x \int_0^{1-x} \mathrm{d}z \int_0^{1-x-z} (1-y) \mathrm{e}^{-(1-y-z)^2} \mathrm{d}y$.

7. 计算 $\iiint\limits_{\Omega} \mathrm{e}^{|z|} \mathrm{d}v$, 其中 $\Omega = \{(x,y,z) \mid x^2+y^2+z^2 \leqslant 1\}$.

8. 计算 $\iiint\limits_{\Omega} (x^2+y^2) \mathrm{d}x\mathrm{d}y\mathrm{d}z$, 其中 Ω 为圆 $(x-b)^2+z^2=a^2 (0<a<b)$ 绕 z 轴旋转一周所生成的空间环形闭区域.

9. 证明:设 $f(x)$ 连续, $\iiint\limits_{\Omega} f(z) \mathrm{d}v = \pi \int_{-1}^{1} f(t)(1-t^2) \mathrm{d}t$, 其中 Ω 为球面 $x^2+y^2+z^2=1$ 所围成的空间闭区域.

11.5 三重积分(二)

11.5.1 利用柱面坐标计算三重积分

空间的点,除了用直角坐标 (x,y,z) 表示外,还有柱面坐标和球面坐标表示.

1. 柱面坐标

设 $M(x,y,z)$ 为空间内一点,并设点 M 在 xOy 面上的投影 P 的极坐标为 ρ, θ, 则这三个数 ρ, θ, z 称为**点 M 的柱面坐标**(如图 11-34),记为 $M(\rho, \theta, z)$, 并规定 ρ, θ, z 的变化范围
$$0 \leqslant \rho < +\infty, \quad 0 \leqslant \theta \leqslant 2\pi, \quad -\infty < z < +\infty.$$
显然,空间点 M 的直角坐标 (x,y,z) 与其柱面坐标 (ρ, θ, z) 的关系为
$$x = \rho\cos\theta, \quad y = \rho\sin\theta, \quad z = z. \tag{11.19}$$
柱面坐标下的三族坐标面(如图 11-35)分别为:

$\rho =$ 常数,即以 z 轴为中心轴的圆柱面;

$\theta =$ 常数,即过 z 轴的半平面;

$z =$ 常数,即与 xOy 面平行的平面.

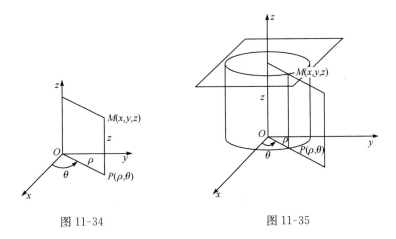

图 11-34   图 11-35

2. 利用柱面坐标计算三重积分

在柱面坐标下计算三重积分,需将被积函数 $f(x,y,z)$、积分区域 Ω 以及体积元素 $\mathrm{d}v$ 都

用柱面坐标表示. 为此,用柱面坐标系中的三族坐标面把空间区域 Ω 分割成许多小闭区域,除了含 Ω 的边界点的一些不规则小闭区域外,这些小闭区域都是柱体. 如图 11-36 所示,考虑半径为 ρ 和 $\rho+\mathrm{d}\rho$ 的圆柱面与极角为 θ 和 $\theta+\mathrm{d}\theta$ 的半平面,以及高度为 z 和 $z+\mathrm{d}z$ 的平面所围成的小柱体. 在不计高阶无穷小时,该柱体的体积可近似地看作边长为 $\rho\mathrm{d}\theta,\mathrm{d}\rho,\mathrm{d}z$ 的长方体的体积,故得到**柱面坐标系中的体积元素**为

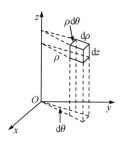

图 11-36

$$\mathrm{d}v=\rho\mathrm{d}\rho\mathrm{d}\theta\mathrm{d}z,$$

再利用(11.19)式,便得柱面坐标系下三重积分的表达式

$$\iiint\limits_{\Omega}f(x,y,z)\mathrm{d}v=\iiint\limits_{\Omega}f(\rho\cos\theta,\rho\sin\theta,z)\rho\mathrm{d}\rho\mathrm{d}\theta\mathrm{d}z. \quad (11.20)$$

为了将上式右端的三重积分化为三次积分,假定平行于 z 轴的直线与区域 Ω 的边界最多只有两个交点. 设 Ω 在 xOy 面上的投影区域 D 用 ρ,θ 表示,记为 $D_{\rho\theta}$. 区域 Ω 关于 xOy 面的投影柱面将 Ω 的边界曲面分为上下两部分,设上曲面方程为 $z=z_2(\rho,\theta)$,下曲面方程为 $z=z_1(\rho,\theta)$,此时 $\Omega=\{(\rho,\theta,z)\,|\,z_1(\rho,\theta)\leqslant z\leqslant z_2(\rho,\theta),(\rho,\theta)\in D_{\rho\theta}\}$,于是

$$\iiint\limits_{\Omega}f(\rho\cos\theta,\rho\sin\theta,z)\rho\mathrm{d}\rho\mathrm{d}\theta\mathrm{d}z=\iint\limits_{D_{\rho\theta}}\rho\mathrm{d}\rho\mathrm{d}\theta\int_{z_1(\rho,\theta)}^{z_2(\rho,\theta)}f(\rho\cos\theta,\rho\sin\theta,z)\mathrm{d}z.$$

从上式可以看出,采用柱面坐标计算三重积分,实际上是对 z 用直角坐标积分,另外两个变量采用极坐标变换进行积分. 化三重积分为三次积分时,关键是积分限,即根据 ρ,θ,z 的涵义确定积分区域 Ω 中任意点坐标 ρ,θ,z 的变化范围. 下面通过例子来说明.

例 1　计算 $\iiint\limits_{\Omega}z\sqrt{x^2+y^2}\,\mathrm{d}x\mathrm{d}y\mathrm{d}z$,其中积分区域 Ω 是圆柱面 $x^2+y^2-2x=0$,平面 $z=0,z=a(a>0)$ 在第一卦限内围成的区域.

解　积分区域 Ω 如图 11-37 所示,将 Ω 投影到 xOy 坐标面的投影区域 D_{xy},而 D_{xy} 是由 $y=0$ 和曲线 $y=\sqrt{2x-x^2}$ 围成,则在柱面坐标系下 Ω 用不等式表示为

$$\Omega=\left\{(\rho,\theta,z)\,\middle|\,0\leqslant z\leqslant a,0\leqslant\rho\leqslant 2\cos\theta,0\leqslant\theta\leqslant\frac{\pi}{2}\right\}.$$

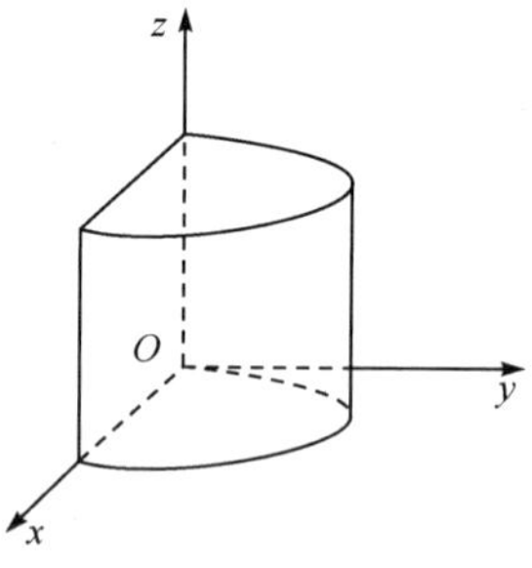

于是

$$\iiint\limits_{\Omega}z\sqrt{x^2+y^2}\,\mathrm{d}x\mathrm{d}y\mathrm{d}z=\iiint\limits_{\Omega}z\cdot\rho\cdot\rho\mathrm{d}\rho\mathrm{d}\theta\mathrm{d}z$$

$$=\int_0^{\frac{\pi}{2}}\mathrm{d}\theta\int_0^{2\cos\theta}\rho^2\mathrm{d}\rho\int_0^a z\mathrm{d}z$$

$$=\frac{a^2}{2}\int_0^{\frac{\pi}{2}}\mathrm{d}\theta\int_0^{2\cos\theta}\rho^2\mathrm{d}\rho=\frac{4a^2}{3}\int_0^{\frac{\pi}{2}}\cos^3\theta\mathrm{d}\theta=\frac{8}{9}a^2.$$

图 11-37

例 2　计算 $\iiint\limits_{\Omega}z\mathrm{d}x\mathrm{d}y\mathrm{d}z$,其中 Ω 由球面 $x^2+y^2+z^2=4$ 与抛物面 $x^2+y^2=3z$ 所围成(在抛物面内的那一部分)的立体区域.

解　利用柱面坐标(11.19),题设 Ω 的上曲面方程为 $\rho^2+z^2=4$,下曲面方程为 $\rho^2=3z$,联立方程得两曲面的交线为 $z=1,\rho=\sqrt{3}$,该曲线在 xOy 面上的投影曲线即为圆 $\rho=\sqrt{3}$,由

此可知立体 Ω 在 xOy 面上的投影区域为圆域:$0 \leqslant \rho \leqslant \sqrt{3}, 0 \leqslant \theta \leqslant 2\pi$,则柱面坐标系下 Ω 可用不等式表示为

$$\Omega = \left\{ (\rho, \theta, z) \ \middle| \ \frac{\rho^2}{3} \leqslant z \leqslant \sqrt{4-\rho^2}, 0 \leqslant \rho \leqslant \sqrt{3}, 0 \leqslant \theta \leqslant 2\pi \right\}.$$

于是

$$\iiint_{\Omega} z \mathrm{d}x \mathrm{d}y \mathrm{d}z = \int_0^{2\pi} \mathrm{d}\theta \int_0^{\sqrt{3}} \rho \mathrm{d}\rho \int_{\frac{\rho^2}{3}}^{\sqrt{4-\rho^2}} z \mathrm{d}z$$

$$= \int_0^{2\pi} \mathrm{d}\theta \int_0^{\sqrt{3}} \frac{1}{2} \rho \left(4 - \rho^2 - \frac{\rho^4}{9} \right) \mathrm{d}\rho$$

$$= \pi \int_0^{\sqrt{3}} \left(4\rho - \rho^3 - \frac{\rho^5}{9} \right) \mathrm{d}\rho = \frac{13}{4}\pi.$$

11.5.2 利用球面坐标计算三重积分

1. 球面坐标

设 $M(x, y, z)$ 为空间内一点,则点 M 也可用这样三个有次序的数 r, φ, θ 来确定,其中 r 为原点 O 与点 M 的距离,φ 为 $\overrightarrow{OM}$ 与 z 轴正向所夹的角,θ 为从正 z 轴来看自 x 轴按逆时针方向转到有向线段 $\overrightarrow{OP}$ 的角,这里 P 为点 M 在 xOy 面上的投影(如图 11-38),这样的三个数 r, φ, θ 叫做**点 M 的球面坐标**,记为 $M(r, \varphi, \theta)$,这里 r, φ, θ 的变化范围为

$$0 \leqslant r < +\infty, \quad 0 \leqslant \varphi \leqslant \pi, \quad 0 \leqslant \theta \leqslant 2\pi.$$

球面坐标系下三族坐标面分别为:

$r =$ 常数,即以原点为球心的球面;

$\varphi =$ 常数,即以原点为顶点,z 轴为对称轴的圆锥面;

$\theta =$ 常数,即过 z 轴的半平面.

设点 M 在 xOy 面上的投影为 P,点 P 在 x 轴上的投影为 A,则 $OA = x, AP = y, PM = z$,又

$$OP = r\sin\varphi, \quad z = r\cos\varphi.$$

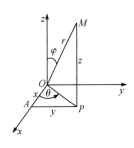

图 11-38

因此,点 M 的直角坐标与其球面坐标的关系为

$$\begin{cases} x = r\sin\varphi\cos\theta, \\ y = r\sin\varphi\sin\theta, \\ z = r\cos\varphi. \end{cases} \tag{11.21}$$

2. 利用球面坐标计算三重积分

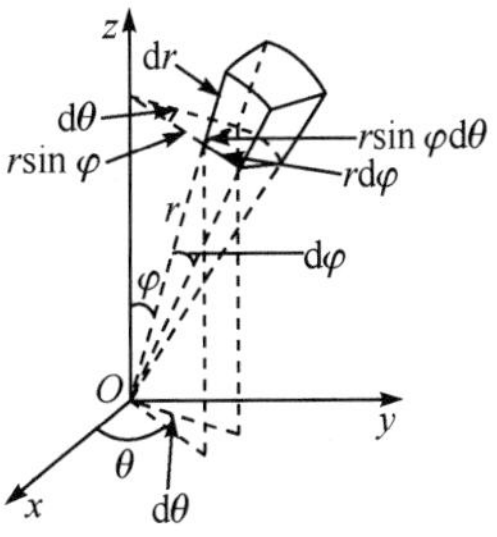

现在来考虑三重积分在球面坐标系下的形式. 为此,用球面坐标系中的三族坐标面把空间区域 Ω 划分成许多小闭区域. 考虑 $r,$ φ, θ 各取微小增量 $\mathrm{d}r, \mathrm{d}\varphi, \mathrm{d}\theta$ 所成的"六面体"的体积 $\mathrm{d}v$(如图 11-39). 在不计高阶无穷小时,这个六面体可近似地看作长方体,三棱长分别为 $r\mathrm{d}\varphi, r\sin\varphi\mathrm{d}\theta, \mathrm{d}r$,于是得到**球面坐标系中的体积元素**

$$\mathrm{d}v = r^2 \sin\varphi \mathrm{d}r \mathrm{d}\varphi \mathrm{d}\theta;$$

再利用关系式(11.21),就得到球面坐标系下的三重积分的表达式为

图 11-39

$$\iiint\limits_{\Omega} f(x,y,z)\mathrm{d}v = \iiint\limits_{\Omega} f(r\sin\varphi\cos\theta, r\sin\varphi\sin\theta, r\cos\varphi)r^2\sin\varphi\mathrm{d}r\mathrm{d}\varphi\mathrm{d}\theta. \qquad (11.22)$$

球面坐标中三重积分的计算,同样需要化为对 r,φ,θ 的三次积分进行. 具体计算时,通常是将三重积分化为先对 r,再对 φ,最后对 θ 的三次积分. 为了确定积分限,应先把区域 Ω 的边界曲面方程化为球面坐标形式,同时在 Ω 内任取一点 $M(r,\varphi,\theta)$,根据 r,φ,θ 的涵义,确定 Ω 中 r,φ,θ 的变化范围.

当被积函数含有 $x^2+y^2+z^2$,积分区域是球面围成的区域及锥面围成的区域等,在球面坐标变换下,区域用 r,φ,θ 表示比较简单时,可利用球面坐标变换化简积分的计算.

特别地,当积分区域 Ω 为球面 $r=a$ 所围成时,有

$$\iiint\limits_{\Omega} f(x,y,z)\mathrm{d}x\mathrm{d}y\mathrm{d}z = \int_0^{2\pi}\mathrm{d}\theta\int_0^{\pi}\mathrm{d}\varphi\int_0^a f(r\sin\varphi\cos\theta, r\sin\varphi\sin\theta, r\cos\varphi)r^2\sin\varphi\mathrm{d}r.$$

如果 $f(x,y,z)=1$ 时,由上式即得球的体积为

$$V = \int_0^{2\pi}\mathrm{d}\theta\int_0^{\pi}\sin\varphi\mathrm{d}\varphi\int_0^a r^2\mathrm{d}r = 2\pi\cdot2\cdot\frac{a^3}{3} = \frac{4\pi a^3}{3}.$$

下面通过具体例子说明球面坐标下三重积分的计算.

例 3 计算三重积分 $\iiint\limits_{\Omega} z\mathrm{d}x\mathrm{d}y\mathrm{d}z$,其中 $\Omega=\{(x,y,z)\mid x^2+y^2+z^2\leqslant1, z\leqslant0\}$.

解 在球面坐标系中,球面 $x^2+y^2+z^2=1$ 化为 $r=1$,区域 Ω 可表示为

$$0\leqslant r\leqslant1, \quad \frac{\pi}{2}\leqslant\varphi\leqslant\pi, \quad 0\leqslant\theta\leqslant2\pi,$$

所以

$$V = \iiint\limits_{\Omega} z\mathrm{d}x\mathrm{d}y\mathrm{d}z = \iiint\limits_{\Omega} r\cos\varphi\cdot r^2\sin\varphi\mathrm{d}r\mathrm{d}\varphi\mathrm{d}\theta$$

$$= \int_0^{2\pi}\mathrm{d}\theta\int_{\frac{\pi}{2}}^{\pi}\cos\varphi\cdot\sin\varphi\mathrm{d}\varphi\int_0^1 r^3\mathrm{d}r$$

$$= 2\pi\int_{\frac{\pi}{2}}^{\pi}\frac{r^4}{4}\bigg|_0^1\cos\varphi\cdot\sin\varphi\mathrm{d}\varphi = -\frac{\pi}{4}.$$

例 4 求球面 $x^2+y^2+z^2=2az(a>0)$ 与锥面 $x^2+y^2=z^2\tan^2\alpha\left(0<\alpha<\frac{\pi}{2}\right)$ 所围的包含球心的那部分区域 Ω 的体积.

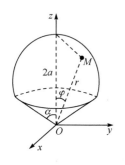

图 11-40

解 如图 11-40 所示,在球面坐标系中,所给球面方程为 $r=2a\cos\varphi$,所给锥面方程为 $\varphi=\alpha$. 此时,区域 Ω 可表示为

$$\Omega=\{(r,\varphi,\theta)\mid 0\leqslant r\leqslant2a\cos\varphi, 0\leqslant\varphi\leqslant\alpha, 0\leqslant\theta\leqslant2\pi\}.$$

于是

$$V = \iiint\limits_{\Omega}\mathrm{d}x\mathrm{d}y\mathrm{d}z = \iiint\limits_{\Omega} r^2\sin\varphi\mathrm{d}r\mathrm{d}\varphi\mathrm{d}\theta$$

$$= \int_0^{2\pi}\mathrm{d}\theta\int_0^{\alpha}\mathrm{d}\varphi\int_0^{2a\cos\varphi} r^2\sin\varphi\mathrm{d}r = 2\pi\int_0^{\alpha}\sin\varphi\mathrm{d}\varphi\int_0^{2a\cos\varphi} r^2\mathrm{d}r$$

$$= \frac{16\pi a^3}{3}\int_0^{\alpha}\cos^3\varphi\sin\varphi\mathrm{d}\varphi = \frac{4\pi a^3}{3}(1-\cos^4\alpha).$$

*11.5.3　三重积分的换元法

与二重积分相仿,某些三重积分通过恰当的变量代换,可使积分变得方便易行. 我们不加证明的给出下面的结论.

定理 1　设 $f(x,y,z)$ 在空间有界闭区域 Ω 上连续,作变换

$$T:\quad x=x(u,v,w),\quad y=y(u,v,w),\quad z=z(u,v,w),\qquad(11.23)$$

将 uvw 空间中的闭区域 $\widetilde{\Omega}$ 变为 xyz 空间中的 Ω,且满足

(i) $x(u,v,w),y(u,v,w),z(u,v,w)$ 在 $\widetilde{\Omega}$ 上具有一阶连续偏导数;

(ii) 在 $\widetilde{\Omega}$ 上雅可比式

$$J(u,v,w)=\frac{\partial(x,y,z)}{\partial(u,v,w)}=\begin{vmatrix}\dfrac{\partial x}{\partial u}&\dfrac{\partial x}{\partial v}&\dfrac{\partial x}{\partial w}\\[6pt]\dfrac{\partial y}{\partial u}&\dfrac{\partial y}{\partial v}&\dfrac{\partial y}{\partial w}\\[6pt]\dfrac{\partial z}{\partial u}&\dfrac{\partial z}{\partial v}&\dfrac{\partial z}{\partial w}\end{vmatrix}\neq0;$$

(iii) 变换 $T:\widetilde{\Omega}\to\Omega$ 是一对一的,则有

$$\iiint\limits_{\Omega}f(x,y,z)\mathrm{d}x\mathrm{d}y\mathrm{d}z=\iiint\limits_{\widetilde{\Omega}}f[x(u,v,w),y(u,v,w),z(u,v,w)]|J|\mathrm{d}u\mathrm{d}v\mathrm{d}w.$$

$$(11.24)$$

式(11.24)称为**三重积分的一般换元公式**.

证明从略.

还要指出:如果雅可比式 $J(u,v,w)$ 只在 $\widetilde{\Omega}$ 内个别点上、有限条曲线上或有限个曲面上为零,而在其他点处不为零,换元公式(11.24)仍成立. 此外,由变换(11.23)所确定的逆变换 $u=u(x,y,z),v=v(x,y,z),w=w(x,y,z)$ 存在,且有

$$\frac{\partial(u,v,w)}{\partial(x,y,z)}\cdot\frac{\partial(x,y,z)}{\partial(u,v,w)}=1.$$

显然,对于柱面坐标变换 $\begin{cases}x=\rho\cos\theta,\\y=\rho\sin\theta,\\z=z,\end{cases}$

$$\frac{\partial(x,y,z)}{\partial(\rho,\theta,z)}=\begin{vmatrix}\cos\theta&-\rho\sin\theta&0\\\sin\theta&\rho\cos\theta&0\\0&0&1\end{vmatrix}=\rho,\quad \mathrm{d}v=\rho\mathrm{d}\rho\mathrm{d}\theta\mathrm{d}z;$$

对于球面坐标变换 $\begin{cases}x=r\sin\varphi\cos\theta,\\y=r\sin\varphi\sin\theta,\\z=r\cos\varphi,\end{cases}$

$$\frac{\partial(x,y,z)}{\partial(r,\varphi,\theta)}=\begin{vmatrix}\sin\varphi\cos\theta&r\cos\varphi\cos\theta&-r\sin\varphi\sin\theta\\\sin\varphi\sin\theta&r\cos\varphi\sin\theta&r\sin\varphi\cos\theta\\\cos\varphi&-r\sin\varphi&0\end{vmatrix}=r^2\sin\varphi,\quad \mathrm{d}v=r^2\sin\varphi\mathrm{d}r\mathrm{d}\varphi\mathrm{d}\theta,$$

均与前面所得结果一致.

习　题　11.5

1. 利用柱面坐标计算下列三重积分：

(1) $\iiint\limits_{\Omega}(x^2+y^2)\mathrm{d}v$，其中 Ω 是由曲面 $x^2+y^2=2z$ 与平面 $z=2$ 所围成的闭区域；

(2) $\iiint\limits_{\Omega}\sqrt{x^2+y^2}\mathrm{d}v$，其中 Ω 是由曲面 $z=1-x^2-y^2$ 与曲面 $z=\sqrt{x^2+y^2}-1$ 所围成的闭区域.

2. 利用球面坐标计算下列三重积分：

(1) $\iiint\limits_{\Omega}(x^2+y^2+z^2)\mathrm{d}v$，其中 Ω 是由曲面 $x^2+y^2+z^2=1$ 所围成的闭区域；

(2) $\iiint\limits_{\Omega}z\sqrt{x^2+y^2+z^2}\mathrm{d}v$，其中 $\Omega=\{(x,y,z)\,|\,x^2+y^2+z^2\leqslant1,z\geqslant\sqrt{3(x^2+y^2)}\,\}$.

3. 选用适当的坐标计算下列三重积分：

(1) $\iiint\limits_{\Omega}xy\mathrm{d}v$，其中 Ω 是由柱面 $x^2+y^2=1$，平面 $z=1$ 及三个坐标面所围成的在第一卦限内的闭区域；

(2) $\iiint\limits_{\Omega}\sqrt{x^2+y^2}\mathrm{d}v$，其中 Ω 是由平面 $y+z=4,x+y+z=1$ 与圆柱面 $x^2+y^2=1$ 所围成的闭区域；

(3) $\iiint\limits_{\Omega}\sqrt{x^2+y^2+z^2}\mathrm{d}v$，其中 Ω 是由曲面 $x^2+y^2+z^2=z$ 所围成的闭区域；

(4) $\iiint\limits_{\Omega}(x^2+y^2)\mathrm{d}v$，其中 Ω 是由曲线 $y^2=2z,x=0$ 绕 z 轴旋转一周而成的曲面与两平面 $z=2,z=8$ 所围成的闭区域.

4. 设有三重积分 $\iiint\limits_{\Omega}(x^2+y^2)\mathrm{d}v$，其中 Ω 由曲面 $x^2+y^2=2z$，平面 $z=2$ 所围成，分别在直角坐标、柱面坐标、球面坐标下化为三次积分，并选择其一计算.

5. 计算 $\iiint\limits_{\Omega}z^2\mathrm{d}v$，其中 Ω 是两个球面 $x^2+y^2+z^2=R^2$ 和 $x^2+y^2+z^2=2Rz(R>0)$ 所围成的公共立体区域.

6. 求由曲面 $z=6-x^2-y^2$ 及 $z=\sqrt{x^2+y^2}$ 所围立体的体积.

7. 求上、下分别为球面 $x^2+y^2+z^2=2$ 和抛物面 $z=x^2+y^2$ 所围立体的体积.

8. 计算密度函数为 $\mu(x,y,z)=x^2+y^2+z^2$ 的立体 Ω 的质量 M，这里的 Ω 是由球面 $x^2+y^2+z^2=R^2$ 与锥面 $z=\sqrt{x^2+y^2}$ 所围成的区域(锥面的内部).

11.6　重积分应用

本节中我们将把定积分应用中的元素法推广到重积分应用中,利用重积分元素法来讨论重积分在几何、物理上的一些其他应用.

11.6.1　几何应用

1. 曲顶柱体的体积

由 11.1 节的内容可知,当连续函数 $f(x,y)\geqslant0$ 时,以 xOy 面上的闭区域 D 为底,以曲面 $z=f(x,y)$ 为顶的曲顶柱体的体积 V 可用二重积分表示为

$$V = \iint\limits_D f(x,y)\mathrm{d}\sigma.$$

2. 空间立体的体积

设物体占有空间有界闭区域 Ω,则它的体积 V 可用二重积分表示为

$$V = \iint\limits_D \big[f_2(x,y) - f_1(x,y) \big]\mathrm{d}\sigma,$$

这里 D 为 Ω 在 xOy 面上的投影区域. 以 D 的边界为准线,作母线平行于 z 轴的柱面,该柱面和 Ω 的边界曲面相交,并将曲面分为上、下两部分:$z = f_2(x,y)$ 和 $z = f_1(x,y)(f_2(x,y) \geqslant f_1(x,y))$. 事实上,空间立体 Ω 的体积等于两个曲顶柱体体积之差,即以 D 为底,分别以 $z = f_2(x,y)$ 和 $z = f_1(x,y)$ 为顶的两个曲顶柱体的体积之差.

另一方面,空间立体 Ω 的体积 V 也可用三重积分表示为

$$V = \iiint\limits_\Omega \mathrm{d}v.$$

3. 曲面的面积

对于空间曲面面积的定义及面积的存在性的证明是一个颇为复杂的问题,对它们的详细研究已超出本书的范围. 本节我们仅介绍空间曲面面积存在的情况下,如何利用二重积分来计算曲面面积.

(1) 预备知识

设两平面 Π_1, Π_2 的夹角为 θ(取锐角),如图 11-41 所示,在平面 Π_1 上有一矩形区域其面积为 A(a 边平行交线),则它在平面 Π_2 面上投影仍为矩形,其面积为 σ,而边长分别为 a 与 $b\cos\theta$,从而

$$\sigma = ab\cos\theta = A\cos\theta,$$

即 $A = \dfrac{\sigma}{\cos\theta}$.

一般地,若平面 Π_1 上有任意的一个区域 D,其面积为 A,D 在平面 Π_2 上投影图形的面积为 σ,仍有关系式

$$A = \frac{\sigma}{\cos\theta}.$$

事实上,可将区域 D 分成 m 个小矩形区域(不计算边界不规则部分),则小矩形的面积 A_k 及投影域的面积 σ_k 之间符合

$$A_k = \frac{\sigma_k}{\cos\theta} \quad (k = 1, 2, \cdots, m),$$

从而

$$\sum_{k=1}^m A_k = \frac{1}{\cos\theta} \sum_{k=1}^m \sigma_k,$$

于是

$$A = \lim_{\lambda \to 0} \sum_{k=1}^m A_k = \frac{1}{\cos\theta} \lim_{\lambda \to 0} \sum_{k=1}^m \sigma_k,$$

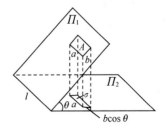

图 11-41

即
$$A = \frac{\sigma}{\cos\theta}.$$

（2）计算曲面面积

设曲面 S 的方程为 $z = f(x, y)$，曲面 S 在 xOy 面上的投影域为 D_{xy}，且函数 $f(x, y)$ 在区域 D_{xy} 上具有连续的偏导数 $f_x(x, y)$ 和 $f_y(x, y)$，现在要计算曲面 S 的面积 A.

在闭区域 D_{xy} 上任取一直径很小的闭区域 $\mathrm{d}\sigma$，在 $\mathrm{d}\sigma$ 上任取一点 $P(x, y)$，对应曲面 S 上有一点 $M(x, y, f(x, y))$，过点 M 作曲面 S 的切平面 T，以小闭区域 $\mathrm{d}\sigma$ 的边界为准线，作母线平行于 z 轴的柱面，此柱面在曲面 S 和切平面 T 上各截下一小片曲面（如图 11-42）. 由于 $\mathrm{d}\sigma$ 的直径很小，可用切平面上的一小片平面的面积 $\mathrm{d}A$ 近似代替相应的曲面上的那一小片面积，即
$$\Delta A \approx \mathrm{d}A.$$

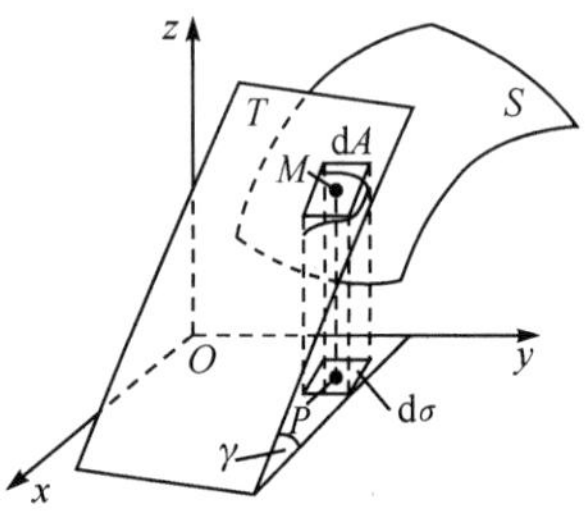

设点 M 处曲面 S 上的法线（指向朝上）与 z 轴所成的角为 γ，而 γ 即为 $\mathrm{d}A$ 与 $\mathrm{d}\sigma$ 的夹角，则
$$\mathrm{d}A = \frac{\mathrm{d}\sigma}{\cos\gamma}.$$

切平面 T 在点 M 处法向量
$$\boldsymbol{n} = (-f_x, -f_y, 1).$$

又因为
$$\cos\gamma = \frac{1}{\sqrt{1 + f_x^2(x, y) + f_y^2(x, y)}},$$

图 11-42

所以
$$\mathrm{d}A = \sqrt{1 + f_x^2(x, y) + f_y^2(x, y)}\,\mathrm{d}\sigma,$$

这就是曲面 S 的面积元素，以它为被积表达式在闭区域 D_{xy} 上积分，得
$$A = \iint\limits_{D_{xy}} \sqrt{1 + f_x^2(x, y) + f_y^2(x, y)}\,\mathrm{d}x\mathrm{d}y,$$

上式也可写为
$$A = \iint\limits_{D_{xy}} \sqrt{1 + \left(\frac{\partial z}{\partial x}\right)^2 + \left(\frac{\partial z}{\partial y}\right)^2}\,\mathrm{d}x\mathrm{d}y, \tag{11.25}$$

这就是计算曲面面积的公式.

设曲面方程为 $x = g(y, z)$ 或 $y = h(z, x)$，可分别把曲面投影到 yOz 面上（投影域记为 D_{yz}）或 zOx 面上（投影域记为 D_{zx}），类似地可得计算公式
$$A = \iint\limits_{D_{yz}} \sqrt{1 + \left(\frac{\partial x}{\partial y}\right)^2 + \left(\frac{\partial x}{\partial z}\right)^2}\,\mathrm{d}y\mathrm{d}z \tag{11.26}$$

或
$$A = \iint\limits_{D_{zx}} \sqrt{1 + \left(\frac{\partial y}{\partial z}\right)^2 + \left(\frac{\partial y}{\partial x}\right)^2}\,\mathrm{d}z\mathrm{d}x. \tag{11.27}$$

例 1 求曲面 $z=xy$ 被圆柱面 $x^2+y^2=1$ 所截下部分的面积.

解 被截下的曲面方程为 $z=xy$,在 xOy 面上投影区域为
$$D_{xy}: x^2+y^2 \leqslant 1,$$
且 $z_x=y,z_y=x$,于是曲面面积为
$$A = \iint\limits_{D_{xy}} \sqrt{1+z_x^2+z_y^2}\,\mathrm{d}\sigma = \iint\limits_{D_{xy}} \sqrt{1+x^2+y^2}\,\mathrm{d}x\mathrm{d}y$$
$$= \int_0^{2\pi}\mathrm{d}\theta\int_0^1 \rho\,\sqrt{1+\rho^2}\,\mathrm{d}\rho = \frac{2\pi}{3}(2\sqrt{2}-1).$$

例 2 求柱面 $x^2+y^2=a^2$ 与 $x^2+z^2=a^2(a>0)$ 所围立体的表面积.

解 由对称性知 $A=16A_1$,A_1 为图 11-43 所示第一卦限内的一块面积,该曲面块的方程为 $z=\sqrt{a^2-x^2}$,它在 xOy 平面上的投影区域 D_{xy} 为四分之一圆盘,即
$$0 \leqslant y \leqslant \sqrt{a^2-x^2}, \quad 0 \leqslant x \leqslant a.$$
又

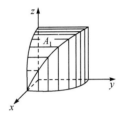

图 11-43

$$z_x = -\frac{x}{\sqrt{a^2-x^2}}, \quad z_y=0,$$
故依公式(11.25)有
$$A = 16\iint\limits_{D_{xy}} \sqrt{1+\left(\frac{x}{\sqrt{a^2-x^2}}\right)^2}\,\mathrm{d}x\mathrm{d}y$$
$$= 16a\iint\limits_{D_{xy}} \frac{\mathrm{d}x\mathrm{d}y}{\sqrt{a^2-x^2}} = 16a\int_0^a \frac{\mathrm{d}x}{\sqrt{a^2-x^2}}\int_0^{\sqrt{a^2-x^2}}\mathrm{d}y = 16a^2.$$

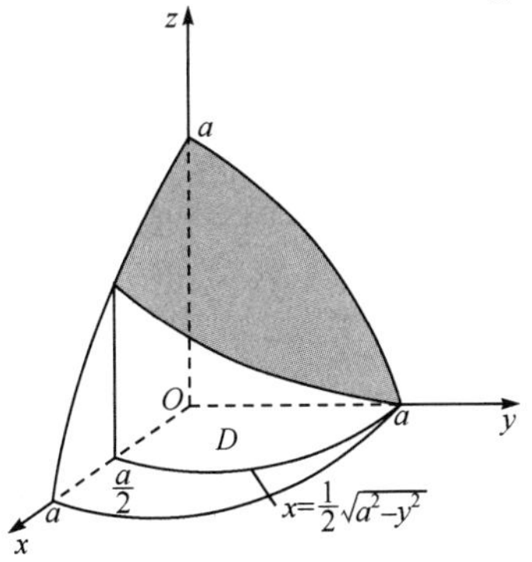

例 3 求球面 $x^2+y^2+z^2=a^2$ 被椭圆柱面 $4x^2+y^2=a^2$ 所截,求含在柱面内的那部分球面的面积(如图 11-44).

解 由对称性知 $A=8A_1$,A_1 为图 11-44 所示第一卦限内的一块面积,该曲面块的方程为 $z=\sqrt{a^2-x^2-y^2}$,它在 xOy 平面上的投影区域 D_{xy} 为
$$0 \leqslant x \leqslant \frac{1}{2}\sqrt{a^2-y^2}, \quad 0 \leqslant y \leqslant a.$$
又

图 11-44

$$z_x = -\frac{x}{\sqrt{a^2-x^2-y^2}}, \quad z_y = -\frac{y}{\sqrt{a^2-x^2-y^2}},$$
故依公式(11.25)有
$$A = 8\iint\limits_{D_{xy}} \sqrt{1+z_x^2+z_y^2}\,\mathrm{d}\sigma$$
$$= 8\iint\limits_{D_{xy}} \frac{a}{\sqrt{a^2-x^2-y^2}}\,\mathrm{d}x\mathrm{d}y$$
$$= 8a\int_0^a \mathrm{d}y\int_0^{\frac{1}{2}\sqrt{a^2-y^2}} \frac{\mathrm{d}x}{\sqrt{(a^2-y^2)-x^2}}$$

$$= 8a \int_0^a \left[\arcsin \frac{x}{\sqrt{a^2 - y^2}} \right]_0^{\frac{1}{2}\sqrt{a^2 - y^2}} \mathrm{d}y$$

$$= 8a \cdot \frac{\pi}{6} \int_0^a \mathrm{d}y = \frac{4}{3} \pi a^2.$$

11.6.2　物理应用

1. 平面薄片、空间立体的质量

平面薄片的质量 M 是它的面密度函数 $\mu(x,y)$ 在薄片所占区域 D 上的二重积分,即

$$M = \iint\limits_D \mu(x,y)\mathrm{d}\sigma.$$

空间物体 Ω 的质量 M 是它的体密度函数 $\mu(x,y,z)$ 在 Ω 上的三重积分,即

$$M = \iiint\limits_\Omega \mu(x,y,z)\mathrm{d}v.$$

2. 平面薄片、空间立体的质心

由静力学知,一个质点对一个轴(或平面)的静力矩等于质点的质量与该点到轴(或平面)的距离的乘积,一个质点系 $P_i(i=1,2,\cdots,n)$ 对轴(或平面)的静力矩为这 n 个质点对轴(或平面)的静力矩之和.

先讨论平面薄片的质心.

设在 xOy 平面上有 n 个质点,它们分别位于点 $(x_1,y_1),(x_2,y_2),\cdots,(x_n,y_n)$ 处,质量分别为 $m_1,m_2,\cdots,m_n$. 由力学知道,该质点系的质心的坐标为

$$\bar{x} = \frac{M_y}{M} = \frac{\sum\limits_{i=1}^n m_i x_i}{\sum\limits_{i=1}^n m_i}, \quad \bar{y} = \frac{M_x}{M} = \frac{\sum\limits_{i=1}^n m_i y_i}{\sum\limits_{i=1}^n m_i},$$

其中 $M = \sum\limits_{i=1}^n m_i$ 为该质点系的总质量,而

$$M_y = \sum_{i=1}^n m_i x_i, \quad M_x = \sum_{i=1}^n m_i y_i,$$

分别为该质点系对 y 轴和 x 轴的**静力矩**.

设有一平面薄片,占有 xOy 面上的闭区域 D,在点 (x,y) 处的面密度为 $\mu(x,y)$,假定 $\mu(x,y)$ 在 D 上连续. 现在要找该薄片的质心的坐标.

在 D 上任取一直径很小的闭区域 $\mathrm{d}\sigma$(其面积也记为 $\mathrm{d}\sigma$),$(x,y) \in \mathrm{d}\sigma$,考虑到 $\mathrm{d}\sigma$ 直径很小且 $\mu(x,y)$ 在 D 上连续,则相应于 $\mathrm{d}\sigma$ 的质量为 $\mathrm{d}m = \mu(x,y)\mathrm{d}\sigma$,该小区域可近似看作一个质点集中在点 (x,y) 上,它对 y 轴和 x 轴的静力矩 $\mathrm{d}M_y$ 和 $\mathrm{d}M_x$ 为

$$\mathrm{d}M_y = x\mu(x,y)\mathrm{d}\sigma, \quad \mathrm{d}M_x = y\mu(x,y)\mathrm{d}\sigma.$$

以这些元素为被积表达式,在区域 D 上积分,便得静力矩

$$M_y = \iint\limits_D x\mu(x,y)\mathrm{d}\sigma, \quad M_x = \iint\limits_D y\mu(x,y)\mathrm{d}\sigma.$$

所以,薄片的质心的坐标为

$$\bar{x} = \frac{M_y}{M} = \frac{\iint\limits_D x\mu(x,y)\mathrm{d}\sigma}{\iint\limits_D \mu(x,y)\mathrm{d}\sigma}, \quad \bar{y} = \frac{M_x}{M} = \frac{\iint\limits_D y\mu(x,y)\mathrm{d}\sigma}{\iint\limits_D \mu(x,y)\mathrm{d}\sigma},$$

其中 $M = \iint\limits_D \mu(x,y)\mathrm{d}\sigma$ 为薄片质量.

如果薄片是均匀的,即面密度为常数,则上式中可把 μ 提到积分记号外面并从分子、分母中约去,这样便得均匀薄片的质心的坐标为

$$\bar{x} = \frac{1}{A}\iint\limits_D x\mathrm{d}\sigma, \quad \bar{y} = \frac{1}{A}\iint\limits_D y\mathrm{d}\sigma, \tag{11.28}$$

其中 $A = \iint\limits_D \mathrm{d}\sigma$ 为闭区域 D 的面积. 这时薄片的质心完全由闭区域 D 的形状所决定. 我们把均匀薄片的质心叫做**这平面薄片所占的平面图形的形心**. 因此,平面图形 D 的形心的坐标,就可用式(11.28)计算.

对于空间物体,求质心的方法与平面薄片的情况类似,只需把对坐标轴的静力矩改为对坐标平面的静力矩. 此时,占有空间有界闭区域 Ω,在点 (x,y,z) 处的体密度为 $\mu(x,y,z)$(假定 $\mu(x,y,z)$ 在 Ω 上连续)的物体的质心坐标为

$$\bar{x} = \frac{M_{yz}}{M} = \frac{1}{M}\iiint\limits_\Omega x\mu(x,y,z)\mathrm{d}v, \quad \bar{y} = \frac{M_{zx}}{M} = \frac{1}{M}\iiint\limits_\Omega y\mu(x,y,z)\mathrm{d}v,$$

$$\bar{z} = \frac{M_{xy}}{M} = \frac{1}{M}\iiint\limits_\Omega z\mu(x,y,z)\mathrm{d}v, \tag{11.29}$$

其中 $M = \iiint\limits_\Omega \mu(x,y,z)\mathrm{d}v$ 为空间物体的质量. 当空间物体是均匀的,可用(11.29)式求空间区域 Ω 的形心.

例 4 求位于两圆 $\rho = 2\sin\theta$ 和 $\rho = 4\sin\theta$ 之间的均匀薄片的质心(如图 11-45).

解 因为闭区域 D 对称于 y 轴,所以质心 $C(\bar{x},\bar{y})$ 必位于 y 轴上,于是 $\bar{x} = 0$.

再计算 $\bar{y} = \dfrac{1}{A}\iint\limits_D y\mathrm{d}\sigma$,因为闭区域 D 位于半径为 1 和半径为 2 的两圆之间,所以它的面积等于两个圆面积之差,即

$$A = \iint\limits_D \mathrm{d}\sigma = \pi \cdot 2^2 - \pi \cdot 1^2 = 3\pi.$$

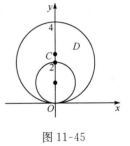

图 11-45

又

$$\iint\limits_D y\mathrm{d}\sigma = \iint\limits_D \rho^2\sin\theta\mathrm{d}\rho\mathrm{d}\theta = \int_0^\pi \sin\theta\mathrm{d}\theta\int_{2\sin\theta}^{4\sin\theta} \rho^2\mathrm{d}\rho = 7\pi,$$

所以

$$\bar{y} = \frac{1}{A}\iint\limits_D y\mathrm{d}\sigma = \frac{7\pi}{3\pi} = \frac{7}{3},$$

所求质心是 $C\left(0, \dfrac{7}{3}\right)$.

例 5 计算 $\iint\limits_{D}(3x+2y)\mathrm{d}\sigma$，其中 D 为直线 $x=0,y=0$ 及 $x+y=2$ 所围成的闭区域.

解 积分区域 D 如图 11-46 所示.注意到积分区域 D 关于 $y=x$ 对称,则

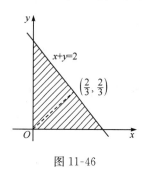

$$\iint\limits_{D}x\mathrm{d}\sigma=\iint\limits_{D}y\mathrm{d}\sigma.$$

三角形的形心位于其三中线的交点处,即 $\left(\dfrac{2}{3},\dfrac{2}{3}\right)$ 为形心,于是

$$\iint\limits_{D}(3x+2y)\mathrm{d}\sigma=\iint\limits_{D}5y\mathrm{d}\sigma=5\cdot\frac{1}{2}\cdot2\cdot2\cdot\frac{2}{3}=\frac{20}{3}.$$

图 11-46

例 6 求由曲面 $z=\sqrt{x^2+y^2}$ 及平面 $z=1$ 所围均匀立体的质心.

解 由对称性知,质心在 z 轴上,即 $\bar{x}=0,\bar{y}=0$. 又圆锥体的体积为 $V=\dfrac{\pi}{3}$,则

$$\bar{z}=\frac{1}{V}\iiint\limits_{\Omega}z\mathrm{d}v=\frac{3}{\pi}\int_0^{2\pi}\mathrm{d}\theta\int_0^1\rho\mathrm{d}\rho\int_{\rho}^1z\mathrm{d}z$$

$$=\frac{3}{\pi}\cdot\frac{1}{2}\int_0^{2\pi}\mathrm{d}\theta\int_0^1\rho(1-\rho^2)\mathrm{d}\rho=\frac{3}{4},$$

即所求的质心坐标为 $\left(0,0,\dfrac{3}{4}\right)$.

例 7 计算积分 $\iiint\limits_{\Omega}(x+2y+3z)\mathrm{d}v$,其中 Ω 为球形区域

$$(x-a)^2+(y-b)^2+(z-c)^2\leqslant R^2.$$

解 若直接化为三次积分来计算,则较为麻烦,下面利用质心公式(11.29)来计算.因为积分区域是球心在点 (a,b,c),半径为 R 的球体.显然,均匀球体的质心就是球心,所以质心的横坐标 $\bar{x}=a$.对于均匀物体,有 $\bar{x}=\dfrac{1}{V}\iiint\limits_{\Omega}x\mathrm{d}v$,也就是 $\iiint\limits_{\Omega}x\mathrm{d}v=\bar{x}V$,所以

$$\iiint\limits_{\Omega}x\mathrm{d}v=\bar{x}V=\frac{4\pi R^2}{3}a.$$

同理可得

$$\iiint\limits_{\Omega}y\mathrm{d}v=\bar{y}V=\frac{4\pi R^2}{3}b,\quad\iiint\limits_{\Omega}z\mathrm{d}v=\bar{z}V=\frac{4\pi R^2}{3}c.$$

所以有

$$\iiint\limits_{\Omega}(x+2y+3z)\mathrm{d}v=\frac{4\pi R^2}{3}(a+2b+3c).$$

3. 转动惯量

由静力学知,一个质点对一个轴(或平面)的**转动惯量**等于质点的质量与该点到轴(或平面)的距离的平方的乘积,一个质点系 $P_i(i=1,2,\cdots,n)$ 对轴(或平面)的转动惯量为这 n 个质点对轴(或平面)的转动惯量之和.

现在讨论几何形体对轴(或平面)的转动惯量,下面以平面薄片的情形为例.

设有一块面密度为 $\mu(x,y)$ 的平面薄片位于 xOy 面上,所占区域为 D,且假定 $\mu(x,y)$ 在 D 上连续. 应用元素法,在 D 上任取一直径很小的区域 $\mathrm{d}\sigma$(这小区域的面积也记为 $\mathrm{d}\sigma$),$(x,y)\in\mathrm{d}\sigma$,把 $\mathrm{d}\sigma$ 近似看作一个质点,且 $\mu(x,y)$ 在 D 上连续,所以该薄片对于 x 轴、y 轴以及坐标原点 O 的转动惯量元素分别为

$$\mathrm{d}I_x=y^2\mu(x,y)\mathrm{d}\sigma,\quad \mathrm{d}I_y=x^2\mu(x,y)\mathrm{d}\sigma,\quad \mathrm{d}I_o=(x^2+y^2)\mu(x,y)\mathrm{d}\sigma.$$

以这些元素为被积表达式,在区域 D 上积分,便得

$$I_x=\iint\limits_D y^2\mu(x,y)\mathrm{d}\sigma,\quad I_y=\iint\limits_D x^2\mu(x,y)\mathrm{d}\sigma,\quad I_o=\iint\limits_D (x^2+y^2)\mu(x,y)\mathrm{d}\sigma.$$

显然

$$I_o=I_x+I_y.$$

类似地,占有空间有界闭区域 Ω,在点 (x,y,z) 处的体密度为 $\mu(x,y,z)$(假定 $\mu(x,y,z)$ 在 Ω 上连续)的物体对于 x,y,z 轴及坐标原点 O 的转动惯量分别为

$$I_x=\iiint\limits_\Omega (y^2+z^2)\mu(x,y,z)\mathrm{d}v,\quad I_y=\iiint\limits_\Omega (z^2+x^2)\mu(x,y,z)\mathrm{d}v,$$

$$I_z=\iiint\limits_\Omega (x^2+y^2)\mu(x,y,z)\mathrm{d}v,\quad I_o=\iiint\limits_\Omega (x^2+y^2+z^2)\mu(x,y,z)\mathrm{d}v.$$

例 8　求半径为 a 的均匀半圆薄片(面密度为常量 μ)对于直径边的转动惯量.

解　取坐标系如图 11-47 所示,则薄片所占闭区域

$$D=\{(x,y)\mid x^2+y^2\leqslant a^2,y\geqslant 0\}.$$

而所求转动惯量即半圆薄片对于 x 轴的转动惯量为

$$\begin{aligned}
I_x&=\iint\limits_D \mu y^2\mathrm{d}\sigma=\mu\iint\limits_D \rho^3\sin^2\theta\mathrm{d}\rho\mathrm{d}\theta\\
&=\mu\int_0^\pi\mathrm{d}\theta\int_0^a\rho^3\sin^2\theta\mathrm{d}\rho\\
&=\mu\cdot\frac{a^4}{4}\int_0^\pi\sin^2\theta\mathrm{d}\theta=\frac{1}{4}Ma^2,
\end{aligned}$$

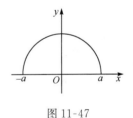

图 11-47

其中 $M=\dfrac{1}{2}\pi a^2\mu$ 为半圆薄片的质量.

例 9　求一体密度为 $\mu(x,y,z)=\sqrt{x^2+y^2+z^2}$ 的球体 $x^2+y^2+z^2\leqslant a^2$ 关于 z 轴和原点 O 的转动惯量.

解　球体关于 z 轴和原点 O 的转动惯量分别为

$$\begin{aligned}
I_z&=\iiint\limits_\Omega (x^2+y^2)\sqrt{x^2+y^2+z^2}\mathrm{d}v\\
&=\int_0^{2\pi}\mathrm{d}\theta\int_0^\pi\sin^3\varphi\mathrm{d}\varphi\int_0^a r^5\mathrm{d}r=2\pi\cdot\frac{4}{3}\cdot\frac{a^6}{6}=\frac{4\pi}{9}a^6
\end{aligned}$$

和

$$\begin{aligned}
I_o&=\iiint\limits_\Omega (x^2+y^2+z^2)\sqrt{x^2+y^2+z^2}\mathrm{d}v\\
&=\int_0^{2\pi}\mathrm{d}\theta\int_0^\pi\sin\varphi\mathrm{d}\varphi\int_0^a r^5\mathrm{d}r=2\pi\cdot 2\cdot\frac{a^6}{6}=\frac{2\pi}{3}a^6.
\end{aligned}$$

4. 引力

下面讨论空间一物体对于物体外一点 $P_0(x_0,y_0,z_0)$ 处的单位质量的质点的引力问题.

设物体占有空间有界闭区域 Ω,它在点 (x,y,z) 处的密度为 $\mu(x,y,z)$,并假定 $\mu(x,y,z)$ 在 Ω 上连续. 在物体内任取一点 (x,y,z) 及包含该点的一直径很小的闭区域 dv(其体积也记为 dv). 把这一小块物体的质量 μdv 近似地看作集中在点 (x,y,z) 处. 于是按两质点间的引力公式,可得这一小块物体对位于 $P_0(x_0,y_0,z_0)$ 处的单位质量的质点的引力近似地为

$$d\boldsymbol{F}=(dF_x,dF_y,dF_z)$$

$$=\left(G\frac{\mu(x,y,z)(x-x_0)}{r^3}dv,G\frac{\mu(x,y,z)(y-y_0)}{r^3}dv,G\frac{\mu(x,y,z)(z-z_0)}{r^3}dv\right),$$

其中 dF_x,dF_y,dF_z 为引力元素 $d\boldsymbol{F}$ 在三个坐标轴上的分量,G 为引力常数,$r=\sqrt{(x-x_0)^2+(y-y_0)^2+(z-z_0)^2}$. 将 dF_x,dF_y,dF_z 在 Ω 上分别积分,即可得

$$\boldsymbol{F}=(F_x,F_y,F_z)$$

$$=\left(\iiint_\Omega G\frac{\mu(x,y,z)(x-x_0)}{r^3}dv,\iiint_\Omega G\frac{\mu(x,y,z)(y-y_0)}{r^3}dv,\iiint_\Omega G\frac{\mu(x,y,z)(z-z_0)}{r^3}dv\right).$$

若考虑平面薄片对薄片外一点 $P_0(x_0,y_0,z_0)$ 处的单位质量的质点的引力,设平面薄片占有 xOy 面上的有界闭区域 D,在点 (x,y) 处的面密度为 $\mu(x,y)$,那么只需将上式中的 $\mu(x,y,z)$ 换成面密度 $\mu(x,y)$,将 Ω 上的三重积分换成 D 上的二重积分,就可得到相应的计算公式.

例 10 设半径为 R 的匀质球占有空间闭区域

$$\Omega=\{(x,y,z)\,|\,x^2+y^2+z^2\leqslant R^2\},$$

求它对于位于点 $M_0(0,0,a)(a>R)$ 处的单位质量的质点的引力.

解 设球的密度为 μ_0,由球体的对称性及质量分布的均匀性知 $F_x=F_y=0$,所求引力沿 z 轴的分量为

$$F_z=\iiint_\Omega G\mu_0\frac{z-a}{[x^2+y^2+(z-a)^2]^{3/2}}dv$$

$$=G\mu_0\int_{-R}^R(z-a)dz\iint_{x^2+y^2\leqslant R^2-z^2}\frac{dxdy}{[x^2+y^2+(z-a)^2]^{3/2}}$$

$$=G\mu_0\int_{-R}^R(z-a)dz\int_0^{2\pi}d\theta\int_0^{\sqrt{R^2-z^2}}\frac{\rho d\rho}{[\rho^2+(z-a)^2]^{3/2}}$$

$$=2\pi G\mu_0\int_{-R}^R(z-a)\left(\frac{1}{a-z}-\frac{1}{\sqrt{R^2-2az+a^2}}\right)dz$$

$$=2\pi G\mu_0\left[-2R+\frac{1}{a}\int_{-R}^R(z-a)d\sqrt{R^2-2az+a^2}\right]$$

$$=2G\pi\mu_0\left(-2R+2R-\frac{2R^3}{3a^2}\right)$$

$$=-G\cdot\frac{4\pi R^3}{3a^2}\mu_0=-G\cdot\frac{M}{a^2},$$

其中 $M=\dfrac{4\pi R^3}{3}\mu_0$ 为球的质量.

上述结果表明：匀质球对球外一质点的引力如同球的质量集中于球心时两质点间的引力.

习 题 11.6

1. 求球面 $x^2+y^2+z^2=a^2$ 含在圆柱面 $x^2+y^2=ax$ 内部的那部分面积.

2. 求锥面 $z=\sqrt{x^2+y^2}$ 被柱面 $z^2=2x$ 所割下部分的曲面面积.

3. 设薄片所占的闭区域 D 如下,求均匀薄片的质心：

(1) D 是半椭圆形闭区域 $\left\{(x,y)\,\Big|\,\dfrac{x^2}{a^2}+\dfrac{y^2}{b^2}\leqslant 1,y\geqslant 0\right\}$;

(2) D 是介于两个圆 $\rho=a\cos\theta,\rho=b\cos\theta(0<a<b)$ 之间的闭区域.

4. 设平面薄片所占的闭区域 D 由抛物线 $y=x^2$ 及直线 $y=x$ 所围成,它在点 (x,y) 处的面密度是 $\mu(x,y)=x^2y$,求该薄片的质心.

5. 设有一等腰直角三角形薄片,腰长为 a,各点处的面密度等于该点到直角顶点的距离的平方,求此薄片的质心.

6. 利用三重积分计算下列由曲面所围立体的质心(设密度 $\mu=1$)：

(1) $z^2=x^2+y^2,z=1$;

*(2) $z=\sqrt{A^2-x^2-y^2},z=\sqrt{a^2-x^2-y^2}(A>a>0),z=0$;

(3) $z^2=x^2+y^2,x+y=a,x=0,y=0,z=0$.

*7. 设球体占有闭区域 $\Omega=\{(x,y,z)\,|\,x^2+y^2+z^2\leqslant 2Rz\}$,它在内部各点处的密度的大小等于该点到坐标原点的距离的平方,试求这球体的质心.

8. 设均匀薄片(面密度为常数 1)所占区域 D 如下,求指定的转动惯量：

(1) $D=\left\{(x,y)\,\Big|\,\dfrac{x^2}{a^2}+\dfrac{y^2}{b^2}\leqslant 1\right\}$,求 I_y.

(2) D 为矩形闭区域 $\{(x,y)\,|\,0\leqslant x\leqslant a,0\leqslant y\leqslant b\}$,求 I_x 和 I_y.

9. 一均匀物体(密度为 1)由曲面 $z=x^2+y^2$ 及平面 $z=1$ 所围成,求 I_z.

10. 一均匀物体(密度 μ 为常数)占有闭区域 Ω 由曲面 $z=x^2+y^2$ 和平面 $z=0$, $|x|=a$, $|y|=a$ 所围成.(1) 求物体的体积;(2) 求物体的质心;(3) 求物体关于 z 轴的转动惯量.

11. 求半径为 a,高为 h 的均匀圆柱体对于过中心而平行于母线的轴的转动惯量(设密度 $\mu=1$).

12. 设面密度为常量 μ 的匀质半圆环形薄片占有闭区域 $D=\{(x,y,0)\,|\,R_1\leqslant\sqrt{x^2+y^2}\leqslant R_2,x\geqslant 0\}$,求它对位于 z 轴上点 $M_0(0,0,a)(a>0)$ 处单位质量的质点的引力 $\boldsymbol{F}$.

13. 设均匀柱体密度为 μ,占有闭区域 $\Omega=\{(x,y,z)\,|\,x^2+y^2\leqslant R^2,0\leqslant z\leqslant h\}$,求它对位于 z 轴上点 $M_0(0,0,a)(a>h)$ 处单位质量的质点的引力 $\boldsymbol{F}$.

本 章 小 结

本章介绍了二重积分、三重积分的概念、计算方法及其在几何、物理中的一些应用.

与定积分类似,二重积分、三重积分都表现为特殊的和式极限,其处理问题的思想方法也类似于定积分,如定积分中"以直代曲",即以矩形面积近似替代曲边梯形面积,而二重积分中,以平顶柱体体积近似替代曲顶柱体的体积.重积分和定积分还具有类似的性质. 所不同的是,定积分中积分区域是数轴上的区间,被积函数是一元函数;二重积分中积分区域是平面区域,被积函数是二元函数;三重积分中积分区域是空间区域,被积函数是三元函数.

一、内容概要

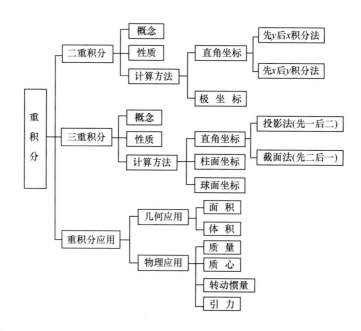

二、解题指导

1. 对于给定的二重积分 $\iint\limits_{D} f(x,y)\mathrm{d}\sigma$,究竟是用直角坐标还是极坐标来计算,主要从被积函数和积分区域来考虑:

(1) 当积分区域为圆域、环形域、扇形域,可考虑用极坐标来计算.

(2) 当积分区域为多边形或直线与一般曲线围成时,可考虑用直角坐标来计算.

(3) 当被积函数形如 $f(x^2+y^2)$ 或 $f\left(\dfrac{x}{y}\right)$ 时,可考虑用极坐标来计算.

需要强调的是,无论是用直角坐标还是极坐标来计算二重积分,均需要画出积分区域的图形,这样更有利于确定积分限.

2. 对于三重积分 $\iiint\limits_{\Omega} f(x,y,z)\mathrm{d}v$,有三种计算方法:利用直角坐标计算(投影法和截面法)、利用柱面坐标计算及利用球面坐标计算. 具体计算时,到底选哪一种方法要视被积函数的特征与积分区域的形状来确定.

(1) 一般情况下,当积分区域为正方体、长方体及一般的多面体或用一般形式的函数表示时,可考虑选择投影法计算;

(2) 如被积函数是一个变量的函数,而平行于该变量的平面与 Ω 的截面又是该变量的函数且易于计算其面积时,可考虑选择截面法来计算;

(3) 如积分区域 Ω 为柱形区域,或其投影区域适合极坐标表示或被积函数含投影域坐标的二次式 $\left($如 $x^2+y^2,\dfrac{y}{x}\right)$ 时,可考虑选择用柱面坐标计算;

(4) 如积分区域 Ω 为球形区域及其部分或被积函数含 $x^2+y^2+z^2$,可考虑选择用球面坐标来计算.

仍要强调的是,计算三重积分时,空间区域 Ω 的图形一定要尽可能地画出来,正确的画出或想象出 Ω 的图形就等于三重积分的计算完成了一半.

3. 计算二、三重积分时,正确地利用积分的对称性,可使计算大大地简化,但要注意的是,只有当积分区域具有对称性同时被积函数关于某个变量具有奇偶性,才可使用对称性.

4. 在本章重积分的应用部分主要介绍了重积分在几何与物理中的应用,公式较多,我们可以直接利用公式,也可根据微元法的思想自己推导公式计算.

复 习 题 11

1. 选择以下各题中给出的四个结论中的一个正确的结论:

(1) 设 D 是圆域 $x^2+y^2 \leqslant a^2 (a>0)$,$D_1$ 是 D 在第一象限的部分区域,则积分 $\iint\limits_{D}(x+y+1)\mathrm{d}\sigma$ 等于(   );

(A) $4\iint\limits_{D_1}(x+y+1)\mathrm{d}\sigma$ 　　　　　　(B) $\iint\limits_{D_1}(x+y+1)\mathrm{d}\sigma$

(C) πa^2 　　　　　　(D) 0

(2) 设 D 是 xOy 平面上以 $(1,1)$,$(-1,1)$ 和 $(-1,-1)$ 为顶点的三角形区域,D_1 是 D 在第一象限的部分区域,则积分 $\iint\limits_{D}(xy+\cos x\sin y)\mathrm{d}x\mathrm{d}y$ 等于(   );

(A) $2\iint\limits_{D_1}\cos x\sin y\mathrm{d}x\mathrm{d}y$ 　　　　　　(B) $2\iint\limits_{D_1}xy\mathrm{d}x\mathrm{d}y$

(C) $2\iint\limits_{D_1}(xy+\cos x\sin y)\mathrm{d}x\mathrm{d}y$ 　　　　　　(D) 0

(3) 设有空间闭区域 $\Omega_1=\{(x,y,z)\,|\,x^2+y^2+z^2 \leqslant R^2, z \geqslant 0\}$,$\Omega_2=\{(x,y,z)\,|\,x^2+y^2+z^2 \leqslant R^2, x \geqslant 0, y \geqslant 0, z \geqslant 0\}$,则有(   );

(A) $\iiint\limits_{\Omega_1}x\mathrm{d}v=4\iiint\limits_{\Omega_2}x\mathrm{d}v$ 　　　　　　(B) $\iiint\limits_{\Omega_1}y\mathrm{d}v=4\iiint\limits_{\Omega_2}y\mathrm{d}v$

(C) $\iiint\limits_{\Omega_1}z\mathrm{d}v=4\iiint\limits_{\Omega_2}z\mathrm{d}v$ 　　　　　　(D) $\iiint\limits_{\Omega_1}xyz\mathrm{d}v=4\iiint\limits_{\Omega_2}xyz\mathrm{d}v$

(4) 设 $f(x)$ 为连续函数,$F(t)=\int_1^t\mathrm{d}y\int_y^t f(x)\mathrm{d}x(t>1)$,则 $F'(2)=$(   );

(A) $2f(2)$ 　　　　(B) $f(2)$ 　　　　(C) $-f(2)$ 　　　　(D) 0

(5) 设 $I=\iint\limits_{D}|xy|\mathrm{d}\sigma$,其中 $D=\{(x,y)\,|\,x^2+y^2 \leqslant a^2\}$,则 $I=$(   );

(A) $\dfrac{a^4}{4}$ 　　　　(B) $\dfrac{a^4}{3}$ 　　　　(C) $\dfrac{a^4}{2}$ 　　　　(D) a^4

(6) 设 $I=\iint\limits_{D}(x+y)\mathrm{d}\sigma$,其中 $D=\{(x,y)\,|\,x^2+y^2 \leqslant x+y\}$,则 $I=$(   );

(A) $\dfrac{\pi}{2}$ (B) $\dfrac{\pi}{3}$ (C) $\dfrac{\pi}{4}$ (D) $\dfrac{\pi}{8}$

(7) 设 $f(u)$ 有连续导函数且 $f(0)=0$, 则 $\lim\limits_{t\to 0^+}\dfrac{1}{\pi t^4}\iiint\limits_{\Omega}f(\sqrt{x^2+y^2+z^2})\mathrm{d}v=($ $)$, 其中 $\Omega=\{(x,y,z)\,|\,x^2+y^2+z^2\leqslant t^2,t>0\}$;

(A) $4f'(0)$ (B) $f'(0)$ (C) $\dfrac{1}{4}f'(0)$ (D) $\dfrac{1}{3}f'(0)$

(8) 设 $\displaystyle\int_1^e \mathrm{d}x\int_0^{\ln x}f(x,y)\mathrm{d}y$, 交换积分次序后为(   );

(A) $\displaystyle\int_1^e \mathrm{d}y\int_0^{\ln x}f(x,y)\mathrm{d}x$ (B) $\displaystyle\int_{e^y}^e \mathrm{d}y\int_0^1 f(x,y)\mathrm{d}x$

(C) $\displaystyle\int_0^{\ln x}\mathrm{d}y\int_1^e f(x,y)\mathrm{d}x$ (D) $\displaystyle\int_0^1 \mathrm{d}y\int_{e^y}^e f(x,y)\mathrm{d}x$

(9) 曲面 $x^2+y^2+z^2=2z$ 之内及曲面 $z=x^2+y^2$ 之外所围的立体体积 $V=($);

(A) $\displaystyle\int_0^{2\pi}\mathrm{d}\theta\int_0^1 \rho\,\mathrm{d}\rho\int_{\rho^2}^{1-\rho^2}\mathrm{d}z$ (B) $\displaystyle\int_0^{2\pi}\mathrm{d}\theta\int_0^\rho \rho\,\mathrm{d}\rho\int_\rho^{1-\sqrt{1-\rho^2}}\mathrm{d}z$

(C) $\displaystyle\int_0^{2\pi}\mathrm{d}\theta\int_0^1 \rho\,\mathrm{d}\rho\int_{\rho^2}^{1-\rho}\mathrm{d}z$ (D) $\displaystyle\int_0^{2\pi}\mathrm{d}\theta\int_0^1 \rho\,\mathrm{d}\rho\int_{1-\sqrt{1-\rho^2}}^{\rho^2}\mathrm{d}z$

(10) 设 $f(x,y)$ 连续, 且 $f(x,y)=xy+\iint\limits_D f(u,v)\mathrm{d}u\mathrm{d}v$, 其中 D 是由 $y=0,y=x^2$, $x=1$ 所围区域, 则 $f(x,y)$ 等于(   ).

(A) xy (B) $2xy$ (C) $xy+\dfrac{1}{8}$ (D) $xy+1$

2. 计算下列二重积分:

(1) $\displaystyle\iint\limits_D (1+x)\sin y\,\mathrm{d}x\mathrm{d}y$, 其中 D 是一顶点分别为 $(0,0),(1,0),(1,2)$ 和 $(0,1)$ 的梯形区域;

(2) $\displaystyle\iint\limits_D (x^2+2\sin x+3y+4)\mathrm{d}x\mathrm{d}y$, 其中 $D=\{(x,y)\,|\,x^2+y^2\leqslant a^2\}$;

(3) $\displaystyle\iint\limits_D xy\,\mathrm{d}\sigma$, 其中 D 是由曲线 $y=\sqrt{1-x^2}$, $x^2+(y-1)^2=1$ 与 y 轴所围成的在右上方的区域;

(4) $\displaystyle\iint\limits_D \mathrm{e}^{\frac{y}{x+y}}\mathrm{d}\sigma$, 其中 D 是由 $x=0,y=0$ 及 $x+y=1$ 所围成的平面区域;

(5) $\displaystyle\iint\limits_D |x^2+y^2-2x|\,\mathrm{d}\sigma$, 其中 $D=\{(x,y)\,|\,x^2+y^2\leqslant 4\}$.

3. 交换下列二次积分的次序:

(1) $\displaystyle\int_0^4 \mathrm{d}y\int_{-\sqrt{4-y}}^{\frac{1}{2}(y-4)}f(x,y)\mathrm{d}x$;

(2) $\displaystyle\int_0^1 \mathrm{d}y\int_0^{2y}f(x,y)\mathrm{d}x+\int_1^3 \mathrm{d}y\int_0^{3-y}f(x,y)\mathrm{d}x$;

(3) $\displaystyle\int_0^1 \mathrm{d}x\int_{\sqrt{x}}^{1+\sqrt{1-x^2}}f(x,y)\mathrm{d}y$.

4. 证明:

$$\int_0^a \mathrm{d}y \int_0^y \mathrm{e}^{m(a-x)} f(x) \mathrm{d}x = \int_0^a (a-x) \mathrm{e}^{m(a-x)} f(x) \mathrm{d}x.$$

5. 把积分 $\iint\limits_D f(x,y)\mathrm{d}x\mathrm{d}y$ 表示为极坐标形式的二次积分,其中积分域 $D = \{(x,y) \mid x^2 \leqslant y \leqslant 1, -1 \leqslant x \leqslant 1\}$.

6. 设函数 $f(x,y)$ 在闭区域 $D = \{(x,y) \mid x^2 + y^2 \leqslant y, x \geqslant 0\}$ 上连续,且

$$f(x,y) = \sqrt{1-x^2-y^2} - \frac{8}{\pi}\iint\limits_D f(x,y)\mathrm{d}x\mathrm{d}y,$$

求 $f(x,y)$.

7. 把积分 $\iiint\limits_\Omega f(x,y,z)\mathrm{d}x\mathrm{d}y\mathrm{d}z$ 化为三次积分,其中积分区域 Ω 是由曲面 $z = x^2 + y^2$, $y = x^2$ 及平面 $y = 1, z = 0$ 所围成的闭区域.

8. 计算下列三重积分:

(1) $\iiint\limits_\Omega (x+y+z)\mathrm{d}x\mathrm{d}y\mathrm{d}z$,其中 Ω 是由平面 $x+y+z = 1$ 与三个坐标面所围成;

(2) $\iiint\limits_\Omega |z-x^2-y^2| \mathrm{d}v$,其中 $\Omega = \{(x,y,z) \mid x^2 + y^2 \leqslant 1, 0 \leqslant z \leqslant 1\}$;

(3) $\iiint\limits_\Omega (x+y+z)\mathrm{d}v$,其中 $\Omega = \{(x,y,z) \mid x^2 + y^2 \leqslant z^2, 0 \leqslant z \leqslant h\}$;

(4) $\iiint\limits_\Omega \dfrac{z\ln(x^2+y^2+z^2+1)}{x^2+y^2+z^2+1} \mathrm{d}v$,其中 Ω 是由球面 $x^2 + y^2 + z^2 = 1$ 所围成的闭区域;

(5) $\iiint\limits_\Omega (y^2+z^2)\mathrm{d}v$,其中 Ω 是由 xOy 平面上曲线 $y^2 = 2x$ 绕 x 轴旋转而成的曲面与平面 $x = 5$ 所围成的区域;

(6) $\iiint\limits_\Omega (x+y+z)^2 \mathrm{d}v$,其中 Ω 为球体 $x^2 + y^2 + z^2 \leqslant R^2$.

9. 设函数 $f(x)$ 连续且恒大于零,

$$F(t) = \frac{\iiint\limits_{\Omega(t)} f(x^2+y^2+z^2)\mathrm{d}v}{\iint\limits_{D(t)} f(x^2+y^2)\mathrm{d}\sigma}, \quad G(t) = \frac{\iint\limits_{D(t)} f(x^2+y^2)\mathrm{d}\sigma}{\int_{-t}^t f(x^2)\mathrm{d}x},$$

其中 $\Omega(t) = \{(x,y,z) \mid x^2 + y^2 + z^2 \leqslant t^2\}, D(t) = \{(x,y) \mid x^2 + y^2 \leqslant t^2\}$.

(1) 讨论 $F(t)$ 在区间 $(0,+\infty)$ 内的单调性;

(2) 证明:当 $t > 0$ 时,$F(t) > \dfrac{2}{\pi}G(t)$.

10. 设函数 $f(x)$ 在区间 $[a,b]$ 上连续,且 $f(x) > 0$,证明:

(1) $\left(\int_a^b f(x)\mathrm{d}x\right)^2 \leqslant (b-a)\int_a^b f^2(x)\mathrm{d}x$; (2) $\int_a^b f(x)\mathrm{d}x \int_a^b \dfrac{\mathrm{d}x}{f(x)} \geqslant (b-a)^2$.

11. 求平面 $\dfrac{x}{a} + \dfrac{y}{b} + \dfrac{z}{c} = 1$ 被三个坐标面所割出的有限部分的面积.

12. 在均匀的半径为 R 的半圆形薄片的直径上,要接上一个一边与直径等长的同样材料的均匀矩形薄片,为了使整个均匀薄片的质心恰好落在圆心上,问接上去的均匀矩形薄片的另一边长度应是多少?

13. 求由抛物线 $y=x^2$ 及直线 $y=1$ 所围成的均匀薄片(面密度为常数 μ)对于直线 $y=-1$ 的转动惯量.

14. 求质量分布均匀的半个旋转椭球体 $\Omega=\left\{(x,y,z)\left|\dfrac{x^2+y^2}{a^2}+\dfrac{z^2}{b^2}\leqslant 1,z\geqslant 0\right.\right\}$ 的质心.

15. 求二重积分 $\displaystyle\iint\limits_{D}(x-y)\mathrm{d}x\mathrm{d}y$,其中 $D=\{(x,y)\mid (x-1)^2+(y-1)^2\leqslant 2,y\geqslant x\}$.

16. 设 $D=\{(x,y)\mid x^2+y^2\leqslant 2,x\geqslant 0,y\geqslant 0\}$,$[1+x^2+y^2]$ 表示不超过 $1+x^2+y^2$ 的最大整数. 计算二重积分 $\displaystyle\iint\limits_{D}xy[1+x^2+y^2]\mathrm{d}x\mathrm{d}y$.

第12章　曲线积分和曲面积分

在上一章中,我们已将积分的积分域从数轴上的区间推广到了平面上的区域和空间中的区域.本章将进一步把积分的积分域推广到平面和空间中的一段曲线或一片曲面的情形,相应的积分称为曲线积分和曲面积分,它是多元积分学的又一重要内容.本章将介绍曲线积分和曲面积分的概念及其计算方法,以及沟通上述几类积分内在联系的几个重要公式:格林公式、高斯公式和斯托克斯公式.

12.1　对弧长的曲线积分

12.1.1　对弧长的曲线积分的概念与性质

1. 引例

在设计曲线形构件时,为了合理使用材料,应该根据构件各部分受力情况,把构件上各点处的粗细程度设计的不完全一样,可认为这曲线形构件的线密度(单位长度的质量)是变量.

曲线形构件的质量　设曲线形构件所占的位置是 xOy 面内的一段曲线弧 L,它的端点是 A,B,曲线 L 上任一点 (x,y) 处的线密度 $\mu(x,y)$ 为曲线 L 上的连续函数,现在计算这曲线构件的质量 M.

如果构件的线密度是常量,那么该构件的质量就是它的线密度与长度的乘积.现在构件上各点处的线密度是变量,就不能用上面公式计算质量,为克服这个困难,仍可以用分割、近似、求和、取极限的分析方法来求其质量.

第一步,**分割**.用点 $A=M_0,M_1,M_2,\cdots,M_{n-1},M_n=B$ 把曲线 L 任意分成 n 个小段(如图 12-1)

$\overset{\frown}{M_{i-1}M_i}=\Delta s_i(i=1,2,\cdots,n)$($\Delta s_i$ 也表示第 i 个小弧段长度).

第二步,**近似**.在第 i 个小弧段 $\overset{\frown}{M_{i-1}M_i}$ 上任取一点 (ξ_i,η_i),当线密度 $\mu(x,y)$ 是 L 上的连续函数且分割充分细密时,可用曲线 L 在该点的线密度 $\mu(\xi_i,\eta_i)$ 去近似代替这一小弧段上各点处的线密度,于是小弧段的质量

$$\Delta M_i \approx \mu(\xi_i,\eta_i)\Delta s_i(i=1,2,\cdots,n).$$

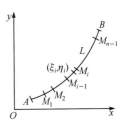

图 12-1

第三步,**求和**.整个曲线形构件的质量

$$M=\sum_{i=1}^{n}\Delta M_i \approx \sum_{i=1}^{n}\mu(\xi_i,\eta_i)\Delta s_i.$$

第四步,**取极限**.用 λ 表示 n 个小弧段的最大长度,即

$$\lambda=\max\{\Delta s_1,\Delta s_2,\cdots\Delta s_n\}.$$

为了计算 M 的精确值,取上式右端之和当 $\lambda\to0$ 时的极限,从而得到

$$M = \lim_{\lambda \to 0} \sum_{i=1}^{n} \mu(\xi_i, \eta_i) \Delta s_i.$$

这种和的极限在许多其他问题中也会遇到. 现在引进下面的定义.

2. 对弧长的曲线积分的定义和性质

定义　设 L 为 xOy 面内的一条光滑曲线弧,函数 $f(x, y)$ 在 L 上有界,在 L 上任意插入一点列 $M_1, M_2, \cdots, M_{n-1}$ 把 L 分成 n 个小弧段,设第 i 个小弧段的长度为 Δs_i,又 (ξ_i, η_i) 为第 i 个小弧段上任意取定的一点,作乘积 $f(\xi_i, \eta_i) \Delta s_i (i = 1, 2, \cdots, n)$,并作和 $\sum_{i=1}^{n} f(\xi_i, \eta_i) \Delta s_i$,如果当各小弧段的长度的最大值 $\lambda \to 0$ 时,这和的极限总存在,则称此极限值为函数 $f(x, y)$ 在曲线弧 L 上**对弧长的曲线积分**(curvilinear integral)或**第一类曲线积分**,记作

$$\int_L f(x, y) \mathrm{d}s = \lim_{\lambda \to 0} \sum_{i=1}^{n} f(\xi_i, \eta_i) \Delta s_i,$$

其中 $f(x, y)$ 叫做**被积函数**,L 叫做**积分曲线弧**.

对弧长的曲线积分作如下说明.

(i) 当函数 $f(x, y)$ 在光滑曲线弧 L 上连续时,曲线积分 $\int_L f(x, y) \mathrm{d}s$ 是存在的,以后总假定函数 $f(x, y)$ 在曲线 L 上是连续函数;

(ii) 根据对弧长的曲线积分的定义,引例中曲线形构件的质量 $M = \int_L \mu(x, y) \mathrm{d}s$;

(iii) 当 L 为封闭曲线时,记为 $\oint_L f(x, y) \mathrm{d}s$;

(iv) 上述定义可推广到积分弧段为空间曲线 Γ 的情形,即函数 $f(x, y, z)$ 在曲线 Γ 上对弧长的曲线积分

$$\int_\Gamma f(x, y, z) \mathrm{d}s = \lim_{\lambda \to 0} \sum_{i=1}^{n} f(\xi_i, \eta_i, \zeta_i) \Delta s_i$$

对弧长的曲线积分也有与定积分类似的性质,下面仅列出常用的几条性质.

性质 1　设 α, β 为常数,则

$$\int_L [\alpha f(x, y) \pm \beta g(x, y)] \mathrm{d}s = \alpha \int_L f(x, y) \mathrm{d}s \pm \beta \int_L g(x, y) \mathrm{d}s.$$

性质 2　设 L 由 L_1 和 L_2 两段光滑曲线组成(记为 $L_1 + L_2$),则

$$\int_L f(x, y) \mathrm{d}s = \int_{L_1} f(x, y) \mathrm{d}s + \int_{L_2} f(x, y) \mathrm{d}s.$$

若曲线弧 L 可分为有限段,而且每一段都是光滑的,我们就称曲线弧 L 是**分段光滑**的,在以后的讨论中总假定曲线弧 L 是光滑的或是分段光滑的.

性质 3　设在 L 上 $f(x, y) \leqslant g(x, y)$,则

$$\int_L f(x, y) \mathrm{d}s \leqslant \int_L g(x, y) \mathrm{d}s.$$

特别地,有

$$\left| \int_L f(x, y) \mathrm{d}s \right| \leqslant \int_L |f(x, y)| \mathrm{d}s.$$

性质 4(中值定理)　设函数 $f(x, y)$ 在光滑曲线弧 L 上连续,则在 L 上必存在一点

(ξ,η),使得

$$\int_L f(x,y)\mathrm{d}s = f(\xi,\eta)\cdot s,$$

其中 s 是曲线弧的长度.

3. 对弧长的曲线积分的应用

(1) 几何应用:若 $f(x,y)=1$ 时,则显然有

$$\int_L 1\cdot\mathrm{d}s = \int_L \mathrm{d}s = s\ (L\ \text{的弧长}).$$

(2) 物理应用:设曲线形构件占有 xOy 平面上一段曲线弧 L,且线密度 $\mu(x,y)$ 在 L 上连续,则

曲线形构件质量为 $M = \int_L \mu(x,y)\mathrm{d}s$;

曲线形构件质心坐标为 $\bar{x} = \dfrac{M_y}{M} = \dfrac{1}{M}\int_L x\mu(x,y)\mathrm{d}s, \bar{y} = \dfrac{M_x}{M} = \dfrac{1}{M}\int_L y\mu(x,y)\mathrm{d}s$;

曲线形构件转动惯量为 $I_x = \int_L y^2\mu(x,y)\mathrm{d}s, I_y = \int_L x^2\mu(x,y)\mathrm{d}s$.

12.1.2　对弧长的曲线积分的计算

定理 1　设函数 $f(x,y)$ 在光滑曲线弧 L 上有定义且连续,曲线 L 的参数方程为

$$\begin{cases} x=\varphi(t), \\ y=\psi(t) \end{cases} (\alpha\leqslant t\leqslant\beta),$$

其中 $\varphi(t),\psi(t)$ 在区间 $[\alpha,\beta]$ 上具有一阶连续导数,且 $\varphi'^2(t)+\psi'^2(t)\neq 0$,则曲线积分 $\int_L f(x,y)\mathrm{d}s$ 存在,且

$$\int_L f(x,y)\mathrm{d}s = \int_\alpha^\beta f[\varphi(t),\psi(t)]\sqrt{\varphi'^2(t)+\psi'^2(t)}\,\mathrm{d}t \quad (\alpha<\beta). \tag{12.1}$$

证明　假定当参数 t 由 α 变至 β 时,L 上的点 $M(x,y)$ 依点 A 至点 B 的方向描出曲线 L. 在 L 上取一列点

$$A=M_0, M_1, \cdots, M_{n-1}, M_n=B,$$

它们对应于一列单调增加的参数值

$$\alpha=t_0<t_1<\cdots<t_{n-1}<t_n=\beta.$$

根据对弧长曲线积分的定义,有

$$\int_L f(x,y)\mathrm{d}s = \lim_{\lambda\to 0}\sum_{i=1}^n f(\xi_i,\eta_i)\Delta s_i.$$

设点 (ξ_i,η_i) 对应的参数值为 τ_i,即 $\xi_i=\varphi(\tau_i),\eta_i=\psi(\tau_i)(t_{i-1}\leqslant\tau_i\leqslant t_i)$. 由于

$$\Delta s_i = \int_{t_{i-1}}^{t_i}\sqrt{[\varphi'(t)]^2+[\psi'(t)]^2}\mathrm{d}t,$$

应用积分中值定理,有

$$\Delta s_i = \sqrt{[\varphi'(\tau'_i)]^2+[\psi'(\tau'_i)]^2}\Delta t_i,$$

其中 $\Delta t_i=t_i-t_{i-1}, t_{i-1}\leqslant\tau'_i\leqslant t_i$,于是

$$\int_L f(x,y)\mathrm{d}s = \lim_{\lambda \to 0} \sum_{i=1}^n f[\varphi(\tau_i),\psi(\tau_i)]\sqrt{[\varphi'(\tau_i')]^2+[\psi'(\tau_i')]^2}\,\Delta t_i.$$

由于函数 $\varphi'^2(t)+\psi'^2(t)$ 在 $[\alpha,\beta]$ 上连续,将上式中 τ_i' 换成 τ_i,从而

$$\int_L f(x,y)\mathrm{d}s = \lim_{\lambda \to 0} \sum_{i=1}^n f[\varphi(\tau_i),\psi(\tau_i)]\sqrt{[\varphi'(\tau_i)]^2+[\psi'(\tau_i)]^2}\,\Delta t_i.$$

上式右端极限就是 $f[\varphi(t),\psi(t)]\sqrt{\varphi'^2(t)+\psi'^2(t)}$ 在 $[\alpha,\beta]$ 上的定积分,由于这个函数在 $[\alpha,\beta]$ 上连续,所以这个定积分存在.因此对弧长的曲线积分 $\int_L f(x,y)\mathrm{d}s$ 存在,并且有

$$\int_L f(x,y)\mathrm{d}s = \int_\alpha^\beta f[\varphi(t),\psi(t)]\sqrt{\varphi'^2(t)+\psi'^2(t)}\,\mathrm{d}t \quad (\alpha < \beta).$$

式(12.1)表明,计算对弧长曲线积分 $\int_L f(x,y)\mathrm{d}s$ 时,只要把 $x,y,\mathrm{d}s$ 依次换为 $\varphi(t)$, $\psi(t),\sqrt{\varphi'^2(t)+\psi'^2(t)}\,\mathrm{d}t$,然后从 α 到 β 作定积分即可.这里必须特别注意,定积分的下限 α 一定要小于上限 β,即 $\alpha < \beta$.这是因为,从上述推导中可以看出,由于小弧段的长度 Δs_i 总是正的,从而 $\Delta t_i > 0$,所以定积分的下限 α 一定要小于上限 β,但这里的 α(或 β)可能是点 A(或 B)对应的参数,也可能是点 B(或 A)对应的参数.

在学习弧微分时,对不同的曲线表达形式给出了各种不同的弧微分公式,对应地,对弧长的曲线积分也有不同形式的计算公式.

如果曲线 L 方程为 $y=\varphi(x)(a \leqslant x \leqslant b)$,则

$$\int_L f(x,y)\mathrm{d}s = \int_a^b f[x,\varphi(x)]\sqrt{1+\varphi'^2(x)}\,\mathrm{d}x; \tag{12.2}$$

如果曲线 L 方程为 $x=\psi(y)(c \leqslant y \leqslant d)$,则

$$\int_L f(x,y)\mathrm{d}s = \int_c^d f[\psi(y),y]\sqrt{1+\psi'^2(y)}\,\mathrm{d}y; \tag{12.3}$$

如果曲线 L 为极坐标形式,即 $\rho=\rho(\theta)(\alpha \leqslant \theta \leqslant \beta)$,则

$$\int_L f(x,y)\mathrm{d}s = \int_\alpha^\beta f(\rho\cos\theta,\rho\sin\theta)\sqrt{\rho^2(\theta)+\rho'^2(\theta)}\,\mathrm{d}\theta. \tag{12.4}$$

特别地,式(12.1)可推广到空间曲线 Γ 的情形,设 Γ 的参数方程为

$$x=\varphi(t),y=\psi(t),z=\omega(t) \quad (\alpha \leqslant t \leqslant \beta),$$

则

$$\int_\Gamma f(x,y,z)\mathrm{d}s = \int_\alpha^\beta f[\varphi(t),\psi(t),\omega(t)]\sqrt{\varphi'^2(t)+\psi'^2(t)+\omega'^2(t)}\,\mathrm{d}t. \tag{12.5}$$

类似于二重积分,对弧长的曲线积分也有对称性,以下仅列出其中一种情形的结论.

定理 2 设函数 $f(x,y)$ 和 L 满足定理 1 的条件,L 关于 x 轴对称,L_1 表示 L 的位于 x 轴上方的部分,则

(i) 若 $f(x,y)=f(x,-y)$,有

$$\int_L f(x,y)\mathrm{d}s = 2\int_{L_1} f(x,y)\mathrm{d}s;$$

(ii) 若 $f(x,y)=-f(x,-y)$,有

$$\int_L f(x,y)\mathrm{d}s = 0.$$

特别地,如果 L 关于直线 $y=x$ 对称,则有

$$\int_L f(x,y)\mathrm{d}s = \int_L f(y,x)\mathrm{d}s.$$

上式也称为对弧长的曲线积分的**轮换对称性**.

下面举例说明对弧长的曲线积分的计算方法.

例 1　计算曲线积分 $\int_L (x^2 + y^2)\mathrm{d}s$，其中 L 是圆心在 $(R,0)$，半径为 R 的上半圆周.

解　由于上半圆周的参数方程

$$x = R(1+\cos t),\quad y = R\sin t\quad(0\leqslant t\leqslant \pi),$$

所以，由式(12.1)得

$$\int_L (x^2+y^2)\mathrm{d}s = \int_0^\pi \left[R^2(1+\cos t)^2 + R^2\sin^2 t\right]\sqrt{(-R\sin t)^2 + (R\cos t)^2}\,\mathrm{d}t$$

$$= 2R^3\int_0^\pi (1+\cos t)\mathrm{d}t = 2R^3\left[t+\sin t\right]_0^\pi = 2\pi R^3.$$

例 2　计算半径为 R，中心角为 2α 的圆弧 L 对其对称轴的转动惯量 I(设线密度为 $\mu=1$).

解　取坐标系如图 12-2 所示，则

$$I = \int_L y^2\mathrm{d}s.$$

为了便于计算，取曲线 L 的参数方程为

$$x = R\cos t,\quad y = R\sin t\quad(-\alpha\leqslant t\leqslant\alpha),$$

则

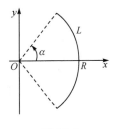

图 12-2

$$I = \int_{-\alpha}^{\alpha} R^2\sin^2 t\,\sqrt{(-R\sin t)^2 + (R\cos t)^2}\,\mathrm{d}t$$

$$= R^3\int_{-\alpha}^{\alpha}\sin^2 t\,\mathrm{d}t = \frac{R^3}{2}\int_{-\alpha}^{\alpha}(1-\cos 2t)\mathrm{d}t$$

$$= \frac{1}{2}R^3\left[t - \frac{1}{2}\sin 2t\right]\bigg|_{-\alpha}^{\alpha} = R^3(\alpha - \sin\alpha\cos\alpha).$$

例 3　计算曲线积分 $\int_L \sqrt{x^2+y^2}\,\mathrm{d}s$，其中 L 为圆周 $x^2+y^2 = ax$.

解　为了便于计算，取曲线 L 的极坐标方程为

$$\rho = a\cos\theta\left(-\frac{\pi}{2}\leqslant\theta\leqslant\frac{\pi}{2}\right),$$

于是有

$$\int_L \sqrt{x^2+y^2}\,\mathrm{d}s = \int_{-\frac{\pi}{2}}^{\frac{\pi}{2}} a\cos\theta\cdot\sqrt{(a\cos\theta)^2 + (-a\sin\theta)^2}\,\mathrm{d}\theta$$

$$= \int_{-\frac{\pi}{2}}^{\frac{\pi}{2}} a\cos\theta\cdot a\,\mathrm{d}\theta = a^2\int_{-\frac{\pi}{2}}^{\frac{\pi}{2}}\cos\theta\,\mathrm{d}\theta = 2a^2.$$

例 4　计算曲线积分 $I = \oint_\Gamma x^2\mathrm{d}s$，其中 Γ 为球面 $x^2+y^2+z^2 = a^2$ 被平面 $x+y+z=0$ 所截得的圆周.

解　由轮换对称性，知

$$\oint_\Gamma x^2\mathrm{d}s = \oint_\Gamma y^2\mathrm{d}s = \oint_\Gamma z^2\mathrm{d}s,$$

所以

$$I = \frac{1}{3} \oint_{\Gamma} (x^2 + y^2 + z^2) \mathrm{d}s = \frac{1}{3} \oint_{\Gamma} a^2 \mathrm{d}s = \frac{a^2}{3} \cdot 2\pi a = \frac{2\pi a^3}{3}.$$

例 5　计算 $\int_L \sqrt{y} \mathrm{d}s$, 其中 L 是抛物线 $y = x^2$ 上点 $O(0,0)$ 与点 $A(2,2)$ 之间的一段弧.

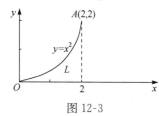

图 12-3

解　由于 L 由方程 $y = x^2 (0 \leqslant x \leqslant 2)$ 给出(如图 12-3), 因此

$$\int_L \sqrt{y} \mathrm{d}s = \int_0^2 \sqrt{x^2} \sqrt{1 + (x^2)'^2} \mathrm{d}x = \int_0^2 x \sqrt{1 + 4x^2} \mathrm{d}x$$

$$= \left[\frac{1}{12} (1 + 4x^2)^{\frac{3}{2}} \right]_0^2 = \frac{1}{12} (17\sqrt{17} - 1).$$

习　题　12.1

1. 设在 xOy 平面内有一分布着质量的曲线弧 L, 在点 (x,y) 处的线密度为 $\mu(x,y)$. 用对弧长的曲线积分分别表达:

(1) 这曲线弧对 x 轴、y 轴的转动惯量 I_x, I_y;

(2) 这曲线弧的质心坐标 $\bar{x}, \bar{y}$.

2. 计算下列对弧长的曲线积分:

(1) $\int_L \sqrt{x^2 + y^2} \mathrm{d}s$, 其中 L 为圆周 $x = a\cos t, y = a\sin t (0 \leqslant t \leqslant 2\pi)$;

(2) $\int_L (x + y) \mathrm{d}s$, 其中 L 为连接 $(1,0)$ 及 $(0,1)$ 两点的直线段;

(3) $\oint_L \mathrm{e}^{\sqrt{x^2 + y^2}} \mathrm{d}s$, 其中 L 为圆周 $x^2 + y^2 = a^2$, 直线 $y = x$ 及 x 轴在第一象限内所围成的扇形的整个边界;

(4) $\int_\Gamma \frac{1}{x^2 + y^2 + z^2} \mathrm{d}s$, 其中 Γ 为曲线 $x = \mathrm{e}^t \cos t, y = \mathrm{e}^t \sin t, z = \mathrm{e}^t$ 上相应于 t 从 0 变到 2 的一段弧;

(5) $\int_\Gamma x^2 yz \mathrm{d}s$, 其中 Γ 为折线 $ABCD$, 这里的 A, B, C, D 依次为 $(0,0,0), (0,0,2), (1,0,2), (1,3,2)$;

(6) $\oint_L |y| \mathrm{d}s$, 其中 L 为双纽线 $(x^2 + y^2)^2 = a^2 (x^2 - y^2)$;

(7) $\int_L \sqrt{y} \mathrm{d}s$, 其中 L 为摆线 $x = a(t - \sin t), y = a(1 - \cos t)$ 的第一拱, 即对应于 $0 \leqslant t \leqslant 2\pi$ 的一段弧;

(8) $\int_L (x^2 + y^2 + xy) \mathrm{d}s$, 其中 L 为整条星形线 $x^{\frac{2}{3}} + y^{\frac{2}{3}} = a^{\frac{2}{3}}$.

3. 求半径为 a、中心角为 2φ 的均匀圆弧(线密度为 $\mu = 1$)的质心.

4. 设螺旋形弹簧一圈的方程为 $x = a\cos t, y = a\sin t, z = kt$, 其中 $0 \leqslant t \leqslant 2\pi$, 它的线密度为 $\mu(x,y,z) = x^2 + y^2 + z^2$. 求

(1) 它关于 z 轴的转动惯量 I_z;

(2) 它的质心.

12.2　对坐标的曲线积分

12.2.1　对坐标的曲线积分的概念与性质

对弧长的曲线积分是数量值函数在一般(无向)曲线上的积分, 对坐标的曲线积分则是

向量值函数沿有向曲线的积分. 所谓有向曲线,就是规定了起点和终点的曲线,它的正方向是从起点到终点的方向.

1. 变力沿曲线所做的功

设一质点在 xOy 面内从点 A 沿光滑曲线 L 移动到点 B,在移动过程中,这质点受到力 $\boldsymbol{F}(x,y)=P(x,y)\boldsymbol{i}+Q(x,y)\boldsymbol{j}$ 的作用,其中函数 $P(x,y),Q(x,y)$ 在曲线 L 上连续,计算在上述移动过程中变力 $\boldsymbol{F}$ 所做的功.

如果 $\boldsymbol{F}$ 是常力,且质点从 A 沿直线移动到 B,那么常力所做的功 W 等于两个向量 $\boldsymbol{F}$ 与 $\overrightarrow{AB}$ 的数量积,即
$$W=\boldsymbol{F}\cdot\overrightarrow{AB} \quad (\text{对应坐标乘积之和}).$$

如果 $\boldsymbol{F}(x,y)$ 是变力,且质点沿曲线 L 移动,功就不能直接按以上公式计算,类似于 12.1 节中处理曲线形构件质量问题的方法来解决这个问题.

第一步,**分割**. 曲线弧 L 上的点
$$M_1(x_1,y_1),M_2(x_2,y_2),\cdots,M_{n-1}(x_{n-1},y_{n-1})$$
把 L 分成 n 个有向小弧段 $\overset{\frown}{M_{i-1}M_i}$,$i=1,2,\cdots n$,并记点 A 为 $M_0(x_0,y_0)$,B 为 $M_n(x_n,y_n)$(如图 12-4).

第二步,**近似**. 取其中一个有向小弧段 $\overset{\frown}{M_{i-1}M_i}$ 分析,由于 $\overset{\frown}{M_{i-1}M_i}$ 光滑且很短,可用有向线段
$$\overrightarrow{M_{i-1}M_i}=(x_i-x_{i-1})\boldsymbol{i}+(y_i-y_{i-1})\boldsymbol{j}=\Delta x_i\boldsymbol{i}+\Delta y_i\boldsymbol{j}$$
近似代替它. 又由于函数 $P(x,y),Q(x,y)$ 在 $\overset{\frown}{M_{i-1}M_i}$ 上连续,可用 $\overset{\frown}{M_{i-1}M_i}$ 上任取定的一点 (ξ_i,η_i) 处的力 $\boldsymbol{F}(\xi_i,\eta_i)=P(\xi_i,\eta_i)\boldsymbol{i}+Q(\xi_i,\eta_i)\boldsymbol{j}$ 近似代替这小弧段上各点处的力. 这样变力 $\boldsymbol{F}(x,y)$ 沿有向小弧段 $\overset{\frown}{M_{i-1}M_i}$ 所做的功 ΔW_i 近似地等于常力 $\boldsymbol{F}(\xi_i,\eta_i)$ 沿直线 $\overrightarrow{M_{i-1}M_i}$ 所做的功,即

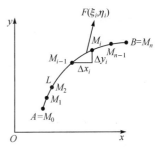

图 12-4

$$\Delta W_i\approx\boldsymbol{F}(\xi_i,\eta_i)\cdot\overrightarrow{M_{i-1}M_i}=P(\xi_i,\eta_i)\Delta x_i+Q(\xi_i,\eta_i)\Delta y_i.$$

第三步,**求和**. 变力 $\boldsymbol{F}(x,y)$ 沿曲线 L 所做功的近似值为
$$W=\sum_{i=1}^{n}\Delta W_i\approx\sum_{i=1}^{n}[P(\xi_i,\eta_i)\Delta x_i+Q(\xi_i,\eta_i)\Delta y_i].$$

第四步,**取极限**. 用 λ 表示 n 个小弧段的最大长度,令 $\lambda\to0$,取上述和的极限,所得到的极限就是变力 $\boldsymbol{F}(x,y)$ 沿有向曲线弧 L 所做的功,即
$$W=\lim_{\lambda\to0}\sum_{i=1}^{n}[P(\xi_i,\eta_i)\Delta x_i+Q(\xi_i,\eta_i)\Delta y_i].$$

这种和的极限在研究其他问题时也会遇到,现在引进下面的定义.

2. 对坐标的曲线积分的定义

定义 1　设 L 为 xOy 面上从点 A 到点 B 的一条有向光滑曲线弧,函数 $P(x,y),Q(x,y)$ 在 L 上有界,在 L 上沿 L 的方向任意插入一点列 $M_1(x_1,y_1),M_2(x_2,y_2),\cdots,M_{n-1}(x_{n-1},y_{n-1})$ 把 L 分成 n 个有向小弧段
$$\overset{\frown}{M_{i-1}M_i} \quad (i=1,\cdots,n;M_0=A,M_n=B).$$

设 $\Delta x_i = x_i - x_{i-1}, \Delta y_i = y_i - y_{i-1}, (\xi_i, \eta_i)$ 为 $\widehat{M_{i-1}M_i}$ 上任意取定的点,并记 λ 为各小弧段的长度的最大值.

如果极限 $\lim\limits_{\lambda \to 0} \sum\limits_{i=1}^{n} P(\xi_i, \eta_i) \Delta x_i$ 总存在,则称此极限值为函数 $P(x,y)$ 在有向曲线弧 L 上**对坐标 x 的曲线积分**,记作 $\int_L P(x,y)\mathrm{d}x$.

如果极限 $\lim\limits_{\lambda \to 0} \sum\limits_{i=1}^{n} Q(\xi_i, \eta_i) \Delta y_i$ 总存在,则称此极限值为函数 $Q(x,y)$ 在有向曲线弧 L 上**对坐标 y 的曲线积分**,记作 $\int_L Q(x,y)\mathrm{d}y$. 即有

$$\int_L P(x,y)\mathrm{d}x = \lim_{\lambda \to 0} \sum_{i=1}^{n} P(\xi_i, \eta_i) \Delta x_i,$$

$$\int_L Q(x,y)\mathrm{d}y = \lim_{\lambda \to 0} \sum_{i=1}^{n} Q(\xi_i, \eta_i) \Delta y_i,$$

其中 $P(x,y), Q(x,y)$ 叫做**被积函数**,L 叫做**积分曲线弧**.

对坐标的曲线积分的定义作如下说明.

(i) 上面两个对坐标的曲线积分也称为**第二类曲线积分**;

(ii) 当函数 $P(x,y), Q(x,y)$ 在有向光滑曲线弧 L 上连续,对坐标的曲线积分存在,以后总假定函数 $P(x,y), Q(x,y)$ 在 L 上连续;

(iii) 在数学上可单独讨论积分 $\int_L P(x,y)\mathrm{d}x$ 和 $\int_L Q(x,y)\mathrm{d}y$,但在实际应用中常用的是组合形式

$$\int_L P(x,y)\mathrm{d}x + \int_L Q(x,y)\mathrm{d}y,$$

简单起见,可将上式写为

$$\int_L P(x,y)\mathrm{d}x + Q(x,y)\mathrm{d}y,$$

上式也可写为向量形式

$$\int_L \boldsymbol{F}(x,y) \cdot \mathrm{d}\boldsymbol{r}$$

其中 $\boldsymbol{F}(x,y) = P(x,y)\boldsymbol{i} + Q(x,y)\boldsymbol{j}, \mathrm{d}\boldsymbol{r}(x,y) = \mathrm{d}x\boldsymbol{i} + \mathrm{d}y\boldsymbol{j}$;

(iv) 根据定义,变力 $\boldsymbol{F} = P\boldsymbol{i} + Q\boldsymbol{j}$ 沿曲线 L 所做的功可表示为

$$W = \int_L P\mathrm{d}x + Q\mathrm{d}y = \int_L \boldsymbol{F}(x,y) \cdot \mathrm{d}\boldsymbol{r};$$

(v) 若曲线 L 是封闭曲线,记为 $\oint_L P\mathrm{d}x + Q\mathrm{d}y$;

(vi) 上述定义可推广到积分弧段是空间有向光滑曲线弧 Γ,即

$$\int_\Gamma P(x,y,z)\mathrm{d}x = \lim_{\lambda \to 0} \sum_{i=1}^{n} P(\xi_i, \eta_i, \zeta_i) \Delta x_i,$$

$$\int_\Gamma Q(x,y,z)\mathrm{d}y = \lim_{\lambda \to 0} \sum_{i=1}^{n} Q(\xi_i, \eta_i, \zeta_i) \Delta y_i,$$

$$\int_\Gamma R(x,y,z)\mathrm{d}z = \lim_{\lambda \to 0} \sum_{i=1}^{n} R(\xi_i, \eta_i, \zeta_i) \Delta z_i,$$

类似有

$$\int_\Gamma P(x,y,z)\mathrm{d}x + Q(x,y,z)\mathrm{d}y + R(x,y,z)\mathrm{d}z,$$

或

$$\int_\Gamma \boldsymbol{A}(x,y,z)\cdot\mathrm{d}\boldsymbol{r},$$

其中 $\boldsymbol{A}(x,y,z)=P(x,y,z)\boldsymbol{i}+Q(x,y,z)\boldsymbol{j}+R(x,y,z)\boldsymbol{k}$, $\mathrm{d}\boldsymbol{r}(x,y,z)=\mathrm{d}x\boldsymbol{i}+\mathrm{d}y\boldsymbol{j}+\mathrm{d}z\boldsymbol{k}$.

根据上述曲线积分的定义,可以导出对坐标的曲线积分的一些性质,为简单起见,以下曲线积分采用向量形式.

3. 对坐标的曲线积分的性质

性质 1　设 α,β 为常数,则

$$\int_L \left[\alpha\boldsymbol{F}_1(x,y)+\beta\boldsymbol{F}_2(x,y)\right]\cdot\mathrm{d}\boldsymbol{r} = \alpha\int_L \boldsymbol{F}_1(x,y)\cdot\mathrm{d}\boldsymbol{r} + \beta\int_L \boldsymbol{F}_2(x,y)\cdot\mathrm{d}\boldsymbol{r}.$$

性质 2　若有向曲线弧 L 可分成两段光滑有向曲线弧 L_1 和 L_2,则

$$\int_L \boldsymbol{F}(x,y)\cdot\mathrm{d}\boldsymbol{r} = \int_{L_1} \boldsymbol{F}(x,y)\cdot\mathrm{d}\boldsymbol{r} + \int_{L_2} \boldsymbol{F}(x,y)\cdot\mathrm{d}\boldsymbol{r}.$$

性质 3　设 L 是有向曲线弧, L^- 是 L 的反向曲线弧,则

$$\int_{L^-} \boldsymbol{F}(x,y)\cdot\mathrm{d}\boldsymbol{r} = -\int_L \boldsymbol{F}(x,y)\cdot\mathrm{d}\boldsymbol{r}.$$

证明　把 L 分成 n 小段,相应的 L^- 也分成 n 小段.对于每一个小弧段来说,当曲线弧的方向改变时,有向弧段在坐标轴上的投影,其绝对值不变,但要改变符号,因此性质 3 成立.

性质 3 表明,当积分弧段的方向改变时,对坐标的曲线积分要改变符号.因此关于对坐标的曲线积分,必须注意积分弧段的方向.这一性质是对坐标的曲线积分所独有的,这也是与对弧长的曲线积分最主要的区别.

12.2.2　对坐标的曲线积分的计算

定理 1　设函数 $P(x,y),Q(x,y)$ 在有向光滑曲线弧 L 上有定义且连续,曲线 L 的参数方程为

$$\begin{cases} x=\varphi(t), \\ y=\psi(t), \end{cases}$$

当参数 t 单调地由 α 变到 β 时,点 $M(x,y)$ 从 L 的起点 A 沿曲线 L 运动到终点 B.函数 $\varphi(t)$, $\psi(t)$ 在以 α 及 β 为端点的闭区间上具有一阶连续导数,且 $\varphi'^2(t)+\psi'^2(t)\neq 0$,则曲线积分 $\int_L P(x,y)\mathrm{d}x+Q(x,y)\mathrm{d}y$ 存在,且

$$\int_L P(x,y)\mathrm{d}x+Q(x,y)\mathrm{d}y = \int_\alpha^\beta \left\{ P[\varphi(t),\psi(t)]\varphi'(t) + Q[\varphi(t),\psi(t)]\psi'(t) \right\}\mathrm{d}t.$$

$$(12.6)$$

证明　在曲线 L 上取点列 $A=M_0,M_1,\cdots,M_{n-1},M_n=B$,它们对应于一列单调变化的参数值

$$\alpha=t_0,t_1,\cdots,t_{n-1},t_n=\beta.$$

根据对坐标曲线积分的定义,有

$$\int_L P(x,y)\mathrm{d}x = \lim_{\lambda \to 0} \sum_{i=1}^{n} P(\xi_i, \eta_i)\Delta x_i.$$

设点 (ξ_i, η_i) 对应的参数值为 τ_i,即 $\xi_i = \varphi(\tau_i)$, $\eta_i = \psi(\tau_i)$,这里 τ_i 在 t_{i-1} 与 t_i 之间. 利用微分中值定理

$$\Delta x_i = x_i - x_{i-1} = \varphi(t_i) - \varphi(t_{i-1}) = \varphi(\tau'_i)\Delta t_i,$$

其中 $\Delta t_i = t_i - t_{i-1}$, τ'_i 在 t_{i-1} 与 t_i 之间. 于是

$$\int_L P(x,y)\mathrm{d}x = \lim_{\lambda \to 0} \sum_{i=1}^{n} P[\varphi(\tau_i), \psi(\tau_i)]\varphi'(\tau'_i)\Delta t_i.$$

由于函数 $\varphi'(t)$ 在 $[\alpha, \beta]$(或 $[\beta, \alpha]$)上连续,将上式中 τ'_i 换成 τ_i,从而

$$\int_L P(x,y)\mathrm{d}x = \lim_{\lambda \to 0} \sum_{i=1}^{n} P[\varphi(\tau_i), \psi(\tau_i)]\varphi'(\tau_i)\Delta t_i.$$

上式右端极限就是定积分 $\int_{\alpha}^{\beta} P[\varphi(t), \psi(t)]\varphi'(t)\mathrm{d}t$,由于该被积函数连续,这个定积分一定存在,因此上式左端的曲线积分 $\int_L P(x,y)\mathrm{d}x$ 也存在,并且有

$$\int_L P(x,y)\mathrm{d}x = \int_{\alpha}^{\beta} P[\varphi(t), \psi(t)]\varphi'(t)\mathrm{d}t;$$

同理可以证明

$$\int_L Q(x,y)\mathrm{d}y = \int_{\alpha}^{\beta} Q[\varphi(t), \psi(t)]\psi'(t)\mathrm{d}t.$$

将上面两式相加得

$$\int_L P(x,y)\mathrm{d}x + Q(x,y)\mathrm{d}y = \int_{\alpha}^{\beta} \{P[\varphi(t), \psi(t)]\varphi'(t) + Q[\varphi(t), \psi(t)]\psi'(t)\}\,\mathrm{d}t.$$

式(12.6)表明化对坐标的曲线积分为定积分,只需将 $x, y, \mathrm{d}x, \mathrm{d}y$ 依次换为 $\varphi(t), \psi(t)$, $\varphi'(t)\mathrm{d}t, \psi'(t)\mathrm{d}t$,即可得定积分的被积表达式,而定积分的上、下限分别对应 L 的起点、终点所对应的参数 α, β,注意这里的 α 不一定小于 β,这与对弧长的曲线积分不同.

推论 1 如果平面上有向光滑曲线 L 的直角坐标方程为 $y = \varphi(x)$, $P(x,y)$, $Q(x,y)$ 在 L 上有定义且连续,L 的起点对应 $x = a$,终点对应 $x = b$,即 $x: a \to b$,则

$$\int_L P(x,y)\mathrm{d}x + Q(x,y)\mathrm{d}y = \int_{a}^{b} \{P[x, \varphi(x)] + Q[x, \varphi(x)]\varphi'(x)\}\,\mathrm{d}x.$$

类似地,若曲线 L 由方程

$$x = \psi(y) \quad (y: c \to d)$$

给出,则有

$$\int_L P(x,y)\mathrm{d}x + Q(x,y)\mathrm{d}y = \int_{c}^{d} \{P[\psi(y), y]\psi'(y) + Q[\psi(y), y]\}\,\mathrm{d}y.$$

这里的下限 c 对应曲线 L 的起点,上限 d 对应曲线 L 的终点.

推广 如果空间中的有向光滑曲线 Γ 的方程为

$$\begin{cases} x = \varphi(t), \\ y = \psi(t), \\ z = \omega(t), \end{cases}$$

$P(x,y,z)$, $Q(x,y,z)$, $R(x,y,z)$ 在 Γ 上连续,Γ 的起点对应参数值为 α,终点对应参数值为 β,即 $t: \alpha \to \beta$,则

$$\int_{\Gamma} P(x,y,z)\mathrm{d}x + Q(x,y,z)\mathrm{d}y + R(x,y,z)\mathrm{d}z$$

$$= \int_{\alpha}^{\beta} \{P[\varphi(t),\psi(t),\omega(t)]\varphi'(t) + Q[\varphi(t),\psi(t),\omega(t)]\psi'(t) + R[\varphi(t),\psi(t),\omega(t)]\omega'(t)\}\mathrm{d}t.$$

$$(12.7)$$

例 1 求 $I = \int_{L} y\mathrm{d}x - x\mathrm{d}y$，其中 L 是椭圆 $\dfrac{x^2}{a^2} + \dfrac{y^2}{b^2} = 1$ 上从点 $(a,0)$ 到点 $(0,b)$ 的一段，这里的 $a,b>0$.

解 L 可表示为参数方程

$$x = a\cos t, \quad y = b\sin t \ \left(t:0 \to \frac{\pi}{2}\right),$$

于是

$$I = \int_{0}^{\frac{\pi}{2}} [b\sin t \cdot (-a\sin t) - a\cos t \cdot (b\cos t)]\,\mathrm{d}t$$

$$= \int_{0}^{\frac{\pi}{2}} (-ab\sin^2 t - ab\cos^2 t)\mathrm{d}t = -\frac{\pi ab}{2}.$$

例 2 计算 $I = \int_{L} xy\mathrm{d}y$，其中 L 为抛物线 $y = x^2$ 上从点 $A(-1,1)$ 到点 $B(1,1)$ 的一段弧(如图 12-5).

解 法1：选 x 为参数，将所给积分化为对 x 的定积分来计算. 曲线 $L: y = x^2, x:-1 \to 1$，所以

$$I = \int_{-1}^{1} x \cdot x^2 \cdot (x^2)'\mathrm{d}x$$

$$= 2\int_{-1}^{1} x^4\mathrm{d}x = 4\int_{0}^{1} x^4\mathrm{d}x = \frac{4}{5}.$$

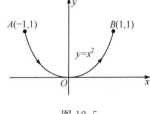

图 12-5

法2：选 y 为参数，将所给积分化为对 y 的定积分来计算. 由于 $x = \pm\sqrt{y}$ 不是单值函数，所以要分段计算. 把 L 分为 $\overset{\frown}{AO}$ 和 $\overset{\frown}{OB}$ 两段. $\overset{\frown}{AO}$ 的方程 $x = -\sqrt{y}, y:1 \to 0$；$\overset{\frown}{OB}$ 的方程 $x = \sqrt{y}, y:0 \to 1$. 所以

$$I = \int_{L} xy\mathrm{d}y = \int_{\overset{\frown}{AO}} xy\mathrm{d}y + \int_{\overset{\frown}{OB}} xy\mathrm{d}y$$

$$= \int_{1}^{0} (-\sqrt{y})y\mathrm{d}y + \int_{0}^{1} \sqrt{y}y\mathrm{d}y = \frac{4}{5}.$$

例 3 计算 $\int_{L_i} 2xy\mathrm{d}x + x^2\mathrm{d}y (i = 1,2,3)$，其中曲线 L_i(如图 12-6)分别为

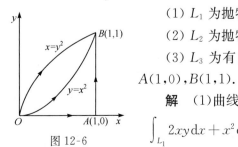

图 12-6

(1) L_1 为抛物线 $y = x^2$ 上从 $O(0,0)$ 到 $B(1,1)$ 的一段弧；

(2) L_2 为抛物线 $x = y^2$ 上从 $O(0,0)$ 到 $B(1,1)$ 的一段弧；

(3) L_3 为有向折线 OAB，这里的 O,A,B 依次是点 $O(0,0)$，$A(1,0),B(1,1)$.

解 (1)曲线 L_1 的方程为 $y = x^2, \mathrm{d}y = 2x\mathrm{d}x, x:0 \to 1$，于是

$$\int_{L_1} 2xy\mathrm{d}x + x^2\mathrm{d}y = \int_{0}^{1} (2x \cdot x^2 + x^2 \cdot 2x)\mathrm{d}x = 4\int_{0}^{1} x^3\mathrm{d}x = 1.$$

(2) 曲线 L_2 的方程为 $x=y^2$, $dx=2ydy$, $y:0\rightarrow1$, 于是

$$\int_{L_2} 2xydx+x^2dy=\int_0^1(2y^2\cdot y\cdot 2y+y^4)dy=5\int_0^1 y^4 dy=1.$$

(3) 曲线 L_3 分为 OA 和 AB 两部分:

在 OA 上, $y=0$, $x:0\rightarrow1$; 在 AB 上, $x=1$, $y:0\rightarrow1$, 于是

$$\int_{L_3} 2xydx+x^2dy=\int_{OA} 2xydx+x^2dy+\int_{AB} 2xydx+x^2dy$$

$$=\int_0^1(2x\cdot 0+x^2\cdot 0)dx+\int_0^1(2y\cdot 0+1)dy=0+1=1.$$

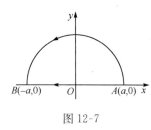

图 12-7

从例 3 看出:虽然积分路径不同,但积分值可以相同.那么起点和终点相同的积分其积分值是否都一样? 下面再看一个例子.

例 4　计算曲线积分 $\int_L y^2dx$, 其中 L 为(如图 12-7)

(1) 圆心在原点,半径为 a 按逆时针方向绕行的上半圆周;

(2) 从点 $A(a,0)$ 沿 x 轴到点 $B(-a,0)$ 的直线段.

解　(1)曲线 L 的参数方程为 $x=a\cos t$, $y=a\sin t$, $t:0\rightarrow\pi$, 则

$$\int_L y^2dx=\int_0^\pi(a\sin t)^2\cdot(-a\sin t)dt$$

$$=-a^3\int_0^\pi \sin^3 tdt=a^3\int_0^\pi(1-\cos^2 t)d\cos t$$

$$=-\frac{4}{3}a^3.$$

(2) 曲线 L 的方程为: $y=0$, $x:a\rightarrow -a$, 则

$$\int_L y^2dx=\int_a^{-a}0dx=0.$$

从例 4 看出:被积函数相同,起点和终点也相同,但路径不同,积分结果也可以不同.所以对坐标的曲线积分值,不但与起止点有关,而且与积分路径有关.

例 5　计算 $I=\int_\Gamma xydx+yzdy-2xzdz$, 其中 Γ 是从点 $A(3,2,1)$ 到点 $B(0,0,0)$ 的直线段 AB.

解　直线段 AB 的方程为

$$\frac{x}{3}=\frac{y}{2}=\frac{z}{1},$$

化为参数方程 $x=3t$, $y=2t$, $z=t$, $t:1\rightarrow0$, 于是

$$I=\int_1^0(3t\cdot 2t\cdot 3+2t\cdot t\cdot 2-2\cdot 3t\cdot t)dt$$

$$=16\int_1^0 t^2 dt=-\frac{16}{3}.$$

例 6　计算 $I=\int_\Gamma(z-y)dx+(x-z)dy+(x-y)dz$, 其中

$\Gamma:\begin{cases}x^2+y^2=1,\\x-y+z=2,\end{cases}$ 从 z 轴正向看去为顺时针方向,如图 12-8 所示.

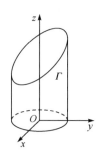

图 12-8

解　有向曲线弧 Γ 的参数方程为
$$x=\cos t,\ y=\sin t,\ z=2-\cos t+\sin t,\ t:2\pi\to 0,$$
所以
$$I=\int_{2\pi}^{0}\big[(2-\cos t)(-\sin t)+(-2+2\cos t-\sin t)\cos t$$
$$+(\cos t-\sin t)(\cos t+\sin t)\big]\mathrm{d}t$$
$$=\int_{0}^{2\pi}(1-4\cos^2 t)\mathrm{d}t=-2\pi.$$

例7　设一质点在点 $M(x,y)$ 处受到力 $\boldsymbol F$ 的作用,力 $\boldsymbol F$ 的大小与点 M 到原点 O 的距离成正比,力 $\boldsymbol F$ 的方向恒指向原点,该质点由点 $A(a,0)$ 沿椭圆 $\dfrac{x^2}{a^2}+\dfrac{y^2}{b^2}=1$ 按逆时针方向移动到点 $B(0,b)$,求力 $\boldsymbol F$ 所做的功 W.

解　$\overrightarrow{OM}=x\boldsymbol i+y\boldsymbol j,|\overrightarrow{OM}|=\sqrt{x^2+y^2}$,根据题设,有
$$\boldsymbol F=-k(x\boldsymbol i+y\boldsymbol j),$$
其中 $k>0$ 是比例常数.利用椭圆的参数方程 $\begin{cases}x=a\cos t,\\ y=b\sin t,\end{cases}$ 起点 A 和终点 B 所对应的参数为 0 和 $\dfrac{\pi}{2}$,即 $t:0\to\dfrac{\pi}{2}$,于是
$$W=\int_{\overset{\frown}{AB}}\boldsymbol F\cdot\mathrm{d}\boldsymbol r=\int_{\overset{\frown}{AB}}-kx\mathrm{d}x-ky\mathrm{d}y=-k\int_{\overset{\frown}{AB}}x\mathrm{d}x+y\mathrm{d}y$$
$$=-k\int_{0}^{\frac{\pi}{2}}\big[a\cos t\cdot(-a\sin t)+b\sin t\cdot(b\cos t)\big]\mathrm{d}t$$
$$=k(a^2-b^2)\int_{0}^{\frac{\pi}{2}}\sin t\cos t\mathrm{d}t=\frac{k}{2}(a^2-b^2).$$

12.2.3　两类曲线积分的联系

设有向光滑曲线弧 L 以弧长 s 为参数的参数方程为
$$x=\varphi(s),\quad y=\psi(s)\ (0\leqslant s\leqslant l),$$
这里 L 的方向为由点 A 到点 B 的方向,即 s 增加的方向.又设 α,β 依次为从 x 轴正向、y 轴正向到有向曲线弧 L 的切向量(即切向量与有向曲线弧方向一致)的转角.根据弧微分 $\mathrm{d}s$ 与 $\mathrm{d}x,\mathrm{d}y$ 的关系,如图 12-9 所示.
$$\cos\alpha=\frac{\mathrm{d}x}{\mathrm{d}s},\quad\cos\beta=\frac{\mathrm{d}y}{\mathrm{d}s},$$
$\cos\alpha,\cos\beta$ 也称为有向曲线弧 L 上点 (x,y) 处的切向量的方向余弦,切向量的指向与曲线 L 方向一致.因此
$$\int_{L}P(x,y)\mathrm{d}x+Q(x,y)\mathrm{d}y=\int_{L}[P(x,y)\cos\alpha+Q(x,y)\cos\beta]\mathrm{d}s.$$
$$(12.8)$$

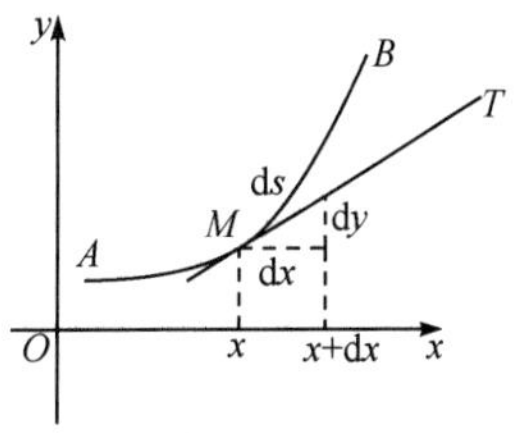

图 12-9

类似地,在空间曲线 Γ 上的两类曲线积分的联系是
$$\int_{\Gamma}P\mathrm{d}x+Q\mathrm{d}y+R\mathrm{d}z=\int_{\Gamma}(P\cos\alpha+Q\cos\beta+R\cos\gamma)\mathrm{d}s,$$
$$(12.9)$$

其中 $\cos\alpha,\cos\beta,\cos\gamma$ 为有向曲线弧 Γ 上点 (x,y,z) 处切向量的方向余弦.

两类曲线积分之间的联系也可用向量的形式表达. 例如,空间曲线 Γ 上的两类曲线积分之间的联系(12.9)可写为

$$\int_\Gamma \boldsymbol{A} \cdot \mathrm{d}\boldsymbol{r} = \int_\Gamma \boldsymbol{A} \cdot \boldsymbol{\tau}\mathrm{d}s \tag{12.10}$$

或

$$\int_\Gamma \boldsymbol{A} \cdot \mathrm{d}\boldsymbol{r} = \int_\Gamma \boldsymbol{A}_\tau \mathrm{d}s,$$

其中 $\boldsymbol{A}=(P,Q,R)$, $\boldsymbol{\tau}=(\cos\alpha,\cos\beta,\cos\gamma)$ 为有向曲线弧 Γ 在点 (x,y,z) 处的单位切向量, $\mathrm{d}\boldsymbol{r}=\boldsymbol{\tau}\mathrm{d}s=(\mathrm{d}x,\mathrm{d}y,\mathrm{d}z)$ 称为有向曲线元, $\boldsymbol{A}_\tau$ 为向量 $\boldsymbol{A}$ 在向量 $\boldsymbol{\tau}$ 上的投影.

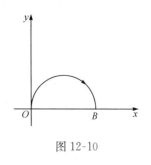

图 12-10

例 8　将第二类曲线积分 $\int_L P(x,y)\mathrm{d}x + Q(x,y)\mathrm{d}y$ 化为第一类曲线积分,其中 L:沿上半圆周 $x^2+y^2-2x=0$ 从 $O(0,0)$ 到 $B(2,0)$ 的一段弧,如图 12-10 所示.

解　上半圆周方程可写为 $y=\sqrt{2x-x^2}$,则

$$\mathrm{d}y=\frac{1-x}{\sqrt{2x-x^2}}\mathrm{d}x,\ \ \mathrm{d}s=\sqrt{1+y'^2}\,\mathrm{d}x=\frac{1}{\sqrt{2x-x^2}}\,\mathrm{d}x,$$

$$\cos\alpha=\frac{\mathrm{d}x}{\mathrm{d}s}=\sqrt{2x-x^2},\ \ \ \cos\beta=\frac{\mathrm{d}y}{\mathrm{d}s}=1-x,$$

于是

$$\int_L P(x,y)\mathrm{d}x + Q(x,y)\mathrm{d}y$$

$$=\int_L [P(x,y)\cos\alpha + Q(x,y)\cos\beta]\mathrm{d}s$$

$$=\int_L [P(x,y)\sqrt{2x-x^2} + Q(x,y)(1-x)]\mathrm{d}s.$$

例 9　把第二类曲线积分 $\int_\Gamma xyz\,\mathrm{d}x + yz\,\mathrm{d}y + xz\,\mathrm{d}z$ 化成第一类曲线积分,其中 Γ 是曲线 $x=t,y=t^2,z=t^3$ 相应于 t 从 1 到 0 这段弧.

解　曲线 Γ 从 1 到 0 方向的切向量为

$$T=-(x'(t),y'(t),z'(t))=-(1,2t,3t^2),$$

方向余弦为

$$\cos\alpha=-\frac{1}{\sqrt{1+4t^2+9t^4}}=-\frac{1}{\sqrt{1+4y+9y^2}},$$

$$\cos\beta=-\frac{2t}{\sqrt{1+4t^2+9t^4}}=-\frac{2x}{\sqrt{1+4y+9y^2}},$$

$$\cos\gamma=-\frac{3t^2}{\sqrt{1+4t^2+9t^4}}=-\frac{3y}{\sqrt{1+4y+9y^2}},$$

从而 $\displaystyle\int_\Gamma xyz\,\mathrm{d}x + yz\,\mathrm{d}y + xz\,\mathrm{d}z=-\int_\Gamma \frac{xyz + yz\cdot 2x + xz\cdot 3y}{\sqrt{1+4y+9y^2}}\mathrm{d}s=-\int_\Gamma \frac{6xyz}{\sqrt{1+4y+9y^2}}\mathrm{d}s.$

习　题　12.2

1. 证明：(1) 设 L 为 xOy 平面内平行于 y 轴的直线段，则 $\int_L P(x,y)\mathrm{d}x = 0$；

(2) 设 L 为 xOy 平面内平行于 x 轴的直线段，则 $\int_L Q(x,y)\mathrm{d}y = 0$.

2. 计算下列对坐标的曲线积分：

(1) $\oint_L xy\mathrm{d}x$，其中 L 为圆周 $(x-a)^2 + y^2 = a^2 (a>0)$ 及 x 轴所围成的在第一象限内的区域的整个边界（按逆时针方向绕行）；

(2) $\int_L y\mathrm{d}x + x\mathrm{d}y$，其中 L 为圆周 $x = R\cos t, y = R\sin t$ 上对应 t 从 0 到 $\dfrac{\pi}{2}$ 的一段弧；

(3) $\int_L (x^2 - 2xy)\mathrm{d}x + (y^2 - 2xy)\mathrm{d}y$，其中 L 为抛物线 $y = x^2$ 上从点 $(-1,1)$ 到点 $(1,1)$ 的一段弧；

(4) $\oint_L \dfrac{(x+y)\mathrm{d}x - (x-y)\mathrm{d}y}{x^2 + y^2}$，其中 L 为圆周 $x^2 + y^2 = a^2$（按逆时针方向绕行）；

(5) $\int_\Gamma y\mathrm{d}x + z\mathrm{d}y + x\mathrm{d}z$，其中 Γ 为螺旋线 $x = a\cos t, y = a\sin t, z = bt$ 上从 $t = 0$ 到 $t = 2\pi$ 的一段弧；

(6) $\int_\Gamma x^3\mathrm{d}x + 3zy^2\mathrm{d}y - x^2y\mathrm{d}z$，其中 Γ 为从点 $A(3,2,1)$ 到点 $B(0,0,0)$ 的直线段 AB；

(7) $\oint_\Gamma \mathrm{d}x - \mathrm{d}y + y\mathrm{d}z$，其中 Γ 为有向闭折线 $ABCA$，这里的 A,B,C 依次为 $(1,0,0),(0,1,0),(0,0,1)$；

(8) $\int_\Gamma (y-z)\mathrm{d}x + (z-x)\mathrm{d}y + (x-y)\mathrm{d}z$，其中 $\Gamma:\begin{cases} x^2 + y^2 = a^2, \\ \dfrac{x}{a} + \dfrac{z}{c} = 1 \end{cases}$ $(a>0,c>0)$，从 x 轴正向看去为逆时针方向.

3. 计算 $\int_L (x+y)\mathrm{d}x + (y-x)\mathrm{d}y$，其中 L 为：

(1) 抛物线 $y^2 = x$ 上从点 $(1,1)$ 到点 $(4,2)$ 的一段弧；

(2) 从点 $(1,1)$ 到点 $(4,2)$ 的直线段；

(3) 先沿直线从点 $(1,1)$ 到点 $(1,2)$，然后再沿直线到点 $(4,2)$ 的折线；

(4) 曲线 $x = 2t^2 + t + 1, y = t^2 + 1$ 上从点 $(1,1)$ 到点 $(4,2)$ 的一段弧.

4. 设一质点在平面力场 $\boldsymbol{F}$ 作用下沿曲线 $L: x^{\frac{2}{3}} + y^{\frac{2}{3}} = a^{\frac{2}{3}} (a>0)$ 从点 $(a,0)$ 移动到点 $(0,a)$，$\boldsymbol{F}$ 与 $\boldsymbol{r} = x\boldsymbol{i} + y\boldsymbol{j}$ 垂直且指向逆时针方向（如图 12-11），$|\boldsymbol{F}|$ 与 $r = |\boldsymbol{r}|$ 成正比. 求 $\boldsymbol{F}$ 对质点所做的功 W.

5. 计算 $\oint_L |y|\mathrm{d}x + |x|\mathrm{d}y$，其中 L 为连接点 $A(1,0),B(0,1),C(-1,0)$ 的三角形，取逆时针方向.

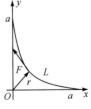

图 12-11

6. 把对坐标的曲线积分 $\int_L P(x,y)\mathrm{d}x + Q(x,y)\mathrm{d}y$ 化为对弧长的曲线积分，其中 L 为：

(1) 在 xOy 面内沿直线从点 $(0,0)$ 到点 $(1,1)$；

(2) 沿抛物线 $y = x^2$ 从点 $(0,0)$ 到点 $(1,1)$.

7. 设 Γ 为曲线 $x = t, y = t^2, z = t^3$ 上相应于 t 从 0 到 1 的曲线弧，把对坐标的曲线积分 $\int_\Gamma P\mathrm{d}x + Q\mathrm{d}y + R\mathrm{d}z$ 化为对弧长的曲线积分.

8. 在过 $O(0,0)$ 和 $A(\pi,0)$ 的曲线簇 $y = a\sin x (a>0)$ 中，求一条曲线 L 使沿该曲线从 O 到 A 的积分 $\int_L (1+y^3)\mathrm{d}x + (2x+y)\mathrm{d}y$ 的值最小.

12.3 格林公式及其应用

在一元函数积分学中，我们介绍了牛顿-莱布尼茨公式

$$\int_a^b F'(x)\mathrm{d}x = F(b) - F(a).$$

公式给出了函数 $F'(x)$ 在区间 $[a,b]$ 上的定积分与它的原函数 $F(x)$ 在该区间端点（线段的边界点）处的值的关系.

本节介绍的格林（Green）公式则揭示了二元函数在平面区域 D 上的二重积分与沿闭区域 D 的边界曲线 L 的曲线积分之间的关系，这种关系是牛顿-莱布尼茨公式在二维空间的一个推广，它不仅提供了计算曲线积分的一种新方法，而且它揭示了对坐标曲线积分与积分路径无关的条件. 格林公式在理论上和应用上都具有重要的意义.

在给出格林公式之前，我们首先介绍与之相关的一些基本概念.

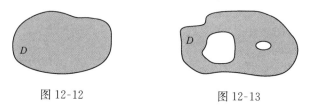

图 12-12　　　　　　　图 12-13

12.3.1 区域的连通性及边界曲线的正向

1. 区域的连通性

设 D 为平面区域，如果 D 内任一闭曲线所围的部分都属于 D，则称 D 为**平面单连通区域**（如图 12-12），否则称为**平面复连通区域**（如图 12-13）. 通俗地说：平面单连通区域是不含有"洞"（包括"点洞"）的区域，复连通区域是含有"洞"（包括"点洞"）的区域. 例如，$D_1 = \{(x, y) \mid x^2 + y^2 < 1\}$，$D_2 = \{(x, y) \mid y > 0\}$ 为单连通区域；$D_3 = \{(x, y) \mid 0 < x^2 + y^2 < 2\}$，$D_4 = \{(x, y) \mid 1 < x^2 + y^2 < 4\}$ 为复连通区域.

2. 区域边界曲线的正向

设 D 为平面区域，当观察者沿区域边界行走时，区域 D 内在他近处的那一部分总在他的左边，则称区域 D 的边界曲线的这个方向为区域边界曲线的正向. 如图 12-14 所示，单连通区域 D 由两条曲线 L_1 和 L_2 所围成，单连通区域 D 边界曲线的正向为逆时针方向. 如图 12-15 所示，复连通区域 D 由两条曲线 L_1 和 L_2 所围成，箭头所指方向为复连通区域 D 边界曲线的正向，即 L_1 的正向为逆时针方向，而 L_2 的正向为顺时针方向.

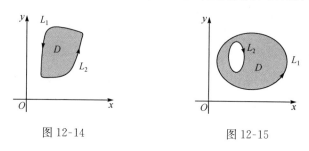

图 12-14　　　　　　　图 12-15

12.3.2　格林公式

定理 1　设闭区域 D 由分段光滑的曲线 L 围成,函数 $P(x,y)$ 及 $Q(x,y)$ 在 D 上具有一阶连续偏导数,则有

$$\iint\limits_{D}\left(\frac{\partial Q}{\partial x}-\frac{\partial P}{\partial y}\right)\mathrm{d}x\mathrm{d}y=\oint_{L}P\mathrm{d}x+Q\mathrm{d}y, \tag{12.11}$$

其中 L 是区域 D 取正向的边界曲线.

式(12.11)称为**格林公式**.

证明　根据区域 D 的不同形状,分三种情况来证明.

(i) 若区域 D 既是 X-型区域又是 Y-型区域(如图 12-16),这时区域 D 可表示为

$$D=\{(x,y)\,|\,\varphi_1(x)\leqslant y\leqslant\varphi_2(x),a\leqslant x\leqslant b\},$$

或

$$D=\{(x,y)\,|\,\psi_1(y)\leqslant x\leqslant\psi_2(y),c\leqslant y\leqslant d\}.$$

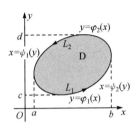

图 12-16

由于 $\dfrac{\partial P}{\partial y}$ 连续,根据二重积分的计算法,有

$$\iint\limits_{D}\frac{\partial P}{\partial y}\mathrm{d}x\mathrm{d}y=\int_{a}^{b}\left\{\int_{\varphi_1(x)}^{\varphi_2(x)}\frac{\partial P}{\partial y}\mathrm{d}y\right\}\mathrm{d}x$$

$$=\int_{a}^{b}\{P[x,\varphi_2(x)]-P[x,\varphi_1(x)]\}\mathrm{d}x.$$

另一方面,根据对坐标的曲线积分的计算,有

$$\oint_{L}P\mathrm{d}x=\int_{L_1}P\mathrm{d}x+\int_{L_2}P\mathrm{d}x$$

$$=\int_{a}^{b}P[x,\varphi_1(x)]\mathrm{d}x+\int_{b}^{a}P[x,\varphi_2(x)]\mathrm{d}x$$

$$=\int_{a}^{b}\{P[x,\varphi_1(x)]-P[x,\varphi_2(x)]\}\mathrm{d}x,$$

因此有

$$\oint_{L}P\mathrm{d}x=-\iint\limits_{D}\frac{\partial P}{\partial y}\mathrm{d}x\mathrm{d}y; \tag{12.12}$$

同理

$$\oint_{L}Q\mathrm{d}y=\iint\limits_{D}\frac{\partial Q}{\partial x}\mathrm{d}x\mathrm{d}y. \tag{12.13}$$

由于对区域 D,(12.12)、(12.13)式同时成立,合并后即得式(12.11).

(ii) 若区域 D 由一条分段光滑的闭曲线 L 所围成,但不满足情形(i),则可用一条或是几条辅助曲线将 D 分成有限个部分闭区域,使得每个部分闭区域都满足情形(i),例如,就图 12-17 所示,用辅助线 ABC 将区域 D 分成 D_1,D_2,D_3 三部分,在每个部分上应用格林公式(12.11),得

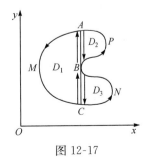

图 12-17

$$\iint\limits_{D_1}\left(\frac{\partial Q}{\partial x}-\frac{\partial P}{\partial y}\right)\mathrm{d}x\mathrm{d}y=\oint_{\overbrace{MCBAM}}P\mathrm{d}x+Q\mathrm{d}y,$$

$$\iint\limits_{D_2}\left(\frac{\partial Q}{\partial x}-\frac{\partial P}{\partial y}\right)\mathrm{d}x\mathrm{d}y=\oint_{\overgroup{ABPA}}P\mathrm{d}x+Q\mathrm{d}y,$$

$$\iint\limits_{D_3}\left(\frac{\partial Q}{\partial x}-\frac{\partial P}{\partial y}\right)\mathrm{d}x\mathrm{d}y=\oint_{\overgroup{BCNB}}P\mathrm{d}x+Q\mathrm{d}y.$$

把这三个等式相加,注意到相加时沿辅助曲线来回的曲线积分相互抵消,便得

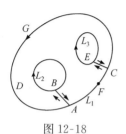

图 12-18

$$\iint\limits_{D}\left(\frac{\partial Q}{\partial x}-\frac{\partial P}{\partial y}\right)\mathrm{d}x\mathrm{d}y=\oint_{L}P\mathrm{d}x+Q\mathrm{d}y.$$

（iii）一般地,如果区域 D 由几条闭曲线所围成（如图 12-18）,可添加直线段 AB ,CE ,使 D 的边界曲线由 AB ,L_2 ,BA ,AFC ,CE ,L_3 ,EC 及 CGA 构成. 于是,由情形（ii）知

$$\iint\limits_{D}\left(\frac{\partial Q}{\partial x}-\frac{\partial P}{\partial y}\right)\mathrm{d}x\mathrm{d}y$$

$$=\left\{\int_{AB}+\int_{L_2}+\int_{BA}+\int_{AFC}+\int_{CE}+\int_{L_3}+\int_{EC}+\int_{CGA}\right\}(P\mathrm{d}x+Q\mathrm{d}y)$$

$$=\left(\oint_{L_2}+\oint_{L_3}+\oint_{L_1}\right)(P\mathrm{d}x+Q\mathrm{d}y)=\oint_{L}P\mathrm{d}x+Q\mathrm{d}y.$$

综上所述,即证明了格林（Green）公式（12.11）.

格林公式沟通了平面区域 D 上的二重积分与 D 的整个边界曲线 L 上的对坐标的曲线积分之间的联系. 从而,利用格林公式可以将平面闭曲线 L 上的曲线积分化为由 L 围成的闭区域 D 上的二重积分来计算,但有时,也可以将二重积分化为其边界曲线上的曲线积分计算. 例如,若令 $P=-y$,$Q=x$,得

$$2\iint\limits_{D}\mathrm{d}x\mathrm{d}y=\oint_{L}x\mathrm{d}y-y\mathrm{d}x,$$

上式左端是闭区域 D 的面积 A 的两倍,由此得到一个用曲线积分计算平面区域面积的公式

$$A=\frac{1}{2}\oint_{L}x\mathrm{d}y-y\mathrm{d}x. \tag{12.14}$$

例1 求 $\oint_{L}\left(\frac{\mathrm{d}x}{y}+\frac{\mathrm{d}y}{x}\right)$,其中 L 是由 $1\leqslant y\leqslant\sqrt{x}$,$1\leqslant x\leqslant4$ 所确定的区域 D 的正向边界.

解 令 $P=\frac{1}{y}$,$Q=\frac{1}{x}$,则 $\frac{\partial Q}{\partial x}-\frac{\partial P}{\partial y}=-\frac{1}{x^2}+\frac{1}{y^2}$,因此根据格林公式（12.11）有

$$\oint_{L}\left(\frac{\mathrm{d}x}{y}+\frac{\mathrm{d}y}{x}\right)=\iint\limits_{D}\left(\frac{1}{y^2}-\frac{1}{x^2}\right)\mathrm{d}x\mathrm{d}y=\int_1^4\mathrm{d}x\int_1^{\sqrt{x}}\left(\frac{1}{y^2}-\frac{1}{x^2}\right)\mathrm{d}y$$

$$=\int_1^4\left(1+\frac{1}{x^2}-\frac{1}{\sqrt{x}}-\frac{1}{\sqrt{x^3}}\right)\mathrm{d}x$$

$$=\left.\left(x-\frac{1}{x}-2\sqrt{x}+\frac{2}{\sqrt{x}}\right)\right|_1^4=\frac{3}{4}.$$

例 2　求椭圆 $x=a\cos\theta,y=b\sin\theta$ 所围成图形的面积 A.

解　根据式(12.14),有

$$A=\frac{1}{2}\oint_L x\mathrm{d}y-y\mathrm{d}x=\frac{1}{2}\int_0^{2\pi}(ab\cos^2\theta+ab\sin^2\theta)\mathrm{d}\theta=\frac{1}{2}ab\int_0^{2\pi}\mathrm{d}\theta=\pi ab.$$

例 3　求 $\oint_L xy^2\mathrm{d}y-x^2y\mathrm{d}x$,其中 L 为圆周 $x^2+y^2=R^2$ 依逆时针方向.

解　由题意,$P=-x^2y,Q=xy^2,L$ 为区域边界的正向,故根据式(12.11),有

$$\oint_L xy^2\mathrm{d}y-x^2y\mathrm{d}x=\iint_D(x^2+y^2)\mathrm{d}x\mathrm{d}y=\int_0^{2\pi}\mathrm{d}\theta\int_0^R\rho^2\cdot\rho\mathrm{d}\rho=\frac{\pi R^4}{2}.$$

例 4　求 $\displaystyle\int_{\overset{\frown}{ANO}}(\mathrm{e}^x\sin y-my)\mathrm{d}x+(\mathrm{e}^x\cos y-m)\mathrm{d}y$,其中 $\overset{\frown}{ANO}$ 为由

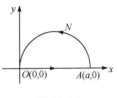

图 12-19

点 $A(a,0)$ 到点 $O(0,0)$ 的上半圆周 $x^2+y^2=ax$(如图 12-19).

解　在 Ox 轴上作点 $O(0,0)$ 到点 $A(a,0)$ 的辅助直线段 OA,它与上半圆周便构成封闭的半圆形 $\overset{\frown}{ANOA}$,并记所围区域为 D,于是

$$\int_{\overset{\frown}{ANO}}=\oint_{\overset{\frown}{ANOA}}-\int_{OA}.$$

根据格林公式(12.11)得

$$\oint_{\overset{\frown}{ANOA}}(\mathrm{e}^x\sin y-my)\mathrm{d}x+(\mathrm{e}^x\cos y-m)\mathrm{d}y$$

$$=\iint_D[\mathrm{e}^x\cos y-(\mathrm{e}^x\cos y-m)]\mathrm{d}x\mathrm{d}y=\iint_D m\mathrm{d}x\mathrm{d}y=m\cdot\frac{1}{2}\cdot\pi\left(\frac{a}{2}\right)^2=\frac{\pi ma^2}{8}.$$

由于 OA 的方程为 $y=0,x:0\to a$,所以

$$\int_{OA}(\mathrm{e}^x\sin y-my)\mathrm{d}x+(\mathrm{e}^x\cos y-m)\mathrm{d}y=0.$$

故

$$\int_{\overset{\frown}{ANO}}(\mathrm{e}^x\sin y-my)\mathrm{d}x+(\mathrm{e}^x\cos y-m)\mathrm{d}y=\frac{\pi ma^2}{8}.$$

本例中,若直接根据曲线 $\overset{\frown}{ANO}$ 的方程,将曲线积分转化为定积分来计算是很繁琐甚至是不可能的. 此时,我们可以借助于格林公式,由于曲线不是封闭的,所以不能直接使用格林公式,但若添加一段简单的辅助曲线,使其与所给曲线构成一封闭曲线,这样就可以利用格林公式把所给曲线积分化为二重积分来计算,这种添加辅助线的方式是格林公式计算曲线积分时常用的方法.

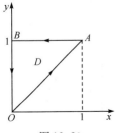

图 12-20

例 5　利用曲线积分计算二重积分 $\displaystyle\iint_D\mathrm{e}^{-y^2}\mathrm{d}x\mathrm{d}y$,其中 D 是以 $O(0,0),A(1,1),B(0,1)$ 为顶点的三角形闭区域(如图 12-20).

解　令 $P=0,Q=x\mathrm{e}^{-y^2}$,则

$$\frac{\partial Q}{\partial x}-\frac{\partial P}{\partial y}=\mathrm{e}^{-y^2},$$

因此,根据格林公式(12.11)有

$$\iint\limits_{D} \mathrm{e}^{-y^2}\mathrm{d}x\mathrm{d}y = \int_{OA+AB+BO} x\mathrm{e}^{-y^2}\mathrm{d}y = \int_{OA} x\mathrm{e}^{-y^2}\mathrm{d}y = \int_0^1 x\mathrm{e}^{-x^2}\mathrm{d}x = \frac{1}{2}(1-\mathrm{e}^{-1}).$$

例 6　计算 $I = \oint_L \dfrac{x\mathrm{d}y - y\mathrm{d}x}{x^2+y^2}$，其中积分曲线 L 为

（1）圆周 $x = a\cos t, y = a\sin t (0 \leqslant t \leqslant 2\pi)$ 取逆时针方向；

（2）一条无重点、分段光滑且不经过原点的连续闭曲线，L 方向为逆时针方向.

解　（1）注意到平面区域的面积公式（12.14），则有

$$I = \oint_L \frac{x\mathrm{d}y - y\mathrm{d}x}{x^2+y^2} = \frac{1}{a^2}\oint_L x\mathrm{d}y - y\mathrm{d}x = \frac{1}{a^2}\cdot 2\pi a^2 = 2\pi;$$

（2）令 $P = \dfrac{-y}{x^2+y^2}$，$Q = \dfrac{x}{x^2+y^2}$，则当 $x^2+y^2 \neq 0$ 时，有

$$\frac{\partial Q}{\partial x} = \frac{y^2-x^2}{(x^2+y^2)^2} = \frac{\partial P}{\partial y},$$

并记曲线 L 所围闭区域为 D.

情形 1　当原点 $(0,0) \notin D$ 时，根据格林公式，有

$$I = \oint_L \frac{x\mathrm{d}y - y\mathrm{d}x}{x^2+y^2} = \iint\limits_{D}\left(\frac{\partial Q}{\partial x} - \frac{\partial P}{\partial y}\right)\mathrm{d}x\mathrm{d}y = 0 ;$$

情形 2　当原点 $(0,0) \in D$ 时，注意到 $P(x,y), Q(x,y)$ 在点 $O(0,0)$ 偏导数不存在，故不能直接使用格林公式. 此时，在 D 内任取封闭曲线 l，且取逆时针方向，记 L 和 l^- 围成的闭区域为 D_1，对复连通区域 D_1 上应用格林公式，得

$$0 = \oint_{L+l^-} \frac{x\mathrm{d}y - y\mathrm{d}x}{x^2+y^2} = \int_L \frac{x\mathrm{d}y - y\mathrm{d}x}{x^2+y^2} - \int_l \frac{x\mathrm{d}y - y\mathrm{d}x}{x^2+y^2},$$

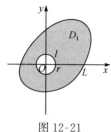

图 12-21

即

$$\oint_L \frac{x\mathrm{d}y - y\mathrm{d}x}{x^2+y^2} = \oint_l \frac{x\mathrm{d}y - y\mathrm{d}x}{x^2+y^2}.$$

考虑到曲线 l 的任意性，不妨选取适当小的圆周 $l: x^2+y^2 = r^2 (r>0)$（如图 12-21），结合（1）的结论得

$$I = \oint_l \frac{x\mathrm{d}y - y\mathrm{d}x}{x^2+y^2} = 2\pi.$$

12.3.3　平面上曲线积分与路径无关的条件

从上一节例 3 和例 4 知道，被积函数相同，沿着具有相同起点和终点但路径不同的第二类曲线积分，其积分值可能相等，也可能不相等. 下面我们要来讨论在怎样的条件下平面曲线积分与积分路径无关. 为此，首先给出平面曲线积分与积分路径无关的概念.

设函数 $P(x,y), Q(x,y)$ 在平面区域 G 内具有一阶连续偏导数. 若对于 G 内任意指定的两个点 A, B，及 G 内从点 A 到点 B 的任意两条曲线 L_1, L_2（如图 12-22），有

$$\int_{L_1} P\mathrm{d}x + Q\mathrm{d}y = \int_{L_2} P\mathrm{d}x + Q\mathrm{d}y,$$

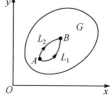

图 12-22

则称**曲线积分** $\displaystyle\int_L P\mathrm{d}x + Q\mathrm{d}y$ 在 G 内与路径无关.

定理 2　设开区域 G 是一个单连通区域,函数 $P(x,y)$ 及 $Q(x,y)$ 在 G 上具有一阶连续偏导数,则下列几个命题等价.

(i) 沿 G 内任一闭路 L,有

$$\oint_L P\mathrm{d}x + Q\mathrm{d}y = 0;$$

(ii) 曲线积分 $\displaystyle\int_L P\mathrm{d}x + Q\mathrm{d}y$ 与路径无关,只与起止点有关;

(iii) 表达式 $P\mathrm{d}x + Q\mathrm{d}y$ 为某一二元函数 $u(x,y)$ 的全微分,即 $\mathrm{d}u = P\mathrm{d}x + Q\mathrm{d}y$;

(iv) $\dfrac{\partial P}{\partial y} = \dfrac{\partial Q}{\partial x}$ 在 G 内恒成立.

证明　(i)$\Rightarrow$(ii) 设 L_1,L_2 为 G 内任意两条由 A 到 B 的有向光滑曲线,如图 12-21 所示,则

$$\oint_{L_1 + L_2^-} P\mathrm{d}x + Q\mathrm{d}y = \int_{L_1} P\mathrm{d}x + Q\mathrm{d}y - \int_{L_2} P\mathrm{d}x + Q\mathrm{d}y = 0,$$

即

$$\int_{L_1} P\mathrm{d}x + Q\mathrm{d}y = \int_{L_2} P\mathrm{d}x + Q\mathrm{d}y.$$

(ii)$\Rightarrow$(iii) 由于曲线积分 $\displaystyle\int_L P\mathrm{d}x + Q\mathrm{d}y$ 在 G 内与路径无关,只与端点 $M_0(x_0,y_0)$ 与 $M(x,y)$ 有关. 此积分可记为

$$u(x,y) = \int_{(x_0,y_0)}^{(x,y)} P\mathrm{d}x + Q\mathrm{d}y.$$

下面证明 $\mathrm{d}u = P\mathrm{d}x + Q\mathrm{d}y$,只需证明 $\dfrac{\partial u}{\partial x} = P(x,y)$,$\dfrac{\partial u}{\partial y} = Q(x,y)$.

按偏导数定义,有

$$\frac{\partial u}{\partial x} = \lim_{\Delta x \to 0} \frac{u(x+\Delta x,y) - u(x,y)}{\Delta x}.$$

又

$$u(x+\Delta x,y) = \int_{(x_0,y_0)}^{(x+\Delta x,y)} P(x,y)\mathrm{d}x + Q(x,y)\mathrm{d}y.$$

考虑到这里的曲线积分与路径无关,可以先取从 M_0 到 M,然后沿平行于 x 轴的直线段从 M 到 N 作为上式右端曲线积分的路径(如图 12-23). 这样就有

$$u(x+\Delta x,y) - u(x,y) = \int_{(x,y)}^{(x+\Delta x,y)} P(x,y)\mathrm{d}x + Q(x,y)\mathrm{d}y.$$

因为直线段 MN 的方程为 $y = $ 常数,按对坐标的曲线积分的计算法,上式成为

$$u(x+\Delta x,y) - u(x,y) = \int_x^{x+\Delta x} P(x,y)\mathrm{d}x.$$

应用定积分中值定理,得

$$u(x+\Delta x,y) - u(x,y) = P(x+\theta\Delta x,y)\Delta x \quad (0 \leqslant \theta \leqslant 1),$$

上式两边除以 Δx,并令 $\Delta x \to 0$ 取极限. 由于函数 $P(x,y)$ 的偏导数在 G 内连续,$P(x,y)$ 本身也一定连续,于是得

$$\frac{\partial u}{\partial x} = P(x,y);$$

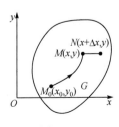

图 12-23

同理可证

$$\frac{\partial u}{\partial y} = Q(x,y).$$

(iii)⟹(iv) 设存在 $u(x,y)$,使得

$$\mathrm{d}u(x,y) = P(x,y)\mathrm{d}x + Q(x,y)\mathrm{d}y,$$

则必有

$$\frac{\partial u}{\partial x} = P(x,y), \quad \frac{\partial u}{\partial y} = Q(x,y),$$

从而

$$\frac{\partial^2 u}{\partial x \partial y} = \frac{\partial P}{\partial y}, \quad \frac{\partial^2 u}{\partial y \partial x} = \frac{\partial Q}{\partial x}.$$

由于 P,Q 在 G 内具有一阶连续偏导数,所以 $\dfrac{\partial^2 u}{\partial x \partial y}$, $\dfrac{\partial^2 u}{\partial y \partial x}$ 连续,因此 $\dfrac{\partial^2 u}{\partial x \partial y} = \dfrac{\partial^2 u}{\partial y \partial x}$,即 $\dfrac{\partial P}{\partial y} = \dfrac{\partial Q}{\partial x}$.

(iv)⟹(i) 设在 G 内 $\dfrac{\partial P}{\partial y} = \dfrac{\partial Q}{\partial x}$,且有任一闭路积分 $\oint_L P\mathrm{d}x + Q\mathrm{d}y$,$L$ 围成平面区域 D,L 为 D 的正向边界一周. 由格林公式知

$$\iint\limits_{D} \left(\frac{\partial Q}{\partial x} - \frac{\partial P}{\partial y}\right)\mathrm{d}\sigma = \oint_L P\mathrm{d}x + Q\mathrm{d}y.$$

由于 $\dfrac{\partial P}{\partial y} = \dfrac{\partial Q}{\partial x}$,故 $\iint\limits_{D} \left(\dfrac{\partial Q}{\partial x} - \dfrac{\partial P}{\partial y}\right)\mathrm{d}\sigma = 0$,即

$$\oint_L P\mathrm{d}x + Q\mathrm{d}y = 0.$$

定理证毕.

由定理的证明过程可见,若函数 $P(x,y)$,$Q(x,y)$ 满足定理的条件,则二元函数

$$u(x,y) = \int_{(x_0,y_0)}^{(x,y)} P(x,y)\mathrm{d}x + Q(x,y)\mathrm{d}y \tag{12.15}$$

满足

$$\mathrm{d}u(x,y) = P(x,y)\mathrm{d}x + Q(x,y)\mathrm{d}y,$$

我们称 $u(x,y)$ 为表达式 $P(x,y)\mathrm{d}x + Q(x,y)\mathrm{d}y$ 的原函数. 此时,(12.15)式右端的曲线积分与路径无关,为计算简单起见,可以选择平行于坐标轴的直线段连成的折线 M_0RM 作为积分路径(如图 12-24),于是

$$u(x,y) = \int_{x_0}^{x} P(x,y_0)\mathrm{d}x + \int_{y_0}^{y} Q(x,y)\mathrm{d}y \tag{12.16}$$

便为 $P(x,y)\mathrm{d}x + Q(x,y)\mathrm{d}y$ 的一个原函数.

在图 12-24 中,若选取折线 M_0SM 为积分路径,可得

$$u(x,y) = \int_{y_0}^{y} Q(x_0,y)\mathrm{d}y + \int_{x_0}^{x} P(x,y)\mathrm{d}x, \tag{12.17}$$

$u(x,y) + C$(C 为任意常数)即为 $P(x,y)\mathrm{d}x + Q(x,y)\mathrm{d}y$ 的全体原函数.

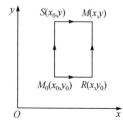

图 12-24

若 $(0,0) \in G$,常取 (x_0,y_0) 为 $(0,0)$.

此外,设(x_1,y_1),(x_2,y_2)是 G 内任意两点,$u(x,y)$是 $P(x,y)\mathrm{d}x+Q(x,y)\mathrm{d}y$ 的任一原函数,则由式(12.15),得

$$\int_{(x_1,y_1)}^{(x_2,y_2)} P(x,y)\mathrm{d}x + Q(x,y)\mathrm{d}y = u(x_2,y_2) - u(x_1,y_1) = u(x,y)\Big|_{(x_1,y_1)}^{(x_2,y_2)}. \quad (12.18)$$

这个公式称为**曲线积分的牛顿-莱布尼茨公式**.

例7　求 $I = \int_L (2xy^3 - y^2\cos x)\mathrm{d}x + (1-2y\sin x + 3x^2y^2)\mathrm{d}y$,其中 L 为抛物线 $2x = \pi y^2$ 上由点 $O(0,0)$ 到 $B\left(\dfrac{\pi}{2},1\right)$ 的弧段.

解　因为
$$P = 2xy^3 - y^2\cos x, \quad Q = 1 - 2y\sin x + 3x^2y^2,$$
$$\frac{\partial P}{\partial y} = 6xy^2 - 2y\cos x = \frac{\partial Q}{\partial x},$$

所以所求曲线积分与路径无关. 如图 12-25 所示,选取从 $O(0,0)$ 经 $A\left(\dfrac{\pi}{2},0\right)$ 到 $B\left(\dfrac{\pi}{2},1\right)$ 的有向折线段,并注意到

在 OA 上:$y=0$,x:$0 \to \dfrac{\pi}{2}$,$\mathrm{d}y=0$;

在 AB 上:$x=\dfrac{\pi}{2}$,y:$0 \to 1$,$\mathrm{d}x=0$.

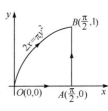

图 12-25

因此,
$$I = \left(\int_{OA} + \int_{AB}\right)(2xy^3 - y^2\cos x)\mathrm{d}x + (1-2y\sin x + 3x^2y^2)\mathrm{d}y$$
$$= 0 + \int_0^1 \left(1 - 2y + \frac{3\pi^2}{4}y^2\right)\mathrm{d}y$$
$$= \frac{\pi^2}{4}.$$

例8　已知点 $O(0,0)$ 及点 $A(1,1)$,且积分
$$I = \int_{OA} (ax\cos y - y^2\sin x)\mathrm{d}x + (by\cos x - x^2\sin y)\mathrm{d}y$$

与路径无关,试确定 a,b 并求 I.

解　令 $P(x,y) = ax\cos y - y^2\sin x$,$Q(x,y) = by\cos x - x^2\sin y$,则
$$\frac{\partial P}{\partial y} = -ax\sin y - 2y\sin x, \quad \frac{\partial Q}{\partial x} = -by\sin x - 2x\sin y,$$

由题意知 $\dfrac{\partial P}{\partial y} = \dfrac{\partial Q}{\partial x}$ 得 $a=b=2$,则
$$I = \int_{(0,0)}^{(1,1)} P\mathrm{d}x + Q\mathrm{d}y = \int_{(0,0)}^{(0,1)} P\mathrm{d}x + Q\mathrm{d}y + \int_{(0,1)}^{(1,1)} P\mathrm{d}x + Q\mathrm{d}y$$
$$= \int_0^1 Q(0,y)\mathrm{d}y + \int_0^1 P(x,1)\mathrm{d}x$$
$$= \int_0^1 2y\mathrm{d}y + \int_0^1 (2x\cos 1 - \sin x)\mathrm{d}x$$
$$= 2\cos 1.$$

例 9　设 $P\mathrm{d}x+Q\mathrm{d}y=(x^2+2xy-y^2)\mathrm{d}x+(x^2-2xy-y^2)\mathrm{d}y$，求 $u(x,y)$ 使得 $\mathrm{d}u=P\mathrm{d}x+Q\mathrm{d}y$.

解　令 $P=x^2+2xy-y^2$，$Q=x^2-2xy-y^2$，则

$$\frac{\partial P}{\partial y}=2x-2y=\frac{\partial Q}{\partial x}$$

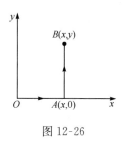

图 12-26

在全平面内恒成立，因此积分在全平面内与路径无关，现在全平面内取点 $O(0,0)$，并取如图 12-26 所示的积分路径，根据式(12.16)所求原函数为

$$u(x,y)=\int_{(0,0)}^{(x,y)}P\mathrm{d}x+Q\mathrm{d}y=\int_{OA}P\mathrm{d}x+Q\mathrm{d}y+\int_{AB}P\mathrm{d}x+Q\mathrm{d}y$$

$$=\int_0^x x^2\mathrm{d}x+\int_0^y(x^2-2xy-y^2)\mathrm{d}y$$

$$=\frac{1}{3}x^3+x^2y-xy^2-\frac{1}{3}y^3.$$

例 10　验证：表达式 $\dfrac{x\mathrm{d}y-y\mathrm{d}x}{x^2+y^2}$ 在右半平面($x>0$)内是某个函数的全微分，并求出一个这样的函数.

解　令 $P=\dfrac{-y}{x^2+y^2}$，$Q=\dfrac{x}{x^2+y^2}$，则

$$\frac{\partial Q}{\partial x}=\frac{y^2-x^2}{(x^2+y^2)^2}=\frac{\partial P}{\partial y}$$

在右半平面内恒成立. 因此在右半平面内，根据定理 2，有二元函数 $u(x,y)$，使得 $\mathrm{d}u(x,y)=\dfrac{x\mathrm{d}y-y\mathrm{d}x}{x^2+y^2}$.

现在右半平面内取点 $(1,0)$，并取如图 12-27 所示的积分路径，根据式(12.16)所求原函数为

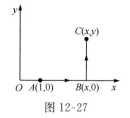

图 12-27

$$u(x,y)=\int_{(1,0)}^{(x,y)}\frac{x\mathrm{d}y-y\mathrm{d}x}{x^2+y^2}=\int_{AB}\frac{x\mathrm{d}y-y\mathrm{d}x}{x^2+y^2}+\int_{BC}\frac{x\mathrm{d}y-y\mathrm{d}x}{x^2+y^2}$$

$$=0+\int_0^y\frac{x\mathrm{d}y}{x^2+y^2}=\left[\arctan\frac{y}{x}\right]_0^y=\arctan\frac{y}{x}.$$

*全微分方程

利用二元函数的全微分求积，还可以用来求解下面一类一阶微分方程.

一阶微分方程

$$P(x,y)\mathrm{d}x+Q(x,y)\mathrm{d}y=0,\tag{12.19}$$

如果它的左端恰好为某一个二元函数 $u(x,y)$ 的全微分

$$\mathrm{d}u(x,y)=P(x,y)\mathrm{d}x+Q(x,y)\mathrm{d}y,$$

那么方程(12.19)就叫做**全微分方程**. 此时，

$$u(x,y)=C$$

为全微分方程(12.19)的隐式通解，其中 C 为任意常数.

由定理 2 可知,当 $P(x,y),Q(x,y)$ 在单连通区域 G 内具有一阶连续偏导数时,方程 (12.19)为全微分方程的充分必要条件为

$$\frac{\partial Q}{\partial x}=\frac{\partial P}{\partial y}$$

在区域 G 内恒成立,且此条件满足时,全微分方程(12.19)的通解为

$$u(x,y)=\int_{(x_0,y_0)}^{(x,y)}P(x,y)\mathrm{d}x+Q(x,y)\mathrm{d}y=C, \tag{12.20}$$

其中 x_0,y_0 是在区域 G 内适当选定的点 M_0 的坐标.

例 11　求解方程 $xy^2\mathrm{d}x+x^2y\mathrm{d}y=0$.

解　法 1:令 $P=xy^2$,$Q=x^2y$,则

$$\frac{\partial Q}{\partial x}=2xy=\frac{\partial P}{\partial y}$$

在 xOy 面内恒成立. 因此所给方程是全微分方程.

取 $(x_0,y_0)=(0,0)$,并取积分路径如图 12-28 所示,利用公式(12.20)得

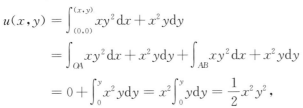
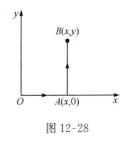

$$
\begin{aligned}
u(x,y) &= \int_{(0,0)}^{(x,y)}xy^2\mathrm{d}x+x^2y\mathrm{d}y \\
&= \int_{OA}xy^2\mathrm{d}x+x^2y\mathrm{d}y+\int_{AB}xy^2\mathrm{d}x+x^2y\mathrm{d}y \\
&= 0+\int_0^y x^2y\mathrm{d}y=x^2\int_0^y y\mathrm{d}y=\frac{1}{2}x^2y^2,
\end{aligned}
$$

图 12-28

则方程的通解为 $x^2y^2=C$.

除了利用式(12.20)以外,还可以用待定函数法求解全微分方程.

法 2:因为要求的方程通解为 $u(x,y)=C$,其中 $u(x,y)$ 满足

$$\frac{\partial u}{\partial x}=xy^2,$$

所以

$$u(x,y)=\int xy^2\mathrm{d}x=\frac{1}{2}x^2y^2+\varphi(y),$$

这里的 $\varphi(y)$ 是以 y 为自变量的待定函数. 由此,得

$$\frac{\partial u}{\partial y}=x^2y+\varphi'(y).$$

又由于 $\dfrac{\partial u}{\partial y}=x^2y$,故

$$x^2y+\varphi'(y)=x^2y,$$

从而 $\varphi'(y)=0$,则 $\varphi(y)=C_0$,即 $u(x,y)=\dfrac{1}{2}x^2y^2+C_0$.

所以,所给方程的通解为

$$\frac{1}{2}x^2y^2+C_0=C_1,$$

即 $x^2y^2=C$.

习 题 12.3

1. 利用格林公式计算积分：

(1) $\oint_L (yx^3 + e^y)dx + (xy^3 + xe^y - 2y)dy$，其中 L 为正向圆周 $x^2 + y^2 = a^2(a>0)$；

(2) $\oint_L (x^2 - xy^3)dx + (y^2 - 2xy)dy$，其中 L 是以 $(0,0),(2,0),(2,2)$ 和 $(0,2)$ 为顶点的正方形区域的正向边界曲线；

(3) $\oint_L e^{y^2}dx + xdy$，其中 L 是沿逆时针方向的椭圆 $4x^2 + y^2 = 8x$.

2. 利用曲线积分，求下列曲线所围成的图形的面积：

(1) 星形线 $x^{\frac{2}{3}} + y^{\frac{2}{3}} = a^{\frac{2}{3}}$；

(2) 双纽线 $\rho = a\sqrt{\cos 2\theta}(a>0)$；

(3) $9x^2 + 16y^2 = 144$.

3. 计算曲线积分 $\oint_L \dfrac{ydx - xdy}{2(x^2 + y^2)}$，其中 L 为沿逆时针方向的圆周 $(x-1)^2 + y^2 = 2$.

4. 证明下列曲线积分在整个 xOy 面内与路径无关，并计算积分值：

(1) $\int_{(1,1)}^{(2,3)} (x+y)dx + (x-y)dy$；

(2) $\int_{(1,0)}^{(2,1)} (2xy - y^4 + 3)dx + (x^2 - 4xy^3)dy$；

(3) $\int_{(0,0)}^{(2,2)} (1 + xe^{2y})dx + (x^2 e^{2y} - y)dy$.

5. 计算下列曲线积分：

(1) $\oint_L (2x - y + 4)dx + (5y + 3x - 6)dy$，其中 L 为三顶点分别为 $(0,0),(3,0)$ 和 $(3,2)$ 的三角形正向边界；

(2) $\oint_L \dfrac{xy^2 dx - x^2 ydy}{x^2 + y^2}$，其中 L 沿顺时针方向的圆周 $x^2 + y^2 = a^2(a>0)$；

(3) $\int_L 2xy^3 dx + 3x^2 y^2 dy$，其中 L 是沿曲线 $y = \sin x$ 从 $O(0,0)$ 到点 $A\left(\dfrac{\pi}{2}, 1\right)$ 的一段弧；

(4) $\int_L (x^2 - y)dx - (x + \sin^2 y)dy$，其中 L 是在圆周 $y = \sqrt{2x - x^2}$ 上由点 $(0,0)$ 到点 $(1,1)$ 的一段弧；

(5) $\oint_L \dfrac{xdy - ydx}{4x^2 + y^2}$，其中 L 是以点 $(1,0)$ 为圆心，R 为半径的圆 $(R>1)$，取逆时针方向；

(6) $\int_L (x^3 - y^3)dx + (x^3 + y^3)dy$，其中 L 是正向曲线 $|x| + |y| = 1$.

6. 利用曲线积分与路径无关，求下列微分表达式的原函数：

(1) $(x + 2y)dx + (2x + y)dy$；

(2) $(3x^2 + 2xe^{-y})dx + (3y^2 - x^2 e^{-y})dy$；

(3) $(2x\cos y + y^2 \cos x)dx + (2y\sin x - x^2 \sin y)dy$.

*7. 判别下列方程中哪些是全微分方程？对于全微分方程，求出它的通解.

(1) $(3x^2 + 6xy^2)dx + (6x^2 y + 4y^2)dy = 0$；

(2) $e^y dx + (xe^y - 2y)dy = 0$；

(3) $(x\cos y + \cos x)y' - y\sin x + \sin y = 0$；

(4) $(x^2 + y^2)dx + xydy = 0$.

8. 确定常数 λ,使在右半平面 $x>0$ 上的向量 $\boldsymbol{A}(x,y)=2xy(x^4+y^2)^\lambda\boldsymbol{i}-x^2(x^4+y^2)^\lambda\boldsymbol{j}$ 为某二元函数 $u(x,y)$ 的梯度,并求 $u(x,y)$.

12.4　对面积的曲面积分

12.4.1　对面积的曲面积分的概念和性质

在引入曲面积分的概念之前,先介绍光滑曲面的概念. 所谓光滑曲面,是指曲面上每一点都有切平面,且切平面随着曲面上的点的连续变动而连续转动. 所谓分片光滑曲面,是指曲面由有限个光滑曲面拼接而成.

如果曲面 Σ 的方程为
$$F(x,y,z)=0,$$
只要 F 具有连续偏导数 F_x,F_y,F_z,且不全为零,曲面 Σ 便是光滑的.

本节将在分片光滑曲面上继续研究积分的拓广和应用,并假定所研究的曲面有界,而曲面的边界为分段光滑的闭曲线.

本章 12.1 节介绍了曲线形构件的质量的求法. 如果把曲线改为曲面,并把线密度 $\mu(x,y)$ 相应地改为面密度 $\mu(x,y,z)$,小段曲线的弧长 Δs_i 改为小块曲面的面积 ΔS_i,而第 i 小段曲线上的一点 (ξ_i,η_i) 改为第 i 小块曲面上一点 (ξ_i,η_i,ζ_i),那么,在面密度 $\mu(x,y,z)$ 连续的前提下,所求的质量 M 就是下列和的极限
$$M=\lim_{\lambda\to 0}\sum_{i=1}^n\mu(\xi_i,\eta_i,\zeta_i)\Delta S_i,$$
其中 λ 表示 n 小块曲面的直径(即曲面上任两点间距离最大者)的最大值.

上述和的极限在一些其他问题中也会遇到,抽象出它们的数学本质,现在引进下面的定义.

定义 1　设曲面 Σ 是光滑的,函数 $f(x,y,z)$ 在曲面 Σ 上有界,把曲面 Σ 任意分成 n 小块 ΔS_i(ΔS_i 同时也代表第 i 小块曲面的面积),又设 (ξ_i,η_i,ζ_i) 是 ΔS_i 上任取定的一点,作乘积 $f(\xi_i,\eta_i,\zeta_i)\Delta S_i(i=1,2,\cdots,n)$,并作和 $\sum_{i=1}^n f(\xi_i,\eta_i,\zeta_i)\Delta S_i$. 如果各小块曲面的直径的最大值 $\lambda\to 0$ 时,这和的极限总存在,则称此极限值为函数 $f(x,y,z)$ 在曲面 Σ 上**对面积的曲面积分**或**第一类曲面积分**(surface integral),记作 $\iint\limits_{\Sigma}f(x,y,z)\mathrm{d}S$, 即

$$\iint\limits_{\Sigma}f(x,y,z)\mathrm{d}S=\lim_{\lambda\to 0}\sum_{i=1}^n f(\xi_i,\eta_i,\zeta_i)\Delta S_i,$$

其中 $f(x,y,z)$ 称为**被积函数**,Σ 称为**积分曲面**,$\mathrm{d}S$ 称为**曲面面积元素**.

根据对面积的曲面积分的定义,面密度为 $\mu(x,y,z)$ 的光滑物质曲面的质量可表示为
$$M=\iint\limits_{\Sigma}\mu(x,y,z)\mathrm{d}S.$$

对面积的曲面积分作如下说明.

(i) 当被积函数 $f(x,y,z)$ 在光滑曲面 Σ 上连续时,对面积的曲面积分存在,今后总假定函数 $f(x,y,z)$ 在 Σ 上连续;

(ii) 若曲面 Σ 为封闭曲面,则记作

$$\oiint\limits_{\Sigma} f(x,y,z)\mathrm{d}S;$$

(iii) 当在曲面 Σ 上 $f(x,y,z)=1$ 时,$S=\iint\limits_{\Sigma} 1 \cdot \mathrm{d}S$ 为曲面面积;

(iv) 第一类曲面积分性质与第一类曲线积分性质类似. 例如,如果 Σ 由分片光滑曲面 Σ_1,Σ_2 组成,即 $\Sigma=\Sigma_1+\Sigma_2$,则

$$\iint\limits_{\Sigma} f(x,y,z)\mathrm{d}S = \iint\limits_{\Sigma_1} f(x,y,z)\mathrm{d}S + \iint\limits_{\Sigma_2} f(x,y,z)\mathrm{d}S.$$

12.4.2　对面积的曲面积分的计算

定理 1　设曲面 Σ 的方程 $z=z(x,y)$,曲面 Σ 在 xOy 面上的投影区域为 D_{xy},若函数 $z=z(x,y)$ 在区域 D_{xy} 上具有一阶连续偏导数,被积函数 $f(x,y,z)$ 在 Σ 上连续,则曲面积分 $\iint\limits_{\Sigma} f(x,y,z)\mathrm{d}S$ 存在,且

$$\iint\limits_{\Sigma} f(x,y,z)\mathrm{d}S = \iint\limits_{D_{xy}} f[x,y,z(x,y)] \sqrt{1+z_x^2(x,y)+z_y^2(x,y)}\,\mathrm{d}x\mathrm{d}y. \quad (12.21)$$

证明　根据对面积的曲面积分的定义,有

$$\iint\limits_{\Sigma} f(x,y,z)\mathrm{d}S = \lim_{\lambda \to 0} \sum_{i=1}^{n} f(\xi_i,\eta_i,\zeta_i)\Delta S_i. \quad (12.22)$$

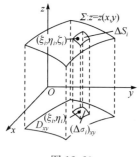

图 12-29

设 Σ 上第 i 小块 曲面 ΔS_i(它的面积也记为 ΔS_i)为在 xOy 面上投影区域为 $(\Delta\sigma_i)_{xy}$(它的面积也记为 $(\Delta\sigma_i)_{xy}$),如图 12-29 所示,则(12.22)式中 ΔS_i 可表示为二重积分

$$\Delta S_i = \iint\limits_{(\Delta\sigma_i)_{xy}} \sqrt{1+z_x^2(x,y)+z_y^2(x,y)}\,\mathrm{d}x\mathrm{d}y.$$

利用二重积分的中值定理,上式又可写为

$$\Delta S_i = \sqrt{1+z_x^2(\xi_i',\eta_i')+z_y^2(\xi_i',\eta_i')}\,(\Delta\sigma_i)_{xy},$$

其中 (ξ_i',η_i') 是小闭区域 $(\Delta\sigma_i)_{xy}$ 上的一点. 又因 (ξ_i,η_i,ζ_i) 是小块曲面 ΔS_i 上的点,且满足 $\zeta_i=z(\xi_i,\eta_i)$,这里的 $(\xi_i,\eta_i,0)$ 是小闭区域 $(\Delta\sigma_i)_{xy}$ 上的点,于是

$$\sum_{i=1}^{n} f(\xi_i,\eta_i,\zeta_i)\Delta S_i = \sum_{i=1}^{n} f[\xi_i,\eta_i,z(\xi_i,\eta_i)] \sqrt{1+z_x^2(\xi_i',\eta_i')+z_y^2(\xi_i',\eta_i')}\,(\Delta\sigma_i)_{xy}.$$

由于函数 $f[x,y,z(x,y)]$ 及 $\sqrt{1+z_x^2(x,y)+z_y^2(x,y)}$ 在闭区域 D_{xy} 上连续,可以证明,当 $\lambda \to 0$ 时,上式右端的极限与

$$\sum_{i=1}^{n} f[\xi_i,\eta_i,z(\xi_i,\eta_i)] \sqrt{1+z_x^2(\xi_i,\eta_i)+z_y^2(\xi_i,\eta_i)}\,(\Delta\sigma_i)_{xy}$$

的极限相等,按照二重积分的定义,这个极限就是以下二重积分

$$\iint_{D_{xy}} f[x,y,z(x,y)]\sqrt{1+z_x^2(x,y)+z_y^2(x,y)}\,\mathrm{d}x\mathrm{d}y,$$

即有

$$\iint_{\Sigma} f(x,y,z)\mathrm{d}S = \iint_{D_{xy}} f[x,y,z(x,y)]\sqrt{1+z_x^2(x,y)+z_y^2(x,y)}\,\mathrm{d}x\mathrm{d}y.$$

这就是对面积的曲面积分化为二重积分的公式.

特别地,当 $f(x,y,z)=1$,则曲面 Σ 的面积 $S=\iint_{D_{xy}}\sqrt{1+z_x^2+z_y^2}\,\mathrm{d}x\mathrm{d}y$.

如果积分曲面 Σ 方程由 $x=x(y,z)$ 或 $y=y(z,x)$ 给出,也可类似地把对面积曲面积分化为相应的二重积分,即:

若积分曲面 $\Sigma:x=x(y,z)$,投影到 yOz 面得区域 D_{yz},则

$$\iint_{\Sigma} f(x,y,z)\mathrm{d}S = \iint_{D_{yz}} f[x(y,z),y,z]\sqrt{1+x_y^2+x_z{}^2}\,\mathrm{d}y\mathrm{d}z; \tag{12.23}$$

若曲面方程为 $\Sigma:y=y(z,x)$,投影到 zOx 面得区域 D_{zx},则

$$\iint_{\Sigma} f(x,y,z)\mathrm{d}S = \iint_{D_{zx}} f[x,y(x,z),z]\sqrt{1+y_x^2+y_z^2}\,\mathrm{d}z\mathrm{d}x. \tag{12.24}$$

类似于三重积分,对面积的曲面积分也有对称性,以下仅列出其中一种情形的结论.

定理 2　设 $f(x,y,z)$ 与 Σ 满足定理 1 的条件,Σ 关于 xOy 面对称,Σ_1 表示 Σ 的位于 xOy 面上方的部分,则

(i) 当 $f(x,y,z)=f(x,y,-z)$ 时,则有

$$\iint_{\Sigma} f(x,y,z)\mathrm{d}S = 2\iint_{\Sigma_1} f(x,y,z)\mathrm{d}S;$$

(ii) 当 $f(x,y,z)=-f(x,y,-z)$ 时,则有

$$\iint_{\Sigma} f(x,y,z)\mathrm{d}S = 0.$$

例 1　计算曲面积分 $\oiint_{\Sigma}(x^2+y^2)\mathrm{d}S$,其中 Σ 是由锥面 $z=\sqrt{x^2+y^2}$ 及平面 $z=1$ 围成的区域的整个边界曲面.

解　如图 12-30 所示,曲面 Σ 由两个曲面构成,分别为

$$\Sigma_1:z=1,x^2+y^2\leqslant 1$$

和

$$\Sigma_2:z=\sqrt{x^2+y^2},0\leqslant z\leqslant 1.$$

两个曲面在 xOy 面上的投影均为

$$D_{xy}=\{(x,y)\,|\,x^2+y^2\leqslant 1\}.$$

又 Σ_1 和 Σ_2 的面积元素分别为

$$\mathrm{d}S=\sqrt{1+0^2+0^2}\,\mathrm{d}x\mathrm{d}y=\mathrm{d}x\mathrm{d}y$$

和

$$\mathrm{d}S=\sqrt{1+z_x^2+z_y^2}\,\mathrm{d}x\mathrm{d}y$$
$$=\sqrt{1+\left(\frac{x}{\sqrt{x^2+y^2}}\right)^2+\left(\frac{y}{\sqrt{x^2+y^2}}\right)^2}\,\mathrm{d}x\mathrm{d}y=\sqrt{2}\,\mathrm{d}x\mathrm{d}y.$$

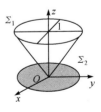

图 12-30

从而

$$\oiint_{\Sigma}(x^2+y^2)\mathrm{d}S=\iint_{\Sigma_1}(x^2+y^2)\mathrm{d}S+\iint_{\Sigma_2}(x^2+y^2)\mathrm{d}S$$

$$=\iint_{D_{xy}}(x^2+y^2)\mathrm{d}x\mathrm{d}y+\iint_{D_{xy}}(x^2+y^2)\sqrt{2}\mathrm{d}x\mathrm{d}y$$

$$=(\sqrt{2}+1)\int_0^{2\pi}\mathrm{d}\theta\int_0^1\rho^2\cdot\rho\mathrm{d}\rho$$

$$=\frac{\sqrt{2}+1}{2}\pi.$$

例 2　计算 $\oiint_{\Sigma}xyz\mathrm{d}S$, 其中 Σ 是由平面 $x=0, y=0, z=0$ 及 $x+y+z=1$ 所围成的四面体的整个边界曲面.

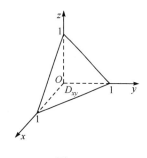

图 12-31

解　如图 12-31 所示, 整个边界曲面 Σ 在平面 $x=0, y=0$, $z=0$ 及 $x+y+z=1$ 上的部分依次记为 $\Sigma_1, \Sigma_2, \Sigma_3, \Sigma_4$, 于是

$$\oiint_{\Sigma}xyz\mathrm{d}S=\iint_{\Sigma_1}xyz\mathrm{d}S+\iint_{\Sigma_2}xyz\mathrm{d}S+\iint_{\Sigma_3}xyz\mathrm{d}S+\iint_{\Sigma_4}xyz\mathrm{d}S.$$

由于在曲面 $\Sigma_1, \Sigma_2, \Sigma_3$ 上被积函数 $f(x,y,z)=xyz$ 均为零, 所以

$$\iint_{\Sigma_1}xyz\mathrm{d}S=\iint_{\Sigma_2}xyz\mathrm{d}S=\iint_{\Sigma_3}xyz\mathrm{d}S=0.$$

在 Σ_4 上, $z=1-x-y$ 且 $\mathrm{d}S=\sqrt{1+z_x^2+z_y^2}\mathrm{d}x\mathrm{d}y=\sqrt{3}\mathrm{d}x\mathrm{d}y$,

从而

$$\oiint_{\Sigma}xyz\mathrm{d}S=\iint_{\Sigma_4}xyz\mathrm{d}S=\iint_{D_{xy}}\sqrt{3}xy(1-x-y)\mathrm{d}x\mathrm{d}y,$$

其中 D_{xy} 是 Σ_4 在 xOy 面上投影区域, 即

$$D_{xy}=\{(x,y,z)\,|\,0\leqslant y\leqslant 1-x, 0\leqslant x\leqslant 1\}.$$

因此

$$\oiint_{\Sigma}xyz\mathrm{d}S=\sqrt{3}\int_0^1 x\mathrm{d}x\int_0^{1-x}y(1-x-y)\mathrm{d}y$$

$$=\sqrt{3}\int_0^1 x\left[(1-x)\frac{1}{2}y^2-\frac{1}{3}y^3\right]_0^{1-x}\mathrm{d}x$$

$$=\sqrt{3}\int_0^1 x\frac{(1-x)^3}{6}\mathrm{d}x=\frac{\sqrt{3}}{120}.$$

例 3　计算 $\iint_{\Sigma}\dfrac{\mathrm{d}S}{x^2+y^2+z^2}$, 其中 Σ 为柱面 $x^2+y^2=R^2\ (R>0)$ 位于平面 $z=0, z=H(H>0)$ 之间的部分.

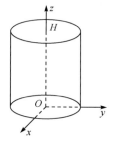

图 12-32

解　如图 12-32 所示, 注意到 Σ 的方程为隐函数形式, 从中可以解出 x 或 y, 且 Σ 关于 zOx 或 yOz 面对称. 因此, 由对称性知

$$\iint_{\Sigma}\frac{\mathrm{d}S}{x^2+y^2+z^2}=2\iint_{\Sigma_1}\frac{\mathrm{d}S}{x^2+y^2+z^2},$$

其中 $\Sigma_1 : y = \sqrt{R^2 - x^2}, 0 \leqslant z \leqslant H, \Sigma_1$ 在 zOx 面上的投影区域为
$$D_{xz} = \{(x, z) \mid -R \leqslant x \leqslant R, 0 \leqslant z \leqslant H\}.$$

又
$$\mathrm{d}S = \sqrt{1 + y_z^2 + y_x^2}\,\mathrm{d}z\mathrm{d}x = \frac{R}{\sqrt{R^2 - x^2}}\,\mathrm{d}z\mathrm{d}x.$$

从而有
$$\iint_{\Sigma} \frac{\mathrm{d}S}{x^2 + y^2 + z^2} = 2\iint_{\Sigma_1} \frac{\mathrm{d}S}{x^2 + y^2 + z^2} = 2\iint_{D_{zx}} \frac{1}{R^2 + z^2} \cdot \frac{R}{\sqrt{R^2 - x^2}}\,\mathrm{d}z\mathrm{d}x$$
$$= 2R\int_0^H \frac{1}{R^2 + z^2}\,\mathrm{d}z\int_{-R}^R \frac{1}{\sqrt{R^2 - x^2}}\,\mathrm{d}x = 2\pi\arctan\frac{H}{R}.$$

习　题　12.4

1. 当 Σ 是 xOy 面内的一个闭区域 D 时,曲面积分 $\iint\limits_{\Sigma} f(x, y, z)\mathrm{d}S$ 与二重积分有什么关系?

2. 设有一分布着质量的曲面 Σ,在点 (x, y, z) 处它的面密度为 $\mu(x, y, z)$,用对面积的曲面积分表示这曲面对于 x 轴的转动惯量.

3. 计算下列对面积的曲面积分:

(1) $\iint\limits_{\Sigma} \dfrac{\mathrm{d}S}{z}$,其中 Σ 是球面 $x^2 + y^2 + z^2 = a^2$ 被平面 $z = h(0 < h < a)$ 截出的顶部;

(2) $\iint\limits_{\Sigma} (x^2 + y^2 + z^2)\mathrm{d}S$,其中 Σ 为球面 $x^2 + y^2 + z^2 = 2az$ 的上半球面;

(3) $\iint\limits_{\Sigma} (x + y + z)\mathrm{d}S$,其中 Σ 为平面 $y + z = 5$ 被柱面 $x^2 + y^2 = 25$ 所截得的部分;

(4) $\iint\limits_{\Sigma} \left(z + 2x + \dfrac{4}{3}y\right)\mathrm{d}S$,其中 Σ 为平面 $\dfrac{x}{2} + \dfrac{y}{3} + \dfrac{z}{4} = 1$ 在第一卦限中的部分;

(5) $\iint\limits_{\Sigma} (xy + yz + zx)\mathrm{d}S$,其中 Σ 为锥面 $z = \sqrt{x^2 + y^2}$ 被柱面 $x^2 + y^2 = 2ax$ 所截得的有限部分;

(6) $\iint\limits_{\Sigma} (x + y + z)\mathrm{d}S$,其中 Σ 为球面 $x^2 + y^2 + z^2 = a^2$ 上 $z \geqslant h(0 < h < a)$ 的部分.

4. 计算 $\oiint\limits_{\Sigma} (x^2 + y^2 + z^2)\mathrm{d}S$,其中 Σ 为内接于球面 $x^2 + y^2 + z^2 = a^2$ 的八面体 $|x| + |y| + |z| = a$ 的表面.

5. 求抛物面壳 $z = \dfrac{1}{2}(x^2 + y^2)(0 \leqslant z \leqslant 1)$ 的质量,此壳的面密度是 $\mu = z$.

6. 求面密度为 μ_0 的均匀半球壳 $x^2 + y^2 + z^2 = a^2 (z \geqslant 0)$ 对于 z 轴的转动惯量.

12.5　对坐标的曲面积分

12.5.1　有向曲面及其投影

在讨论对坐标的曲面积分之前,先要建立曲面的侧、有向曲面及其投影的概念.

1. 有向曲面

以下所讨论的曲面假定都是光滑的. 通常遇到的曲面都是双侧的. 对一般的闭合曲

面,如球面、椭球面等,有内侧与外侧之分. 对一般的非闭合曲面,如图 12-33 所示的曲面 $z=z(x,y)$ 有上、下侧之分,曲面 $x=x(y,z)$, $y=y(x,z)$ 分别有前、后侧和左、右侧之分. 通俗地说,双侧曲面的特点是放在曲面上的一只蚂蚁如果要爬到它所在位置的背面,则它必须越过曲面的边界线. 然而,单侧曲面在特殊情况下也是存在的,如著名的牟比乌斯(Möbius)带就是一个典型的单侧曲面的例子. 如果取一长方形纸条带 $ABCD$,将一端 DC 扭转 $180°$,再与另一端 AB 粘起来就可得到 Möbius 带(如图 12-34). 本书不讨论单侧曲面,以后我们总假定所考虑的曲面是双侧的.

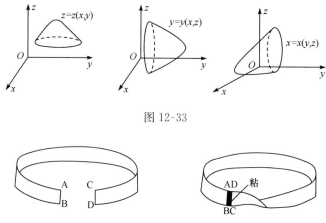

图 12-33

图 12-34

在讨论对坐标的曲面积分时,需要指定曲面的侧. 当一个曲面取定了一侧,则称这种取定了侧的曲面为**有向曲面**. 我们可以通过曲面上法向量的指向来定出曲面的侧. 设曲面上任一点的法向量 $\boldsymbol{n}$ 的三个方向余弦为 $\cos\alpha$, $\cos\beta$, $\cos\gamma$. 对于图 12-31 所示的曲面,当曲面 $z=z(x,y)$ 上任一点的法向量向上,也就是法向量方向与 z 轴正向夹角小于 $\dfrac{\pi}{2}$ 时,则方向余弦 $\cos\gamma>0$,所以有向曲面上侧对应 $\cos\gamma>0$,下侧对应 $\cos\gamma<0$;类似地,有向曲面 $y=y(x,z)$ 右侧对应 $\cos\beta>0$,左侧对应 $\cos\beta<0$,有向曲面 $x=x(y,z)$ 前侧对应 $\cos\alpha>0$,后侧对应 $\cos\alpha<0$. 而对于闭曲面,如果取它的法向量的指向朝外,就认定曲面的外侧.

2. 有向曲面的投影

设 Σ 是有向曲面,在曲面 Σ 上取一小块曲面 ΔS,把 ΔS 投影到 xOy 面上得一投影区域,其面积记为 $(\Delta\sigma)_{xy}$. 假定 ΔS 上各点处的法向量与 z 轴的夹角 γ 的余弦 $\cos\gamma$ 有相同的符号(即 $\cos\gamma$ 都是正或都是负的). 我们规定 ΔS 在 xOy 面上的**投影** $(\Delta S)_{xy}$ 为

$$(\Delta S)_{xy}=\begin{cases}(\Delta\sigma)_{xy}, & \cos\gamma>0, \\ -(\Delta\sigma)_{xy}, & \cos\gamma<0, \\ 0, & \cos\gamma\equiv0,\end{cases}$$

其中 $\cos\gamma\equiv0$ 也就是 $(\Delta\sigma)_{xy}=0$ 的情况. ΔS 在 xOy 面上的投影 $(\Delta S)_{xy}$ 就是 ΔS 在 xOy 面上的投影区域的面积附以一定的正负号. 类似地,可以定义 ΔS 在 yOz 面及 zOx 面上的投影 $(\Delta S)_{yz}$ 及 $(\Delta S)_{zx}$.

12.5.2　对坐标的曲面积分的概念和性质

1. **引例　流向曲面一侧的流量**

设稳定流动的不可压缩流体的速度场(向量场)由
$$v(x,y,z)=P(x,y,z)\boldsymbol{i}+Q(x,y,z)\boldsymbol{j}+R(x,y,z)\boldsymbol{k}$$
给出，Σ 是速度场中的一片有向曲面，函数 P,Q,R 在曲面 Σ 上连续，求在单位时间内流向曲面 Σ 指定侧的流体的质量，即流量 Φ.

所谓稳定流动是指流速与时间 t 无关，流体不可压缩意为流体密度 $\mu=$ 常数. 例如，在通常情况下，液体在管道或水在明渠中的流动均可视为不可压缩流体的稳定流动. 为简单起见，不妨设 $\mu=1$(即质量流量等于体积流量).

先看一种特殊情形. 设流体流过平面上面积为 A 的一个闭区域，且流体在这闭区域上各点处的流速为常量 v，又设 n 为该平面的单位法向量(如图 12-35(a))，那么在单位时间内流过闭区域的流体组成一个底面积为 A，斜高为 $|v|$ 的斜柱体(如图 12-35(b))，该斜柱体的体积为 $A|v|\cos\theta=A\boldsymbol{v}\cdot\boldsymbol{n}$，即在单位时间内流体通过闭区域 A 流向 n 所指一侧的流量为

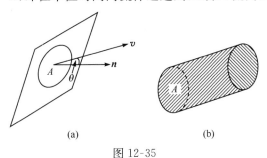

| (a) | (b) |

图 12-35

$$\Phi=A\boldsymbol{v}\cdot\boldsymbol{n}.$$

当考虑的有向曲面不是平面时，且流速 v 也不是常向量，求单位时间内流向 Σ 指定侧的流体的流量 Φ 可采用"微元法"进行处理.

(1) **分割**. 把曲面 Σ 任意分成 n 小块 ΔS_i(ΔS_i 也表示第 i 小块曲面的面积，$i=1,2,\cdots,n$)，在 ΔS_i 上任取一点 (ξ_i,η_i,ζ_i)，记该点处的流速及单位法向量(如图 12-36)分别为

$$\boldsymbol{v}_i=\boldsymbol{v}_i(\xi_i,\eta_i,\zeta_i)=P(\xi_i,\eta_i,\zeta_i)\boldsymbol{i}+Q(\xi_i,\eta_i,\zeta_i)\boldsymbol{j}+R(\xi_i,\eta_i,\zeta_i)\boldsymbol{k}$$

及

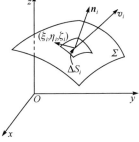

图 12-36

$$\boldsymbol{n}_i=\cos\alpha_i\boldsymbol{i}+\cos\beta_i\boldsymbol{j}+\cos\gamma_i\boldsymbol{k}.$$

(2) **近似**. 将第 i 小块 ΔS_i 近似看作平面，将点 (ξ_i,η_i,ζ_i) 处的流速近似作为曲面 ΔS_i 上的流速，则通过 ΔS_i 流向曲面指定侧的流量近似为

$$\Delta\Phi_i\approx\boldsymbol{v}_i\cdot\boldsymbol{n}_i\Delta S_i\quad(i=1,2,\cdots,n).$$

(3) **求和**. 因为

$$\cos\alpha_i\cdot\Delta S_i=(\Delta S_i)_{yz},\ \cos\beta_i\cdot\Delta S_i=(\Delta S_i)_{zx},\ \cos\gamma_i\cdot\Delta S_i=(\Delta S_i)_{xy},$$

所以通过 Σ 流向指定侧的流体的流量的近似值为

$$\Phi = \sum_{i=1}^{n} \Delta \Phi_i \approx \sum_{i=1}^{n} \boldsymbol{v}_i \cdot \boldsymbol{n}_i \Delta S_i$$

$$= \sum_{i=1}^{n} \left[P(\xi_i, \eta_i, \zeta_i) \cos\alpha_i + Q(\xi_i, \eta_i, \zeta_i) \cos\beta_i + R(\xi_i, \eta_i, \zeta_i) \cos\gamma_i \right] \Delta S_i$$

$$= \sum_{i=1}^{n} \left[P(\xi_i, \eta_i, \zeta_i)(\Delta S_i)_{yz} + Q(\xi_i, \eta_i, \zeta_i)(\Delta S_i)_{zx} + R(\xi_i, \eta_i, \zeta_i)(\Delta S_i)_{xy} \right].$$

(4) **取极限**. 令 λ 表示 n 个小块 ΔS_i 直径的最大值,则通过曲面 Σ 流向指定侧的流量的精确值

$$\Phi = \lim_{\lambda \to 0} \sum_{i=1}^{n} \left[P(\xi_i, \eta_i, \zeta_i)(\Delta S_i)_{yz} + Q(\xi_i, \eta_i, \zeta_i)(\Delta S_i)_{zx} + R(\xi_i, \eta_i, \zeta_i)(\Delta S_i)_{xy} \right].$$

除流体的流量外,物理上的磁通量、电流量、医学上的血流量等也可用类似的和式极限表示. 抽象出它们的数学本质,便得到下列对坐标的曲面积分的定义.

2. 对坐标的曲面积分的定义与性质

定义 1　设 Σ 为光滑的有向曲面,函数 $R(x,y,z)$ 在曲面 Σ 上有界,把曲面 Σ 任意分成 n 块小曲面 $\Delta S_i (i=1,2\cdots,n)$, ΔS_i 在 xOy 面上的投影为 $(\Delta S_i)_{xy}$, 在 ΔS_i 上任取点 (ξ_i, η_i, ζ_i). 如果当各小块曲面的直径的最大值 $\lambda \to 0$ 时, $\lim\limits_{\lambda \to 0} R(\xi_i, \eta_i, \zeta_i)(\Delta S_i)_{xy}$ 总存在,则称此极限值为函数 $R(x,y,z)$ 在有向光滑曲面 Σ 上对**坐标** x,y **的曲面积分**,记为 $\iint\limits_{\Sigma} R(x,y,z)\mathrm{d}x\mathrm{d}y$, 即

$$\iint\limits_{\Sigma} R(x,y,z)\mathrm{d}x\mathrm{d}y = \lim_{\lambda \to 0} \sum_{i=1}^{n} R(\xi_i, \eta_i, \zeta_i)(\Delta S_i)_{xy},$$

其中 $R(x,y,z)$ 叫做**被积函数**, Σ 叫做**积分曲面**.

类似地可定义,函数 $P(x,y,z)$ 在有向曲面 Σ 上对**坐标** y,z **的曲面积分**

$$\iint\limits_{\Sigma} P(x,y,z)\mathrm{d}y\mathrm{d}z = \lim_{\lambda \to 0} \sum_{i=1}^{n} P(\xi_i, \eta_i, \zeta_i)(\Delta S_i)_{yz}$$

和函数 $Q(x,y,z)$ 在有向曲面 Σ 上对**坐标** z,x **的曲面积分**

$$\iint\limits_{\Sigma} Q(x,y,z)\mathrm{d}z\mathrm{d}x = \lim_{\lambda \to 0} \sum_{i=1}^{n} Q(\xi_i, \eta_i, \zeta_i)(\Delta S_i)_{zx}.$$

以上三个曲面积分也称第二类曲面积分.

对坐标的曲面积分作如下说明.

(i) 当被积函数 $f(x,y,z)$ 在光滑曲面 Σ 上连续时,对坐标的曲面积分存在,今后总假定函数 $f(x,y,z)$ 在 Σ 上连续;

(ii) 在实际应用中常采用组合式

$$\iint\limits_{\Sigma} P\mathrm{d}y\mathrm{d}z + \iint\limits_{\Sigma} Q\mathrm{d}z\mathrm{d}x + \iint\limits_{\Sigma} R\mathrm{d}x\mathrm{d}y = \iint\limits_{\Sigma} P\mathrm{d}y\mathrm{d}z + Q\mathrm{d}z\mathrm{d}x + R\mathrm{d}x\mathrm{d}y;$$

(iii) 引例中稳定流动的不可压缩(密度为 1)流体,单位时间内流向 Σ 指定侧的流体的流量为

$$\Phi = \iint\limits_{\Sigma} P(x,y,z)\mathrm{d}y\mathrm{d}z + Q(x,y,z)\mathrm{d}z\mathrm{d}x + R(x,y,z)\mathrm{d}x\mathrm{d}y;$$

(iv) 对坐标的曲面积分的向量形式为

$$\iint_{\Sigma} P \mathrm{d}y\mathrm{d}z + Q\mathrm{d}z\mathrm{d}x + R\mathrm{d}x\mathrm{d}y = \iint_{\Sigma} \boldsymbol{A} \cdot \boldsymbol{n}\mathrm{d}S,$$

其中向量值函数 $\boldsymbol{A} = (P, Q, R)$，$\boldsymbol{n} = (\cos\alpha, \cos\beta, \cos\gamma)$ 是有向曲面 Σ 上点 (x, y, z) 处的单位法向量.

对坐标的曲面积分性质与对坐标的曲线积分性质类似. 下面仅给出两条常用的性质.

性质 1　如果 Σ 由分片有向光滑曲面 Σ_1, Σ_2 组成，即 $\Sigma = \Sigma_1 + \Sigma_2$，则

$$\iint_{\Sigma} \boldsymbol{A} \cdot \boldsymbol{n}\mathrm{d}S = \iint_{\Sigma_1} \boldsymbol{A} \cdot \boldsymbol{n}\mathrm{d}S + \iint_{\Sigma_2} \boldsymbol{A} \cdot \boldsymbol{n}\mathrm{d}S.$$

性质 2　设 Σ 是有向曲面，Σ^- 表示与 Σ 取相反侧的有向曲面，则

$$\iint_{\Sigma^-} \boldsymbol{A} \cdot \boldsymbol{n}\mathrm{d}S = -\iint_{\Sigma} \boldsymbol{A} \cdot \boldsymbol{n}\mathrm{d}S.$$

性质 2 表明，当积分曲面改变相反侧时，对坐标的曲面积分要改变符号. 因此关于对坐标的曲面积分，我们必须要注意积分曲面所取的侧.

12.5.3　对坐标的曲面积分的计算

先介绍对坐标 x, y 的曲面积分 $\iint_{\Sigma} R(x, y, z)\mathrm{d}x\mathrm{d}y$ 的计算方法，其他情形依此类推.

定理 1　设有向光滑曲面 Σ 的方程为 $z = z(x, y)$，Σ 在 xOy 面上的投影为 D_{xy}，函数 $z = z(x, y)$ 在 D_{xy} 上具有一阶连续的偏导数，且被积函数 $R(x, y, z)$ 在 Σ 上连续，则曲面积分 $\iint_{\Sigma} R(x, y, z)\mathrm{d}x\mathrm{d}y$ 存在，且

$$\iint_{\Sigma} R(x, y, z)\mathrm{d}x\mathrm{d}y = \pm \iint_{D_{xy}} R[x, y, z(x, y)]\mathrm{d}x\mathrm{d}y, \tag{12.25}$$

其中积分曲面 Σ 取上侧时，二重积分前面取"$+$"号；Σ 取下侧时，二重积分前面取"$-$"号.

证明　设光滑曲面 $\Sigma: z = z(x, y)$ 与平行 z 轴的直线至多交于一点 (更复杂的情形可分片考虑). 根据对坐标曲面积分的定义

$$\iint_{\Sigma} R(x, y, z)\mathrm{d}x\mathrm{d}y = \lim_{\lambda \to 0} \sum_{i=1}^{n} R(\xi_i, \eta_i, \zeta_i)(\Delta S_i)_{xy}.$$

如果曲面 Σ 取上侧，此时 $\cos\gamma > 0$，所以

$$(\Delta S_i)_{xy} = (\Delta\sigma_i)_{xy},$$

又因 (ξ_i, η_i, ζ_i) 是曲面 $\Sigma: z = z(x, y)$ 上的一点，故 $\zeta_i = z(\xi_i, \eta_i)$，从而有

$$\sum_{i=1}^{n} R(\xi_i, \eta_i, \zeta_i)(\Delta S_i)_{xy} = \sum_{i=1}^{n} R(\xi_i, \eta_i, z(\xi_i, \eta_i))(\Delta\sigma_i)_{xy}.$$

令各小块曲面的直径的最大值 $\lambda \to 0$，取上式两端的极限，就得到

$$\iint_{\Sigma} R(x, y, z)\mathrm{d}x\mathrm{d}y = \iint_{D_{xy}} R[x, y, z(x, y)]\mathrm{d}x\mathrm{d}y.$$

如果曲面 Σ 取下侧，则 Σ^- 取上侧，由上知

$$\iint_{\Sigma^-} R(x, y, z)\mathrm{d}x\mathrm{d}y = \iint_{D_{xy}} R[x, y, z(x, y)]\mathrm{d}x\mathrm{d}y,$$

再由性质 2 知

$$\iint\limits_{\Sigma} R(x,y,z)\mathrm{d}x\mathrm{d}y = -\iint\limits_{\Sigma^-} R(x,y,z)\mathrm{d}x\mathrm{d}y = -\iint\limits_{D_{xy}} R[x,y,z(x,y)]\mathrm{d}x\mathrm{d}y.$$

从而得对坐标曲面积分化为二重积分的公式(12.25). 式(12.25)表明,计算曲面积分 $\iint\limits_{\Sigma} R(x,y,$ $z)\mathrm{d}x\mathrm{d}y$ 时,若曲面 Σ 由方程 $z=z(x,y)$ 给出,只需将被积函数 $R(x,y,z)$ 中的变量 z 换为函数 $z(x,y)$,然后将曲面 Σ 投影到 xOy 坐标面,在投影区域 D_{xy} 上计算二重积分

$$\pm\iint\limits_{D_{xy}} R[x,y,z(x,y)]\mathrm{d}x\mathrm{d}y,$$

当曲面 Σ 取上侧时,上式取"+"号;当曲面 Σ 取下侧时,上式取"−"号.

类似地,若曲面 Σ 由方程 $x=x(y,z)$ 给出,且满足定理条件,则有

$$\iint\limits_{\Sigma} P(x,y,z)\mathrm{d}y\mathrm{d}z = \pm\iint\limits_{D_{yz}} P[x(y,z),y,z]\mathrm{d}y\mathrm{d}z, \tag{12.26}$$

当曲面 Σ 取前侧时,二重积分取"+"号;当曲面 Σ 取后侧时,二重积分取"−"号.

若曲面 Σ 由方程 $y=y(z,x)$ 给出,且满足定理条件,则有

$$\iint\limits_{\Sigma} Q(x,y,z)\mathrm{d}z\mathrm{d}x = \pm\iint\limits_{D_{zx}} Q[x,y(z,x),z]\mathrm{d}z\mathrm{d}x, \tag{12.27}$$

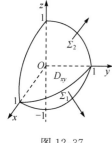

图 12-37

当曲面 Σ 取右侧时,二重积分取"+"号;当曲面 Σ 取左侧时,二重积分取"−"号.

例 1 计算曲面积分 $\iint\limits_{\Sigma} xyz\mathrm{d}x\mathrm{d}y$,其中 Σ 是球面 $x^2+y^2+z^2=1$ 外侧在 $x\geqslant 0,y\geqslant 0$ 的部分.

解 把曲面 Σ 分成下半球面 Σ_1 和上半球面 Σ_2 两部分(如图 12-37),即

$$\Sigma_1:z=-\sqrt{1-x^2-y^2}\text{(取下侧)}$$

和

$$\Sigma_2:z=\sqrt{1-x^2-y^2}\text{(取上侧)},$$

且曲面 Σ_1 和 Σ_2 在 xOy 面上的投影区域均为 D_{xy},即

$$D_{xy}=\{(x,y)\,|\,x^2+y^2\leqslant 1,x\geqslant 0,y\geqslant 0\}.$$

从而利用式(12.25),得

$$\iint\limits_{\Sigma} xyz\mathrm{d}x\mathrm{d}y = \iint\limits_{\Sigma_1} xyz\mathrm{d}x\mathrm{d}y + \iint\limits_{\Sigma_2} xyz\mathrm{d}x\mathrm{d}y$$

$$= -\iint\limits_{D_{xy}} xy(-\sqrt{1-x^2-y^2})\mathrm{d}x\mathrm{d}y + \iint\limits_{D_{xy}} xy\sqrt{1-x^2-y^2}\mathrm{d}x\mathrm{d}y$$

$$= 2\iint\limits_{D_{xy}} xy\sqrt{1-x^2-y^2}\mathrm{d}x\mathrm{d}y$$

$$= \iint\limits_{D_{xy}} \rho^2\sin\theta\cos\theta\sqrt{1-\rho^2}\rho\mathrm{d}\rho\mathrm{d}\theta$$

$$= \int_0^{\frac{\pi}{2}}\sin 2\theta\mathrm{d}\theta\int_0^1\rho^3\sqrt{1-\rho^2}\mathrm{d}\rho$$

$$= \frac{2}{15}.$$

例 2　计算 $I = \iint\limits_{\Sigma} -y\mathrm{d}z\mathrm{d}x + (z+1)\mathrm{d}x\mathrm{d}y$，其中 Σ 是圆柱面 $x^2 + y^2 = 4$ 被平面 $x+z=2$ 和 $z=0$ 所截出部分的外侧.

解　有向曲面 Σ 如图 12-38 所示，因为曲面 Σ 向 xOy 面上的投影为零，所以

$$\iint\limits_{\Sigma} (z+1)\mathrm{d}x\mathrm{d}y = 0.$$

将曲面 Σ 分成左右两块曲面 $\Sigma_{左}$ 和 $\Sigma_{右}$，两块曲面在 zOx 面上的投影区域均为 D，如图 12-39所示.

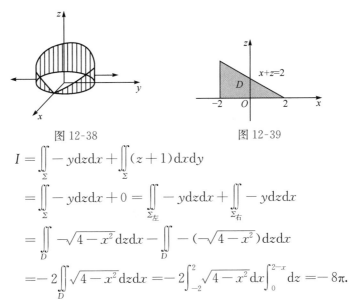

图 12-38　　　　　　　　　图 12-39

$$\begin{aligned}
I &= \iint\limits_{\Sigma} -y\mathrm{d}z\mathrm{d}x + \iint\limits_{\Sigma} (z+1)\mathrm{d}x\mathrm{d}y \\
&= \iint\limits_{\Sigma} -y\mathrm{d}z\mathrm{d}x + 0 = \iint\limits_{\Sigma_{左}} -y\mathrm{d}z\mathrm{d}x + \iint\limits_{\Sigma_{右}} -y\mathrm{d}z\mathrm{d}x \\
&= \iint\limits_{D} -\sqrt{4-x^2}\,\mathrm{d}z\mathrm{d}x - \iint\limits_{D} -(-\sqrt{4-x^2})\,\mathrm{d}z\mathrm{d}x \\
&= -2\iint\limits_{D} \sqrt{4-x^2}\,\mathrm{d}z\mathrm{d}x = -2\int_{-2}^{2} \sqrt{4-x^2}\,\mathrm{d}x \int_{0}^{2-x} \mathrm{d}z = -8\pi.
\end{aligned}$$

12.5.4　两类曲面积分之间的联系

从两类不同的问题出发，引入两类曲面积分，实际上，它们之间存在内在的联系.

定理 2　设有向光滑曲面 Σ 的方程为 $z=z(x,y)$，它在 xOy 面上的投影为 D_{xy}，函数 $z=z(x,y)$ 在 D_{xy} 上具有一阶连续的偏导数，且被积函数 $R(x,y,z)$ 在 Σ 上连续，$\cos\alpha,\cos\beta,$ $\cos\gamma$ 是 Σ 上点 (x,y,z) 处的法向量的方向余弦，则

$$\iint\limits_{\Sigma} R(x,y,z)\mathrm{d}x\mathrm{d}y = \iint\limits_{\Sigma} R(x,y,z)\cos\gamma\mathrm{d}S. \tag{12.28}$$

证明　如果曲面 Σ 取上侧，则由对坐标曲面积分计算公式（12.25）有

$$\iint\limits_{\Sigma} R(x,y,z)\mathrm{d}x\mathrm{d}y = \iint\limits_{D_{xy}} R[x,y,z(x,y)]\mathrm{d}x\mathrm{d}y.$$

另一方面，有向曲面 Σ 的法向量的方向余弦为

$$\cos\alpha = \frac{-z_x}{\sqrt{1+z_x^2+z_y^2}}, \quad \cos\beta = \frac{-z_y}{\sqrt{1+z_x^2+z_y^2}}, \quad \cos\gamma = \frac{1}{\sqrt{1+z_x^2+z_y^2}} > 0,$$

故由对面积的曲面积分计算公式有

$$\iint\limits_{\Sigma} R(x,y,z)\cos\gamma\mathrm{d}S = \iint\limits_{D_{xy}} R[x,y,z(x,y)]\mathrm{d}x\mathrm{d}y.$$

由此可见,有

$$\iint_{\Sigma} R(x,y,z)\mathrm{d}x\mathrm{d}y = \iint_{\Sigma} R(x,y,z)\cos\gamma\mathrm{d}S.$$

如果曲面 Σ 取下侧,则有

$$\iint_{\Sigma} R(x,y,z)\mathrm{d}x\mathrm{d}y = -\iint_{D_{xy}} R[x,y,z(x,y)]\mathrm{d}x\mathrm{d}y,$$

但此时 $\cos\gamma = \dfrac{-1}{\sqrt{1+z_x^2+z_y^2}} < 0$,因此(12.28)式仍成立.

类似地可推得

$$\iint_{\Sigma} P(x,y,z)\mathrm{d}y\mathrm{d}z = \iint_{\Sigma} P(x,y,z)\cos\alpha\mathrm{d}S, \tag{12.29}$$

$$\iint_{\Sigma} Q(x,y,z)\mathrm{d}z\mathrm{d}x = \iint_{\Sigma} Q(x,y,z)\cos\beta\mathrm{d}S. \tag{12.30}$$

合并(12.28),(12.29),(12.30)三式,即得两类曲面积分之间的关系为

$$\iint_{\Sigma} P\mathrm{d}y\mathrm{d}z + Q\mathrm{d}z\mathrm{d}x + R\mathrm{d}x\mathrm{d}y = \iint_{\Sigma} (P\cos\alpha + Q\cos\beta + R\cos\gamma)\mathrm{d}S, \tag{12.31}$$

其中 $\cos\alpha,\cos\beta,\cos\gamma$ 是有向曲面 Σ 上点 (x,y,z) 处的法向量的方向余弦. 由此知

$$\mathrm{d}y\mathrm{d}z = \cos\alpha\mathrm{d}S, \quad \mathrm{d}z\mathrm{d}x = \cos\beta\mathrm{d}S, \quad \mathrm{d}x\mathrm{d}y = \cos\gamma\mathrm{d}S.$$

两类曲面积分之间的联系用向量形式表示为

$$\iint_{\Sigma} \boldsymbol{A}\cdot\mathrm{d}\boldsymbol{S} = \iint_{\Sigma} \boldsymbol{A}\cdot\boldsymbol{n}\mathrm{d}S = \iint_{\Sigma} A_n\mathrm{d}S,$$

其中 $\boldsymbol{A}=(P,Q,R),\boldsymbol{n}=(\cos\alpha,\cos\beta,\cos\gamma)$ 为有向曲面 Σ 上点 (x,y,z) 处的单位法向量,$\mathrm{d}\boldsymbol{S}=\boldsymbol{n}\mathrm{d}S=(\mathrm{d}y\mathrm{d}z,\mathrm{d}z\mathrm{d}x,\mathrm{d}x\mathrm{d}y)$ 称为**有向曲面元**,A_n 为向量 $\boldsymbol{A}$ 在向量 $\boldsymbol{n}$ 上的投影.

例3 计算 $I = \iint_{\Sigma} x\mathrm{d}y\mathrm{d}z + y\mathrm{d}z\mathrm{d}x + (x+z)\mathrm{d}x\mathrm{d}y$,其中 Σ 为平面 $2x+2y+z=2$ 在第一卦限部分的上侧.

解 因为 Σ 取上侧,法向量 $\boldsymbol{n}$ 与 z 轴正向的夹角为锐角,其方向余弦为 $\cos\alpha = \dfrac{2}{3}$,$\cos\beta = \dfrac{2}{3}$,$\cos\gamma = \dfrac{1}{3}$,又 Σ 的方程为 $z=2-2x-2y$,它在 xOy 面上的投影区域为

$$D_{xy} = \{(x,y)\,|\,0\leqslant y\leqslant 1-x, 0\leqslant x\leqslant 1\}.$$

又 $z_x=-2,z_y=-2$,从而 $\mathrm{d}S=\sqrt{1+z_x^2+z_y^2}\,\mathrm{d}x\mathrm{d}y=3\mathrm{d}x\mathrm{d}y$,故利用式(12.31)得

$$I = \iint_{\Sigma}\left(\frac{2}{3}x + \frac{2}{3}y + \frac{1}{3}x + \frac{1}{3}z\right)\mathrm{d}S = \frac{1}{3}\iint_{\Sigma}(3x+2y+z)\mathrm{d}S$$

$$= \frac{1}{3}\iint_{D_{xy}}(3x+2y+2-2x-2y)\cdot 3\mathrm{d}x\mathrm{d}y$$

$$= \int_0^1 \mathrm{d}x\int_0^{1-x}(x+2)\mathrm{d}y = \frac{7}{6}.$$

有时,在计算 $\iint\limits_{\Sigma} P \mathrm{d}y\mathrm{d}z + Q\mathrm{d}z\mathrm{d}x + R\mathrm{d}x\mathrm{d}y$ 时,需将其化为对同一种坐标的曲面积分,例如皆化为对坐标 x, y 的曲面积分. 下面介绍这种方法——**合一投影法**,其基本思想就是利用两类曲面积分的联系,将不同类型的曲面积分转化为同一坐标面上的二重积分.

下面以合一投影到 xOy 坐标面为例给出说明. 在定理 2 条件下,假定 Σ 的方程为 $z = f(x, y)$ 且取上侧,则

$$\cos\alpha = \frac{-z_x}{\sqrt{1 + z_x^2 + z_y^2}}, \quad \cos\beta = \frac{-z_y}{\sqrt{1 + z_x^2 + z_y^2}}, \quad \cos\gamma = \frac{1}{\sqrt{1 + z_x^2 + z_y^2}} > 0$$

由式(12.31)知

$$\iint\limits_{\Sigma} P(x, y, z)\mathrm{d}y\mathrm{d}z + Q(x, y, z)\mathrm{d}z\mathrm{d}x + R(x, y, z)\mathrm{d}x\mathrm{d}y$$

$$= \iint\limits_{\Sigma} [P(x, y, z)\cos\alpha + Q(x, y, z)\cos\beta + R(x, y, z)\cos\gamma]\mathrm{d}S$$

$$= \iint\limits_{\Sigma} \left[P(x, y, z)\frac{\cos\alpha}{\cos\gamma} + Q(x, y, z)\frac{\cos\beta}{\cos\gamma} + R(x, y, z) \right]\cos\gamma\,\mathrm{d}S$$

$$= \iint\limits_{\Sigma} [P(x, y, z)(-z_x) + Q(x, y, z)(-z_y) + R(x, y, z)]\mathrm{d}x\mathrm{d}y$$

$$= \pm \iint\limits_{D_{xy}} \{P(x, y, z)(-z_x) + Q(x, y, z)(-z_y) + R(x, y, z)]\}\mathrm{d}x\mathrm{d}y. \tag{12.32}$$

值得注意的是,上式(12.32)右端根据 Σ 取上(或下)侧而取"$+$"(或"$-$")号.

如果曲面 Σ 的方程为 $y = y(z, x)$ 或 $x = x(y, z)$,也有类似的计算公式,这里不再赘述.

例 4　计算 $I = \iint\limits_{\Sigma} (z^2 + x)\mathrm{d}y\mathrm{d}z - z\mathrm{d}x\mathrm{d}y$,其中 Σ 是旋转抛物面 $z = \frac{1}{2}(x^2 + y^2)$ 介于平面 $z = 0$ 及 $z = 2$ 之间的部分的下侧.

解　因为 Σ 的方程为 $z = \frac{1}{2}(x^2 + y^2)$,取下侧,且 Σ 在 xOy 面上的投影区域为

$$D_{xy} = \{(x, y) \mid x^2 + y^2 \leqslant 4\}.$$

又 $z_x = x, z_y = y$,故由式(12.32),得

$$I = \iint\limits_{\Sigma} (z^2 + x)\mathrm{d}y\mathrm{d}z - z\mathrm{d}x\mathrm{d}y = \iint\limits_{\Sigma} [(z^2 + x)(-x) - z]\mathrm{d}x\mathrm{d}y$$

$$= -\iint\limits_{D_{xy}} \left\{ \left[\frac{1}{4}(x^2 + y^2)^2 + x \right](-x) - \frac{1}{2}(x^2 + y^2) \right\}\mathrm{d}x\mathrm{d}y.$$

注意到 D_{xy} 关于 y 轴对称知

$$\iint\limits_{D_{xy}} \frac{1}{4}x(x^2 + y^2)^2 \mathrm{d}x\mathrm{d}y = 0.$$

于是

$$I = \iint\limits_{D_{xy}} \left[x^2 + \frac{1}{2}(x^2 + y^2) \right]\mathrm{d}x\mathrm{d}y$$

$$= \int_0^{2\pi} d\theta \int_0^2 (\rho^2 \cos^2\theta + \frac{1}{2}\rho^2)\rho \, d\rho = 8\pi.$$

例 5 设 $f(x,y,z)$ 为连续函数，Σ 为平面 $x-y+z=1$ 在第四卦限部分的上侧，求

$$I = \iint_{\Sigma} [f(x,y,z)+x]dydz + [2f(x,y,z)+y]dzdx + [f(x,y,z)+z]dxdy.$$

解 平面 Σ 上侧法向量的方向余弦为 $\cos\alpha = \frac{1}{\sqrt{3}}, \cos\beta = -\frac{1}{\sqrt{3}}, \cos\gamma = \frac{1}{\sqrt{3}}$，由两类曲面积分之间的关系得

$$I = \frac{1}{\sqrt{3}}\iint_{\Sigma} [f(x,y,z)+x-2f(x,y,z)-y+f(x,y,z)+z]dS$$

$$= \frac{1}{\sqrt{3}}\iint_{\Sigma} (x-y+z)dS = \frac{1}{\sqrt{3}}\iint_{\Sigma} dS = \frac{1}{\sqrt{3}}S.$$

习 题 12.5

1. 当有向曲面 Σ 与 xOy 面内的一个有界闭区域 D 重合时，第二类曲面积分 $\iint_{\Sigma} R(x,y,z)dxdy$ 与二重积分有什么关系?

2. 计算下列对坐标的曲面积分:

(1) $\iint_{\Sigma} xdydz + ydzdx + zdxdy$，其中 Σ 为柱面 $x^2+y^2=1$ 被平面 $z=0$ 和 $z=3$ 所截得的在第一卦限内的部分的外侧;

(2) $\iint_{\Sigma} (x^2+y^2)dzdx + zdxdy$，其中 Σ 为锥面 $z=\sqrt{x^2+y^2}$ 上满足 $x\geqslant 0, y\geqslant 0, z\leqslant 1$ 的那一部分的下侧;

(3) $\iint_{\Sigma} [f(x,y,z)+x]dydz + [2f(x,y,z)+y]dzdx + [f(x,y,z)+z]dxdy$，其中 $f(x,y,z)$ 为连续函数，Σ 为平面 $x-y+z=1$ 在第四卦限部分的上侧;

(4) $\iint_{\Sigma} x^2dydz + y^2dzdx + z^2dxdy$，其中 Σ 为长方体 $\Omega = \{(x,y,z)|0\leqslant x\leqslant a, 0\leqslant y\leqslant b, 0\leqslant z\leqslant c\}$ 的整个表面的外侧;

(5) $\oiint_{\Sigma} y^2zdxdy$，其中闭曲面 Σ 为旋转抛物面 $z=x^2+y^2$ 与平面 $z=1$ 所围成的空间立体的表面外侧;

(6) $\oiint_{\Sigma} xydydz + yzdzdx + zxdxdy$，其中 Σ 为平面 $x=0, y=0, z=0$ 与平面 $x+y+z=1$ 所围成的空间区域的整个边界曲面的外侧.

3. 把对坐标的曲面积分

$$\iint_{\Sigma} P(x,y,z)dydz + Q(x,y,z)dzdx + R(x,y,z)dxdy$$

化成对面积的曲面积分，其中

(1) Σ 是平面 $x+2y+3z=6$ 在第一卦限部分的上侧;

(2) Σ 是抛物面 $z=8-(x^2+y^2)$ 位于平面 $z=1$ 下方部分的上侧.

12.6　高斯公式　*通量与散度

12.6.1　高斯公式

格林公式揭示了平面闭区域上的二重积分与其边界曲线上的曲线积分之间的关系. 本节要介绍的高斯(Gauss)公式则揭示了空间闭区域 Ω 上的三重积分与其边界曲面上的曲面积分之间的关系. 高斯公式可以认为是格林公式在三维空间中的推广.

定理 1　设空间闭区域 Ω 是由分片光滑的闭曲面 Σ 所围成,函数 $P(x,y,z),Q(x,y,z)$,$R(x,y,z)$ 在 Ω 上具有一阶连续偏导数,则有

$$\iiint\limits_{\Omega}\left(\frac{\partial P}{\partial x}+\frac{\partial Q}{\partial y}+\frac{\partial R}{\partial z}\right)\mathrm{d}v=\oiint\limits_{\Sigma}P\,\mathrm{d}y\mathrm{d}z+Q\mathrm{d}z\mathrm{d}x+R\mathrm{d}x\mathrm{d}y, \tag{12.33}$$

这里 Σ 是 Ω 的整个边界曲面的外侧. 式(12.33)称为**高斯公式**.

证明　(i)设穿过 Ω 内部且平行于坐标轴的直线与其边界曲面 Σ 的交点恰好为两个. 首先证明

$$\iiint\limits_{\Omega}\frac{\partial R}{\partial z}\,\mathrm{d}v=\oiint\limits_{\Sigma}R\mathrm{d}x\mathrm{d}y. \tag{12.34}$$

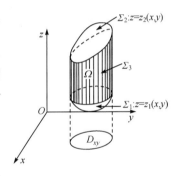

把闭区域 Ω 投影到在 xOy 面上得投影区域为 D_{xy} (如图12-40). 此时穿过 Ω 内部且平行于 z 轴的直线与 Ω 的边界曲面 Σ 的交点恰好是两个,又设 Σ 由 $\Sigma_1,\Sigma_2,\Sigma_3$ 三部分组成,其中

$\Sigma_1 : z=z_1(x,y),(x,y)\in D_{xy}$,取下侧;

$\Sigma_2 : z=z_2(x,y),(x,y)\in D_{xy}$,取上侧,

这里 $z_1(x,y)\leqslant z_2(x,y)$;$\Sigma_3$ 是以 D_{xy} 的边界曲线为准线,母线平行于 z 轴的柱面上的一部分,取外侧.

图 12-40

一方面,根据三重积分的计算,有

$$\iiint\limits_{\Omega}\frac{\partial R}{\partial z}\mathrm{d}v=\iint\limits_{D_{xy}}\left\{\int_{z_1(x,y)}^{z_2(x,y)}\frac{\partial R}{\partial z}\mathrm{d}z\right\}\mathrm{d}x\mathrm{d}y$$

$$=\iint\limits_{D_{xy}}\{R[x,y,z_2(x,y)]-R[x,y,z_1(x,y)]\}\mathrm{d}x\mathrm{d}y. \tag{12.35}$$

另一方面,根据曲面积分的计算,有

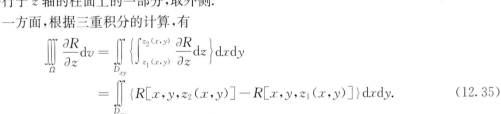

$$\iint\limits_{\Sigma_1}R(x,y,z)\mathrm{d}x\mathrm{d}y=-\iint\limits_{D_{xy}}R[x,y,z_1(x,y)]\mathrm{d}x\mathrm{d}y,$$

$$\iint\limits_{\Sigma_2}R(x,y,z)\mathrm{d}x\mathrm{d}y=\iint\limits_{D_{xy}}R[x,y,z_2(x,y)]\mathrm{d}x\mathrm{d}y.$$

因为 Σ_3 的法向量垂直于 z 轴,故

$$\iint\limits_{\Sigma_3}R(x,y,z)\mathrm{d}x\mathrm{d}y=0.$$

将以上三式相加,得

$$\iint\limits_{\Sigma} R(x,y,z)\mathrm{d}x\mathrm{d}y = \iint\limits_{D_{xy}} \{ R[x,y,z_2(x,y)] - R[x,y,z_1(x,y)]\}\,\mathrm{d}x\mathrm{d}y. \quad (12.36)$$

比较(12.35)、(12.36)式,可得

$$\iiint\limits_{\Omega} \frac{\partial R}{\partial z}\mathrm{d}v = \oiint\limits_{\Sigma} R\mathrm{d}x\mathrm{d}y.$$

再由于穿过 Ω 内部且平行于 x 轴和 y 轴的直线与 Ω 的边界曲面 Σ 的交点也都恰好是两个,类似可得

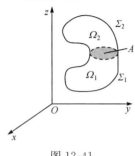

图 12-41

$$\iiint\limits_{\Omega} \frac{\partial P}{\partial x}\mathrm{d}v = \oiint\limits_{\Sigma} P\mathrm{d}y\mathrm{d}z, \quad \iiint\limits_{\Omega} \frac{\partial Q}{\partial y}\mathrm{d}v = \oiint\limits_{\Sigma} Q\mathrm{d}z\mathrm{d}x.$$

将上述三式相加,即得高斯公式(12.33).

(ii) 如果边界曲面 Σ 不满足(i)中的条件,此时,可引进几张辅助曲面把 Ω 分为有限个子区域,使得每个子区域上都满足(i)的条件. 图 12-41 给出了用一块辅助曲面 A 把 Ω 分成两个子区域 Ω_1,Ω_2 的情形,并注意到沿辅助曲面相反两侧的两个曲面积分的绝对值相等而符号相反,相加时正好抵消,因此

$$\iiint\limits_{\Omega}\Big(\frac{\partial P}{\partial x}+\frac{\partial Q}{\partial y}+\frac{\partial R}{\partial z}\Big)\mathrm{d}v = \Big(\iiint\limits_{\Omega_1}+\iiint\limits_{\Omega_2}\Big)\Big(\frac{\partial P}{\partial x}+\frac{\partial Q}{\partial y}+\frac{\partial R}{\partial z}\Big)\mathrm{d}v$$

$$= \Big(\iint\limits_{\Sigma_1+A_{\pm}}+\iint\limits_{\Sigma_2+A_{\mp}}\Big)P\mathrm{d}y\mathrm{d}z+Q\mathrm{d}z\mathrm{d}x+R\mathrm{d}z\mathrm{d}y$$

$$= \Big(\oiint\limits_{\Sigma}+\iint\limits_{A_{\pm}}+\iint\limits_{A_{\mp}}\Big)P\mathrm{d}y\mathrm{d}z+Q\mathrm{d}z\mathrm{d}x+R\mathrm{d}x\mathrm{d}y$$

$$= \oiint\limits_{\Sigma}P\mathrm{d}y\mathrm{d}z+Q\mathrm{d}z\mathrm{d}x+R\mathrm{d}x\mathrm{d}y,$$

即高斯公式对这样的区域仍成立.

根据两类曲面积分之间的关系,高斯公式也可表示为

$$\iiint\limits_{\Omega}\Big(\frac{\partial P}{\partial x}+\frac{\partial Q}{\partial y}+\frac{\partial R}{\partial z}\Big)\mathrm{d}v = \oiint\limits_{\Sigma}(P\cos\alpha+Q\cos\beta+R\cos\gamma)\mathrm{d}S,$$

其中 $\cos\alpha,\cos\beta,\cos\gamma$ 是 Σ 上点 (x,y,z) 处的外法线向量的方向余弦.

特别地,若令 $P=x,Q=y,R=z$,则由高斯公式(12.33)知

$$3\iiint\limits_{\Omega}\mathrm{d}v = \oiint\limits_{\Sigma}x\mathrm{d}y\mathrm{d}z+y\mathrm{d}z\mathrm{d}x+z\mathrm{d}x\mathrm{d}y,$$

从而空间域 Ω 的体积 V 可以用曲面积分表示为

$$V = \frac{1}{3}\oiint\limits_{\Sigma}x\mathrm{d}y\mathrm{d}z+y\mathrm{d}z\mathrm{d}x+z\mathrm{d}x\mathrm{d}y.$$

例 1　计算曲面积分 $I = \iint\limits_{\Sigma}y(x-z)\mathrm{d}y\mathrm{d}z+x^2\mathrm{d}z\mathrm{d}x+(y^2+xz)\mathrm{d}x\mathrm{d}y$,其中 Σ 是正方体 $\Omega = \{(x,y,z) \mid 0\leqslant x\leqslant a, 0\leqslant y\leqslant a, 0\leqslant z\leqslant a\}$ 的整个表面的外侧.

解　令 $P=y(x-z),Q=x^2,R=y^2+xz$,则

$$\frac{\partial P}{\partial x}+\frac{\partial Q}{\partial y}+\frac{\partial R}{\partial z}=y+x.$$

利用高斯公式,将曲面积分化为三重积分

$$I=\iint\limits_{\Sigma}y(x-z)\mathrm{d}y\mathrm{d}z+x^2\mathrm{d}z\mathrm{d}x+(y^2+xz)\mathrm{d}x\mathrm{d}y=\iiint\limits_{\Omega}(y+x)\mathrm{d}v.$$

由三重积分的轮换对称性,可知

$$\iiint\limits_{\Omega}x\mathrm{d}v=\iiint\limits_{\Omega}y\mathrm{d}v=\iiint\limits_{\Omega}z\mathrm{d}v.$$

所以

$$I=\iiint\limits_{\Omega}(y+x)\mathrm{d}v=2\iiint\limits_{\Omega}z\mathrm{d}v$$

$$=2\int_0^a\mathrm{d}x\int_0^a\mathrm{d}y\int_0^a z\mathrm{d}z=2a^2\cdot\frac{1}{2}z^2\Big|_0^a=a^4.$$

例 2　计算曲面积分 $I=\iint\limits_{\Sigma}(z^2-y)\mathrm{d}y\mathrm{d}z+(x^2-z)\mathrm{d}x\mathrm{d}y$,其中 Σ 为旋转抛物面 $z=1-x^2-y^2$ 介于 $0\leqslant z\leqslant1$ 部分的外侧.

解　此题若直接按对坐标的曲面积分的计算法来计算是比较麻烦的. 由于积分曲面不是封闭的,所以也不能直接使用高斯公式.

现补充一张辅助平面
$$\Sigma_1:z=0(x^2+y^2\leqslant1)(取下侧),$$
则 Σ 与 Σ_1 构成一个取外侧的封闭曲面,记它们围成的空间闭区域为 Ω(如图 12-42). 在 Ω 上利用高斯公式(12.33),得

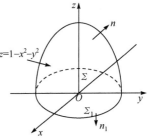

图 12-42

$$I=\iint\limits_{\Sigma}(z^2-y)\mathrm{d}y\mathrm{d}z+(x^2-z)\mathrm{d}x\mathrm{d}y$$

$$=\left(\oiint\limits_{\Sigma+\Sigma_1}-\iint\limits_{\Sigma_1}\right)(z^2-y)\mathrm{d}y\mathrm{d}z+(x^2-z)\mathrm{d}x\mathrm{d}y$$

$$=\iiint\limits_{\Omega}(-1)\mathrm{d}v-0-\iint\limits_{\Sigma_1}(x^2-0)\mathrm{d}x\mathrm{d}y$$

$$=-\int_0^{2\pi}\mathrm{d}\theta\int_0^1\rho\mathrm{d}\rho\int_0^{1-\rho^2}\mathrm{d}z+\int_0^{2\pi}\mathrm{d}\theta\int_0^1\rho^2\cos^2\theta\cdot\rho\mathrm{d}\rho$$

$$=-\frac{\pi}{2}+\frac{\pi}{4}=-\frac{\pi}{4}.$$

例 3　利用高斯公式计算曲面积分
$$I=\iint\limits_{\Sigma}(x^2\cos\alpha+y^2\cos\beta+z^2\cos\gamma)\mathrm{d}S,$$
其中 Σ 为锥面 $x^2+y^2=z^2$ 介于平面 $z=0$ 及 $z=h(h>0)$ 之间的部分的下侧,$\cos\alpha,\cos\beta,\cos\gamma$ 是曲面 Σ 在点 (x,y,z) 处的外法线向量的方向余弦.

解　因 Σ 不是封闭曲面,故不能直接利用高斯公式.

现补充一张辅助平面

$$\Sigma_1:z=h(x^2+y^2\leqslant h^2)(\text{取上侧}),$$

则 Σ 与 Σ_1 构成一个取外侧的封闭曲面,记它们围成的空间闭区域为 Ω(如图 12-43). 在 Ω 上利用高斯公式(12.33),得

$$\oiint_{\Sigma+\Sigma_1}(x^2\cos\alpha+y^2\cos\beta+z^2\cos\gamma)\mathrm{d}S=2\iiint_\Omega(x+y+z)\mathrm{d}v,$$

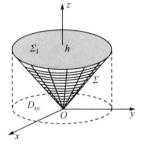

由对称性知

$$2\iiint_\Omega(x+y)\mathrm{d}v=0.$$

所以

$$\oiint_{\Sigma+\Sigma_1}(x^2\cos\alpha+y^2\cos\beta+z^2\cos\gamma)\mathrm{d}S$$

$$=2\iiint_\Omega z\mathrm{d}v=2\iint_{D_{xy}}\mathrm{d}x\mathrm{d}y\int_{\sqrt{x^2+y^2}}^h z\mathrm{d}z$$

图 12-43

$$=\iint_{D_{xy}}(h^2-x^2-y^2)\mathrm{d}x\mathrm{d}y=\frac{1}{2}\pi h^4,$$

其中 $D_{xy}=\{(x,y)\mid x^2+y^2\leqslant h^2\}$. 而

$$\oiint_{\Sigma_1}(x^2\cos\alpha+y^2\cos\beta+z^2\cos\gamma)\mathrm{d}S=\iint_{\Sigma_1}z^2\mathrm{d}S=\iint_{D_{xy}}h^2\mathrm{d}x\mathrm{d}y=\pi h^4.$$

因此

$$I=\iint_\Sigma(x^2\cos\alpha+y^2\cos\beta+z^2\cos\gamma)\mathrm{d}S=\frac{1}{2}\pi h^4-\pi h^4=-\frac{1}{2}\pi h^4.$$

例 4　设函数 $u(x,y,z)$ 和 $v(x,y,z)$ 在闭区域 Ω 上具有一阶及二阶连续偏导数,证明:

$$\iiint_\Omega u\Delta v\mathrm{d}x\mathrm{d}y\mathrm{d}z=\oiint_\Sigma u\frac{\partial v}{\partial n}\mathrm{d}S-\iiint_\Omega\left(\frac{\partial u}{\partial x}\frac{\partial v}{\partial x}+\frac{\partial u}{\partial y}\frac{\partial v}{\partial y}+\frac{\partial u}{\partial z}\frac{\partial v}{\partial z}\right)\mathrm{d}x\mathrm{d}y\mathrm{d}z,$$

其中 Σ 是闭区域 Ω 的整个边界曲面,$\dfrac{\partial v}{\partial n}$ 为函数 $v(x,y,z)$ 沿 Σ 的外法线方向的方向导数,符号 $\Delta=\dfrac{\partial^2}{\partial x^2}+\dfrac{\partial^2}{\partial y^2}+\dfrac{\partial^2}{\partial z^2}$,称为**拉普拉斯(Laplace)算子**. 这个公式叫做**格林第一公式**.

证明　因为方向导数

$$\frac{\partial v}{\partial n}=\frac{\partial v}{\partial x}\cos\alpha+\frac{\partial v}{\partial y}\cos\beta+\frac{\partial v}{\partial z}\cos\gamma,$$

其中 $\cos\alpha,\cos\beta,\cos\gamma$ 是 Σ 上点 (x,y,z) 处的外法线向量的方向余弦. 于是曲面积分

$$\oiint_\Sigma u\frac{\partial v}{\partial n}\mathrm{d}S=\oiint_\Sigma u\left(\frac{\partial v}{\partial x}\cos\alpha+\frac{\partial v}{\partial y}\cos\beta+\frac{\partial v}{\partial z}\cos\gamma\right)\mathrm{d}S$$

$$=\oiint_\Sigma\left[\left(u\frac{\partial v}{\partial x}\cos\alpha\right)+\left(u\frac{\partial v}{\partial y}\cos\beta\right)+\left(u\frac{\partial v}{\partial z}\cos\gamma\right)\right]\mathrm{d}S.$$

利用高斯公式,即得

$$\oiint_\Sigma u\frac{\partial v}{\partial n}\mathrm{d}S=\iiint_\Omega\left[\frac{\partial}{\partial x}\left(u\frac{\partial v}{\partial x}\right)+\frac{\partial}{\partial y}\left(u\frac{\partial v}{\partial y}\right)+\frac{\partial}{\partial z}\left(u\frac{\partial v}{\partial z}\right)\right]\mathrm{d}x\mathrm{d}y\mathrm{d}z$$

$$\iiint\limits_{\Omega} u \Delta v \mathrm{d}x\mathrm{d}y\mathrm{d}z + \iiint\limits_{\Omega} \left(\frac{\partial u}{\partial x}\frac{\partial v}{\partial x} + \frac{\partial u}{\partial y}\frac{\partial v}{\partial y} + \frac{\partial u}{\partial z}\frac{\partial v}{\partial z} \right)\mathrm{d}x\mathrm{d}y\mathrm{d}z,$$

将上式右端第二个积分移至左端便得所要证明的等式.

*12.6.2　沿任意闭曲面的曲面积分为零的条件

下面将讨论与 12.3 节中 12.3.3 中相类似的问题,也就是,在怎样的条件下,曲面积分

$$\iint\limits_{\Sigma} P\mathrm{d}y\mathrm{d}z + Q\mathrm{d}z\mathrm{d}x + R\mathrm{d}x\mathrm{d}y$$

与曲面 Σ 无关而只取决于 Σ 的边界曲线? 这问题相当于在怎样条件下,沿任意闭曲面的曲面积分为零? 这问题可用高斯公式来解决.

首先介绍空间二维单连通区域及一维单连通区域的概念. 对空间区域 G,如果 G 内任一闭曲面所围成的区域完全属于 G,则称 G 是**空间二维单连通区域**;如果 G 内任一闭曲线总可以张出一片完全属于 G 的曲面,则称 G 是**空间一维单连通区域**. 例如球面所围成的区域既是空间二维单连通的,又是空间一维单连通的;环面所围成的区域是空间二维单连通的,但不是空间一维单连通的;两个同心球面之间的区域是空间一维单连通的,但不是空间二维单连通的.

对于沿任意闭曲面的曲面积分为零的条件,有以下结论.

定理 2　设 G 是空间二维单连通区域,$P(x,y,z),Q(x,y,z),R(x,y,z)$ 在 G 内具有一阶连续偏导数,则曲面积分

$$\iint\limits_{\Sigma} P\mathrm{d}y\mathrm{d}z + Q\mathrm{d}z\mathrm{d}x + R\mathrm{d}x\mathrm{d}y$$

在 G 内与所取曲面 Σ 无关而只取决于 Σ 的边界曲线(或沿 G 内任一闭曲面的曲面积分为零)的充分必要条件是

$$\frac{\partial P}{\partial x} + \frac{\partial Q}{\partial y} + \frac{\partial R}{\partial z} = 0 \tag{12.37}$$

在 G 内恒成立.

证明　(i)充分性　若等式(12.37)在 G 内恒成立,则由高斯公式(12.33)立即可看出 G 内的任意闭曲面的曲面积分为零,显然条件(12.37)是充分的.

(ii) 必要性(反证法)　设沿 G 内的任一闭曲面的曲面积分为零,若等式(12.37)在 G 内不恒成立,就是说在 G 内至少有一点 M_0 使得

$$\left(\frac{\partial P}{\partial x} + \frac{\partial Q}{\partial y} + \frac{\partial R}{\partial z} \right)_{M_0} \neq 0.$$

因 P,Q,R 在 G 内具有一阶连续偏导数,则存在邻域 $U(M_0) \subset G$,使在 $U(M_0)$ 上,有

$$\frac{\partial P}{\partial x} + \frac{\partial Q}{\partial y} + \frac{\partial R}{\partial z} \neq 0.$$

设 $U(M_0)$ 的边界为 Σ' 且取外侧,则由高斯公式得

$$\oiint\limits_{\Sigma'} P\mathrm{d}y\mathrm{d}z + Q\mathrm{d}z\mathrm{d}x + R\mathrm{d}x\mathrm{d}y = \iiint\limits_{U(M_0)} \left(\frac{\partial P}{\partial x} + \frac{\partial Q}{\partial y} + \frac{\partial R}{\partial z} \right)\mathrm{d}x\mathrm{d}y\mathrm{d}z \neq 0,$$

这与假设相矛盾,从而证明条件(12.37)是必要的.

*12.6.3   通量与散度

设某向量场

$$A(x,y,z)=P(x,y,z)\boldsymbol{i}+Q(x,y,z)\boldsymbol{j}+R(x,y,z)\boldsymbol{k},$$

其中 P,Q,R 具有一阶连续偏导数,Σ 是场内的一片有向曲面,$\boldsymbol{n}$ 是曲面 Σ 上点 (x,y,z) 处的单位法向量,则积分

$$\iint\limits_{\Sigma}A\cdot\boldsymbol{n}\mathrm{d}S$$

称为向量场 A 通过曲面 Σ 向着指定侧的**通量**(或**流量**)(flux). 而

$$\frac{\partial P}{\partial x}+\frac{\partial Q}{\partial y}+\frac{\partial R}{\partial z}$$

称为向量场 A 的**散度**(divergence),记为 div$A$,即

$$\mathrm{div}A=\frac{\partial P}{\partial x}+\frac{\partial Q}{\partial y}+\frac{\partial R}{\partial z}. \tag{12.38}$$

利用上述概念,高斯公式(12.33)可写为

$$\iiint\limits_{\Omega}\mathrm{div}A\mathrm{d}v=\oiint\limits_{\Sigma}A\cdot\boldsymbol{n}\mathrm{d}S. \tag{12.39}$$

这表明向量场 A 通过闭曲面 Σ 流向外侧的通量等于向量场 A 的散度在闭曲面 Σ 所围成闭区域 Ω 上的积分. 在式(12.39)中,如果向量场 A 表示一不可压缩流体(假设流体的密度为1)的稳定流速场,则式(12.39)的右端可解释为单位时间内离开闭区域 Ω 的流体的总质量. 由于我们假定流体是不可压缩且是稳定的,因此在流体离开 Ω 的同时,Ω 内部必须有产生流体的"源"产生出同样多的流体来进行补充,所以公式的左端可解释为分布在 Ω 内的"源"在单位时间内所产生的流体的总质量.

对式(12.39)左端的三重积分,由三重积分的中值定理可得

$$\iiint\limits_{\Omega}\mathrm{div}A\mathrm{d}v=\mathrm{div}A(M^{*})\cdot V,$$

其中 $M^{*}(\xi,\eta,\zeta)$ 为 Ω 内的一点,V 是 Ω 的体积. 于是,高斯公式变成

$$\mathrm{div}A(M^{*})\cdot V=\iint\limits_{\Sigma}A\cdot\boldsymbol{n}\mathrm{d}S.$$

令 Ω 收缩于点 $M(x,y,z)$(此时必有 $M^{*}\rightarrow M$),则有

$$\mathrm{div}A(M)=\lim_{\Omega\rightarrow M}\frac{1}{V}\oiint\limits_{\Sigma}A\cdot\boldsymbol{n}\mathrm{d}S.$$

div$A(M)$ 在这里可以看作稳定流动的不可压缩流体在点的源头强度—在单位时间单位体积内所产生的流体质量. 如果 div$A(M)>0$,则流体从该点向外发散,表示流体在该点处有正源;如果 div$A(M)<0$,则流体向该点汇聚,表示流体在该点处有吸收流体的负源(又称为汇或洞);如果 div$A(M)=0$,则表示流体在该点无源.

例5   设 $A=xz\boldsymbol{i}+xyz\boldsymbol{j}-y^{2}\boldsymbol{k}$,求散度 div$A$.

解   因为 $\dfrac{\partial P}{\partial x}=z,\dfrac{\partial Q}{\partial y}=xz,\dfrac{\partial R}{\partial z}=0$,所以

$$\mathrm{div}\boldsymbol{A}=\frac{\partial P}{\partial x}+\frac{\partial Q}{\partial y}+\frac{\partial R}{\partial z}=z+xz.$$

例 6　求向量场 $\boldsymbol{A}=x\boldsymbol{i}+y\boldsymbol{j}+z\boldsymbol{k}$ 穿过曲面 Σ 指定侧的通量.

(1) Σ 为圆锥 $x^2+y^2\leqslant z^2(0\leqslant z\leqslant h)$ 的底,取上侧;

(2) Σ 为上述锥面的侧表面,取外侧.

解　如图 12-44 所示,设 Σ_1,Σ_2,Σ 分别为题设锥面的底面、侧面及全表面,因 $\mathrm{div}\boldsymbol{A}=3$,故穿过全表面向外的通量为

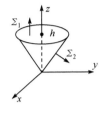

图 12-44

$$\Phi=\oiint_{\Sigma}\boldsymbol{A}\cdot\mathrm{d}\boldsymbol{S}=\iiint_{\Sigma}\mathrm{div}\boldsymbol{A}\mathrm{d}v=3\iiint_{\Sigma}\mathrm{d}v=\pi h^3.$$

(1) 因为底面垂直于 z 轴,则穿过底面向上的通量为

$$\Phi_1=\iint_{\Sigma}\boldsymbol{A}\cdot\mathrm{d}\boldsymbol{S}=\iint_{\substack{x^2+y^2\leqslant h^2\\z=h}}z\mathrm{d}x\mathrm{d}y=\iint_{x^2+y^2\leqslant h^2}h\mathrm{d}x\mathrm{d}y=\pi h^3.$$

(2) 穿过侧表面向外的流量为

$$\Phi_2=\Phi-\Phi_1=0.$$

习　题　12.6

1. 利用高斯公式计算下列曲面积分:

(1) $\iint\limits_{\Sigma}x\mathrm{d}y\mathrm{d}z+y\mathrm{d}z\mathrm{d}x+z\mathrm{d}x\mathrm{d}y$,其中 Σ 为柱面 $x^2+y^2=1$ 及平面 $z=0,z=3$ 所围成的空间闭区域 Ω 的整个边界曲面的外侧;

(2) $\oiint\limits_{\Sigma}x^2y\mathrm{d}z\mathrm{d}x+y^2z\mathrm{d}x\mathrm{d}y$,其中 Σ 为抛物面 $z=x^2+y^2$ 及 $z=1$ 所围立体 Ω 的整个边界曲面的内侧;

(3) $\iint\limits_{\Sigma}y^2z^2\mathrm{d}y\mathrm{d}z+z^2x^2\mathrm{d}z\mathrm{d}x+x^2y^2\mathrm{d}x\mathrm{d}y$,其中 Σ 是以椭圆 $L:\dfrac{x^2}{a^2}+\dfrac{y^2}{b^2}=1,z=0$ 为边界且满足 $z\geqslant 0$ 的任意取上侧的光滑曲面;

(4) $\oiint\limits_{\Sigma}x^3\mathrm{d}y\mathrm{d}z+y^3\mathrm{d}z\mathrm{d}x+z^3\mathrm{d}x\mathrm{d}y$,其中 Σ 为球面 $x^2+y^2+z^2=a^2$ 的外侧;

(5) $\iint\limits_{\Sigma}(y^2-x)\mathrm{d}y\mathrm{d}z+(z^2-y)\mathrm{d}z\mathrm{d}x+(x^2-z)\mathrm{d}x\mathrm{d}y$,其中 Σ 为抛物面 $z=2-x^2-y^2$ 位于 $z\geqslant 0$ 内的部分的上侧;

(6) $\oiint\limits_{\Sigma}4xz\mathrm{d}y\mathrm{d}z-y^2\mathrm{d}z\mathrm{d}x+yz\mathrm{d}x\mathrm{d}y$,其中 Σ 为 $x=1,y=1,z=1$ 与三个坐标面所围成的立方体的全表面的外侧;

(7) $\iint\limits_{\Sigma}x^3\mathrm{d}y\mathrm{d}z+y^3\mathrm{d}z\mathrm{d}x+z^3\mathrm{d}x\mathrm{d}y$,其中 Σ 为锥面 $z=\sqrt{x^2+y^2}(0\leqslant z\leqslant h)$ 的下侧.

*2. 求下列向量 $\boldsymbol{A}$ 穿过曲面 Σ 流向指定侧的通量:

(1) $\boldsymbol{A}=yz\boldsymbol{i}+xz\boldsymbol{j}+xy\boldsymbol{k}$,$\Sigma$ 为圆柱 $x^2+y^2\leqslant a^2(0\leqslant z\leqslant h)$ 的全表面,流向外侧;

(2) $\boldsymbol{A}=(2x-z)\boldsymbol{i}+x^2y\boldsymbol{j}-xz^2\boldsymbol{k}$,$\Sigma$ 为立方体 $0\leqslant x\leqslant a,0\leqslant y\leqslant a,0\leqslant z\leqslant a$ 的全表面,流向外侧;

(3) $\boldsymbol{A}=(2x+3z)\boldsymbol{i}-(xz+y)\boldsymbol{j}+(y^2+2z)\boldsymbol{k}$,$\Sigma$ 为以点 $(3,-1,2)$ 为球心,半径 $R=3$ 的球面,流向外侧.

3. 求下列向量 $\boldsymbol{A}$ 的散度:

(1) $\boldsymbol{A}=(x^2y+y^3)\boldsymbol{i}+(x^3-xy^2)\boldsymbol{j}$;

(2) $\boldsymbol{A}=\mathrm{e}^{xy}\boldsymbol{i}+\cos(xy)\boldsymbol{j}+\cos(xz^2)\boldsymbol{k}$.

4. 设 $u(x,y,z),v(x,y,z)$ 是两个定义在闭区域 Ω 上的具有二阶连续偏导数的函数,$\dfrac{\partial u}{\partial n},\dfrac{\partial v}{\partial n}$ 依次表示 $u(x,y,z),v(x,y,z)$ 沿 Σ 的外法线方向的方向导数. 证明:

$$\iiint_{\Omega}(u\Delta v-v\Delta u)\mathrm{d}x\mathrm{d}y\mathrm{d}z=\oiint_{\Sigma}\left(u\frac{\partial v}{\partial n}-v\frac{\partial v}{\partial n}\right)\mathrm{d}S,$$

其中 Σ 是空间闭区域 Ω 的整个边界曲面. 这个公式叫做**格林第二公式**.

* 5. 利用高斯公式推证阿基米德原理:浸没在液体中的物体所受液体的压力的合力(即浮力)的方向铅直向上,其大小等于这物体所排开的液体的重力.

12.7　斯托克斯公式　* 环流量与旋度

12.7.1　斯托克斯公式

斯托克斯(Stokes)公式是格林公式的推广. 格林公式建立了平面闭区域上的二重积分与其边界曲线上的曲线积分之间的关系. 而斯托克斯公式则建立了沿空间曲面 Σ 的曲面积分与沿 Σ 的边界曲线的曲线积分之间的联系.

在引入斯托克斯公式之前,先对有向曲面 Σ 的侧与其边界曲线 Γ 的方向作如下规定:当右手除拇指外的四指依 Γ 的绕行方向时,拇指所指的方向与 Σ 上法向量的指向相同,此时 Γ 是有向曲面 Σ 的正向边界曲线,这个规定也称为**右手法则**.

定理1　设 Γ 为分段光滑的空间有向闭曲线,Σ 是以 Γ 为边界的分片光滑的有向曲面,Γ 的正向与 Σ 的侧符合右手法则,函数 $P(x,y,z),Q(x,y,z),R(x,y,z)$ 在曲面 Σ(连同边界 Γ)上具有一阶连续偏导数,则有

$$\iint_{\Sigma}\left(\frac{\partial R}{\partial y}-\frac{\partial Q}{\partial z}\right)\mathrm{d}y\mathrm{d}z+\left(\frac{\partial P}{\partial z}-\frac{\partial R}{\partial x}\right)\mathrm{d}z\mathrm{d}x+\left(\frac{\partial Q}{\partial x}-\frac{\partial P}{\partial y}\right)\mathrm{d}x\mathrm{d}y$$
$$=\oint_{\Gamma}P\mathrm{d}x+Q\mathrm{d}y+R\mathrm{d}z. \tag{12.40}$$

公式(12.40)称为**斯托克斯公式**.

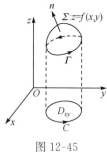

图 12-45

证明　如图 12-45 所示,设 Σ 与平行于 z 轴的直线相交不多于一点,并设 Σ 为曲面 $z=f(x,y)$ 的上侧,Σ 的正向边界曲线 Γ 在 xOy 面上的投影为有向曲线 C,它所围成的区域为 D_{xy}. 为证明公式(12.40),我们先证

$$\iint_{\Sigma}\frac{\partial P}{\partial z}\mathrm{d}z\mathrm{d}x-\frac{\partial P}{\partial y}\mathrm{d}x\mathrm{d}y=\oint_{\Gamma}P\mathrm{d}x.$$

根据本章 12.5 节 12.5.4 中的合一投影法,可得

$$\iint_{\Sigma}\frac{\partial P}{\partial z}\mathrm{d}z\mathrm{d}x-\frac{\partial P}{\partial y}\mathrm{d}x\mathrm{d}y=-\iint_{D_{xy}}\left(\frac{\partial P}{\partial y}+\frac{\partial P}{\partial z}f_y\right)\mathrm{d}x\mathrm{d}y, \tag{12.41}$$

又由复合函数微分法知

$$\frac{\partial P}{\partial y}+\frac{\partial P}{\partial z}f_y=\frac{\partial}{\partial y}[P(x,y,f(x,y))].$$

所以(12.41)式化为

$$\iint\limits_{\Sigma} \frac{\partial P}{\partial z} \mathrm{d}z\mathrm{d}x - \frac{\partial P}{\partial y}\mathrm{d}x\mathrm{d}y = -\iint\limits_{D_{xy}} \frac{\partial}{\partial y}[P(x,y,f(x,y))]\mathrm{d}x\mathrm{d}y.$$

利用格林公式和曲线积分的定义,上式右端二重积分可化为以下曲线积分,即

$$-\iint\limits_{D_{xy}} \frac{\partial}{\partial y}[P(x,y,f(x,y))]\mathrm{d}x\mathrm{d}y = \oint_C P[x,y,f(x,y)] = \oint_{\Gamma} P(x,y,z)\mathrm{d}x,$$

于是

$$\iint\limits_{\Sigma} \frac{\partial P}{\partial z}\mathrm{d}z\mathrm{d}x - \frac{\partial P}{\partial y}\mathrm{d}x\mathrm{d}y = \oint_{\Gamma} P\mathrm{d}x. \tag{12.42}$$

如果 Σ 取下侧,Γ 也相应的改成相反的方向,那么(12.42)式两端同时改变符号,因此(12.42)式仍然成立.

其次,如果 Σ 与平行于 z 轴的直线相交多于一点,则可作辅助曲线把曲面分成几部分,然后应用式(12.42)并相加. 因为沿辅助曲线而方向相反的两个曲线积分相加时正好抵消,所以,对于这一类曲面,式(12.42)也成立.

同理可证

$$\iint\limits_{\Sigma} \frac{\partial Q}{\partial x}\mathrm{d}x\mathrm{d}y - \frac{\partial Q}{\partial z}\mathrm{d}y\mathrm{d}z = \oint_{\Gamma} Q\mathrm{d}y,$$

$$\iint\limits_{\Sigma} \frac{\partial R}{\partial y}\mathrm{d}y\mathrm{d}z - \frac{\partial R}{\partial x}\mathrm{d}z\mathrm{d}x = \oint_{\Gamma} R\mathrm{d}z.$$

将它们与(12.42)式相加即证得斯托克斯公式(12.40). 证毕.

为了便于记忆,利用行列式形式把斯托克斯公式写成

$$\iint\limits_{\Sigma} \begin{vmatrix} \mathrm{d}y\mathrm{d}z & \mathrm{d}z\mathrm{d}x & \mathrm{d}x\mathrm{d}y \\ \dfrac{\partial}{\partial x} & \dfrac{\partial}{\partial y} & \dfrac{\partial}{\partial z} \\ P & Q & R \end{vmatrix} = \oint_{\Gamma} P\mathrm{d}x + Q\mathrm{d}y + R\mathrm{d}z. \tag{12.43}$$

利用两类曲面积分之间的联系,可得斯托克斯公式的另一种形式

$$\iint\limits_{\Sigma} \begin{vmatrix} \cos\alpha & \cos\beta & \cos\gamma \\ \dfrac{\partial}{\partial x} & \dfrac{\partial}{\partial y} & \dfrac{\partial}{\partial z} \\ P & Q & R \end{vmatrix} \mathrm{d}S = \oint_{\Gamma} P\mathrm{d}x + Q\mathrm{d}y + R\mathrm{d}z, \tag{12.44}$$

其中 $\boldsymbol{n}=(\cos\alpha,\cos\beta,\cos\gamma)$ 是有向曲面 Σ 上点 (x,y,z) 处的单位法向量.

如果 Σ 是 xOy 面上的一块平面闭区域,斯托克斯公式就变成格林公式,因此,格林公式是斯托克斯公式的一种特殊情形.

例1　利用斯托克斯公式计算曲线积分

$$\oint_{\Gamma} z\mathrm{d}x + x\mathrm{d}y + y\mathrm{d}z,$$

其中 Γ 为平面 $x+y+z=1$ 被三个坐标面所截成的三角形的整个边界,它的正向与这个平面三角形 Σ 上侧的法向量符合右手法则(如图12-46).

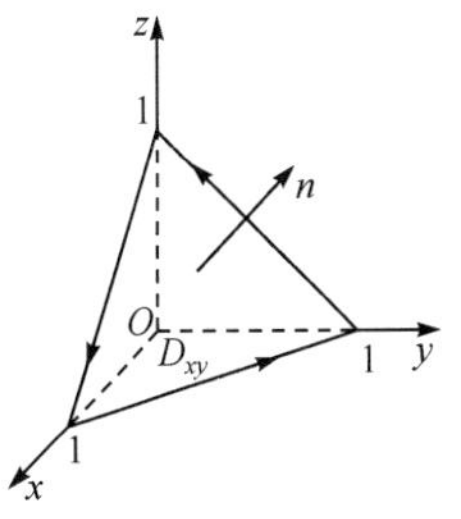

解　按斯托克斯公式,有

图 12-46

$$\oint_{\Gamma} z \, \mathrm{d}x + x \, \mathrm{d}y + y \, \mathrm{d}z = \iint_{\Sigma} \mathrm{d}y \mathrm{d}z + \mathrm{d}z \mathrm{d}x + \mathrm{d}x \mathrm{d}y \,.$$

因为曲面 Σ 法向量的三个方向余弦为正,再根据对称性,有

$$\iint_{\Sigma} \mathrm{d}y \mathrm{d}z + \mathrm{d}z \mathrm{d}x + \mathrm{d}x \mathrm{d}y = 3 \iint_{D_{xy}} \mathrm{d}\sigma,$$

其中 D_{xy} 为 Σ 在 xOy 面上的投影区域,即 $D_{xy} = \{(x,y,z) \mid x+y \leqslant 1, x \geqslant 0, y \geqslant 0\}$,所以

$$\oint_{\Gamma} z \, \mathrm{d}x + x \, \mathrm{d}z + y \, \mathrm{d}z = 3 \times \frac{1}{2} = \frac{3}{2} \,.$$

例 2 计算曲线积分 $\oint_{\Gamma} (y+1) \mathrm{d}x + (z+2) \mathrm{d}y + (x+3) \mathrm{d}z$,其中 Γ 为平面 $x+y+z=0$ 截球面 $x^2+y^2+z^2=R^2$ 的表面所截得的截痕,若从 x 轴正向看去,取逆时针方向.

解 取 Γ 上所张曲面 Σ 为平面 $x+y+z=0$,由于从 x 轴正向看去,Γ 为逆时针方向,且符合右手法则,则 Σ 上任意点的单位法向量为 $\boldsymbol{n} = \frac{1}{\sqrt{3}}(1,1,1)$,即有 $\cos\alpha = \cos\beta = \cos\gamma = \frac{1}{\sqrt{3}}$. 根据 Stokes 公式(12.44),有

$$\oint_{\Gamma} (y+1) \mathrm{d}x + (z+2) \mathrm{d}y + (x+3) \mathrm{d}z = \iint_{\Sigma} \begin{vmatrix} \dfrac{1}{\sqrt{3}} & \dfrac{1}{\sqrt{3}} & \dfrac{1}{\sqrt{3}} \\[2mm] \dfrac{\partial}{\partial x} & \dfrac{\partial}{\partial y} & \dfrac{\partial}{\partial z} \\[2mm] y+1 & z+2 & x+3 \end{vmatrix} \mathrm{d}S$$

$$= -\iint_{\Sigma} \sqrt{3} \mathrm{d}S = -\sqrt{3}\pi R^2 \,.$$

例 3 求曲线积分 $\oint_{\Gamma} z^3 \mathrm{d}x + x^3 \mathrm{d}y + y^3 \mathrm{d}z$,其中 Γ 为抛物面 $z = 2(x^2+y^2)$ 与 $z = 3 - x^2 - y^2$ 的交线,若从 z 轴正向看去,Γ 取逆时针方向.

解 如图 12-47 所示,令

$$P = x^3, \ Q = y^3, \ R = z^3.$$

为方便计算,取 Σ 为平面 $z = 2(x^2+y^2 \leqslant 1)$,且取上侧. 应用 Stobes 公式,得

$$\oint_{\Gamma} z^3 \mathrm{d}x + x^3 \mathrm{d}y + y^3 \mathrm{d}z$$

$$= \iint_{\Sigma} 3y^2 \mathrm{d}y \mathrm{d}z + 3z^2 \mathrm{d}z \mathrm{d}x + 3x^2 \mathrm{d}x \mathrm{d}y$$

$$= \iint_{\Sigma} 3x^2 \mathrm{d}x \mathrm{d}y = 3 \iint_{x^2+y^2 \leqslant 1} x^2 \mathrm{d}x \mathrm{d}y$$

$$= 3 \int_0^{2\pi} \mathrm{d}\theta \int_0^1 \rho^2 \cos^2\theta \cdot \rho \mathrm{d}\rho = \frac{3}{4}\pi \,.$$

需要注意的是,以 Γ 为边界曲线的任何曲面 Σ 均可作为斯托克斯公式中的曲面积分的曲面. 显然,以本例中所取的 Σ 最方便计算.

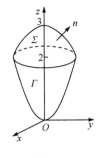

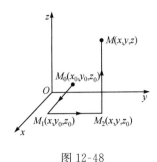

图 12-47　　　　　　　　　　　　　　图 12-48

[*] 12.7.2　空间曲线与路径无关的条件

在 12.3 节,利用格林公式推出了平面曲线与路径无关的条件. 类似地,利用斯托克斯公式,可以推出空间曲线积分与路径无关的条件.

对空间曲线积分与路径无关的条件,有以下结论.

定理 2　设空间区域 G 是一维单连通区域,函数 P,Q,R 在 G 内具有一阶连续偏导数,则以下四个条件等价:

(i) 对于 G 内任一分段光滑的封闭曲线 Γ,有 $\oint_\Gamma P\mathrm{d}x + Q\mathrm{d}y + R\mathrm{d}z = 0$;

(ii) 对于 G 内任一分段光滑的曲线 Γ,有 $\int_\Gamma P\mathrm{d}x + Q\mathrm{d}y + R\mathrm{d}z$ 与路径无关,仅与起点、终点有关;

(iii) $P\mathrm{d}x + Q\mathrm{d}y + R\mathrm{d}z$ 是 G 内某一函数 $u(x,y,z)$ 的全微分,即
$$\mathrm{d}u = P\mathrm{d}x + Q\mathrm{d}y + R\mathrm{d}z;$$

(iv) $\dfrac{\partial R}{\partial y} = \dfrac{\partial Q}{\partial z},\dfrac{\partial P}{\partial z} = \dfrac{\partial R}{\partial x},\dfrac{\partial Q}{\partial x} = \dfrac{\partial P}{\partial y}$ 在 G 内处处成立.

该定理的证明及其应用均类似于平面曲线积分与路径无关性的证明及其应用.

若曲线积分 $\int_\Gamma P\mathrm{d}x + Q\mathrm{d}y + R\mathrm{d}z$ 与路径无关,则沿着折线 $M_0 M_1 M_2 M$(如图 12-48)的积分为

$$u(x,y,z) = \int_{(x_0,y_0,z_0)}^{(x,y,z)} P\mathrm{d}x + Q\mathrm{d}y + R\mathrm{d}z.$$
$$= \int_{x_0}^{x} P(x,y_0,z_0)\mathrm{d}x + \int_{y_0}^{y} Q(x_0,y,z_0)\mathrm{d}y + \int_{z_0}^{z} R(x_0,y_0,z)\mathrm{d}z. \quad (12.45)$$

此时,也称 $u(x,y,z)$ 是 $P\mathrm{d}x + Q\mathrm{d}y + R\mathrm{d}z$ 的一个原函数.

若 $(0,0,0) \in G$,则通常取 $(x_0,y_0,z_0) = (0,0,0)$.

[*] 12.7.3　环流量与旋度

设有向量场
$$\boldsymbol{A}(x,y,z) = P(x,y,z)\boldsymbol{i} + Q(x,y,z)\boldsymbol{j} + R(x,y,z)\boldsymbol{k},$$
则沿向量场 $\boldsymbol{A}$ 中某一封闭的有向光滑曲线 Γ 上的曲线积分
$$\int_\Gamma P\mathrm{d}x + Q\mathrm{d}y + R\mathrm{d}z$$

称为向量场 A 沿曲线 Γ 按所取方向的**环流量**(circulation). 而向量函数

$$\left(\frac{\partial R}{\partial y}-\frac{\partial Q}{\partial z},\frac{\partial P}{\partial z}-\frac{\partial R}{\partial x},\frac{\partial Q}{\partial x}-\frac{\partial P}{\partial y}\right)$$

称为向量场 A 的**旋度**(rotation),记为 $\mathrm{rot}A$,即

$$\mathrm{rot}A = \left(\frac{\partial R}{\partial y}-\frac{\partial Q}{\partial z}\right)\boldsymbol{i} + \left(\frac{\partial P}{\partial z}-\frac{\partial R}{\partial x}\right)\boldsymbol{j} + \left(\frac{\partial Q}{\partial x}-\frac{\partial P}{\partial y}\right)\boldsymbol{k}.$$

为了便于记忆,旋度又可写为以下形式

$$\mathrm{rot}A = \begin{vmatrix} \boldsymbol{i} & \boldsymbol{j} & \boldsymbol{k} \\ \frac{\partial}{\partial x} & \frac{\partial}{\partial y} & \frac{\partial}{\partial z} \\ P & Q & R \end{vmatrix}.$$

利用以上概念,斯托克斯公式也可用向量形式表示为

$$\iint_{\Sigma}\mathrm{rot}A \cdot \boldsymbol{n}\mathrm{d}S = \oint_{\Gamma}A \cdot \boldsymbol{\tau}\mathrm{d}s,$$

其中 $\boldsymbol{n}$ 为有向曲面 Σ 在点 (x,y,z) 处的单位法向量,$\boldsymbol{\tau}$ 为 Σ 的正向边界曲线 Γ 在点 (x,y,z) 处的单位切向量. 斯托克斯公式表明向量场 A 沿有向闭曲线 Γ 的环流量等于向量场 A 的旋度场通过曲线 Γ 所张的曲面 Σ 的通量,这里 Γ 的正向与 Σ 的侧符合右手法则.

在流量问题中,环流量 $\oint_{\Gamma}A \cdot \boldsymbol{\tau}\mathrm{d}s$ 表示流速为 A 的不可压缩流体在单位时间内沿曲线 Γ 的流体质量,反映了流体沿 Γ 旋转时的强弱程度. 当 $\mathrm{rot}A=0$,沿任意封闭曲线的环流量为零,即流体流动时不形成漩涡,这时称向量场 A 为无旋场. 而一个无源、无旋的向量场称为**调和场**. 调和场是物理学中另一类重要的向量场,这种场与调和函数有密切的关系.

例 4　设向量场 $A=(x^2-y)\boldsymbol{i}+4z\boldsymbol{j}+x^2\boldsymbol{k}$,求

(1) 旋度 $\mathrm{rot}A$;

(2) A 沿闭曲线 Γ 的环流量,其中 Γ 为锥面 $z=\sqrt{x^2+y^2}$ 和平面 $z=2$ 的交线,从 z 轴正向看去 Γ 为逆时针方向.

解　(1)　$\mathrm{rot}A = \begin{vmatrix} \boldsymbol{i} & \boldsymbol{j} & \boldsymbol{k} \\ \frac{\partial}{\partial x} & \frac{\partial}{\partial y} & \frac{\partial}{\partial z} \\ x^2-y & 4z & x^2 \end{vmatrix} = -4\boldsymbol{i}-2x\boldsymbol{j}+\boldsymbol{k};$

(2)　由题意,Γ 的参数方程为 $x=2\cos\theta,y=2\sin\theta\ (0\leqslant\theta\leqslant2\pi),z=2$,则有

$$\oint_{\Gamma}(x^2-y)\mathrm{d}x+4z\mathrm{d}y+x^2\mathrm{d}z = \int_0^{2\pi}(-8\cos^2\theta\sin\theta+4\sin^2\theta+16\cos\theta)\mathrm{d}\theta = 4\pi.$$

习　题　12.7

1. 利用斯托克斯公式计算下列曲线积分:

(1) $\oint_{\Gamma}y^2\mathrm{d}x+x\mathrm{d}y+z^2\mathrm{d}z$,其中 Γ 为 $z=x^2+y^2$ 与 $z=1$ 的交线,若从 z 轴正向看去,取逆时针方向;

(2) $\oint_{\Gamma}(y-z)\mathrm{d}x+(z-x)\mathrm{d}y+(x-y)\mathrm{d}z$,其中 Γ 为 $x^2+y^2=a^2$ 与 $\frac{x}{a}+\frac{y}{b}=1(a>0,b>0)$ 的交线,若从 x 轴正向看去,取逆时针方向;

(3) $\oint_{\Gamma}(y^2-z^2)\mathrm{d}x+(z^2-x^2)\mathrm{d}y+(x^2-y^2)\mathrm{d}z$,其中 Γ 是用平面 $x+y+z=\frac{3}{2}$ 截立方体 $0\leqslant x\leqslant1,0$

≤y≤1,0≤z≤1 的表面所得的截痕,若从 x 轴的正向看去,取逆时针方向;

(4)$\oint_{\Gamma} - y^2 \mathrm{d}x + x\mathrm{d}y + z^2 \mathrm{d}z$,其中 Γ 是平面 $y+z=2$ 和圆柱面 $x^2+y^2=1$ 的交线,若在平面上侧看 Γ 时,Γ 的方向取逆时针方向.

*2. 求下列向量场 A 的旋度:

(1) $A=(2x-3y)i+(3x-z)j+(y-2x)k$;

(2) $A=(z+\sin y)i-(z-x\cos y)j+\sin xk$.

*3. 求下列向量场 A 沿闭曲线 Γ(从 z 轴正向看 Γ 依逆时针方向)的环流量:

(1) $A=-yi+xj+ck$(c 为常量),Γ 为圆周 $x^2+y^2=1,z=0$;

(2) $A=(x-z)i+(x^2+yz)j-3xy^2k$,其中 Γ 为圆周 $z=2-\sqrt{x^2-y^2},z=0$.

*4. 证明:$\mathbf{rot}(a+b)=\mathbf{rot}a+\mathbf{rot}b$.

*5. 设 $u=u(x,y,z)$ 具有二阶连续偏导数,求 $\mathbf{rot}(\mathbf{grad}u)$.

*6. 证明下列曲线积分与路径无关,并计算积分值:

(1) $\int_{(0,0,0)}^{(x,y,z)} (x^2-2yz)\mathrm{d}x + (y^2-2zx)\mathrm{d}y + (z^2-2xy)\mathrm{d}z$;

(2) $\int_{(0,0,0)}^{(1,2,1)} (y+z)\mathrm{d}x + (z+x)\mathrm{d}y + (x+y)\mathrm{d}z$;

(3) $\int_{(1,-1,1)}^{(1,1,-1)} y^2z\mathrm{d}x + 2xyz\mathrm{d}y + xy^2\mathrm{d}z$.

本 章 小 结

本章介绍了两类曲线积分、两类曲面积分和三大积分公式－格林公式、高斯公式、斯托克斯公式以及它们在几何、物理方面的一些应用.

一、内容概要

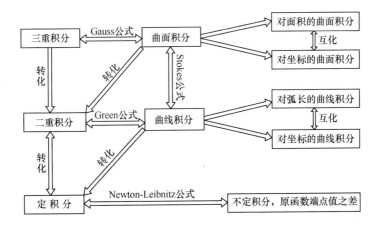

二、解题指导

1. 关于曲线积分的小结

(1) 在本章学习了两种类型的曲线积分的概念、性质及计算方法,以及它们之间的联系. 需注意的是:尽管这两种类型的曲线积分都是用参数化的方法转化为定积分来计算,但是积分的上下限的确定有差别. 计算对弧长的曲线积分时,下限始终小于上限,而计算对坐标的曲线积分时,下限未必小于上限,此时,下限对应始点参数,上限对应终点参数.

(2) 对弧长的曲线积分的对称性与重积分的对称性相似,但对坐标的曲线积分却与之有较大的差别.

2. 关于格林公式的小结

(1) 应用格林公式要注意如下 3 个条件.
　　(i) 曲线是封闭的;
　　(ii) 积分曲线的正向;
　　(iii) 偏导数的连续性.

(2) 利用格林公式求曲线积分有以下几种方法.
　　(i) 直接用格林公式计算;
　　(ii) L 非闭,用补线法,即作辅助线 L_1,使得 $L+L_1$ 闭合,再用格林公式计算;
　　(iii) 当被积函数在曲线所围区域中有奇点(破坏 P,Q 及 P_y,Q_x 连续的点)时,用"挖洞"法将奇点挖掉,再利用格林公式计算,这时小曲线的选择要便于线积分的计算;
　　(iv) 利用积分与路径无关的条件可采用换路法选择简单路径计算曲线积分.
计算对坐标的曲线积分(也称为第二类曲线积分)的解题程序总结如下.

(1) 对于 $I = \int_L P\mathrm{d}x + Q\mathrm{d}y$.

　　(i) 若 $\dfrac{\partial P}{\partial y} = \dfrac{\partial Q}{\partial x}$,则观察 L 是否封闭:

若 L 非封闭,则 $I = \int_{x_0}^{x} P(x,y_0)\mathrm{d}x + \int_{y_0}^{y} P(x,y)\mathrm{d}y$;

若 L 闭合,则 $I = \oint_L P\mathrm{d}x + Q\mathrm{d}y = 0$.

　　(ii) 若 $\dfrac{\partial P}{\partial y} \neq \dfrac{\partial Q}{\partial x}$,也观察 L 是否封闭:

若 L 闭合,则 $I = \iint\limits_{D} \left(\dfrac{\partial Q}{\partial x} - \dfrac{\partial P}{\partial y} \right) \mathrm{d}x\mathrm{d}y$(格林公式);

若 L 不闭合,但 $L+L_1$ 闭合,则 $I = \iint\limits_{D} \left(\dfrac{\partial Q}{\partial x} - \dfrac{\partial P}{\partial y} \right) \mathrm{d}x\mathrm{d}y - \int_{L_1} P\mathrm{d}x + Q\mathrm{d}y$.

若 L 的参数方程为 $x = \varphi(t), y = \psi(t)$,则

$$\int_{\Gamma} P\mathrm{d}x + Q\mathrm{d}y = \int_{\alpha}^{\beta} \{P[\varphi(t),\psi(t)]\varphi'(t) + Q[\varphi(t),\psi(t)]\psi'(t)\}\mathrm{d}t ,$$

其中 α,β 分别对应曲线 Γ 起点、终点的参数值.

(2) 对于 $I = \oint_{\Gamma} P\mathrm{d}x + Q\mathrm{d}y + R\mathrm{d}z$.

　　(i) 若 Γ 的参数方程为 $x = \varphi(t), y = \psi(t), z = \omega(t)$,则

$$\oint_{\Gamma} P\mathrm{d}x + Q\mathrm{d}y + R\mathrm{d}z$$

$$= \int_{\alpha}^{\beta} \{P[\varphi(t),\psi(t),\omega(t)]\varphi'(t) + Q[\varphi(t),\psi(t),\omega(t)]\psi'(t) + R[\varphi(t),\psi(t),\omega(t)]\omega'(t)\}\mathrm{d}t$$

其中 α,β 分别对应曲线 Γ 起点、终点的参数值；

(ii) 若 Γ 闭合，且 P,Q,R 有一阶连续偏导数，则有斯托克斯公式

$$I = \iint\limits_{\Sigma} \begin{vmatrix} \mathrm{d}y\mathrm{d}z & \mathrm{d}z\mathrm{d}x & \mathrm{d}x\mathrm{d}y \\ \dfrac{\partial}{\partial x} & \dfrac{\partial}{\partial y} & \dfrac{\partial}{\partial z} \\ P & Q & R \end{vmatrix}.$$

3. 关于曲面积分的小结

(1) 在本章中学习了两类曲面积分的概念、性质及计算方法，它们的计算方法都是往坐标面上投影，转化为二重积分计算. 但要注意，把对坐标的曲面积分转化为二重积分时，要根据曲面的侧的不同选择，在二重积分前加正、负号.

(2) 利用两类曲面积分的转化，可以把对坐标的曲面积分转化为对面积的曲面积分计算，这也是常用的一种方法.

(3) 对面积的曲面积分计算中，可运用对称性简化计算，对面积的曲面积分与重积分具有类似的对称性，但对坐标的曲面积分的对称性与重积分的对称性有较大的差别.

4. 关于高斯公式的小结

(1) 利用高斯公式应满足如下条件.
　(i) Σ 为封闭曲面；
　(ii) Σ 的取向是闭曲面的外侧；
　(iii) 偏导数的连续性.

(2) 利用高斯公式求曲面积分时常用以下几种方法.
　(i) 直接利用高斯公式计算；
　(ii) Σ 不封闭，可加一辅助曲面 Σ_1，使得 $\Sigma+\Sigma_1$ 成为封闭曲面后，再用高斯公式计算；
　*(iii) 当被积函数在封闭曲面所围区域中有奇点（破坏 P,Q,R 及 Q_x,P_y,R_z 连续的点）时，可用小曲面挖掉奇点，再利用高斯公式计算，注意小曲面的选取要便于曲面积分的计算，同时也要注意曲面侧的选取.

计算对坐标的曲面积分 $I = \iint\limits_{\Sigma} P\mathrm{d}y\mathrm{d}z + Q\mathrm{d}z\mathrm{d}x + R\mathrm{d}x\mathrm{d}y$（也称为第二类曲面积分）的解题程序如下.

(1) 若 $\dfrac{\partial P}{\partial x} + \dfrac{\partial Q}{\partial y} + \dfrac{\partial R}{\partial z} = 0$，且 Σ 封闭，则由高斯公式可得 $I=0$；

(2) 若 $\dfrac{\partial P}{\partial x} + \dfrac{\partial Q}{\partial y} + \dfrac{\partial R}{\partial z} \neq 0$，则

若 Σ 封闭，则 $I = \iiint\limits_{\Omega} \left(\dfrac{\partial P}{\partial x} + \dfrac{\partial Q}{\partial y} + \dfrac{\partial R}{\partial z} \right) \mathrm{d}v$（高斯公式）；

若 Σ 不封闭，但 $\Sigma+\Sigma_1$ 闭合，则

$$I = \iiint\limits_{\Omega} \left(\frac{\partial P}{\partial x} + \frac{\partial Q}{\partial y} + \frac{\partial R}{\partial z} \right) \mathrm{d}v - \iint\limits_{\Sigma_1} P\mathrm{d}y\mathrm{d}z + Q\mathrm{d}z\mathrm{d}x + R\mathrm{d}x\mathrm{d}y,$$

值得注意的是,对组合式曲面积分 $\iint\limits_{\Sigma} P\,\mathrm{d}y\mathrm{d}z + Q\mathrm{d}z\mathrm{d}x + R\mathrm{d}x\mathrm{d}x$,也可以利用两类曲面积分的关系转化为

$$I = \iint\limits_{\Omega} (P\cos\alpha + Q\cos\beta + R\cos\gamma)\mathrm{d}S,$$

其中 $\boldsymbol{n} = (\cos\alpha, \cos\beta, \cos\gamma)$ 为有向曲面 Σ 的单位法向量.

若 $\Sigma: z = z(x,y), (x,y) \in D_{xy}$,则也可以利用合一投影法得

$$I = \iint\limits_{\Sigma}[P(x,y,z)(-z_x) + Q(x,y,z)(-z_y) + R(x,y,z)]\mathrm{d}x\mathrm{d}y$$

$$= \pm \iint\limits_{D_{xy}}\{[P(x,y,z(x,y))(-z_x) + Q(x,y,z(x,y))(-z_y) + R(x,y,z(x,y))]\}\mathrm{d}x\mathrm{d}y,$$

其中,当 Σ 取上侧时取"+"号,下侧时取"-"号.

三、人物介绍

1. **格林**(George Green,1793.7.14~1841.5.31),英国数学家、物理学家,生于诺丁汉郡,卒于剑桥. 1833 年自费入剑桥大学学习,1837 年获学士学位。1839 年任剑桥大学教授. 他是一位自学成才的科学家.

格林出生在一个磨坊主的家庭,童年辍学,在父亲的磨坊干活. 他利用工余时间坚持自学数学,物理和天体力学,并在 32 岁那年出版了一本他个人印的小册子《数学分析在电磁学中的应用》,这是用数学理论研究电磁学的最早尝试. 在这本小册子中,他引入了今天还在沿用的位势概念及二重积分和曲线积分之间关系的格林公式.

格林不仅发展了电磁学理论,引入了求解数学物理边值问题的格林函数,他还发展了能量守恒定律. 他在光学和声学方面也有很多贡献. 以他名字命名的格林函数、格林公式、格林定律、格林曲线、格林测度、格林算子、格林方法等,都是数学物理中的经典内容.

格林在学术中反对门阀偏见,他培育了数学物理方面的剑桥学派,其中包括近代的很多伟大数学物理学家,如 Stokes,Maxwell,John Clark 等,特别是格林的那种自强不息、自学成才的精神,实为后人楷模.

2. **高斯**(Johann Carl Friedrich Gauss,1777.4.30 ~ 1855.2.23),德国著名数学家、物理学家、天文学家、大地测量学家,生于不伦瑞克,卒于哥廷根. 高斯享有"数学王子"的美誉,并被誉为历史上最伟大的数学家之一,和阿基米德、牛顿并列,同享盛名.

高斯 1777 年 4 月 30 日生于不伦瑞克的一个工匠家庭,1855 年 2 月 23 日卒于哥廷根. 幼时家境贫困,但聪敏异常,受一贵族资助才进学校受教育。1795~1798 年在哥廷根大学学习,1798 年转入黑尔姆施泰特大学,翌年因证明代数基本定理获博士学位. 从 1807 年起担任哥廷根大学教授兼哥廷根天文台台长直至逝世.

高斯的成就遍及数学的各个领域,在数论、非欧几何、微分几何、超几何级数、复变函数论以及椭圆函数论等方面均有开创性贡献.他十分注重数学的应用,并且在对天文学、大地测量学和磁学的研究中也偏重于用数学方法进行研究.

1792 年,15 岁的高斯进入 Braunschweig 学院.在那里,高斯开始对高等数学作研究,独立发现了二项式定理的一般形式、数论上的"二次互反律"(law of quadratic reciprocity)、"质数分布定理"(prime numer theorem)、及"算术几何平均"(arithmetic-geometric mean).

1795 年高斯进入哥廷根大学.1796 年,19 岁的高斯得到了一个数学史上极重要的结果,就是《正十七边形尺规作图之理论与方法》.5 年以后,高斯又证明了形如"Fermat 素数"边数的正多边形可以由尺规作出.

1855 年 2 月 23 日清晨,高斯于睡梦中去世.

3. **斯托克斯**(George Gabriel Stokes,1819.8.13~1903.2.1),英国力学家、数学家,生于斯克林,卒于剑桥.斯托克斯 1849 年起在剑桥大学任卢卡斯数学教授,1851 年当选皇家学会会员,1854 年起任学会书记,30 年后被选为皇家学会会长.斯托克斯为继 I. 牛顿之后任卢卡斯数学教授、皇家学会书记、皇家学会会长这三项职务的第二个人.

斯托克斯的主要贡献是对黏性流体运动规律的研究.C.-L.-M.-H.纳维从分子假设出发,将 L. 欧拉关于流体运动方程推广,1821 年获得带有一个反映黏性的常数的运动方程.1845 年斯托克斯从改用连续系统的力学模型和牛顿关于黏性流体的物理规律出发,在《论运动中流体的内摩擦理论和弹性体平衡和运动的理论》中给出黏性流体运动的基本方程组,其中含有两个常数,这组方程后称纳维-斯托克斯方程,它是流体力学中最基本的方程组.1851 年,斯托克斯在《流体内摩擦对摆运动的影响》的研究报告中提出球体在黏性流体中作较慢运动时受到的阻力的计算公  式,指明阻力与流速和黏滞系数成比例,这是关于阻力的斯托克斯公式.斯托克斯发现流体表面波的非线性特征,其波速依赖于波幅,并首次用摄动方法处理了非线性波问题(1847).

斯托克斯对弹性力学也有研究,他指出各向同性弹性体中存在两种基本抗力,即体积压缩的抗力和对剪切的抗力,明确引入压缩刚度的剪切刚度(1845),证明弹性纵波是无旋容胀波,弹性横波是等容畸变波(1849).

斯托克斯在数学方面以场论中关于线积分和面积分之间的一个转换公式(斯托克斯公式)而闻名.

复 习 题 12

1.填空题:

(1) 第二类曲线积分 $\int_{\Gamma} P\mathrm{d}x + Q\mathrm{d}y + R\mathrm{d}z$ 化成第一类曲线积分是＿＿＿＿＿,其中 α,β,γ 为有向曲线弧 Γ 在点 (x,y,z) 处的＿＿＿＿ 的方向角;

(2) 第二类曲面积分 $\iint_{\Sigma} P\mathrm{d}y\mathrm{d}z + Q\mathrm{d}z\mathrm{d}x + R\mathrm{d}x\mathrm{d}y$ 化成第一类曲面积分是＿＿＿＿＿,其中 α,β,γ 为有向曲面 Σ 在点 (x,y,z) 处的＿＿＿＿ 的方向角;

(3) 设 $u=\sqrt{x^2+y^2+z^2}$,则 $\mathrm{div}(\mathbf{grad}u)|_{(1,0,1)}=$ _____ ;

(4) $\iint\limits_{\Sigma}f(x,y,z)\mathrm{d}S=\iint\limits_{D_{yz}}f[x(y,z),y,z]$ _____ $\mathrm{d}y\mathrm{d}z$;

(5) 曲线积分 $\oint_{\Gamma}\dfrac{\mathrm{d}s}{x^2+y^2+z^2}=$ _____ ,其中 Γ 为球面 $x^2+y^2+z^2=8$ 与平面 $z=2$ 的交线;

(6) $\displaystyle\int_{(0,0)}^{(1,1)}(x^3+2xy)\mathrm{d}x+(x^2-2y^4)\mathrm{d}y$ 的值是 _____ ;

(7) $\iint\limits_{\Sigma}y\mathrm{d}z\mathrm{d}x=$ _____ ,其中 Σ 为 $y=x,0\leqslant x\leqslant 1,0\leqslant z\leqslant 1$ 的右侧.

2. 选择以下各题中给出的四个结论中一个正确的结论:

(1) 设曲面 Σ 是上半球面: $x^2+y^2+z^2=R^2(z\geqslant 0)$,若 Σ_1 是 Σ 在第一卦限部分,则有 ( );

(A) $\iint\limits_{\Sigma}x\mathrm{d}S=4\iint\limits_{\Sigma_1}x\mathrm{d}S$ (B) $\iint\limits_{\Sigma}y\mathrm{d}S=4\iint\limits_{\Sigma_1}x\mathrm{d}S$

(C) $\iint\limits_{\Sigma}z\mathrm{d}S=4\iint\limits_{\Sigma_1}x\mathrm{d}S$ (D) $\iint\limits_{\Sigma}xyz\mathrm{d}S=4\iint\limits_{\Sigma_1}xyz\mathrm{d}S$

(2) 已知 $\dfrac{(x+ay)\mathrm{d}x+y\mathrm{d}y}{(x+y)^2}$ 为某一函数的全微分,则 $a=$ ( );

(A)-1 (B)0 (C)2 (D) 4

(3) 曲面积分 $\oint\limits_{\Sigma}(x+1)\mathrm{d}y\mathrm{d}z+y\mathrm{d}z\mathrm{d}x+\mathrm{d}x\mathrm{d}y=$ (   ),其中 Σ 为三个坐标面与平面 $x+\dfrac{y}{2}+\dfrac{z}{3}=1$ 所围成的四面体表面的外侧;

(A) 1   (B) 2   (C) 3   (D) $\dfrac{1}{3}$

(4) 设 Σ 为 $z=2-(x^2+y^2)$ 在 xOy 平面上方部分的曲面,则 $\iint\limits_{\Sigma}\mathrm{d}S=$ (   );

(A) $\displaystyle\int_0^{2\pi}\mathrm{d}\theta\int_0^1\sqrt{1+4\rho^2}\rho\mathrm{d}\rho$ (B) $\displaystyle\int_0^{2\pi}\mathrm{d}\theta\int_0^2\sqrt{1+4\rho^2}\rho\mathrm{d}\rho$

(C) $\displaystyle\int_0^{2\pi}\mathrm{d}\theta\int_0^1(2-\rho^2)\sqrt{1+4\rho^2}\rho\mathrm{d}\rho$ (D) $\displaystyle\int_0^{2\pi}\mathrm{d}\theta\int_0^{\sqrt{2}}\sqrt{1+4\rho^2}\rho\mathrm{d}\rho$

(5) 设 L 为椭圆 $\dfrac{x^2}{4}+\dfrac{y^2}{3}=1$,其周长为 a ,则 $\oint_L(2xy+3x^2+4y^2)\mathrm{d}s=$ (   ).

(A) a (B) $2a$ (C) $4a$ (D) $12a$

3. 计算下列曲线积分:

(1) $\oint_L\sqrt{x^2+y^2}\mathrm{d}s$,其中 L 为圆周 $x^2+y^2=ax$;

(2) $\displaystyle\int_L(2a-y)\mathrm{d}x+x\mathrm{d}y$,其中 L 为摆线 $x=a(t-\sin t),y=a(1-\cos t)$ 上对应 t 从 0 到 2π 的一段弧;

(3) $\int_L (x^2+y^2)\mathrm{d}x+(x^2-y^2)\mathrm{d}y$，其中 L 为 $y=1-|1-x|$ 由点 $O(0,0)$ 到点 $B(2,0)$ 的折线段；

(4) $\int_L (\mathrm{e}^x\sin y-2y)\mathrm{d}x+(\mathrm{e}^x\cos y-2)\mathrm{d}y$，其中 L 为沿逆时针方向的上半圆周 $(x-a)^2+y^2=a^2$，$y\geqslant 0$；

(5) $\int_L \dfrac{y\mathrm{d}x-x\mathrm{d}y}{x^2+4y^2}$，其中 L 为圆周 $x^2+y^2=1$ 上从点 $A(1,0)$ 经点 $B(0,1)$ 到点 $C(-1,0)$ 的一段曲线弧；

(6) $\oint_\Gamma xyz\,\mathrm{d}z$，其中 Γ 是用平面 $y=z$ 截球面 $x^2+y^2+z^2=1$ 所得的截痕，从 z 轴正向看去，沿逆时针方向；

*(7) $\oint_\Gamma xy\mathrm{d}x+(z^2-x)\mathrm{d}y+zx\mathrm{d}z$，其中设 Γ 为锥面 $z=\sqrt{x^2+y^2}$ 与柱面 $x^2+y^2=2ax(a>0)$ 的交线，从 z 轴正向看 Γ 为逆时针方向.

4. 计算下列曲面积分：

(1) $\iint_\Sigma (x+y+z)\mathrm{d}S$，其中 Σ 为上半球面 $z=\sqrt{a^2-x^2-y^2}(a>0)$；

(2) $\iint_\Sigma z\mathrm{d}S$，其中 Σ 为曲面 $x^2+y^2=2az(a>0)$ 被曲面 $z=\sqrt{x^2+y^2}$ 所割出的部分；

(3) $\iint_\Sigma (y^2-z)\mathrm{d}y\mathrm{d}z+(z^2-x)\mathrm{d}z\mathrm{d}x+(x^2-y)\mathrm{d}x\mathrm{d}y$，其中 Σ 为锥面 $z=\sqrt{x^2+y^2}$ $(0\leqslant z\leqslant h)$ 的外侧；

(4) $\iint_\Sigma x^2\mathrm{d}y\mathrm{d}z+xy\mathrm{d}z\mathrm{d}x+y^2\mathrm{d}x\mathrm{d}y$，其中 Σ 为抛物面 $z=x^2+y^2$ 被 $z=4$ 所截下部分的下侧；

(5) $\oiint_\Sigma xz\mathrm{d}y\mathrm{d}z+x^2y\mathrm{d}z\mathrm{d}x+y^2z\mathrm{d}x\mathrm{d}y$，其中 Σ 为抛物面 $z=x^2+y^2$，圆柱面 $x^2+y^2=1$ 和三个坐标面在第一卦限所围成的空间区域整个边界的外侧；

(6) $\iint_\Sigma x(8y+1)\mathrm{d}y\mathrm{d}z+2(1-y^2)\mathrm{d}z\mathrm{d}x-4yz\mathrm{d}x\mathrm{d}y$，其中 Σ 是由曲线 $\begin{cases} z=\sqrt{y-1}, \\ x=0 \end{cases}(1\leqslant y\leqslant 3)$ 绕 y 轴旋转一周而成的曲面，其法向量与 y 轴正向的夹角恒大于 $\dfrac{\pi}{2}$.

5. 设函数 $f(x)$ 在 $(-\infty,+\infty)$ 内具有一阶连续导数，L 是上半平面 $(y>0)$ 内的有向光滑曲线，其起点为 (a,b)，终点为 (c,d). 记

$$I=\int_L \frac{1}{y}[1+y^2f(xy)]\mathrm{d}x+\frac{x}{y^2}[y^2f(xy)-1]\mathrm{d}y.$$

(1) 证明：曲线积分与路径无关；

(2) 当 $ab=cd$ 时，求 I 的值.

6. 设函数 $\varphi(y)$ 具有连续导数，在围绕原点的任意分段光滑简单闭曲线 L 上，曲线积分 $\oint_L \dfrac{\varphi(y)\mathrm{d}x+2xy\mathrm{d}y}{2x^2+y^4}$ 的值恒为同一常数.

(1) 证明:对右半平面 $x>0$ 内的任意分段光滑简单闭曲线 C,有 $\oint_C \dfrac{\varphi(y)\mathrm{d}x + 2xy\mathrm{d}y}{2x^2 + y^4} = 0$;

(2) 求函数 $\varphi(y)$ 的表达式.

7. 求均匀曲面 $z = \dfrac{1}{2}(x^2 + y^2)$ 在 $0 \leqslant z \leqslant \dfrac{3}{2}$ 之间部分的质心坐标.

*8. 求向量场 $\boldsymbol{A} = (2x - z)\boldsymbol{i} + x^2 y\boldsymbol{j} - xz^2\boldsymbol{k}$ 穿过曲面 Σ 的全表面流向外侧的通量,其中 Σ 为立方体 $0 \leqslant x \leqslant a, 0 \leqslant y \leqslant a, 0 \leqslant z \leqslant a$.

*9. 若曲线 Γ 为圆周 $x^2 + y^2 == 2z, z = 2$(从 z 轴正向看 Γ 沿逆时针方向),求向量场 $\boldsymbol{A} = 3y\boldsymbol{i} - xz\boldsymbol{j} + yz^2\boldsymbol{k}$ 沿曲线 Γ 的环流量.

第 13 章　无 穷 级 数

无穷级数是微积分的一个重要组成部分,它是表示函数、研究函数性质及进行数值计算的重要工具.它无论对数学理论本身,还是对科学技术都有着重要的应用.无穷级数的概念和运算方法与数列极限有着密切的联系.本章先讨论常数项级数,介绍无穷级数的一些基本内容,然后讨论函数项级数,主要讨论幂级数的概念、性质和运算,最后简单介绍傅里叶级数.

13.1　常数项级数的概念和性质

13.1.1　常数项级数的概念

人们认识事物在数量方面的特性,往往有一个由近似到精确的过程.在这种认识过程中,会遇到由有限个数量相加到无穷多个数量相加的问题.

下面我们先讨论两个例子,由此引出无穷级数的概念.

例 1　早在 2300 年前,我国春秋战国时期的哲学名著《庄子》记载了庄子的朋友惠施的名言:"一尺之锤,日取其半,万世不竭".意思是:一尺长的杆,第一天截取一半,第二天截取余下的一半,即 $\frac{1}{4}$,如此继续,每天截取前一天剩余的一半,以至无穷,永无止境.

把每天截取的量按顺序写出来就构成等比数列:

时间序号	n	1	2	3	4	5	...	n	...
截取量	$f(n)$	$\frac{1}{2}$	$\frac{1}{4}$	$\frac{1}{8}$	$\frac{1}{16}$	$\frac{1}{32}$	...	$\frac{1}{2^n}$	...

当日子序号(即数列的项数)无限增大时,对应的截取量 $\frac{1}{2^n}$ 就无限地接近于 0,但又永远不等于 0,正如《庄子》所说的"万世不竭".

我们考虑这样的问题:把每天截取的木棒加在一起,问长度是多少?

第一天的截取长度为 $\frac{1}{2}$,第二天的截取长度为 $\frac{1}{4}$,第三天的截取长度为 $\frac{1}{8}$,$\cdots$,第 n 天的截取长度为 $\frac{1}{2^n}$,得到数列:$\frac{1}{2}$,$\frac{1}{4}$,$\frac{1}{8}$,$\cdots$,$\frac{1}{2^n}$,$\cdots$.

把每天截取的木棒加在一起,其长度为

$$\frac{1}{2}+\frac{1}{4}+\frac{1}{8}+\cdots+\frac{1}{2^n}+\cdots=1(\text{是所给木棒的长度}).$$

上式是无穷项等比数列的各项加起来,我们并不清楚如何计算,其结果等于 1,只是实际问题的结论.

例 2　设有弹性小球自高为 Hm 处无初速度地下落,落下后又弹起,若每次弹起的高度为前次下落高度的一半,如此往复不已.问小球是否会停止跳动?

我们知道,弹性小球的跳动次数是无穷的,它是否会停止跳动,关键在于小球完成无穷次跳动所用的时间是否是有限的.若所用的时间有限,则小球必定停止跳动,否则不会.根据自由落体的运动规律 $h = \dfrac{1}{2} g t^2$ 得:

小球从地面回跳到 $\dfrac{1}{2} H \mathrm{m}$ 的高处后再落到地面所用的时间为 $T_1 = 2 \sqrt{\dfrac{H}{g}}$ (s);

小球第二次从地面回跳再落到地面所用的时间为 $T_2 = 2 \sqrt{\dfrac{H}{2g}}$ (s);

......

小球第 n 次从地面回跳再落到地面所用的时间为 $T_n = 2 \sqrt{\dfrac{H}{2^{n-1} g}}$ (s).

于是小球完成无穷多次跳动所用的时间为:

$$T = \sqrt{\frac{2H}{g}} + 2 \sqrt{\frac{H}{g}} + 2 \sqrt{\frac{H}{2g}} + \cdots + 2 \sqrt{\frac{H}{2^{n-1} g}} + \cdots$$

$$= \sqrt{\frac{2H}{g}} + 2 \sqrt{\frac{H}{g}} \left(1 + \frac{1}{\sqrt{2}} + \frac{1}{2} + \cdots + \frac{1}{\sqrt{2^{n-1}}} + \cdots \right) \text{(s)}.$$

等式右端又出现了无穷多个数用加号连接起来的一个表达式.为了回答这个问题,自然要问,无穷多项"相加"的涵义是什么? 能否像有限项相加那样定义它的"和"呢? 下面来研究这个问题.

一般的,如果给定一个数列

$$\{u_n\} : u_1, u_2, u_3, \cdots, u_n, \cdots,$$

按顺序用加号将所有项连接成的式子

$$u_1 + u_2 + u_3 + \cdots + u_n + \cdots, \tag{13.1}$$

叫做(常数项)**无穷级数**(infinite series),简称(常数项)**级数**,记做 $\sum\limits_{n=1}^{\infty} u_n$,即

$$\sum_{n=1}^{\infty} u_n = u_1 + u_2 + u_3 + \cdots + u_n + \cdots,$$

其中第 n 项 u_n 叫做**级数的一般项**,也叫做**通项**(general term).

这里,数的无限项相"加",只是形式上的加法,这种加法是否有"和"? 如果有"和",其确切的涵义是什么? 为此,我们可以从有限项的和出发,观察它们的变化趋势,由此来理解无穷多个数量相加的涵义.

作(常数项)级数(13.1)的前 n 项的和

$$S_n = u_1 + u_2 \cdots + u_n = \sum_{i=1}^{n} u_i, \tag{13.2}$$

S_n 称为级数(13.1)的**部分和**(partial sum).当 n 依次取 $1, 2, 3, \cdots$ 时,它们构成一个新的数列

$$S_1 = u_1, \quad S_2 = u_1 + u_2, \quad S_3 = u_1 + u_2 + u_3, \quad \cdots,$$
$$S_n = u_1 + u_2 + \cdots + u_n, \quad \cdots,$$

根据这个数列有没有极限,我们引进无穷级数(13.1)的收敛与发散的概念.

定义 1 如果级数 $\sum\limits_{n=1}^{\infty} u_n$ 的部分和数列 $\{S_n\}$ 有极限 s,即

$$\lim_{n\to\infty} S_n = s,$$

则称无穷级数 $\sum\limits_{n=1}^{\infty} u_n$ **收敛**(convergence),这时极限 s 叫做这级数的和,并写成

$$s = u_1 + u_2 + \cdots + u_n + \cdots;$$

如果 $\{S_n\}$ 没有极限,则称无穷级数 $\sum\limits_{n=1}^{\infty} u_n$ **发散**(divergence).

显然,当级数收敛时,其部分和 S_n 是级数的和 s 的近似值,它们之间的差值

$$r_n = s - S_n = u_{n+1} + u_{n+2} + \cdots$$

叫做级数的**余项**(remainder term).用近似值 S_n 代替和 s 所产生的误差是这个余项的绝对值,即误差是 $|r_n|$.

从上述定义可知,级数与数列极限有着紧密的联系.给定级数 $\sum\limits_{n=1}^{\infty} u_n$,就有部分和数列 $\left\{S_n = \sum\limits_{i=1}^{n} u_i\right\}$;反之,给定数列 $\{S_n\}$,就有以 $\{S_n\}$ 为部分和数列的级数

$$S_1 + (S_2 - S_1) + \cdots + (S_n - S_{n-1}) + \cdots$$
$$= S_1 + \sum_{n=2}^{\infty} (S_n - S_{n-1}) = \sum_{n=1}^{\infty} u_n,$$

其中 $u_1 = S_1$,$u_n = S_n - S_{n-1}$($n \geqslant 2$).按定义,级数 $\sum\limits_{n=1}^{\infty} u_n$ 与数列 $\{S_n\}$ 同时收敛或同时发散,且在收敛时,有

$$\sum_{n=1}^{\infty} u_n = \lim_{n\to\infty} S_n,$$

即

$$\sum_{n=1}^{\infty} u_n = \lim_{n\to\infty} \sum_{i=1}^{n} u_i.$$

研究级数(13.1)是否收敛的问题,实质上是研究其部分和数列 $\{S_n\}$ 的极限是否存在的问题,从而可应用已知的数列极限的知识来研究级数的敛散性.

例 3 无穷级数

$$\sum_{n=0}^{\infty} aq^n = a + aq + aq^2 + \cdots + aq^n + \cdots \tag{13.3}$$

叫做**等比级数**(geometric series)(又称为**几何级数**),其中 $a \neq 0$,q 叫做级数的**公比**(common ratio).讨论级数(13.3)的收敛性.

解 如果 $q \neq 1$,则部分和

$$S_n = a + aq + \cdots + aq^{n-1} = \frac{a - aq^n}{1-q} = \frac{a}{1-q} - \frac{aq^n}{1-q}.$$

当 $|q| < 1$ 时,由于 $\lim\limits_{n\to\infty} q^n = 0$,从而 $\lim\limits_{n\to\infty} S_n = \frac{a}{1-q}$,因此这时级数(13.3)收敛,其和为 $\frac{a}{1-q}$;当 $|q| > 1$ 时,由于 $\lim\limits_{n\to\infty} q^n = \infty$,从而 $\lim\limits_{n\to\infty} S_n = \infty$,因此这时级数(13.3)发散.

如果 $|q|=1$，则当 $q=1$ 时，$S_n=na\to\infty$，因此级数（13.3）发散；当 $q=-1$ 时，级数（13.3）成为

$$a-a+a-a+\cdots,$$

显然 S_n 随着 n 为奇数或为偶数而等于 a 或等于零，从而 S_n 的极限不存在，这时级数（13.3）也发散.

综合上述结果，我们得到：如果等比级数（13.3）的公比的绝对值 $|q|<1$，则级数收敛；如果 $|q|\geqslant1$，则级数发散.

利用本例的结果就能回答例 2 中的问题. 事实上，例 2 中的级数是公比 $q=\dfrac{1}{\sqrt{2}}$ 的一个等比级数，所以

$$T=\sqrt{\frac{2H}{g}}+2\sqrt{\frac{H}{g}}\frac{1}{1-\frac{1}{\sqrt{2}}}=(4+3\sqrt{2})\sqrt{\frac{H}{g}}\ (\mathrm{s}),$$

由此得知，小球完成无穷次跳动所用的时间 T 是有限的，因此，小球的跳动一定会停止.

例 4　判别级数 $\displaystyle\sum_{n=1}^{\infty}\frac{1}{n^2+n}$ 的敛散性.

解　由于

$$u_n=\frac{1}{n^2+n}=\frac{1}{n(n+1)}=\frac{1}{n}-\frac{1}{n+1},$$

因此

$$\begin{aligned}
S_n&=\frac{1}{1\cdot2}+\frac{1}{2\cdot3}+\cdots+\frac{1}{n(n+1)}\\
&=\left(1-\frac{1}{2}\right)+\left(\frac{1}{2}-\frac{1}{3}\right)+\cdots+\left(\frac{1}{n}-\frac{1}{n+1}\right)\\
&=1-\frac{1}{n+1}.
\end{aligned}$$

从而

$$\lim_{n\to\infty}S_n=\lim_{n\to\infty}\left(1-\frac{1}{n+1}\right)=1,$$

所以这级数收敛，它的和为 1.

例 5　判别级数 $\displaystyle\sum_{n=1}^{\infty}\ln\left(1+\frac{1}{n}\right)$ 的敛散性.

解
$$\begin{aligned}
S_n&=\ln(1+1)+\ln\left(1+\frac{1}{2}\right)+\ln\left(1+\frac{1}{3}\right)+\cdots+\ln\left(1+\frac{1}{n}\right)\\
&=\ln\frac{2}{1}+\ln\frac{3}{2}+\ln\frac{4}{3}+\cdots+\ln\frac{n+1}{n}\\
&=\ln\left(\frac{2}{1}\frac{3}{2}\frac{4}{3}\cdots\frac{n+1}{n}\right)=\ln(1+n),
\end{aligned}$$

因为

$$\lim_{n\to\infty}S_n=\lim_{n\to\infty}\ln(1+n)=+\infty,$$

所以原级数发散.

从上面的例子可以看出,利用级数收敛的定义判断一个级数的收敛性是求其部分和数列 $\{S_n\}$ 的极限,在一般情况下,求级数的前 n 项和 S_n 比较困难,因此需要寻找判别级数敛散性的简单易行的办法. 为此先研究级数的基本性质.

13.1.2　收敛级数的基本性质

性质 1　如果级数 $\sum\limits_{n=1}^{\infty} u_n$ 收敛于和 s,则当 k 为常数时,级数 $\sum\limits_{n=1}^{\infty} ku_n$ 也收敛,且其和为 ks.

证明　设级数 $\sum\limits_{n=1}^{\infty} u_n$ 与级数 $\sum\limits_{n=1}^{\infty} ku_n$ 的部分和分别为 S_n 和 W_n,则

$$W_n = ku_1 + ku_2 + \cdots + ku_n = kS_n,$$

于是

$$\lim_{n \to \infty} W_n = \lim_{n \to \infty} kS_n = k \lim_{n \to \infty} S_n = ks,$$

这就表明级数 $\sum\limits_{n=1}^{\infty} ku_n$ 收敛,且其和为 ks.

如果 $\lim\limits_{n \to \infty} S_n$ 不存在,且 $k \neq 0$,那么 $\lim\limits_{n \to \infty} kS_n$ 也不可能有极限. 因此得到如下结论:级数的每一项同乘一个不为零的常数后,它的敛散性不会改变.

性质 2　如果级数 $\sum\limits_{n=1}^{\infty} u_n$,$\sum\limits_{n=1}^{\infty} v_n$ 分别收敛于和 s,σ,则级数 $\sum\limits_{n=1}^{\infty} (u_n \pm v_n)$ 也收敛,且其和为 $s \pm \sigma$.

证明　设级数 $\sum\limits_{n=1}^{\infty} u_n$,$\sum\limits_{n=1}^{\infty} v_n$ 的部分和分别为 S_n,σ_n,则级数 $\sum\limits_{n=1}^{\infty} (u_n \pm v_n)$ 的部分和

$$\begin{aligned} \tau_n &= (u_1 \pm v_1) + (u_2 \pm v_2) + \cdots + (u_n \pm v_n) \\ &= (u_1 + u_2 + \cdots + u_n) \pm (v_1 + v_2 + \cdots + v_n) = S_n \pm \sigma_n, \end{aligned}$$

于是

$$\lim_{n \to \infty} \tau_n = \lim_{n \to \infty} (S_n \pm \sigma_n) = s \pm \sigma.$$

这就表明级数 $\sum\limits_{n=1}^{\infty} (u_n \pm v_n)$ 收敛于和为 $s \pm \sigma$.

性质 2 的结论即为:两个收敛级数可以逐项相加与逐项相减.

性质 3　在级数前面加上或去掉有限项,其敛散性不变.

证明　将级数

$$u_1 + u_2 + \cdots + u_k + u_{k+1} + \cdots + u_{k+n} + \cdots$$

的前 k 项去掉,则得级数

$$u_{k+1} + u_{k+2} + \cdots + u_{k+n} + \cdots,$$

于是新得的级数的部分和为

$$\sigma_n = u_{k+1} + u_{k+2} + \cdots + u_{k+n} = S_{k+n} - S_k,$$

其中 S_{k+n} 是原来级数的前 $k+n$ 项的和. 因为 S_k 为常数,所以当 $n \to \infty$ 时,σ_n 与 S_{k+n} 或者同时具有极限,或者同时没有极限.

类似地,可以证明在级数前面加上有限项,不会改变级数的敛散性.但是如果级数收敛,其和可能会因加上或去掉有限项而改变.

性质4　如果级数 $\sum\limits_{n=1}^{\infty} u_n$ 收敛,则对这级数的项任意加括号后所成的级数

$$(u_1+\cdots+u_{n_1})+(u_{n_1+1}+\cdots+u_{n_2})+\cdots+(u_{n_{k-1}+1}+\cdots+u_{n_k})+\cdots \tag{13.4}$$

仍收敛,且其和不变.

　*证明　设级数 $\sum\limits_{n=1}^{\infty} u_n$(相应于前 n 项)的部分和为 S_n,加括号后所成的级数(13.4)(相应于前 k 项)的部分和为 A_k,则

$$A_1=u_1+\cdots+u_{n_1}=S_{n_1},$$
$$A_2=(u_1+\cdots+u_{n_1})+(u_{n_1+1}+\cdots+u_{n_2})=S_{n_2},$$
$$\cdots\cdots$$
$$A_k=(u_1+\cdots+u_{n_1})+(u_{n_1+1}+\cdots+u_{n_2})+\cdots+(u_{n_{k-1}+1}+\cdots+u_{n_k})=S_{n_k},$$
$$\cdots\cdots$$

可见,数列 $\{A_k\}$ 是数列 $\{S_n\}$ 的一个子数列,由数列 $\{S_n\}$ 的收敛性及收敛数列与其子数列的关系可知,数列 $\{A_k\}$ 必定收敛,且有

$$\lim_{k\to\infty} A_k = \lim_{n\to\infty} S_n,$$

即加括号后所成的级数收敛,且其和不变.

　注　如果加括号后所成的级数收敛,则不能断定去括号后的级数也收敛.例如,级数

$$(a-a)+(a-a)+\cdots\quad(a\neq 0)$$

收敛于零,但是级数

$$a-a+a-a+\cdots\quad(a\neq 0)$$

却是发散的.

　推论1　如果加括号后所得的级数发散,则原来级数也发散.

　事实上,如果原来级数收敛,则根据性质4知道,加括号后的级数就应该收敛了.

　性质5(级数收敛的必要条件)　如果级数 $\sum\limits_{n=1}^{\infty} u_n$ 收敛,则它的一般项趋于零,即

$$\lim_{n\to\infty} u_n = 0.$$

　证明　设级数 $\sum\limits_{n=1}^{\infty} u_n$ 的部分和为 S_n,且 $S_n\to s\,(n\to\infty)$,则

$$\lim_{n\to\infty} u_n = \lim_{n\to\infty}(S_n-S_{n-1})=\lim_{n\to\infty}S_n-\lim_{n\to\infty}S_{n-1}=s-s=0.$$

由性质5可知,如果级数一般项不趋于零,则级数必定发散.因此,在讨论一个级数的敛散性时,往往先看其一般项是否趋于零,若不趋于零,该级数必发散.

　例如,级数 $\sum\limits_{n=1}^{\infty} \dfrac{(-1)^n n}{2n+1}$,它的一般项 $u_n=\dfrac{(-1)^n n}{2n+1}$ 当 $n\to\infty$ 时不趋于零,因此该级数是发散的.

　注　级数的一般项趋于零并不是级数收敛的充分条件.也就是说,当一般项 $u_n\to 0$ 时,级数 $\sum\limits_{n=1}^{\infty} u_n$ 仍然可能发散.下面举一个很重要的例子.

例如，**调和级数**（harmonic series）

$$1+\frac{1}{2}+\frac{1}{3}+\cdots+\frac{1}{n}+\cdots, \tag{13.5}$$

虽然它的一般项 $u_n=\frac{1}{n}\to 0(n\to\infty)$，但是它是发散的. 现在我们用反证法证明如下.

假设级数（13.5）收敛，设它的部分和为 S_n，且 $S_n\to s(n\to\infty)$. 显然，对级数（13.5）的部分和 S_{2n}，也有 $S_{2n}\to s(n\to\infty)$. 于是

$$S_{2n}-S_n\to s-s=0(n\to\infty).$$

但另一方面

$$S_{2n}-S_n=\frac{1}{n+1}+\frac{1}{n+2}+\cdots+\frac{1}{2n}>\underbrace{\frac{1}{2n}+\frac{1}{2n}+\cdots+\frac{1}{2n}}_{n\text{项}}=\frac{1}{2},$$

故

$$\lim_{n\to\infty}(S_{2n}-S_n)\neq 0,$$

与假设级数（13.5）收敛矛盾，所以级数 $\sum_{n=1}^{\infty}\frac{1}{n}$ 必定发散.

与数列类似，对于级数也需要研究两个基本问题：第一，它是否收敛？第二，如果收敛，如何求出它的和？第二个问题比较困难，但第一个问题更重要. 因为如果级数发散，那么它无和可言；如果级数收敛，即使无法求出其和的精确值，也可利用部分和求出它的近似值. 因此，判断级数敛散性是级数理论的首要问题，也是我们要重点研究的问题.

*13.1.3　柯西审敛原理

怎样判定一个级数的收敛性呢？我们有下述柯西审敛原理.

定理 1（柯西审敛原理）（Cauchy convergence principle）　级数 $\sum_{n=1}^{\infty}u_n$ 收敛的充分必要条件为：对于任意给定的正数 ε，总存在正整数 N，使得当 $n>N$ 时，对于任意的正整数 p，都有

$$|u_{n+1}+u_{n+2}+\cdots+u_{n+p}|<\varepsilon$$

成立.

证明　设级数 $\sum_{n=1}^{\infty}u_n$ 的部分和为 S_n，因为

$$|u_{n+1}+u_{n+2}+\cdots+u_{n+p}|=|S_{n+p}-S_n|,$$

所以由数列的柯西收敛准则（第 1 章 1.9 节），即得本定理结论.

例 6　利用柯西审敛原理判定级数 $\sum_{n=1}^{\infty}\frac{1}{n^2}$ 的收敛性.

解　因为对任何正整数 p，

$$|u_{n+1}+u_{n+2}+\cdots+u_{n+p}|$$

$$=\frac{1}{(n+1)^2}+\frac{1}{(n+2)^2}+\cdots+\frac{1}{(n+p)^2}$$

$$<\frac{1}{n(n+1)}+\frac{1}{(n+1)(n+2)}+\cdots+\frac{1}{(n+p-1)(n+p)}$$

$$= \left(\frac{1}{n} - \frac{1}{n+1} \right) + \left(\frac{1}{n+1} - \frac{1}{n+2} \right) + \cdots + \left(\frac{1}{n+p-1} - \frac{1}{n+p} \right)$$

$$= \frac{1}{n} - \frac{1}{n+p} < \frac{1}{n},$$

所以对于任意给定的正数 ε,取正整数 $N \geqslant \dfrac{1}{\varepsilon}$,则当 $n > N$ 时,对于任意的正整数 p,都有

$$|u_{n+1} + u_{n+2} + \cdots + u_{n+p}| < \varepsilon$$

成立. 根据柯西审敛原理,级数 $\displaystyle\sum_{n=1}^{\infty} \frac{1}{n^2}$ 收敛.

习　题　13.1

1. 写出下列级数的通项,并将级数用缩写记号 Σ 表示:

(1) $1 + \dfrac{1}{3} + \dfrac{1}{5} + \dfrac{1}{7} + \cdots$;

(2) $\dfrac{2}{1} - \dfrac{3}{2} + \dfrac{4}{3} - \dfrac{5}{4} + \cdots$;

(3) $\dfrac{2^2}{3} + \dfrac{2^3}{5} + \dfrac{2^4}{7} + \dfrac{2^5}{9} + \cdots$;

(4) $\dfrac{\sqrt{x}}{3} - \dfrac{x}{5} + \dfrac{x\sqrt{x}}{7} - \dfrac{x^2}{9} + \cdots$.

2. 根据级数收敛与发散的定义,判别下列级数的敛散性:

(1) $1 + \dfrac{1}{3} + \dfrac{1}{3^2} + \cdots + \dfrac{1}{3^n} + \cdots$;

(2) $\dfrac{1}{1 \cdot 3} + \dfrac{1}{3 \cdot 5} + \dfrac{1}{5 \cdot 7} + \cdots + \dfrac{1}{(2n-1)(2n+1)} + \cdots$;

(3) $\ln \dfrac{1}{2} + \ln \dfrac{2}{3} + \cdots + \ln \dfrac{n}{n+1} + \cdots$;

(4) $\displaystyle\sum_{n=1}^{\infty} (\sqrt{n+1} - \sqrt{n})$.

3. 用典型级数及收敛级数性质判定下列级数的敛散性:

(1) $-\dfrac{8}{9} + \dfrac{8^2}{9^2} - \dfrac{8^3}{9^3} + \cdots + (-1)^n \dfrac{8^n}{9^n} + \cdots$;

(2) $\dfrac{1}{3} + \dfrac{1}{6} + \dfrac{1}{9} + \cdots + \dfrac{1}{3n} + \cdots$;

(3) $\dfrac{1}{3} + \dfrac{1}{\sqrt{3}} + \dfrac{1}{\sqrt[3]{3}} + \cdots + \dfrac{1}{\sqrt[n]{3}} + \cdots$;

(4) $\dfrac{3}{2} + \dfrac{3^2}{2^2} + \dfrac{3^3}{2^3} + \cdots + \dfrac{3^n}{2^n} + \cdots$;

(5) $\left(\dfrac{1}{2} + \dfrac{1}{3} \right) + \left(\dfrac{1}{2^2} + \dfrac{1}{3^2} \right) + \left(\dfrac{1}{2^3} + \dfrac{1}{3^3} \right) + \cdots + \left(\dfrac{1}{2^n} + \dfrac{1}{3^n} \right) + \cdots$.

*4. 利用柯西审敛原理判定下列级数的敛散性:

(1) $\displaystyle\sum_{n=1}^{\infty} \frac{(-1)^{n+1}}{n}$;

(2) $1 + \dfrac{1}{2} - \dfrac{1}{3} + \dfrac{1}{4} + \dfrac{1}{5} - \dfrac{1}{6} + \cdots$;

(3) $\displaystyle\sum_{n=1}^{\infty} \frac{\sin nx}{2^n}$;

(4) $\displaystyle\sum_{n=0}^{\infty} \left(\frac{1}{3n+1} + \frac{1}{3n+2} - \frac{1}{3n+3} \right)$.

13.2 常数项级数的审敛法

13.2.1 正项级数及其审敛法

一般的常数项级数,它的各项可以是正数、负数或者零,现在我们先讨论一种最基本的级数—正项级数,即它的各项都是正数或是零. 以后会看到,许多判别级数的敛散性问题往往可转化为对正项级数的敛散性的判定.

定义 1 如果级数

$$\sum_{n=1}^{\infty} u_n = u_1 + u_2 + \cdots + u_n + \cdots \tag{13.6}$$

的一般项 $u_n \geqslant 0 (n=1,2,\cdots)$,则称级数(13.6)为**正项级数**(positive term series).

正项级数(13.6)有一个明显的特点,即它的部分和数列 $\{S_n\}$ 是一个单调增加数列. 如果数列 $\{S_n\}$ 有界,则 $\lim_{n\to\infty} S_n$ 一定存在,级数一定收敛. 反之也成立. 因此有如下重要的结论.

定理 1 正项级数 $\sum_{n=1}^{\infty} u_n$ 收敛的充分必要条件是:它的部分和数列 $\{S_n\}$ 有界.

证明 必要性:若正项级数 $\sum_{n=1}^{\infty} u_n$ 收敛,即 $\lim_{n\to\infty} S_n = s$ 存在,由收敛数列必为有界数列的性质可知,数列 $\{S_n\}$ 有界.

充分性:设 $\sum_{n=1}^{\infty} u_n$ 为正项级数,因为 $u_n \geqslant 0 (n=1,2,\cdots)$,所以部分和数列 $\{S_n\}$ 是单调递增的数列,即

$$S_1 \leqslant S_2 \leqslant \cdots \leqslant S_n \leqslant \cdots.$$

若数列 $\{S_n\}$ 有界,由单调有界数列必有极限的准则可得 $\lim_{n\to\infty} S_n = s$ 存在,即级数 $\sum_{n=1}^{\infty} u_n$ 收敛.

由定理 1 可知,如果正项级数 $\sum_{n=1}^{\infty} u_n$ 发散,则它的部分和数列 $\{S_n\}$ 必发散到正无穷大,即 $\lim_{n\to\infty} S_n = +\infty$,于是 $\sum_{n=1}^{\infty} u_n = +\infty$. 判别正项级数是否收敛的问题,化为判别其部分和数列 $\{S_n\}$ 是否有上界的问题,由此得到正项级数敛散性的下列判别法.

定理 2(比较审敛法) 设 $\sum_{n=1}^{\infty} u_n$ 和 $\sum_{n=1}^{\infty} v_n$ 都是正项级数,且 $u_n \leqslant v_n (n=1,2,\cdots)$.

(i) 若级数 $\sum_{n=1}^{\infty} v_n$ 收敛,则级数 $\sum_{n=1}^{\infty} u_n$ 收敛;

(ii) 若级数 $\sum_{n=1}^{\infty} u_n$ 发散,则级数 $\sum_{n=1}^{\infty} v_n$ 发散.

证明 (i) 设级数 $\sum_{u=1}^{\infty} v_n$ 收敛于和 σ,则级数 $\sum_{n=1}^{\infty} u_n$ 的部分和为

$$S_n = u_1 + u_2 + \cdots + u_n \leqslant v_1 + v_2 + \cdots + v_n \leqslant \sigma,$$

即部分和数列 $\{S_n\}$ 有界,由定理 1 知级数 $\sum_{n=1}^{\infty} u_n$ 收敛.

（ii）用反证法,设级数 $\sum\limits_{n=1}^{\infty} v_n$ 收敛,由（i）知级数 $\sum\limits_{n=1}^{\infty} u_n$ 也收敛,与假设矛盾.因此级数 $\sum\limits_{n=1}^{\infty} v_n$ 发散.

由定理 2 及收敛级数的性质可得如下推论.

推论 1　设 $\sum\limits_{n=1}^{\infty} u_n$ 和 $\sum\limits_{n=1}^{\infty} v_n$ 是正项级数,且存在自然数 N,使得当 $n \geq N$ 时,有 $u_n \leq k v_n$ $(k>0)$ 成立,则

（i）若级数 $\sum\limits_{n=1}^{\infty} v_n$ 收敛,则级数 $\sum\limits_{n=1}^{\infty} u_n$ 收敛;

（ii）若级数 $\sum\limits_{n=1}^{\infty} u_n$ 发散,则级数 $\sum\limits_{n=1}^{\infty} v_n$ 发散.

例 1　讨论 p-**级数**

$$1 + \frac{1}{2^p} + \frac{1}{3^p} + \cdots + \frac{1}{n^p} + \cdots \tag{13.7}$$

的敛散性,其中常数 $p>0$.

解　当 $p \leq 1$ 时,因为

$$\frac{1}{n^p} \geq \frac{1}{n} \quad (p>0),$$

而调和级数 $\sum\limits_{n=1}^{\infty} \frac{1}{n}$ 是发散的,因此根据比较审敛法可知,当 $p \leq 1$ 时级数（13.7）发散;

当 $p>1$ 时,因为当 $n-1 \leq x \leq n$ 时,有

$$\frac{1}{n^p} \leq \frac{1}{x^p},$$

而且

$$\frac{1}{n^p} = \int_{n-1}^{n} \frac{\mathrm{d}x}{n^p} \leq \int_{n-1}^{n} \frac{\mathrm{d}x}{x^p} = \frac{1}{p-1}\left(\frac{1}{(n-1)^{p-1}} - \frac{1}{n^{p-1}}\right)(n=2,3,4,\cdots).$$

对于级数

$$\sum_{n=2}^{\infty}\left(\frac{1}{(n-1)^{p-1}} - \frac{1}{n^{p-1}}\right),$$

其部分和

$$S_n = \left(1 - \frac{1}{2^{p-1}}\right) + \left(\frac{1}{2^{p-1}} - \frac{1}{3^{p-1}}\right) + \cdots + \left(\frac{1}{n^{p-1}} - \frac{1}{(n+1)^{p-1}}\right) = 1 - \frac{1}{(n+1)^{p-1}},$$

且部分和数列的极限

$$\lim_{n\to\infty} S_n = \lim_{n\to\infty}\left(1 - \frac{1}{(n+1)^{p-1}}\right) = 1,$$

故级数

$$\sum_{n=2}^{\infty}\left(\frac{1}{(n-1)^{p-1}} - \frac{1}{n^{p-1}}\right)$$

收敛,由推论 1 知原级数（13.7）当 $p>1$ 时收敛.

综合上述结论得：p-级数 $\sum\limits_{n=1}^{\infty} \dfrac{1}{n^p}$，当 $p>1$ 时收敛，当 $p\leqslant 1$ 时发散.

例如，级数 $\sum\limits_{n=1}^{\infty} \dfrac{1}{\sqrt{n}}$，$p=\dfrac{1}{2}<1$，所以级数是发散的；级数 $\sum\limits_{n=1}^{\infty} \dfrac{1}{n^2}$，$p=2>1$，所以级数是收敛的.

p-级数是常用作比较的级数，下面为应用方便，给出另一推论.

推论 2　设 $\sum\limits_{n=1}^{\infty} u_n$ 为正项级数，如果有 $p>1$，使 $u_n \leqslant \dfrac{1}{n^p}(n=1,2,\cdots)$，则级数 $\sum\limits_{n=1}^{\infty} u_n$ 收敛；如果 $u_n \geqslant \dfrac{1}{n}(n=1,2,\cdots)$，则级数 $\sum\limits_{n=1}^{\infty} u_n$ 发散.

注　若级数的分子、分母关于 n 的最高次数分别为 q 和 p，即 $\sum\limits_{n=1}^{\infty} \dfrac{n^q+\alpha}{n^p+\beta}$（其中 α,β 为含 n 的次数低于 p,q 的多项式），则当 $p-q>1$ 时级数收敛，当 $p-q\leqslant 1$ 时级数发散.

例 2　证明：级数 $\sum\limits_{n=1}^{\infty} \dfrac{1}{\sqrt{n(n+1)}}$ 是发散的.

证明　因为 $n(n+1)<(n+1)^2$，所以 $\dfrac{1}{\sqrt{n(n+1)}}>\dfrac{1}{n+1}$，而级数

$$\sum_{n=1}^{\infty} \frac{1}{n+1}=\frac{1}{2}+\frac{1}{3}+\cdots+\frac{1}{n+1}+\cdots$$

是发散的，根据比较审敛法知原级数发散.

定理 3（比较审敛法的极限形式）　设 $\sum\limits_{n=1}^{\infty} u_n$ 和 $\sum\limits_{n=1}^{\infty} v_n$ 都是正项级数，如果

$$\lim_{n\to\infty} \frac{u_n}{v_n}=l \quad (0<l<+\infty),$$

则级数 $\sum\limits_{n=1}^{\infty} u_n$ 和级数 $\sum\limits_{n=1}^{\infty} v_n$ 同时收敛或同时发散.

证明　因为 $\lim\limits_{n\to\infty} \dfrac{u_n}{v_n}=l$，根据极限定义可知，对于 $\varepsilon=\dfrac{l}{2}$，存在自然数 N，当 $n>N$ 时，有不等式

$$\left| \frac{u_n}{v_n}-l \right|<\varepsilon=\frac{l}{2},$$

即

$$l-\frac{l}{2}<\frac{u_n}{v_n}<l+\frac{l}{2},$$

亦即

$$\frac{l}{2}v_n<u_n<\frac{3l}{2}v_n,$$

由比较审敛法的推论 1 得级数 $\sum\limits_{n=1}^{\infty} u_n$ 和级数 $\sum\limits_{n=1}^{\infty} v_n$ 同时收敛或同时发散.

注 当 $l=0$ 或 $l=+\infty$ 时,结论不一定成立.

当 $l=0$ 时,由级数 $\displaystyle\sum_{n=1}^{\infty}v_n$ 收敛,得级数 $\displaystyle\sum_{n=1}^{\infty}u_n$ 收敛;当 $l=+\infty$ 时,由级数 $\displaystyle\sum_{n=1}^{\infty}v_n$ 发散,得级数 $\displaystyle\sum_{n=1}^{\infty}u_n$ 发散.

例 3 判别级数 $\displaystyle\sum_{n=1}^{\infty}\sin\frac{1}{n}$ 的敛散性.

解 因为

$$\lim_{n\to\infty}\frac{\sin\dfrac{1}{n}}{\dfrac{1}{n}}=1,$$

根据定理 3,由级数 $\displaystyle\sum_{n=1}^{\infty}\frac{1}{n}$ 发散可得级数 $\displaystyle\sum_{n=1}^{\infty}\sin\frac{1}{n}$ 发散.

例 4 判别级数 $\displaystyle\sum_{n=1}^{\infty}\ln\left(1+\frac{1}{n^2}\right)$ 的敛散性.

解 因为

$$\lim_{n\to\infty}\frac{\ln\left(1+\dfrac{1}{n^2}\right)}{\dfrac{1}{n^2}}=\lim_{x\to+\infty}\frac{\ln\left(1+\dfrac{1}{x^2}\right)}{\dfrac{1}{x^2}}=\lim_{t\to0}\frac{\ln(1+t)}{t}=1,$$

根据定理 3,由级数 $\displaystyle\sum_{n=1}^{\infty}\frac{1}{n^2}$ 收敛可得级数 $\displaystyle\sum_{n=1}^{\infty}\ln\left(1+\frac{1}{n^2}\right)$ 收敛.

用比较审敛法判别已知级数的敛散性,需要另选一个已知敛散性的级数来比较,最常用的是等比级数和 p-级数,因此需要记住它们的敛散性.

(i) 等比级数(几何级数)

$$\sum_{n=0}^{\infty}aq^n\begin{cases}收敛于\dfrac{a}{1-q}, & 当\,|q|<1,\\[2mm]发散, & 当\,|q|\geqslant1;\end{cases}$$

(ii) p-级数 $\displaystyle\sum_{n=1}^{\infty}\frac{1}{n^p}$,当 $p>1$ 时收敛,当 $p\leqslant1$ 时发散.

但是一般而言,选择能解决问题的级数,并不是一件容易的事情,下面介绍实用起来很方便的比值审敛法和根值审敛法.

定理 4(比值审敛法,达朗贝尔(d'Alembert)判别法) 若正项级数 $\displaystyle\sum_{n=1}^{\infty}u_n$ 满足

$$\lim_{n\to\infty}\frac{u_{n+1}}{u_n}=\rho,$$

则 (i) 当 $\rho<1$ 时,级数 $\displaystyle\sum_{n=1}^{\infty}u_n$ 收敛;

(ii) 当 $\rho>1$(或 $\displaystyle\lim_{n\to\infty}\frac{u_{n+1}}{u_n}=\infty$)时,级数 $\displaystyle\sum_{n=1}^{\infty}u_n$ 发散;

(iii) 当 $\rho=1$ 时,级数 $\sum\limits_{n=1}^{\infty} u_n$ 可能收敛也可能发散.

*证明 (i) 当 $\rho<1$ 时,取一个适当小的正数 ε,使得 $\rho+\varepsilon=r<1$. 根据极限的定义,存在自然数 m,当 $n>m$ 时,有不等式

$$\left|\frac{u_{n+1}}{u_n}-\rho\right|<\varepsilon,$$

$$\rho-\varepsilon<\frac{u_{n+1}}{u_n}<\rho+\varepsilon=r,$$

因此
$$u_{m+1}<ru_m,\ u_{m+2}<ru_{m+1}<r^2u_m,\ u_{m+3}<ru_{m+2}<r^3u_m,\ \cdots,$$
这样级数 $u_{m+1}+u_{m+2}+u_{m+3}+\cdots$ 各项小于收敛的等比级数
$$ru_m+r^2u_m+r^3u_m+\cdots=u_m(r+r^2+r^3+\cdots)$$
的对应项,而公比 $r<1$,所以由级数
$$ru_m+r^2u_m+r^3u_m+\cdots=u_m(r+r^2+r^3+\cdots)$$
收敛可以得级数 $\sum\limits_{n=1}^{\infty} u_n$ 收敛.

(ii) 当 $\rho>1$ 时,取一个适当小的正数 ε,使得 $\rho-\varepsilon=r>1$. 根据极限的定义,当 $n>m$ 时,有不等式

$$\left|\frac{u_{n+1}}{u_n}-\rho\right|<\varepsilon,$$

$$\frac{u_{n+1}}{u_n}>\rho-\varepsilon=r>1,$$

也就是 $u_{n+1}>u_n$,所以当 $n\geqslant m$ 时,级数的一般项 u_n 是逐渐增大的,从而 $\lim\limits_{n\to\infty} u_n\neq 0$,由级数收敛的必要条件知级数 $\sum\limits_{n=1}^{\infty} u_n$ 发散.

(iii) 当 $\rho=1$ 时,级数 $\sum\limits_{n=1}^{\infty} u_n$ 可能收敛也可能发散,所以不能判别级数 $\sum\limits_{n=1}^{\infty} u_n$ 的敛散性.

例如,p-级数 $\sum\limits_{n=1}^{\infty}\frac{1}{n^p}$,无论 p 取何值,均有

$$\lim_{n\to\infty}\frac{u_{n+1}}{u_n}=\lim_{n\to\infty}\frac{n^p}{(n+1)^p}=1.$$

但是我们知道,当 $p>1$ 时,级数 $\sum\limits_{n=1}^{\infty}\frac{1}{n^p}$ 收敛,当 $p\leqslant 1$ 时,级数 $\sum\limits_{n=1}^{\infty}\frac{1}{n^p}$ 发散.

例 5 证明:级数 $\sum\limits_{n=0}^{\infty}\frac{1}{n!}$ 是收敛的,并估计以级数的部分和 S_n 近似代替和 s 所产生的误差.

解 因为

$$\lim_{n\to\infty}\frac{u_{n+1}}{u_n}=\lim_{n\to\infty}\frac{n!}{(n+1)!}=\lim_{n\to\infty}\frac{1}{n+1}=0<1,$$

根据比值审敛法可知级数 $\sum\limits_{n=0}^{\infty} \dfrac{1}{n!}$ 收敛.

其部分和 S_n 近似代替和 s 产生的误差为

$$
\begin{aligned}
|r_n| &= \frac{1}{n!} + \frac{1}{(n+1)!} + \cdots + \frac{1}{(n+m)!} + \cdots \\
&= \frac{1}{n!}\left(1 + \frac{1}{n+1} + \frac{1}{(n+1)(n+2)} + \cdots\right) \\
&< \frac{1}{n!}\left(1 + \frac{1}{n} + \frac{1}{n^2} + \cdots\right) \\
&= \frac{1}{n!}\frac{1}{1-\dfrac{1}{n}} = \frac{1}{(n-1)(n-1)!}.
\end{aligned}
$$

例 6　判别级数 $\sum\limits_{n=1}^{\infty} \dfrac{n!}{10^n}$ 的敛散性.

解　因为

$$
\lim_{n\to\infty}\frac{u_{n+1}}{u_n} = \lim_{n\to\infty}\frac{(n+1)!}{10^{n+1}}\cdot\frac{10^n}{n!} = \lim_{n\to\infty}\frac{n+1}{10} = +\infty > 1,
$$

根据比值审敛法知原级数发散.

例 7　判别级数 $\sum\limits_{n=1}^{\infty} \dfrac{x^n}{n}(x>0)$ 的敛散性.

解　因为

$$
\lim_{n\to\infty}\frac{u_{n+1}}{u_n} = \lim_{n\to\infty}\frac{x^{n+1}}{n+1}\frac{n}{x^n} = \lim_{n\to\infty}\frac{n}{n+1}x = x,
$$

所以,当 $0<x<1$ 时,级数 $\sum\limits_{n=1}^{\infty} \dfrac{x^n}{n}$ 收敛;当 $x>1$ 时,级数 $\sum\limits_{n=1}^{\infty} \dfrac{x^n}{n}$ 发散;当 $x=1$ 时,级数 $\sum\limits_{n=1}^{\infty} \dfrac{1}{n}$ 为调和级数是发散的.

例 8　判别级数 $\sum\limits_{n=1}^{\infty} \dfrac{n\cos^2\dfrac{n}{3}\pi}{2^n}$ 的敛散性.

解　由于

$$
\frac{n\cos^2\dfrac{n}{3}\pi}{2^n} \leqslant \frac{n}{2^n},
$$

而级数 $\sum\limits_{n=1}^{\infty} \dfrac{n}{2^n}$ 满足

$$
\lim_{n\to\infty}\frac{u_{n+1}}{u_n} = \lim_{n\to\infty}\frac{n+1}{2^{n+1}}\frac{2^n}{n} = \frac{1}{2} < 1,
$$

所以级数 $\sum\limits_{n=1}^{\infty} \dfrac{n}{2^n}$ 收敛,从而级数 $\sum\limits_{n=1}^{\infty} \dfrac{n\cos^2\dfrac{n}{3}\pi}{2^n}$ 收敛.

例 9 判别级数 $\sum\limits_{n=1}^{\infty} \dfrac{1}{(2n-1)(2n)}$ 的敛散性.

解 由于

$$\lim_{n\to\infty}\frac{u_{n+1}}{u_n}=\lim_{n\to\infty}\frac{(2n-1)(2n)}{(2n+1)(2n+2)}=1,$$

此时 $\rho=1$,比值法失效,必须用其他方法判别其敛散性.

因为 $2n>2n-1>n$,所以

$$\frac{1}{(2n-1)(2n)}<\frac{1}{n^2},$$

而级数 $\sum\limits_{n=1}^{\infty}\dfrac{1}{n^2}$ 收敛,从而级数 $\sum\limits_{n=1}^{\infty}\dfrac{1}{(2n-1)(2n)}$ 收敛.

* **定理 5**(根值审敛法,柯西(Cauchy)判别法) 设 $\sum\limits_{n=1}^{\infty}u_n$ 为正项级数,如果它的一般项 u_n 的 n 次方根的极限等于 ρ,即

$$\lim_{n\to\infty}\sqrt[n]{u_n}=\rho,$$

则 (i) 当 $\rho<1$ 时,级数 $\sum\limits_{n=1}^{\infty}u_n$ 收敛;

(ii) 当 $\rho>1$(或 $\lim\limits_{n\to\infty}\sqrt[n]{u_n}=+\infty$)时,级数 $\sum\limits_{n=1}^{\infty}u_n$ 发散;

(iii) 当 $\rho=1$ 时,级数 $\sum\limits_{n=1}^{\infty}u_n$ 可能收敛也可能发散.

定理 5 的证明与定理 4 类似,这里从略.

例 10 判别级数 $\sum\limits_{n=1}^{\infty}\dfrac{1}{2^n}\left(1+\dfrac{1}{n}\right)^{n^2}$ 的敛散性.

解 由于

$$\lim_{n\to\infty}\sqrt[n]{u_n}=\lim_{n\to\infty}\frac{1}{2}\left(1+\frac{1}{n}\right)^n=\frac{\mathrm{e}}{2}>1,$$

根据根值审敛法可知原级数发散.

13.2.2 交错级数及其审敛法

定义 2 各项符号依次正负相间的级数

$$\sum_{n=1}^{\infty}(-1)^{n-1}u_n=u_1-u_2+u_3-u_4+\cdots \tag{13.8}$$

或

$$\sum_{n=1}^{\infty}(-1)^{n}u_n=-u_1+u_2-u_3+u_4-\cdots, \tag{13.9}$$

称为**交错级数**(alternating series),其中 $u_n\geqslant0(n=1,2,\cdots)$.

关于交错级数,其敛散性有如下判别法.

定理 6(莱布尼茨判别定理) 如果交错级数 $\sum\limits_{n=1}^{\infty}(-1)^{n-1}u_n$ 满足条件:

(i) $u_n \geqslant u_{n+1} (n=1,2,\cdots)$,

(ii) $\lim\limits_{n\to\infty} u_n = 0$,

则级数 $\sum\limits_{n=1}^{\infty}(-1)^{n-1}u_n$ 收敛，且其和 $s \leqslant u_1$，其余项 r_n 的绝对值 $|r_n| \leqslant u_{n+1}$.

证明 先证明前 $2n$ 项的和 S_{2n} 的极限存在. 由

$$S_{2n} = (u_1 - u_2) + (u_3 - u_4) + \cdots + (u_{2n-1} - u_{2n}),$$

由条件(i)知上式每一括号中的差是非负的，则部分和 S_{2n} 随着 n 的增大而增大；又

$$S_{2n} = u_1 - (u_2 - u_3) - (u_4 - u_5) - \cdots - (u_{2n-2} - u_{2n-1}) - u_{2n},$$

再由条件(i)知上式每一括号中的差是非负的，则 $S_{2n} < u_1$，即 $\lim\limits_{n\to\infty} S_{2n} = s$，且 $0 < s \leqslant u_1$.

再证明前 $2n+1$ 项的和 S_{2n+1} 的极限存在. 因为

$$S_{2n+1} = S_{2n} + u_{2n+1},$$

由条件(ii)，$\lim\limits_{n\to\infty} u_{2n+1} = 0$，所以

$$\lim\limits_{n\to\infty} S_{2n+1} = \lim\limits_{n\to\infty} S_{2n} = s,$$

由于级数的前偶数项的和与前奇数项的和趋近于同一个极限 s，故级数 $\sum\limits_{n=1}^{\infty}(-1)^{n-1}u_n$ 的部分和满足

$$\lim\limits_{n\to\infty} S_n = s,$$

这就证明了级数 $\sum\limits_{n=1}^{\infty}(-1)^{n-1}u_n$ 收敛于和 s，且 $0 < s \leqslant u_1$.

考虑余项 r_n. 因为

$$r_n = \pm(u_{n+1} - u_{n+2} + \cdots),$$

则

$$|r_n| = u_{n+1} - u_{n+2} + \cdots,$$

上式右端也是一个交错级数，仍然满足收敛的两个条件，从而是收敛的，且其和小于级数的第一项，即 $|r_n| \leqslant u_{n+1}$.

例 11 判别级数 $\sum\limits_{n=1}^{\infty}(-1)^{n-1}\dfrac{1}{n}$ 是收敛的，并估计以级数的部分和 S_n 近似代替和 s 所产生的误差.

解 级数 $\sum\limits_{n=1}^{\infty}(-1)^{n-1}\dfrac{1}{n}$ 满足条件

(i) $u_n = \dfrac{1}{n} > \dfrac{1}{n+1} = u_{n+1} (n=1,2,\cdots)$,

(ii) $\lim\limits_{n\to\infty} u_n = \lim\limits_{n\to\infty}\dfrac{1}{n} = 0$,

所以它是收敛的，且其和 $s < 1$.

若取前 n 项的和

$$S_n = 1 - \frac{1}{2} + \frac{1}{3} - \cdots + (-1)^{n-1}\frac{1}{n}$$

作为和 s 的近似值,产生的误差 $|r_n| \leqslant \dfrac{1}{n+1}$.

13.2.3 绝对收敛与条件收敛

现在我们讨论一般的级数

$$\sum_{n=1}^{\infty} u_n = u_1 + u_2 + \cdots + u_n + \cdots,$$

其中 u_n 为实数.

定义 3　若级数 $\displaystyle\sum_{n=1}^{\infty} |u_n|$ 收敛,则称级数 $\displaystyle\sum_{n=1}^{\infty} u_n$ 为**绝对收敛**;若级数 $\displaystyle\sum_{n=1}^{\infty} |u_n|$ 发散,而级数 $\displaystyle\sum_{n=1}^{\infty} u_n$ 收敛,则称级数 $\displaystyle\sum_{n=1}^{\infty} u_n$ 为**条件收敛**.

例如,级数 $\displaystyle\sum_{n=1}^{\infty} (-1)^n \dfrac{1}{n^2}$ 是绝对收敛的,级数 $\displaystyle\sum_{n=1}^{\infty} (-1)^n \dfrac{1}{n}$ 是条件收敛的.

例 12　判别级数 $\displaystyle\sum_{n=1}^{\infty} \dfrac{\sin n\alpha}{n^2}$ 的敛散性.

解　因为 $\left| \dfrac{\sin n\alpha}{n^2} \right| \leqslant \dfrac{1}{n^2}$,而级数 $\displaystyle\sum_{n=1}^{\infty} \dfrac{1}{n^2}$ 收敛,所以级数 $\displaystyle\sum_{n=1}^{\infty} \left| \dfrac{\sin n\alpha}{n^2} \right|$ 收敛,从而级数 $\displaystyle\sum_{n=1}^{\infty} \dfrac{\sin n\alpha}{n^2}$ 绝对收敛.

级数绝对收敛与级数收敛有以下重要关系.

定理 7　如果级数 $\displaystyle\sum_{n=1}^{\infty} u_n$ 绝对收敛,则级数 $\displaystyle\sum_{n=1}^{\infty} u_n$ 必定收敛.

证明　已知级数 $\displaystyle\sum_{n=1}^{\infty} |u_n|$ 收敛,令

$$v_n = \frac{1}{2}(u_n + |u_n|),\ n=1,2,\cdots,$$

显然 $v_n \geqslant 0$,且 $v_n \leqslant |u_n|$,$n=1,2,\cdots$,由比较审敛法知 $\displaystyle\sum_{n=1}^{\infty} v_n$ 收敛,从而 $\displaystyle\sum_{n=1}^{\infty} 2v_n$ 也收敛.而 $u_n = 2v_n - |u_n|$,又由收敛级数的性质可知

$$\sum_{n=1}^{\infty} u_n = \sum_{n=1}^{\infty} 2v_n - \sum_{n=1}^{\infty} |u_n|,$$

所以级数 $\displaystyle\sum_{n=1}^{\infty} u_n$ 收敛.

注　(i) 定理 7 的逆定理不成立,即由级数 $\displaystyle\sum_{n=1}^{\infty} u_n$ 收敛不能推出级数 $\displaystyle\sum_{n=1}^{\infty} |u_n|$ 收敛;

(ii) 对一般级数 $\displaystyle\sum_{n=1}^{\infty} u_n$,我们可用正项级数审敛法判定级数 $\displaystyle\sum_{n=1}^{\infty} |u_n|$ 收敛,则级数 $\displaystyle\sum_{n=1}^{\infty} u_n$ 必收敛,这样对于绝对收敛级数都可用正项级数审敛法加以判别,但是级数

$\sum\limits_{n=1}^{\infty}|u_n|$ 发散,不能推出级数 $\sum\limits_{n=1}^{\infty}u_n$ 发散;

(iii) 如果用比值或根值审敛法判定级数 $\sum\limits_{n=1}^{\infty}|u_n|$ 发散,我们可以断定级数 $\sum\limits_{n=1}^{\infty}u_n$ 必定发散,这是因为在证明这个审敛法过程中看到,当 $\rho>1$ 时 $|u_n|$ 不趋于零,从而一般项 u_n 不趋于零,故级数发散.

例 13 判别级数 $\sum\limits_{n=1}^{\infty}(-1)^n\dfrac{n!}{n^n}$ 的收敛性.

解 因为

$$\lim_{n\to\infty}\left|\frac{u_{n+1}}{u_n}\right|=\lim_{n\to\infty}\frac{(n+1)!}{(n+1)^{n+1}}\frac{n^n}{n!}=\lim_{n\to\infty}\left(\frac{n}{n+1}\right)^n=\frac{1}{e}<1,$$

由正项级数的比值审敛法知,级数 $\sum\limits_{n=1}^{\infty}\left|(-1)^n\dfrac{n!}{n^n}\right|$ 收敛,所以级数 $\sum\limits_{n=1}^{\infty}(-1)^n\dfrac{n!}{n^n}$ 绝对收敛.

例 14 判别级数 $\sum\limits_{n=1}^{\infty}(-1)^n\dfrac{1}{2^n}\left(1+\dfrac{1}{n}\right)^{n^2}$ 的敛散性.

解 因为

$$|u_n|=\frac{1}{2^n}\left(1+\frac{1}{n}\right)^{n^2},$$

由例 10 中正项级数的根值审敛法有

$$\lim_{n\to\infty}\sqrt[n]{|u_n|}=\lim_{n\to\infty}\frac{1}{2}\left(1+\frac{1}{n}\right)^n=\frac{e}{2}>1,$$

可知级数 $\sum\limits_{n=1}^{\infty}\left|(-1)^n\dfrac{1}{2^n}\left(1+\dfrac{1}{n}\right)^{n^2}\right|$ 发散,从而原级数是发散的.

习 题 13.2

1. 用比较审敛法或极限形式的比较审敛法判定下列级数的敛散性:

(1) $\sum\limits_{n=0}^{\infty}\dfrac{1}{(3n-2)^2}$;

(2) $\sum\limits_{n=1}^{\infty}\dfrac{1}{n\sqrt{n+3}}$;

(3) $\sum\limits_{n=1}^{\infty}\dfrac{1}{n}\left(\dfrac{2}{3}\right)^n$;

(4) $\sum\limits_{n=1}^{\infty}2^n\sin\dfrac{\pi}{5^n}$;

(5) $\sum\limits_{n=1}^{\infty}[\ln(n+\pi)-\ln n]$;

(6) $\sum\limits_{n=1}^{\infty}(\sqrt[3]{n+1}-\sqrt[3]{n})$.

2. 用比值审敛法判定下列级数的敛散性:

(1) $\sum\limits_{n=1}^{\infty}\dfrac{n^2}{3^n}$;

(2) $\sum\limits_{n=1}^{\infty}n^2\sin\dfrac{\pi}{2^n}$;

(3) $\sum\limits_{n=1}^{\infty}\dfrac{10^n}{n!}$;

(4) $\sum\limits_{n=1}^{\infty}\dfrac{n^n}{n!}$;

(5) $\sum\limits_{n=1}^{\infty}\dfrac{3^n}{n^2 2^n}$;

(6) $\sum\limits_{n=1}^{\infty}\dfrac{3^n n!}{n^n}$.

*3. 用根值审敛法判定下列级数的敛散性:

(1) $\sum\limits_{n=1}^{\infty}\left(\dfrac{n}{2n+1}\right)^n$;

(2) $\sum\limits_{n=1}^{\infty}\dfrac{1}{[\ln(n+1)]^n}$;

(3) $\sum_{n=1}^{\infty}\left(\dfrac{n}{3n-1}\right)^{2n-1}$;

(4) $\sum_{n=1}^{\infty}\left(\dfrac{b}{a_n}\right)^n$, 其中 $a_n \to a(n \to \infty)$, a_n , b , a 均为正数.

4. 判定下列级数的敛散性:

(1) $\dfrac{3}{4}+2\left(\dfrac{3}{4}\right)^2+3\left(\dfrac{3}{4}\right)^3+\cdots+n\left(\dfrac{3}{4}\right)^n+\cdots$;

(2) $\dfrac{1^4}{1!}+\dfrac{2^4}{2!}+\dfrac{3^4}{3!}+\cdots+\dfrac{n^4}{n!}+\cdots$;

(3) $\sum_{n=1}^{\infty}\dfrac{n+1}{n(n+2)}$;

(4) $\sum_{n=1}^{\infty}2^n\sin\dfrac{\pi}{3^n}$;

(5) $\sqrt{2}+\sqrt{\dfrac{3}{2}}+\cdots+\sqrt{\dfrac{n+1}{n}}+\cdots$;

(6) $\dfrac{1}{a+b}+\dfrac{1}{2a+b}+\cdots+\dfrac{1}{na+b}+\cdots(a>0,b>0)$.

5. 判定下列级数是否收敛? 如果是收敛的,是绝对收敛还是条件收敛?

(1) $\sum_{n=1}^{\infty}(-1)^{n-1}\dfrac{1}{(2n+1)^2}$;

(2) $\sum_{n=1}^{\infty}(-1)^{n-1}\dfrac{n+1}{2^n}$;

(3) $\sum_{n=1}^{\infty}\dfrac{n\sin\dfrac{n\pi}{3}}{3^n}$;

(4) $\sum_{n=1}^{\infty}(-1)^{n-1}\dfrac{1}{\sqrt{n}}$;

(5) $\sum_{n=1}^{\infty}\dfrac{(-1)^{n-1}}{\ln(1+n)}$;

(6) $\sum_{n=1}^{\infty}\dfrac{\sin na}{n^3}$ (a 为非零常数).

13.3　幂　级　数

13.3.1　函数项级数的概念

1. 函数项级数及其收敛域

定义 1　设给定在区间 I 上有定义的一列函数列
$$u_1(x),u_2(x),\cdots,u_n(x),\cdots,$$
称表达式
$$u_1(x)+u_2(x)+\cdots+u_n(x)+\cdots=\sum_{n=1}^{\infty}u_n(x) \tag{13.10}$$
为区间 I 上的一个**函数项级数**(function series).

对任一点 $x_0 \in I$,若常数项级数 $\sum_{n=1}^{\infty}u_n(x_0)$ 收敛,则称 x_0 是函数项级数(13.10)的**收敛点**(point of convergence);若常数项级数 $\sum_{n=1}^{\infty}u_n(x_0)$ 发散,则称 x_0 是函数项级数(13.10)的**发散点**(point of divergence),所有收敛点组成的集合称为它的**收敛域**(convergence region),所有发散点组成的集合称为**发散域**(divergence region).

2. 和函数

在收敛域中的每个 x ,函数项级数成为常数项级数,有确定的和 s ,这样在收敛域上,函

数项级数的和是 x 的函数 $s(x)$,通常称 $s(x)$ 为函数项级数的**和函数**,显然,和函数的定义域就是函数项级数的收敛域,在其收敛域上,可写成

$$s(x) = \sum_{n=1}^{\infty} u_n(x).$$

函数项级数前 n 项的和记为 $S_n(x)$,则在收敛域上有

$$\lim_{n \to \infty} S_n(x) = s(x).$$

在函数项级数收敛域上,记

$$r_n(x) = s(x) - S_n(x),$$

$r_n(x)$ 称为函数项级数的**余项**,显然 $\lim_{n \to \infty} r_n(x) = 0$.

13.3.2 幂级数及其收敛性

1. 幂级数的概念

定义 2 形如

$$\sum_{n=0}^{\infty} a_n(x-x_0)^n = a_0 + a_1(x-x_0) + a_2(x-x_0)^2 + \cdots + a_n(x-x_0)^n + \cdots$$

$$\tag{13.11}$$

或者

$$\sum_{n=0}^{\infty} a_n x^n = a_0 + a_1 x + a_2 x^2 + \cdots + a_n x^n + \cdots \tag{13.12}$$

的函数项级数称为**幂级数**(power series),其中 x_0 与系数 $a_n(n=0,1,2,\cdots)$ 都是实常数.

例如,

$$\sum_{n=0}^{\infty} x^n = 1 + x + x^2 + \cdots + x^n + \cdots,$$

$$\sum_{n=0}^{\infty} \frac{x^n}{n!} = 1 + x + \frac{x^2}{2!} + \frac{x^3}{3!} + \cdots + \frac{x^n}{n!} + \cdots,$$

都是幂级数.

在幂级数(13.11)中,令 $t = x - x_0$,(13.11)就化为(13.12)式的形式. 因此,只要讨论形如(13.12)式的幂级数就行了.

对于给定的幂级数 $\sum_{n=0}^{\infty} a_n x^n$,它的收敛域怎样呢?

显然,当 $x = 0$ 时,幂级数 $\sum_{n=0}^{\infty} a_n x^n$ 收敛于 a_0,幂级数的收敛域总是非空的.

先看一个例子,考察幂级数

$$1 + x + x^2 + \cdots + x^n + \cdots$$

的收敛域.

当 x 固定一值,它成为等比级数,因此,当 $|x| < 1$ 时,级数收敛于 $\dfrac{1}{1-x}$;当 $|x| \geqslant 1$ 时,级数发散,即收敛域为 $(-1, 1)$,发散域为 $(-\infty, -1] \cup [1, +\infty)$,它的和函数为

$$\frac{1}{1-x} = 1 + x + \cdots + x^n + \cdots.$$

这也说明幂级数当自变量限定在一定范围内取值时,它可表示一个函数,反过来,一个函数也可用幂级数表达出来.

研究幂级数有如下两个主要任务.

(i) 已知幂级数,求其收敛域及和函数;

(ii) 怎样将一个函数表示成幂级数.

从前面例子中看到,幂级数的收敛域是一个区间,事实上,这个结论对于一般的幂级数也是成立的,下面定理就刻画了幂级数的收敛特性.

定理 1(阿贝尔(Abel)定理)

(i) 如果幂级数 $\sum\limits_{n=0}^{\infty} a_n x^n$ 当 $x=x_0(x_0 \neq 0)$ 时收敛,则适合不等式 $|x|<|x_0|$ 的一切 x, 使幂级数 $\sum\limits_{n=0}^{\infty} a_n x^n$ 绝对收敛;

(ii) 如果幂级数 $\sum\limits_{n=0}^{\infty} a_n x^n$ 当 $x=x_0$ 时发散,则适合不等式 $|x|>|x_0|$ 的一切 x,使幂级数 $\sum\limits_{n=0}^{\infty} a_n x^n$ 发散.

证明　(i) 设 x_0 是收敛点,即级数 $\sum\limits_{n=0}^{\infty} a_n x_0^n$ 收敛,根据级数收敛的必要条件,知

$$\lim_{n \to \infty} a_n x_0^n = 0,$$

又由于收敛数列有界,于是存在一个常数 $M>0$,使得对任何的 n 有

$$|a_n x_0^n| \leqslant M.$$

这样幂级数的一般项的绝对值可以写成

$$|a_n x^n| = \left| a_n x_0^n \cdot \frac{x^n}{x_0^n} \right| = |a_n x_0^n| \left| \frac{x}{x_0} \right|^n \leqslant M \left| \frac{x}{x_0} \right|^n,$$

当 $|x|<|x_0|$ 时,级数 $\sum\limits_{n=0}^{\infty} M \left| \frac{x}{x_0} \right|^n$ 是公比 $q = \left| \frac{x}{x_0} \right| < 1$ 的等比级数,是收敛的,根据比较判别法知幂级数 $\sum\limits_{n=0}^{\infty} |a_n x^n|$ 收敛,从而幂级数 $\sum\limits_{n=0}^{\infty} a_n x^n$ 绝对收敛.

(ii) 反证法. 设 x_0 是幂级数 $\sum\limits_{n=0}^{\infty} a_n x^n$ 的发散点,即级数 $\sum\limits_{n=0}^{\infty} a_n x_0^n$ 发散,而另有一点 x_1 存在,它满足 $|x_1|>|x_0|$ 且使得 $\sum\limits_{n=0}^{\infty} a_n x_1^n$ 收敛,于是根据(i)的结论,当 $x=x_0$ 时,级数 $\sum\limits_{n=0}^{\infty} a_n x^n$ 应收敛,这与假设产生矛盾,因此定理得证.

定理 1 告诉我们,若已知幂级数在 $x=x_0 \neq 0$ 处收敛,则可断定对开区间 $(-|x_0|, |x_0|)$ 内的任何 x,幂级数必收敛,且是绝对收敛;若已知幂级数在 $x=x_1$ 处发散,则可断定在闭区间 $[-|x_1|, |x_1|]$ 外的任何 x,幂级数必发散.

2. 收敛半径

设已知幂级数在数轴上既有收敛点也有发散点,现在从原点沿数轴向左、右两边移动,最初只遇到收敛点,然后就只遇到发散点,收敛点与发散点这两部分的分界点为 P,P',幂级数在这两点可能是收敛,也可能是发散,这两个分界点到原点的距离是一样的,这个距离定

义为收敛半径(如图 13-1).

定义 3　对于幂级数 $\sum\limits_{n=0}^{\infty} a_n x^n$，若存在正数 R，使得

(i) 当 $|x| < R$ 时，幂级数 $\sum\limits_{n=0}^{\infty} a_n x^n$ 绝对收敛；

(ii) 当 $|x| > R$ 时，幂级数 $\sum\limits_{n=0}^{\infty} a_n x^n$ 发散，

则称 R 为幂级数 $\sum\limits_{n=0}^{\infty} a_n x^n$ 的**收敛半径**(convergence radius)，开区间 $(-R,R)$ 叫做幂级数 $\sum\limits_{n=0}^{\infty} a_n x^n$ 的**收敛区间**(interval of convergence).

注　(i) 当 $x=R$ 及 $x=-R$ 时，幂级数可能收敛也可能发散，幂级数收敛域为四种情况 $[-R,R]$，$(-R,R)$，$[-R,R)$，$(-R,R]$ 之一；

(ii) 如果幂级数 $\sum\limits_{n=0}^{\infty} a_n x^n$ 仅有 $x=0$ 为它的收敛点，规定 $R=0$，如果幂级数 $\sum\limits_{n=0}^{\infty} a_n x^n$ 对一切 x 都收敛，规定收敛半径 $R=\infty$.

下面讨论幂级数收敛半径的求法.

定理 2　若幂级数 $\sum\limits_{n=0}^{\infty} a_n x^n$ 的系数满足

$$\lim_{n \to \infty} \left| \frac{a_{n+1}}{a_n} \right| = \rho,$$

则这个幂级数的收敛半径

$$R = \begin{cases} \dfrac{1}{\rho}, & \text{当 } \rho \neq 0 \text{ 时}, \\ +\infty, & \text{当 } \rho = 0 \text{ 时}, \\ 0, & \text{当 } \rho = +\infty \text{时}. \end{cases}$$

证明　将幂级数 $\sum\limits_{n=0}^{\infty} a_n x^n$ 当作以 x 为参数的任意项级数来对待，考察它的绝对收敛性. 它对应绝对值的级数为 $\sum\limits_{n=0}^{\infty} |a_n x^n|$，用比值法，其相邻两项之比为

$$\left| \frac{a_{n+1} x^{n+1}}{a_n x^n} \right| = \left| \frac{a_{n+1}}{a_n} \right| |x|.$$

(i) 当 $\lim\limits_{n \to \infty} \left| \dfrac{a_{n+1}}{a_n} \right| = \rho \neq 0$ 存在时，根据比值审敛法知，当 $\rho|x| < 1$，即 $|x| < \dfrac{1}{\rho}$ 时，幂级数 $\sum\limits_{n=0}^{\infty} |a_n x^n|$ 收敛，从而幂级数 $\sum\limits_{n=0}^{\infty} a_n x^n$ 绝对收敛；当 $\rho|x| > 1$，即 $|x| > \dfrac{1}{\rho}$ 时，幂级数 $\sum\limits_{n=0}^{\infty} |a_n x^n|$ 发散，并且从某一个 n 开始有

$$|a_{n+1} x^{n+1}| > |a_n x^n|,$$

因此 $\lim\limits_{n \to \infty} |a_n x^n| \neq 0$，所以 $\lim\limits_{n \to \infty} a_n x^n \neq 0$，从而幂级数 $\sum\limits_{n=0}^{\infty} a_n x^n$ 发散，于是收敛半径为 $R = \dfrac{1}{\rho}$.

(ii) 当 $\rho=0$ 时,对任何的 $x\neq0$,有

$$\lim_{n\to\infty}\left|\frac{a_{n+1}x^{n+1}}{a_nx^n}\right|=0,$$

所以幂级数 $\sum\limits_{n=0}^{\infty}|a_nx^n|$ 收敛,从而幂级数 $\sum\limits_{n=0}^{\infty}a_nx^n$ 绝对收敛,于是收敛半径为 $R=+\infty$.

(iii) 当 $\rho=+\infty$ 时,对于除了 $x=0$ 外的任何 x,幂级数 $\sum\limits_{n=0}^{\infty}|a_nx^n|$ 发散,这时幂级数

$\sum\limits_{n=0}^{\infty}a_nx^n$ 也发散,否则由定理 1 知将存在点 $x\neq0$,使得幂级数 $\sum\limits_{n=0}^{\infty}|a_nx^n|$ 收敛. 故收敛半径

为 $R=0$.

例 1　求下列幂级数的收敛半径与收敛域:

(1) $\sum\limits_{n=1}^{\infty}(-1)^{n-1}\dfrac{x^n}{n}$;

(2) $\sum\limits_{n=1}^{\infty}\dfrac{x^n}{n!}$;

(3) $\sum\limits_{n=1}^{\infty}n^nx^n$;

(4) $\sum\limits_{n=0}^{\infty}\dfrac{2^nx^n}{\sqrt{(4n+1)5^n}}$.

解　(1) 因为

$$\rho=\lim_{n\to\infty}\left|\frac{a_{n+1}}{a_n}\right|=\lim_{n\to\infty}\frac{n}{n+1}=1,$$

所以,收敛半径 $R=1$.

对于端点 $x=1$,级数成为交错级数

$$\sum_{n=1}^{\infty}(-1)^{n-1}\frac{1}{n},$$

由莱布尼茨判别法,知级数 $\sum\limits_{n=1}^{\infty}(-1)^{n-1}\dfrac{1}{n}$ 收敛;

对于端点 $x=-1$,级数成为

$$-\sum_{n=1}^{\infty}\frac{1}{n},$$

这是发散级数,因此原幂级数的收敛域为 $(-1,1]$.

(2) 因为

$$\rho=\lim_{n\to\infty}\left|\frac{a_{n+1}}{a_n}\right|=\lim_{n\to\infty}\frac{n!}{(n+1)!}=\lim_{n\to\infty}\frac{1}{n+1}=0,$$

所以收敛半径为 $R=+\infty$,从而收敛域为 $(-\infty,+\infty)$.

(3) 因为

$$\rho=\lim_{n\to\infty}\left|\frac{a_{n+1}}{a_n}\right|=\lim_{n\to\infty}\frac{(n+1)^{n+1}}{n^n}=\lim_{n\to\infty}(n+1)\left(1+\frac{1}{n}\right)^n=+\infty,$$

所以收敛半径 $R=0$,幂级数仅在 $x=0$ 处收敛.

(4) 因为

$$\rho=\lim_{n\to\infty}\frac{2^{n+1}}{\sqrt{(4n+5)5^{n+1}}}\frac{\sqrt{(4n+1)5^n}}{2^n}=\lim_{n\to\infty}\sqrt{\frac{4n+1}{4n+5}}\frac{2}{\sqrt{5}}=\frac{2}{\sqrt{5}},$$

所以收敛半径 $R=\dfrac{\sqrt{5}}{2}$.

当 $x=-\dfrac{\sqrt{5}}{2}$ 时, 级数 $\displaystyle\sum_{n=1}^{\infty}\dfrac{(-1)^n}{\sqrt{4n+1}}$ 收敛; 当 $x=\dfrac{\sqrt{5}}{2}$ 时, 级数 $\displaystyle\sum_{n=1}^{\infty}\dfrac{1}{\sqrt{4n+1}}$ 发散,

于是原幂级数的收敛域为 $\left[-\dfrac{\sqrt{5}}{2},\dfrac{\sqrt{5}}{2}\right)$.

例 2　求下列幂级数的收敛半径与收敛域:

(1) $\displaystyle\sum_{n=1}^{\infty}\dfrac{(-1)^{n-1}x^{2n-1}}{2n-1}$;　　　　　　　(2) $\displaystyle\sum_{n=1}^{\infty}\dfrac{(x-2)^n}{3^n n}$.

解　(1) 级数缺少偶次幂的项, 定理 2 不能直接应用. 我们根据比值审敛法来求收敛半径, 因为

$$\lim_{n\to\infty}\left|\dfrac{u_{n+1}(x)}{u_n(x)}\right|=\lim_{n\to\infty}\left|\dfrac{\dfrac{x^{2n+1}}{2n+1}}{\dfrac{x^{2n-1}}{2n-1}}\right|=\lim_{n\to\infty}\dfrac{2n-1}{2n+1}x^2=x^2.$$

当 $x^2<1$ 即 $-1<x<1$ 时, 级数绝对收敛;

当 $x^2>1$ 即 $x>1$ 或 $x<-1$ 时, 级数发散;

当 $x=-1$ 时, 级数为 $\displaystyle\sum_{n=1}^{\infty}\dfrac{(-1)^{n-1}(-1)^{2n-1}}{2n-1}=\sum_{n=1}^{\infty}\dfrac{(-1)^n}{2n-1}$, 收敛;

当 $x=1$ 时, 级数为 $\displaystyle\sum_{n=1}^{\infty}\dfrac{(-1)^{n-1}}{2n-1}$, 收敛.

所以级数的收敛半径为 $R=1$, 收敛域为 $[-1,1]$.

(2) 令 $t=x-2$, 上述幂级数变为 $\displaystyle\sum_{n=1}^{\infty}\dfrac{t^n}{3^n n}$, 因为

$$\rho=\lim_{n\to\infty}\left|\dfrac{a_{n+1}}{a_n}\right|=\lim_{n\to\infty}\dfrac{\dfrac{1}{3^{n+1}(n+1)}}{\dfrac{1}{3^n n}}=\lim_{n\to\infty}\dfrac{3^n n}{3^{n+1}(n+1)}=\lim_{n\to\infty}\dfrac{n}{3(n+1)}=\dfrac{1}{3},$$

所以收敛半径 $R=\dfrac{1}{\rho}=3$.

当 $t=-3$ 时, 级数成为 $\displaystyle\sum_{n=1}^{\infty}\dfrac{(-1)^n}{n}$, 收敛; 当 $t=3$ 时, 级数成为 $\displaystyle\sum_{n=1}^{\infty}\dfrac{1}{n}$, 发散, 所以级数的收敛域为 $-3\leqslant t<3$, 即 $-3\leqslant x-2<3$, 也就是 $-1\leqslant x<5$, 故原幂级数的收敛域为 $[-1,5)$.

13.3.3　幂级数的运算

1. 幂级数的代数运算

设幂级数 $\displaystyle\sum_{n=0}^{\infty}a_n x^n$, $\displaystyle\sum_{n=0}^{\infty}b_n x^n$ 的收敛区间分别为 $(-R,R)$ 及 $(-R',R')$, 其中 $R>0$, $R'>$

0,并记 $R_{\min}=\min\{R,R'\}$.

（i）加法（减法）

$$\sum_{n=0}^{\infty}a_nx^n \pm \sum_{n=0}^{\infty}b_nx^n = \sum_{n=0}^{\infty}(a_n \pm b_n)x^n,$$

收敛区间为 $(-R_{\min},R_{\min})$.

（ii）乘法

$$\left(\sum_{n=0}^{\infty}a_nx^n\right)\left(\sum_{n=0}^{\infty}b_nx^n\right) = (a_0+a_1x+\cdots+a_nx^n+\cdots)(b_0+b_1x+\cdots+b_nx^n+\cdots)$$
$$=a_0b_0+(a_0b_1+a_1b_0)x+(a_0b_2+a_1b_1+a_2b_0)x^2+\cdots$$
$$+(a_0b_n+a_1b_{n-1}+\cdots+a_nb_0)x^n+\cdots,$$

收敛区间为 $(-R_{\min},R_{\min})$.

（iii）除法

$$\frac{\displaystyle\sum_{n=0}^{\infty}a_nx^n}{\displaystyle\sum_{n=0}^{\infty}b_nx^n} = \frac{a_0+a_1x+\cdots+a_nx^n+\cdots}{b_0+b_1x+\cdots+b_nx^n+\cdots}(b_0 \neq 0)$$
$$=c_0+c_1x+c_2x^2+\cdots+c_nx^n+\cdots,$$

为了确定 $c_0,c_1,c_2,\cdots,c_n,\cdots$,将级数 $\displaystyle\sum_{n=0}^{\infty}b_nx^n$ 与 $\displaystyle\sum_{n=0}^{\infty}c_nx^n$ 相乘,并令乘积中各项系数分别等于

级数 $\displaystyle\sum_{n=0}^{\infty}a_nx^n$ 中同次幂的系数,即得

$$a_0=b_0c_0,$$
$$a_1=b_1c_0+b_0c_1,$$
$$a_2=b_2c_0+b_1c_1+b_0c_2,$$
$$\cdots\cdots$$

由上面方程可顺序地求出 $c_0,c_1,c_2,\cdots,c_n,\cdots$.

注　幂级数 $\displaystyle\sum_{n=0}^{\infty}c_nx^n$ 的收敛区间可能比原来两级数的收敛区间都小.

2. 幂级数和函数的性质

设幂级数 $\displaystyle\sum_{n=0}^{\infty}a_nx^n$ 的收敛半径为 $R(R>0)$,收敛域为 I,和函数为 $s(x)$,即在 I 内有

$s(x)=\displaystyle\sum_{n=0}^{\infty}a_nx^n$.关于幂级数的和函数有下列重要性质.

性质 1（连续性）　幂级数 $\displaystyle\sum_{n=0}^{\infty}a_nx^n$ 的和函数 $s(x)$ 在其收敛域 I 上连续,即

$$\lim_{x \to x_0}s(x)=s(x_0)$$

或

$$\lim_{x \to x_0}\left(\sum_{n=0}^{\infty}a_nx^n\right) = \sum_{n=0}^{\infty}\lim_{x \to x_0}(a_nx^n) = \sum_{n=0}^{\infty}a_nx_0^n.$$

性质2(可导性)　幂级数 $\sum\limits_{n=0}^{\infty} a_n x^n$ 的和函数 $s(x)$ 在区间 $(-R,R)$ 内是可导函数,且有逐项求导公式

$$s'(x) = \Big(\sum_{n=0}^{\infty} a_n x^n\Big)' = \sum_{n=0}^{\infty} (a_n x^n)' = \sum_{n=0}^{\infty} n a_n x^{n-1} , \qquad (13.13)$$

其中 $|x|<R$,逐项求导后所得幂级数与原来的幂级数有相同的收敛半径.

反复应用上述结论可得:幂级数 $\sum\limits_{n=0}^{\infty} a_n x^n$ 的和函数 $s(x)$ 在其收敛区间 $(-R,R)$ 内具有任意阶导数.

性质3(可积性)　幂级数 $\sum\limits_{n=0}^{\infty} a_n x^n$ 的和函数 $s(x)$ 在其收敛域 I 上可积,并且有逐项积分公式

$$\int_0^x s(x)\mathrm{d}x = \int_0^x \Big(\sum_{n=0}^{\infty} a_n x^n\Big)\mathrm{d}x = \sum_{n=0}^{\infty} \int_0^x a_n x^n \mathrm{d}x = \sum_{n=0}^{\infty} \frac{a_n}{n+1} x^{n+1} , \qquad (13.14)$$

其中 $x \in I$,逐项积分后所得幂级数与原幂级数有相同的收敛半径.

例3　从已知的幂级数 $\sum\limits_{n=0}^{\infty} x^n = 1+x+x^2+\cdots+x^n+\cdots = \dfrac{1}{1-x}$,$x \in (-1,1)$ 出发,用幂级数逐项求导、逐项积分的运算性质,试证明:

(1) $\sum\limits_{n=1}^{\infty} n x^{n-1} = 1+2x+3x^2+\cdots+n x^{n-1}+\cdots = \dfrac{1}{(1-x)^2}$,　　$x \in (-1,1)$;

(2) $\sum\limits_{n=1}^{\infty} \dfrac{x^{2n-1}}{2n-1} = x+\dfrac{1}{3}x^3+\cdots+\dfrac{x^{2n-1}}{2n-1}+\cdots = \dfrac{1}{2}\ln\dfrac{1+x}{1-x}$,　　$x \in (-1,1)$.

证明　(1) 对已知幂级数逐项求导,对和函数也进行求导,得

$$\Big(\sum_{n=0}^{\infty} x^n\Big)' = \sum_{n=0}^{\infty} (x^n)' = (1)'+(x)'+(x^2)'+\cdots+(x^n)'+\cdots$$

$$= 1+2x+3x^2+\cdots+n x^{n-1}+\cdots = \sum_{n=1}^{\infty} n x^{n-1} ,$$

而

$$s'(x) = \Big(\frac{1}{1-x}\Big)' = \frac{1}{(1-x)^2}.$$

由性质2知在区间 $(-1,1)$ 内

$$s'(x) = \sum_{n=1}^{\infty} n x^{n-1}.$$

于是

$$\frac{1}{(1-x)^2} = \sum_{n=1}^{\infty} n x^{n-1},\qquad x \in (-1,1) .$$

或另一种方法,

$$\sum_{n=1}^{\infty} n x^{n-1} = \sum_{n=1}^{\infty} (x^n)' = \Big(\sum_{n=1}^{\infty} x^n\Big)' = (x+x^2+\cdots)'$$

$$= \big[(1+x+x^2+\cdots+x^n+\cdots)-1\big]'$$

$$= \left(\frac{1}{1-x} - 1\right)' = \frac{1}{(1-x)^2}, \qquad |x|<1.$$

（2）由性质 3，

$$\sum_{n=1}^{\infty} \frac{x^{2n-1}}{2n-1} = \sum_{n=1}^{\infty} \left(\int_0^x x^{2n-2} \mathrm{d}x\right) = \int_0^x \sum_{n=1}^{\infty} x^{2n-2} \mathrm{d}x$$

$$= \int_0^x (1 + x^2 + x^4 + \cdots + x^{2n} + \cdots) \mathrm{d}x$$

$$= \int_0^x \frac{1}{1-x^2} \mathrm{d}x$$

$$= \frac{1}{2} \ln \frac{1+x}{1-x},$$

$|x^2|<1$，即 $|x|<1$.

例 4 在区间 $(-1,1)$ 内求幂级数 $\sum_{n=0}^{\infty} \frac{x^n}{n+1}$ 的和函数.

解 设和函数为 $s(x)$，则

$$s(x) = \sum_{n=0}^{\infty} \frac{x^n}{n+1},$$

显然 $s(0)=1$. 将 $s(x) = \sum_{n=0}^{\infty} \frac{x^n}{n+1}$ 的两边同乘以 x，得

$$xs(x) = \sum_{n=0}^{\infty} \frac{x^{n+1}}{n+1} \ (x \neq 0).$$

利用性质 2 及借助于级数

$$\frac{1}{1-x} = 1 + x + x^2 + \cdots + x^n + \cdots, \ |x|<1,$$

得

$$[xs(x)]' = \sum_{n=0}^{\infty} \left(\frac{x^{n+1}}{n+1}\right)' = \sum_{n=0}^{\infty} x^n = \frac{1}{1-x},$$

对上式从 0 到 x 积分，得

$$xs(x) = \int_0^x \frac{\mathrm{d}x}{1-x} = -\ln(1-x),$$

于是，当 $x \neq 0$ 时，$s(x) = -\frac{1}{x} \ln(1-x)$.

从而和函数

$$s(x) = \begin{cases} -\frac{1}{x} \ln(1-x), & 0<|x|<1, \\ 1, & x=0. \end{cases}$$

由幂级数的和函数的连续性可知，这个和函数 $s(x)$ 在 $x=0$ 处连续，不难验证

$$\lim_{x \to 0} s(x) = \lim_{x \to 0} \left(-\frac{1}{x} \ln(1-x)\right) = 1.$$

例 5 求幂级数 $\sum_{n=1}^{\infty} n(n+1)x^{n-1}$ 的和函数.

解 (1) 先求出幂级数 $\displaystyle\sum_{n=1}^{\infty}n(n+1)x^{n-1}$ 的收敛区间,因为

$$\rho=\lim_{n\to\infty}\frac{(n+1)(n+2)}{n(n+1)}=1,$$

所以收敛半径为 $R=1$,收敛区间为 $(-1,1)$.

(2) 在收敛区间 $(-1,1)$ 内求和函数

$$s(x)=\sum_{n=1}^{\infty}n(n+1)x^{n-1},$$

即

$$s(x)=\sum_{n=1}^{\infty}n(n+1)x^{n-1}=\sum_{n=1}^{\infty}(x^{n+1})''=\Big(\sum_{n=1}^{\infty}x^{n+1}\Big)''$$

$$=(x^2+x^3+\cdots+x^n+\cdots)''=\Big(x^2\sum_{n=0}^{\infty}x^n\Big)''$$

$$=\Big(x^2\frac{1}{1-x}\Big)''=\Big(\frac{2x(1-x)+x^2}{(1-x)^2}\Big)'$$

$$=\Big(\frac{2x-x^2}{(1-x)^2}\Big)'=\frac{2}{(1-x)^3}.$$

习　题　13.3

1. 求下列幂级数的收敛区间:

(1) $x+2x^2+3x^3+\cdots+nx^n+\cdots$;

(2) $1-x+\dfrac{x^2}{2^2}+\cdots+(-1)^n\dfrac{x^n}{n^2}+\cdots$;

(3) $\dfrac{x}{2}+\dfrac{x^2}{2\cdot4}+\dfrac{x^3}{2\cdot4\cdot6}+\cdots+\dfrac{x^n}{2\cdot4\cdots(2n)}+\cdots$;

(4) $\dfrac{x}{1\cdot3}+\dfrac{x^2}{2\cdot3^2}+\dfrac{x^3}{3\cdot3^3}+\cdots+\dfrac{x^n}{n\cdot3^n}+\cdots$;

(5) $\dfrac{2}{2}x+\dfrac{2^2}{5}x^2+\dfrac{2^3}{10}x^3+\cdots+\dfrac{2^n}{n^2+1}x^n+\cdots$;

(6) $\displaystyle\sum_{n=1}^{\infty}(-1)^n\frac{x^{2n+1}}{2n+1}$;

(7) $\displaystyle\sum_{n=1}^{\infty}\frac{2n-1}{2^n}x^{2n-2}$;

(8) $\displaystyle\sum_{n=1}^{\infty}\frac{(x-5)^n}{\sqrt{n}}$.

2. 求下列幂级数的收敛区间和函数:

(1) $\displaystyle\sum_{n=1}^{\infty}\frac{x^{n+1}}{n(n+1)}$;　　(2) $\displaystyle\sum_{n=1}^{\infty}\frac{1}{4n+1}x^{4n+1}$;　　(3) $\displaystyle\sum_{n=1}^{\infty}\Big(\frac{x^2}{2}\Big)^n$.

13.4　函数展开成幂级数

由于幂级数在收敛区间内确定了一个和函数,因此就有可能利用幂级数来表示函数.而

在许多应用中,需要将某一函数用幂级数表示.那么对于给定的函数 $f(x)$,当它满足什么条件时,能用幂级数表示? 这样的幂级数如果存在,其形式是怎样的? 这些就是本节要讨论的问题.

13.4.1　泰勒级数

下面讨论函数 $f(x)$ 满足什么条件才能展开成幂级数.由上册中讲到的泰勒中值定理知,若函数 $f(x)$ 在点 x_0 的某一邻域 $U(x_0)$ 内具有直到 $(n+1)$ 阶的导数,则在该邻域内有 n 阶泰勒公式

$$f(x)=f(x_0)+f'(x_0)(x-x_0)+\frac{f''(x_0)}{2!}(x-x_0)^2+\cdots+\frac{f^{(n)}(x_0)}{n!}(x-x_0)^n+R_n(x),$$

其中,$R_n(x)=\dfrac{f^{(n+1)}(\xi)}{(n+1)!}(x-x_0)^{n+1}$($\xi$ 在 x 与 x_0 之间),称为拉格朗日型余项.此时,在 $U(x_0)$ 内函数 $f(x)$ 可以用 n 次多项式

$$P_n(x)=f(x_0)+f'(x_0)(x-x_0)+\frac{f''(x_0)}{2!}(x-x_0)^2+\cdots+\frac{f^{(n)}(x_0)}{n!}(x-x_0)^n$$

近似代替,即 $P_n(x)\approx f(x)$,并且误差为

$$|R_n(x)|=|f(x)-P_n(x)|.$$

如果当 n 愈来愈大,而 $|R_n(x)|$ 随 n 增大愈来愈小,则可用增加多项式的项数来提高精确度,下面我们来讨论这个问题.

(i) 假设函数 $f(x)$ 在 x_0 的某一邻域 $U(x_0)$ 内具有各阶导数 $f'(x),\cdots,f^{(n)}(x),\cdots$,并且余项 $R_n(x)$ 的极限为零,即 $\lim\limits_{n\to\infty}R_n(x)=0$,此时泰勒公式可表示为

$$f(x)-\left[f(x_0)+f'(x_0)(x-x_0)+\frac{f''(x_0)}{2!}(x-x_0)^2+\cdots+\frac{f^{(n)}(x_0)}{n!}(x-x_0)^n\right]=R_n(x).$$

记

$$S_{n+1}(x)=f(x_0)+f'(x_0)(x-x_0)+\frac{f''(x_0)}{2!}(x-x_0)^2+\cdots+\frac{f^{(n)}(x_0)}{n!}(x-x_0)^n,$$

这里 $S_{n+1}(x)$ 是级数

$$\sum_{n=0}^{\infty}\frac{f^{(n)}(x_0)}{n!}(x-x_0)^n=f(x_0)+f'(x_0)(x-x_0)+\frac{f''(x_0)}{2!}(x-x_0)^2$$
$$+\cdots+\frac{f^{(n)}(x_0)}{n!}(x-x_0)^n+\cdots$$

的前 $n+1$ 项之和,这个级数称为函数 $f(x)$ 的**泰勒级数**(Taylor series).

此时考察

$$f(x)-S_{n+1}(x)=R_n(x),$$

因为当 n 无限增大时,$R_n(x)\to 0$,所以

$$\lim_{n\to\infty}(f(x)-S_{n+1}(x))=\lim_{n\to\infty}R_n(x)=0,$$

即有

$$f(x)=\lim_{n\to\infty}S_{n+1}(x),$$

这说明函数 $f(x)$ 的泰勒级数收敛,且以 $f(x)$ 为其和函数.

(ii) 反之,设函数 $f(x)$ 在 $U(x_0)$ 内存在各阶导数,从而可作出函数 $f(x)$ 的泰勒级数

$$\sum_{n=0}^{\infty} \frac{f^{(n)}(x_0)}{n!}(x-x_0)^n = f(x_0) + f'(x_0)(x-x_0) + \frac{f''(x_0)}{2!}(x-x_0)^2$$

$$+\cdots+\frac{f^{(n)}(x_0)}{n!}(x-x_0)^n+\cdots,$$

如果这个泰勒级数收敛于和 $f(x)$,则

$$\lim_{n\to\infty} R_n(x) = \lim_{n\to\infty}[f(x) - S_{n+1}(x)] = 0.$$

综合以上分析可得如下结论.

定理 1 设函数 $f(x)$ 在点 x_0 的某一邻域 $U(x_0)$ 内具有各阶导数,则函数 $f(x)$ 在该邻域内能展开成泰勒级数的充分必要条件是函数 $f(x)$ 的泰勒公式中的余项 $R_n(x)$ 当 $n\to\infty$ 时的极限为零,即

$$\lim_{n\to\infty} R_n(x) = 0, \quad x\in U(x_0).$$

注 (i) 若 $x_0=0$,公式 $\sum_{n=0}^{\infty} \frac{f^{(n)}(0)}{n!}x^n$ 称函数 $f(x)$ 的**麦克劳林级数**(Maclaurin series),函数 $f(x)$ 的麦克劳林级数是 x 的幂级数;

(ii) 如果函数 $f(x)$ 能展开成 x 的幂级数,那么这种展开式是唯一的,它一定与函数 $f(x)$ 的麦克劳林级数 $\sum_{n=0}^{\infty} \frac{f^{(n)}(0)}{n!}x^n$ 一致.

因为,如果函数 $f(x)$ 在含 $x_0=0$ 的某区间 $(-R,R)$ 内能展开成 x 的幂级数

$$f(x) = a_0 + a_1 x + a_2 x^2 + \cdots + a_n x^n + \cdots,$$

根据幂级数在其收敛区间 $(-R,R)$ 内可以逐项求导,有

$$f'(x) = a_1 + 2a_2 x + 3a_3 x^2 + \cdots + na_n x^{n-1} + \cdots,$$

$$f''(x) = 2a_2 + 3! \, a_3 x + \cdots + n(n-1)a_n x^{n-2} + \cdots,$$

$$f'''(x) = 3! \, a_3 + \cdots + n(n-1)(n-2)a_n x^{n-3} + \cdots,$$

$$\cdots\cdots$$

$$f^{(n)}(x) = n! \, a_n + (n+1)n! \, a_{n+1} x + \cdots,$$

将 $x=0$ 代入以上各式,得

$$a_0 = f(0), a_1 = f'(0), a_2 = \frac{1}{2!}f''(0), \cdots, a_n = \frac{1}{n!}f^{(n)}(0),$$

正是麦克劳林级数的系数,这表明函数表示成 x 的幂级数是唯一的.

13.4.2 函数展开成幂级数

由于前面讨论了函数展开成幂级数的唯一性,下面介绍两种将函数展开为幂级数的方法.

1. 直接展开法

将函数 $f(x)$ 展开成 x 的幂级数的步骤如下.

第一步 求出函数 $f(x)$ 的各阶导数

$$f'(x), f''(x), \cdots, f^{(n)}(x), \cdots,$$

若函数在 $x=0$ 处某阶导数不存在,就停止进行,此时它就不能展开为 x 的幂级数.

第二步 求出函数及其各阶导数在 $x=0$ 处的值

$$f(0),f'(0),f''(0),\cdots,f^{(n)}(0),\cdots.$$

第三步 写出幂级数

$$f(0)+f'(0)x+\frac{f''(0)}{2!}x^2+\cdots+\frac{f^{(n)}(0)}{n!}x^n+\cdots,$$

并求出收敛半径 R.

第四步 考察当 $x\in(-R,R)$ 时,余项

$$R_n(x)=\frac{f^{(n+1)}(\xi)}{(n+1)!}x^{n+1}\quad(\xi\text{在 0 与 }x\text{ 之间})$$

的极限 $\lim\limits_{n\to\infty}R_n(x)$ 是否为零,如果为零,则函数 $f(x)$ 在 $(-R,R)$ 内的幂级数展开式为

$$f(x)=f(0)+f'(0)x+\frac{f''(0)}{2!}x^2+\cdots+\frac{f^{(n)}(0)}{n!}x^n+\cdots\quad(-R<x<R).$$

若 $\lim\limits_{n\to\infty}R_n(x)\neq0$,幂级数虽收敛,但它的和函数并不为 $f(x)$,换言之,$f(x)$ 不能展开成 x 的幂级数.

例如,函数 $f(x)=\begin{cases}\mathrm{e}^{-\frac{1}{x^2}},&x\neq0,\\0,&x=0,\end{cases}$ $f^{(n)}(0)=0$,可求得麦克劳林系数

$$a_n=\frac{f^{(n)}(0)}{n!}=0,$$

于是函数 $f(x)$ 的麦克劳林级数为

$$0+0\cdot x+0\cdot x^2+\cdots+0\cdot x^n+\cdots=s(x)=0,$$

在 $x=0$ 的邻域至整个数轴上都处处收敛于 0,但函数 $f(x)$ 当 $x\neq0$ 时,处处都不为零,即 $x\neq0$ 时,$f(x)\neq s(x)$,因此在 $x=0$ 的邻域虽能写出函数 $f(x)$ 的麦克劳林级数,但 $f(x)$ 不能展开成麦克劳林级数,即幂级数.

例 1 将函数 $f(x)=\mathrm{e}^x$ 展开成 x 的幂级数.

解 (1) 求出函数 $f(x)$ 的各阶导数

$$f'(x)=\mathrm{e}^x,\ f''(x)=\mathrm{e}^x,\ \cdots,\ f^{(n)}(x)=\mathrm{e}^x,\ \cdots.$$

(2) 求出函数及各阶导数在 $x=0$ 处函数值

$$f(0)=1,\ f'(0)=1,\ \cdots,\ f^{(n)}(0)=1,\ \cdots.$$

(3) 写出函数 $f(x)=\mathrm{e}^x$ 的麦克劳林级数为

$$1+x+\frac{x^2}{2!}+\cdots+\frac{x^n}{n!}+\cdots,$$

由于 $\lim\limits_{n\to\infty}\left|\frac{a_{n+1}}{a_n}\right|=\lim\limits_{n\to\infty}\frac{n!}{(n+1)!}=\lim\limits_{n\to\infty}\frac{1}{n+1}=0$,所以收敛半径为 $R=+\infty$.

(4) 对任何有限的数 $x,\xi(\xi$ 在 0 与 x 之间),余项绝对值为

$$|R_n(x)|=\left|\frac{\mathrm{e}^\xi}{(n+1)!}x^{n+1}\right|<\mathrm{e}^{|x|}\frac{|x|^{n+1}}{(n+1)!}.$$

因为 $\mathrm{e}^{|x|}$ 有限,而 $\frac{|x|^{n+1}}{(n+1)!}$ 是收敛级数 $\sum\limits_{n=1}^{\infty}\frac{|x|^{n+1}}{(n+1)!}$ 的一般项,所以当 $n\to\infty$ 时,$\mathrm{e}^{|x|}\frac{|x|^{n+1}}{(n+1)!}\to0$,

即当 $n \to \infty$ 时,有 $|R_n(x)| \to 0$,于是函数 e^x 的幂级数展开式为

$$e^x = 1 + x + \frac{x^2}{2!} + \cdots + \frac{x^n}{n!} + \cdots \qquad (-\infty < x < +\infty).$$

如果在 $x=0$ 附近,用级数的部分和(即多项式)来近似代替 e^x,那么随着项数的增加,它们就越来越接近于 e^x,如图 13-2 所示.

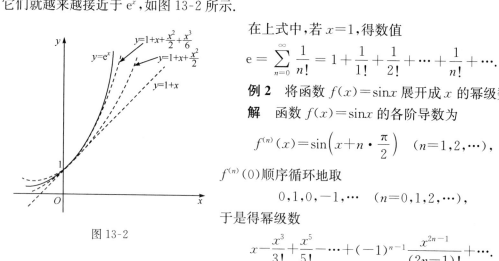

图 13-2

在上式中,若 $x=1$,得数值

$$e = \sum_{n=0}^{\infty} \frac{1}{n!} = 1 + \frac{1}{1!} + \frac{1}{2!} + \cdots + \frac{1}{n!} + \cdots.$$

例 2 将函数 $f(x) = \sin x$ 展开成 x 的幂级数.

解 函数 $f(x) = \sin x$ 的各阶导数为

$$f^{(n)}(x) = \sin\left(x + n \cdot \frac{\pi}{2}\right) \quad (n = 1, 2, \cdots),$$

$f^{(n)}(0)$ 顺序循环地取

$$0, 1, 0, -1, \cdots \quad (n = 0, 1, 2, \cdots),$$

于是得幂级数

$$x - \frac{x^3}{3!} + \frac{x^5}{5!} - \cdots + (-1)^{n-1}\frac{x^{2n-1}}{(2n-1)!} + \cdots.$$

因为

$$\lim_{n\to\infty} \left| \frac{u_{2n+1}(x)}{u_{2n-1}(x)} \right| = \lim_{n\to\infty} \left| \frac{(2n-1)!}{(2n+1)!} \frac{x^{2n+1}}{x^{2n-1}} \right| = \lim_{n\to\infty} \frac{x^2}{2n(2n+1)} = 0,$$

所以收敛半径为 $R = +\infty$,收敛区间为 $(-\infty, \infty)$.

余项

$$|R_{2n}(x)| = \left| \frac{\sin\left[\xi + \frac{(2n+1)}{2}\pi\right]}{(2n+1)!} x^{2n+1} \right| \leqslant \frac{|x|^{2n+1}}{(2n+1)!} \to 0 \, (n \to \infty).$$

因此得 $\sin x$ 的幂级数展开式为

$$\sin x = x - \frac{x^3}{3!} + \frac{x^5}{5!} - \cdots + (-1)^{n-1}\frac{x^{2n-1}}{(2n-1)!} + \cdots \quad (-\infty < x < +\infty).$$

以上将函数展开成幂级数的例子,是直接按公式 $a_n = \frac{f^{(n)}(0)}{n!}$ 计算幂级数的系数,最后考察余项 $R_n(x)$ 是否趋于零,这样展开的方法计算量较大,而且研究余项不是一件容易的事,下面介绍间接展开法.

2. 间接展开法

利用一些已知的函数展开式,幂级数的运算,如四则运算、逐项求导、逐项积分以及变量代换等,将所给函数展开成幂级数,这样不但计算简单,而且可以避免研究余项.由于函数的幂级数展开式是唯一的,所以间接展开法求得的幂级数就是所要求的幂级数.

需记住的几个函数的幂级数展开式.

几何函数 $\dfrac{1}{1-x}=\sum\limits_{n=0}^{\infty}x^n$ $\quad\quad\quad\quad(-1<x<1);$

指数函数 $e^x=\sum\limits_{n=0}^{\infty}\dfrac{x^n}{n!}$ $\quad\quad\quad\quad(-\infty<x<+\infty);$

正弦函数 $\sin x=\sum\limits_{n=0}^{\infty}(-1)^n\dfrac{x^{2n+1}}{(2n+1)!}$ $\quad(-\infty<x<+\infty).$

例 3 将余弦函数 $\cos x$ 展开成 x 的幂级数.

解 对展开式

$$\sin x=x-\frac{x^3}{3!}+\frac{x^5}{5!}-\cdots+(-1)^{n-1}\frac{x^{2n-1}}{(2n-1)!}+\cdots$$

两边逐项求导得,

$$\cos x=1-\frac{x^2}{2!}+\frac{x^4}{4!}-\cdots+(-1)^n\frac{x^{2n}}{(2n)!}+\cdots \quad (-\infty<x<+\infty).$$

例 4 将函数 $\dfrac{1}{1+x^2}$ 展开成 x 的幂级数.

解 因为

$$\frac{1}{1-t}=1+t+t^2+\cdots+t^n+\cdots \quad (-1<t<1),$$

把 t 换成 $(-x^2)$ 得

$$\frac{1}{1+x^2}=1-x^2+x^4-\cdots+(-1)^nx^{2n}+\cdots \quad (-1<x<1).$$

注 若函数 $f(x)$ 在开区间 $(-R,R)$ 内展开为 $f(x)=\sum\limits_{n=0}^{\infty}a_nx^n$, 而幂级数在区间端点 $x=R$(或 $x=-R$)处仍收敛, 且函数 $f(x)$ 在 $x=R$(或 $x=-R$)处有定义且连续, 则根据幂级数和函数的连续性, 该展开式对 $x=R$(或 $x=-R$)时仍成立.

例 5 将函数 $f(x)=\ln(1+x)$ 展开成 x 的幂级数.

解 因为

$$f'(x)=\frac{1}{1+x},$$

又由

$$\frac{1}{1+x}=1-x+x^2-x^3+\cdots+(-1)^nx^n+\cdots \quad (-1<x<1),$$

上式从 0 到 x 逐项积分, 得

$$\ln(1+x)-\ln 1=\ln(1+x)=x-\frac{x^2}{2}+\frac{x^3}{3}-\cdots+(-1)^n\frac{x^{n+1}}{n+1}+\cdots.$$

当 $x=1$ 时, 上式右端级数 $\sum\limits_{n=0}^{\infty}\dfrac{(-1)^n}{n+1}$ 收敛, 而 $\ln(1+x)$ 在 $x=1$ 处有定义且连续, 所以有

$$\ln(1+x)=\sum_{n=0}^{\infty}\frac{(-1)^n}{n+1}x^{n+1} \quad (-1<x\leqslant 1).$$

例 6 将函数 $f(x)=\sin^2 x$ 展开成 x 的幂级数.

解 因为

$$\sin^2 x=\frac{1}{2}(1-\cos 2x),$$

且

$$\cos 2x=\sum_{n=0}^{\infty}(-1)^n\frac{(2x)^{2n}}{(2n)!}=1-\frac{(2x)^2}{2!}+\frac{(2x)^4}{4!}-\cdots,$$

于是

$$\sin^2 x=\frac{1}{2}\Big(1-1+\frac{(2x)^2}{2!}-\frac{(2x)^4}{4!}+\cdots+(-1)^{n-1}\frac{(2x)^{2n}}{(2n)!}+\cdots\Big)$$

$$=\frac{1}{2}\sum_{n=1}^{\infty}(-1)^{n-1}\frac{4^n}{(2n)!}x^{2n}\qquad(-\infty<x<+\infty).$$

例 7 将函数 $f(x)=\dfrac{x}{x^2-x-2}$ 展开成 x 的幂级数.

解 因为

$$f(x)=\frac{x}{(x-2)(x+1)}=\frac{1}{3}\Big(\frac{1}{1+x}+\frac{2}{x-2}\Big),$$

所以函数 $f(x)$ 的幂级数为

$$f(x)=\frac{x}{(x-2)(x+1)}=\frac{1}{3}\Big(\frac{1}{1+x}-\frac{1}{1-\dfrac{x}{2}}\Big)$$

$$=\frac{1}{3}\sum_{n=0}^{\infty}(-1)^n x^n-\frac{1}{3}\sum_{n=0}^{\infty}\Big(\frac{x}{2}\Big)^n=\frac{1}{3}\sum_{n=0}^{\infty}\Big((-1)^n-\frac{1}{2^n}\Big)x^n,$$

收敛区间为 $(-1,1)\bigcap(-2,2)=(-1,1)$.

例 8 将函数 $f(x)=(1+x)^m$ 展开成 x 的幂级数,其中 m 为任意常数.

解 用直接展开法.

(1) 求函数 $f(x)$ 的各阶导数:

$$f'(x)=m(1+x)^{m-1},\ f''(x)=m(m-1)(1+x)^{m-2},\ \cdots,$$

$$f^{(n)}(x)=m(m-1)(m-2)\cdots(m-n+1)(1+x)^{m-n},\ \cdots$$

(2) 求函数 $f(x)$ 在 $x=0$ 处的函数值及各阶导数值:

$f(0)=1,\ f'(0)=m,\ f''(0)=m(m-1),\ \cdots,\ f^{(n)}(0)=m(m-1)\cdots(m-n+1).$

(3) 于是得级数

$$1+mx+\frac{m(m-1)}{2!}x^2+\cdots+\frac{m(m-1)\cdots(m-n+1)}{n!}x^n+\cdots,$$

又因为

$$\lim_{n\to\infty}\left|\frac{a_{n+1}}{a_n}\right|=\lim_{n\to\infty}\left|\frac{m(m-1)\cdots(m-n)}{(n+1)!}\middle/\frac{m(m-1)\cdots(m-n+1)}{n!}\right|=\lim_{n\to\infty}\left|\frac{m-n}{n+1}\right|=1,$$

因此对任何 m,此级数收敛区间为 $(-1,1)$.

(4) 为了避免直接研究余项,设这级数在开区间 $(-1,1)$ 内收敛于函数 $F(x)$,

$$F(x)=1+mx+\frac{m(m-1)}{2!}x^2+\cdots+\frac{m(m-1)\cdots(m-n+1)}{n!}x^n+\cdots(-1<x<1).$$

下面证明 $F(x)=(1+x)^m$,现令 $\varphi(x)=\dfrac{F(x)}{(1+x)^m}$,只需证明 $\varphi(x)=1$ 即可.

因为

$$\varphi'(x)=\frac{(1+x)^m F'(x)-m(1+x)^{m-1}F(x)}{(1+x)^{2m}}=\frac{(1+x)^{m-1}[(1+x)F'(x)-mF(x)]}{(1+x)^{2m}},$$

由于

$$F'(x)=m\left[1+(m-1)x+\cdots+\frac{(m-1)\cdots(m-n+1)}{(n-1)!}x^{n-1}+\cdots\right],$$

上式两边分别乘以 $(1+x)$,并把含有 $x^n(n=1,2,\cdots)$ 的两项合并起来,根据恒等式

$$\frac{(m-1)\cdots(m-n+1)}{(n-1)!}+\frac{(m-1)\cdots(m-n)}{n!}=\frac{m(m-1)\cdots(m-n+1)}{n!},$$

我们有

$$(1+x)F'(x)=m\left(1+mx+\frac{m(m-1)}{2!}x^2+\cdots+\frac{m(m-1)\cdots(m-n+1)}{n!}x^n+\cdots\right)$$

$$=mF(x)\qquad(-1<x<1),$$

所以

$$\varphi'(x)=0,$$

即有 $\varphi(x)=C$(常数),但 $\varphi(0)=1$,从而 $\varphi(x)=1$,则

$$F(x)=(1+x)^m.$$

于是在区间 $(-1,1)$ 内有展开式

$$(1+x)^m=1+mx+\frac{m(m-1)}{2!}x^2+\cdots+\frac{m(m-1)\cdots(m-n+1)}{n!}x^n+\cdots$$

$$=\sum_{n=0}^{\infty}\frac{m(m-1)\cdots(m-n+1)}{n!}x^n.$$

注 (i) 在区间端点 $x=\pm1$,展开式是否成立要看 m 的数值而定,当 $m=\dfrac{1}{2},-\dfrac{1}{2}$ 时,有

$$\sqrt{1+x}=1+\frac{1}{2}x-\frac{1}{2\cdot4}x^2+\frac{1\cdot3}{2\cdot4\cdot6}x^3-\frac{1\cdot3\cdot5}{2\cdot4\cdot6\cdot8}x^4+\cdots\quad(-1\leqslant x\leqslant1),$$

$$\frac{1}{\sqrt{1+x}}=1-\frac{1}{2}x+\frac{1\cdot3}{2\cdot4}x^2-\frac{1\cdot3\cdot5}{2\cdot4\cdot6}x^3+\frac{1\cdot3\cdot5\cdot7}{2\cdot4\cdot6\cdot8}x^4+\cdots\quad(-1<x\leqslant1);$$

(ii) 公式

$$(1+x)^m=1+mx+\frac{m(m-1)}{2!}x^2+\cdots+\frac{m(m-1)\cdots(m-n+1)}{n!}x^n+\cdots(-1<x<1)$$

也叫**二项展开式**,特别当 m 为正整数时,幂级数为 x 的 m 次多项式,这就是代数学中的**二项式定理**(binomial theorem);

(iii) 关于函数 $\dfrac{1}{1-x}$,e^x,$\sin x$,$\cos x$,$\ln(1+x)$,$(1+x)^m$ 的幂级数展开式,以后可以直接

作为公式引用.

3. 间接法将函数 $f(x)$ 展开成 $(x-x_0)$ 的幂级数

例 9 将函数 $\sin x$ 展开成 $\left(x-\dfrac{\pi}{4}\right)$ 的幂级数.

解 因为

$$\sin x = \sin\left[\frac{\pi}{4}+\left(x-\frac{\pi}{4}\right)\right] = \sin\frac{\pi}{4}\cos\left(x-\frac{\pi}{4}\right)+\cos\frac{\pi}{4}\sin\left(x-\frac{\pi}{4}\right)$$

$$= \frac{1}{\sqrt{2}}\left[\cos\left(x-\frac{\pi}{4}\right)+\sin\left(x-\frac{\pi}{4}\right)\right],$$

又由

$$\cos\left(x-\frac{\pi}{4}\right) = 1-\frac{1}{2!}\left(x-\frac{\pi}{4}\right)^2+\frac{1}{4!}\left(x-\frac{\pi}{4}\right)^4+\cdots \quad (-\infty<x<+\infty),$$

$$\sin\left(x-\frac{\pi}{4}\right) = \left(x-\frac{\pi}{4}\right)-\frac{1}{3!}\left(x-\frac{\pi}{4}\right)^2+\frac{1}{5!}\left(x-\frac{\pi}{4}\right)^3+\cdots \quad (-\infty<x<+\infty),$$

于是函数 $\sin x$ 展开成 $\left(x-\dfrac{\pi}{4}\right)$ 的幂级数为

$$\sin x = \frac{1}{\sqrt{2}}\left[1+\left(x-\frac{\pi}{4}\right)-\frac{1}{2!}\left(x-\frac{\pi}{4}\right)^2-\frac{1}{3!}\left(x-\frac{\pi}{4}\right)^3+\cdots\right] \quad (-\infty<x<+\infty).$$

例 10 将函数 $f(x)=\dfrac{1}{x^2+4x+3}$ 展开成 $(x-1)$ 的幂级数.

解 借助于等比级数 $\dfrac{1}{1-x}=\displaystyle\sum_{n=0}^{\infty}x^n$ 展开.

因为

$$f(x) = \frac{1}{(x+1)(x+3)} = \frac{1}{2(x+1)}-\frac{1}{2(3+x)},$$

所以函数 $f(x)=\dfrac{1}{x^2+4x+3}$ 展开成 $(x-1)$ 的幂级数为

$$f(x) = \frac{1}{4\left(1+\dfrac{x-1}{2}\right)}-\frac{1}{8\left(1+\dfrac{x-1}{4}\right)}$$

$$= \frac{1}{4}\left[1-\frac{x-1}{2}+\frac{(x-1)^2}{2^2}-\cdots+(-1)^n\frac{(x-1)^n}{2^n}+\cdots\right]$$

$$-\frac{1}{8}\left[1-\frac{x-1}{4}+\frac{(x-1)^2}{4^2}-\cdots+(-1)^n\frac{(x-1)^n}{4^n}+\cdots\right]$$

$$= \sum_{n=0}^{\infty}(-1)^n\frac{(x-1)^n}{2^{n+2}}-\sum_{n=0}^{\infty}(-1)^n\frac{(x-1)^n}{2^{2n+3}}$$

$$= \sum_{n=0}^{\infty}(-1)^n\left(\frac{1}{2^{n+2}}-\frac{1}{2^{2n+3}}\right)(x-1)^n.$$

由 $\left(\left|\dfrac{x-1}{2}\right|<1\right)\cap\left(\left|\dfrac{x-1}{4}\right|<1\right)$ 得 $-1<x<3$,当 $x=-1,x=3$ 时,级数发散,于是收敛区

间为$(-1,3)$.

4. 常用的幂级数展开式

几何函数　　　　　　$\dfrac{1}{1-x}=\sum_{n=0}^{\infty}x^n$　　　$(-1<x<1)$;

指数函数　　　　　　$\mathrm{e}^x=\sum_{n=0}^{\infty}\dfrac{x^n}{n!}$　　　$(-\infty<x<+\infty)$;

正弦函数　　　　　　$\sin x=\sum_{n=0}^{\infty}(-1)^n\dfrac{x^{2n+1}}{(2n+1)!}$　　　$(-\infty<x<+\infty)$;

余弦函数　　　　　　$\cos x=\sum_{n=0}^{\infty}(-1)^n\dfrac{x^{2n}}{(2n)!}$　　　$(-\infty<x<+\infty)$;

对数函数　　　　　　$\ln(1+x)=\sum_{n=0}^{\infty}\dfrac{(-1)^n}{n+1}x^{n+1}$　　　$(-1<x\leqslant 1)$;

二项式展开　　　　　$(1+x)^m=\sum_{n=0}^{\infty}\dfrac{m(m-1)\cdots(m-n+1)}{n!}x^n$　　　$(-1,1)$.

习　题　13.4

1. 求函数 $f(x)=\cos x$ 的泰勒级数,并验证它在$(-\infty,+\infty)$上收敛于这个函数.

2. 将下列函数展开成 x 的幂级数,并确定其收敛区间:

(1) $f(x)=a^x(a>0,a\neq 1)$;　　　　　(2) $f(x)=\mathrm{e}^{-x^2}$;

(3) $f(x)=\cos^2 x$;　　　　　　　　　(4) $f(x)=\ln(5+x)$;

(5) $f(x)=\dfrac{1}{\sqrt{1-x^2}}$;　　　　　　(6) $f(x)=\ln(1+3x+2x^2)$;

(7) $f(x)=\dfrac{x}{9+x^2}$;　　　　　　　(8) $f(x)=\sin x\cos x$.

3. 将下列函数在指定点 x_0 处展开成 $x-x_0$ 的幂级数,并指出其收敛区间:

(1) $f(x)=\cos x,x_0=-\dfrac{\pi}{3}$;　　　　(2) $f(x)=\dfrac{1}{4-x},x_0=2$;

(3) $f(x)=\lg x,x_0=1$;　　　　　　　(4) $\dfrac{1}{x^2+4x+9},x_0=-2$.

13.5　函数的幂级数展开式的应用

13.5.1　近似计算

利用函数的幂级数展开式可以用来进行近似计算,下面举例说明.

例 1　计算$\sqrt[5]{240}$的近似值,要求误差不超过 0.0001.

解　因为

$$\sqrt[5]{240}=\sqrt[5]{243-3}=3\left(1-\dfrac{1}{3^4}\right)^{\frac{1}{5}},$$

所以利用展开式

$$(1+x)^m = 1 + mx + \frac{m(m-1)}{2!}x^2 + \cdots,$$

取 $m=\frac{1}{5}$，$x=-\frac{1}{3^4}$，得

$$\sqrt[5]{240} = 3\left(1 - \frac{1}{5} \cdot \frac{1}{3^4} - \frac{1 \cdot 4}{5^2 \cdot 2!} \cdot \frac{1}{3^8} - \frac{1 \cdot 4 \cdot 9}{5^3 \cdot 3!} \cdot \frac{1}{3^{12}} - \cdots\right).$$

取前 2 项和作为 $\sqrt[5]{240}$ 的近似值，其误差(也叫截断误差)为

$$|r_2| = 3\left(\frac{1 \cdot 4}{5^2 \cdot 2!} \cdot \frac{1}{3^8} + \frac{1 \cdot 4 \cdot 9}{5^3 \cdot 3!} \cdot \frac{1}{3^{12}} + \frac{1 \cdot 4 \cdot 9 \cdot 14}{5^4 \cdot 4!} \cdot \frac{1}{3^{16}} + \cdots\right)$$

$$< 3 \cdot \frac{1 \cdot 4}{5^2 \cdot 2!} \cdot \frac{1}{3^8}\left(1 + \frac{1}{81} + \left(\frac{1}{81}\right)^2 + \cdots\right)$$

$$= \frac{6}{25} \cdot \frac{1}{3^8} \cdot \frac{1}{1-\frac{1}{81}} = \frac{1}{25 \cdot 27 \cdot 40} < \frac{1}{20000},$$

于是取近似式为

$$\sqrt[5]{240} \approx 3\left(1 - \frac{1}{5} \cdot \frac{1}{3^4}\right) \approx 2.9926.$$

为了使"四舍五入"引起的误差(称为舍入误差)与截断误差之和不超过 10^{-4}，计算时应取五位小数，然后再四舍五入.

例 2　计算 $\ln 2$ 的近似值，要求误差不超过 10^{-4}.

解　在

$$\ln(1+x) = x - \frac{x^2}{2} + \frac{x^3}{3} - \cdots \quad (-1 < x \leqslant 1)$$

中取 $x=1$，得

$$\ln 2 = 1 - \frac{1}{2} + \frac{1}{3} + \cdots + (-1)^{n-1}\frac{1}{n} + \cdots$$

如果取前 n 项和作为 $\ln 2$ 的近似值，其误差

$$|r_n| \leqslant \frac{1}{n+1}.$$

这样计算太繁，我们用收敛快的级数计算.

因为

$$\ln(1+x) = x - \frac{x^2}{2} + \frac{x^3}{3} - \frac{x^4}{4} + \cdots \quad (-1 < x \leqslant 1),$$

$$\ln(1-x) = -x - \frac{x^2}{2} - \frac{x^3}{3} - \frac{x^4}{4} - \cdots \quad (-1 < x < 1),$$

上面两式相减，得

$$\ln\frac{1+x}{1-x} = 2\left(x + \frac{x^3}{3} + \frac{x^5}{5} + \cdots\right) \quad (-1 < x < 1).$$

令 $\frac{1+x}{1-x}=2$，解出 $x=\frac{1}{3}$，将 $x=\frac{1}{3}$ 代入上式中，得

$$\ln 2 = 2\left(\frac{1}{3} + \frac{1}{3} \cdot \frac{1}{3^3} + \frac{1}{5} \cdot \frac{1}{3^5} + \cdots\right).$$

若取前 4 项作为 ln2 的近似值,则误差为

$$|r_4| = 2\left(\frac{1}{9} \cdot \frac{1}{3^9} + \frac{1}{11} \cdot \frac{1}{3^{11}} + \frac{1}{13} \cdot \frac{1}{3^{13}} + \cdots\right)$$

$$< \frac{2}{3^{11}}\left(1 + \frac{1}{9} + \left(\frac{1}{9}\right)^2 + \cdots\right)$$

$$= \frac{2}{3^{11}} \cdot \frac{1}{1 - \frac{1}{9}} = \frac{1}{4 \cdot 3^9} < \frac{1}{70000}.$$

于是

$$\ln 2 \approx 2\left(\frac{1}{3} + \frac{1}{3} \cdot \frac{1}{3^3} + \frac{1}{5} \cdot \frac{1}{3^5} + \frac{1}{7} \cdot \frac{1}{3^7}\right) \approx 0.6931.$$

例 3 利用 $\sin x \approx x - \frac{1}{3!}x^3$,求 sin9° 的近似值,并估计误差.

解 首先,把角度化为弧度,

$$9° = \frac{\pi}{180} \times 9 = \frac{\pi}{20}(\text{弧度}),$$

从而

$$\sin\frac{\pi}{20} \approx \frac{\pi}{20} - \frac{1}{3!}\left(\frac{\pi}{20}\right)^3.$$

其次,估计这个近似值的精确度,在

$$\sin x = x - \frac{1}{3!}x^3 + \frac{1}{5!}x^5 - \cdots$$

中,令 $x = \frac{\pi}{20}$,得

$$\sin\frac{\pi}{20} = \frac{\pi}{20} - \frac{1}{3!}\left(\frac{\pi}{20}\right)^3 + \frac{1}{5!}\left(\frac{\pi}{20}\right)^5 - \frac{1}{7!}\left(\frac{\pi}{20}\right)^7 + \cdots,$$

这个级数为收敛的交错级数,取前 2 项作为 $\sin\frac{\pi}{20}$ 的近似值,其误差为

$$|r_2| \leqslant \frac{1}{5!}\left(\frac{\pi}{20}\right)^5 < \frac{1}{120}(0.2)^5 < \frac{1}{3000000},$$

因此取 $\frac{\pi}{20} \approx 0.157080, \left(\frac{\pi}{20}\right)^3 \approx 0.003876,$ 于是得 $\sin 9° \approx 0.15643,$ 此时误差不超过 10^{-5}.

例 4 计算圆周率 π,要求误差不超过 0.0001.

解 由函数的幂级数展开式

$$\frac{1}{1+x^2} = 1 - x^2 + x^4 - \cdots + (-1)^n x^{2n} + \cdots \quad (-1 < x < 1),$$

两边积分得

$$\arctan x = x - \frac{1}{3}x^3 + \frac{1}{5}x^5 - \frac{1}{7}x^7 + \cdots \quad (-1 \leqslant x \leqslant 1),$$

如果取 $x = 1$,则得到

$$\frac{\pi}{4} = 1 - \frac{1}{3} + \frac{1}{5} - \frac{1}{7} + \cdots.$$

理论上,上式可以用来计算 π 的近似值,但由于这个级数收敛速度太慢,要达到一定精确度的话,计算量比较大. 如果我们取 $x = \frac{1}{\sqrt{3}}$,则可得到

$$\frac{\pi}{6} = \frac{1}{\sqrt{3}} \left(1 - \frac{1}{3 \cdot 3} + \frac{1}{5 \cdot 3^2} - \frac{1}{7 \cdot 3^3} + \cdots \right),$$

或

$$\pi = 2\sqrt{3} \left(1 - \frac{1}{3 \cdot 3} + \frac{1}{5 \cdot 3^2} - \frac{1}{7 \cdot 3^3} + \cdots - \frac{1}{19 \cdot 3^9} + \cdots \right).$$

这一级数的收敛速度就快得多了,这也是一个交错级数,其误差不超过被舍去部分的第一项的绝对值. 由于 $\frac{2\sqrt{3}}{19 \cdot 3^9} < 10^{-5}$,所以前 9 项之和已经精确到小数点后第四位,即

$$\pi \approx 3.1416.$$

利用幂级数不仅可计算函数的近似值,而且可计算一些定积分的近似值.

例 5 计算定积分 $\int_0^1 e^{-x^2} dx$ 的近似值,要求误差不超过 0.0001.

解 由于我们无法将 e^{-x^2} 的原函数用初等函数表示出来,因而不能直接计算定积分 $\int_0^1 e^{-x^2} dx$ 的值,但是应用函数的幂级数展开,可以计算出它的近似值,并精确到任意事先要求的程度.

因为

$$e^x = 1 + x + \frac{x^2}{2!} + \cdots + \frac{x^n}{n!} + \cdots \qquad (-\infty < x < +\infty),$$

将 x 换为 $-x^2$,得

$$e^{-x^2} = 1 + (-x^2) + \frac{(-x^2)^2}{2!} + \cdots + \frac{(-x^2)^n}{n!} + \cdots = \sum_{n=0}^{\infty} (-1)^n \frac{x^{2n}}{n!} \qquad (-\infty < x < +\infty).$$

根据幂级数在收敛域内可逐项积分,从 0 到 1 逐项积分,得

$$\int_0^1 e^{-x^2} dx = 1 - \frac{1}{3} + \frac{1}{10} - \frac{1}{42} + \frac{1}{216} - \frac{1}{1320} + \frac{1}{9360} - \frac{1}{75600} + \cdots,$$

这是个交错级数,其误差不超过被舍去部分的第一项的绝对值,由于

$$\frac{1}{75600} < 1.5 \times 10^{-5},$$

因此前面 7 项之和具有四位有效数字,所以

$$\int_0^1 e^{-x^2} dx \approx 0.7486.$$

例 6 计算定积分 $\int_0^1 \frac{\sin x}{x} dx$ 的近似值,要求误差不超过 10^{-4}.

解 由于 $\lim_{x \to 0} \frac{\sin x}{x} = 1$,因此这个积分不是广义积分,定义 $\frac{\sin x}{x}$ 在 $x = 0$ 处的值为 1,则

$\dfrac{\sin x}{x}$ 在$[0,1]$上连续.

又

$$\frac{\sin x}{x} = 1 - \frac{1}{3!}x^2 + \frac{1}{5!}x^4 - \frac{1}{7!}x^6 + \cdots \qquad (-\infty < x < +\infty),$$

上式在$[0,1]$上逐项积分,得

$$\int_0^1 \frac{\sin x}{x}\mathrm{d}x = 1 - \frac{1}{3 \cdot 3!} + \frac{1}{5 \cdot 5!} - \frac{1}{7 \cdot 7!} + \cdots,$$

取前 3 项和作为积分近似值,得

$$\int_0^1 \frac{\sin x}{x}\mathrm{d}x = 1 - \frac{1}{3 \cdot 3!} + \frac{1}{5 \cdot 5!} \approx 0.9461.$$

误差为

$$|r_3| < \frac{1}{7 \cdot 7!} < \frac{1}{30000}.$$

13.5.2 欧拉公式

设有复数项级数

$$(u_1 + \mathrm{i}v_1) + (u_2 + \mathrm{i}v_2) + \cdots + (u_n + \mathrm{i}v_n) + \cdots, \qquad (13.15)$$

其中$u_n, v_n (n=1,2,3,\cdots)$为实常数或实函数. 如果实部所成的级数

$$u_1 + u_2 + \cdots + u_n + \cdots \qquad (13.16)$$

收敛于和u,并且虚部所成的级数

$$v_1 + v_2 + \cdots + v_n + \cdots \qquad (13.17)$$

收敛于和v,则称级数(13.15)收敛且其和为$u + \mathrm{i}v$.

如果级数(13.15)各项的模所构成的级数

$$\sqrt{u_1^2 + v_1^2} + \sqrt{u_2^2 + v_2^2} + \cdots \sqrt{u_n^2 + v_n^2} + \cdots$$

收敛,则称级数(13.15)**绝对收敛**. 如果级数(13.15)绝对收敛,由于

$$|u_n| \leqslant \sqrt{u^2 + v^2}, \quad |v_n| \leqslant \sqrt{u^2 + v^2} \qquad (n=1,2,3,\cdots),$$

那么级数(13.16),(13.17)绝对收敛,从而级数(13.15)收敛.

考察复数项级数

$$1 + z + \frac{1}{2!}z^2 + \cdots + \frac{1}{n!}z^n + \cdots \qquad (z = x + \mathrm{i}y). \qquad (13.18)$$

可以证明级数(13.18)在整个复平面上是绝对收敛的. 在 x 轴上$(z = x)$它表示函数 e^x,在整个复平面上我们用它来定义复变量指数函数,记作 e^z. 于是 e^z 定义为

$$\mathrm{e}^z = 1 + z + \frac{1}{2!}z^2 + \cdots + \frac{1}{n!}z^n + \cdots \qquad (|z| < \infty). \qquad (13.19)$$

当 $x=0$ 时,z 为纯虚数 $\mathrm{i}y$,(13.19)式成为

$$\mathrm{e}^{\mathrm{i}y} = 1 + \mathrm{i}y + \frac{1}{2!}(\mathrm{i}y)^2 + \cdots + \frac{1}{n!}(\mathrm{i}y)^n + \cdots$$

$$= 1 + \mathrm{i}y - \frac{1}{2!}y^2 - \mathrm{i}\frac{1}{3!}y^3 + \frac{1}{4!}y^4 + \mathrm{i}\frac{1}{5!}y^5 - \cdots$$

$$= \left(1 - \frac{1}{2!}y^2 + \frac{1}{4!}y^4 - \cdots\right) + i\left(y - \frac{1}{3!}y^3 + \frac{1}{5!}y^5 - \cdots\right)$$
$$= \cos y + i\sin y.$$

把 y 换写成 x，上式变为

$$e^{ix} = \cos x + i\sin x, \tag{13.20}$$

这就是**欧拉公式**（Euler formula）.

应用公式（13.20），复数 z 可以表示为指数形式：

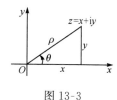

图 13-3

$$z = \rho(\cos\theta + i\sin\theta) = \rho e^{i\theta}, \tag{13.21}$$

其中 $\rho = |z|$ 是 z 的模，$\theta = \arg z$ 称为**辐角**（argument）（如图 13-3）.

在（13.20）式中把 x 换成 $-x$，又有

$$e^{-ix} = \cos x - i\sin x,$$

与（13.20）联立解得

$$\begin{cases} \cos x = \dfrac{e^{ix} + e^{-ix}}{2}, \\[2mm] \sin x = \dfrac{e^{ix} - e^{-ix}}{2i}. \end{cases} \tag{13.22}$$

这两个式子也叫做欧拉公式.

（13.20）式或（13.22）式揭示了三角函数与复变量指数函数之间的一种联系.

最后，根据定义式（13.19），并利用幂级数的乘法，我们不难验证

$$e^{z_1 + z_2} = e^{z_1} \cdot e^{z_2}.$$

特殊地，取 z_1 为实数 x，z_2 为纯虚数 iy，则有

$$e^{x+iy} = e^x \cdot e^{iy} = e^x(\cos y + i\sin y).$$

这就是说，复变量指数函数 e^z 在 $z = x + iy$ 处的值是模为 e^x，辐角为 y 的复数.

*13.5.3 微分方程的幂级数解法

这里我们简单介绍一阶微分方程和二阶齐次线性微分方程的幂级数解法.

为求一阶微分方程

$$\frac{dy}{dx} = f(x, y) \tag{13.23}$$

满足初始条件 $y|_{x=x_0} = y_0$ 的特解，如果其中函数 $f(x, y)$ 是 $(x - x_0)$，$(y - y_0)$ 的多项式

$$f(x, y) = a_{00} + a_{10}(x - x_0) + a_{01}(y - y_0) + \cdots + a_{lm}(x - x_0)^l(y - y_0)^m,$$

那么可以设所求特解可展开成 $x - x_0$ 的幂级数，即

$$y = y_0 + a_1(x - x_0) + a_2(x - x_0)^2 + \cdots + a_n(x - x_0)^n + \cdots, \tag{13.24}$$

其中 $a_1, a_2, \cdots, a_n, \cdots$ 是待定的系数. 把（13.24）代入（13.23）中，便得一恒等式，比较所得恒等式两端 $x - x_0$ 的同次幂的系数，就可定出常数 $a_1, a_2, \cdots, a_n, \cdots$，以这些常数为系数的级数（13.24）在其收敛区间内就是方程（13.23）满足初始条件 $y|_{x=x_0} = y_0$ 的特解.

例 7 求方程 $\dfrac{dy}{dx} = x + y^2$ 满足 $y|_{x=0} = 0$ 的特解.

解 这时 $x_0 = 0, y_0 = 0$，故设

$$y = a_1 x + a_2 x^2 + a_3 x^3 + a_4 x^4 + a_5 x^5 + \cdots,$$

把 y 及 y' 的幂级数展开式代入原方程，得

$$a_1 + 2a_2 x + 3a_3 x^2 + 4a_4 x^3 + 5a_5 x^4 + \cdots$$
$$= x + (a_1 x + a_2 x^2 + a_3 x^3 + \cdots)^2$$
$$= x + a_1{}^2 x^2 + 2a_1 a_2 x^3 + (a_1{}^2 + 2a_1 a_3) x^4 + \cdots,$$

上式为恒等式,比较上式两端 x 的同次幂的系数,得

$$a_1 = 0, \quad a_2 = \frac{1}{2}, \quad a_3 = 0, \quad a_4 = 0, \quad a_5 = \frac{1}{20}, \cdots,$$

于是所求解的幂级数展开式的开始几项为

$$y = \frac{1}{2} x^2 + \frac{1}{20} x^5 + \cdots.$$

对于变系数线性齐次微分方程 $y'' + P(x)y' + Q(x)y = 0$,求解不能用常系数的方法,但当 $P(x), Q(x)$ 为多项式函数时,可用幂级数解法.

例 8　求微分方程 $y'' - xy = 0$ 满足初始条件 $y|_{x=0} = 0, y'|_{x=0} = 1$ 的特解.

解　首先假定所求的解可以展开成 x 的幂级数,初始条件是在 $x = 0$ 处(若初始条件给定在 $x = x_0$ 处,则可把解 $y(x)$ 展开成 $(x - x_0)$ 的幂级数).

设

$$y(x) = a_0 + a_1 x + a_2 x^2 + \cdots + a_n x^n + \cdots = \sum_{n=0}^{\infty} a_n x^n, \tag{13.25}$$

由初始条件,得 $a_0 = 0, a_1 = 1$,于是

$$y(x) = x + a_2 x^2 + \cdots + a_n x^n + \cdots = x + \sum_{n=2}^{\infty} a_n x^n, \tag{13.26}$$

$$y'(x) = 1 + 2a_2 x + 3a_3 x^2 + \cdots + na_n x^{n-1} + \cdots = 1 + \sum_{n=2}^{\infty} na_n x^{n-1}, \tag{13.27}$$

$$y''(x) = 2a_2 + 3! a_3 x + \cdots + n(n-1)a_n x^{n-2} + \cdots = \sum_{n=2}^{\infty} n(n-1)a_n x^{n-2}. \tag{13.28}$$

将(13.26),(13.28)式代入方程 $y'' - xy = 0$ 中,并按 x 的升幂排项,得

$$2a_2 + 3 \cdot 2a_3 x + (4 \cdot 3a_4 - 1)x^2 + (5 \cdot 4a_5 - a_2)x^3 + (6 \cdot 5a_6 - a_3)x^4 + \cdots$$
$$+ [(n+2)(n+1)a_{n+2} - a_{n-1}]x^n + \cdots = 0.$$

因为幂级数(13.25)是方程的解,上式必是恒等式,因此方程左端各项系数必全为零,于是有

$$a_2 = 0, \quad a_3 = 0, \quad a_4 = \frac{1}{4 \cdot 3}, \quad a_5 = 0, \quad a_6 = 0, \quad \cdots$$

一般地

$$a_{n+2} = \frac{a_{n-1}}{(n+2)(n+1)}, \quad n = 3, 4, \cdots$$

从这个递推公式可推出

$$a_7 = \frac{a_4}{7 \cdot 6} = \frac{1}{7 \cdot 6 \cdot 4 \cdot 3}, \quad a_8 = \frac{a_5}{8 \cdot 7} = 0,$$

$$a_9 = \frac{a_6}{9 \cdot 8} = 0, \quad a_{10} = \frac{a_7}{10 \cdot 9} = \frac{1}{10 \cdot 9 \cdot 7 \cdot 6 \cdot 4 \cdot 3}.$$

一般地

$$a_{3m-1}=a_{3m}=0, \quad a_{3m+1}=\frac{1}{(3m+1) \cdot (3m)\cdots 7 \cdot 6 \cdot 4 \cdot 3} \quad (m=1,2,3,\cdots).$$

于是微分方程的特解为

$$y=x+\frac{x^4}{4 \cdot 3}+\frac{x^7}{7 \cdot 6 \cdot 4 \cdot 3}+\cdots+\frac{x^{3m+1}}{(3m+1) \cdot (3m)\cdots 7 \cdot 6 \cdot 4 \cdot 3}+\cdots,$$

它的收敛半径 $R=\infty$.

在上述求解过程中,首先假定其解可由幂级数表示,最后也凑巧可把解表示成幂级数,但不是任何方程都能做到这一点,因此我们希望知道微分方程在什么条件下可用幂级数求解.

定理 1 对于微分方程

$$y''+P(x)y'+Q(x)y=0,$$

若 $P(x),Q(x)$ 在区间 $(-R,+R)$ 内可展开为 x 的幂级数,则在区间 $(-R,+R)$ 内方程必有形如 $y=\sum_{n=0}^{\infty}a_x x^n$ 的解.

例 8 显然在整个数轴上满足定理条件,所以方程的解在整个数轴上收敛.

例 9 求解**勒让德(Legendre)方程**

$$(1-x^2)y''-2xy'+n(n+1)y=0,$$

其中 n 为奇数.

解 这里 $P(x)=\frac{-2x}{1-x^2}, Q(x)=\frac{n(n+1)}{1-x^2}$ 满足定理条件.

因为

$$\frac{1}{1-x^2}=1+x^2+x^4+\cdots+x^{2n}+\cdots, \quad |x|<1,$$

所以设该方程的解为

$$y = a_0 + a_1 x + a_2 x^2 + \cdots + a_n x^n + \cdots = \sum_{k=0}^{\infty} a_k x^k.$$

将 $y'=\sum_{k=1}^{\infty}k a_k x^{k-1}, y''=\sum_{k=2}^{\infty}k(k-1)a_k x^{k-2}$ 代入微分方程中,得

$$\sum_{k=2}^{\infty}k(k-1)a_k x^{k-2}-\sum_{k=2}^{\infty}k(k-1)a_k x^k-2\sum_{k=1}^{\infty}k a_k x^k+n(n-1)\sum_{k=0}^{\infty}a_k x^k=0,$$

化简得

$$\sum_{k=0}^{\infty}\left[(k+2)(k+1)a_{k+2}+(n-k)(n+k+1)a_k\right]x^k=0,$$

于是有

$$a_{k+2}=-\frac{(n-k)(n+k+1)}{(k+1)(k+2)}a_k, (k=0,1,2,\cdots),$$

依次令 $k=0,1,2,\cdots$,得

$$a_2=-\frac{n(n+1)}{2!}a_0, \qquad a_3=-\frac{(n-1)(n+2)}{3!}a_1,$$

$$a_4=-\frac{(n-2)(n+3)}{3 \cdot 4}a_2=-\frac{(n-2)n(n+1)(n+3)}{4!}a_0,$$

$$a_5 = -\frac{(n-3)(n+4)}{4 \cdot 5}a_3 = -\frac{(n-3)(n-1)(n+2)(n+4)}{5!}a_1,$$

由此可见 a_2, a_4 都可用 a_0 表示；$a_3, a_5 \cdots\cdots$ 都可用 a_1 表示，而 a_0, a_1 可任意取值，于是勒让得方程的通解为

$$y = a_0 \left(1 - \frac{n(n+1)}{2}x^2 + \frac{(n-2)n(n+1)(n+3)}{4!}x^4 + \cdots \right)$$
$$+ a_1 \left(x - \frac{(n-1)(n+2)}{3!}x^3 + \frac{(n-3)(n-1)(n+2)(n+4)}{5!}x^5 + \cdots \right).$$

由定理可知，上式中两级数在区间 $(-1, 1)$ 上收敛.

习　题　13.5

1. 利用函数的幂级数展开式求下列各数的近似值：

(1) $\ln 3$（误差不超过 0.000 1）；

(2) $\sqrt{e}$（误差不超过 0.001）；

(3) $\sqrt[9]{522}$（误差不超过 0.000 01）；

(4) $\cos 2^\circ$（误差不超过 0.000 1）.

2. 计算下列积分的近似值（计算前三项的和）：

(1) $\int_0^{\frac{1}{2}} e^{x^2} dx$；　　　　　　　　(2) $\int_{0.1}^1 \frac{e^x}{x} dx$.

3. 利用欧拉公式将函数 $e^x \cos x$ 展开成 x 的幂级数.

*4. 试用幂级数求下列各微分方程的解：

(1) $y' - xy - x = 1$；

(2) $y'' + xy' + y = 0$；

(3) $(1-x)y' = x^2 - y$.

*5. 试用幂级数求下列方程满足所给初始条件的特解：

(1) $y' = y^2 + x^3, y|_{x=0} = \frac{1}{2}$；

(2) $(1-x)y' + y = 1 + x, y|_{x=0} = 0$.

13.6　傅里叶级数

前面讨论了幂级数，在实际应用中还有其他重要的函数项级数. 如各项都是三角函数的三角级数，由于三角函数有周期性质，所以这些级数对于研究具有周期性的物理现象特别有用，下面介绍将函数展开为这种类型级数的方法.

13.6.1　三角级数　三角函数系的正交性

如果函数 $f(x)$ 对定义域内的任何 x，都满足条件
$$f(x+T) = f(x),$$
其中 T 为非零常数，则称 $f(x)$ 是周期 T 的周期函数. 周期函数是用来描述周期现象的. 正弦函数是常用的简单的周期函数，如描述简谐振动现象的函数 $y = A\sin(\omega t + \varphi)$.

但在现实中周期现象是复杂的，并不都可用简单的正弦函数来描述，例如在电子技术中

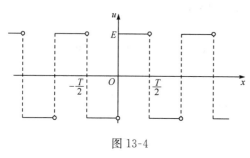

图 13-4

遇到的周期为 T 的矩形波就是这样的一个现象,它的图形显示为图 13-4.

如何来研究一般的周期函数呢？从物理学来看,很多周期现象可以看成是许多不同的简谐振动的叠加,联系到具有任意阶导数的函数可以展开成幂级数的思想,是否周期函数也可以表示成一系列简单的周期函数的和呢？特别地,能否表示成由三角函数组成的函数项级数呢？

具体地说,将周期为 $T=\dfrac{2\pi}{\omega}$ 的周期函数用一系列以 T 为周期的正弦函数 $A_n\sin(n\omega t+\varphi_n)$ 组成的级数来表示. 记

$$f(t)=A_0+\sum_{n=1}^{\infty}A_n\sin(n\omega t+\varphi_n),\tag{13.29}$$

其中 $A_0,A_n,\varphi_n(n=1,2,\cdots)$ 都是常数.

在电子技术中电磁波函数 $f(x)$ 常作这样的展开,并称这种展开为谐波分析. 其中常数项 A_0 称为函数 $f(x)$ 的直流分量,$A_1\sin(\omega t+\varphi_1)$,$A_2\sin(2\omega t+\varphi_2)$ 和 $A_3\sin(3\omega t+\varphi_3)$ 等分别称为函数 $f(x)$ 的一阶谐波(基波)、二阶谐波和三阶谐波.

正弦函数 $A_n\sin(n\omega t+\varphi_n)$ 可根据三角函数的和角公式展开成

$$A_n\sin(n\omega t+\varphi_n)=A_n\sin\varphi_n\cos n\omega t+A_n\cos\varphi_n\sin n\omega t\quad(n=1,2,\cdots).$$

令 $a_0=2A_0,a_n=A_n\sin\varphi_n,b_n=A_n\cos\varphi_n(n=1,2,\cdots),x=\omega t$,则级数(13.29)右端可写成

$$\frac{a_0}{2}+\sum_{n=1}^{\infty}(a_n\cos nx+b_n\sin nx).\tag{13.30}$$

定义 1 形如

$$\frac{a_0}{2}+\sum_{n=1}^{\infty}(a_n\cos nx+b_n\sin nx)$$

的级数称为**三角级数**(trigonometric series),其中 $a_0,a_n,b_n(n=1,2,\cdots)$ 都是常数.

如同讨论幂级数时那样,先讨论三角级数 $\dfrac{a_0}{2}+\sum\limits_{n=1}^{\infty}(a_n\cos nx+b_n\sin nx)$ 的收敛问题,然后再讨论如何把周期为 2π 的周期函数展开成三角级数的问题. 为此,先介绍三角函数系的正交性.

定义 2 三角函数系(system of trigonometric functions)

$$\{1,\cos x,\sin x,\cos 2x,\sin 2x,\cdots,\cos nx,\sin nx,\cdots\}\tag{13.31}$$

中的任何两不同函数的乘积在区间 $[-\pi,\pi]$ 上的积分为零,即

$$\int_{-\pi}^{\pi}\cos nx\,\mathrm{d}x=0\qquad(n=1,2,\cdots),$$

$$\int_{-\pi}^{\pi}\sin nx\,\mathrm{d}x=0\qquad(n=1,2,\cdots),$$

$$\int_{-\pi}^{\pi} \sin mx \cos nx \, \mathrm{d}x = 0 \qquad (m,n=1,2,\cdots),$$

$$\int_{-\pi}^{\pi} \sin mx \sin nx \, \mathrm{d}x = 0 \qquad (m,n=1,2,\cdots,m \neq n),$$

$$\int_{-\pi}^{\pi} \cos mx \cos nx \, \mathrm{d}x = 0 \qquad (m,n=1,2,\cdots,m \neq n),$$

称三角函数系(13.31)在区间$[-\pi,\pi]$上为**正交函数系**(system of orthogonal functions),简称为**正交系**.

以上等式,都可以通过计算定积分来验证,现仅将最后一个等式验证如下.

利用三角函数中积化和差的公式

$$\cos mx \cos nx = \frac{1}{2}\big[\cos(m+n)x + \cos(m-n)x\big],$$

当 $m \neq n$ 时,有

$$\int_{-\pi}^{\pi} \cos mx \cos nx \, \mathrm{d}x = \frac{1}{2}\int_{-\pi}^{\pi}\big[\cos(m+n)x + \cos(m-n)x\big]\mathrm{d}x$$

$$= \frac{1}{2}\left[\frac{\sin(m+n)x}{m+n} + \frac{\sin(m-n)x}{m-n}\right]_{-\pi}^{\pi} = 0,$$

其中 $m,n=1,2,\cdots,m \neq n$.

在三角函数系(13.31)中,两个相同函数的乘积在区间$[-\pi,\pi]$上的积分不等于零,即

$$\int_{-\pi}^{\pi} 1^2 \, \mathrm{d}x = 2\pi,$$

$$\int_{-\pi}^{\pi} \sin^2 nx \, \mathrm{d}x = \pi, \quad \int_{-\pi}^{\pi} \cos^2 nx \, \mathrm{d}x = \pi \quad (n=1,2,\cdots).$$

13.6.2　函数展开成傅里叶级数

要使函数 $f(x)$ 展开成三角级数

$$\frac{a_0}{2} + \sum_{n=1}^{\infty}(a_n \cos nx + b_n \sin nx),$$

就要解决以下两个问题.

(i) 确定三角级数的系数 $a_0, a_n, b_n (n=1,2,\cdots)$;

(ii) 讨论用这一系列系数构造的三角级数的收敛性,如果级数收敛,再考虑它的和函数与函数 $f(x)$ 是否相同,若在某个范围内两个函数相同,则在这个范围内函数 $f(x)$ 可以展开成这三角级数.

1. 三角级数中系数的确定

设 $f(x)$ 是以 2π 为周期的函数,且能展开成三角级数,即

$$f(x) = \frac{a_0}{2} + \sum_{n=1}^{\infty}(a_n \cos nx + b_n \sin nx). \tag{13.32}$$

我们自然要问:系数 $a_0, a_n, b_n(n=1,2,\cdots)$ 与函数 $f(x)$ 存在什么关系呢? 换句话说,利用函数 $f(x)$ 能否把 a_0, a_n, b_n 表达出? 为此,我们假设级数(13.32)可以逐项积分.

先求系数 a_0,对(13.32)式两边在区间$[-\pi,\pi]$上积分,利用正交性

$$\int_{-\pi}^{\pi} f(x)\mathrm{d}x = \int_{-\pi}^{\pi} \frac{a_0}{2}\mathrm{d}x + \sum_{n=1}^{\infty}\left[a_n\int_{-\pi}^{\pi}\cos nx\,\mathrm{d}x + b_n\int_{-\pi}^{\pi}\sin nx\,\mathrm{d}x\right]$$

$$= \frac{a_0}{2}\cdot 2\pi = \pi a_0,$$

于是,得

$$a_0 = \frac{1}{\pi}\int_{-\pi}^{\pi} f(x)\mathrm{d}x.$$

再求 a_n,用 $\cos kx$ 乘(13.32)式的两边,然后在$[-\pi,\pi]$上积分,得

$$\int_{-\pi}^{\pi} f(x)\cos kx\,\mathrm{d}x = \int_{-\pi}^{\pi}\frac{a_0}{2}\cos kx\,\mathrm{d}x + \sum_{n=1}^{\infty}\left[a_n\int_{-\pi}^{\pi}\cos nx\cos kx\,\mathrm{d}x + b_n\int_{-\pi}^{\pi}\sin nx\cos kx\,\mathrm{d}x\right].$$

利用三角函数系的正交性,等式右边除了 $k=n$ 的一项外,其余项全为零,因此得

$$\int_{-\pi}^{\pi} f(x)\cos kx\,\mathrm{d}x = a_n\int_{-\pi}^{\pi}\cos^2 nx\,\mathrm{d}x$$

$$= \frac{a_n}{2}\int_{-\pi}^{\pi}(1+\cos 2nx)\mathrm{d}x = \frac{a_n}{2}\left[x + \frac{1}{2n}\sin 2nx\right]_{-\pi}^{\pi}$$

$$= \pi a_n,$$

于是

$$a_n = \frac{1}{\pi}\int_{-\pi}^{\pi} f(x)\cos nx\,\mathrm{d}x, (n=1,2,\cdots).$$

求 b_n 采用类似的方法,用 $\sin kx$ 乘(13.32)式的两边,然后积分得到

$$b_n = \frac{1}{\pi}\int_{-\pi}^{\pi} f(x)\sin nx\,\mathrm{d}x (n=1,2,\cdots).$$

定义 3 设 $f(x)$ 是以 2π 为周期的函数,如果

$$a_n = \frac{1}{\pi}\int_{-\pi}^{\pi} f(x)\cos nx\,\mathrm{d}x \ (n=0,1,2,\cdots),$$

$$b_n = \frac{1}{\pi}\int_{-\pi}^{\pi} f(x)\sin nx\,\mathrm{d}x \ (n=1,2,\cdots)$$

存在,则称它们为函数 $f(x)$ 的**傅里叶系数**(Fourier coefficient),并把三角级数

$$\frac{a_0}{2} + \sum_{n=1}^{\infty}(a_n\cos nx + b_n\sin nx) \tag{13.33}$$

称为函数 $f(x)$ 的**傅里叶级数**(Fourier series).

一个定义在$(-\infty,+\infty)$上的周期为 2π 的函数 $f(x)$,如果它在一个周期上可积,则一定可以作出 $f(x)$ 的傅里叶级数,然而这级数是否收敛? 若收敛,它是否一定收敛于函数 $f(x)$? 一般说来,这两个问题的答案都不是肯定的. 那么,$f(x)$ 在怎样的条件下,它的傅里叶级数不仅收敛,而且收敛于 $f(x)$? 也就是说,$f(x)$ 满足什么条件可以展开成傅里叶级数? 这是下面要讨论的一个基本问题.

2. 函数 $f(x)$ 展开成傅里叶级数的充分条件

定理 1(收敛定理,狄利克雷(Dirichlet)充分条件) 设 $f(x)$ 是周期为 2π 的函数,如果它满足条件:

(i) 在$[-\pi,\pi]$内连续或只有有限个第一类间断点;

(ii) 在[$-\pi,\pi$]内至多只有有限个极值点,则函数 $f(x)$ 的傅里叶级数收敛,并且当 x 是 $f(x)$ 的连续点时,级数(13.33)收敛于 $f(x)$;

当 x 是 $f(x)$ 的间断点时,级数(13.33)收敛于 $\dfrac{f(x^-)+f(x^+)}{2}$.

证明从略.

由狄利克雷收敛定理可以知道:只要函数 $f(x)$ 在[$-\pi,\pi$]上至多有有限个第一类间断点,并且不做无限次振动,那么 $f(x)$ 的傅里叶级数在函数连续点处收敛于该点的函数值,在函数的间断点处收敛于该点处的函数的左极限和右极限的算术平均值,可见,函数展开成傅里叶级数的条件比函数展开成幂级数的条件低多了.

例 1　设 $f(x)$ 是周期为 2π 的周期函数,它在[$-\pi,\pi$]上的表达式为

$$f(x)=\begin{cases}-1, & -\pi\leqslant x<0,\\ 1, & 0\leqslant x<\pi,\end{cases}$$

将函数 $f(x)$ 展开成傅里叶级数.

解　所给函数满足收敛定理的条件,它在点 $x=k\pi(k=0,\pm1,\pm2,\cdots)$ 处不连续,在其他点处连续,从而由收敛定理知函数 $f(x)$ 的傅里叶级数收敛,并且当 $x=k\pi$ 时,级数收敛于

$$\frac{-1+1}{2}=\frac{1+(-1)}{2}=0;$$

当 $x\neq k\pi$ 时,级数收敛于 $f(x)$. 和函数的图形如图 13-5 所示.

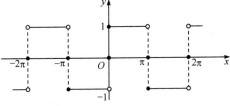

图 13-5

计算傅里叶系数如下:

$$a_n=\frac{1}{\pi}\int_{-\pi}^{\pi}f(x)\cos nx\,\mathrm{d}x$$

$$=\frac{1}{\pi}\left[\int_{-\pi}^{0}(-1)\cos nx\,\mathrm{d}x+\int_{0}^{\pi}1\cdot\cos nx\,\mathrm{d}x\right]=0\ (n=0,1,2,\cdots),$$

$$b_n=\frac{1}{\pi}\int_{-\pi}^{\pi}f(x)\sin nx\,\mathrm{d}x$$

$$=\frac{1}{\pi}\left[\int_{-\pi}^{0}(-1)\sin nx\,dx+\int_{0}^{\pi}1\cdot\sin nx\,\mathrm{d}x\right]$$

$$=\frac{1}{\pi}\left[\left(\frac{1}{n}\cos nx\right)\Big|_{-\pi}^{0}+\left(-\frac{1}{n}\cos nx\right)\Big|_{0}^{\pi}\right]=\frac{2}{n\pi}\left[1-(-1)^n\right]$$

$$=\begin{cases}\dfrac{4}{n\pi}, & n=1,3,5,\cdots,\\ 0, & n=2,4,6,\cdots.\end{cases}$$

将所求系数代入傅里叶级数中,就得到函数 $f(x)$ 的傅里叶级数展开式为

$$f(x)=\frac{4}{\pi}\left[\sin x+\frac{1}{3}\sin 3x+\cdots+\frac{1}{2k-1}\sin(2k-1)x+\cdots\right]$$

$$=\frac{4}{\pi}\sum_{k=1}^{\infty}\frac{1}{2k-1}\sin(2k-1)x,$$

$$(-\infty<x<+\infty,x\neq0,\pm\pi,\pm2\pi,\pm3\pi,\cdots).$$

如果将例 1 中的函数理解为矩形波的波形函数(周期 $T=2\pi$,振幅 $E=1$,自变量 x 表示时间),那么上面所得到的展开式表明:矩形波是由一系列不同频率的正弦波叠加而成的,这些正弦波的频率依次为基波频率的奇数倍.

一般说来,把周期为 2π 的函数 $f(x)$ 展开为傅里叶级数可按下列步骤进行.

(i) 判断 $f(x)$ 是否满足收敛定理条件,并确定函数 $f(x)$ 的所有间断点,在这一步中,如果作出函数 $y=f(x)$ 的图形,结合图形进行判断,常能带来方便;

(ii) 按照傅里叶系数公式求出系数 $a_0,a_n,b_n(n=1,2,\cdots)$;

(iii) 按照公式

$$\frac{a_0}{2}+\sum_{n=1}^{\infty}(a_n\cos nx+b_n\sin nx)$$

写出函数 $f(x)$ 的傅里叶级数,并说明这个级数的收敛情况.

例 2　设 $f(x)$ 是周期为 2π 的周期函数,它在 $[-\pi,\pi]$ 上的表达式为

$$f(x)=\begin{cases}x, & -\pi\leqslant x<0,\\ 0, & 0\leqslant x<\pi,\end{cases}$$

将函数 $f(x)$ 展开成傅里叶级数.

解　(1) 首先画出函数 $f(x)$ 的图形.

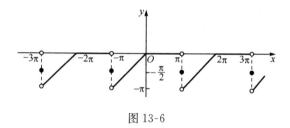

图 13-6

从图 13-6 中可看出,函数 $f(x)$ 满足收敛定理条件,它在点 $x=(2k+1)\pi$ $(k=0,\pm1,\pm2,\cdots)$ 处不连续.因此,$f(x)$ 的傅里叶级数在 $x=(2k+1)\pi$ 处收敛于

$$\frac{f(\pi^-)+f(-\pi^+)}{2}=\frac{0-\pi}{2}=-\frac{\pi}{2}.$$

在连续点 $x(x\neq(2k+1)\pi)$ 处收敛于 $f(x)$.

(2) 计算傅里叶级数

$$a_0=\frac{1}{\pi}\int_{-\pi}^{\pi}f(x)\mathrm{d}x=\frac{1}{\pi}\int_{-\pi}^{0}x\mathrm{d}x=\frac{1}{\pi}\left[\frac{x^2}{2}\right]_{-\pi}^{0}=-\frac{\pi}{2};$$

$$a_n=\frac{1}{\pi}\int_{-\pi}^{\pi}f(x)\cos nx\,\mathrm{d}x=\frac{1}{\pi}\int_{-\pi}^{0}x\cos nx\,\mathrm{d}x$$

$$=\frac{1}{\pi}\left[\frac{x\sin nx}{n}+\frac{\cos nx}{n^2}\right]\Bigg|_{-\pi}^{0}=\frac{1}{n^2\pi}(1-\cos n\pi)$$

$$=\frac{1}{n^2\pi}(1-(-1)^n)=\begin{cases}\dfrac{2}{n^2\pi}, & n=1,3,5\cdots,\\[2mm] 0, & n=2,4,6\cdots;\end{cases}$$

$$b_n = \frac{1}{\pi} \int_{-\pi}^{\pi} f(x) \sin nx \, dx = \frac{1}{\pi} \int_{-\pi}^{0} x \sin nx \, dx$$

$$= \frac{1}{\pi} \left[-\frac{x \cos nx}{n} + \frac{\sin nx}{n^2} \right] \Big|_{-\pi}^{0} = -\frac{\cos n\pi}{n} = \frac{(-1)^{n+1}}{n}.$$

(3) 函数 $f(x)$ 的傅里叶级数为

$$f(x) = -\frac{\pi}{4} + \left(\frac{2}{\pi} \cos x + \sin x \right) - \frac{1}{2} \sin 2x + \left(\frac{2}{3^2 \pi} \cos 3x + \frac{1}{3} \sin 3x \right) - \frac{1}{4} \sin 4x$$

$$+ \left(\frac{2}{5^2 \pi} \cos 5x + \frac{1}{5} \sin 5x \right) - \cdots$$

$$= -\frac{\pi}{4} + \frac{2}{\pi} \sum_{k=1}^{\infty} \frac{1}{(2k-1)^2} \cos(2k-1)x + \sum_{n=1}^{\infty} \frac{(-1)^{n-1}}{n} \sin nx$$

$$(-\infty < x < +\infty, x \neq \pm\pi, \pm 3\pi, \cdots).$$

注　如果非周期函数 $f(x)$ 在区间 $[-\pi, \pi]$ 上有定义,并且在该区间上满足收敛定理条件,那么函数 $f(x)$ 也可以展开成它的傅里叶级数,其方法是:

(i) 在区间 $[-\pi, \pi)$ 或 $[-\pi, \pi]$ 外补充函数 $f(x)$ 的定义,使得它成为一个周期为 2π 的周期函数 $F(x)$,这种拓广函数定义域的方法称为**周期延拓**;

(ii) 将函数 $F(x)$ 展开为傅里叶级数;

(iii) 再限制 x 的范围在区间 $(-\pi, \pi)$ 内,此时 $f(x) = F(x)$,于是函数 $f(x)$ 在区间 $(-\pi, \pi)$ 上的傅里叶级数展开式就是 $F(x)$ 的傅里叶级数展开式;

(iv) 根据收敛定理,在区间的端点 $x = \pm\pi$ 处级数收敛于 $\frac{1}{2}[f(\pi^-) + f(-\pi^+)]$.

例 3　将函数

$$f(x) = \begin{cases} -x, & -\pi \leqslant x < 0, \\ x, & 0 \leqslant x \leqslant \pi \end{cases}$$

展开成傅里叶级数.

解　函数 $f(x)$ 在区间 $[-\pi, \pi]$ 上满足收敛定理条件,并且延拓为周期函数 $F(x)$,画出图形.

从图 13-7 中看出函数 $F(x)$ 在 $(-\infty, +\infty)$ 上连续,则 $F(x)$ 的傅里叶级数在区间 $[-\pi, \pi]$ 上收敛于函数 $f(x)$.

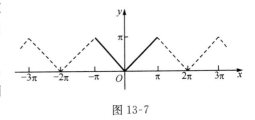

图 13-7

计算傅里叶系数

$$a_0 = \frac{1}{\pi} \int_{-\pi}^{\pi} f(x) \, dx = \frac{2}{\pi} \int_{0}^{\pi} x \, dx = \frac{2}{\pi} \left(\frac{x^2}{2} \right) \Big|_{0}^{\pi} = \pi \, ;$$

$$a_n = \frac{1}{\pi} \int_{-\pi}^{\pi} f(x) \cos nx \, dx = \frac{2}{\pi} \int_{0}^{\pi} x \cos nx \, dx = \frac{2}{\pi} \left(\frac{x \sin nx}{n} + \frac{\cos nx}{n^2} \right) \Big|_{0}^{\pi}$$

$$= \frac{2}{n^2 \pi} (\cos n\pi - \cos 0) = \frac{2}{n^2 \pi} ((-1)^n - 1)$$

$$= \begin{cases} -\dfrac{4}{n^2\pi}, & n=1,3,5\cdots, \\ 0, & n=2,4,6\cdots; \end{cases}$$

$$b_n = \frac{1}{\pi}\int_{-\pi}^{\pi} f(x)\sin nx \,\mathrm{d}x = 0, \ n=1,2,\cdots,$$

代入公式,得函数 $f(x)$ 的傅里叶级数展开式为

$$f(x) = \frac{\pi}{2} - \frac{4}{\pi}\Big(\cos x + \frac{1}{3^2}\cos 3x + \frac{1}{5^2}\cos 5x + \cdots\Big)(-\pi \leqslant x \leqslant \pi).$$

利用这个展开式可求出几个特殊的常数项级数的和.

当 $x=0$ 时,$f(0)=0$,于是,得

$$\frac{\pi^2}{8} = 1 + \frac{1}{3^2} + \frac{1}{5^2} + \cdots,$$

记

$$\sigma = 1 + \frac{1}{2^2} + \frac{1}{3^2} + \frac{1}{4^2} + \cdots, \qquad \sigma_1 = 1 + \frac{1}{3^2} + \frac{1}{5^2} + \cdots = \frac{\pi^2}{8},$$

$$\sigma_2 = \frac{1}{2^2} + \frac{1}{4^2} + \frac{1}{6^2} + \cdots, \qquad \sigma_3 = 1 - \frac{1}{2^2} + \frac{1}{3^2} - \frac{1}{4^2} + \cdots.$$

因为

$$\sigma_2 = \frac{\sigma}{4} = \frac{\sigma_1 + \sigma_2}{4},$$

所以推出

$$\sigma_2 = \frac{\sigma_1}{3} = \frac{\pi^2}{24},$$

$$\sigma = \sigma_1 + \sigma_2 = \frac{\pi^2}{8} + \frac{\pi^2}{24} = \frac{\pi^2}{6};$$

又

$$\sigma_3 = \sigma - 2\sigma_2 = \frac{\pi^2}{6} - \frac{\pi^2}{12} = \frac{\pi^2}{12},$$

于是

$$\sigma_1 = 1 + \frac{1}{3^2} + \frac{1}{5^2} + \cdots = \frac{\pi^2}{8};$$

$$\sigma_2 = \frac{1}{2^2} + \frac{1}{4^2} + \frac{1}{6^2} + \cdots = \frac{\pi^2}{24};$$

$$\sigma_3 = 1 - \frac{1}{2^2} + \frac{1}{3^2} - \frac{1}{4^2} + \cdots = \frac{\pi^2}{12};$$

$$\sigma = 1 + \frac{1}{2^2} + \frac{1}{3^2} + \frac{1}{4^2} + \cdots = \frac{\pi^2}{6}.$$

13.6.3　正弦级数和余弦级数

　　一般地,一个函数的傅里叶级数既含有正弦项,又含有余弦项(如例2),但是,也有一些函数的傅里叶级数只含有正弦项(如例1)或只含常数项和余弦项(如例3),这些情况与所给

函数 $f(x)$ 的奇偶性有密切关系.

1. 奇函数和偶函数的傅里叶级数

设 $f(x)$ 是周期为 2π 的函数,且在一个周期上可积,则它的傅里叶系数计算公式为

$$a_n = \frac{1}{\pi} \int_{-\pi}^{\pi} f(x) \cos nx \, dx \, (n = 0, 1, 2, \cdots),$$

$$b_n = \frac{1}{\pi} \int_{-\pi}^{\pi} f(x) \sin nx \, dx \, (n = 1, 2, \cdots).$$

由于奇函数在对称区间上的积分为零,偶函数在对称区间上的积分等于半区间上积分的两倍,因此有以下结论.

（i）当 $f(x)$ 为奇函数时,它的傅里叶级数的系数为

$$a_n = 0 \, (n = 0, 1, 2, \cdots),$$

$$b_n = \frac{2}{\pi} \int_{0}^{\pi} f(x) \sin nx \, dx \, (n = 1, 2, \cdots),$$

此时它的傅里叶级数是只含正弦项的**正弦级数**（sine series）

$$\sum_{n=1}^{\infty} b_n \sin nx \,.$$

（ii）当 $f(x)$ 为偶函数时,它的傅里叶级数的系数为

$$a_n = \frac{2}{\pi} \int_{0}^{\pi} f(x) \cos nx \, dx \, (n = 0, 1, 2, \cdots),$$

$$b_n = 0 \, (n = 1, 2, \cdots),$$

此时它的傅里叶级数是只含余弦项的**余弦级数**（cosine series）

$$\frac{a_0}{2} + \sum_{n=1}^{\infty} a_n \cos nx.$$

例 4 设 $f(x)$ 是周期为 2π 的函数,它在 $[-\pi, \pi)$ 上的表达式为 $f(x) = x$,将函数 $f(x)$ 展开成傅里叶级数.

解 所给函数满足收敛定理条件,在点 $x = (2k+1)\pi \, (k = 0, \pm 1, \pm 2, \cdots)$ 处不连续,如图 13-8,因此函数 $f(x)$ 的傅里叶级数在点 $x = (2k+1)\pi$ 处收敛于

$$\frac{f(\pi^-) + f(-\pi^+)}{2} = \frac{\pi + (-\pi)}{2} = 0;$$

在连续点 $x \, (x \neq (2k+1)\pi)$ 处收敛于 $f(x)$.

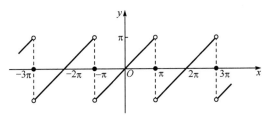

图 13-8

又 $f(x)$ 是周期为 2π 的奇函数,则

$$a_n = 0(n=0,1,2,\cdots),$$

$$b_n = \frac{2}{\pi}\int_0^\pi f(x)\sin nx\,\mathrm{d}x = \frac{2}{\pi}\int_0^\pi x\sin nx\,\mathrm{d}x = \frac{2}{\pi}\left(-\frac{x\cos nx}{n}+\frac{\sin nx}{n^2}\right)\Big|_0^\pi$$

$$= -\frac{2}{n}\cos n\pi = \frac{2}{n}(-1)^{n+1},\quad n=1,2,\cdots,$$

于是函数 $f(x)$ 的傅里叶级数展开为

$$f(x) = 2\left(\sin x - \frac{1}{2}\sin 2x + \frac{1}{3}\sin 3x - \cdots + \frac{(-1)^{n+1}}{n}\sin nx + \cdots\right)$$

$$(-\infty < x < +\infty, x \neq 0, \pm\pi, \pm2\pi, \pm3\pi, \cdots).$$

2. 函数展开成正弦级数或余弦级数

在实际应用中（若研究某个波动问题、热的传导问题等），有时还需要把定义在区间 $[0, \pi]$ 上的函数 $f(x)$ 展开成正弦级数或余弦级数.

根据前面讨论的结果，这类展开问题可以按如下的方法解决.

(i) 设函数 $f(x)$ 在区间 $[0, \pi]$ 上满足收敛定理条件，我们在开区间 $(-\pi, 0)$ 内补充函数 $f(x)$ 的定义，得到定义在区间 $(-\pi, \pi)$ 上的函数 $F(x)$，使函数 $F(x)$ 在区间 $(-\pi, \pi)$ 上成为奇函数（如果 $f(0) \neq 0$，则规定 $F(x) = 0$）或者偶函数，这种拓广函数定义域的过程称为**奇延拓**或**偶延拓**；

(ii) 将延拓后的函数 $F(x)$ 在对称区间 $[-\pi, \pi]$ 上展开成傅里叶级数，这个傅里叶级数必是正弦级数或余弦级数；

(iii) 限制变量 x 在区间 $(0, \pi]$ 上，此时 $F(x) \equiv f(x)$，这样便得到了函数 $f(x)$ 的正弦展开式或余弦展开式.

注 在区间端点 $x = 0$ 和 $x = \pi$ 处，正弦级数或余弦级数可能不是收敛于 $f(0)$ 和 $f(\pi)$.

例 5 将函数 $f(x) = x + 1(0 \leq x \leq \pi)$ 分别展开成正弦级数或余弦级数.

解 (1) 先求函数的正弦级数，为此对函数 $f(x)$ 进行奇延拓（如图 13-9），求出系数

$$b_n = \frac{2}{\pi}\int_0^\pi f(x)\sin nx\,\mathrm{d}x = \frac{2}{\pi}\int_0^\pi (x+1)\sin nx\,\mathrm{d}x$$

$$= \frac{2}{\pi}\left(-\frac{x\cos nx}{n}+\frac{\sin nx}{n^2}-\frac{\cos nx}{n}\right)\Big|_0^\pi$$

$$= \frac{2}{n\pi}(1-\pi\cos n\pi-\cos n\pi)$$

$$= \begin{cases} \dfrac{2}{\pi}\cdot\dfrac{\pi+2}{n}, & n=1,3,5,\cdots, \\[2mm] -\dfrac{2}{n}, & n=2,4,6,\cdots, \end{cases}$$

于是函数 $f(x)$ 的正弦级数为

$$x+1 = \frac{2}{\pi}\left((\pi+2)\sin x - \frac{\pi}{2}\sin 2x + \frac{1}{3}(\pi+2)\sin 3x - \frac{\pi}{4}\sin 4x + \cdots\right)\ (0 < x < \pi),$$

在端点 $x = 0$ 及 $x = \pi$ 处，级数和为零，它不代表原函数 $f(x)$ 的值.

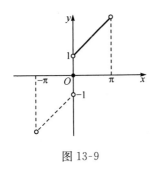

图 13-9

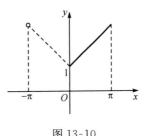

图 13-10

（2）再求函数的余弦级数，为此对函数 $f(x)$ 进行偶延拓（如图 13-10），求出系数

$$a_n = \frac{2}{\pi}\int_0^\pi (x+1)\cos nx\,\mathrm{d}x$$

$$= \frac{2}{\pi}\left(\frac{x\sin nx}{n} + \frac{\cos nx}{n^2} + \frac{\sin nx}{n}\right)\Bigg|_0^\pi$$

$$= \frac{2}{n^2\pi}(\cos n\pi - 1) = \begin{cases} 0, & n=2,4,6,\cdots, \\ -\dfrac{4}{n^2\pi}, & n=1,3,5,\cdots, \end{cases}$$

$$a_0 = \frac{2}{\pi}\int_0^\pi (x+1)\,\mathrm{d}x = \frac{2}{\pi}\left(\frac{x^2}{2}+x\right)\Bigg|_0^\pi = \pi+2,$$

于是函数 $f(x)$ 的余弦级数为

$$x+1 = \frac{\pi}{2}+1 - \frac{4}{\pi}\left(\cos x + \frac{1}{3^2}\cos 3x + \frac{1}{5^2}\cos 5x + \cdots\right) \quad (0 \leqslant x \leqslant \pi).$$

例 6 将函数 $u(t)=E\left|\sin\dfrac{t}{2}\right|$ $(-\pi \leqslant t \leqslant \pi)$ 展开成傅里叶级数，其中 E 是正的常数.

解 所给函数在区间 $[-\pi,\pi]$ 上满足收敛定理的条件，并且延拓为周期函数时，它在每一点 x 处都连续（如图 13-11），因此延拓的周期函数的傅里叶级数在 $[-\pi,\pi]$ 上收敛于 $u(t)$.

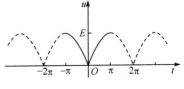

图 13-11

计算傅里叶系数如下.

$$a_n = \frac{1}{\pi}\int_{-\pi}^\pi u(t)\cos nt\,\mathrm{d}t = \frac{E}{\pi}\int_{-\pi}^\pi \left|\sin\frac{t}{2}\right|\cos nt\,\mathrm{d}t,$$

因为上式积分中被积函数为偶函数，所以

$$a_n = \frac{2E}{\pi}\int_0^\pi \sin\frac{t}{2}\cos nt\,\mathrm{d}t$$

$$= \frac{E}{\pi}\int_0^\pi \left[\sin\left(n+\frac{1}{2}\right)t - \sin\left(n-\frac{1}{2}\right)t\right]\mathrm{d}t$$

$$= \frac{E}{\pi}\left[-\frac{\cos\left(n+\frac{1}{2}\right)t}{n+\frac{1}{2}} + \frac{\cos\left(n-\frac{1}{2}\right)t}{n-\frac{1}{2}}\right]_0^\pi$$

$$= \frac{E}{\pi} \left[\frac{1}{n + \frac{1}{2}} - \frac{1}{n - \frac{1}{2}} \right]$$

$$= -\frac{4E}{(4n^2 - 1)\pi} \quad (n = 0, 1, 2, \cdots).$$

$$b_n = \frac{E}{\pi} \int_{-\pi}^{\pi} \left| \sin \frac{t}{2} \right| \sin nt \, dt = 0 \quad (n = 1, 2, \cdots).$$

上式等于零是因为被积函数是奇函数.

将求得的系数代入余弦级数,得 $u(t)$ 的傅里叶级数展开式为

$$u(t) = \frac{4E}{\pi} \left(\frac{1}{2} - \sum_{n=1}^{\infty} \frac{1}{4n^2 - 1} \cos nt \right) \quad (-\pi \leqslant t \leqslant \pi).$$

习　题　13.6

1. 设 $s(x)$ 是周期为 2π 的函数 $f(x)$ 的傅里叶级数的和函数. $f(x)$ 在一个周期内的表达式为

$$f(x) = \begin{cases} 0, & 2 < |x| \leqslant \pi, \\ x, & |x| \leqslant 2, \end{cases}$$

写出 $s(x)$ 在 $[-\pi, \pi]$ 上的表达式.

2. 下列周期函数 $f(x)$ 的周期为 2π,试将 $f(x)$ 展开成傅里叶级数,如果 $f(x)$ 在 $[-\pi, \pi)$ 上的表达式为:

(1) $f(x) = 3x^2 + 1 \ (-\pi \leqslant x < \pi)$;

(2) $f(x) = e^{2x} \ (-\pi \leqslant x < \pi)$;

(3) $f(x) = \begin{cases} bx, & -\pi \leqslant x < 0, \\ ax, & 0 \leqslant x < \pi \end{cases}$ (a, b 为常数,且 $a > b > 0$).

3. 将下列函数 $f(x)$ 展开成傅里叶级数:

(1) $f(x) = 2 \sin \frac{x}{3} \ (-\pi \leqslant x \leqslant \pi)$;

(2) $f(x) = \begin{cases} e^x, & -\pi \leqslant x < 0, \\ 1, & 0 \leqslant x \leqslant \pi. \end{cases}$

4. 设 $f(x)$ 是周期为 2π 的周期函数,它在 $[-\pi, \pi)$ 上的表达式为

$$f(x) = \begin{cases} -\dfrac{\pi}{2}, & -\pi \leqslant x < -\dfrac{\pi}{2}, \\ x, & -\dfrac{\pi}{2} \leqslant x < \dfrac{\pi}{2}, \\ \dfrac{\pi}{2}, & \dfrac{\pi}{2} \leqslant x < \pi, \end{cases}$$

将 $f(x)$ 展开成傅里叶级数.

5. 将下列函数展开为指定的傅里叶级数:

(1) $f(x) = \dfrac{1}{2}(\pi - x), x \in [0, \pi]$,正弦级数;

(2) $f(x) = \begin{cases} 0, & x \in \left[0, \dfrac{\pi}{2}\right), \\ \pi - x, & x \in \left[\dfrac{\pi}{2}, \pi\right], \end{cases}$ 余弦级数;

$$(3)\ f(x) = \begin{cases} \dfrac{3}{2}x, & x \in \left[0, \dfrac{\pi}{3}\right], \\[3mm] \dfrac{\pi}{2}, & x \in \left(\dfrac{\pi}{3}, \dfrac{2\pi}{3}\right), \\[3mm] \dfrac{3}{2}(\pi - x), & x \in \left(\dfrac{2\pi}{3}, \pi\right), \end{cases} \quad \text{正弦级数}.$$

13.7　一般周期函数的傅里叶级数

13.7.1　周期为 2l 的周期函数的傅里叶级数

前面我们所讨论的周期函数是以 2π 为周期的函数,但是实际问题中所遇到的周期函数,它的周期不一定是 2π,如矩形波,它的周期 $T = \dfrac{2\pi}{\omega}$,因此,下面我们讨论周期为 $2l$ 的周期函数的傅里叶级数.

根据上一节的讨论结果,经过自变量的变量代换 $z = \dfrac{\pi}{l}x$,于是区间 $-l \leqslant x \leqslant l$ 就变换成 $-\pi \leqslant x \leqslant \pi$. 设函数

$$f(x) = f\left(\frac{l}{\pi}z\right) = F(z),$$

从而 $F(z)$ 是周期为 2π 的周期函数. 如果 $F(z)$ 满足收敛定理的条件,将 $F(z)$ 展开成傅里叶级数

$$F(z) = \frac{a_0}{2} + \sum_{n=1}^{\infty}(a_n \cos nz + b_n \sin nz),$$

其中

$$a_n = \frac{1}{\pi}\int_{-\pi}^{\pi} F(z)\cos nz\,\mathrm{d}z \quad (n = 0, 1, 2, \cdots),$$

$$b_n = \frac{1}{\pi}\int_{-\pi}^{\pi} F(z)\sin nz\,\mathrm{d}z \quad (n = 1, 2, \cdots).$$

在上面的式子中令 $z = \dfrac{\pi}{l}x$,并注意到 $F(z) = f(x)$,于是有

$$f(x) = \frac{a_0}{2} + \sum_{n=1}^{\infty}\left(a_n \cos\frac{n\pi}{l}x + b_n \sin\frac{n\pi}{l}x\right),$$

其中系数分别为

$$a_n = \frac{1}{l}\int_{-l}^{l} f(x)\cos\frac{n\pi}{l}x\,\mathrm{d}x \quad (n = 0, 1, 2, \cdots),$$

$$b_n = \frac{1}{l}\int_{-l}^{l} f(x)\sin\frac{n\pi}{l}x\,\mathrm{d}x \quad (n = 1, 2, \cdots).$$

因此可得下面定理.

定理 1　设周期为 $2l$ 的周期函数 $f(x)$ 满足收敛定理的条件,则

(i) 函数 $f(x)$ 的傅里叶级数展开为

$$f(x) = \frac{a_0}{2} + \sum_{n=1}^{\infty}\left(a_n \cos\frac{n\pi}{l}x + b_n \sin\frac{n\pi}{l}x\right), \tag{13.34}$$

其中系数分别为

$$a_n = \frac{1}{l}\int_{-l}^{l} f(x)\cos\frac{n\pi}{l}x\,\mathrm{d}x \quad (n=0,1,2,\cdots)\,, \tag{13.35}$$

$$b_n = \frac{1}{l}\int_{-l}^{l} f(x)\sin\frac{n\pi}{l}x\,\mathrm{d}x \quad (n=1,2,\cdots)\,; \tag{13.36}$$

(ii) 当 $f(x)$ 为奇函数时,

$$f(x) = \sum_{n=1}^{\infty} b_n \sin\frac{n\pi}{l}x\,, \tag{13.37}$$

其中系数为

$$b_n = \frac{2}{l}\int_{0}^{l} f(x)\sin\frac{n\pi}{l}x\,\mathrm{d}x \quad (n=1,2,\cdots)\,; \tag{13.38}$$

(iii) 当 $f(x)$ 为偶函数时,

$$f(x) = \frac{a_0}{2} + \sum_{n=1}^{\infty} a_n \cos\frac{n\pi}{l}x\,, \tag{13.39}$$

其中系数为

$$a_n = \frac{2}{l}\int_{0}^{l} f(x)\cos\frac{n\pi}{l}x\,\mathrm{d}x \quad (n=0,1,2,\cdots)\,. \tag{13.40}$$

例1 设函数 $f(x)$ 是周期为 4 的周期函数,它在区间 $[-2,2]$ 上的表达式为

$$f(x) = \begin{cases} \dfrac{1}{2\delta}, & |x|<\delta, \\ 0, & \delta\leqslant|x|\leqslant 2 \end{cases} \quad (\delta\neq 0),$$

将函数 $f(x)$ 展开成傅里叶级数.

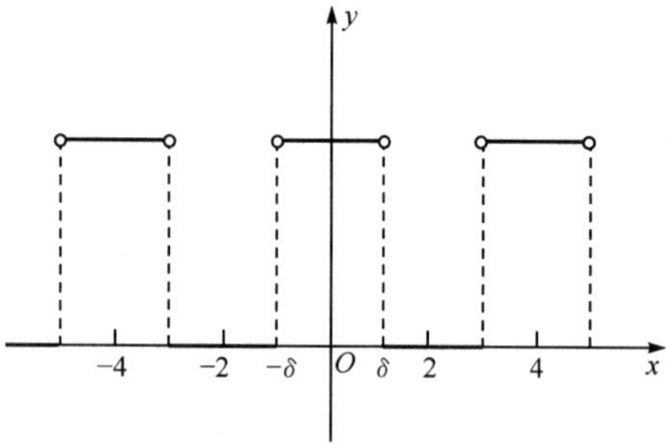

解 函数 $f(x)$ 的图像如图 13-12 所示,电子学中称之为**矩形脉冲**. 由于 $f(x)$ 是偶函数,所以

$$b_n = 0 \quad (n=1,2,\cdots),$$

而

$$a_0 = \frac{2}{l}\int_{0}^{l} f(x)\,\mathrm{d}x = \int_{0}^{\delta}\frac{1}{2\delta}\,\mathrm{d}x = \frac{1}{2}\,,$$

$$a_n = \frac{2}{l}\int_{0}^{l} f(x)\cos\frac{n\pi}{l}x\,\mathrm{d}x$$

图 13-12

$$= \int_{0}^{\delta}\frac{1}{2\delta}\cos\frac{n\pi}{2}x\,\mathrm{d}x = \frac{1}{n\pi\delta}\sin\frac{n\pi\delta}{2} \quad (n=1,2,\cdots).$$

因此,当 $x\in[-2,-\delta)\cup(-\delta,\delta)\cup(\delta,2]$ 时,

$$f(x) = \frac{1}{4} + \frac{1}{\pi\delta}\sum_{n=1}^{\infty}\frac{1}{n}\sin\frac{n\pi\delta}{2}\cos\frac{n\pi x}{2}\,;$$

当 $x=\pm\delta$ 时,它的傅里叶级数收敛于 $\dfrac{1}{4\delta}$.

例2 将函数(如图 13-13)

$$M(x) = \begin{cases} \dfrac{px}{2}, & 0 \leqslant x < \dfrac{l}{2}, \\ \dfrac{p(l-x)}{2}, & \dfrac{l}{2} \leqslant x < l \end{cases}$$

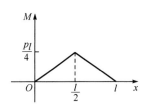

图 13-13

分别展开成正弦级数和余弦级数.

解 $M(x)$ 是定义在区间 $[0, l]$ 上的函数,要将它展开成正弦
级数,必须对 $M(x)$ 进行奇延拓,于是由延拓后的傅里叶系数公式求出

$$b_n = \frac{2}{l} \int_0^l M(x) \sin \frac{n\pi x}{l} dx = \frac{2}{l} \left(\int_0^{\frac{l}{2}} \frac{px}{2} \sin \frac{n\pi x}{l} dx + \int_{\frac{l}{2}}^l \frac{p(l-x)}{2} \sin \frac{n\pi x}{l} dx \right).$$

对上式右端的第二项,令 $t = l - x$,则

$$b_n = \frac{p}{l} \left(\int_0^{\frac{l}{2}} x \sin \frac{n\pi x}{l} dx + \int_{\frac{l}{2}}^0 t \sin \frac{n\pi(l-t)}{l} (-dt) \right)$$

$$= \frac{p}{l} \left(\int_0^{\frac{l}{2}} x \sin \frac{n\pi x}{l} dx + (-1)^{n+1} \int_0^{\frac{l}{2}} t \sin \frac{n\pi t}{l} dt \right),$$

当 $n = 2, 4, 6, \cdots$ 时,$b_n = 0$;当 $n = 1, 3, 5, \cdots$ 时,

$$b_n = \frac{2p}{l} \int_0^{\frac{l}{2}} x \sin \frac{n\pi x}{l} dx = \frac{2pl}{n^2 \pi^2} \sin \frac{n\pi}{2},$$

得

$$b_{2k} = 0, \quad b_{2k-1} = \frac{2pl}{(2k-1)^2 \pi^2} \sin \frac{(2k-1)\pi}{2} = \frac{2pl(-1)^{k-1}}{(2k-1)^2 \pi^2} \quad (k = 1, 2, \cdots).$$

代入傅里叶级数中,得正弦级数

$$M(x) = \frac{2pl}{\pi^2} \left(\sin \frac{\pi x}{l} - \frac{1}{3^2} \sin \frac{3\pi x}{l} + \frac{1}{5^2} \sin \frac{5\pi x}{l} - \cdots \right)$$

$$= \frac{2pl}{\pi^2} \sum_{k=1}^{\infty} \frac{(-1)^{k-1}}{(2k-1)^2} \sin \frac{(2k-1)\pi x}{l} \quad (0 \leqslant x \leqslant l).$$

再求 $M(x)$ 的余弦级数展开式,为此对 $M(x)$ 作偶延拓,再作周期延拓. 注意到延
拓所得周期函数的周期为 l,知 $M(x)$ 可展开成周期为 l 的余弦级数. 按式(13.40)
$\left(\text{将式}(13.40)\text{中的 } l \text{ 换成 } \dfrac{l}{2}\right)$ 计算傅里叶系数

$$a_n = \frac{4}{l} \int_0^{\frac{l}{2}} M(x) \cos \frac{2n\pi x}{l} dx$$

$$= \frac{4}{l} \int_0^{\frac{l}{2}} \frac{px}{2} \cos \frac{2n\pi x}{l} dx$$

$$= \frac{2p}{l} \left[\frac{l}{2n\pi} x \sin \frac{2n\pi x}{l} + \left(\frac{l}{2n\pi} \right)^2 \cos \frac{2n\pi x}{l} \right]_0^{\frac{l}{2}}$$

$$= \frac{pl}{2n^2 \pi^2} (\cos n\pi - 1)$$

$$= \begin{cases} -\dfrac{pl}{n^2 \pi^2}, & n = 1, 3, 5, \cdots, \\ 0, & n = 2, 4, 6, \cdots. \end{cases}$$

$$a_0 = \frac{4}{l} \int_0^{\frac{l}{2}} \frac{px}{2} dx = \frac{pl}{4} ,$$

代入傅里叶级数中,得余弦级数

$$M(x) = \frac{pl}{8} - \frac{pl}{\pi^2} \sum_{k=1}^{\infty} \frac{1}{(2k-1)^2} \cos \frac{2(2k-1)\pi x}{l} \quad (0 \leqslant x \leqslant l).$$

例3 设函数 $f(x)$ 及其傅里叶级数的和函数分别为:

$$f(x) = \begin{cases} x, & 0 \leqslant x \leqslant \frac{1}{2} \\ 2-2x, & \frac{1}{2} < x < 1 \end{cases}, \quad s(x) = \frac{a_0}{2} + \sum_{n=1}^{\infty} a_n \cos n\pi x (-\infty < x < +\infty),$$

其中 $a_n = 2 \int_0^1 f(x) \cos n\pi x \, dx (n = 0, 1, 2, \cdots)$,求 $s\left(-\frac{5}{2}\right)$.

解 由于

$$s\left(-\frac{5}{2}\right) = s\left(-\frac{5}{2} + 2\right) = s\left(-\frac{1}{2}\right) = s\left(\frac{1}{2}\right),$$

由收敛定理得

$$s\left(\frac{1}{2}\right) = \frac{1}{2}\left[f\left(\frac{1}{2}^-\right) + f\left(\frac{1}{2}^+\right)\right] = \frac{3}{4},$$

所以

$$s\left(-\frac{5}{2}\right) = \frac{3}{4}.$$

*13.7.2 傅里叶级数的复数形式

在实际应用中,将傅里叶级数化成复数形式更为方便.

设 $f(x)$ 是在 $[-l, l]$ 上满足狄利克雷条件,周期为 $2l$ 的函数,那么,它可以展开为形如(13.34)式的傅里叶级数,系数 a_n 与 b_n 分别由(13.35)和(13.36)式确定. 令 $\omega = \frac{\pi}{l}$,则由欧拉公式,

$$\cos \frac{n\pi x}{l} = \cos n\omega x = \frac{1}{2}(e^{in\omega x} + e^{-in\omega x}),$$

$$\sin \frac{n\pi x}{l} = \sin n\omega x = \frac{1}{2i}(e^{in\omega x} - e^{-in\omega x}),$$

代入(13.34)式,得

$$f(x) = \frac{a_0}{2} + \sum_{n=1}^{+\infty}\left[\frac{a_n}{2}(e^{in\omega x} + e^{-in\omega x}) - \frac{ib_n}{2}(e^{in\omega x} - e^{-in\omega x})\right]$$

$$= \frac{a_0}{2} + \sum_{n=1}^{+\infty}\left(\frac{a_n - ib_n}{2}e^{in\omega x} + \frac{a_n + ib_n}{2}e^{-in\omega x}\right).$$

把上式中各项系数分别记成

$$C_0 = \frac{a_0}{2}, \quad C_n = \frac{a_n - ib_n}{2}, \quad C_{-n} = \frac{a_n + ib_n}{2} \quad (n = 1, 2, \cdots),$$

那么,$f(x)$ 的傅里叶展开式就可以写成如下的简捷形式.

$$f(x) = \sum_{n=1}^{+\infty} c_n \mathrm{e}^{\mathrm{i}n\omega x} + \sum_{n=1}^{+\infty} c_{-n} \mathrm{e}^{-\mathrm{i}n\omega x} , \qquad (13.41)$$

其中

$$C_0 = \frac{a_0}{2} = \frac{1}{2l} \int_{-l}^{l} f(x)\mathrm{d}x,$$

$$C_{\pm n} = \frac{a_n \mp \mathrm{i}b_n}{2} = \frac{1}{2l} \int_{-l}^{l} f(x)(\cos n\omega x \mp \mathrm{i}\sin n\omega x)\mathrm{d}x$$

$$= \frac{1}{2l} \int_{-l}^{l} f(x)\mathrm{e}^{\mp \mathrm{i}n\omega x}\mathrm{d}x \quad (n=1,2,\cdots),$$

也能写成统一的形式,即

$$C_n = \frac{1}{2l} \int_{-l}^{l} f(x)\mathrm{e}^{-\mathrm{i}n\omega x}\mathrm{d}x \quad (n=0,\pm1,\pm2,\cdots). \qquad (13.42)$$

这样,$f(x)$的傅里叶级数(13.34)就化成了复数形式. 它与实数形式没有本质上的差异,但应用上常常更为方便. 例如,在电子技术中,可以利用它来作频谱分析. 本节开始就曾指出,为了研究复杂的周期现象,常常将一个描写该周期现象的周期函数 $f(x)$ 展开为傅里叶级数. 在上一节中讲一个复杂的周期波 $f(x)$(非正弦波)分解为一系列不同频率的简单正弦波(谐波)的迭加,这些正弦波的频率通常称为 $f(x)$ 的频率成分. 在工程应用中,经常需要分析各种频率成分的正弦波振幅的大小,称之为频谱分析.

在 $f(x)$ 的傅里叶展开式中,$\frac{a_0}{2}$ 为非正弦波 $f(x)$ 的直流分量,与 $f(x)$ 同频率的正弦波 $a_1\cos\omega x + b_1\sin\omega x$ 称为基波,而

$$a_n\cos n\omega x + b_n\sin n\omega x = A_n\sin(n\omega x + \varphi_n)(\text{其中} A_n = \sqrt{a_n^2 + b_n^2})$$

称为 n 阶谐波. 在复数形式(13.41)中,由于

$$|C_n| = |C_{-n}| = \frac{1}{2}\sqrt{a_n^2 + b_n^2} = \frac{1}{2}A_n,$$

因此,系数 C_n 与 C_{-n} 直接反映了 n 阶谐波振幅 A_n 的大小. 通常称 A_n 为周期波(或信号)$f(x)$ 的振幅频谱,简称频谱. 在作频谱分析时,就可以根据各阶谐波的振幅与频率之间的函数关系画出相应的频谱图. 例如,考察例 1 中的矩形脉冲,将它的傅里叶级数与傅里叶系数化成复数形式,得

$$C_0 = \frac{a_0}{2} = \frac{1}{4},$$

$$C_n = \frac{a_n - \mathrm{i}b_n}{2} = \frac{1}{2n\pi\delta}\sin\frac{n\pi\delta}{2} \quad (n=\pm1,\pm2,\cdots),$$

$$f(x) = \frac{1}{4} + \frac{1}{2\pi\delta}\sum_{\substack{n=-\infty \\ (n\neq0)}}^{+\infty} \frac{1}{n}\sin\frac{n\pi\delta}{2}\mathrm{e}^{\mathrm{i}n\omega x}, \quad x \in [-2,2]\setminus\{-\delta,\delta\}.$$

有了 C_n,就容易画出它的频谱图. 取脉冲宽度 $2\delta = \frac{T}{3}$,即 $\delta = \frac{T}{6} = \frac{2}{3}$(本题中 $T=4$),则

$$|C_n| = \frac{3}{4\pi|n|}\left|\sin\frac{n\pi}{3}\right| \quad (n=\pm1,\pm2,\cdots).$$

列表如下.

n	0	1	2	3	4	5	6	7	…
$\lvert C_n\rvert$	$\dfrac{1}{4}$(直流分量)	$\dfrac{3\sqrt{3}}{8\pi}$	$\dfrac{3\sqrt{3}}{8\pi}\cdot\dfrac{1}{2}$	0	$\dfrac{3\sqrt{3}}{8\pi}\cdot\dfrac{1}{4}$	$\dfrac{3\sqrt{3}}{8\pi}\cdot\dfrac{1}{5}$	0	$\dfrac{3\sqrt{3}}{8\pi}\cdot\dfrac{1}{7}$	…

画出矩形脉冲的频谱图如图 13-14 所示,它是一条一条离散的谱线,随着谐波阶数 n 的增大,振幅很快减小,并且当 $n\to\infty$ 时趋近于 0.

例 4　设 $f(t)$ 是以 $T=\dfrac{2\pi}{\omega}$ 为周期的函数,它在 $\left[-\dfrac{\pi}{\omega},\dfrac{\pi}{\omega}\right]$ 上定义为

$$f(t)=\begin{cases} 0, & -\dfrac{\pi}{\omega}\leqslant t<0, \\[2mm] E\sin\omega t, & 0\leqslant t<\dfrac{\pi}{\omega}, \end{cases}$$

求 $f(t)$ 复数形式的傅里叶展开式.

解　函数 $f(t)$ 的图像如图 13-15 所示.电子学中它表示一个交变电压 $E\sin\omega t$ 经整流后得到的周期波形,称为**半波整流**.

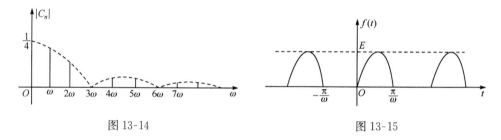

图 13-14　　　　　　　　　　　　　　　图 13-15

由系数公式(13.42)得

$$C_0=\frac{1}{2\cdot\dfrac{\pi}{\omega}}\int_{-\frac{\pi}{\omega}}^{\frac{\pi}{\omega}}f(t)\mathrm{d}t=\frac{\omega}{2\pi}\int_{0}^{\frac{\pi}{\omega}}E\sin\omega t\,\mathrm{d}t=\frac{\omega E}{2\pi}\left(-\frac{\cos\omega t}{\omega}\right)\Bigg|_{0}^{\frac{\pi}{\omega}}=\frac{E}{\pi},$$

$$C_n=\frac{1}{2\cdot\dfrac{\pi}{\omega}}\int_{-\frac{\pi}{\omega}}^{\frac{\pi}{\omega}}f(t)\mathrm{e}^{-\mathrm{i}n\omega t}\,\mathrm{d}t=\frac{\omega E}{2\pi}\int_{0}^{\frac{\pi}{\omega}}\sin\omega t\,\mathrm{e}^{-\mathrm{i}n\omega t}\,\mathrm{d}t\quad(n=\pm 1,\pm 2,\cdots).$$

当 $n\neq\pm 1$ 时,利用欧拉公式上式又可化为

$$C_n=\frac{\omega E}{4\pi\mathrm{i}}\int_{0}^{\frac{\pi}{\omega}}\left[\mathrm{e}^{-\mathrm{i}(n-1)\omega t}-\mathrm{e}^{-\mathrm{i}(n+1)\omega t}\right]\mathrm{d}t=\frac{E}{4\pi}\left[\frac{\mathrm{e}^{-\mathrm{i}(n-1)\omega t}}{n-1}\Bigg|_{0}^{\frac{\pi}{\omega}}-\frac{\mathrm{e}^{-\mathrm{i}(n+1)\omega t}}{n+1}\Bigg|_{0}^{\frac{\pi}{\omega}}\right]$$

$$=\frac{E}{2\pi}\cdot\frac{(-1)^{n-1}-1}{n^2-1}=\begin{cases}-\dfrac{E}{\pi}\dfrac{1}{(2k)^2-1}, & n=2k, \\[2mm] 0, & n=2k+1\end{cases}\quad(k=\pm 1,\pm 2,\cdots).$$

而

$$C_{\pm 1} = \frac{\omega E}{2\pi} \int_0^{\frac{\pi}{\omega}} \sin\omega t \, e^{\mp i\omega t} \, dt$$

$$= \frac{\omega E}{2\pi} \int_0^{\frac{\pi}{\omega}} (\sin\omega t \cos\omega t \mp i\sin^2\omega t) \, dt$$

$$= \frac{\omega E}{2\pi} \left[\left(-\frac{\cos 2\omega t}{4\omega} \right) \Big|_0^{\frac{\pi}{\omega}} \mp i \left(\frac{t}{2} - \frac{\sin 2\omega t}{4\omega} \right) \Big|_0^{\frac{\pi}{\omega}} \right] = \mp \frac{E}{4} i,$$

因此,有

$$f(t) = \frac{E}{\pi} - \frac{Ei}{4} e^{i\omega t} + \frac{Ei}{4} e^{-i\omega t} - \frac{E}{\pi} \sum_{\substack{k=-\infty \\ (k\neq 0)}}^{+\infty} \frac{1}{(2k)^2 - 1} e^{2k\omega t i}$$

$$= \frac{E}{\pi} - \frac{E}{2} \sin\omega t - \frac{E}{\pi} \sum_{\substack{k=-\infty \\ (k\neq 0)}}^{+\infty} \frac{1}{4k^2 - 1} e^{2k\omega t i}, t \in (-\infty, +\infty).$$

与矩形脉冲类似,读者不难对半波整流画出相应的频谱图,进行频谱分析.

习　题　13.7

1. 将下列各周期函数展开成傅里叶级数(下面给出函数在一个周期内的表达式):

(1) $f(x) = x(l-x), x \in [-l, l]$;

(2) $f(x) = 1 - |x|, x \in [-1, 1]$;

(3) $f(x) = \begin{cases} 2-x, & x \in [0, 4], \\ x-6, & x \in [4, 8]; \end{cases}$

(4) $f(x) = \begin{cases} 1+\cos\pi x, & x \in (-1, 1), \\ 0, & x \in [-2, -1] \cup [1, 2]. \end{cases}$

2. 将下列函数分别展开成指定的傅里叶级数:

(1) $f(x) = \begin{cases} x, & 0 \leqslant x < \frac{l}{2}, \\ l-x, & \frac{l}{2} \leqslant x \leqslant l, \end{cases}$ 正弦级数和余弦级数;

(2) $f(x) = x^2 (0 \leqslant x \leqslant 2)$,正弦级数和余弦级数;

(3) $f(x) = x-1, x \in [0, 2]$,余弦级数. 并求常数项级数 $\sum_{n=1}^{\infty} \frac{1}{n^2}$ 的和.

*3. 设 $f(x)$ 是周期为 2 的周期函数,它在 $[-1, 1)$ 上的表达式为 $f(x) = e^{-x}$. 试将 $f(x)$ 展开成复数形式的傅里叶级数.

*4. 设 $u(t)$ 是周期为 T 的周期函数. 已知它的傅里叶级数的复数形式为

$$u(t) = \frac{h\tau}{T} + \frac{h}{\pi} \sum_{\substack{n=-\infty \\ n\neq 0}}^{\infty} \frac{1}{n} \sin\frac{n\pi\tau}{T} e^{\frac{2n\pi t}{T}i} \quad (-\infty < t < \infty),$$

试写成 $u(t)$ 的傅里叶级数的实数形式(即三角形式).

本 章 小 结

无穷级数包括常数项级数和函数项级数. 本章先讨论常数项级数的性质及其审敛法,然后讨论函数项级数——幂级数和傅里叶级数.无穷级数的基本问题是收敛性问题,常数项级数是级数理论的基础,函数项级数可以转化为常数项级数来讨论.

在学习常数项级数时,要注意掌握正项级数、交错级数及任意项级数的收敛性的判别法,特别是注意掌握如何根据级数一般性的构造选择适当的审敛法.幂级数的重点是求其收敛半径、收敛域及将函数展开成幂级数.关于傅里叶级数,要透彻理解 $f(x)$ 展开成傅里叶级数的狄利克雷充分条件(即收敛定理),清楚 $f(x)$ 的傅里叶级数的和函数 $s(x)$ 与 $f(x)$ 的关系,对于给定的函数要会展开成指定形式的傅里叶级数.

一、内容概要

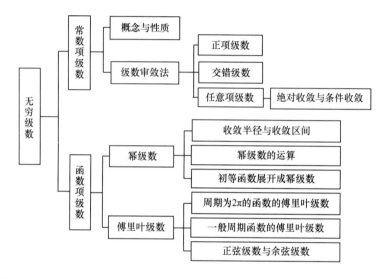

二、解题指导

1. 常数项级数敛散性的判定

常数项级数敛散性的判别方法可分为三个部分:正项级数、交错级数和任意项级数.当判别一个常数项级数 $\sum\limits_{n=1}^{\infty} u_n$ 的敛散性时,首先看其一般项 u_n 是否趋于零,若 $\lim\limits_{n\to\infty} u_n \neq 0$,则级数发散,若 $\lim\limits_{n\to\infty} u_n = 0$,则需进一步判断其类型:如果它是正项级数,可先用比值或根值判别法,若不行再使用比较判别法;如果它是交错级数则用莱布尼茨判别法;如果它是任意项级数,则先对其取绝对值看其是否绝对收敛,若不是绝对收敛,则用收敛的定义来判定.选择判别级数敛散性方法的一般流程如图(见下页).

2. 求函数项级数的收敛域

对于一般的函数项级数 $\sum\limits_{n=1}^{\infty} u_n(x)(x\in I)$,若取定值 $x_0 \in I$,则得到的级数 $\sum\limits_{n=1}^{\infty} u_n(x_0)$ 为常数项级数.因此,函数项级数在一点 x 处的敛散性问题也是常数项级数的敛散性问题,可直接用比值审敛法来判定其绝对收敛性.但要注意,这时要在函数项级数的定义域内分别讨论 x 取不同值的敛散性.

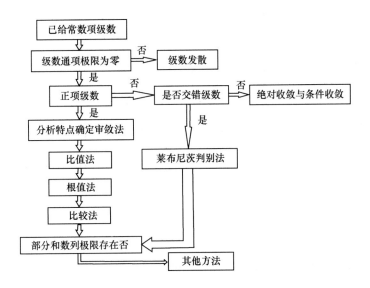

3. 求幂级数的收敛域

在求幂级数的收敛域时,要根据所给幂级数的类型,采用相应的方法.

(1) 对于标准形幂级数 $\sum\limits_{n=0}^{\infty} a_n x^n$,先用公式 $R=\lim\limits_{n\to\infty}\left|\dfrac{a_n}{a_{n+1}}\right|$ 求其收敛半径得到收敛区间,然后再讨论幂级数在收敛区间两个端点上的敛散性,得到其收敛域.

(2) 对于形如 $\sum\limits_{n=0}^{\infty} a_n (x-x_0)^n$ 的幂级数,令 $t=x-x_0$ 而化为标准形幂级数 $\sum\limits_{n=0}^{\infty} a_n t^n$,再去确定其收敛域.

(3) 对于"缺项"的幂级数,例如只含偶次幂项的级数 $\sum\limits_{n=0}^{\infty} a_n x^{2n}$,令 $u_n(t)=a_n t^n$,按幂级数 $\sum\limits_{n=0}^{\infty} a_n t^n$ 求收敛域的方法(常用比值法),确定原级数的收敛域.

4. 求幂级数的和函数

为求幂级数的和函数,要熟记一些级数公式,例如 $\sum\limits_{n=0}^{\infty} x^n = \dfrac{1}{1-x}$. 利用逐项求导、逐项积分求幂级数的和函数时,是先求导,还是先积分,关键是看级数逐项求导或逐项积分后,所得到的新级数是否容易求出和函数. 一般地,如果幂级数的通项形如 $\dfrac{x^n}{n}$,常用"先求导后积分"的方法求和;如果通项形如 $(n+1)x^n$,$(2n+1)x^{2n}$,则常用"先积分后求导"的方法求和.

5. 求函数的幂级数展开式

求函数的幂级数展开式有直接法和间接法. 比较这两种方法可以看到:直接法计算量大,而且要研究余项 $R_n(x)$ 的极限也不是一件容易的事. 因此,将函数展开成幂级数通常采用间接法,这时要利用一些函数(如 e^x,$\sin x$,$\cos x$,$\ln(1+x)$,$(1+x)^a$,$\dfrac{1}{1-x}$)的幂级数展开式,通过适当变形以及逐项求导、逐项积分等将所给函数 $f(x)$ 展开成幂级数.

6. 求函数的傅里叶级数的和函数

由狄利克雷充分条件知道:如果周期函数 $f(x)$ 在一个周期内连续或只有有限个第一类间断点并且只有有限个极值点,则 $f(x)$ 的傅里叶级数处处收敛,并且当 x 是 $f(x)$ 的连续点时,它的和 $s(x) = f(x)$;当 x 是 $f(x)$ 的第一类间断点时,$s(x) = \dfrac{f(x^-) + f(x^+)}{2}$. 这就是和函数 $s(x)$ 与 $f(x)$ 的关系. 因此,在求函数 $f(x)$ 的傅里叶级数的和函数 $s(x)$ 以及它在某些特殊点 x_0 处的和 $s(x_0)$ 时,只要讨论 $f(x)$ 的连续性即可,并不用求出 $f(x)$ 的傅里叶级数的具体表达式.

7. 将函数展开成傅里叶级数

将函数展开成傅里叶级数时,首先要注意函数 $f(x)$ 的定义区间和周期. 定义区间不同,周期不一样时,傅里叶系数的计算公式和傅里叶级数的形式也不一样. 其次要检验函数 $f(x)$ 是否满足狄利克雷充分条件,如果满足,则要进一步明确函数 $f(x)$ 的所有连续点的集合 I. 根据收敛定理知,只有在 I 上 $f(x)$ 的傅里叶级数才收敛于 $f(x)$. 最后在写出 $f(x)$ 的傅里叶级数展开式时,必须注明其成立的范围 I.

三、数学史与人物介绍

1. 无穷级数简史

历史上级数出现得很早. 亚里士多德(Aristotle)在公元前 4 世纪就知道公比小于 1(大于零)的几何级数具有和数,N. 奥尔斯姆(Nicole Oresme)14 世纪就通过见于现代教科书中的方法证明了调和级数发散到 $+\infty$. 但是,首先结合着几何量明确到一般级数的和这个概念,进一步脱离几何表示而达到级数和的纯算术概念,以及更进一步把级数运算视为一种独立的算术运算并正式使用收敛与发散两词,却是已接近于微积分发明的年代了.

事实上,从古希腊阿基米德(Archimedes)时代以来,积分的朴素思想用于求面积、体积问题时,就一直在数量计算上以级数的形式出现. 收敛级数的结构,以其诸项的依次加下去的运算的无限进展展示着极限过程,而以其余项的无限变小揭示出无限小量的作用. 级数收敛概念的逐渐明确有力地帮助了微积分基本概念的形成.

微积分在创立的初期就为级数理论的开展提供了基本的素材. 它通过自己的基本运算与级数运算的纯形式的结合,达到了一批初等函数的(幂)级数展开. 从此以后级数便作为函数的分析等价物,用以计算函数的值,用以代表函数参加运算,并以所得结果阐释函数的性质. 在运算过程中,级数被视为多项式的直接的代数推广,并且也就当作通常的多项式来对待. 这些基本观点的运用一直持续到 19 世纪初,导致了丰硕的成果(主要归功于欧拉、伯努利、拉格朗日、傅里叶等).

同时,悖论性等式的不时出现促使人们逐渐地感觉到级数的无限多项之和有别于有限多项之和这一基本事实,注意到函数的级数展开的有效性表现为级数的部分和无限趋近于函数值这一收敛现象,提出了收敛定义的确切陈述,从而开始了分析学的严密化运动.

微积分基本运算与级数运算结合的需要,引导人们加强或缩小收敛性而提出一致收敛的概念.然而在天文学、物理学中,甚至在柯西本人的研究工作中函数的级数展开,作为一整个函数的分析等价物,在收敛范围以外的不断的成功的使用,则又迫使人们推广或扩大收敛概念而提出渐近性与可和性.

级数理论中的基本概念总是在其朴素意义获得有效的使用的过程中形成和发展的.

2. 达朗贝尔(d'Alembert,1717~1783)

法国著名的数学家、物理学家和天文学家,一生研究了大量课题,完成了涉及多个科学领域的论文和专著,其中最著名的有 8 卷巨著《数学手册》、力学专著《动力学》、23 卷的《文集》、《百科全书》的序言等.达朗贝尔生前为人类的进步与文明做出了巨大的贡献.

达朗贝尔少年时被父亲送到了一所教会学校,在那里他学习了很多数理知识,为他将来的科学研究打下了坚实的基础.难能可贵的是,在宗教学校里受到了许多神学思想的熏陶以后,达朗贝尔仍然坚信真理,一生探索科学的真谛,不盲从于宗教的认识论.后来他自学了一些科学家的著作,并且完成了一些学术论文.

1741 年,凭借自己的努力,达朗贝尔进入了法国科学院担任天文学助理院士,在以后的两年里,他对力学做了大量研究,并发表了多篇论文和多部著作.1746 年,达朗贝尔被提升为数学副院士.1750 年以后,他投身到了具有里程碑性质的法国启蒙运动中去,参与了百科全书的编辑和出版,是法国百科全书派的主要首领.在百科全书的序言中,达朗贝尔表达了自己坚持唯物主义观点、正确分析科学问题的思想.

达朗贝尔为极限作了较好的定义,是当时唯一的一位把微分看成是函数极限的数学家.达朗贝尔是 18 世纪少数几个把收敛级数和发散级数分开的数学家之一,并且他还提出了一种判别级数绝对收敛的方法——达朗贝尔判别法,即现在还使用的比值判别法.他同时是三角级数理论的奠基人.

随着研究成果的不断涌现,达朗贝尔的声誉也不断提高.他非常支持青年科学家研究工作,也愿意在事业上帮助他们.他曾推荐著名数学家拉格朗日到普鲁士科学院工作,推荐著名科学家拉普拉斯到巴黎科学院工作.达朗贝尔自己也经常与青年科学家进行学术讨论,从中发现并引导他们的科学思想发展.在 18 世纪的法国,达朗贝尔不仅灿烂了科学事业的今天,也照亮了科学事业的明天.

3. 阿贝尔(Abel,1802~1829)

挪威最伟大的数学家.一生清贫,年仅 27 岁就逝世,使世界数学界损失了一个少年数学天才.他就学于克利斯丁亚那大学,后得到了政府颁发的奖学金赴欧洲大学留学,回国后在克利斯丁亚那大学任教,1829 年被聘为德国柏林大学教授,未及到任就病逝.1824 年他证明了五次代数方程一般不能用根式求解,由此引入可交换群(现亦称阿贝尔群)的概念,对近世代数的发展有很大影响.和德国数学家雅可比(Jacobi)共同奠定了椭圆函数论的基础,得出了阿贝尔定理.阿贝尔还研究了无穷级数的性质,有阿贝尔积分、阿贝尔函数,阿贝尔判别法等研究成果.

4. 傅里叶(Fourier,1768~1830)

法国数学家.1768 年出生于法国中部约纳河畔的奥塞尔.其父是位裁缝,家境十分贫寒.傅里叶 9 岁时父母双亡,成为孤儿,并由当地教堂抚养成人.12 岁上学,13 岁开始学习数学,16 岁就发现了笛卡儿符号法则的一个新证法,显示了他超群的数学才能.1794 年进入巴黎高等师范学校读书,成为该校首届学生.1795 年因政治纠纷被捕,获释后转入巴黎理工大学任教.1798 年拿破仑远征埃及时,他参加了军队,并与蒙日一起致力于文化工作,还担任了埃及研究院秘书.1801 年回国后被委任为依泽尔省地方长官,一直干到 1814 年.其间 1809 年曾封为男爵.1812 年拿破仑失败,他又宣誓效忠新政府而保留了官职.1815 年又任荣勒省地方长官.

1817 年被推选为巴黎科学院终身秘书,1827 年成为法兰西科学院终身秘书,同年成为伦敦皇家学会会员.1830 年傅里叶逝世于巴黎,终年 62 岁.

傅里叶在数学上最杰出的贡献在分析学方面.他对于热流动的研究,引出了一系列学科数学理论.1822 年发表了论文《热的解析理论》,这是数学的经典文献之一,对数学、物理学的发展都产生过巨大的影响.

傅里叶的工作推动了函数概念的发展.在这之前,欧拉只用解析式表述函数,并且用了几十年.但傅里叶的研究结果表明,有许多不规范的、甚至"不太连续"的函数都可用三角级数来表示.这就推动了数学家们去重新探讨函数概念的科学表述问题.傅里叶在解热传导方程后,又用分离变量法解出了弦振动方程.他进而弄清了函数可以展成三角函数、贝塞尔函数、勒让德多项式为项的级数,从而进一步推动了数学物理方程求解的技巧的发展.傅里叶建立数学物理模型的方法和推演技巧为后人树立了一个榜样.他从实际问题出发,抽象出纯粹数学问题的思想方法,影响了 19 世纪许多数学领域的发展.分离变量法是现代偏微分方程的重要基础理论;傅里叶积分是解偏微分方程的主要方法.傅里叶级数的研究推动了无穷行列式理论、集合论的建立和发展.

傅里叶使用数学符号也有独到之处,目前通用的积分符号"$\int_a^b$"就是他首先提倡的.

5. 狄利克雷(Dirichlet,1805~1859)

德国数学家.对数论、数学分析和数学物理有突出贡献,是解析数论的创始人之一.中学时曾受教于物理学家欧姆(Ohm);1822~1826 年在巴黎求学,深受傅里叶的影响.回国后先后在布雷斯劳(Breslau)大学、柏林军事学院和柏林大学任教 27 年,对德国数学发展产生巨大影响.1839 年任柏林大学教授,1855 年接任高斯在哥廷根(Gottingen)大学的教授职位.

在分析学方面,他是最早倡导严格化方法的数学家之一.1837 年他提出函数是 x 与 y 之间的一种对应关系的现代观点.在数论方面,他是高斯思想的传播者和拓广者.1863 年狄利克雷撰写了《数论讲义》,对高斯划时代的著作《算术研究》作了明晰的解释并有创见,使高斯的思想得以广泛传播.1837 年,他构造了狄利克雷级数.1846 年,使用抽屉原理阐明代数数域中单位数的阿贝尔群的结构.在数学物理方面,他对椭球体产生的引力、球在不可压缩流体中的运动、由太阳系稳定性导出的一般稳定性等课题都有重要论著.1850 年发表了有关位势理论的文章,论及著名的第一边界值问题,现称狄利克雷问题.

复 习 题 13

一、单项选择题：

1. 设正项级数 $\sum\limits_{n=1}^{\infty} u_n$ 收敛，则下列级数收敛的是( )；

(A) $\sum\limits_{n=1}^{\infty} \dfrac{1}{\sqrt{u_n}}$ 　　(B) $\sum\limits_{n=1}^{\infty} \dfrac{1}{u_n}$ 　　(C) $\sum\limits_{n=1}^{\infty} (-1)^n u_n$ 　　(D) $\sum\limits_{n=1}^{\infty} n u_n$

2. 若级数 $\sum\limits_{n=1}^{\infty} u_n$ 收敛于 s，则级数 $\sum\limits_{n=1}^{\infty} (u_n + u_{n-1})($)；

(A) 收敛于 $2s$ 　　(B) 收敛于 $2s + u_1$ 　　(C) 收敛于 $2s - u_1$ 　　(D) 发散

3. 若级数 $\sum\limits_{n=1}^{\infty} a_n^2$，$\sum\limits_{n=1}^{\infty} b_n^2$ 都收敛，则级数 $\sum\limits_{n=1}^{\infty} a_n b_n ($)；

(A) 一定条件收敛 　　　　　　(B) 一定绝对收敛

(C) 一定发散 　　　　　　　　(D) 可能收敛也可能发散

4. 函数项级数 $\sum\limits_{n=1}^{\infty} \dfrac{\sqrt{n}}{(x-2)^n}$ 的收敛域是( )；

(A) $x > 1$ 　　(B) $x < 1$ 　　(C) $x < 1$ 或 $x > 3$ 　　(D) $1 < x < 3$

5. 设 $\lambda > 0, a_n > 0 (n = 1, 2, \cdots)$，且级数 $\sum\limits_{n=1}^{\infty} a_n$ 收敛，则级数 $\sum\limits_{n=1}^{\infty} (-1)^n \sqrt{\dfrac{a_n}{n^2 + \lambda}}($)；

(A) 发散 　　(B) 条件收敛 　　(C) 绝对收敛 　　(D) 是否收敛与 λ 的取值有关

6. 设幂级数 $\sum\limits_{n=0}^{\infty} a_n x^n$ 在 $x = 2$ 处收敛，则该级数在 $x = -1$ 处必定( )；

(A) 发散 　　(B) 条件收敛 　　(C) 绝对收敛 　　(D) 敛散性不能确定

7. 设幂级数 $\sum\limits_{n=1}^{\infty} a_n x^n$ 与 $\sum\limits_{n=1}^{\infty} b_n x^n$ 的收敛半径分别为 $\dfrac{\sqrt{5}}{3}$ 与 $\dfrac{1}{3}$，则幂级数 $\sum\limits_{n=1}^{\infty} \dfrac{a_n^2}{b_n^2} x^n$ 的收敛半径为( )；

(A) 5 　　(B) $\dfrac{\sqrt{5}}{3}$ 　　(C) $\dfrac{1}{3}$ 　　(D) $\dfrac{1}{5}$

8. 将 $f(x) = \dfrac{1}{3-x}$ 展开为 $x-1$ 的幂级数，结果为( )；

(A) $\sum\limits_{n=0}^{\infty} \dfrac{(x-1)^n}{2^n}, x \in (-1, 3)$ 　　　　(B) $\sum\limits_{n=0}^{\infty} \dfrac{(-1)^n}{2^n} (x-1)^n, x \in (-1, 3)$

(C) $\dfrac{1}{2} \sum\limits_{n=0}^{\infty} \dfrac{(x-1)^n}{2^n}, x \in (-1, 3)$ 　　　　(D) $\dfrac{1}{2} \sum\limits_{n=0}^{\infty} (x-1)^n, x \in (-1, 3)$

9. 设 $f(x)$ 是以 2π 为周期的周期函数，则在闭区间 $[-\pi, \pi]$ 上有

$$f(x) = \begin{cases} 1-x, & -\pi \leqslant x < 0, \\ 1+x, & 0 \leqslant x < \pi, \end{cases}$$

则 $f(x)$ 的傅里叶级数在 $x=\pi$ 处收敛于(　　);

(A) $1+\pi$　　　　(B) $1-\pi$　　　　(C) 1　　　　(D) 0

10. 由函数 $y=x^2$ 在 $[-1,1]$ 上的傅里叶级数 $\dfrac{1}{3}+\dfrac{4}{\pi^2}\sum_{n=1}^{\infty}\dfrac{(-1)^n}{n^2}\cos n\pi x$, 可得

$\sum_{n=1}^{\infty}\dfrac{(-1)^n}{n^2}=$ (　　);

(A) $-\dfrac{\pi^2}{12}$　　　(B) $-\dfrac{\pi^2}{6}$　　　(C) $\dfrac{\pi^2}{6}$　　　(D) $\dfrac{\pi^2}{12}$

二、填空题:

1. 已知无穷级数的部分和 $S_n=\dfrac{2^n-1}{2^n}$, 则级数的一般项 $u_n=$ _____.

2. 幂级数 $\sum_{n=1}^{\infty}a_n x^n$ 的收敛半径为 3, 则幂级数 $\sum_{n=1}^{\infty}na_n(x-1)^{n+1}$ 的收敛区间为 _____.

3. 幂级数 $\sum_{n=1}^{\infty}(-1)^{n-1}nx^{n-1}$ 的和函数为 _____.

4. 函数 $f(x)=\ln(1+x+x^2)$ 在 $x=0$ 处的幂级数展开式为 _____.

5. 函数 $f(x)=\begin{cases}-1, & -\pi\leqslant x<0, \\ 1, & 0\leqslant x<\pi\end{cases}$ 在 $[-\pi,\pi]$ 上展开为傅里叶级数, 它的和函数

为 _____.

三、解答题:

1. 设正项级数 $\sum_{n=1}^{\infty}u_n$ 和 $\sum_{n=1}^{\infty}v_n$ 都收敛, 证明: 级数 $\sum_{n=1}^{\infty}(u_n+v_n)^2$ 也收敛.

2. 设级数 $\sum_{n=1}^{\infty}u_n$ 收敛, 且 $\lim_{n\to\infty}\dfrac{v_n}{u_n}=1$. 问级数 $\sum_{n=1}^{\infty}v_n$ 是否也收敛? 试说明理由.

3. 判定下列级数的收敛性:

(1) $\sum_{n=1}^{\infty}\dfrac{n}{(\ln n)^n}$;　　　(2) $\sum_{n=1}^{\infty}\ln\left(\dfrac{n+2^n}{2^n}\right)$;　　　(3) $\sum_{n=1}^{\infty}\int_0^{\frac{1}{n}}\dfrac{\sqrt{x}}{1+x^4}\mathrm{d}x$.

4. 讨论下列级数的绝对收敛性与条件收敛性:

(1) $\sum_{n=1}^{\infty}(-1)^n\dfrac{1}{n^p}$;　　　　(2) $\sum_{n=1}^{\infty}(-1)^{n+1}\dfrac{\sin\dfrac{\pi}{n+1}}{\pi^{n+1}}$;

(3) $\sum_{n=1}^{\infty}(-1)^n\ln\dfrac{n+1}{n}$;　　　(4) $\sum_{n=1}^{\infty}(-1)^n\dfrac{(n+1)!}{n^{n+1}}$.

5. 求下列幂级数的收敛区间:

(1) $\sum_{n=1}^{\infty}\dfrac{3^n+5^n}{n}x^n$;　　　(2) $\sum_{n=1}^{\infty}\left(1+\dfrac{1}{n}\right)^{n^2}x^n$;

(3) $\sum_{n=1}^{\infty}n(x+1)^n$;　　　　(4) $\sum_{n=1}^{\infty}\dfrac{n}{2^n}x^{2n}$.

6. 求幂级数 $\displaystyle\sum_{n=1}^{\infty}\frac{(x-1)^n}{n2^n}$ 的收敛域,并求其和函数.

7. 将下列函数展开成 x 的幂级数:

(1) $\ln(x+\sqrt{x^2+1})$;　　　　　　(2) $\dfrac{1}{(2-x)^2}$.

8. 设 $f(x)$ 是周期为 2π 的函数,它在 $[-\pi,\pi)$ 上的表达式为
$$f(x)=\begin{cases}0, & x\in[-\pi,\pi),\\ \mathrm{e}^x, & x\in[0,\pi),\end{cases}$$

将 $f(x)$ 展开成傅里叶级数.

9. 将函数
$$f(x)=\begin{cases}1, & 0\leqslant x\leqslant h,\\ 0, & h<x\leqslant\pi\end{cases}$$

分别展开成正弦级数和余弦级数.

* 第 14 章　MATLAB 软件与多元函数微积分

14.1　多元函数微分学实验

14.1.1　空间曲面及曲线绘图

1. 空间曲面绘图

空间曲面的一般方程是 $F(x,y,z)=0$,例如马鞍面 $z=xy$. 在 MATLAB 中要画出曲面无法直接使用方程的形式,常常要将曲面的点 (x,y,z) 的坐标先表示出来,再使用对应的曲面绘图函数. 在 MATLAB 里绘制曲面常用的函数:

(1) plot3(x,y,z)　用 E^3 中一组平行平面上的截线(曲线簇)方式来表示曲面

(2) mesh(x,y,z)　用 E^3 中两组相交的平行平面上的网状线方式来表示曲面

(3) surf(x,y,z)　　用 E^3 中两组网状线和补片填充色彩的方式来表示曲面

(4) meshc(x,y,z) 用(2)的方式表示曲面,并附带有等高线

(5) surfc(x,y,z)　用(3)的方式表示曲面,并附带有等高线

(6) surfl(x,y,z)　用(3)的方式表示曲面,并附带有阴影

(7) [x,y]=meshgrid(a,b) 将向量 a,b 生成 $a\times b$ 的网格矩阵 $\boldsymbol{X},\boldsymbol{Y}$

实验目的　学习和掌握空间曲面的 MATLAB 作图方法.

例 1　画出曲面 $z=\dfrac{1}{2\sqrt{2\pi}}\mathrm{e}^{-\frac{x^2+y^2}{8}}$ 在矩形区域 D:$-4\leqslant x\leqslant 4,-5\leqslant y\leqslant 5$ 内的图形

解　输入命令

```
clear;
a= - 4:0.2:4;                          %将横标剖分为 41 维步长为 0.2 的向量
b= - 5:0.2:5;                          %将纵标剖分为 51 维步长为 0.2 的向量
[x,y]w= meshgrid(a,b);                 %将区域 D 网格剖分为 41×51 个各点坐标
z= 1/2/sqrt(2 * pi) * exp(- (x.^2+ y.^2)/8);   %计算网格上的点对应的 z 值
plot3(x,y,z)                           %用平行截线绘出图形
```

结果见图 14-1.

将上述命令最后一行改为 mesh(x,y,z),则可以得到网状线表示的曲面,如图 14-2 所示.

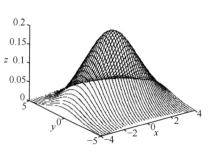

图 14-1　plot 成图

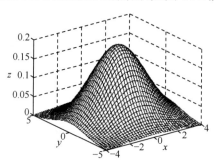

图 14-2　mesh 成图

将上述命令最后一行改为 surf(x,y,z),则可以得到网状线表示的曲面,如图 14-3 所示.

2. 空间曲线绘图

空间曲线的参数式方程是:$x=x(t)$,$y=y(t)$,$z=z(t)$. 例如,螺旋线 $x=\cos t$,$y=\sin t$,$z=t$ 等.

MATLAB 中主要用以下命令来绘制空间曲线.

plot3(x,y,z)　空间曲线图,x,y,z 表示曲线上的坐标,是同维向量.

实验目的　学习和掌握用 MATLAB 软件进行空间曲线绘图.

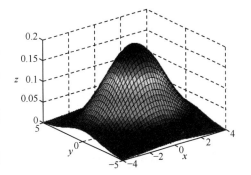

图 14-3　surf 成图

例 2　作出由参数方程 $x=\mathrm{e}^{-0.2t}\cos\left(\dfrac{\pi}{2}t\right)$,$y=\mathrm{e}^{-0.2t}\sin\left(\dfrac{\pi}{2}t\right)$,$z=\sqrt{t}$($0<t<20$)表示的空间曲线.

解　输入命令

```
clear;
t= 0:0.1:20;r= exp(- 0.2 * t);th= 0.5 * pi * t;
x= r. * cos(th);y= r. * sin(th);z= sqrt(t);
plot3(x,,y,z);
title('helix');text(x(end),y(end),z(end),'end');
xlabel('\itx= e^{\rm- 0.2\itt\rmcos(\it\pit\rm/2)}');
ylabel('Y');zlabel('Z');
axis([- 1 1 - 1 1 0 4])
gridon
```

结果见图 14-4.

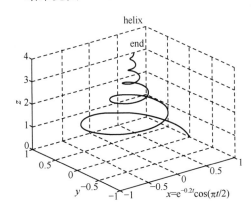

图 14-4　空间曲线的图形

14.1.2　MATLAB 求极限

一般来说,多元函数沿不同路径趋于某一个点时,其极限可能会出现不同的结果. 反过来,如果极限存在,则沿任何函数路径的极限均存在. 基于这一点,这里是对极限存在的函数,求沿坐标轴方向的极限,即将求多元函数极限问题,化成求多次单极限的问题.

实验目的　学习和掌握用 MATLAB 工具求解多元函数极限问题.

例 3　求 $\lim\limits_{\substack{x\to 0\\ y\to\pi}}\dfrac{x^2+y^2}{\sin x+\cos y}$,$\lim\limits_{\substack{x\to 0\\ y\to 0}}\dfrac{1-\cos(x^2+y^2)}{(x^2+y^2)\,\mathrm{e}^{x^2y^2}}$.

解　输入命令

```
syms x y
limit(limit((x^2+ y^2)/(sin(x)+ cos(y)),0,pi),
limit(limit((1- cos(x^2+ y^2))/((x^2+ y^2) * exp(x^2 * y^2)),0,0),
```

结果为

```
-pi^2,0
```

注 在 MATLAB 却不能求出象 $\lim\limits_{\substack{x\to 0\\y\to 0}}\dfrac{2-\sqrt{xy+4}}{xy}$ 的极限,原因是第一次让 x 趋于零时同时消掉了 y,因而第二次就无法再对 y 求极限了.

14.1.3 MATLAB 求偏导数及全微分

多元函数对某一变量的偏导数可以利用一元函数导数的命令.

diff(F,x,n)   表示 F 对符号变量 x 求 n 阶导数,当 F 为多元向量函数时;

jacobian(F,x)   表示求函数的 jacobian 矩阵.

实验目的 学习和掌握用 MATLAB 工具求解多元函数的偏导数和全微分问题.

例 4 设 $z=\arctan(x^2y)$,求 z 对 x,y 的一阶偏导数和全微分以及 $\dfrac{\partial^2 z}{\partial x^2},\dfrac{\partial^2 z}{\partial x\partial y}$.

解 输入命令

```
clear;syms x y z dx dy dz zx zy zxx zxy
z=atan(x^2 * y)
zx=diff(z,x),zy=diff(z,y),
dz=zx * dx+ zy * dy,
zxx=diff(zx,x),zxy=diff(zx,y)
```

结果为

```
zx=2 * x * y/(1+ x^4 * y^2)
zy=x^2/(1+ x^4 * y^2)
dz=2 * x * y/(1+ x^4 * y^2) * dx+ x^2/(1+ x^4 * y^2) * dy
zxx=2 * y/(1+ x^4 * y^2)- 8 * x^4 * y^3/(1+ x^4 * y^2)^2
zyy=2 * x/(1+ x^4 * y^2)- 4 * x^5 * y^2/(1+ x^4 * y^2)^2
```

说明 (1) zxx=diff(z,x,2)也是可以的;

(2) 如果想让复杂的结果表达式看得和平时书写一样,可以用 pretty 命令,比如上例中的 pretty(zxx);还可以用 latex 命令,比如上例中的 latex(zxx),得到

$$2\,\frac{y}{1+x^4y^2}-8\,\frac{x^4y^3}{(1+x^4y^2)^2}.$$

14.1.4 MATLAB 与微分法的几何应用

关于微分法在几何上的应用,以下主要讨论微分法在法线、切线与法平面、切平面与法线上的应用.

实验目的 学习和掌握用 MATLAB 工具来解决微分法在几何上的应用.

1. 法线

在 MATLAB 中计算和绘制曲面法线的指令是:

surfnorm(X,Y,Z)　　　　　　　　绘制(X,Y,Z)所表示的曲面的法线

$[Nx,Ny,Nz]$＝surfnorm(X,Y,Z)　给出(X,Y,Z)所表示的曲面的法线数据

例 5　绘制半个椭圆 $x^2+4y^2=4$ 绕 x 轴旋转一周得到的曲面的法线.

解　输入命令

```
y=- 1:0.1:1;x=2*cos(asin(y))        %旋转曲面的"母线"
[X,Y,Z]=cylinder(x,20);             %形成旋转曲面
surfnorm(X(:,11:21),Y(:,11,21),Z(:,11,21))   %在曲面上画法线
view([120,18])                      %控制观察角
```

结果见图 14-5.

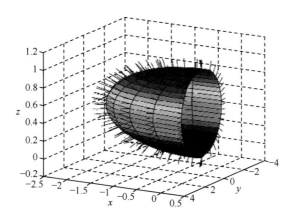

图 14-5　法线示意图

2. 切线与法平面

空间曲线 $L: x=x(t), y=y(t), z=z(t), a \leqslant t \leqslant b$ 处的切线的方向向量为 $s=(x'(t), y'(t), z'(t))$.

在 MATLAB 中用 jacobian 命令可以得到切向量(列向量),切线的方向向量最好用 $s=\{x'(t), y'(t), z'(t)\}$ 表示,即

$$jacobian([x,y,z],t)=s=\{x'(t),y'(t),z'(t)\}.$$

过点 $M_0(x_0, y_0, z_0)(t=t_0)$ 的切线方程 F 为

$$x=x_0+x'(t_0)t, \ y=y_0+y'(t_0)t, \ z=z_0+z'(t_0)t \ (t为参数),$$

可写成

$$F=-[x,y,z]'+[x_0,y_0,z_0]'+s_0*t=0,$$

转为 MATLAB 语句为

$$F=-[x;y;z]+[x0;y0;z0]+s0*t.$$

过点 $M_0(x_0,y_0,z_0)(t=t_0)$ 的法平面方程 G 为

$$(x-x_0)x'(t_0)+(y-y_0)y'(t_0)+(z-z_0)z'(t_0)=0,$$

即

$$G=[x-x_0,y-y_0,z-z_0]*s_0=0,$$

转为 MATLAB 语句为

$$G=[x-x0,y-y0,z-z0]*s0.$$

例 6 空间曲线 $L: x = 3\sin t, y = 3\cos t, z = 5t$，求 L 在 $t = \dfrac{\pi}{4}$ 处的切线方程和法平面方程，并画图显示.

解 输入命令

```
syms t x y z
x1=3*sin(t);y1=3*cos(t);z1=5*t;
S1=jacobian([x1,y1,z1],t);
t=pi/4;
x0=3*sin(t);y0=3*cos(t);z0=5*t;
s0=subs(S1);
symst
F=-[x;y;z]+[x0;y0;z0]+s0*t
G=[x-x0,y-y0,z-z0]*s0
```

结果为

```
F=
[- x+ 3/2*2^(1/2)+ 3/2*t*2^(1/2)]
[- y+ 3/2*2^(1/2)- 3/2*t*2^(1/2)]
[- z+ 5/4*pi+ 5*t]
G=
3/2*(x- 3/2*2^(1/2))*(1/2)*2^(1/2)- 3/2*(y- 3/2*2^(1/2))*2^(1/2)+ 5*z- 25/4*pi
```

可以使用命令 pretty(F)，pretty(G) 来观看切线和法平面方程. 得到切线方程

$$
\begin{cases}
x = \dfrac{3\sqrt{2}}{2} + \dfrac{3\sqrt{2}}{2}t, \\[2mm]
y = \dfrac{3\sqrt{2}}{2} - \dfrac{3\sqrt{2}}{2}t, \\[2mm]
z = \dfrac{5}{4}\pi + 5t
\end{cases}
$$

和法平面方程

$$
\frac{3}{2}\left(x - \frac{3\sqrt{2}}{2}\right)\sqrt{2} - \frac{3}{2}\left(y - \frac{3\sqrt{2}}{2}\right)\sqrt{2} + 5z - \frac{25}{4}\pi = 0.
$$

输入命令

```
t=- pi:0.1:2*pi;[x,y]= ,eshgrid(- 3:0.2:3);tt=- 3:0.1:3;
x1=3*sin(t);y1=3cos(t);z1=5*t;x2=3/2*2^(1/2)+ 3/2*tt*2^(1/2);
y2=3/2*2^(1/2)- 3/2*tt*2^(1/2);z2=5/4*pi+ 5*tt;
z=(3/2*(x- 3/2*2^(1/2))*2^(1/2))- 3/2*(y- 3/2*2^(1/2))*2^(1/2)- 25/4*pi)/(- 5);
plot3(x1,y1,z1),holdon
plot3(x2,y2,z2),holdon
mesh(x,y,z),
axis equal,view(- 45,15)
```

结果见图 14-6.

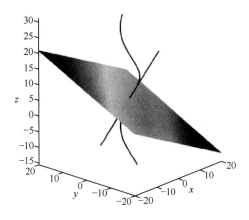

图 14-6　法线示意图

3. 切平面与法线

空间曲面 $\Sigma: F(x,y,z), z=f(x,y), (x,y) \in D$ 在点 $M_0(x_0,y_0,z_0)$ 处的切平面法向量为

$$\boldsymbol{n} = \{F'_x(x_0,y_0,z_0), F'_y(x_0,y_0,z_0), F'_z(x_0,y_0,z_0)\}.$$

仍然用 MATLAB 中的 jacobian 命令得到法向量（行向量）

$$\text{jacobian}(F,[x,y,z]) = \boldsymbol{n} = \{F'_x(x_0,y_0,z_0), F'_y(x_0,y_0,z_0), F'_z(x_0,y_0,z_0)\}.$$

过点 $M_0(x_0,y_0,z_0)$ 的切平面方程 F 为

$$F'_x(x_0,y_0,z_0)(x-x_0) + F'_y(x_0,y_0,z_0)(y-y_0) + F'_z(x_0,y_0,z_0)(z-z_0) = 0,$$

即

$$F = [x-x_0, y-y_0, z-z_0] \cdot \boldsymbol{n}',$$

在 MATLAB 中得到切平面方程 F 为

$$F = [x-x_0, y-y_0, z-z_0] * \boldsymbol{n}';$$

过点 $M_0(x_0,y_0,z_0)$ 的法线方程 G 为

$$G = -[x,y,z]' + [x_0,y_0,z_0]' + \boldsymbol{n}' \cdot t = 0,$$

在 MATLAB 中得到法线方程 G 为

$$G = -[x;y;z]' + [x_0;y_0;z_0]' + \boldsymbol{n}' * t.$$

例 7　设曲面方程 $\Sigma: z = 3x^2 + y^2$，求 Σ 在点 $(1,1,4)$ 处的切平面和法线方程.

解　输入命令

```
syms t x y z
F=3*x^2+ y^2- z;x0=1;y0=1;z0=4;w=[x,y,z];s1=jacobian(F,w);
v1=subs(s1,x,x0);z2=subs(v1,y,y0);n=subs(z2,z,z0);
F=[x- x0,y- y0,z- z0]*n',G=- [x;y;z]+ [x0;y0;z0]+ n'.* t
```

结果为

```
F=6*x- 4+ 2*y- z
G=
[- x+ 1+ 6*t]
```

[- y+ 1+ 2 * t]

[- z+ 4- t]

得到所求切平面方程为 $6x+2y-z-4=0$,法线方程为 $x=1+6t,y=1+2t,z=4-t$.
输入命令

```
u=[0:0.1:1.5]';v=0:0.1:2* pi;t=- 1:0.1:0.5;
[x3,y3]=meshgrid(0:0.2:2,- 2:0.2:2);
x1=u * cos(v);y1=sqrt(3)* u * sin(v);z1=3 * u.^2 * (0 * v+ 1);
x2=1+ 6 * t;y2=1+ 2 * t;z2=4- t;z3=6 * x3+ 2 * y3- 4z;
mesh(x1,y1,z1),holdon,
plot3(x2,y2,z2),holdon,
mesh(x3,y3,z3),
view(156,68),axisequal
```

得到切平面与法线示意图,见图 14-7.

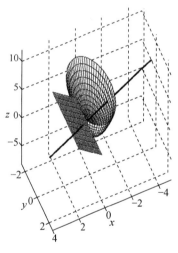

图 14-7 切平面与法线示意图

14.1.5 MATLAB 求多元函数的极值

在求多元函数极小值点的数值方法中,最常见的两种方法分别分:

x＝fminsearch(ff,x0)   ％单纯形法求多元函数的极小值点最简格式

x＝fminunc(ff,x0)   ％拟牛顿法求多元函数的极小值点最简格式

说明 fun 是被解函数,要写成向量变量形式. x0 是一个点向量,表示极值点位置的初始猜测.

实验目的 学习和掌握用 MATLAB 工具求解多元函数的极值问题.

例 8 求二元函数 $f(x,y)=5-x^4-y^4+4xy$ 在原点附近的极大值.

解 问题等价于求 $-f(x,y)$ 的极小值. 输入命令

```
fun=inline('x(1)^4+ x(2)^4- 4* x(1)* x(2)- 5');
[x,g]=fminsearch(fun,[0,0]),
```

结果为

x＝1.0000 1.0000   ％极大值点 $x＝1,y＝1$

g＝-7.0000   ％极大值 $f＝7$

也可以用[y,h]＝fminunc(fun,[0,0])得到同样的结论.

如果本题没有给出迭代初值点,也可以参照一元函数求极值的方法,先画出二元函数的简图,通过观察简图得到一个比较粗糙的迭代初值.

<h1 style="text-align:center">14.2　多元函数积分学实验</h1>

14.2.1　MATLAB 求二重积分

由于二重积分可以转化为二次积分运算,即

$$\iint\limits_{D_{xy}} f(x,y)\mathrm{d}x\mathrm{d}y = \int_a^b \mathrm{d}x \int_{y_1(x)}^{y_2(x)} f(x,y)\mathrm{d}y$$

或

$$\iint\limits_{D_{xy}} f(x,y)\mathrm{d}x\mathrm{d}y = \int_c^d \mathrm{d}y \int_{x_1(y)}^{x_2(y)} f(x,y)\mathrm{d}x ,$$

所以可以用 MATLAB 函数 int 来计算两个一次积分,还可以使用 dblquad 进行数值计算.
与一元积分类似的,用 int 计算出来的结果都是精确值,而数值计算出来的结果都是近似值
(对于三重积分,也有一样的情况).

实验目的　学习和掌握用 MATLAB 工具求解二重积分问题.

1. 积分限为常数

例 1　计算 $\int_1^2 \mathrm{d}y \int_0^1 x^y \mathrm{d}x$.

解　(1)符号法.输入命令

```
syms x y
s=vpa(int(int(x^y,x,0,1),y,1,2))
```

结果为

```
s=0.40546510810816438197801311546435.
```

(2)数值法.输入命令

```
zz=lnline('x.^y','x','y');
s=dblquad(zz,0,1,1,2)
```

结果为

```
s=0.4055.
```

2. 内积分限为函数

这种情况比"积分限为常数"情况要麻烦些.

例 2　计算 $\iint\limits_{D_{xy}} \mathrm{e}^{-x^2-y^2}\mathrm{d}\sigma$,其中 D_{xy} 是由曲线 $2xy=1,y=\sqrt{2x},x=2.5$ 所围成的平面
区域.

解　(1)画出积分区域草图.输入命令

```
x=0.001:0.001:3;y1=1./(2*x);
y2=sqrt(2*x);
plot=(x,y1,x,y2,2.5,-0.5:0.01:3);
axis=([-0.53-0.53])
```

结果见图 14-8.

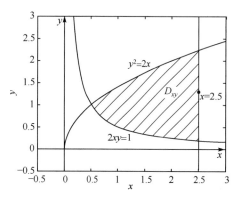

图 14-8　积分区域示意图

（2）确定积分限. 输入命令

```
syms x y
y1=('2*x*y=1');y2=('y- sqrt(2*x)=0');
[x,y]=solve(y1,y2,x,y)
```

得到交点 $x=1/2,y=1$.

（3）输入命令

```
syms x y
f=exp(- x^2- y^2);y1=1/(2*x);y2=sqrt(2*x);
jfy=int(f,y,y1,y2);jfx=int(jfy,x,0.5,2.5);
jf2=vpa(jfx)
```

结果为

```
jf2=0.12412798808725833867150108282287.
```

因此，$\displaystyle\iint\limits_{D_{xy}} \mathrm{e}^{-x^2-y^2}\,\mathrm{d}\sigma = 0.124\ 127\ 988\ 087\ 258\ 338\ 671\ 501\ 082\ 822\ 87.$

14.2.2　MATLAB 求三重积分

与二重积分类似，三重积分可以转化为三次积分计算，即

$$\iiint\limits_{V} f(x,y,z)\,\mathrm{d}x\mathrm{d}y\mathrm{d}z = \int_a^b \mathrm{d}x \int_{y_1(x)}^{y_2(x)} \mathrm{d}y \int_{z_1(x,y)}^{z_2(x,y)} f(x,y,z)\,\mathrm{d}z\ ,$$

然后用 MATLAB 函数 int 依次计算三个一次积分，还可以使用 triplequad 进行数值计算.

实验目的　学习和掌握用 MATLAB 工具求解三重积分问题.

1. 积分限为常数

例 3　计算 $\displaystyle\int_2^3 \mathrm{d}z \int_1^2 \mathrm{d}y \int_0^1 xyz\,\mathrm{d}x$

解　（1）符号法. 输入命令

```
syms x y z
s=vpa(int(int(int(x*y*z,x,0,1),y,1,2),z,2,3))
```

结果为

```
s=1.8750000000000000000000000000000000.
```

（2）数值法. 输入命令

```
w=inline('x*y*z','x','y','z');
s=triplequad(w,0,1,1,2,2,3)
```

结果为

```
s=1.8750.
```

2. 内积分限为函数

例 4　计算 $\displaystyle\iiint\limits_{V}(x+\mathrm{e}^y+\sin z)\,\mathrm{d}x\mathrm{d}y\mathrm{d}z$，其中积分区域 V 是由旋转抛物面 $z=8-x^2-y^2$，圆柱 $x^2+y^2=4$ 和 $z=0$ 所围成的空间闭区域.

解　（1）画出积分区域草图. 输入命令

```
[t,r]= meshgrid(0:0.05:2* pi,0:0.05:2);
x= r.* cos(t);y= r.* sin(t);z= 8- x.^2- y.^2;
mesh(x,y,z),holdon
[x1,y1,z1]= cylinder(2,30);
z2= 4* z1;mesh(x1,y1,z2)
```

结果见图 14-9.

（2）确定积分限. 输入命令

```
syms x y z
f1= ('z= 8- x^2- y^2');f2=('x^2+ y^2= 4');
[x,y,z]= solve(f1,f2,x,y,z)
```

得到交线是图 14-9 积分区域示意图

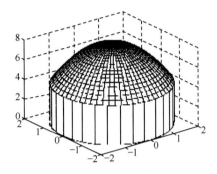

图 14-9　积分区域示意图

```
          x=              y=         z=
[(4- y^2)^(1/2)]        [y]         [4]
[- (4- y^2)^(1/2)]      [y]         [4]
```

（3）输入命令

```
clear;syms x y z
f= x+ exp(y)+ sin(z);z1=0;z2= 8- x^2- y^2;x1=- sqrt(4- y^2);x2= sqrt(4- y^2);
jfz= int(f,z,z1,z2);jfx= int(jfz,x,x1,x2);jfy= int(jfx,y,- 2,2);
vpa(jfy)
```

结果为

121.66509988032497313042932633484.

因此，$\iiint\limits_{V}(x+\mathrm{e}^{y}+\sin z)\mathrm{d}x\mathrm{d}y\mathrm{d}z = 121.665\,099\,880\,324\,973\,130\,429\,326\,334\,84.$

14.3　泰勒级数和傅里叶级数实验

14.3.1　泰勒级数

对于表达式较复杂的函数，要研究它在某点的增减性、单调性、凹凸性等，如果直接用 $f(x)$ 去讨论，也许会遇上很大困难. 在数学中，常常将 $f(x)$ 在某点作 Taylor 展开，即在该点附近用简单的多项式的和来代替复杂函数 $f(x)$，使得问题变得简单. 如果函数 $f(x)$ 在点 $x=a$ 的邻域内具有各阶导数，则这种展开总是可行的，称

$$\sum_{n=0}^{\infty}\frac{f^{(n)}(a)}{n!}(x-a)^{n} = f(a)+f'(a)(x-a)+\frac{f''(a)}{2!}(x-a)^{2}+\cdots+\frac{f^{(n)}(a)}{n!}(x-a)^{n}+\cdots$$

为函数 $f(x)$ 在点 $x=a$ 的**泰勒(Taylor)级数**，当 $a=0$ 时，称为**麦克劳林(Maclaurin)级数**.

在 MATLAB 中将一个函数展开成幂级数，要用到 Taylor 函数，具体调用格式如下：

taylor(f,n,a,x) 表示自变量为 x 的函数 f 在 a 点展开为 $(n-1)$ 阶的幂级数.

注　a 不写默认为零点，x 常常省略，如果不小心将 n 写成零，则 a 就表示阶数.

实验目的　学习和掌握用 MATLAB 工具求解有关级数 Taylor 展开的问题.

例 1　研究 $f(x)=x\cos x$ 的麦克劳林级数的前几项.

解　（这里仅研究前六项）输入命令

```
Clear;syms x;f=x*cos(x);
t1=taylor(f,1)
t2=taylor(f,2)
t3=taylor(f,3)
t4=taylor(f,4)
t5=taylor(f,5)
t6=taylor(f,6)
```

结果为

```
t1=0
t2=x
t3=x
t4=x- 1/2*x^3
t5=x- 1/2*x^3
t6=x- 1/2*x^3+ 1/24*x^5.
```

然后在同一个坐标系中作出 $f(x)=x\cos x$ 和其 Taylor 展开式的前几项构成的多项式函数

$$t_2=x, t_4=x-\frac{x^3}{2}, t_6=x-\frac{x^3}{2}+\frac{x^5}{24},$$

观察这些多项式函数图形向 $f(x)=x\cos x$ 图形的逼近情况.

输入命令

```
clear;x=- 4:0.1:4;f= x.*cos(x);t2= x;t4= x- 1/2*x.^3;t6=x- 1/2*x.^3+ 1/24*x.^5;
plot(x,f,x,t2,':',x,t4,'*',x,t6,'o')
```

结果见图 14-10,实线是 $f(x)=x\cos x$ 的图形.

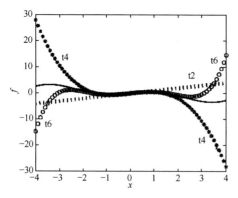

图 14-10　函数 $f(x)=x\cos x$ 的前五阶泰勒逼近

我们还可以通过计算得到它们的逼近程度.例如在 $x=1$ 点处分别计算 f, t_2, t_4, t_6 的值,得到如下结果:

```
clear;x=1;f=x*cos(x),t2=x,t4=x- 1/2*x^3,
t6=x- 1/2*x^3+ 1/24*x^5
f=0.5403 t2=1 t4=0.5000 t6=0.5417
```

可以看出阶数越高逼近程度越好.

14.3.2　傅里叶级数

实验目的　学习和掌握用 MATLAB 工具求解有关傅里叶(Fourier)级数问题.

例 2　设周期为 2π 的周期函数 $f(x)$ 在一个周期内的表达式为

$$f(x)=\begin{cases} 0, & -\pi\leqslant x<0, \\ 1, & 0\leqslant x\leqslant\pi. \end{cases}$$

试生成 $f(x)$ 的傅里叶级数,并从图上观察级数的部分和在 $[-\pi,\pi]$ 上逼近 $f(x)$ 的情况.

解　根据傅里叶系数公式可得

$$\frac{a_0}{2}=\frac{1}{2\pi}\int_{-\pi}^{\pi}f(x)\mathrm{d}x=\frac{1}{2},$$

$$a_n = \frac{1}{\pi}\int_{-\pi}^{\pi} f(x)\cos nx\,\mathrm{d}x = \frac{1}{\pi}\int_0^{\pi}\cos nx\,\mathrm{d}x = 0\ ,$$

$$b_n = \frac{1}{\pi}\int_{-\pi}^{\pi} f(x)\sin nx\,\mathrm{d}x = \frac{1}{\pi}\int_0^{\pi}\sin nx\,\mathrm{d}x = \frac{1}{n\pi}\big[1-(-1)^n\big]\ ,$$

$$f(x)=\frac{1}{2}+\frac{2}{\pi}\sin x+\frac{2}{3\pi}\sin 3x+\frac{2}{5\pi}\sin 5x+\cdots+\frac{1}{n\pi}\big[1-(-1)^n\big]\sin nx.$$

先写出分段函数的 M 文件:

```
function y=fenduan(x)
y=(x>=2*pi&x,3*pi)+(x.=0&x,pi);
```

为了对比更加明显以及显示变化情况,我们将区间扩展到 $[\pi,3\pi]$,并选取了 $f_1(x)$, $f_7(x)$,$f_{13}(x)$,$f_{19}(x)$ 四个函数,分别将这四个函数和原函数 $f(x)$ 的图形画在一起加以比较. 以 f_{19} 为例,函数和程序如下:

$$f_{19}(x)=\frac{1}{2}+\frac{2}{\pi}\sin x+\frac{2}{3\pi}\sin 3x+\frac{2}{5\pi}\sin 5x+\cdots+\frac{2}{19\pi}\sin 19x.$$

```
clear;x=-pi:0.1:3*pi;y=fenduan(x);f19=1/2+2*sin(x)/pi+2*sin(3*x)/(3*pi)+2*
sin(5*x)/(5*pi)+2*sin(7*x)/(7*pi)+2*sin(9*x)/(9*pi)+…
2*sin(11*x)/(11*pi)+2*sin(13*x)/(13*pi)+2*sin(15*x)/(15*pi)+
2*sin(17*x)/(17*pi)+2*sin(19*x)/(19*pi);
plot(x,f19,x,y)
```

结果见图 14-11(a),(b),(c)和(d).

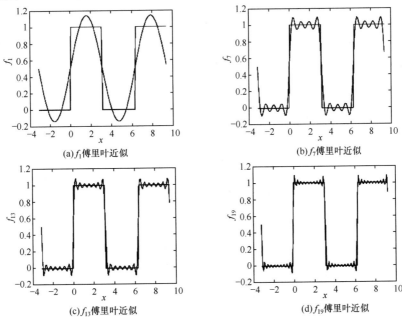

(a)f_1傅里叶近似　　　　　(b)f_7傅里叶近似

(c)f_{13}傅里叶近似　　　　　(d)f_{19}傅里叶近似

图 14-11

这四个图分别是傅里叶级数的前 $n(n=1,7,13,19)$ 项部分和函数的图形. 可以看出,当 n 越大时,逼近函数的效果越好. 从图中可以看出,傅里叶多项式的逼近是整体性逼近的,这与泰勒多项式逼近函数的情况是不相同的,请加以体会.

本 章 小 结

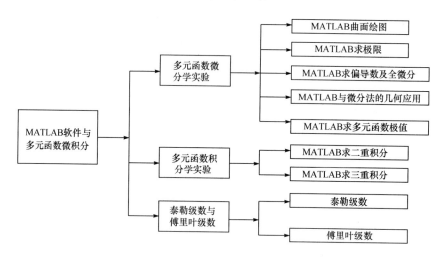

复 习 题 14

(在教师的指导下,编制 Matlab 等程序并利用计算机实际计算)

1. 利用 MATLAB 软件画出空间曲面

$$z = \frac{10\sin(x^2 + y^2)}{\sqrt{1 + x^2 + y^2}}$$

在矩形区域 D:$-30 \leqslant x \leqslant 30$,$-30 \leqslant y \leqslant 30$ 内的图形.

2. 利用 MATLAB 软件求下列函数的极限:

(1) $\lim\limits_{(x,y) \to (0,1)} \dfrac{1 - xy}{x^2 + y^2}$;   (2) $\lim\limits_{(x,y) \to (0,0)} \dfrac{\ln(x^2 + \mathrm{e}^{y^2})}{x^2 + y^2}$.

3. 利用 MATLAB 软件求下列函数的偏导数及全微分:

(1) $z = x^5 - 6x^4 y^2 + y^6$;   (2) $z = \tan\left(\dfrac{x^2}{y}\right)$.

4. 利用 MATLAB 软件求函数 $z = \arctan \dfrac{y}{x}$ 的 $\dfrac{\partial u}{\partial x}, \dfrac{\partial u}{\partial y}, \dfrac{\partial^2 u}{\partial x \partial y}$.

5. 利用 MATLAB 软件求下列函数在 $(1,2)$ 附近的极小值:

$$f(x, y) = x^4 + 2y^4 - 2x^2 - 12y^2 + 6.$$

6. 用 Taylor 命令观测函数 $y = f(x)$ 的 Maclaurin 展开式的前几项,然后在同一坐标系里作出函数 $y = f(x)$ 和它的 Taylor 展开式的前几项构成的多项式函数的图形,观测这些多项式函数的图形向 $y = f(x)$ 的图形逼近的情况:

(1) $f(x) = \arcsin x$;   (2) $f(x) = \arctan x$.

7. 设周期为 2π 的周期函数 $f(x)$ 在一个周期内的表达式为

$$f(x) = \begin{cases} -1, & -\pi \leqslant x < 0, \\ 1, & 0 \leqslant x \leqslant \pi. \end{cases}$$

试生成 $f(x)$ 的傅里叶级数,并从图上观察级数的部分和在 $[-\pi, \pi]$ 上逼近.

*第 15 章　数学建模初步

21 世纪是知识经济的时代,随着计算机技术的迅速发展. 数学的应用不仅在工程技术、自然科学等领域发挥着越来越重要的作用,而且以空前的广度和深度向经济、金融、生物、医学、环境、地质、人口、交通等新的领域渗透. 数学技术已经成为现代高新技术的重要组成部分,它是一种关键的、普遍的、能够实施的技术.

知识经济的发展,离不开高素质的创新型人才. 数学作为一门技术是创新型人才必须要具备的. 因此,现代大学数学教育的思想核心就是在保证打牢学生基础的同时,力求培养学生的创新意识与创新能力、应用意识与应用能力. 自 1992 年以来,教育部和中国工业与应用数学学会开始联合举办全国大学生**数学建模**(mathematical modeling)竞赛,这是具有远见卓识的历史壮举,它极大地推动了全国高校数学教育的改革、更新了数学教育的理念.

15.1　数学建模的方法与步骤

对于各种复杂的实际问题,当需要从定量的角度分析和研究时,建立**数学模型**(mathe-matical model)是一种十分有效并被广泛使用的工具或手段. 人们在深入调查研究并了解对象(原型)信息、作出简化假设、分析内在规律等工作的基础上,用数学的符号和语言,把它表述为数学式子,也就是数学模型;然后通过 Excel、Mathematica、Matlab、Lingo、Sas、Spss 等数学软件计算得到的模型结果来解释实际问题,并接受实际的检验. 这个建立数学模型的全过程就称为**数学建模**.

15.1.1　数学模型的分类

根据数学模型的数学特征和应用范畴,我们可将其进行分类,一般常见的有以下几种.

(1) 根据其应用领域,大体可分为人口模型、生态模型、交通模型、环境模型、水资源模型、城市规划模型、医学数学模型、经济数学模型等;

(2) 根据其数学方法,可将其分为初等数学模型、几何模型、微分方程模型、图论模型、规划模型、统计模型等;

(3) 根据模型的数学特性,可分为离散和连续模型、确定性和随机性模型、线性和非线性模型、静态和动态模型等;

(4) 根据建模目的,我们可将其分为分析、预测、决策、控制、优化模型等;

(5) 按对模型结构和参数的了解程度可分为白箱模型(模型结构和参数都是已知的)、灰箱模型(模型结构已知,但参数未知)、黑箱模型(模型结构和参数均未知).

我们实际建立模型时,模型的数学特征和使用的数学方法应该是重点考虑的对象,同时这也依赖于建模的目的. 例如微分方程模型可用于不同领域中的实际问题. 学习时应注意对不同问题建模时的数学抽象过程,数学技巧的运用,以及彼此之间的联系或差异. 一般情况下确定性的、静态的线性模型较易处理,于是在处理复杂的事物时,常将它们作为随机性的、动态的非线性问题的初步近似;同时连续变量离散化,离散变量作为连续变量来近似处理也是常用的手段.特别要说明的是对同一事物由于对问题的了解程度或建模目的不同,常可构造出完全不同的模型.

15.1.2　数学建模的基本方法

由数学模型的分类可知,建立数学模型的方法有很多,但从基本解法上可以归结为以下五种基本方法来考虑.

(1)机理分析方法:主要是根据人们对现实对象的了解和已有的知识、经验等,分析研究对象中各变量之间的因果关系,找出反映其内部机理的规律,使用这种方法的前提是我们对研究对象的机理有一定的了解;

(2)构造分析方法:首先建立一个合理的模型结构,再利用已知信息确定模型的参数,或直接用已知参数进行计算;

(3)直观分析方法:通过对直观图形、数据进行分析,对参数进行估计、计算,并对结果进行模拟计算;

(4)数值分析方法:对已知数据进行数据拟合,可选用插值方法、差分方法、样条函数方法、回归分析方法等;

(5)数学分析方法:用"现成"的数学方法建立模型,如图论、微分方程、规划论、概率统计方法等.

15.1.3　数学建模的过程及一般步骤

数学建模的建立过程可简略表示如图 15-1 所示.

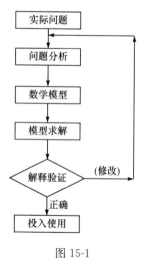

图 15-1

数学建模的建立过程没有固定的模式,它与问题的性质、建模的目的等有关,一般步骤如下.

1. 问题分析

数学建模的问题,通常都是来自于实际中的各个领域的实际问题,没有固定的方法和标准答案,因而既不可能明确给出该用什么方法,也不会给出恰到好处的条件,有时候所给出的问题本身就是模糊不清的,它往往与许多相关的问题交织在一起.因此,数学建模的第一步就应该是对所给的条件和数据进行分析,明确要解决的问题.通过对问题的分析,明确问题中所给出的信息、要完成的任务和所要做的工作、可能用到的知识和方法、问题的特点和限制条件、重点和难点、开展工作的程序和步骤等.同时,还要明确题目所给条件和数据在解决问题中的意义和作用、本质的和非本质的、必要的和非必要的等等.从而,可以在建模过程中,适当地对已有的条件和数据进行必要的简化或修改,也可以适当地补充一些必要的条件和数据.

分析过程中,将问题要点用文字记录下来,在其框架中标示出重点、难点,是一种好的思考方法;将问题结构化,即层层分解为若干子问题,会利于讨论、交流和修改,达到灵机一动、茅塞顿开的效果;要花费足够的时间查阅有关文献和进行调研分析,以尽量避免走不必要的弯路或误入歧途.

2. 模型假设

现实世界中的问题往往是比较复杂的,在从实际中抽象出数学问题的过程中,我们必须抓住主要因素,忽略一些次要因素,作出必要的简化或者理想化,用准确简练的语言文字给出表述,即模型的假设.这是十分困难的问题,也是建模过程中十分关键的一步,往往不可能一次完成,需要经过多次反复才能完成.

3. 模型建立

在建立模型之前,首先要明确建模的目的,因为对于同一个实际问题,出于不同的目的所建立的数学模型可能会有所不同.如果是为了描述或解释现实世界,可采用机理分析的方法,根据已有的知识和经验,分析出研究对象中各变量之间的因果关系,找出反映其内在规律即可;如果是为了预测预报,则常常采用概率方法、优化理论或模拟计算等方法;如果是为了优化管理、决策或控制等目的,则除了利用上述方法之外,还需要合理地引进一些量化的评价指标以及评价方法.对于实际中的一个复杂问题,往往是要综合运用多种方法和不同学科的知识来建立模型.在明确建模目的的基础上,根据所作的合理假设,分析研究对象的因果关系,用数学语言加以刻画,就可得到所研究问题的数学模型.

需要注意的是:当现有的数学方法还不能很好的解决所归结的数学问题时,需要针对数学模型的特点,对现有的方法进行改进或提出新的方法以适应需要.

4. 模型求解

不同的数学模型的求解方法一般是不同的,通常涉及不同数学分支的专门知识和方法,这就要求我们除了熟练地掌握一些数学知识和方法外,还应具备针对实际问题学习新知识的能力.同时,还应具备熟练的计算机操作能力,熟练掌握一门编程语言和一两个数学工具软件包的使用.一般情况下,对较简单的问题,应力求普遍性;对较复杂的问题,可从特殊到一般的求解思路来完成.

5. 模型分析与检验

模型求解之后,必须对解的实际意义进行分析,搞清楚它说明了什么,效果怎样,模型的使用范围如何等等.因为所求的解往往是通过数值解法得来,它不是精确解,所以要进行必要的误差分析和灵敏度分析等工作.

6. 模型改进

模型在检验中不断修正逐步走向完善,除了十分简单的情形外,模型的修改几乎是不可避免的.一旦在检验中发现问题,必须去考虑在建模时所作的假设和简化是否合理,这就要检查是否正确地描述了关于数学对象之间的相互关系和服从的客观规律.针对发现的问题相应地修改模型,然后再重复检验、修改,直到满意为止.

在完成以上每一步的过程中,应该把你的主要思路和工作写下来.当所有工作完成之后,实际问题已得到较为满意的解决,接下来就要完成论文写作.论文要力图通俗易懂,让读者明白你是怎么分析的,你用的什么方法,解决了什么问题,结果如何,有什么特色和亮点.论文的表述要清晰、主题要明确、论述要严密、层次要分明、重点要突出,要符合科技论文的写作规范.还需要注意的是:切不可堆积改进中的多个模型,需要挑出一个或者两个你认为比较满意的模型叙述完整.

15.2 全国大学生数学建模竞赛简介

15.2.1 全国大学生数学建模竞赛的历史发展与现状

大学生数学建模竞赛最早是 1985 年在美国出现的,1989 年在几位从事数学建模教育的教师的组织和推动下,我国几所大学的学生开始参加美国的竞赛,而且积极性越来越高,近几年参赛校数、队数占到相当大的比例.可以说,数学建模是在美国诞生、在中国开花结果的.

1992 年由中国工业与应用数学学会组织举办了我国 10 座城市的大学生数学模型联赛,74 所院校的 314 个队参加.教育部领导及时发现,并扶植、培育了这一新生事物,决定从 1994 年起由教育部高教司和中国工业与应用数学学会共同主办**全国大学生数学建模竞赛**(China Undergraduate Mathematical Contest in Modeling,简称 CUMCM),每年一届.

CUMCM 在每年的 9 月份以通讯形式进行,每 3 名大学生组成一个代表队,配指导教师,全国统一规定时间在网上公布 A、B、C、D 四道赛题,本科组从 A、B 中任选一道,专科组从 C、D 中任选一道.参赛者选定题目后,在 3 天共 72 小时内,可以自由地收集资料、调查研究、使用计算机和任何软件,最后完成一篇包括模型的假设、建立和求解、计算方法的设计和计算机实现、结果的分析和检验、模型的改进等内容的论文,打印装订并由巡考教师送交赛区评委会.

二十年来,这项竞赛的规模以平均增长 25% 以上的速度发展.

2009 年全国有 33 个省/市/自治区(包括香港和澳门特区)1137 所院校、15046 个队(其中甲组 12276 队,乙组 2770 队)、4 万 5 千多名来自各个专业的大学生参加竞赛(其中西藏和澳门首次参赛).

2011 年高教社杯全国大学生数学建模竞赛已圆满结束.今年全国有 33 个省/市/自治区(包括香港和澳门特区)及新加坡、美国、伊朗的 1251 所院校、19490 个队(其中本科组 16008 队、专科组 3482 队)、5 万 8 千多名来自各个专业的大学生参加竞赛.

15.2.2 全国大学生数学建模竞赛的宗旨与目的

全国大学生数学建模竞赛的竞赛宗旨是:创新意识,团队精神,重在参与,公平竞争;指导原则是:扩大受益面,保证公平性,推动教学改革,提高竞赛质量,扩大国际交流,促进科学研究.

在宗旨和原则的指导下,数学建模是以竞赛的方式培养大学生应用数学、计算机及相应数学软件、结合专业知识分析和解决实际问题的能力;培养学生不怕吃苦、敢于战胜困难的坚强意志;培养自律、团结的优秀品质;提高学生的想象力和洞察力;激发学生学习数学、应用数学的激情;培养和锻炼学生的创新能力、自学能力和初步的科研能力,以及组织、协调、管理的能力.

竞赛让学生面对一个从未接触过的实际问题,运用数学方法和计算机技术加以分析、解决,他们必须开动脑筋、拓宽思路,充分发挥创造力和想象力,这使得学生的创新意识及主动学习、独立研究的能力得到培养.竞赛紧密结合社会热点问题,富有挑战性,吸引着学生关心、投身国家的各项建设事业,培养他们理论联系实际的学风.

竞赛需要学生在很短时间内获取与赛题有关的知识,锻炼了他们从互联网和图书馆查阅文献、收集资料的能力,也提高了他们撰写科技论文的文字表达水平.

竞赛要三个同学共同完成一篇论文,他们在竞赛中要分工合作、取长补短、求同存异,既有相互启发、相互学习,也有相互争论,培养了学生们同舟共济的团队精神和进行协调的组织能力.

竞赛是开放型的,三天中没有或者很少有外部的强制约束,同学们要自觉地遵守竞赛纪律,公平地开展竞争.诚信意识和自律精神是建设和谐社会的基本要素之一,同学们能在竞赛中得到这种品格锻炼对他们的一生都是非常有益的.

15.3　微积分模型

15.3.1　椅子问题

微积分在生活实际中有着广泛的应用,连续函数是它的一个重要知识点,连续函数的介值性是解决存在性问题的一个有效工具.介值性指的是:如果函数 $f(x)$ 在闭区间 $[a,b]$ 上连续,其最大值为 M,最小值为 m,那么对于满足 $m \leqslant c \leqslant M$ 的实数 c,必存在 $\xi \in [a,b]$,使得 $f(\xi) = c$.以下用生活中有趣的椅子问题,来说明这个性质的应用.

问题提出:在日常生活中,到处都会遇到数学问题,就看我们是否留心观察和善于联想.就拿放平椅子来说吧,由于地面凹凸不平,椅子难于一次放稳(四脚同时着地),因此,有人提出如下问题.

四条腿长度相等的方椅放在不平的地面上,四条腿能否同时着地?

1. 问题分析

初看这个问题与数学毫不相干,怎样才能把它抽象成一个数学问题呢? 在简单条件下答案是肯定的,其证明体现了想像力所发挥的卓越作用.

该问题的关键是要用数学语言把条件及结论表示出来,需运用直观和空间的方式来思考.

椅子面中心不动,每条腿的着地点视为几何学上的点,可用字母表示,四个点可以连接成正方形,对角线连线分别看作坐标系中的两个坐标轴,把转动椅子看作坐标轴的旋转.

2. 模型假设

在分析的基础上,我们作如下假设.

(1) 椅子:四腿长度相同并且四脚连线呈正方形.

(2) 地面:略微起伏不平的连续变化的曲面.

(3) 着地:点接触,在地面任意位置处椅子应至少有三只脚同时落地.

上述假定表明方椅是正常的,排除了地面有坎和椅子剧烈升降等异常情况.

3. 模型建立

假设椅子面中心不动,每条腿的着地点视为几何学上的点,用 A、B、C、D 表示,把 AC 和 BD 连线分别看作坐标系中的 x 轴和 y 轴,把转动椅子看作坐标轴的旋转,如图 15-2 所示. θ 表示对角线 AC 转动后与初始位置 x 轴的夹角,以 $g(\theta)$ 表示 A、C 两腿与地面距离之和,$f(\theta)$ 表示 B、D 两腿与地面距离之和,$f(\theta)$,$g(\theta)$ 皆为连续函数.因三条腿总能同时着地,所以有

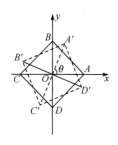

$$f(\theta) \cdot g(\theta) = 0.$$

不妨设在初始位置 $\theta = 0$ 时,

图 15-2

$$f(0) > 0, \quad g(0) = 0,$$

根据对称性,将椅子转动 $\dfrac{\pi}{2}$ 角度后,AC 与 BD 位置交换,就有

$$f\left(\frac{\pi}{2}\right) = 0, \quad g\left(\frac{\pi}{2}\right) > 0,$$

这样椅子问题抽象成如下的初等模型.

已知 $f(\theta)$,$g(\theta)$ 为连续函数,$f(0) > 0$,$g(0) = 0$ 且对任意的 θ,有

$$f(\theta) \cdot g(\theta) = 0. \tag{15.1}$$

证明存在 θ_0,使得

$$f(\theta_0) = g(\theta_0) = 0, \quad 0 < \theta_0 < \frac{\pi}{2}. \tag{15.2}$$

4. 模型求解

令 $F(\theta) = f(\theta) - g(\theta)$,则 $F(\theta)$ 在闭区间 $\left[0, \dfrac{\pi}{2}\right]$ 上连续,且有

$$F(0) = f(0) - g(0) > 0,$$

将椅子转动 $\dfrac{\pi}{2}$ 的角度后,AC 与 BD 位置交换,此时有

$$F\left(\frac{\pi}{2}\right) = f\left(\frac{\pi}{2}\right) - g\left(\frac{\pi}{2}\right) < 0.$$

由连续函数的介值定理(这里用到的是特殊情况,实际上是零点定理),存在 $\theta_0 \in \left(0, \dfrac{\pi}{2}\right)$,使得 $F(\theta_0) = 0$,即

$$f(\theta_0) = g(\theta_0) = 0, \quad 0 < \theta_0 < \frac{\pi}{2}.$$

5. 模型分析

由模型的求解结果知,存在 θ_0 方向,椅子四条腿能同时着地.实际上应该是:如果地面为光滑曲面,则四条腿一定可以同时着地;反之,如果地面不是光滑的曲面,则结论未必成立.

点评：椅子问题的解决抓住了问题的本质，在合理的假设下（椅子面中心不动，对角线看成坐标轴），将椅子转动与坐标轴旋转联系起来，将腿与地面的距离用 θ 的连续函数表示．由三点确定一个平面得 $f(\theta) \cdot g(\theta) = 0$，又根据连续函数介值定理使这一问题解决得非常巧妙而简单．介值定理的一个关键条件的满足是利用了对称性．

15.3.2　洗衣服中的数学

问题提出：设洗衣服时，衣服已打好了肥皂，揉搓得很充分了，再拧一拧，衣服中还残留着水分．设衣服上还残留含有污物的水 1 千克，现用 20 千克清水来漂洗，而且在每次洗涤中，污物都能充分均匀地溶于水中，问怎样漂洗才能洗得更干净？

1. 问题分析

把衣服一下子放到 20 千克清水中，连同衣服上那 1 千克污水，一共 21 千克水．污物均匀分布在这 21 千克水里．拧"干"后，衣服上还有 1 千克水，所以污物残存量是原来的 $\frac{1}{21}$．若把 20 千克水分两次用，比如第一次用 5 千克，第二次用 15 千克，同理可得污物残存量是原来的 $\frac{1}{96}$；再比如第一次用 10 千克水，第二次用 10 千克水，污物残存量则是原来的 $\frac{1}{121}$．

这个效果是不是最好的呢？需要把问题一般化后进行分析研究．

2. 问题一般化

设衣服刚开始洗时被拧干后残存的水量为 w 千克，其中含有污物 m_0 千克，而且衣服每次经洗涤并充分拧干后残存水量也都是 w 千克．设漂洗用的清水为 A 千克，把 A 千克水分成 n 次使用，每次用量依次是 $a_1, a_2, \cdots, a_n$（千克）．

经过 n 次漂洗后，衣服上还有多少污物呢？怎样合理使用这 A 千克水，才能把衣服洗得最干净？（残留污物量最少）

3. 模型建立与求解

考察第一次，把带有 m_0 千克污物的 w 千克水的衣服放到 a_1 千克水中，充分搓洗拧干后，由于 m_0 千克污物均匀分布于 $(w+a_1)$ 千克水中，所以衣服上残留的污物量 m_1 与残留的水量 w 成正比，即

$$\frac{m_1}{m_0} = \frac{w}{w+a_1},$$

由此得

$$m_1 = m_0 \cdot \frac{w}{w+a_1} = \frac{m_0}{1+\dfrac{a_1}{w}}. \tag{15.3}$$

依此类推，当衣服漂洗 n 次后，残留的污物量 m_n 为

$$m_n = \frac{m_0}{\left(1+\dfrac{a_1}{w}\right)\left(1+\dfrac{a_2}{w}\right)\cdots\left(1+\dfrac{a_n}{w}\right)}. \tag{15.4}$$

从上式可知：

（1）原来衣服上残留的污物 m_0 越多，最后残存的污物 m_n 也会越多（衣服越脏越难洗净，这与实际情况一致）；

（2）原有的污水量 w 越小，m_n 也会越小，即每次拧得越"干"，最后残余污物会越少. 这与我们的生活常识也是一致的.

对于固定的 n，由 $a_1+a_2+\cdots+a_n=A$，根据算术－几何平均不等式，有

$$\left(1+\frac{a_1}{w}\right)\left(1+\frac{a_2}{w}\right)\cdots\left(1+\frac{a_n}{w}\right)\leqslant\left\{\frac{1}{n}\left[\left(1+\frac{a_1}{w}\right)+\left(1+\frac{a_2}{w}\right)+\left(1+\frac{a_n}{w}\right)\right]\right\}^n=\left(1+\frac{A}{nw}\right)^n,$$

$$(15.5)$$

当 $a_1=a_2=\cdots=a_n=\dfrac{A}{n}$ 时，取等号.

这表明当每次用水量均为 $\dfrac{A}{n}$ 时，残留的污物量 m_n 取得最小值，即此时衣服洗得最干净.

若把洗 n 次后残留的最小污物量记为 m_n^*，则

$$m_n^*=\frac{m_0}{\left(1+\dfrac{A}{nw}\right)^n},$$

同理

$$m_{n+1}^*=\frac{m_0}{\left[1+\dfrac{A}{(n+1)w}\right]^{n+1}}.$$

由算术-几何平均不等式，可得

$$\left(1+\frac{A}{nw}\right)^n\cdot1\leqslant\left\{\frac{1}{n+1}\left[n\left(1+\frac{A}{nw}\right)+1\right]\right\}^{n+1}=\left[1+\frac{A}{(n+1)w}\right]^{n+1},\qquad(15.6)$$

所以 $m_n^*>m_{n+1}^*$. 这表明，对于给定的水量，把水分成 $n+1$ 次用，要比分成 n 次用更干净.

进一步，当水量 A 一定时，是不是只要洗的次数 n 足够多，就可以使 m_n^* 任意小呢？即当 $n\to\infty$ 时，$m_n\to0$ 吗？

由于 $n\to\infty$ 时，$\lim\limits_{n\to\infty}\left(1+\dfrac{1}{n}\right)^n=\mathrm{e}$. 因此，只要令 $\dfrac{A}{nw}=\dfrac{1}{k}$，就有 $n=k\cdot\dfrac{A}{w}$，当 $n\to\infty$ 时，$k\to\infty$，那么

$$\lim_{n\to\infty}m_n^*=\lim_{n\to\infty}\frac{m_0}{\left(1+\dfrac{A}{nw}\right)^n}=\lim_{k\to\infty}\frac{m_0}{\left[\left(1+\dfrac{1}{k}\right)^k\right]^{\frac{A}{w}}}=\frac{m_0}{\mathrm{e}^{\frac{A}{w}}}.\qquad(15.7)$$

这表明，m_n^* 不是无穷小量，即当总水量 A 一定时，无论分多少次漂洗，也做不到一点污物都不残留.

4. 模型分析

由 $\lim\limits_{n\to\infty}m_n^*=\dfrac{m_0}{\mathrm{e}^{\frac{A}{w}}}$ 可知，若总水量 A 充分大，且洗的次数充分多时，可以使 m_n^* 任意小. 但

这与节约用水相矛盾,实际上也不必要.

事实上,当 $A:w=4:1$ 时,残余物最小值可达

$$m_n{}^* \approx \frac{m_0}{e^{\frac{A}{w}}} \approx \frac{m_0}{(2.718)^4} \approx 0.018 m_0,$$

而且由于 $\left(1+\dfrac{A}{nw}\right)^n$ 当 n 增大时收敛得很快,因此只要将水分成不多的几等份就可以了.由计算得知,通常将水等分为二至四份,脏物的残留量就很少了,所以自动洗衣机设定的三次漂洗并不是因为怕麻烦,而是脏物的漂洗已经达到了理想要求.

15.3.3 通信卫星的电波覆盖的地球面积

1. 问题提出

将通信卫星发射到赤道的上空,使它位于赤道所在的平面内.如果卫星自西向东地绕地球飞行一周的时间正好等于地球自转一周的时间,那么它始终在地球某一个位置的上空,即相对静止的.这样的卫星称为地球同步卫星.

试计算该卫星的电波所能覆盖的地球的表面积.

2. 条件假设

(1) 把地球看作一个球体,且不考虑其他天体对卫星的影响;

(2) 设地球的半径 R 为 6371km;

(3) 地球自转的角速度 $\omega = \dfrac{2\pi}{24 \times 3600}$,由于卫星绕地球飞行一周的时间,正好等于地球自转一周的时间,因此 ω 也就是卫星绕地球飞行的角速度;

(4) 设卫星离地面的高度 h,要使卫星不会脱离其预定轨道,卫星所受地球的引力必须与它绕地球飞行所受的离心力相等,即

$$\frac{GMm}{(R+h)^2} = m\omega^2(R+h), \tag{15.8}$$

其中 M 为地球的质量,m 为卫星的质量,G 是引力常数;

(5) 重力加速度(即在地面的单位质量所受的引力)

$$g = \frac{GM}{R^2}. \tag{15.9}$$

3. 模型建立与求解

先确定卫星离地面的高度 h.

由(15.8)、(15.9)式可得

$$(R+h)^3 = \frac{GM}{\omega^2} = \frac{GM}{R^2} \cdot \frac{R^2}{\omega^2} = g\frac{R^2}{\omega^2},$$

于是

$$h = \sqrt[3]{g\frac{R^2}{\omega^2}} - R. \tag{15.10}$$

将 $R=6371000, \omega=\dfrac{2\pi}{24\times3600}, g=9.8$ 代入上式,就得到卫星离地面的高度为

$$h=\sqrt[3]{9.8\times\dfrac{6371000^2\times24^2\times3600^2}{4\pi^2}}-6371000\approx36000000(\text{m})=36000(\text{km}).$$

计算卫星的电波所覆盖的地球表面的面积.

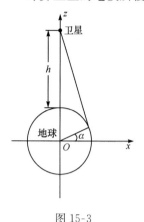

图 15-3

为了计算卫星的电波所覆盖的地球表面的面积,取地心为坐标原点.取过地心与卫星中心、方向从地心到卫星中心的有向直线为 z 轴(如图 15-3 所示,为简明起见,只画出了 xz 平面),则卫星的电波所覆盖的地球表面的面积为

$$S=\iint\limits_{\Sigma}\mathrm{d}S,\qquad(15.11)$$

其中 Σ 是上半球面 $x^2+y^2+z^2=R^2(z\geqslant0)$ 上满足 $z\geqslant R\sin\alpha$ 的部分,即

$$\Sigma:z=\sqrt{R^2-x^2-y^2},\ x^2+y^2\leqslant R^2\cos^2\alpha.$$

利用第一类曲面积分的计算公式得

$$S=\iint\limits_{D}\sqrt{1+\left(\dfrac{\partial z}{\partial x}\right)^2+\left(\dfrac{\partial z}{\partial y}\right)^2}\mathrm{d}x\mathrm{d}y=\iint\limits_{D}\dfrac{R}{\sqrt{R^2-x^2-y^2}}\mathrm{d}x\mathrm{d}y,$$

这里 D 为 xy 平面上区域 $\{(x,y)\,|\,x^2+y^2\leqslant R^2\cos^2\alpha\}$. 利用极坐标变换得

$$S=\int_0^{2\pi}\mathrm{d}\theta\int_0^{R\cos\alpha}\dfrac{R}{\sqrt{R^2-\rho^2}}\rho\mathrm{d}\rho=2\pi R(-\sqrt{R^2-\rho^2})\Big|_0^{R\cos\alpha}=2\pi R^2(1-\sin\alpha).$$

$$(15.12)$$

因为 $\sin\alpha=\dfrac{R}{R+h}$,所以

$$S=2\pi R^2\dfrac{h}{R+h}=2\pi\times6371000^2\times\dfrac{36000000}{6371000+36000000}$$

$$=2.16575\times10^{14}(\text{m}^2)=2.16575\times10^8(\text{km}^2).$$

由于

$$S=2\pi R^2\dfrac{h}{R+h}=4\pi R^2\dfrac{h}{2(R+h)},$$

且 $4\pi R^2$ 正是地球的表面积,而

$$\dfrac{h}{2(R+h)}=\dfrac{36000000}{2(6371000+36000000)}\approx0.4248,\qquad(15.13)$$

因此,卫星的电波覆盖了地球表面三分之一以上的面积. 从理论上说,只要在赤道上空使用三颗相间 $\dfrac{2\pi}{3}$ 的通讯卫星,它们的电波就可以覆盖几乎整个地球表面.

15.3.4　万有引力定律的发现

1609 年至 1619 年间,德国天文学家开普勒(Kepler)提出了著名的"行星运动三大定律":

　　(1) 行星在椭圆轨道上绕太阳运动,太阳在此椭圆的一个焦点上;

　　(2) 从太阳到行星的向径在相等的时间内扫过相等的面积;

　　(3) 行星绕太阳公转周期的平方与其椭圆轨道的半长轴的立方成正比.

　　伟大的英国科学家牛顿(Newton)在开普勒行星运动三定律和牛顿第二定律的基础上,以微积分为工具经过数学演绎导出了著名的万有引力定律. 这一创造性的成就成功地解释和预测了许多天文现象,并为一系列观测和实验所证实,是科学史上最杰出的范例之一,至今仍为人们所津津乐道.

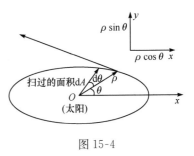

图 15-4

　　对任意一个确定的行星,以太阳(椭圆的一个焦点)为极点,椭圆的长轴为极轴建立如图 15-4 所示的极坐标系 (ρ, θ),ρ 表示行星位置,它依赖于转角 $\theta = \theta(t)$,即表示时刻 t 行星与太阳的距离.

　　开普勒行星运动三定律和牛顿第二定律是导出万有引力定律的基础,首先将其表述为假设条件.

1. 模型假设

　　(1) 行星椭圆轨道方程为

$$\rho = \frac{p}{1 - e\cos\theta},$$

这里 $p = \dfrac{b^2}{a}$ 是焦参数,$e = \sqrt{1 - \dfrac{b^2}{a^2}}$ 是离心率,a 和 b 是椭圆的半长轴和半短轴.

　　(2) 单位时间内向径 $\vec{\rho}$ 扫过的面积一定,即

$$\mathrm{d}A = \frac{1}{2}\rho^2 \mathrm{d}\theta,$$

这里 A 依赖于具体的行星.

　　(3) 行星运动周期 T 满足 $\dfrac{T^2}{a^3} =$ 常数.

　　(4) 行星运动受力 $\boldsymbol{F} = m\boldsymbol{a}$,这里的 m 是行星的质量,$\boldsymbol{a}$ 是向心加速度.

2. 模型建立与求解

　　由开普勒第二运动定律,单位时间内向径 $\boldsymbol{\rho}$ 扫过的面积

$$\frac{\mathrm{d}A}{\mathrm{d}t} = \frac{1}{2}\rho^2 \frac{\mathrm{d}\theta}{\mathrm{d}t} = \frac{1}{2}\rho^2\omega = 常数,$$

这里 $\omega = \dfrac{\mathrm{d}\theta}{\mathrm{d}t}$ 表示行星运动的角速度.

　　经过时间 T 向径 $\boldsymbol{\rho}$ 所扫过的面积恰为整个椭圆的面积 πab,即

$$\pi ab = \int_0^T \frac{\mathrm{d}A}{\mathrm{d}t}\mathrm{d}t = \frac{1}{2}\rho^2\omega T,$$

因此

$$\rho^2\omega=\frac{2\pi ab}{T},$$

两边对 t 求导后得到

$$(\rho^2\omega)'=2\rho\dot\rho\,\omega+\rho^2\,\dot\omega=0,$$

即

$$2\dot\rho\omega+\rho\dot\omega=0. \tag{15.14}$$

这里,记行星沿向径方向的速度和加速度分别为 $\dfrac{\mathrm{d}\rho}{\mathrm{d}t}=\dot\rho$ 和 $\boldsymbol a=\dfrac{\mathrm{d}^2\rho}{\mathrm{d}t^2}=\ddot\rho$(称为径向速度和径向加速度),角加速度为 $\dfrac{\mathrm{d}\omega}{\mathrm{d}t}=\dot\omega$(用字母上面加点表示对 t 的导数是牛顿的记号),则行星在 x 方向和 y 方向上的加速度分量分别为

$$\begin{aligned}\frac{\mathrm{d}^2(\rho\cos\theta)}{\mathrm{d}t^2}&=\ddot\rho\cos\theta-2\dot\rho\omega\sin\theta-\rho[\dot\omega\sin\theta+\omega^2\cos\theta]\\&=(\ddot\rho-\rho\omega^2)\cos\theta-(2\dot\rho\omega+\rho\dot\omega)\sin\theta\\&=(\ddot\rho-\rho\omega^2)\cos\theta,\\\frac{\mathrm{d}^2(\rho\sin\theta)}{\mathrm{d}t^2}&=\ddot\rho\sin\theta+2\dot\rho\omega\cos\theta+\rho[\dot\omega\cos\theta-\omega^2\sin\theta]\\&=(2\dot\rho\omega+\rho\dot\omega)\cos\theta+(\ddot\rho-\rho\omega^2)\sin\theta\\&=(\ddot\rho-\rho\omega^2)\sin\theta.\end{aligned}$$

记 $\boldsymbol\rho_0=\dfrac{\boldsymbol\rho}{\rho}=(\cos\theta,\sin\theta)$ 是 $\boldsymbol\rho$ 方向上的单位向量,于是,得到加速度向量

$$\boldsymbol a=(\ddot\rho-\rho\omega^2)\boldsymbol\rho_0, \tag{15.15}$$

即行星在任一点的加速度的方向恰与它的向径同向,加速度的值为 $\ddot\rho-\rho\omega^2$.

为了求出 $\ddot\rho-\rho\omega^2$,对椭圆方程

$$p=\rho(1-e\cos\theta)$$

两边求二阶导数,注意到 p 是焦参数即常数,

$$\begin{aligned}0=\ddot p&=\ddot\rho(1-e\cos\theta)+2\dot\rho(e\omega\sin\theta)+\rho e(\dot\omega\sin\theta+\omega^2\cos\theta)\\&=\ddot\rho-(\ddot\rho-\rho\omega^2)e\cos\theta+(2\dot\rho\omega+\rho\dot\omega)e\sin\theta\\&=\ddot\rho-(\ddot\rho-\rho\omega^2)e\cos\theta\\&=(\ddot\rho-\rho\omega^2)(1-e\cos\theta)+\rho\omega^2\\&=\frac{\ddot\rho-\rho\omega^2}{\rho}\cdot p+\rho\omega^2,\end{aligned}$$

所以

$$\ddot\rho-\rho\omega^2=-\frac{(\rho^2\omega)^2}{\rho^2}\cdot\frac1p=-\frac{4\pi^2a^2b^2}{T^2}\frac{a}{b^2}\cdot\frac1{\rho^2}=-4\pi^2\cdot\frac{a^3}{T^2}\cdot\frac1{\rho^2}. \tag{15.16}$$

最后,由牛顿第二运动定律和开普勒第三定律即 $\dfrac{a^3}{T^2}=$ 常数,便有

$$\boldsymbol F=m\boldsymbol a=(\ddot\rho-\rho\omega^2)\boldsymbol\rho_0=-\left(\frac{4\pi^2}{M}\cdot\frac{a^3}{T^2}\right)\cdot\frac{Mm}{\rho^2}\boldsymbol\rho_0$$

$$= -\left(\frac{4\pi^2}{M}\cdot\frac{a^3}{T^2}\right)\cdot\frac{Mm}{\rho^2}\boldsymbol{\rho}_0 = -G\frac{Mm}{\rho^2}\boldsymbol{\rho}_0, \tag{15.17}$$

这里 M 是太阳的质量,

$$G = \frac{4\pi^2}{M}\frac{a^3}{T^2}\approx 6.67\times 10^{-11}\quad(\text{N}\cdot\text{m}^2/\text{kg}^2)$$

称为**万有引力常量**.

3. 模型分析

(1) 行星受力 F 的方向与向径 $\boldsymbol{\rho}_0$ 相反,即沿太阳与行星连线反向指向太阳.

(2) 力 F 的大小与行星质量成正比,且与太阳和行星间的距离 ρ 的平方成反比.

导出万有引力定律是人类历史上最成功的数学模型之一,它的结论为以后一系列的观测和实验数据所证实(其中最为人津津乐道的是发现海王星),它的适用范围从天体运动一直延展到微观世界,令人信服地定量地解释了许多既有的物理现象,并成为探索未知世界的有力工具.

习　题　15.3

1. 生活中,除了 4 脚连线呈正方形的椅子,还有 4 脚连线呈长方形的椅子.假若将 4 脚连线呈正方形改为长方形,模型如何改进?

2. 在超市购物时你注意大包比小包便宜这种现象吗? 比如洁银牙膏 50g 装的每支 1.50 元,120g 装的每支 3.00 元,二者单位重量的价格比是 1.2:1,试用比例方法构造模型解释这个现象.

(1) 分析商品价格 c 与商品重量 w 的关系.价格由生产成本、包装成本和其他成本等决定,这些成本中有的与重量 w 成正比,有的与表面积成正比,还有与 w 无关的因素.

(2) 给出单位重量价格 c_0 与 w 的关系,画出它的简图,说明 w 越大 c_0 就越小,但是随着 w 的增加 c_0 减少的程度变小.解释实际意义是什么.

3. 雨滴匀速下降,空气阻力与雨滴表面积和速度的平方成正比,试确定雨速与雨滴质量的关系.

4. 设有一高度为 $h(t)$(t 为时间)的雪堆在溶化过程中,其侧面满足方程(设长度单位为 cm,时间单位为 h)

$$z = h(t) - \frac{2(x^2+y^2)}{h(t)},$$

已知体积减少的速率与侧面积成正比(比例系数 0.9).问高度为 130cm 的雪堆全部融化需要多少时间?

15.4　微分方程模型

15.4.1　传染病的传播

20 世纪初,鼠疫、霍乱、伤寒和天花等瘟疫在地球上曾肆虐一时,给人类的生存和发展带来了严重的危害.

认识传染病的传播规律,对防止传染病的蔓延具有十分重要的现实意义,被传染的人数与哪些因素有关? 如何预报传染病高峰的到来? 为什么同一地区同一种传染病每次流行时的人数大致相同? 这些问题自然引起了当时的一些科学工作者的极大的关注和浓厚的兴趣.

传染病的流行涉及医学、社会、民族、风俗等众多的因素,这是一复杂的社会现象,而纯粹的医学模型是难以作出满意的解答的.科学家们从病人康复的统计数据入手,进行了宏观分析,即在对问题进行合理简化的基础上,抓主要矛盾,从而构造出传染病的传播模型.

近些年来,随着卫生设施的改善,医疗水平的不断提高等,人类在传染病的控制和预防方面取得了很大的进步,但仍有某些传染病比如艾滋病等,还未得到很好的控制.2003 年春在我国及其他国家出现的非典型肺炎(SARS)更说明了对传染病的传染模型进一步研究的必要性.

传染病传播的几个模型历经了从简单到复杂不断改进的过程,这对我们认识数学建模的全过程具有重要的启迪作用.

由于所考虑的地区人口数量基本稳定,故可视为闭域,即设总人数为常数 n,既不考虑出生与年老死亡,也不考虑迁移.时间单位以天计,t 时刻病人数记为 $p(t)$,初始病人数为 $p(t_0) = p_0$.当 n 远远大于 1 时,该离散问题可用连续问题来近似处理.需要用到机理分析的方法.

1. 模型 I(指数模型)

因为 $p(t)$ 是某地区的病人数量函数,所以在单位时间中的病人增长数即病人增长速率应为病人数量函数的导数 $p'(t)$.

显然,某一时刻的病人数量越多,在单位时间中的病人增长数也就越多.假定这两者成比例关系,设比例系数为 λ(可以根据以往数据和经验得到),则模型为一阶线性微分方程

$$\begin{cases} p'(t) = \lambda p(t), \\ p(t_0) = p_0. \end{cases} \tag{15.18}$$

将"$p'(t) = \lambda p(t)$"写成微分形式 $\dfrac{\mathrm{d}p}{p} = \lambda \mathrm{d}t$,得到

$$\ln p = \lambda t + C \text{ 或 } p = C_1 e^{\lambda t},$$

其中 $C_1 = e^C$.令 $t = t_0$ 并利用初值条件 $p(t_0) = p_0$,可以定出 $C_1 = p_0 e^{-\lambda t_0}$,最终得到人口数量函数

$$p(t) = p_0 e^{\lambda(t - t_0)}. \tag{15.19}$$

该指数模型属于最简单的增长模型,这种类型的模型在人口模型中也会遇到,即著名的**马尔萨斯(Malthus)模型**.作为人类史上的第一个人口模型,它是由马尔萨斯在 1798 年提出的(请读者自己考虑模型中每个符号的意义).由于粗糙,模型 I 在早期与实际情况尚接近,而中、晚期估计则出入较大,特别地,当 $t \to \infty$ 时,$p(t) \to \infty$,与 n 有限矛盾,更是不可能.一个重要的原因在于未考虑健康人数的不断减少,λ 为常数不符合实际.

2. 模型 II(SI 模型)

假设人群分为易感染者(susceptible)和已感染者(infective)两类,仍不考虑出生与年老死亡.时刻 t 这两类人的数量分别记为 $s(t)$ 和 $p(t)$,假设每个感染者单位时间内可使 $\lambda \dfrac{s(t)}{n}$ 个易感染者成为已感染者,因为已感染者人数为 $p(t)$,所以单位时间共有 $\lambda \dfrac{s(t)}{n} p(t) = \lambda\left(1 - \dfrac{p(t)}{n}\right) p(t)$ 个被感染,于是 $\lambda\left(1 - \dfrac{p(t)}{n}\right) p(t)$ 就是已感染者人数 $p(t)$ 的增长速率,即有模型

$$\begin{cases} p'(t)=\lambda\left(1-\dfrac{p(t)}{n}\right)p(t), \\ p(t_0)=p_0. \end{cases} \tag{15.20}$$

此模型属于可分离变量的微分方程,分离变量,然后两端在 $[t_0,t]$ 上积分,得

$$\int_{p_0}^{p}\frac{\mathrm{d}p}{np-p^2}=\frac{\lambda}{n}\int_{t_0}^{t}\mathrm{d}t,$$

利用有理函数的积分即可解出

$$p(t)=\frac{n}{1+\left(\dfrac{n}{p_0}-1\right)\mathrm{e}^{-\lambda(t-t_0)}}, \tag{15.21}$$

当 $t\to+\infty$ 时, $p(t)\to n$.

根据几何－算术平均值不等式得,

$$p'(t)=\lambda\left(1-\frac{p(t)}{n}\right)p(t)=\frac{\lambda}{n}(n-p(t))p(t)\leqslant\frac{\lambda}{n}\left[\frac{n-p(t)+p(t)}{2}\right]^2=\frac{\lambda n}{4},$$

其中 $n-p(t)=p(t)$,即 $p(t)=\dfrac{n}{2}$ 时,取等号.

由此可知,当 $p(t)=\dfrac{n}{2}$ 时, $p'(t)$ 达到最大值,此时 $t=t_0+\lambda^{-1}(\ln p_0-\ln n)$.

于是,当 $t=t_0+\lambda^{-1}(\ln p_0-\ln n)$ 时,病人增加得最快,这是传染病的高峰期,是医疗卫生部门关注的时刻.(令 $p''(t)=0$ 解出 $p'(t)$ 的驻点,然后判断驻点既是极大值点又是最大值点也可得到此结论.)

但是,该模型过于简单,因为人群中的健康者只能变成病人,病人不会再变成健康者,导致所有人终将被传染,全部变成病人,即当 $t\to\infty$ 时, $p(t)\to n$ 知,这显然不符合实际.

该模型也是著名的 **Loistic 人口模型**,它是由荷兰数学生物学家 Verhulst 在 1837 年第一个引进的,美国和法国都曾用这个模型预测过人口,结果是令人满意的.

模型

$$\begin{cases} p'(t)=\lambda\left(1-\dfrac{p(t)}{n}\right)p(t), \\ p(t_0)=p_0 \end{cases}$$

等价于

$$\begin{cases} \left[\dfrac{p(t)}{n}\right]'=\lambda\left(1-\dfrac{p(t)}{n}\right)\dfrac{p(t)}{n}, \\ \dfrac{p(t_0)}{n}=\dfrac{p_0}{n}. \end{cases} \tag{15.22}$$

如果记 $\dfrac{p(t)}{n}=i,\dfrac{p(t_0)}{n}=i_0$ 则 i 表示已感染者在总人口中所占的比例,上面的模型可以改写成

$$\begin{cases} \dfrac{\mathrm{d}i}{\mathrm{d}t}=\lambda(1-i)i, \\ i(t_0)=i_0. \end{cases} \tag{15.23}$$

此模型称为 SI 模型,易知其解为

$$i(t) = \frac{1}{1 + \left(\dfrac{1}{i_0} - 1\right) e^{-\lambda(t-t_0)}}. \tag{15.24}$$

我们可以用类似于上面的方法分析，或者先画出 $i(t)$ 与 t 的关系图，然后通过曲线的变化趋势进行分析，从而得到前面的结论.

3. 模型 Ⅲ（SIS 模型）

有些传染病如伤风、痢疾等愈合后免疫力很低，可以假定无免疫性，于是病人被治愈后变成健康者，健康者还可以被感染再变成病人，所以这个模型称为 SIS 模型.

SIS 模型在 SI 模型的基础上增加一个假设：病人每天被治愈的人数占病人总数的比例为 μ，病人治愈后成为仍可被感染的健康者. 于是，SI 模型应修正为

$$\begin{cases} \dfrac{\mathrm{d}i}{\mathrm{d}t} = \lambda(1-i)i - \mu i, \\ i(t_0) = i_0. \end{cases} \tag{15.25}$$

当 $\lambda = \mu$ 时，该模型为可分离变量的微分方程；当 $\lambda \neq \mu$ 时，该模型为伯努利（Bernoulli）方程. 模型的解可以表示为

$$i(t) = \begin{cases} \left[\dfrac{\lambda}{\lambda-\mu} + \left(\dfrac{1}{i_0} - \dfrac{\lambda}{\lambda-\mu} \mathrm{e}^{-(\lambda-\mu)(t-t_0)}\right)\right]^{-1}, & \lambda \neq \mu, \\ \left[\lambda(t-t_0) + \dfrac{1}{i_0}\right]^{-1}, & \lambda = \mu. \end{cases} \tag{15.26}$$

定义 1 $\sigma = \dfrac{\lambda}{\mu}$，注意 λ 和 μ 的意义，可知，σ 是一个病人有效接触的平均人数，称为**接触数**. 如果取 $t_0 = 0$，则

$$i(t) = \begin{cases} \left[\dfrac{\lambda}{\lambda-\mu} + \left(\dfrac{1}{i_0} - \dfrac{\lambda}{\lambda-\mu} \mathrm{e}^{-(\lambda-\mu)t}\right)\right]^{-1}, & \lambda \neq \mu, \\ \left(\lambda t + \dfrac{1}{i_0}\right)^{-1}, & \lambda = \mu. \end{cases} \tag{15.27}$$

由模型的解和 σ 容易得到，当 $t \to \infty$ 时，

$$\lim_{t \to \infty} i(t) = \begin{cases} 1 - \dfrac{1}{\sigma}, & \sigma > 1, \\ 0, & \sigma \leqslant 1. \end{cases} \tag{15.28}$$

由(15.26)～(15.28)式以及 σ 的定义式可以画出 $i(t)$ 与 t 的图形（如图 15-5）.

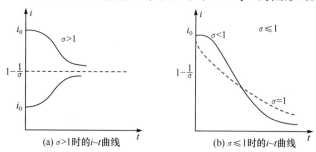

(a) $\sigma > 1$ 时的 $i \sim t$ 曲线　　(b) $\sigma \leqslant 1$ 时的 $i \sim t$ 曲线

图 15-5

接触数 $\sigma=1$ 是一个阀值. 当 $\sigma\leqslant1$ 时,病人比例 $i(t)$ 越来越小,最终趋于零,这是由于传染期内经有效接触从而使健康者变成的病人数不超过原来病人数的缘故;当 $\sigma>1$ 时,其极限值为 $\lim\limits_{t\to\infty}i(t)=1-\dfrac{1}{\sigma}$,且随 σ 的增加而增加(试从 σ 的含义给以解释).

为了预防传染病的流行,持续的宣传活动是很重要的,下面我们对此建立适当的模型以进行定量的研究.

假设:宣传的开展将使得感染上疾病的人数 $p(t)$ 减少,减少的速度与总人数 n 成正比,这个比例常数取决于宣传强度,我们也就把这个比例常数称为宣传强度. 若从 $t=t_0\geqslant0$ 开始,开展一场持续的宣传活动,宣传强度为 a ,则所得的数学模型应是

$$\begin{cases} p'(t)=r[n-p(t)]-anH(t-t_0) \ (t\geqslant0), \\ p(0)=p_0, \end{cases} \tag{15.29}$$

式中 $H(t-t_0)=\begin{cases} 1, & t\geqslant t_0, \\ 0, & t<t_0 \end{cases}$ 为 Heaviside 函数.

方程(15.29)是一阶非齐次线性微分方程,非齐次项含有间断点 $t=t_0$,求它的解即求 $p(t)$ 分别在 $[0,t_0)$ 与 $(t_0,+\infty)$ 上的解,其中 $p(t)$ 满足: $p(t)\in C[0,+\infty)$, $p(t)\in C^1[0,t_0)$, $p(t)\in C^1(t_0,+\infty)$ (在 $t=t_0$ 处, $p(t)$ 的左右导数均存在但不相等).

下面分情况讨论.

当 $0\leqslant t\leqslant t_0$ 时,解方程(15.29)可得

$$p(t)=n\left[1-\left(1-\frac{p_0}{n}\right)e^{-rt}\right]; \tag{15.30}$$

当 $t>t_0$ 时,解一阶非齐次线性微分方程的初值问题

$$\begin{cases} p'(t)=r[n-p(t)]-an, \\ p(t_0)=n\left[1-\left(1-\dfrac{p_0}{n}\right)e^{-rt_0}\right], \end{cases} \tag{15.31}$$

得

$$p(t)e^{rt}=e^{rt_0}+\frac{r-a}{r}n[e^{rt}-e^{rt_0}], \tag{15.32}$$

将初值 $p(t_0)$ 代入并整理得

$$p(t)=n\left[1-\left(1-\frac{p_0}{n}\right)e^{-rt}\right]-\frac{an}{r}[1-e^{-r(t-t_0)}]. \tag{15.33}$$

将两个表达式合并起来可得

$$p(t)=n\left[1-\left(1-\frac{p_0}{n}\right)e^{-rt}\right]-\frac{an}{r}H(t-t_0)[1-e^{-r(t-t_0)}], \tag{15.34}$$

令 $t\to\infty$,得

$$\lim_{t\to\infty}p(t)=n\left(1-\frac{a}{r}\right)<n. \tag{15.35}$$

这说明持续宣传是起作用的,可使发病人数减少.

15.4.2　交通问题模型

让我们考虑这样一个问题:红绿灯在亮红灯之前黄灯应亮多长时间? 在交通管理中,定期地亮一段时间黄灯是为了让那些正行驶在交叉路口上或距交叉路口太近以致无法停下的车辆通过路口. 这样,红绿灯之间应保持足够长时间的黄灯,使那些无法停车的驾驶员可以在黄灯亮着的时候通过路口. 对于一位驶近交叉路口的驾驶员来说,万万不可处于这样的进退两难的境地:要安全停车,离路口太近,而要在红灯亮之前通过路口又显得太远了.

关于这个时间的计算,有一个粗糙的"经验方法":对法定迫近速度的每个 10 英里/小时(10 英里≈16 千米)亮一秒黄灯,我们来看理论计算是否证实这个经验方法.

驶近交叉路口的驾驶员,在看到黄色信号后要作出决定:是停车还是通过路口. 如果他以法定速度(或低于法定速度)行驶,当决定停车时,他必须有足够的停车距离. 当决定通过路口时,他必须有足够的时间完全通过路口,这包括作出停车决定的时间(反应时间)以及通过停车所需要的最短距离的驾驶时间. 能够很快看到黄灯的驾驶员可以利用刹车距离将车停下.

于是,黄灯状态应持续的时间包括驾驶员的反应时间 T_1、通过交叉路口的时间 T_2 以及停车所需的时间 T_3,即黄灯亮的时间应为 $A = T_1 + T_2 + T_3$. 有了这些时间,驾驶员就能够在刹车距离内安全停车.

T_1 一般可根据统计数据或经验得到,通常假定为 1s,下面计算 T_2 和 T_3.

如果法定速度为 $v_0(\mathrm{m/s})$,交叉路口的宽度为 $I(\mathrm{m})$,典型的车身长度为 $L(\mathrm{m})$,那么,通过路口的时间为 $T_2 = \dfrac{I+L}{v_0}(\mathrm{s})$. (注意车的尾部必须通过路口,这样,路口的实际长度就是 $I+L$.)

现在,我们来计算刹车距离. 注意到实际的刹车和停车过程是相当复杂的,驾驶员首先开加速器,然后不同程度地用劲踩住刹踏板(也许用了气动刹车)使车子减速,直到停止. 这些过程的大部分是很难用精确的模型来描述的,因而我们将回避它们.

通过在刹车过程引入一个摩擦力. 我们假定将刹车效果用模型来反映. 设 W 为汽车重量,f 为摩擦系数,则摩擦力对汽车的制动力为 fW,其方向与运动方向相反. 汽车停车过程中,行驶的距离可通过解下面的微分方程求得,这个过程反映的是常力 fW 作用下的直线运动

$$\frac{W}{g} \cdot \frac{\mathrm{d}^2 x}{\mathrm{d}t^2} = -fW, \tag{15.36}$$

其中 g 是重力加速度.

赋予 x 的条件是 $t=0$ 时,$x=0$ 以及 $\dfrac{\mathrm{d}x}{\mathrm{d}t} = v_0$,于是,刹车距离就是直到 $\dfrac{\mathrm{d}x}{\mathrm{d}t} = 0$ 时汽车驶过的距离.

在 $\dfrac{\mathrm{d}x}{\mathrm{d}t}\big|_{t=0} = v_0$ 的条件下对方程(15.36)同时两端积分,得

$$\frac{\mathrm{d}x}{\mathrm{d}t} = -fgt + v_0. \tag{15.37}$$

因此，当 $t=t_0=\dfrac{v_0}{fg}$ 时，速度为零，在 $x(0)=0$ 的条件下对式(15.37)两端同时积分，得

$$x=-\frac{1}{2}fgt^2+v_0t. \tag{15.38}$$

$t=t_0$ 时，x 的值是

$$x(t_0)=D_b=\frac{v_0{}^2}{2fg}. \tag{15.39}$$

$$A=T_1+\frac{v_0}{fg}+\frac{I+L}{v_0},$$

A 关于 v_0 的图像如图 15-6 所示.

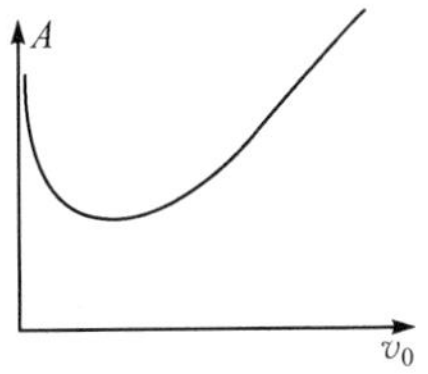

图 15-6　黄灯周期和
法定速度的关系

假定，$T=1\mathrm{s}$，$L=15$ 英尺(1 英尺≈0.3048 米)，$I=30$ 英尺. 另外，我们将接受公路工程师提出的具有代表性的 $f=0.2$，当 $v_0=30$，40，50 英里/小时时，黄灯时间如表 15-1 所示. 表中同时也给出了经验法的值.

表 15-1

v_0(英里/小时)	A	经验法
30	5.46 秒	3 秒
40	6.35 秒	4 秒
50	7.34 秒	5 秒

我们注意到，经验法的结果比我们预测的黄灯短些. 这使人想起，许多交叉路口的设计很可能使车辆在红绿灯转为红灯时正处于交叉路口上.

即使给了充分的停车时间，仍有许多汽车驾驶员企图加速想抢在红灯亮之前冲过交叉路口. 这当中的大多数驾驶员不知道(有些人甚至不注意)什么时候红绿灯转红. 有一种"倒数"型的红绿灯可以部分地解决这个问题，在黄灯亮的最后几秒内，黄灯上显示一串倒计时的数字，它们准确地向驾驶员警告红绿灯何时将变色，这种系统早就在使用了，它成功地降低了事故发生率.

习 题 15.4

1. 对于传染病的 SIR 模型，证明：

(1) 若 $s_0>\dfrac{1}{\sigma}$，则 $i(t)$ 先增加，在 $s=\dfrac{1}{\sigma}$ 处最大，然后减少并趋于零；$s(t)$ 单调减少至 s_∞.

(2) 若 $s_0<\dfrac{1}{\sigma}$，则 $i(t)$ 单调减少并趋于零；$s(t)$ 单调减少至 s_∞.

2. 假设在一个交叉路口，所有车辆都是由东驶上一个斜坡$\left(\text{竖直和水平距离比为}\dfrac{1}{100}\right)$，计算这种情况下的刹车距离. 如果车辆由西驶来，刹车距离又是多少？

3. (火箭飞行的运动规律模型)火箭是靠将燃料变成气体向后喷射，即甩去一部分质量来得到前进的动力的. 试建立火箭飞行的运动规律的数学模型. 由此，你认为要提高火箭的末速度应采取什么措施？

4. (跟踪问题模型)设 A 在初始时刻从坐标原点沿 y 轴正向前进,同时 B 于 $(a,0)$ 处开始保持距离 a 对 A 进行跟踪(即 B 的前进方向始终对着 A 的位置,并与 A 始终保持距离 a),求 B 的运动轨迹.

15.5　简单的经济数学模型

现代经济学正日益向着经济分析数量化的方向发展,数学应用水平已成为衡量经济科学成熟性的重要尺度. 增强经济意识,对于积极参与社会竞争、经营管理决策的科学化是十分重要的.

本节介绍简单的经济数学模型,以说明数学是如何应用到经济学领域的.

15.5.1　边际成本与边际收益

对产品从生产到销售的过程进行经济核算时,至少要涉及三个方面的问题:成本、收益和利润. 设产量为 Q,则总成本 $C(Q)$ 一般可以表示成两部分的和

$$C(Q)=f+v(Q)\cdot Q. \tag{15.40}$$

这里,$f>0$ 称为**固定成本**(如厂房和设备的折旧、工作人员的工资、财产保险费等),一般可以认为与产量的大小无关,而 $v(Q)\cdot Q$ 称为**可变成本**(如原材料、能源等),$v(Q)$ 是一个正值函数,表示在总共生产 Q 件产品的情况下,每生产一件的可变成本,最简单的情形是 $v(Q)=v=$ 正常数.

$C(Q)$ 的导数 $C'(Q)$ 称为**边际成本**,其经济学意义是在总共生产 Q 件产品的情况下,生产第 Q 件产品的成本.

总收益 $E(Q)=p(Q)\cdot Q$ 是指把 Q 件产品销售出去后得到的收入,这里 $p(Q)$ 称为**价格函数**,表示在总共生产 Q 件产品的情况下,每件产品的销售价格. 一般说来,生产量越大,每件产品的价格就越便宜,因此 $p(Q)$ 是 Q 的单调减少函数.

$E(Q)$ 的导数 $E'(Q)$ 相应地称为**边际收益**,其经济学意义是在总共生产销售了 Q 件产品的情况下,销售出第 Q 件产品所得到的收入.

总收益减去总成本便是总利润. 将利润函数记为 $P(Q)$,则

$$P(Q)=E(Q)-C(Q), \tag{15.41}$$

当 $E(Q)$ 和 $C(Q)$ 二阶可导时,利用极值判定定理,就可以得到经济学中的"**最大利润原理**":当且仅当边际成本与边际收益相等,并且边际成本的变化率大于边际的变化率时,可取得最大利润. 这里的第一个条件即为

$$P'(Q)=E'(Q)-C'(Q)=0,$$

而第二个条件可表示为

$$P''(Q)=E''(Q)-C''(Q)<0,$$

请读者自行思考它们的经济学意义.

比如,某产品的价格 $p(Q)=a-bQ$,$\left(a,b>0,Q<\dfrac{a}{b}\right)$,成本 $C(Q)=f+vQ$,于是利润

$$P(Q)=E(Q)-C(Q)=-bQ^2+(a-v)Q-f, \tag{15.42}$$

要使得整个生产经营不亏本,显然在定价时需保证 $a-v>0$. 容易算出,当产量 $Q_0=\dfrac{a-v}{2b}$ 时有 $P'(Q_0)=0$ 和 $P''(Q_0)<0$,这时所获取的利润为最大.

15.5.2　效用函数

效用函数是一个模糊的概念,也可以说是个人在消费行为中的一种感觉,但它们像"重量"一样,是可以量化的,有兴趣的读者可以参考效用函数及其优化方面的教材.

在消费者行为理论中,我们所指的消费者应是理性的,这意味着,消费者被假定在可选择的商品中进行挑选时,按照他从消费商品中获取尽可能大的满足的原则来选择商品,作为理性的个体,满足如下两条.

(1) 他自主地选取商品;

(2) 他能对他选择的商品作出估计.

我们假定,消费者从各种不同数量的商品中取得与满足有关的全部信息,都包含在他的效用函数中,设效用函数(也称为 Hicks 需求函数)为

$$u=f(q_1,q_2),\tag{15.43}$$

其中 q 表示商品数量,u 表示效用值,也就是满足感. 效用值的大小应随着商品数量的增加而增加,且这种增加的强度是递减的. 例如,一个饥饿的人,吃第一个面包所获取的效用大于第二个面包的效用. 依次类推,用数学语言来描述即

(1) 效用函数对各变量而言单调增加,$\dfrac{\partial u}{\partial q_1}>0,\dfrac{\partial u}{\partial q_2}>0$;

(2) 这种单调增加的强度是下降的,即边际效用递减,$\dfrac{\partial^2 u}{\partial q_1{}^2}<0,\dfrac{\partial^2 u}{\partial q_2{}^2}<0$.

对任意的常数 u_0,方程

$$u_0=f(q_1,q_2)\tag{15.44}$$

是二元函数的等高线,我们称之为**无差异曲线**. 该曲线上不同的点表示不同数量的商品组合,这些商品组合使消费者获得了同样为 u_0 大小的效用值,故称之为"无差异".

15.5.3　商品替代率

效用函数的全微分是

$$\mathrm{d}u=\frac{\partial u}{\partial q_1}\mathrm{d}q_1+\frac{\partial u}{\partial q_2}\mathrm{d}q_2,\tag{15.45}$$

(15.44) 式两端取微分,可得

$$\frac{\partial u}{\partial q_1}\mathrm{d}q_1+\frac{\partial u}{\partial q_2}\mathrm{d}q_2=0,\tag{15.46}$$

从而知道,

$$-\frac{\mathrm{d}q_2}{\mathrm{d}q_1}=\frac{\dfrac{\partial u}{\partial q_1}}{\dfrac{\partial u}{\partial q_2}}>0.\tag{15.47}$$

由于(15.47)式右端分子、分母都大于零,故可知 $\dfrac{\mathrm{d}q_2}{\mathrm{d}q_1}<0$,即无差异曲线上每一点切线的斜率小于零,可见无差异曲线是凸向原点的.

比率 $\dfrac{\mathrm{d}q_2}{\mathrm{d}q_1}$ 表示了消费者为了保持一定的效用水平 u_0 而用商品 Q_1 代替商品 Q_2 时,每单位量的 Q_1 所能代替的 Q_2,一般称 $-\dfrac{\mathrm{d}q_2}{\mathrm{d}q_1}>0$ 为商品 Q_1 对 Q_2 的**替代率**,它等于二者边际效用之比.

15.5.4 效用分析

理性的消费者希望在有限收入水平下,购买商品 Q_1 与 Q_2 的一种组合,使他达到最高的满意水平. 假设他的收入是 y_0,p_1,p_2 分别是 Q_1,Q_2 两种商品的单价. q_1,q_2 分别表示商品 Q_1,Q_2 的数量,则上述问题的数学模型如下.

$$\begin{cases}\max u=f(q_1,q_2),\\ p_1q_1+p_2q_2=y_0.\end{cases}\tag{15.48}$$

利用拉格朗日乘数法求解.

作辅助函数

$$L(q_1,q_2,\lambda)=f(q_1,q_2)+\lambda(y_0-p_1q_1-p_2q_2),$$

解方程组

$$\begin{cases}\dfrac{\partial L}{\partial q_1}=f_1-\lambda p_1=0,\\[2mm] \dfrac{\partial L}{\partial q_2}=f_2-\lambda p_2=0,\\[2mm] \dfrac{\partial L}{\partial \lambda}=y_0-p_1q_1-p_2q_2,\end{cases}$$

得出 $\dfrac{f_1}{f_2}=\dfrac{p_1}{p_2}$,$\dfrac{f_1}{p_1}=\dfrac{f_2}{p_2}=\lambda$.

这里的比率给出了在某一特定商品上增加一个单位的花费"满足"增加的比率. 拉格朗日乘数 λ 在这里的经济学意义为收入的边际效用.

15.5.5 一个最优价格模型

在生产和销售商品的过程中,销售价格上涨将使厂家在单位商品上获得的利润增加,但同时也使消费者的购买欲望下降,导致厂家削减产量. 但在规模生产中,单位商品的生产成本是随着产量的增加而降低的,因此销售量、成本与售价是相互影响的. 厂家要选择合理的销售价格才能获得最大利润,这个价格称为**最优价格**.

例如,一家电视机厂在对某种型号电视机的销售价格决策时面对如下数据:

(1) 根据市场调查,当地对该种电视机的年需求量为 100 万台;

(2) 去年该厂共售出 10 万台,每台售价为 4000 元;

(3) 仅生产 1 台电视机的成本为 4000 元;但在批量生产后,生产 1 万台时成本降低为每台 3000 元,问：在生产方式不变的情况下，今年的最优销售价格是多少？

下面先建立一个一般的数学模型. 设这种电视机的总销售量为 x，每台生产成本为 c，销售价格为 v，那么厂家的利润为

$$u(c,v,x)=(v-c)x.$$

根据市场预测，销售量与销售价格之间有下面的关系：

$$x=Me^{-\alpha v},\ M>0,\ \alpha>0,$$

这里 M 为市场的最大需求量，α 是价格系数（这个公式也反映出售价越高销售量越少）.

同时，生产部门对每台电视机的成本有如下测算：

$$c=c_0-k\ln x,\ c_0,k,x>0,$$

这里 c_0 是只生产 1 台电视机时的成本，k 是规模系数（这也反映出产量越大即销售量越大成本越低）.

于是，问题化为求利润函数

$$u(c,v,x)=(v-c)x$$

在约束条件

$$\begin{cases} x=Me^{-\alpha v}, \\ c=c_0-k\ln x \end{cases}$$

下的极值问题.

作拉格朗日函数

$$L(c,v,x,\lambda,\mu)=(v-c)x-\lambda(x-Me^{-\alpha v})-\mu(c-c_0+k\ln x),$$

就得到最优化条件

$$\begin{cases} L_c=-x-\mu=0, \\ L_v=x-\lambda M\alpha e^{-\alpha v}=0, \\ L_x=v-c-\lambda-\mu\dfrac{k}{x}=0, \\ x-Me^{-\alpha v}=0, \\ c-c_0+k\ln x=0. \end{cases}$$

由方程组中第二和第四式得到 $\lambda\alpha=1$，即 $\lambda=\dfrac{1}{\alpha}$. 将第四式代入第五式得到

$$c=c_0-k(\ln M-\alpha v).$$

再由第一式知

$$\mu=-x.$$

将所得的这三个式子代入方程组中第三式，得到

$$v-(c_0-k(\ln M-\alpha v))-\frac{1}{\alpha}+k=0,$$

由此解得最优价格为

$$v^*=\frac{c_0-k\ln M+\dfrac{1}{\alpha}-k}{1-\alpha k}.$$

只要确定了规模系数 k 与价格系数 α,问题就迎刃而解了.

现在利用这个模型解决本段开始提出的问题. 此时 $M=1000000,c_0=4000$.

由于去年该场共售出 10 万台,每台售价为 4000 元,因此得到

$$\alpha=\frac{\ln M-\ln x}{v}=\frac{\ln 1000000-\ln 100000}{4000}=0.00058;$$

又由于生产 1 万台时成本就降低为每台 3000 元,因此得到

$$k=\frac{c_0-c}{\ln x}=\frac{4000-3000}{\ln 10000}=108.57.$$

将这些数据代入 v^* 的表达式,就得到今年的最优价格应为

$$v^*=\frac{4000-108.57\ln 1000000+\dfrac{1}{0.00058}-108.57}{1-0.00058\times 108.57}\approx 4392(元/台).$$

习　题　15.5

1. 设生产某种产品必须投入两种要素,x_1 和 x_2 分别为两要素的投入量,Q 为产出量. 若生产函数为 $Q=2x_1^\alpha x_2^\beta$,其中 α,β 为正的常数,且 $\alpha+\beta=1$. 假定两种要素的价格分别为 p_1 和 p_2,试问:当产出量为 12 时,两种要素各投入多少可以使得投入总费用最小.

2. 某养殖场饲养两种鱼,若甲种鱼放养 x(万尾),乙种鱼放养 y(万尾),收获时两种鱼的收获量分别为

$$(3-\alpha x-\beta y)x,\quad (4-\beta x-2\alpha y)y\quad (\alpha>\beta>0),$$

求使产鱼总量最大的放养数.

15.6　SARS 传播问题[①]

1. 问题提出

SARS(Severe Acute Respiratory Syndrome,严重急性呼吸道综合症,俗称:非典型肺炎)是 21 世纪第一个在世界范围内传播的传染病. SARS 的爆发和蔓延给我国的经济发展和人民生活带来了很大影响,人们从中得到了许多重要的经验和教训,认识到定量地研究传染病的传播规律、为预测和控制传染病蔓延创造条件的重要性. 请你们对 SARS 的传播建立数学模型,要求说明怎样才能建立一个真正能够预测以及能为预防和控制提供可靠、足够的信息的模型,这样做的困难在哪里? 并对疫情传播所造成的影响作出估计.

2. 问题分析

实际中,SARS 的传染过程为

易感人群→病毒潜伏人群→发病人群→退出者(包括死亡者和治愈者).

通过分析各类人群之间的转化关系,可以建立微分方程模型来刻画 SARS 的传染规律.

疫情主要受日接触率 $\lambda(t)$ 的影响,不同的时段,$\lambda(t)$ 的影响因素不同. 在 SARS 传播过程中,卫生部门的控制预防措施起着较大的作用. 以采取控制措施的时刻 t_0 作为分割点,将 SARS 传播过程分为控前和控后两个阶段.

---

① 本案例选自 2003 年中国大学生数学建模竞赛 A 题,详见韩中庚的《数学建模方法及其应用》.

在控前阶段,SARS 按自然传播规律传播,$\lambda(t)$ 可视为常量;同时,在疫情初期,人们的防范意识比较弱,再加上 SARS 自身的传播特点,在个别地区出现了"超级传染事件"(SSE),即 SARS 病毒感染者在社会上的超级传播事件. 到了中后期,随着人们防范意识的增强,SSE 发生的概率减少,因此,SSE 在 SARS 的疫情早期对疫情的发展起到了很大的影响. SSE 其特性在于在较短的时间内,可使传染者数目快速增加. 故可将对疫情的影响看作一个脉冲的瞬时行为,使用脉冲微分方程描述(需要查找参考文献).

控后阶段,随着人们防范措施的增强促使日感染率 $\lambda(t)$ 减小,引起人们防范措施增强的原因主要有如下两方面.

(1) 来自于应对疫情的恐慌心理,而迫使人们加强自身防范;

(2) 来自于预防政策、法律法规的颁布等而加强了防范措施.

以上两者又分别受疫情数据的影响,关系如图 15-7.

图 15-7　疫情关系图

在做定量计算时,可以先定性分析确定各因素之间的函数关系,再在求解过程中利用参数辨识方法确定其中的参数.

3. 问题的假设与符号说明

1) 模型的假设

(1) 由于 SARS 的传染期不是很长,故不考虑这段时间内的人口出生率和自然死亡率;

(2) 平均潜伏期为 6 天;

(3) 处于潜伏期的 SARS 病人不具有传染性.

2) 符号说明

t_0 表示从最初发现 SARS 患者到卫生部门采取预防措施的时间间隔;N 表示疫区总人口数;$S(t)$ 表示 t 时刻健康人数占总人数的比例;$I(t)$ 表示 t 时刻感染人数占总人数的比例;$E(t)$ 表示 t 时刻潜伏期的人数占总人数的比例;$Q(t)$ 表示 t 时刻退出者的人数占总人数的比例;$\lambda(t)$ 表示日接触率,即表示每个病人平均每天有效接触的人数;$f(t)$ 表示疫情指标;$g(t)$ 表示预防措施的力度;$h(t)$ 表示人们的警惕性指标;$w(t)$ 表示防范意识;$b(t)$ 表示 t 时刻实际的新增确诊人数;$b'(t)$ 模型计算得到的 t 时刻新增确诊人数.

4. 模型的建立

1) 各类人群的转化过程

由问题的分析,将人群分为易感人群 S,病毒潜伏人群 E,发病人群 I,退出者人群 Q 四类.

(1) 易感人群 S 与病毒潜伏人群 E 间的转化

易感者和发病者有效接触后成为病毒潜伏者,设每个发病者平均每天有效接触的易感者数为 $\lambda(t)S, NI$ 个发病者平均每天能使 $\lambda(t)SNI$ 个易感者成为病毒潜伏者.故

$$N\frac{\mathrm{d}S}{\mathrm{d}t}=-\lambda SNI,$$

即

$$\frac{\mathrm{d}S}{\mathrm{d}t}=-\lambda SI.$$

(2) 病毒潜伏人群 E 与发病人群 I 间的转化

病毒潜伏人群的变化率等于易感人群转入的数量减去转为发病人群的数量,即

$$\frac{\mathrm{d}E}{\mathrm{d}t}=\lambda(t)SI-\varepsilon E,$$

其中 ε 表示潜伏期日发病率,根据有关文献资料(需查找),在这里 $\varepsilon=\dfrac{1}{6}$.

(3) 发病人群 I 与退出者人群 Q 间的转化

单位时间内退出者的变化等于发病人群的减少,即

$$\frac{\mathrm{d}Q}{\mathrm{d}t}=\omega I,$$

其中 ω 表示日退出率,根据有关文献资料(需查找)取 $\omega=0.008$.

综上所述,建立了整个系统中各类人群的转化过程,下面将疫情传播过程分别按控前阶段和控后阶段建立相应的模型.

2) 控前阶段的自然传播模型

(1) 参数确定

日传染率 $\lambda(t)$ 在疫情的初期,SARS 按自然规律传播,$\lambda(t)$ 保持不变,即为待定常数 λ_0,具体数值在模型求解中通过参数辨识确定.

(2) 超级传播事件(SSE)的处理

定义脉冲函数:$\delta_\varepsilon(x-x_0)=\begin{cases}\dfrac{1}{2\varepsilon},&x_0-\varepsilon<x<x_0+\varepsilon,\\0,&\text{其他}.\end{cases}$

δ 函数:$\delta(x-x_0)=\lim\limits_{\varepsilon\to0}\delta_\varepsilon(x-x_0)$.

由问题分析,将 SSE 对疫情的影响看作一个瞬时脉冲行为,则

$$\frac{\mathrm{d}S}{\mathrm{d}t}=-\lambda(t)SI-N\sum_{i=1}^{m}\alpha_i\delta(t-t_i),$$

$$\frac{\mathrm{d}E}{\mathrm{d}t}=S\lambda(t)I-\varepsilon E+N\sum_{i=1}^{m}\alpha_i\delta(t-t_i),$$

其中 m 为所加 δ 函数的个数,实际表现为 SSE 的个数;α_i 为第 i 个 δ 函数的强度,根据有关统计资料,每例 SSE 事件的平均感染人数为 20 人.

(3) 控前阶段的传播模型

综合上述讨论,可以得到控前阶段的自然传播模型为

$$
\begin{cases}
\dfrac{dS}{dt} = -\lambda(t)SI - N\sum_{i=1}^{m}\alpha_i\delta(t-t_i), \\[2mm]
\dfrac{dE}{dt} = S\lambda(t)I - \varepsilon E + N\sum_{i=1}^{m}\alpha_i\delta(t-t_i), \\[2mm]
\dfrac{dI}{dt} = \varepsilon E - \omega I, \\[2mm]
\dfrac{dQ}{dt} = \omega I, \\[2mm]
S + E + I + Q = 1, \\[2mm]
S(0) = s_0, E(0) = E_0, I(0) = I_0, Q(0) = Q_0,
\end{cases}
$$

其中 s_0, E_0, I_0, Q_0 为系统中各类的初始值.

3）控前阶段的自然传播模型

（1）疫情指标 $f(t)$ 的确定

影响疫情指标因素主要是每日新死亡人数 $d(t)$、新增确诊人数 $b(t)$、新增疑似病例人数 $v(t)$. 对于这三个因素归一后求加权平均和得到

$$
f(t) = q_1\frac{d(t)}{\max(d(t))} + q_2\frac{b(t)}{\max(b(t))} + q_3\frac{v(t)}{\max(v(t))},
$$

其中 q_1, q_2, q_3 依次为 $d(t), b(t), v(t)$ 对疫情指标的相对影响权重，考虑到人们对三类新增人数的敏感程度，不妨取 $q_1 = 0.4, q_2 = 0.4, q_3 = 0.2$. 由实际统计数据知，$f(t)$ 的取值是离散的，为此，采用最小二乘拟合方法，可以得到 $f(t)$ 的近似表达式. 另一方面，从离散的数据点看出，其规律大致呈韦伯分布，故可取韦伯分布密度函数 $f(t) = \dfrac{m}{x_0}(t-v)^{m-1}\mathrm{e}^{-\frac{(t-v)^m}{x_0}}$，然后利用参数估计得到

$$
m = 2.3449, \quad v = -1.1578, \quad x_0 = 14.3530.
$$

（2）预防措施力度 $g(t)$ 的确定

在控后阶段，卫生部门的预防措施力度 $g(t)$ 在控制疫情的过程中起到了重要的作用，与下列因素有关.

1）卫生部门关注的疫情来自最近几天的疫情，不妨取近三天疫情的平均值 $\overline{f(t)}$；

2）当 $t = t_0$ 时，$g(t)$ 有一个初始值，即为潜在的预防措施力度 $k_0 (0 < k_0 < 1)$；

3）$g(t)$ 随疫情的增加而增加，前期增加较为缓慢，但疫情发展到一定程度后，社会对疫情的蔓延变得敏感起来，后期预防力度加大，随之疫情指标的增长速度变慢；

4）当疫情最严重时趋向于 1.

综上所述，可以给出 $g(t)$ 随疫情变化的曲线，如何定出具体的函数，需要参考文献以及概率知识（不作详细讨论）

$$
g(t) = k_0 + k_1\left(1 - \mathrm{e}^{\frac{f(t)^2}{\sigma_1}}\right),
$$

其中 $k_0 + k_1 = 1, k_0 = 0.2, k_1 = 0.8$，当 $f(t_0) = 0.58$ 时，取 $g(t_0) = 0.7, \sigma_1 = 0.1803$.

（3）人们的警惕性指标 $h(t)$ 的确定

人们对 SARS 的警惕性程度也随疫情的变化而变化. 在公布疫情初期，疫情的变化引起人们很大的关注，警惕性程度随疫情的微小变化波动很大；到了中后期，波动逐渐变慢，直

至平稳. 可用 $h(t)=k_2-k_3\mathrm{e}^{-f(t)}$ 来定量刻画 $h(t)$ 与 $f(t)$ 的关系. 当 $f(t)=0$ 时,$h(t)=0.2$ (人们固有的警惕性指标);当 $f(t)\to+\infty$ 时,$h(t)\to1$,利用参数估计(略)得 $k_2=1,k_3=0.8$.

(4) 防范措施 $w(t)$ 的确定

由问题分析,人们的预防措施 $w(t)$ 受预防措施力度 $g(t)$ 和警惕性指标 $h(t)$ 的影响,且影响作用大致相当,可取 $w(t)=0.5g(t)+0.5h(t)$.

(5) 防范措施 $w(t)$ 与日传染率 $\lambda(t)$ 的关系(分析略)

$$\lambda(t)=k_4\left(1-\mathrm{e}^{\frac{(1-w(t))^2}{\sigma_2}}\right),$$

其中 k_4,σ_2 是待定常数.

(6) 控后阶段的模型

综上所述,控后阶段的 SARS 疫情传播模型为

$$\begin{cases} \dfrac{\mathrm{d}S}{\mathrm{d}t}=-\lambda(t)SI, \\[2mm] \dfrac{\mathrm{d}E}{\mathrm{d}t}=S\lambda(t)I-\varepsilon E, \\[2mm] \dfrac{\mathrm{d}I}{\mathrm{d}t}=\varepsilon E-\omega I, \\[2mm] \dfrac{\mathrm{d}Q}{\mathrm{d}t}=\omega I, \\[2mm] \lambda(t)=k_4\left(1-\mathrm{e}^{\frac{(1-w(t))^2}{\sigma_2}}\right), \\[2mm] S+E+I+Q=1, \\[2mm] S(0)=s_0,E(0)=E_0,I(0)=I_0,Q(0)=Q_0. \end{cases}$$

5. 模型的求解

由于以上的微分方程模型较为复杂,要求解析解是困难的,因此,要将微分方程模型转化为差分方程求解(略).

6. 模型的结果分析(根据求得的结果分析出以下三条,过程略)

1) 采取严格隔离措施早晚的影响
主要说明卫生部门应该在实际工作中"早发现早隔离",采取有效的隔离预防措施.

2) 采取措施的力度对疫情的影响
主要说明预防措施力度一定要持续,不能看到疫情缓和就放松警惕.

3) 人们警惕性程度对疫情的影响
卫生部门应号召群众要戒陋习,改变生活习惯,提高防范意识,增强固有的警惕性,不仅可以使疫情不出现反弹,而且可以使疫情周期缩短.卫生部门加强预防措施对控制疫情是非常有效的.

7. 参考文献

该部分需要详细列出所参考的书籍、杂志等.例如:

[1] 韩中庚. 数学建模方法及其应用. 北京:高等教育出版社,2005.

本 章 小 结

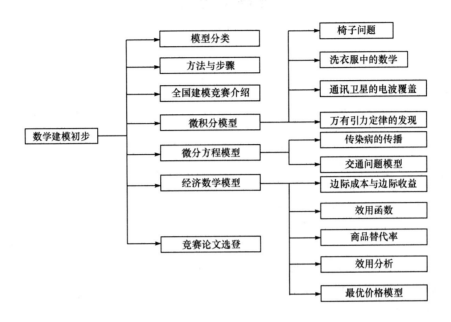

习题答案与提示

第 9 章

习题 9.1

1. (1) $-2a$； (2) $b-\dfrac{1}{2}a$； (3) $(-2,5,-14)$； (4) 2； (5) $\dfrac{1}{\sqrt{14}}(3,1,-2)$.

2. $5a-11b+7c$. 3. 略. 4. $(1,-2,-2),(-3,6,6)$.

5. $\left(\dfrac{6}{11},\dfrac{7}{11},-\dfrac{6}{11}\right)$. 6. A: Ⅳ, B: Ⅴ, C: Ⅷ, D: Ⅲ.

7. (1) $(a,b,-c),(-a,b,c),(a,-b,c)$；
   (2) $(a,-b,-c),(-a,b,-c),(-a,-b,c)$；
   (3) $(-a,-b,-c)$.

8. xOy 面：$(x_0,y_0,0)$，yOz 面：$(0,y_0,z_0)$，xOz 面：$(x_0,0,z_0)$；
x 轴：$(x_0,0,0)$，y 轴：$(0,y_0,0)$，z 轴：$(0,0,z_0)$.

9. x 轴：$\sqrt{34}$，y 轴：$\sqrt{41}$，z 轴：5.

10. $(0,1,-2)$. 11. 略.

12. 模：2；方向余弦：$\dfrac{1}{2},\dfrac{1}{2},-\dfrac{\sqrt{2}}{2}$；方向角：$\dfrac{\pi}{3},\dfrac{\pi}{3},\dfrac{3\pi}{4}$.

13. 2. 14. $-2;1;2;3$.

习题 9.2

1. (1) $-3,8,2$；$-3i,8j,2k$； (2) $\sqrt{77}$；
   (3) $\cos\alpha=\dfrac{-3}{\sqrt{77}}$, $\cos\beta=\dfrac{8}{\sqrt{77}}$, $\cos\gamma=\dfrac{2}{\sqrt{77}}$；
   (4) $\pm\overrightarrow{PQ^0}=\pm\dfrac{1}{\sqrt{77}}(-3,8,2)$； (5) $4;\dfrac{4}{3}(2,2,1)$.

2. (1) 由已知有

$$a /\!/ b\times c=\begin{vmatrix} i & j & k \\ 2 & 1 & 3 \\ 0 & -5 & 1 \end{vmatrix}=16i-2j-10k, \qquad |b\times c|=6\sqrt{10},$$

所以所求的单位向量为 $a=\pm\dfrac{1}{6\sqrt{10}}(16,-2,-10)$；

(2) 因为 $a /\!/ b\times c$，可设 $a=(16m,-2m,-10m)$，又 $\mathrm{Prj}_e a=\sqrt{2}$，所以 $\sqrt{2}=\mathrm{Prj}_e a=$ $|a|\cos(\widehat{a,e})=\dfrac{a\cdot e}{|e|}=\dfrac{1}{\sqrt{2}}(16m-10m)=3\sqrt{2}m,m=\dfrac{1}{3}$，从而 $a=\left(\dfrac{16}{3},-\dfrac{2}{3},-\dfrac{10}{3}\right)$；

(3) 由已知 $\alpha = 90°, \gamma = 60°$, 利用 $\cos^2\alpha + \cos^2\beta + \cos^2\gamma = 1$ 求得 $\cos^2\beta = \dfrac{3}{4}$, 即 $\cos\beta = \dfrac{\sqrt{3}}{2}$

(负值舍去), 所以 $\boldsymbol{a} = |\boldsymbol{a}|(\cos\alpha, \cos\beta, \cos\gamma) = (0, 3\sqrt{3}, 3)$.

3. (1) $3, 5\boldsymbol{i} + \boldsymbol{j} + 7\boldsymbol{k}$;   (2) $\cos(\widehat{\boldsymbol{a}, \boldsymbol{b}}) = \dfrac{3}{2\sqrt{21}}$;   (3) $\dfrac{\sqrt{6}}{2}$.

4. $\pm\dfrac{1}{\sqrt{17}}(3\boldsymbol{i} - 2\boldsymbol{j} - 2\boldsymbol{k})$.   5. 5880J.

6. 2   7. $\lambda = 2\mu$.

8. 略.

9. (1) $-8\boldsymbol{j} - 24\boldsymbol{k}$;   (2) $-\boldsymbol{j} - \boldsymbol{k}$;   (3) 2.

10. $\dfrac{1}{2}\sqrt{19}$.

11. (1) $\boldsymbol{a} \cdot \boldsymbol{b} = |\boldsymbol{a}||\boldsymbol{b}|\cos(\widehat{\boldsymbol{a}, \boldsymbol{b}}) = \dfrac{3}{2}, (\boldsymbol{a} + \boldsymbol{b}) \cdot (\boldsymbol{a} - \boldsymbol{b}) = |\boldsymbol{a}|^2 - |\boldsymbol{b}|^2 = 2$,

$$|\boldsymbol{a} + \boldsymbol{b}|^2 = (\boldsymbol{a} + \boldsymbol{b}) \cdot (\boldsymbol{a} + \boldsymbol{b}) = |\boldsymbol{a}|^2 + |\boldsymbol{b}|^2 + 2\boldsymbol{a} \cdot \boldsymbol{b} = 3 + 1 + 2\sqrt{3}\cos\dfrac{\pi}{6} = 7,$$

$$|\boldsymbol{a} - \boldsymbol{b}|^2 = |\boldsymbol{a}|^2 + |\boldsymbol{b}|^2 - 2\boldsymbol{a} \cdot \boldsymbol{b} = 1,$$

所以 $\cos\theta = \cos(\widehat{\boldsymbol{a} + \boldsymbol{b}, \boldsymbol{a} - \boldsymbol{b}}) = \dfrac{2}{\sqrt{7}}, \theta = \arccos\dfrac{2}{\sqrt{7}}$.

(2) $|(\boldsymbol{a} + \boldsymbol{b}) \times (\boldsymbol{a} - \boldsymbol{b})| = |\boldsymbol{a} \times \boldsymbol{a} - \boldsymbol{b} \times \boldsymbol{b} + \boldsymbol{b} \times \boldsymbol{a} - \boldsymbol{a} \times \boldsymbol{b}| = 2|\boldsymbol{b} \times \boldsymbol{a}| = 2|\boldsymbol{a}||\boldsymbol{b}|\sin\dfrac{\pi}{6} = \sqrt{3}$.

12-13. 略.

习题 9.3

1. $x^2 + y^2 + z^2 - 2x - 6y + 4z = 0$.

2. (1)表示母线平行于 z 轴的圆柱面;   (2)表示母线平行于 z 轴的椭圆柱面;

     (3)表示母线平行于 x 轴的抛物柱面;   (4)表示母线平行于 y 轴的双曲柱面;

     (5)表示球心在 $(1, -2, -1)$, 半径为 $\sqrt{6}$ 的球面.

3. $\left(x + \dfrac{2}{3}\right)^2 + (y + 1)^2 + \left(z + \dfrac{4}{3}\right)^2 = \dfrac{116}{9}$; 它表示以点 $\left(-\dfrac{2}{3}, -1, -\dfrac{4}{3}\right)$ 为球心,

$\dfrac{2}{3}\sqrt{29}$ 为半径的球面.

4. $y^2 + z^2 = 3x$.   5. $x^2 + y^2 + z^2 = 16$.

6. 绕 x 轴: $9x^2 - 4(y^2 + z^2) = 36$; 绕 y 轴: $9(x^2 + z^2) - 4y^2 = 36$.

7-8. 略.

9. (1) xOy 平面上的椭圆 $\dfrac{x^2}{16} + \dfrac{y^2}{9} = 1$ 绕 x 轴旋转一周;

(2) xOy 平面上的双曲线 $x^2-\dfrac{y^2}{9}=1$ 绕 y 轴旋转一周；

(3) xOy 平面上的双曲线 $x^2-y^2=1$ 绕 x 轴旋转一周；

(4) yOz 平面上的直线 $z=y+a$ 绕 z 轴旋转一周.

10. 略.

习题 9.4

1-2. 略.

3. 母线平行于 x 轴的柱面方程：$3y^2-z^2=16$；母线平行于 y 轴的柱面方程：$3x^2+2z^2=16$.

4. 消去 x，得关于 yOz 面的投影柱面方程：$y^2-2z+1=0$，为抛物柱面；

曲线在 yOz 面的投影曲线方程为：$\begin{cases} y^2-2z+1=0, \\ x=0. \end{cases}$

5. (1) $\begin{cases} x=\sqrt{2}\cos t, \\ y=\sqrt{2}\cos t, \quad (0\leqslant t\leqslant 2\pi). \\ z=2\sin t \end{cases}$ (2) $\begin{cases} x=1+\sqrt{2}\cos\theta, \\ y=\sqrt{2}\sin\theta, \quad (0\leqslant\theta\leqslant 2\pi). \\ z=0 \end{cases}$

6. $\begin{cases} x^2+y^2=a^2, \\ z=0; \end{cases}$ $\begin{cases} y=a\sin\dfrac{z}{b}, \\ x=0; \end{cases}$ $\begin{cases} x=a\cos\dfrac{z}{b}, \\ y=0. \end{cases}$

7. $x^2+y^2\leqslant ax$；$x^2+z^2\leqslant a^2, x\geqslant 0, z\geqslant 0$. 8. $\begin{cases} x^2+y^2\leqslant 4, \\ z=0; \end{cases} \begin{cases} x^2\leqslant z\leqslant 4, \\ y=0; \end{cases} \begin{cases} y^2\leqslant z\leqslant 4; \\ x=0. \end{cases}$

习题 9.5

1. (1) $3x-7y+5z-4=0$； (2) $9y-z-2=0$；

(3) $A_1A_2+B_1B_2+C_1C_2=0, \dfrac{A_1}{A_2}=\dfrac{B_1}{B_2}=\dfrac{C_1}{C_2}$； (4) 1；

(5) $(1,1,-3)$； (6) $y+5=0$；

(7) $x+3y=0$.

2. $2x+9y-6z-121=0$.

3. $x-3y-2z=0$.

4. (1) 即 zOx 面； (2) 平行于 yOz 面的平面；

(3) 平行于 x 轴的平面； (4) 通过 z 轴的平面；

(5) 平行于 y 轴的平面； (6) 平行于 z 轴的平面；

(7) 通过原点的平面.

5. 与 xOy 面的夹角余弦为 $\dfrac{1}{3}$，与 yOz 面的夹角余弦为 $\dfrac{2}{3}$，与 zOx 面的夹角余弦为 $\dfrac{2}{3}$.

6. $x+y-3z-4=0$. 7. $(1,-1,3)$. 8. 7.

习题 9.6

1. $\dfrac{x-4}{2}=\dfrac{y+1}{1}=\dfrac{z-3}{5}$. 2. $\dfrac{x-3}{1}=\dfrac{y+2}{3}=\dfrac{z-1}{2}$.

3. $\dfrac{x-1}{-2}=\dfrac{y-1}{1}=\dfrac{z-1}{3}$;

$\begin{cases} x=1-2t, \\ y=1+t, \\ z=1+3t. \end{cases}$

4. $16x-14y-11z-65=0$.

5. $\cos\varphi=0$.

6. 略.

7. $\dfrac{x}{-2}=\dfrac{y-2}{3}=\dfrac{z-4}{1}$.

8. $8x-9y-22z-59=0$.

9. $\varphi=0$.

10. (1) 平行;   (2) 垂直;   (3) 直线在平面上.

11. $x-y+z=0$.

12. $\left(-\dfrac{5}{3},\dfrac{2}{3},\dfrac{2}{3}\right)$.

13. $\dfrac{3\sqrt{2}}{2}$.

14. 略.

15. $\begin{cases} 17x+31y-37z-117=0, \\ 4x-y+z-1=0. \end{cases}$

16. 略.

复习题 9

1. (1) $(-a,-b,-c)$;   (2) $\pm\dfrac{1}{3}(2,-2,1)$;   (3) $(0,1,-2)$;

     (4) $2\pm\sqrt{3}$;   (5) $M(x-x_0,y-y_0,z-z_0),\overrightarrow{OM}=(x,y,z)$;

     (6) 共面;   (7) 3;   (8) 36.

2. $\sqrt{30}$.

3. $\overrightarrow{AD}=c+\dfrac{1}{2}a,\overrightarrow{BE}=a+\dfrac{1}{2}b,\overrightarrow{CF}=b+\dfrac{1}{2}c$.

4. 1.

5. $\arccos\dfrac{2}{\sqrt{7}}$.

6. $\dfrac{\pi}{3}$.

7. $z=-4,\theta_{\min}=\dfrac{\pi}{4}$.

8. 30.

9. $(14,10,2)$.

10. $c=5a+b$.

11. $4(z-1)=(x-1)^2+(y+1)^2$.

12. (1) $\begin{cases} x=0, \\ z=2y^2, \end{cases}$ z 轴;   (2) $\begin{cases} x=0, \\ \dfrac{y^2}{9}+\dfrac{z^2}{36}=1, \end{cases}$ y 轴;

     (3) $\begin{cases} x=0, \\ z=\sqrt{3}y, \end{cases}$ z 轴;   (4) $\begin{cases} z=0, \\ x^2-\dfrac{y^2}{4}=1, \end{cases}$ x 轴.

13. $x+\sqrt{26}y+3z-3=0$ 或 $x-\sqrt{26}y+3z-3=0$.

14. $x+2y+1=0$.

15. $\dfrac{x+1}{16}=\dfrac{y}{19}=\dfrac{z-4}{28}$.

16. $\left(0,0,\dfrac{1}{5}\right)$.

17. $z=0,x^2+y^2=x+y$;

     $x=0,2y^2+2yz+z^2-4y-3z+2=0$;

$$y=0, 2x^2+2xz+z^2-4x-3z+2=0.$$

18. $z=0, (x-1)^2+y^2 \leqslant 1$；

$$x=0, \left(\frac{z^2}{2}-1\right)^2+y^2 \leqslant 1, z \geqslant 0;$$

$$y=0, x \leqslant z \leqslant \sqrt{2x}.$$

19. 略.

第 10 章

习题 10.1

1. (1) 开集，无界集，导集：$\mathbf{R}^2$，边界：$\{(x,y) \mid x=0 \text{ 或 } y=0\}$；

(2) 既非开集又非闭集，有界集，导集：$\{(x,y) \mid 1 \leqslant x^2+y^2 \leqslant 4\}$，边界：$\{(x,y) \mid x^2+y^2=1\} \bigcup \{(x,y) \mid x^2+y^2=4\}$；

(3) 开集，区域，无界集，导集：$\{(x,y) \mid y \geqslant x^2\}$，边界：$\{(x,y) \mid y=x^2\}$；

(4) 闭集，有界集，导集：$\{(x,y) \mid x^2+(y-1)^2 \geqslant 1\} \bigcap \{(x,y) \mid x^2+(y-2)^2 \leqslant 4\}$，边界：$\{(x,y) \mid x^2+(y-1)^2=1\} \bigcup \{(x,y) \mid x^2+(y-2)^2=4\}$.

2. $t^2 f(x,y)$.   3. 略.   4. $(x+y)^{xy}+(xy)^{2x}$.

5. (1) $\{(x,y) \mid y^2-2x+1>0\}$；   (2) $\{(x,y) \mid x \geqslant 0, y \geqslant 0, x^2 \geqslant y\}$；

(3) $\{(x,y) \mid x+y>0, x-y>0\}$；   (4) $\{(x,y) \mid x^2+y^2-z^2 \geqslant 0, x^2+y^2 \neq 0\}$；

(5) $\{(x,y) \mid 1<x^2+y^2+z^2 \leqslant 4\}$；   (6) $\{(x,y) \mid x^2+y^2<1, x \geqslant 0, y-x>0\}$.

6. (1) 1； (2) -6； (3) $\ln 2$； (4) 2； (5) -2； (6) 0.

7. 略.   8. (1) $\{(x,y) \mid y^2-2x=0\}$；   (2) $\{(x,y) \mid x^2+y^2=1\}$.

9. 提示：$|xy| \leqslant \dfrac{x^2+y^2}{2}$.   10. 略.

习题 10.2

1. (1) $\dfrac{\partial z}{\partial x}=3x^2y-y^3, \dfrac{\partial z}{\partial y}=x^3-3xy^2$；   (2) $\dfrac{\partial z}{\partial x}=\dfrac{1}{2x\sqrt{\ln(xy)}}, \dfrac{\partial z}{\partial y}=\dfrac{1}{2y\sqrt{\ln(xy)}}$；

(3) $\dfrac{\partial z}{\partial x}=\dfrac{1}{y}-\dfrac{y}{x^2}, \dfrac{\partial z}{\partial y}=\dfrac{1}{x}-\dfrac{x}{y^2}$；   (4) $\dfrac{\partial z}{\partial x}=\dfrac{2}{y}\csc\dfrac{2x}{y}, \dfrac{\partial z}{\partial y}=-\dfrac{2x}{y^2}\csc\dfrac{2x}{y}$；

(5) $\dfrac{\partial z}{\partial x}=y[\cos(xy)-\sin(2xy)], \dfrac{\partial z}{\partial y}=x[\cos(xy)-\sin(2xy)]$；

(6) $\dfrac{\partial z}{\partial x}=y^2(1+xy)^{y-1}, \dfrac{\partial z}{\partial y}=(1+xy)^y\left[\ln(1+xy)+\dfrac{xy}{1+xy}\right]$；

(7) $\dfrac{\partial u}{\partial x}=\dfrac{y}{z}x^{\frac{y}{z}-1}, \dfrac{\partial u}{\partial y}=\dfrac{1}{z}x^{\frac{y}{z}}\ln x, \dfrac{\partial u}{\partial z}=-\dfrac{y}{z^2}x^{\frac{y}{z}}\ln x$；

(8) $\dfrac{\partial u}{\partial x}=\dfrac{z(x-y)^{z-1}}{1+(x-y)^{2z}}, \dfrac{\partial u}{\partial y}=\dfrac{-z(x-y)^{z-1}}{1+(x-y)^{2z}}, \dfrac{\partial u}{\partial z}=\dfrac{(x-y)^z\ln(x-y)}{1+(x-y)^{2z}}$；

2-3. 略.

4. $f_x(x,1)=2008$，先代入 $y=1$. 　　　5. $\dfrac{\pi}{4}$.

6. （1）$\dfrac{\partial^2 z}{\partial x^2}=12x^2-8y^2,\dfrac{\partial^2 z}{\partial y^2}=12y^2-8x^2,\dfrac{\partial^2 z}{\partial x\partial y}=-16xy$;

　　（2）$\dfrac{\partial^2 z}{\partial x^2}=2\cos(x^2+y^2)-4x^2\sin(x^2+y^2)$,

　　　　$\dfrac{\partial^2 z}{\partial y^2}=2\cos(x^2+y^2)-4y^2\sin(x^2+y^2)$,

　　　　$\dfrac{\partial^2 z}{\partial x\partial y}=-4xy\sin(x^2+y^2)$;

　　（3）$\dfrac{\partial^2 z}{\partial x^2}=\dfrac{-2xy}{(x^2+y^2)^2},\dfrac{\partial^2 z}{\partial y^2}=\dfrac{2xy}{(x^2+y^2)^2},\dfrac{\partial^2 z}{\partial x\partial y}=\dfrac{x^2-y^2}{(x^2+y^2)^2}$;

　　（4）$\dfrac{\partial^2 z}{\partial x^2}=y^x\ln^2 y,\dfrac{\partial^2 z}{\partial y^2}=x(x-1)y^{x-2},\dfrac{\partial^2 z}{\partial x\partial y}=y^{x-1}(1+x\ln y)$.

7. $f_{xx}(0,0,1)=2,f_{zz}(1,0,2)=2,f_{yz}(0,-1,0)=0,f_{zzx}(2,0,1)=0$.

8. $\dfrac{\partial^3 z}{\partial x^2\partial y}=0,\dfrac{\partial^3 z}{\partial x\partial y^2}=-\dfrac{1}{y^2}$. 　　　　　　　9. 略.

10. 提示：由积分上限的函数的导数可知

$$\frac{\partial u}{\partial x}=\varphi'(x+y)+\varphi'(x-y)+\psi(x+y)-\psi(x-y).$$

习题 10.3

1. （1）$\mathrm{d}z=\left(y+\dfrac{1}{y}\right)\mathrm{d}x+\left(x-\dfrac{x}{y^2}\right)\mathrm{d}y$; 　　　（2）$\mathrm{d}z=y\mathrm{e}^{xy}\mathrm{d}x+x\mathrm{e}^{xy}\mathrm{d}y$;

　　（3）$\mathrm{d}z=-\dfrac{x}{\sqrt{(x^2+y^2)^3}}(y\mathrm{d}x-x\mathrm{d}y)$;

　　（4）$\mathrm{d}u=yzx^{yz-1}\mathrm{d}x+zx^{yz}\ln x\mathrm{d}y+yx^{yz}\ln x\mathrm{d}z$.

2. $\mathrm{d}z=\dfrac{1}{3}\mathrm{d}x+\dfrac{2}{3}\mathrm{d}y$. 　　　　　　　3. $\mathrm{d}z=-0.125,\Delta z=-0.119$.

4. （A）. 　　　* 5. 3.05. 　　　* 6. 2.039. 　　　* 7. -5cm.

* 8. 55.3cm³. 　　　* 9. 0.124cm. 　　　* 10. 略.

习题 10.4

1. $\dfrac{\mathrm{d}z}{\mathrm{d}t}=\mathrm{e}^{\sin t-2t^3}(\cos t-6t^2)$. 　　　　　　　2. $\dfrac{\mathrm{d}z}{\mathrm{d}t}=\dfrac{3(1-4t^2)}{\sqrt{1-(3t-4t^3)^2}}$.

3. $\dfrac{\partial z}{\partial x}=4x,\dfrac{\partial z}{\partial y}=4y$.

4. $\dfrac{\partial z}{\partial x}=\dfrac{2x}{y^2}\ln(3x-2y)+\dfrac{3x^2}{(3x-2y)y^2},\dfrac{\partial z}{\partial y}=-\dfrac{2x^2}{y^3}\ln(3x-2y)-\dfrac{2x^2}{(3x-2y)y^2}$.

5. $\dfrac{\mathrm{d}z}{\mathrm{d}x}=\dfrac{\mathrm{e}^x(1+x)}{1+x^2\,\mathrm{e}^{2x}}$.　　　　6. $\dfrac{\mathrm{d}u}{\mathrm{d}x}=\mathrm{e}^{2x}\sin x$.　　　7. 略.

8. (1) $\dfrac{\partial u}{\partial x}=2xf_1'+y\mathrm{e}^{xy}f_2',\dfrac{\partial u}{\partial y}=-2yf_1'+x\mathrm{e}^{xy}f_2'$;

　　(2) $\dfrac{\partial u}{\partial x}=f_1'+yf_2'+yzf_3',\dfrac{\partial u}{\partial y}=xf_2'+xzf_3',\dfrac{\partial u}{\partial z}=xyf_3'$;

　　(3) $\dfrac{\partial u}{\partial x}=\dfrac{1}{y}f_1',\dfrac{\partial u}{\partial y}=-\dfrac{x}{y^2}f_1'+\dfrac{1}{z}f_2',\dfrac{\partial u}{\partial z}=-\dfrac{y}{z^2}f_2'$;

　　(4) $\dfrac{\partial u}{\partial x}=f_1'+f_2'+f_3',\dfrac{\partial u}{\partial y}=f_2'+f_3',\dfrac{\partial u}{\partial z}=f_3'$.

9-10. 略.

11. $\dfrac{\partial^2 z}{\partial x^2}=2f'+4x^2f'',\dfrac{\partial^2 z}{\partial x\partial y}=4xyf_3'',\dfrac{\partial^2 z}{\partial y^2}=2f'+4y^2f''$.

12. (1) $\dfrac{\partial^2 z}{\partial x^2}=y^2f_{11}'',\dfrac{\partial^2 z}{\partial x\partial y}=f_1'+y(xf_{11}''+f_{12}''),\dfrac{\partial^2 z}{\partial y^2}=x^2f_{11}''+2xf_{12}''+f_{22}''$;

　　(2) $\dfrac{\partial^2 z}{\partial x^2}=2yf_2'+y^4f_{11}''+4xy^3f_{12}''+4x^2y^2f_{22}''$,

　　　　$\dfrac{\partial^2 z}{\partial x\partial y}=2yf_1'+2xf_2'+2xy^3f_{11}''+5x^2y^2f_{12}''+2x^3yf_{22}''$,

　　　　$\dfrac{\partial^2 z}{\partial y^2}=2xf_1'+4x^2y^2f_{11}''+4x^3yf_{12}''+x^4f_{22}''$;

　　(3) $\dfrac{\partial^2 z}{\partial x^2}=\mathrm{e}^{x+y}f_3'-\sin xf_1'+\cos^2xf_{11}''+2\mathrm{e}^{x+y}\cos xf_{13}''+\mathrm{e}^{2(x+y)}f_{33}''$,

　　　　$\dfrac{\partial^2 z}{\partial x\partial y}=\mathrm{e}^{x+y}f_3'-\cos x\sin yf_{12}''+\mathrm{e}^{x+y}\cos xf_{13}''-\mathrm{e}^{x+y}\sin yf_{32}''+\mathrm{e}^{2(x+y)}f_{33}''$,

　　　　$\dfrac{\partial^2 z}{\partial y^2}=\mathrm{e}^{x+y}f_3'-\cos yf_1'+\sin^2yf_{22}''-2\mathrm{e}^{x+y}\sin yf_{23}''+\mathrm{e}^{2(x+y)}f_{33}''$;

　　(4) $\dfrac{\partial^2 z}{\partial x^2}=f_{11}''+\dfrac{2}{y}f_{12}''+\dfrac{1}{y^2}f_{22}''$,

　　　　$\dfrac{\partial^2 z}{\partial x\partial y}=-\dfrac{1}{y^2}f_2'-\dfrac{x}{y^2}(f_{12}''+\dfrac{1}{y}f_{22}''),\dfrac{\partial^2 z}{\partial y^2}=\dfrac{2x}{y^3}f_2'+\dfrac{x^2}{y^4}f_{22}''$.

13. 略.

习题 10.5

1. $\dfrac{\mathrm{d}y}{\mathrm{d}x}=\dfrac{y^2-\mathrm{e}^x}{\cos y-2xy}$.　　　　　　　2. $\dfrac{\mathrm{d}y}{\mathrm{d}x}=\dfrac{x+y}{x-y}$.

3. $\dfrac{\partial z}{\partial x}=\dfrac{yz-\sqrt{xyz}}{\sqrt{xyz}-xy},\dfrac{\partial z}{\partial y}=\dfrac{xz-2\sqrt{xyz}}{\sqrt{xyz}-xy}$.　　　4. $\dfrac{\partial z}{\partial x}=\dfrac{z}{x+z},\dfrac{\partial z}{\partial y}=\dfrac{z^2}{y(x+z)}$.

5-7. 略.

8. $\dfrac{\partial^2 z}{\partial x^2}=\dfrac{2y^2z\mathrm{e}^z-2xy^3z-y^2z^2\mathrm{e}^z}{(\mathrm{e}^z-xy)^3}$.　　9. $\dfrac{\partial^2 z}{\partial x\partial y}=\dfrac{z(z^4-2xyz^2-x^2y^2)}{(z^2-xy)^3}$.

10. (1) $\dfrac{\mathrm{d}y}{\mathrm{d}x}=-\dfrac{x(6z+1)}{2y(3z+1)},\dfrac{\mathrm{d}z}{\mathrm{d}x}=\dfrac{x}{3z+1}$;　　　(2) $\dfrac{\mathrm{d}x}{\mathrm{d}z}=\dfrac{y-z}{x-y},\dfrac{\mathrm{d}y}{\mathrm{d}z}=\dfrac{z-x}{x-y}$;

(3) $\dfrac{\partial u}{\partial x}=\dfrac{-uf_1'(2yvg_2'-1)-f_2'\cdot g_1'}{(xf_1'-1)(2yvg_2'-1)-f_2'\cdot g_1'}$, $\dfrac{\partial u}{\partial y}=\dfrac{g_1'(xf_1'+uf_1'-1)}{(xf_1'-1)(2yvg_2'-1)-f_2'\cdot g_1'}$;

(4) $\dfrac{\partial u}{\partial x}=\dfrac{\sin v}{\mathrm{e}^u(\sin v-\cos v)+1}$, $\dfrac{\partial u}{\partial y}=\dfrac{-\cos v}{\mathrm{e}^u(\sin v-\cos v)+1}$,

$\dfrac{\partial v}{\partial x}=\dfrac{\cos v-\mathrm{e}^u}{u[\mathrm{e}^u(\sin v-\cos v)+1]}$, $\dfrac{\partial v}{\partial y}=\dfrac{\sin v+\mathrm{e}^u}{u[\mathrm{e}^u(\sin v-\cos v)+1]}$.

11. 提示：由方程组求出 $\dfrac{\mathrm{d}y}{\mathrm{d}x},\dfrac{\mathrm{d}t}{\mathrm{d}x}$,再结合 $F(x,y,t)=0$ 可求得.

12. $\dfrac{\partial z}{\partial x}=\dfrac{2\varphi(2x-y)}{2-\cos u}F',\dfrac{\partial z}{\partial y}=\dfrac{-\varphi(2x-y)}{2-\cos u}F'$.

习题 10.6

1. 切线方程：$\dfrac{x+1-\frac{\pi}{2}}{1}=\dfrac{y-1}{1}=\dfrac{z-2\sqrt 2}{\sqrt 2}$,　　法平面方程：$x+y+\sqrt 2 z-4-\dfrac{\pi}{2}=0$.

2. 切线方程：$\dfrac{x-\frac{1}{2}}{1}=\dfrac{y-2}{-4}=\dfrac{z-1}{8}$,　　法平面方程：$2x-8y+16z-1=0$.

3. 切线方程：$\dfrac{x-x_0}{1}=\dfrac{y-y_0}{\frac{m}{y_0}}=\dfrac{z-z_0}{-\frac{1}{2z_0}}$,

法平面方程：$(x-x_0)+\dfrac{m}{y_0}(y-y_0)-\dfrac{1}{2z_0}(z-z_0)=0$.

4. 切线方程：$\dfrac{x-1}{16}=\dfrac{y-1}{9}=\dfrac{z-1}{-1}$,　　法平面方程：$16x+9y-z-24=0$.

5. $(-1,1,-1)$ 和 $\left(-\dfrac{1}{3},\dfrac{1}{9},-\dfrac{1}{27}\right)$.

6. 切平面方程：$x+2y-4=0$,　　法线方程：$\dfrac{x-2}{1}=\dfrac{y-1}{2}=\dfrac{z}{0}$.

7. 切平面方程：$ax_0x+by_0y+cz_0z-1=0$,法线方程：$\dfrac{x-x_0}{ax_0}=\dfrac{y-y_0}{by_0}=\dfrac{z-z_0}{cz_0}$.

8. (1)切平面方程：$x-y+2z\pm\sqrt{\dfrac{11}{2}}=0$.

9. $\cos\gamma=\dfrac{3}{22}\sqrt{22}$.　　　　　　10. 略.

习题 10.7

1. $1+2\sqrt 3$.　　2. $\dfrac{\sqrt 2}{3}$.　　3. $\dfrac{1}{ab}\sqrt{2(a^2+b^2)}$.

4. 5.　　　　　　　5. $\dfrac{98}{13}$.　　　6. $\dfrac{6\sqrt{14}}{7}$.

7. $x_0+y_0+z_0$.　　8. $\mathbf{grad}\,f(0,0,0)=3\boldsymbol{i}-2\boldsymbol{j}-6\boldsymbol{k}$, $\mathbf{grad}\,f(1,1,1)=6\boldsymbol{i}+3\boldsymbol{j}$.

9. 略.

10. 增加最快的方向为 $\boldsymbol{n}=\dfrac{1}{\sqrt{21}}(2\boldsymbol{i}-4\boldsymbol{j}+\boldsymbol{k})$, $\dfrac{\partial f}{\partial n}=\sqrt{21}$;

　　减少最快的方向为 $-\boldsymbol{n}=\dfrac{-1}{\sqrt{21}}(2\boldsymbol{i}-4\boldsymbol{j}+\boldsymbol{k})$, $\dfrac{\partial f}{\partial n}=-\sqrt{21}$.

习题 10.8

1. (A).　　　　　　　2. 极大值：$f(2,-2)=8$.　　　3. 极大值：$f(3,2)=36$.

4. 极小值：$f\left(\dfrac{1}{2},-1\right)=-\dfrac{e}{2}$.　　　　　5. 极大值：$f\left(\dfrac{1}{2},\dfrac{1}{2}\right)=\dfrac{1}{4}$.

6. 当两个边长都是 $\dfrac{l}{\sqrt{2}}$ 时, 周长最大.

7. 当水池的长、宽都是 $\sqrt[3]{2k}$, 高为 $\dfrac{\sqrt[3]{2k}}{2}$ 时, 表面积最小.

8. $\left(\dfrac{8}{5},\dfrac{16}{5}\right)$.

9. 当矩形的边长为 $\dfrac{2}{3}p$ 及 $\dfrac{1}{3}p$ 时, 绕短边旋转所得圆柱体体积最大.

10. 当长、宽、高都是 $\dfrac{2a}{\sqrt{3}}$ 时, 体积最大.

11. 最大值为 $\sqrt{9+5\sqrt{3}}$, 最小值为 $\sqrt{9-5\sqrt{3}}$.

12. 最热点在 $\left(-\dfrac{1}{2},\pm\dfrac{\sqrt{3}}{2}\right)$, 最冷点在 $\left(\dfrac{1}{2},0\right)$.

13. 最热点在 $\left(\pm\dfrac{4}{3},-\dfrac{4}{3},-\dfrac{4}{3}\right)$.

*习题 10.9

1. $\theta=2.234p+95.33$.

复习题 10

1. (1) 充分, 必要;　　(2) 必要, 充分;　　(3) 充分;　　(4) 充分.

2. (D).　　　　3. $\{(x,y)\,|\,0<x^2+y^2<1,y^2\leqslant 4x\}$, $\dfrac{\sqrt{2}}{\ln\dfrac{3}{4}}$.

4. 可取 $x=ky^2$.

5. $f_x(x,y)=\begin{cases}\dfrac{2xy^3}{(x^2+y^2)^2}, & x^2+y^2\neq 0,\\[3mm] 0, & x^2+y^2=0;\end{cases}$ $\qquad f_y(x,y)=\begin{cases}\dfrac{x^2(x^2-y^2)}{(x^2+y^2)^2}, & x^2+y^2\neq 0,\\[3mm] 0, & x^2+y^2=0.\end{cases}$

6. (1) $\dfrac{\partial z}{\partial x}=\dfrac{1}{x+y^2},\dfrac{\partial z}{\partial y}=\dfrac{2y}{x+y^2},$

$\dfrac{\partial^2 z}{\partial x^2}=-\dfrac{1}{(x+y^2)^2},\dfrac{\partial^2 z}{\partial x\partial y}=-\dfrac{2y}{(x+y^2)^2},\dfrac{\partial^2 z}{\partial y^2}=\dfrac{2(x-y^2)}{(x+y^2)^2};$

(2) $\dfrac{\partial z}{\partial x}=yx^{y-1},\dfrac{\partial z}{\partial y}=x^y\ln x,$

$\dfrac{\partial^2 z}{\partial x^2}=y(y-1)x^{y-2},\dfrac{\partial^2 z}{\partial x\partial y}=x^{y-1}(1+y\ln x),\dfrac{\partial^2 z}{\partial y^2}=x^y(\ln x)^2.$

7. $\Delta z=0.02, dz=0.03.$ $\qquad$ 8. 提示：需要用可微分的定义去证明.

9. $\dfrac{du}{dt}=yx^{y-1}\cdot\varphi'(t)+x^y\ln x\cdot\psi'(t).$

10. $\dfrac{\partial z}{\partial s}=f_1'-f_3',\dfrac{\partial z}{\partial t}=f_2'-f_1',\dfrac{\partial z}{\partial h}=f_3'-f_2'.$

11. $\dfrac{\partial^2 z}{\partial x^2}=e^{2y}f_{11}''+2e^yf_{12}''+f_{22}'',\dfrac{\partial^2 z}{\partial x\partial y}=e^yf_1'+xe^{2y}f_{11}''+e^yf_{13}''+xe^yf_{21}''+f_{23}''.$

12. $\dfrac{\partial z}{\partial x}=(v\cos v-u\sin v)e^{-u},\dfrac{\partial z}{\partial y}=(u\cos v+v\sin v)e^{-u}.$

13. 切线方程：$\begin{cases}x=a,\\ by-az=0;\end{cases}$ $\quad$ 法平面方程：$ay+bz=0.$

14. $(-3,-1,3)$,法线方程：$\dfrac{x+3}{1}=\dfrac{y+1}{3}=\dfrac{z-3}{1}.$

15. $\dfrac{\partial f}{\partial l}=\cos\theta+\sin\theta,$(1) $\theta=\dfrac{\pi}{4},$ $\quad$ (2) $\theta=\dfrac{5\pi}{4},$ $\quad$ (3) $\theta=\dfrac{3\pi}{4}$ 和 $\theta=\dfrac{7\pi}{4}.$

16. $\dfrac{\partial f}{\partial n}=\dfrac{2}{\sqrt{\dfrac{x_0^2}{a^4}+\dfrac{y_0^2}{b^4}+\dfrac{z_0^2}{c^4}}}.$ $\qquad$ 17. $\left(\dfrac{4}{5},\dfrac{3}{5},\dfrac{35}{12}\right).$

18. 切点 $\left(\dfrac{a}{\sqrt{3}},\dfrac{b}{\sqrt{3}},\dfrac{c}{\sqrt{3}}\right),V_{\min}=\dfrac{\sqrt{3}}{2}abc.$

19. 当时 $p_1=80,p_2=120,$总利润最大；最大总利润为 605.

第 11 章

习题 11.1

1. $\displaystyle\iint\limits_{D}\mu(x,y)d\sigma.$ $\qquad$ 2. 略. $\qquad$ 3. (C).

4. (1) $0\leqslant\displaystyle\iint\limits_{D}xy(x+y)d\sigma\leqslant 2$; $\qquad$ (2) $36\pi\leqslant\displaystyle\iint\limits_{D}(x^2+4y^2+9)d\sigma\leqslant 100\pi$;

(3) $2 \leqslant \iint\limits_{D} (x+y+1) \mathrm{d}\sigma \leqslant 8$.

习题 11.2

1. (1) $\dfrac{\pi^2}{4}$；　　　　　(2) $\dfrac{20}{3}$；　　　　　(3) 1　　　　　(4) $\pi^2 - \dfrac{40}{9}$.

2. (1) $\mathrm{e} - \mathrm{e}^{-1}$；　　　　(2) $\dfrac{1}{2}(1 - \cos 2)$；　(3) $\dfrac{1}{6}\left(1 - \dfrac{2}{\mathrm{e}}\right)$；　(4) $\dfrac{9}{8}\ln 3 - \ln 2 - \dfrac{1}{2}$.

3. 略.

4. (1) $\displaystyle\int_0^4 \mathrm{d}x \int_x^{\sqrt{4x}} f(x,y)\mathrm{d}y = \int_0^4 \mathrm{d}y \int_{\frac{y^2}{4}}^y f(x,y)\mathrm{d}x$；

　(2) $\displaystyle\int_{-r}^r \mathrm{d}x \int_0^{\sqrt{r^2-x^2}} f(x,y)\mathrm{d}y = \int_0^r \mathrm{d}y \int_{-\sqrt{r^2-y^2}}^{\sqrt{r^2-y^2}} f(x,y)\mathrm{d}x$；

　(3) $\displaystyle\int_1^2 \mathrm{d}x \int_{\frac{1}{x}}^x f(x,y)\mathrm{d}y = \int_{\frac{1}{2}}^1 \mathrm{d}y \int_{\frac{1}{y}}^2 f(x,y)\mathrm{d}x + \int_1^2 \mathrm{d}y \int_y^2 f(x,y)\mathrm{d}x$；

　(4) $\displaystyle\int_{-2}^{-1} \mathrm{d}x \int_{-\sqrt{4-x^2}}^{\sqrt{4-x^2}} f(x,y)\mathrm{d}y + \int_{-1}^1 \mathrm{d}x \int_{\sqrt{1-x^2}}^{\sqrt{4-x^2}} f(x,y)\mathrm{d}y$；

　　$\displaystyle + \int_{-1}^1 \mathrm{d}x \int_{-\sqrt{4-x^2}}^{\sqrt{1-x^2}} f(x,y)\mathrm{d}y + \int_1^2 \mathrm{d}x \int_{-\sqrt{4-x^2}}^{\sqrt{4-x^2}} f(x,y)\mathrm{d}y$；

　　$\displaystyle = \int_1^2 \mathrm{d}y \int_{-\sqrt{4-y^2}}^{\sqrt{4-y^2}} f(x,y)\mathrm{d}x + \int_{-1}^1 \mathrm{d}y \int_{-\sqrt{4-y^2}}^{-\sqrt{1-y^2}} f(x,y)\mathrm{d}x$；

　　$\displaystyle + \int_{-1}^1 \mathrm{d}y \int_{\sqrt{1-y^2}}^{\sqrt{4-y^2}} f(x,y)\mathrm{d}x + \int_{-2}^{-1} \mathrm{d}y \int_{-\sqrt{4-y^2}}^{\sqrt{4-y^2}} f(x,y)\mathrm{d}x$.

5. (1) $\displaystyle\int_0^1 \mathrm{d}x \int_x^1 f(x,y)\mathrm{d}y$；　　　　(2) $\displaystyle\int_0^1 \mathrm{d}y \int_{\mathrm{e}^y}^{\mathrm{e}} f(x,y)\mathrm{d}x$；

　(3) $\displaystyle\int_0^1 \mathrm{d}y \int_{-\sqrt{1-y^2}}^{y-1} f(x,y)\mathrm{d}x$；

　(4) $\displaystyle\int_0^1 \mathrm{d}x \int_{1-x}^1 f(x,y)\mathrm{d}y + \int_1^2 \mathrm{d}x \int_{\sqrt{x-1}}^1 f(x,y)\mathrm{d}y$；

　(5) $\displaystyle\int_0^1 \mathrm{d}y \int_y^{2-y} f(x,y)\mathrm{d}x$.

6. $\dfrac{2}{3}$.　　7. $\dfrac{11}{30}$.　　8. $\dfrac{4}{3}$.　　9. $\dfrac{16}{3}$.

习题 11.3

1. (1) $\displaystyle\int_0^{2\pi} \mathrm{d}\theta \int_0^3 f(\rho\cos\theta, \rho\sin\theta)\rho\mathrm{d}\rho$；

　(2) $\displaystyle\int_0^{2\pi} \mathrm{d}\theta \int_1^2 f(\rho\cos\theta, \rho\sin\theta)\rho\mathrm{d}\rho$；

　(3) $\displaystyle\int_{-\frac{\pi}{2}}^{\frac{\pi}{2}} \mathrm{d}\theta \int_0^{2a\cos\theta} f(\rho\cos\theta, \rho\sin\theta)\rho\mathrm{d}\rho$；

(4) $\int_0^{\frac{\pi}{2}} \mathrm{d}\theta \int_0^{\frac{1}{\cos\theta+\sin\theta}} f(\rho\cos\theta,\rho\sin\theta)\rho\mathrm{d}\rho$.

2. (1) $\int_0^{\frac{\pi}{4}} \mathrm{d}\theta \int_0^{\sec\theta} f(\rho\cos\theta,\rho\sin\theta)\rho\mathrm{d}\rho + \int_{\frac{\pi}{4}}^{\frac{\pi}{2}} \mathrm{d}\theta \int_0^{\csc\theta} f(\rho\cos\theta,\rho\sin\theta)\rho\mathrm{d}\rho$;

(2) $\int_0^{\pi} \mathrm{d}\theta \int_0^1 f(\rho^2)\rho\mathrm{d}\rho$;   (3) $\int_{\frac{\pi}{4}}^{\frac{\pi}{3}} \mathrm{d}\theta \int_0^{2\sec\theta} f(\theta)\rho\mathrm{d}\rho$;

(4) $\int_0^{\frac{\pi}{4}} \mathrm{d}\theta \int_{\sec\theta\tan\theta}^{\sec\theta} f(\rho\cos\theta,\rho\sin\theta)\rho\mathrm{d}\rho$.

3. (1) $\frac{a^3}{6}\left[\sqrt{2}+\ln(\sqrt{2}+1)\right]$;   (2) $\sqrt{2}-1$;   (3) $\frac{3\pi}{4}$.

4. (1) $\pi(\mathrm{e}^4-1)$;   (2) $\frac{\pi}{4}(2\ln2-1)$;   (3) $\frac{3\pi^2}{64}$;   (4) $-3\pi\left(\arctan2-\frac{\pi}{4}\right)$.

5. (1) $\frac{9}{4}$;   (2) $2-\frac{\pi}{2}$;   (3) $\frac{\pi}{8}(\pi-2)$; (4) $\frac{1}{4}\pi a^4+4\pi a^2$.

6. $\frac{\pi^5}{40}$.   7. $\frac{a^4}{2}$.   8. 6π .

*9. (1) $\frac{1}{2}\sin1$;   (2) $\frac{7}{3}\ln2$;   (3) $\frac{1}{4}(\mathrm{e}-1)$.

*10. (1) $\frac{b^2-a^2}{2}\cdot\frac{d-c}{(1+c)(1+d)}$;   (2) $2\ln3$;   (3) $\frac{3}{8}\pi a^2$.

*11. 略.

习题 11.4

1. (1) $\int_0^1 \mathrm{d}x \int_0^{1-x} \mathrm{d}y \int_0^{xy} f(x,y,z)\mathrm{d}z$;   (2) $\int_{-1}^1 \mathrm{d}x \int_{-\sqrt{1-x^2}}^{\sqrt{1-x^2}} \mathrm{d}y \int_{x^2+y^2}^1 f(x,y,z)\mathrm{d}z$;

(3) $\int_{-1}^1 \mathrm{d}x \int_{-\sqrt{1-x^2}}^{\sqrt{1-x^2}} \mathrm{d}y \int_{x^2+2y^2}^{2-x^2} f(x,y,z)\mathrm{d}z$;   (4) $\int_0^a \mathrm{d}x \int_0^{\frac{b}{a}\sqrt{a-x^2}} \mathrm{d}y \int_0^{\frac{xy}{c}} f(x,y,z)\mathrm{d}z$.

2. $M = \iiint\limits_{\Omega}(x+y+z)\mathrm{d}x\mathrm{d}y\mathrm{d}z = \frac{3}{2}$.

3. 提示：化为三次积分证明.

4. $\frac{1}{364}$.   5. $\frac{1}{2}\left(\ln2-\frac{5}{8}\right)$.

6. 提示：交换积分次序 $I = \iint\limits_{D_{xy}} \mathrm{d}y\mathrm{d}z \int_0^{1-y-z}(1-y)\mathrm{e}^{-(1-y-z)^2}\mathrm{d}x = \frac{1}{4\mathrm{e}}$ 7. 2π .

8. $\pi^2 a^2 b(4b^2+3a^2)/2$.   9. 提示：截面法.

习题 11.5

1. (1) $\frac{16}{3}\pi$;   (2) $\frac{13}{30}\pi$.   2. (1) $\frac{4}{5}\pi$;   (2) $\frac{\pi}{20}$.

3. (1) $\frac{1}{8}$;   (2) 2π ;   (3) $\frac{\pi}{10}$;   (4) 336π .

4. 略.　　　　　　　5. $\dfrac{59}{480}\pi R^5$.　　　　　　6. $\dfrac{32}{3}\pi$.

7. $\dfrac{8\sqrt{2}-7}{6}\pi$.　　　　8. $\dfrac{2\pi R^5}{5}\left(1-\dfrac{\sqrt{2}}{2}\right)$.

习题 11.6

1. $2a^2(\pi-2)$.　　　　　2. $\sqrt{2}\pi$.

3. (1) $\left(0,\dfrac{4b}{3\pi}\right)$;　　　　(2) $\left(\dfrac{a^2+ab+b^2}{2(a+b)},0\right)$

4. $\left(\dfrac{35}{48},\dfrac{35}{54}\right)$.　　　　5. $\left(\dfrac{2}{5}a,\dfrac{2}{5}a\right)$.

6. (1) $\left(0,0,\dfrac{3}{4}\right)$　　*(2) $\left(0,0,\dfrac{3(A^4-a^4)}{8(A^3-a^3)}\right)$;　　(3) $\left(\dfrac{2}{5}a,\dfrac{2}{5}a,\dfrac{7}{30}a^2\right)$.

*7. $\left(0,0,\dfrac{5}{4}R\right)$.

8. (1) $I_y=\dfrac{1}{4}\pi a^3 b$;　　(2) $I_x=\dfrac{ab^3}{3}$, $I_y=\dfrac{ba^3}{3}$.

9. $I_z=\dfrac{\pi}{6}$.

10. (1) $V=\dfrac{8}{3}a^4$;　　(2) $\left(0,0,\dfrac{7}{15}a^2\right)$;　　(3) $I_z=\dfrac{112}{45}\mu a^6$.

11. $\dfrac{1}{2}\pi a^4 h$.

12. $F_x=2G\mu\left[\ln\dfrac{\sqrt{R_2^2+a^2}+R_2}{\sqrt{R_1^2+a^2}+R_1}-\dfrac{R_2}{\sqrt{R_2^2+a^2}}+\dfrac{R_1}{\sqrt{R_1^2+a^2}}\right]$,

$F_y=0$, $F_z=\pi G\mu a\left[\dfrac{1}{\sqrt{R_2^2+a^2}}-\dfrac{1}{\sqrt{R_1^2+a^2}}\right]$.

13. $F_x=0$, $F_y=0$, $F_z=2\pi G\mu\left[h+\sqrt{R^2+(a-h)^2}-\sqrt{R^2+a^2}\right]$.

复习题 11

1. (1) C;　　(2) A;　　(3) C;　　(4) B;　　(5) C;

　(6) A;　　(7) B;　　(8) D;　　(9) D;　　(10) C.

2. (1) $\dfrac{3}{2}+\sin 1-2\sin 2+\cos 1-\cos 2$;　　　　(2) $\dfrac{\pi}{4}a^4+4\pi a^2$;

　(3) $\dfrac{9}{16}$;　　(4) $\dfrac{1}{2}(\mathrm{e}-1)$;　　(5) 9π.

3. (1) $\displaystyle\int_{-2}^{0}\mathrm{d}x\int_{2x+4}^{4-x^2}f(x,y)\mathrm{d}y$;　　　　(2) $\displaystyle\int_{0}^{2}\mathrm{d}x\int_{\frac{x}{2}}^{3-x}f(x,y)\mathrm{d}y$;

　(3) $\displaystyle\int_{0}^{1}\mathrm{d}y\int_{0}^{y^2}f(x,y)\mathrm{d}x+\int_{1}^{2}\mathrm{d}y\int_{0}^{\sqrt{1-(y-1)^2}}f(x,y)\mathrm{d}x$.

4. 略.

5. $\int_0^{\frac{\pi}{4}}\mathrm{d}\theta\int_0^{\sec\theta\tan\theta}f(\rho\cos\theta,\rho\sin\theta)\rho\mathrm{d}\rho+\int_{\frac{\pi}{4}}^{\frac{3\pi}{4}}\mathrm{d}\theta\int_0^{\csc\theta}f(\rho\cos\theta,\rho\sin\theta)\rho\mathrm{d}\rho$

　　$+\int_{\frac{3\pi}{4}}^{\pi}\mathrm{d}\theta\int_0^{\sec\theta\tan\theta}f(\rho\cos\theta,\rho\sin\theta)\rho\mathrm{d}\rho$.

6. $f(x,y)=\sqrt{1-x^2-y^2}+\dfrac{8}{9\pi}-\dfrac{2}{3}$.

7. $\int_{-1}^1\mathrm{d}x\int_{x^2}^1\mathrm{d}y\int_0^{x^2+y^2}f(x,y,z)\mathrm{d}z$.

8. (1) $\dfrac{1}{8}$;　　　　(2) $\dfrac{\pi}{3}$;　　　　(3) $\dfrac{1}{4}\pi h^4$;

　　(4) 0 ;　　　　(5) $\dfrac{250\pi}{3}$;　　　　(6) $\dfrac{4}{5}\pi R^5$.

9. (1) 单增;　　　　(2) 略.　　　　10. 略.

11. $A=\dfrac{1}{2}\sqrt{a^2b^2+b^2c^2+c^2a^2}$.　　　　12. $\sqrt{\dfrac{2}{3}}R$.　　　13. $\dfrac{368}{105}\mu$.

14. $\left(0,0,\dfrac{3b}{8}\right)$.　　　　15. $-\dfrac{8}{3}$.　　　　16. $\dfrac{7}{8}$.

第 12 章

习题 12.1

1. (1) $I_x=\displaystyle\int_L y^2\mu(x,y)\mathrm{d}s,I_y=\int_L x^2\mu(x,y)\mathrm{d}s$;

　　(2) $\bar{x}=\dfrac{\displaystyle\int_L x\mu(x,y)\mathrm{d}s}{\displaystyle\int_L \mu(x,y)\mathrm{d}s},\bar{y}=\dfrac{\displaystyle\int_L y\mu(x,y)\mathrm{d}s}{\displaystyle\int_L \mu(x,y)\mathrm{d}s}$.

2. (1) $2\pi a^2$;　　(2) $\sqrt{2}$;　　(3) $\left(\dfrac{\pi}{4}a+2\right)e^a-2$;　　(4) $\dfrac{\sqrt{3}}{2}(1-e^{-2})$;

　　(5) 9 ;　　(6) $2(2-\sqrt{2})a^2$;　　(7) $(\sqrt{2a})^3\pi$;　　(8) $3a^3$.

3. $\bar{x}=\dfrac{a\sin\varphi}{\varphi}$, $\bar{y}=0$.

4. (1) $I_z=\dfrac{2}{3}\pi a^2\sqrt{a^2+k^2}(3a^2+4\pi^2k^2)$;

　　(2) $\bar{x}=\dfrac{6ak^2}{3a^2+4\pi^2k^2}$, $\bar{y}=\dfrac{-6a\pi k^2}{3a^2+4\pi^2k^2}$, $\bar{z}=\dfrac{3\pi k(a^2+2\pi^2k^2)}{3a^2+4\pi^2k^2}$.

习题 12.2

1. 略.

2. (1) $-\dfrac{\pi}{2}a^3$;　　　　(2) 0 ;　　　　(3) $-\dfrac{14}{15}$;　　　　(4) -2π ;

$(5) -\pi a^2$; $(6) -\dfrac{87}{4}$; $(7) \dfrac{1}{2}$; $(8) -2\pi a(a+c)$.

3. $(1) \dfrac{34}{3}$; $(2) 11$; $(3) 14$; $(4) \dfrac{32}{3}$.

4. $\dfrac{3k\pi a^2}{16}$.   5. -1.

6. $(1) \displaystyle\int_L \dfrac{P(x,y)+Q(x,y)}{\sqrt{2}}\mathrm{d}s$; $(2) \displaystyle\int_L \dfrac{P(x,y)+2xQ(x,y)}{\sqrt{1+4x^2}}\mathrm{d}s$.

7. $\displaystyle\int_\Gamma \dfrac{P+2xQ+3yR}{\sqrt{1+4x^2+9y^2}}\mathrm{d}s$.   8. $y=\sin x$.

习题 12.3

1. $(1) 0$; $(2) 8$; $(3) 2\pi$.

2. $(1) \dfrac{3}{8}\pi a^2$; $(2) a^2$; $(3) 12\pi$.

3. $-\pi$.   4. $(1) \dfrac{5}{2}$; $(2) 5$; $(3) 2e^4$.

5. $(1) 12$; $(2) 0$; $(3) \dfrac{\pi^2}{4}$;

  $(4) \dfrac{\sin 2}{4}-\dfrac{7}{6}$; $(5) \pi$; $(6) 2$.

6. $(1) \dfrac{x^2}{2}+2xy+\dfrac{y^2}{2}$; $(2) x^3+y^3+x^2\mathrm{e}^{-y}$; $(3) y^2\sin x+x^2\cos y$.

*7. $(1) x^3+3x^2y^2+\dfrac{4}{3}y^3=C$; $(2) x\mathrm{e}^y-y^2=C$;

  $(3) y\cos x+x\sin y=C$; (4) 不是全微分方程.

8. $-\arctan\dfrac{y}{x^2}$.

习题 12.4

1. $\displaystyle\iint_\Sigma f(x,y,z)\mathrm{d}S=\iint_D f(x,y,0)\mathrm{d}x\mathrm{d}y$ 2. $\displaystyle\iint_\Sigma (y^2+z^2)\mu(x,y,z)\mathrm{d}S$.

3. $(1) 2\pi a\ln\dfrac{a}{h}$; $(2) 6\pi a^4$; $(3) 125\sqrt{2}\pi$;

  $(4) 4\sqrt{61}$; $(5) \dfrac{64}{15}\sqrt{2}a^4$; $(6) \pi a(a^2-h^2)$.

4. $2\sqrt{3}a^4$.   5. $\dfrac{2\pi}{15}(6\sqrt{3}+1)$. 6. $\dfrac{4}{3}\pi\mu_0 a^4$.

习题 12.5

1. 略.

2. (1) $\dfrac{3}{2}\pi$；　　　　(2) $\dfrac{1}{4}-\dfrac{\pi}{6}$；　　　(3) $\dfrac{1}{2}$；

　(4) $abc(a+b+c)$；　(5) $\dfrac{\pi}{12}$；　　　　(6) $\dfrac{1}{8}$.

3. (1) $\displaystyle\iint\limits_{\Sigma}\dfrac{P+2Q+3R}{\sqrt{14}}\mathrm{d}S$；　　　(2) $\displaystyle\iint\limits_{\Sigma}\dfrac{2xP+3yQ+R}{\sqrt{1+4x^2+4y^2}}\mathrm{d}S$.

习题 12.6

1. (1) 9π；　　　　(2) $-\dfrac{\pi}{6}$；　　　(3) $\dfrac{\pi}{24}a^3b^3$；

　(4) $\dfrac{12}{5}\pi a^5$；　(5) -5π；　　　(6) $\dfrac{3}{2}$；　　(7) $-\dfrac{1}{10}\pi h^5$.

*2. (1) 0；　　　　(2) $a^3\left(2-\dfrac{a^2}{6}\right)$；　(3) 108π.

*3. (1) $\mathrm{div}\boldsymbol{A}=0$；　(2) $\mathrm{div}\boldsymbol{A}=y\mathrm{e}^{xy}-x\sin(xy)-2xz\sin(xz^2)$.

*4. 略.　　　　*5. 略.

习题 12.7

1. (1) π；　　　(2) $-2\pi a(a+b)$；　(3) $-\dfrac{9}{2}$；　(4) π.

*2. (1) $\mathbf{rot}\boldsymbol{A}=2\boldsymbol{i}+4\boldsymbol{j}+6\boldsymbol{k}$；　(2) $\mathbf{rot}\boldsymbol{A}=\boldsymbol{i}+(1-\cos x)\boldsymbol{j}$.

*3. (1) 2π；　(2) 12π.

*4. 略.　　　　*5. 0.

*6. (1) $\dfrac{x^3}{3}+\dfrac{y^3}{3}+\dfrac{z^3}{3}-2xyz$；　(2) 5；　(3) -2.

复习题 12

1. (1) 单位切向量；　(2) 单位法向量；　(3) $\sqrt{2}$；　(4) $\sqrt{1+x_y^2+x_z^2}$；

　(5) $\dfrac{\pi}{2}$；　　(6) $\dfrac{17}{20}$；　　(7) $\dfrac{1}{2}$.

2. (1) (C)；　(2) (C)；　(3) (B)；　(4) (D)；(5) (D).

3. (1) $2a^2$；　　(2) $-2\pi a^2$；　(3) $\dfrac{4}{3}$；　(4) πa^2；

　(5) $-\dfrac{\pi}{2}$；　(6) $\dfrac{\sqrt{2}}{16}\pi$；　(7) $\pi a^2(a-1)$.

4. (1) πa^3；　　(2) $\dfrac{7}{\sqrt{2}}\pi a^3$；　(3) $-\dfrac{\pi}{4}h^4$；

　(4) -4π；　(5) $\dfrac{\pi}{8}$；　　(6) 34π.

5. (1) 略;　　　　　　　　(2) $\dfrac{c}{d}-\dfrac{a}{b}$.

6. 提示:(1) 将曲线 C 分解为两条子曲线,另作一曲线围绕原点且与 C 相接;

(2) 利用线积分与路径无关的相关结论.

7. $\left(0,0,\dfrac{29}{35}\right)$　　　　　*8. $a^3\left(2-\dfrac{a^2}{6}\right)$.　　　　*9. -20π.

第 13 章

习题 13.1

1. (1) $u_n=\dfrac{1}{2n-1}$, $\displaystyle\sum_{n=1}^{\infty}\dfrac{1}{2n-1}$;　　　(2) $u_n=(-1)^{n-1}\dfrac{n+1}{n}$, $\displaystyle\sum_{n=1}^{\infty}(-1)^{n-1}\dfrac{n+1}{n}$;

(3) $u_n=\dfrac{2^{n+1}}{2n+1}$, $\displaystyle\sum_{n=1}^{\infty}\dfrac{2^{n+1}}{2n+1}$;　　　(4) $u_n=(-1)^{n-1}\dfrac{x^{\frac{n}{2}}}{2n+1}$, $\displaystyle\sum_{n=1}^{\infty}(-1)^{n-1}\dfrac{x^{\frac{n}{2}}}{2n+1}$.

2. (1) 收敛;　　　(2) 收敛;　　　(3) 发散;　　　(4) 发散.

3. (1) 收敛;　　　(2) 发散;　　　(3) 发散;　　　(4) 发散;　　　(5) 收敛.

*4. (1) 收敛;　　　(2) 发散;　　　(3) 收敛;　　　(4) 发散.

习题 13.2

1. (1) 收敛;　　　(2) 收敛;　　　(3) 收敛;

(4) 收敛;　　　(5) 发散;　　　(6) 发散.

2. (1) 收敛;　　　(2) 收敛;　　　(3) 收敛;

(4) 发散;　　　(5) 发散;　　　(6) 发散.

3. (1) 收敛;　　　(2) 收敛;　　　(3) 收敛;

(4) 当 $b<a$ 时收敛,当 $b>a$ 时发散,当 $b=a$ 时不能肯定.

4. (1) 收敛;　　　(2) 收敛;　　　(3) 发散;

(4) 收敛;　　　(5) 发散;　　　(6) 发散.

5. (1) 绝对收敛;　　(2) 绝对收敛;　　(3) 绝对收敛;

(4) 条件收敛;　　(5) 条件收敛;　　(6) 对 $\alpha\in(-\infty,+\infty)$ 都绝对收敛.

习题 13.3

1. (1) $(-1,1)$;　　(2) $(-1,1)$;　　(3) $(-\infty,\infty)$;

(4) $(-3,3)$;　　(5) $\left(-\dfrac{1}{2},\dfrac{1}{2}\right)$;　(6) $(-1,1)$;

(7) $(-\sqrt{2},\sqrt{2})$;　(8) $(4,6)$.

2. (1) $(-1,1)$, $s(x)=(1-x)\ln(1-x)+x$;

(2) $(-1,1)$, $s(x)=\dfrac{1}{4}\ln\dfrac{1+x}{1-x}+\dfrac{1}{2}\arctan x-x$;

(3) $(-\sqrt{2},\sqrt{2})$, $s(x)=\dfrac{x^2}{2-x^2}$.

习题 13.4

1. $\cos x = \cos x_0 + \cos\left(x_0 + \dfrac{\pi}{2}\right)(x - x_0) + \cdots + \dfrac{\cos\left(x_0 + \dfrac{\pi}{2}\right)}{n!}(x - x_0)^n + \cdots, (-\infty, \infty)$.

2. (1) $a^x = \displaystyle\sum_{n=0}^{\infty} \dfrac{(x\ln a)^n}{n!}, (-\infty, \infty)$;

   (2) $e^{-x^2} = \displaystyle\sum_{n=0}^{\infty} (-1)^n \dfrac{x^{2n}}{n!}, (-\infty, \infty)$;

   (3) $\cos^2 x = 1 + \displaystyle\sum_{n=1}^{\infty} (-1)^n \dfrac{(2x)^{2n}}{2(2n)!}, (-\infty, \infty)$;

   (4) $\ln(5+x) = \ln 5 + \displaystyle\sum_{n=1}^{\infty} (-1)^{n+1} \dfrac{x^n}{n5^n}, (-5, 5]$;

   (5) $\dfrac{1}{\sqrt{1-x^2}} = 1 + \displaystyle\sum_{n=1}^{\infty} \dfrac{1 \cdot 3 \cdot 5 \cdots (2n-1)}{2 \cdot 4 \cdot 6 \cdots (2n)} x^{2n}, (-1, 1)$;

   (6) $\ln(1 + 3x + 2x^2) = \displaystyle\sum_{n=1}^{\infty} \dfrac{(-1)^{n-1}}{n}(1 + 2^n)x^n, \left(-\dfrac{1}{2}, \dfrac{1}{2}\right]$;

   (7) $\dfrac{x}{9 + x^2} = \displaystyle\sum_{n=1}^{\infty} \dfrac{(-1)^{n-1}}{3^{2n}} x^{2n-1}, (-3, 3)$;

   (8) $\sin x \cos x = \dfrac{1}{2} \displaystyle\sum_{n=1}^{\infty} (-1)^{n-1} \dfrac{(2x)^{2n-1}}{(2n-1)!}, (-\infty, \infty)$.

3. (1) $\cos x = \dfrac{1}{2} \displaystyle\sum_{n=0}^{\infty} (-1)^n \left[\dfrac{\left(x + \dfrac{\pi}{3}\right)^{2n}}{(2n)!} + \sqrt{3} \dfrac{\left(x + \dfrac{\pi}{3}\right)^{2n+1}}{(2n+1)!}\right], (-\infty, \infty)$;

   (2) $\dfrac{1}{4 - x} = \displaystyle\sum_{n=0}^{\infty} \dfrac{1}{2^{n+1}} (x - 2)^n, (0, 4)$;

   (3) $\lg x = \dfrac{1}{\ln 10} \displaystyle\sum_{n=0}^{\infty} (-1)^{n-1} \dfrac{(x - 1)^n}{n}, (0, 2]$;

   (4) $\dfrac{1}{x^2 + 4x + 9} = \displaystyle\sum_{n=0}^{\infty} (-1)^n \dfrac{(x + 2)^{2n}}{5^{n+1}}, (-2 - \sqrt{5}, -2 + \sqrt{5})$.

习题 13.5

1. (1) 1.098 6;   (2) 1.648;   (3) 2.004 30;   (4) 0.999 4.

2. (1) 0.544 8;   (2) 3.450 1.

3. $e^x \cos x = \displaystyle\sum_{n=0}^{\infty} 2^{\frac{n}{2}} \cos\dfrac{n\pi}{4} \cdot \dfrac{x^n}{n!}, (-\infty, +\infty)$.

提示：$e^x \cos x = \mathrm{Re}\, e^{(1+i)x} = \mathrm{Re}\, e^{\sqrt{2}\left(\cos\frac{\pi}{4} + i\sin\frac{\pi}{4}\right)x}$.

*4. (1) $y = Ce^{\frac{x^2}{2}} + \left[-1 + x + \dfrac{1}{1 \cdot 3}x^3 + \cdots + \dfrac{x^{2n-1}}{1 \cdot 3 \cdot 5 \cdots (2n-1)} + \cdots\right]$;

(2) $y=a_0\mathrm{e}^{-\frac{x^2}{2}}+a_1\left[x-\dfrac{x^3}{1\cdot3}+\dfrac{x^5}{1\cdot3\cdot5}+\cdots+(-1)^{n-1}\dfrac{x^{2n-1}}{1\cdot3\cdot5\cdots(2n-1)}+\cdots\right]$;

(3) $y=C(1-x)+x^3\left[\dfrac{1}{3}+\dfrac{1}{6}x+\dfrac{1}{10}x^2+\cdots+\dfrac{2}{(n+2)(n+3)}x^n+\cdots\right]$.

*5. (1) $y=\dfrac{1}{2}+\dfrac{1}{4}x+\dfrac{1}{8}x^2+\dfrac{1}{16}x^3+\dfrac{9}{32}x^4+\cdots$;

(2) $y=x+\dfrac{1}{1\cdot2}x^2+\dfrac{1}{2\cdot3}x^3+\dfrac{1}{3\cdot4}x^4+\cdots$.

习题 13.6

1. $s(x)=\begin{cases}-1,&x=-2,\\x,&|x|<2,\\1,&x=2,\\0,&2<|x|\leqslant\pi.\end{cases}$

2. (1) $f(x)=\pi^2+1+12\displaystyle\sum_{n=0}^{\infty}\dfrac{(-1)^n}{n^2}\cos nx,(-\infty,+\infty)$;

(2) $f(x)=\dfrac{\mathrm{e}^{2\pi}-\mathrm{e}^{-2\pi}}{\pi}\left[\dfrac{1}{4}+\displaystyle\sum_{n=1}^{\infty}\dfrac{(-1)^n}{n^2+4}(2\cos nx-n\sin nx)\right]$

$(x\neq(2n+1)\pi,n=0,\pm1,\pm2,\cdots)$;

(3) $f(x)=\dfrac{a-b}{4}\pi+\displaystyle\sum_{n=1}^{\infty}\left\{\dfrac{[1-(-1)^n](b-a)}{n^2\pi}\cos nx+\dfrac{(-1)^{n-1}(a+b)}{n}\sin nx\right\}$

$(x\neq(2n+1)\pi,n=0,\pm1,\pm2,\cdots)$.

3. (1) $2\sin\dfrac{x}{3}=\dfrac{18\sqrt{3}}{\pi}\displaystyle\sum_{n=1}^{\infty}(-1)^{n-1}\dfrac{n\sin nx}{9n^2-1},(-\pi,\pi)$;

(2) $f(x)=\dfrac{1+\pi-\mathrm{e}^{-\pi}}{2\pi}+$

$\dfrac{1}{\pi}\displaystyle\sum_{n=1}^{\infty}\left\{\dfrac{1-(-1)^n\mathrm{e}^{-\pi}}{1+n^2}\cos nx+\left[\dfrac{-n+(-1)^n n\mathrm{e}^{-\pi}}{1+n^2}+\dfrac{1}{n}(1-(-1)^n)\right]\sin nx\right\}$,

$(-\pi,\pi)$.

4. $f(x)=\dfrac{2}{\pi}\displaystyle\sum_{n=1}^{\infty}\left[\dfrac{1}{n^2}\sin\dfrac{n\pi}{2}+(-1)^{n+1}\dfrac{\pi}{2n}\right]\sin nx,(x\neq(2n+1)\pi,n=0,\pm1,\pm2,\cdots)$.

5. (1) $f(x)=\displaystyle\sum_{n=1}^{\infty}\dfrac{1}{n}\sin nx,0<x\leqslant\pi$;

(2) $f(x)=\dfrac{\pi}{8}-\displaystyle\sum_{n=1}^{\infty}\left[\dfrac{1}{n}\sin\dfrac{n\pi}{2}+\dfrac{2}{n^2\pi}\left((-1)^n-\cos\dfrac{n\pi}{2}\right)\right]\cos nx,0\leqslant x<\dfrac{\pi}{2},\dfrac{\pi}{2}<x\leqslant\pi$;

(3) $f(x)=\dfrac{6}{\pi}\displaystyle\sum_{n=1}^{\infty}(-1)^{n-1}\dfrac{1}{(2n-1)^2}\cos\dfrac{(2n-1)\pi}{6}\sin(2n-1)x,0\leqslant x\leqslant\pi$.

习题 13.7

1. (1) $f(x) = -\dfrac{1}{3}l^2 + \dfrac{2l^2}{\pi}\sum_{n=1}^{\infty}(-1)^{n-1}\left(\dfrac{2}{n^2\pi}\cos\dfrac{n\pi x}{l} + \dfrac{1}{n}\sin\dfrac{n\pi x}{l}\right), |x| < l;$

(2) $f(x) = \dfrac{1}{2} + \dfrac{4}{\pi^2}\sum_{n=1}^{\infty}\dfrac{1}{(2n-1)^2}\cos(2n-1)\pi x, |x| \leqslant 1;$

(3) $f(x) = \dfrac{16}{\pi^2}\sum_{n=1}^{\infty}\dfrac{1}{(2n-1)^2}\cos\dfrac{(2n-1)\pi x}{4}, 0 \leqslant x \leqslant 8;$

(4) $f(x) = \dfrac{1}{2} + \dfrac{8}{\pi}\sum_{n=1}^{\infty}(-1)^{n-1}\dfrac{1}{(2n-1)[4-(2n-1)^2]}\cos\dfrac{(2n-1)\pi x}{2}, |x| \leqslant 2.$

2. (1) $f(x) = \dfrac{4l}{\pi^2}\sum_{k=1}^{\infty}\dfrac{(-1)^{k-1}}{(2k-1)^2}\sin\dfrac{(2k-1)\pi x}{l}, [0, l],$

$\qquad f(x) = \dfrac{l}{4} - \dfrac{2l}{\pi^2}\sum_{k=1}^{\infty}\dfrac{1}{(2k-1)^2}\cos\dfrac{(2k-1)\pi x}{l}, [0, l];$

(2) $f(x) = \dfrac{8}{\pi}\sum_{n=1}^{\infty}\left\{\dfrac{(-1)^{n+1}}{n} + \dfrac{2}{n^3\pi^2}[(-1)^n - 1]\right\}\sin\dfrac{n\pi x}{2}, [0, 2),$

$\qquad f(x) = \dfrac{4}{3} + \dfrac{16}{\pi^2}\sum_{n=1}^{\infty}\dfrac{(-1)^n}{n^2}\cos\dfrac{n\pi x}{2}, [0, 2].$

(3) $f(x) = -\dfrac{8}{\pi^2}\sum_{n=1}^{\infty}\dfrac{1}{(2n-1)^2}\cos\dfrac{(2n-1)\pi x}{2}, 0 \leqslant x \leqslant 2, \sum_{n=1}^{\infty}\dfrac{1}{n^2} = \dfrac{\pi^2}{6}.$

*3. $f(x) = \sinh 1 \sum_{n=-\infty}^{\infty}\dfrac{(-1)^n(1-in\pi)}{1+(n\pi)^2}e^{in\pi x}, (x \neq 2k+1, k = 0, \pm 1, \pm 2, \cdots).$

*4. $u(t) = \dfrac{h\tau}{T} + \dfrac{2h}{\pi}\sum_{n=1}^{\infty}\dfrac{1}{n}\sin\dfrac{n\pi\tau}{T}\cos\dfrac{2n\pi t}{T}, (-\infty, +\infty).$

复习题 13

一、单项选择题:

1. (C);

2. (C),提示:$\sum_{n=1}^{\infty}u_n = s \Rightarrow \sum_{n=1}^{\infty}u_{n+1} = \left(\sum_{n=1}^{\infty}u_n\right) - u_1 = s - u_1,$因此$\sum_{n=1}^{\infty}(u_n + u_{n+1}) = 2s - u_1;$

3. (B),提示:$a_n b_n \leqslant \dfrac{1}{2}(a_n^2 + b_n^2), \sum_{n=1}^{\infty}a_n^2, \sum_{n=1}^{\infty}b_n^2$都收敛,则级数$\sum_{n=1}^{\infty}a_n b_n$绝对收敛;

4. (C),提示:利用比值审敛法;

5. (C),提示:$\sqrt{\dfrac{a_n}{n^2+\lambda}} \leqslant \dfrac{1}{2}\left(a_n + \dfrac{1}{n^2+\lambda}\right);$

6. (C);

7. (A),提示:

$$\rho = \lim_{n \to \infty} \frac{u_{n+1}}{u_n} = \lim_{n \to \infty} \frac{a_{n+1}^2}{b_{n+1}^2} \cdot \frac{b_n^2}{a_n^2} = \lim_{n \to \infty} \left(\frac{a_{n+1}}{a_n}\right)^2 \cdot \lim_{n \to \infty} \left(\frac{b_n}{b_{n+1}}\right)^2 = \left(\frac{3}{\sqrt{5}}\right)^2 \cdot \left(\frac{1}{3}\right)^2 = \frac{1}{5},$$

所以收敛半径 $R = \dfrac{1}{\rho} = 5$；

8. (C)；　　　　9. (A)；　　　10. (A).

二、填空题：

1. $\dfrac{1}{2^n}$；　　2. $(-2,4)$；　　3. $\dfrac{1}{(1+x)^2}$　　$(-1 < x < 1)$；

4. $\displaystyle\sum_{n=1}^{\infty} \frac{x^{n+1} - x^{3n+3}}{n+1}$　　$(-1 < x \leqslant 1)$，

提示：$\ln(1+x+x^2) = \ln\dfrac{1-x^3}{1-x} = \ln(1-x^3) - \ln(1-x)$；

5. $s(x) = \begin{cases} -1, & -\pi < x < 0, \\ 1, & 0 < x < \pi, \\ 0, & x = 0, \pi, -\pi. \end{cases}$

三、解答题：

1. 略.

2. 不一定. 考虑级数 $\displaystyle\sum_{n=1}^{\infty} (-1)^n \frac{1}{\sqrt{n}}$ 及 $\displaystyle\sum_{n=1}^{\infty} \left((-1)^n \frac{1}{\sqrt{n}} + \frac{1}{n}\right)$.

3. (1) 收敛,提示:用根值审敛法；　　(2) 收敛；

(3) 收敛,提示: $0 \leqslant u_n = \displaystyle\int_0^{\frac{1}{n}} \frac{\sqrt{x}}{1+x^4} dx \leqslant \int_0^{\frac{1}{n}} \sqrt{x} dx \leqslant \frac{1}{\sqrt{n}} \int_0^{\frac{1}{n}} dx = \frac{1}{n^{\frac{3}{2}}}$,用比较审敛法.

4. (1) $p > 1$ 时绝对收敛,$0 < p \leqslant 1$ 时条件收敛,$p \leqslant 0$ 时发散；

(2) 绝对收敛；　　(3) 条件收敛；　　(4) 绝对收敛.

5. (1) $\left(-\dfrac{1}{5}, \dfrac{1}{5}\right)$；　　(2) $\left(-\dfrac{1}{e}, \dfrac{1}{e}\right)$；　　(3) $(-2, 0)$；　　(4) $(-\sqrt{2}, \sqrt{2})$.

6. $[-1, 3), s(x) = \ln 2 - \ln(3-x)$ $(|x-1| < 2)$,提示:设 $s(t) = \displaystyle\sum_{n=1}^{\infty} \frac{t^n}{n \cdot 2^n}$,则

$$s(t) = \int_0^t s'(t) dt = \int_0^t \sum_{n=1}^{\infty} \left[\frac{1}{n} \cdot \left(\frac{t}{2}\right)^n\right]' dt = \frac{1}{2} \int_0^t \sum_{n=1}^{\infty} \left(\frac{t}{2}\right)^{n-1} dt = \int_0^t \frac{1}{2-t} dt = \ln 2 - \ln(2-t).$$

7. (1) $\ln(x + \sqrt{x^2+1}) = x + \displaystyle\sum_{n=1}^{\infty} (-1)^n \frac{(2n-1)!!\, x^{2n+1}}{(2n)!!(2n+1)}$, $x \in [-1, 1]$,提示:利用

积分 $\displaystyle\int_0^x \frac{dt}{\sqrt{t^2+1}}$ ；

(2) $\dfrac{1}{(2-x)^2} = \displaystyle\sum_{n=1}^{\infty} \frac{n}{2^{n+1}} x^{n-1}$, $x \in (-2, 2)$.

8. $f(x) = \dfrac{e^\pi - 1}{2\pi} + \dfrac{1}{\pi} \displaystyle\sum_{n=1}^{\infty} \left[\frac{(-1)^n e^\pi - 1}{n^2 + 1} \cos nx + \frac{n((-1)^{n+1} e^\pi + 1)}{n^2 + 1} \sin nx\right]$,

$-\infty<x<+\infty$ 且 $x\neq n\pi,n=0,\pm1,\pm2,\cdots.$

9. $f(x)=\dfrac{2}{\pi}\sum\limits_{n=1}^{\infty}\dfrac{1-\cos nh}{n}\sin nx,x\in(0,h)\bigcup(h,\pi];$

$f(x)=\dfrac{h}{\pi}+\dfrac{2}{\pi}\sum\limits_{n=1}^{\infty}\dfrac{\sin nh}{n}\cos nx,x\in(0,h)\bigcup(h,\pi].$

第　14　章

略.

第　15　章

习题 15.3

1. 略.

2. (1) 生产成本主要与重量 w 成正比,包装成本主要与表面积 S 成正比,其他成本也包含与 w 和 S 成正比的部分,上述三种成本中都含有与 w,S 均无关的成分. 因为形状一定时一般有 $S=\beta w^{\frac{2}{3}}$ (β 为比例常数),故商品的价格可表为

$$c=\alpha w+\beta w^{\frac{2}{3}}+\gamma\ (\alpha,\beta,\gamma\ \text{为大于}\ 0\ \text{的常数}).$$

(2) 单位重量价格 $c_0=\dfrac{c}{w}=\alpha+\beta w^{-\frac{1}{3}}+\gamma w^{-1}$,其中简图略,$c_0$ 是 w 的减函数,说明大包装比小包装的商品便宜;曲线是下凸的,说明单价的减少值随着包装的变大逐渐降低,不要追求太大包装的商品.

3. 雨滴质量 m,体积 V,表面积 S 与某特征尺寸 l 之间的关系为:$m=k_1V$,$V=k_2l^3$,$S=k_3l^2$,可得 $S=\dfrac{k_3}{k_1k_2}m^{\frac{2}{3}}=\alpha m^{\frac{2}{3}}$,其中 $\alpha=\dfrac{k_3}{k_1k_2}$.雨滴在重力 G 和空气阻力 f 的作用下以匀速 v 降落,所以 $G=f$,而 $G=mg,f=\beta Sv^2.$ 由以上关系得 $v=\sqrt{\dfrac{g}{\alpha\beta}}m^{\frac{1}{6}}.$

4. 雪堆的体积为

$$V(t)=\iint\limits_{D}\left(h(t)-\dfrac{2(x^2+y^2)}{h(t)}\right)\mathrm{d}x\mathrm{d}y=\int_0^{2\pi}\mathrm{d}\theta\int_0^{\frac{h(t)}{\sqrt2}}\left(h(t)-\dfrac{2}{h(t)}\rho^2\right)\rho\mathrm{d}\rho=\dfrac{\pi}{4}h^3(t);$$

雪堆的侧面积为

$$S(t)=\iint\limits_{D}\sqrt{1+z'^2_x+z'^2_y}\mathrm{d}x\mathrm{d}y=\dfrac{1}{h(t)}\iint\limits_{D}\sqrt{h^2(t)+16(x^2+y^2)}\mathrm{d}x\mathrm{d}y$$

$$=\dfrac{1}{h(t)}\int_0^{2\pi}\mathrm{d}\theta\int_0^{\frac{h(t)}{\sqrt2}}\sqrt{h^2(t)+16\rho^2}\rho\mathrm{d}\rho=\dfrac{13}{12}\pi h^2(t).$$

由 $\dfrac{\mathrm{d}V}{\mathrm{d}t}=-\dfrac{9}{10}S(t)$,得到 $h'(t)=-\dfrac{13}{10}$,注意到 $h(0)=130(\mathrm{cm})$,得到

$$h(t)=130-\dfrac{13}{10}t.$$

因为当雪堆全部融化即 $h(t)=0$ 时，有 $t=100(\text{h})$，所以雪堆全部融化需 100 小时.

习题 15.4

1. SIR 模型可写作 $\dfrac{\mathrm{d}i}{\mathrm{d}t}=\mu i(t)(\sigma s(t)-1)$，$\dfrac{\mathrm{d}s}{\mathrm{d}t}=-\lambda s(t)i(t)$. 由后一方程知 $\dfrac{\mathrm{d}s}{\mathrm{d}t}<0$，$s(t)$ 单调减少.

（1）若 $s_0>\dfrac{1}{\sigma}$，当 $\dfrac{1}{\sigma}<s<s_0$ 时，$\dfrac{\mathrm{d}i}{\mathrm{d}t}>0$，$i(t)$ 增加；当 $s=\dfrac{1}{\sigma}$ 时，$\dfrac{\mathrm{d}i}{\mathrm{d}t}=0$，$i(t)$ 达到最大值；当 $s<\dfrac{1}{\sigma}$ 时，$\dfrac{\mathrm{d}i}{\mathrm{d}t}<0$，$i(t)$ 减少且 $i_\infty=0$.

（2）若 $s_0<\dfrac{1}{\sigma}$，$\dfrac{\mathrm{d}i}{\mathrm{d}t}<0$，$i(t)$ 单调减少至零.

2. 提示：由东驶上斜坡时，竖直方向上力减少，由于重力出现了一个附加的阻力.

3. 设在时刻 t 火箭的总质量为 $M(t)$，速度为 $v(t)$，从而其动量为 $M(t)v(t)$. 在从 t 到 $t+\mathrm{d}t$ 时间段中，有部分燃料以相对于火箭体的常速度 u 被反向喷射出去，在时刻 $t+\mathrm{d}t$ 火箭质量为 $M(t+\mathrm{d}t)$，速度为 $v(t+\mathrm{d}t)$，相应地，喷射掉的燃料质量为 $M(t)-M(t+\mathrm{d}t)$，而其速度为 $v(t+\mathrm{d}t)-u$，且此时系统的动量等于火箭剩余部分的动量与燃料的动量之和.

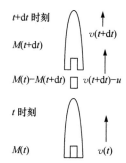

因此在时间段 $[t,t+\mathrm{d}t]$ 中，系统动量的改变量为

$$\{M(t+\mathrm{d}t)v(t+\mathrm{d}t)+[M(t)-M(t+\mathrm{d}t)][v(t+\mathrm{d}t)-u]\}-M(t)v(t)$$
$$=M(t)[v(t+\mathrm{d}t)-v(t)]+[M(t+\mathrm{d}t)-M(t)]u$$
$$=M(t)v'(t)\mathrm{d}t+uM'(t)\mathrm{d}t.$$

再由冲量定律：动量的改变量等于力与作用时间的乘积，即冲量 $F\mathrm{d}t$，这样，就得到火箭运动的微分方程为

$$M\frac{\mathrm{d}v}{\mathrm{d}t}=F-u\frac{\mathrm{d}M}{\mathrm{d}t},$$

这里 F 是作用于火箭系统的外力，$M\dfrac{\mathrm{d}v}{\mathrm{d}t}$ 称为火箭的反推力.

特别地，当火箭在地球表面垂直向上发射时，$F=-Mg$，方程成为

$$\begin{cases} \dfrac{\mathrm{d}v}{\mathrm{d}t}=-g-u\dfrac{1}{M}\dfrac{\mathrm{d}M}{\mathrm{d}t}, \\ v(0)=0,M(0)=M(0), \end{cases}$$

这就是火箭飞行的运动规律模型.

两边在$[0, t]$上积分,

$$\int_0^t v'(t) \, dt = -\int_0^t g \, dt - u \int_0^t \frac{M'(t)}{M(t)} \, dt,$$

就得到

$$v(t) = u \ln \frac{M_0}{M(t)} - gt.$$

可以看出,要增加火箭的速度 $v(t)$,一是改善燃料提高气体喷出的速度 u,二是在 M_0 给定时,改善火箭结构以减少火箭质量 $M(t)$.

4. (跟踪问题模型)设 B 的运动轨迹为

$$y = y(x),$$

利用跟踪的要求,可以得到数学模型

$$\begin{cases} y' = -\dfrac{\sqrt{a^2 - x^2}}{x}, \\ y(a) = 0, \end{cases}$$

两边求定积分

$$\int_0^y dy = -\int_a^x \frac{\sqrt{a^2 - x^2}}{x} \, dx,$$

即得到 B 的运动轨迹方程为

$$y = a \ln \frac{a + \sqrt{a^2 - x^2}}{x} - \sqrt{a^2 - x^2}.$$

这也可以看成一个重物 B 被 A 用一根长度为 a 的绳子拖着走时留下的轨迹,所以该曲线又被称为**曳线**.

习题 15.5

1. 目标函数为 $f(x_1, x_2) = p_1 x_1 + p_2 x_2$,约束条件为 $x_1^\alpha x_2^{1-\alpha} = 6$. 令

$$L(x_1, x_2, \lambda) = p_1 x_1 + p_2 x_2 - \lambda(2 x_1^\alpha x_2^{1-\alpha} - 12),$$

求偏导数,得到

$$\begin{cases} L_{x_1} = p_1 - 2\alpha\lambda x_1^{\alpha-1} x_2^{1-\alpha} = 0, \\ L_{x_2} = p_2 - 2(1-\alpha)\lambda x_1^\alpha x_2^{-\alpha} = 0, \end{cases}$$

消去 λ,得到 $x_2 = \dfrac{\beta p_1}{\alpha p_2} x_1$,代入约束条件 $x_1^\alpha x_2^{1-\alpha} = 6$,可解得

$$x_1 = \frac{6 p_1^{\alpha-1} p_2^\beta}{\alpha^{\alpha-1} \beta^\beta}, \quad x_2 = \frac{6 p_1^\alpha p_2^{\beta-1}}{\alpha^\alpha \beta^{\beta-1}}。$$

由于 $\lim\limits_{\substack{x_1 \to +\infty \\ x_2 \to +\infty}} f(x_1, x_2) = +\infty$,所以目标函数的唯一驻点必是最小值点,即当

$$x_1 = \frac{6 p_1^{\alpha-1} p_2^\beta}{\alpha^{\alpha-1} \beta^\beta}, \quad x_2 = \frac{6 p_1^\alpha p_2^{\beta-1}}{\alpha^\alpha \beta^{\beta-1}}$$

时投入总费用最小.

2. 鱼总产量为

$$P=(3-\alpha x-\beta y)x+(4-\beta x-2\alpha y)y=-\alpha x^2-2\beta xy-2\alpha y^2+3x+4y.$$

对 x,y 求偏导数,

$$\begin{cases} P_x=-2\alpha x-2\beta y+3=0, \\ P_y=-2\beta x-2\alpha y+4=0, \end{cases}$$

解得

$$x=\frac{3\alpha-2\beta}{2\alpha^2-\beta^2}, \quad y=\frac{4\alpha-3\beta}{4\alpha^2-2\beta^2}.$$

因为 $P=-\alpha x^2-2\beta xy-2\alpha y^2+3x+4y$ 是二次多项式,由

$$H=(-2\alpha)(-4\alpha)-(2\beta)^2=4(2\alpha^2-\beta^2)>0, \quad P_{xx}=-2\alpha<0,$$

所以函数有最大值,即当 $x=\dfrac{3\alpha-2\beta}{2\alpha^2-\beta^2}$,$y=\dfrac{4\alpha-3\beta}{4\alpha^2-2\beta^2}$ 时产鱼总量最大.